Sabrow · Das Diktat des Konsenses

Ordnungssysteme
Studien
zur Ideengeschichte
der Neuzeit

Herausgegeben von
Dietrich Beyrau,
Anselm Doering-Manteuffel
und Lutz Raphael
Band 8

R. Oldenbourg Verlag München 2001

Martin Sabrow

Das Diktat des Konsenses

Geschichtswissenschaft in der DDR 1949–1969

R. Oldenbourg Verlag München 2001

Als Habilitationsschrift auf Empfehlung des Fachbereichs Geschichts- und Kulturwissenschaften der Freien Universität Berlin gedruckt mit Unterstützung der Deutschen Forschungsgemeinschaft

Die Deutsche Bibliothek - CIP Einheitsaufnahme

Ein Titeldatensatz für diese Publikation ist bei Der Deutschen Bibliothek erhältlich

Rosenheimer Straße 145, D-81671 München
Internet: http://www.oldenbourg-verlag.de

Umschlaggestaltung: Dieter Vollendorf
Gedruckt auf säurefreiem, alterungsbeständigem Papier (chlorfrei gebleicht).
Gesamtherstellung: R. Oldenbourg Graphische Betriebe Druckerei GmbH, München

ISBN 3-486-56559-1

Inhalt

Vorbemerkung

„In einer ordentlichen Gesellschaft aufgewachsen, in der die Geschichtlichkeit eben auch das Kommende gefälligst zu entwerfen hatte, das war so Vorschrift: Man hatte sich Geschichte als eine Kraft zu denken, die wirkt und etwas bewirkt."
Elfriede Jelinek, 1999

Zehn Jahre nach dem Umbruch von 1989/90 und der deutschen Vereinigung ist die innere Entwicklung der DDR von einer *terra incognita* zu einem der am intensivsten erforschten Gebiete der jüngeren deutschen Geschichte geworden. Besondere Aufmerksamkeit wurde in diesem Rahmen der ostdeutschen Historiographie und ihren Repräsentanten zuteil und dies nicht zuletzt deshalb, weil sie die Öffentlichkeit in besonders eindringlicher Weise mit der Frage nach Wahrheit und Lüge, nach aufrechtem und gebücktem Gang in der Diktatur konfrontierte. Diese Debatte, in der sich vor dem Hintergrund des auch institutionellen Zusammenwachsens der beiden deutschen Fachdisziplinen fachliche, moralische und wissenschaftspolitische Motive mit den verschiedenen Blickrichtungen von Oben und Unten, von Ost und West kreuzten, hat zu einer solch intensiven Aufarbeitung der ostdeutschen Fachgeschichte in der Literatur geführt, daß weitere Darstellungen zu Charakter und Entwicklung der Geschichtsschreibung in der DDR sich die Frage gefallen lassen müssen, was sie noch an Erkenntniszuwachs versprechen können. Die mit der vorliegenden Untersuchung verbundenen Absichten sollen daher kurz umrissen werden.

Der allgemeine Stellenwert von Arbeiten zur historischen Wissenschaft in der DDR ergibt sich zunächst aus der hervorstechenden Rolle, die die Geschichte in der kommunistischen Herrschaftsordnung und auch in ihrem eigenen Selbstverständnis spielte. „Wer die Vergangenheit beherrscht, beherrscht die Gegenwart. Wer die Gegenwart beherrscht, beherrscht die Zukunft", weiß der Große Bruder in George Orwells Zeitroman „1984". Auch die sozialistische deutsche Diktatur zwischen 1945 und 1989 verlängerte ihre politische Macht in der Gegenwart als Deutungsmacht in die Vergangenheit und legitimierte sich in entscheidendem Maße aus der behaupteten Entschlüsselung und Vollstreckung der geschichtlichen Entwicklungsgesetze auf dem Wege von der Urgesellschaft zum Kommunismus. Geschichte diente in der DDR als politisches Universalargument – es half die Herrschaft der SED zu begründen, es wurde benutzt, um staatliche Identität zu erzeugen, und es war unentbehrlich, um in der Systemkonkurrenz durch

Abgrenzung zu bestehen. Mehr noch: Sich der Vergangenheit zu bemächtigen und sie zu einem sozialistischen Geschichtsbild zu formen, war Lebensbedingung einer Herrschaft, deren totaler Geltungsanspruch Nischen und Freiräume weder im Heute noch im Gestern duldete und die auf die Verschmelzung von Staat und Gesellschaft, von Führung und Massen zielte. Sie umfaßte die Produkte wie die Produktion, die einzelnen Versatzstücke wie das sie erzeugende System der Vergangenheitsdeutung im Sozialismus.

Ebenso gilt aber wie für andere Bereiche der SED-Diktatur auch für ihre Historie, daß die Praxis der Fachwissenschaft sich mit den Intentionen der politischen Herrschaft keineswegs deckte. Gegen den Anspruch der Partei stand die Wirklichkeit einer tradierten Geschichtsschreibung, die erst mühsam erobert und umgewandelt werden mußte. Die Ausbildung einer systemkonformen Historiographie war ein zwei Jahrzehnte und mehrere Etappen umfassender Prozeß, der nach 1945 mit der Enttrümmerung einer in der „deutschen Katastrophe" zerbrochenen Geschichtslandschaft begann und in den sechziger Jahren mit der Konsolidierung einer eigenständigen sozialistischen deutschen Geschichtswissenschaft endete. In der von diesen Eckdaten beschlossenen Zeit spielte sich ein Kampf zwischen Marxisten und Nicht-Marxisten, zwischen Gegnern und Anhängern der neuen Historiographie ab, der um Institutionen und Ressourcen nicht weniger als um Inhalte und Interpretationen geführt wurde und in seinen einzelnen ideologischen und politischen Entwicklungsstufen vielfach nachgezeichnet worden ist.

Weit weniger beachtet aber wurde bislang der innere Konstitutionsvorgang des neuen Geschichtsdenkens und der Gestaltwandel des wissenschaftlichen Selbstverständnisses, mit dem sich der politische Wille der staatssozialistischen Machthaber in den Diskurs der historischen Wissenschaft übersetzen und aus ihm wieder legitimieren ließ. So blieben die fachlichen Mechanismen bislang weitgehend im verborgenen, die das Funktionieren einer gelenkten Wissenschaft ermöglichten und für ihre Beharrungskraft wie für ihren Gestaltwandel in vierzig Jahren SED-Herrschaft verantwortlich waren. Waren es vornehmlich politischer Zwang, moralische Korruption oder ideologischer Fanatismus, der die Historiker in der sozialistischen Diktatur in so erstaunlichem Maße botmäßig machte und bis zum Untergang des Staates gegen die ständige Herausforderung durch die westdeutsche Konkurrenzdisziplin ebenso immunisierte wie gegen den Einfluß der historischen Quellen selbst? Oder resultierte die Bindungsmacht des „sozialistischen Geschichtsbildes" aus verborgenen Kräften der auf politischen Druck erneuerten Geschichtsdisziplin selbst und aus den eigentümlichen Verständigungsmechanismen und -regeln, in denen sich die Aneignung der Vergangenheit im zweiten deutschen Staat über vier Jahrzehnte hinweg vollzog?

Diese Frage stellt die hier zu untersuchende Entwicklung der ostdeutschen Geschichtswissenschaft in einen doppelten Bezugsrahmen, der einmal die Geschichte des Faches umschließt und zum anderen den Charakter und die Funktionsweise der SED-Diktatur als politisches und gesellschaftliches System einbezieht. Während das Verhältnis von Wissenschaft und Partei in der DDR seit jeher im Mittelpunkt des Forschungsinteresses steht, ist die über den Staatssozialismus hinausgreifende, disziplingeschichtliche Dimension der Beziehung zwischen Gewaltherrschaft und Geschichtswissenschaft lange im Schatten der Aufmerksamkeit geblieben: Es mag befremdlich erscheinen und ist dennoch nicht zu leugnen, daß die Geschichtsschreibung die Bedeutung der ersten deutschen Diktatur für das eigene Fach erst im Gefolge der zweiten eingehender aufzuarbeiten begonnen hat. Volle acht Jahre vergingen seit dem Bochumer Historikertag 1990, auf dem die DDR-Geschichtswissenschaft erstmals öffentlich zum Gegenstand einer heftigen Kontroverse um Schuld und Versagen der Historiker im Realsozialismus wurde[1], bis 1998 abermals auf einem deutschen Historikertag die Verstrikkung prominenter westdeutscher Nachkriegshistoriker in das nationalsozialistische Denk- und Herrschaftssystem thematisiert wurde.[2] Der Vorgang gewann seine besondere Pointe daraus, daß gerade die DDR-Historiographie seit den fünfziger Jahren unermüdlich auf diese Kontinuitätslinien der westdeutschen Disziplin hingewiesen (und auch aus ihnen ihre eigene Legitimation abgeleitet) hatte, die nun nach ihrem eigenen Untergang wiederentdeckt werden mußten.

Unabhängig davon macht das Wissen um die mehrfache Kollaboration der historischen Wissenschaft mit politischen Zwangsherrschaften im 20. Jahrhundert die Frage um so drängender, wie es mit der gedanklichen Integrität des Faches und mit seinem Resistenzpotential gegen die Zumutungen wahrheitsfeindlicher Regime bestellt sei. Kann angesichts dieser Erfahrungen dem Glauben an die Kraft der historischen Tatsachen und an die über Jahrzehnte und Jahrhunderte entwickelten Methoden der historischen Quellenkritik überhaupt noch eine Berechtigung zugestanden werden, oder bildet die Hoffnung auf die Idee einer wahren Wissenschaft, die alle Versuche ihrer Instrumentalisierung für politische Zwecke abzuschütteln vermöchte, nichts als die eitle Selbsttäuschung einer Historie, die sich nur nicht eingestehen will, daß auch in ihr die herrschenden Gedanken immer nur die Gedanken der Herrschenden seien? So gestellt, mag die Diskussion um die nationalsozialistische Vergangenheit so unterschiedlicher bundesdeutscher Fachrepräsentanten wie Theodor Schieder, Werner Conze, Karl-Dietrich Erdmann und selbst Fritz Fischer die nach 1989 erfolgte Delegitimierung

[1] Auskunft über die von großer Anteilnahme begleitete Podiumsdiskussion „Zur Lage der Geschichtswissenschaft in der DDR“ auf dem Bochumer Historikertag gibt das Berichtsheft zur 38. Versammlung deutscher Historiker in Bochum, Stuttgart 1991, S. 38–53.

[2] Recker/Eizenhöfer/Kamp (Hg.), Intentionen und Wirklichkeiten, S. 1ff. u. 209ff. Zum gegenwärtigen Diskussionsstand: Oexle/Schulze (Hg.), Deutsche Historiker im Nationalsozialismus; Schöttler (Hg.), Geschichtsschreibung als Legitimationswissenschaft; Hohls/Jarausch (Hg.), Versäumte Fragen, S. 16ff.

der ostdeutschen Konkurrenzdisziplin in gewisser Hinsicht relativiert haben, und tatsächlich hat sie mit der Rückkehr der historiographischen Selbstreflexion zur NS-Zeit seit 1996 deutlich an Intensität verloren. Versuche, die Lage des Faches im Nationalsozialismus gegen die im Realsozialismus aufzurechnen und die späte Beschäftigung der westdeutschen Teildisziplin mit ihren braunen Flecken zur willkommenen Aufhellung ihres ostdeutschen Widerparts zu nutzen, können hier außer Betracht bleiben. Jenseits von ihnen erhebt sich die Frage nach dem wechselhaften oder unwandelbaren Verhältnis von Wahrheit und Lüge, von falscher und wirklicher Geschichtswissenschaft und ihrer Abhängigkeit von der jeweiligen politischen und gesellschaftlichen Ordnung, in die sie hineingestellt ist. In der Darstellung der Prägekräfte, durch die die Geschichtswissenschaft in der DDR geformt wurden, ist daher zugleich auch eine Antwort nach dem Grad und nach den Grenzen der Anpassungsfähigkeit zu suchen, die einer fachlich kontrollierten Historie auch in der Gegenwart eignet – oder aber ihre Zerstörung als Wissenschaft zur Folge hat.

Der zweite Bezugsrahmen dieser historiographiegeschichtlichen Untersuchung ist diktaturgeschichtlicher Art. Gleichwohl deckt er sich nicht mit dem propagandistischen Auftrag, den die Historie im Dienste der Politik zu erfüllen hatte. Unabhängig von der schwer zu beantwortenden Frage, in welchem Maße sie als historische Legitimationswissenschaft auf das Denken der Bevölkerung in der DDR eingewirkt und über ein parteikonformes Geschichtsbewußtsein die Akzeptanz des Systems zu stabilisieren geholfen hat[3], bildete sie selbst das Austragungsfeld eines Kampfes um die Geltungskraft eines im parteisozialistischen Sinne erneuerten Geschichtsverständnisses. Die Historiker in der DDR waren nicht nur Produzenten des „sozialistischen Geschichtsbildes“, sondern auch seine wichtigsten Rezipienten. Ohne ihre eigene Überzeugung und fachliche Bereitschaft wäre die neue deutsche Geschichtswissenschaft in der DDR über formelhafte Bekenntnisse nach Art des „Kurzen Lehrgangs der Geschichte der KPdSU (B)“ nicht entscheidend hinausgekommen. Erst der Wille von drei Historikergenerationen, das verordnete historische Denken nicht nur zu ertragen, sondern auch weiterzutragen und auszubauen, hat es der DDR-Geschichtswissenschaft ermöglicht, die ihr zugedachte Rolle im SED-Staat zu spielen und dennoch im Laufe der Zeit auf immer mehr Feldern zu einem auch international an Anerkennung gewinnenden Zweig der Wissenschaft zu werden.

Nicht allein im Denken einer auch historisch indoktrinierten Gesamtbevölkerung liegt ein entscheidender Schlüssel zum Verständnis der staatsso-

[3] Tatsächlich zeugten Meinungsumfragen nach der Wende durchaus von fortbestehenden signifikanten Unterschieden im ost-westlichen Geschichtsbewußtsein, die erst in der zweiten Hälfte der neunziger Jahre allmählich abzunehmen begannen: Noelle-Neumann, Der geteilte Himmel; Förster, Die 25jährigen auf dem langen Weg.

zialistischen Herrschaft in der DDR, sondern nicht weniger in der stupenden Fähigkeit der auf die Legitimationsansprüche der SED zugeschnittenen Geschichtsdisziplin, ihre interne Geltungskraft in der DDR-Historikerschaft gegen alle äußeren Störeinflüsse und notfalls auch gegen widersprechende Fachtraditionen und das Zeugnis der Quellen selbst zu behaupten. Die von einer mehr oder minder breiten Leserschaft mehr oder minder akzeptierte Glaubwürdigkeit einer erzählenden Gesamtdarstellung macht nur einen Teil der legitimatorischen Stabilität des SED-Staates aus. Das eigentliche Geheimnis der Beziehung zwischen Herrschaft und Historie in der DDR liegt in der Fähigkeit eines oktroyierten Geschichtsdenkens, die Arbeit am kommunistischen Gedächtnis auch dort zu leiten, wo es an seine Systemgrenzen gelangte: Erst dort, wo die ‚weißen Flecken' des eigenen Geschichtsbildes zum Verschwinden gebracht und anstößige Tabus erfolgreich verdrängt werden, wo der widerstrebende Quellenbefund sich in das Dogma fügt und die eigene Vergangenheitskonstruktion sich gegen äußere Störeinflüsse eines anderen Geschichtsdenkens zu behaupten vermag, tritt die Adhäsions- und Homogenisierungskraft der SED-loyalen Geschichtsschreibung unverstellt zutage und das eigentümliche Vermögen, Dogmen als verbürgte Erkenntnis zu begreifen, empirischen Widerstand zu überwinden und fachliche Selbstzweifel auszuräumen.

Mit dieser Annahme verbindet sich gleichsam eine Umkehrung der in dieser Arbeit verfolgten Blickrichtung gegenüber bisherigen Studien zur DDR-Geschichtswissenschaft. Fluchtpunkt der Betrachtung ist nicht so sehr der Ausnahmecharakter der Geschichtsschreibung im SED-Staat als vielmehr die verblüffende Normalität, mit der sie sich in der Praxis zu vollziehen lernte. Zugespitzt formuliert, lautet der hier verfolgte Leitgedanke, daß der eigentliche Überraschungsgehalt der DDR-Geschichtswissenschaft nicht in dem mit spektakulären Archivfunden zu untermauernden Befund über die Okkupation der Wissenschaft durch die Partei im SED-Staat liegt, sondern in der unsensationellen Alltäglichkeit, mit der sich die Abkoppelung von der nicht-marxistischen Fachtradition in der DDR vollzog, und in der Selbstverständlichkeit, mit der die neue, sozialistische Disziplin eigene Forschungsfelder definierte, eigene Fragen an die Vergangenheit formulierte und eigene Kriterien ihrer Beantwortung entwickelte, ohne sich nach ihrer endgültigen Durchsetzung in den späten fünfziger Jahren noch durch die Konkurrenz der im selben nationalgeschichtlichen Rahmen arbeitenden Westwissenschaft substantiell beeinflussen zu lassen. Diesen Gestaltwandel der Historie in der DDR zu einer „zweiten deutschen Geschichtswissenschaft" nachzuzeichnen, ist das Ziel der vorliegenden Studie, die die gekürzte Fassung einer im Juni 2000 vom Fachbereich Geschichts- und Kulturwissenschaften der Freien Universität Berlin angenommenen Habilitationsschrift bildet.

Ohne mich der Alleinverantwortung für die folgende Darstellung zu entziehen, möchte ich an dieser Stelle meinen Dank für die Kritik und die

Unterstützung abstatten, die ich im Laufe ihrer Entstehung und bei der kritischen Diskussion vorangegangener Teilstudien von vielen Seiten erfahren habe. An erster Stelle sind hier meine Freunde und Kollegen am Friedrich-Meinecke-Institut der Freien Universität Berlin und am Zentrum für Zeithistorische Forschung Potsdam zu nennen und unter ihnen insbesondere Dr. Simone Barck, Christoph Classen, M.A., Dr. Thomas Heimann, Dr. Mario Keßler, Dr. Martina Langermann, Dr. Siegfried Lokatis, PhD Peter Walther und Albrecht Wiesener, die zusammen mit mir das mehrjährige Forschungsvorhaben zum Umgang mit der Geschichte in der DDR entwickelt und getragen haben, aus dem unter anderem diese Arbeit hervorging. Zahlreiche Anregungen verdanke ich dem kritischen Zuspruch von Prof. Dr. Konrad H. Jarausch, Prof. Dr. Fritz Klein, Prof. Dr. Jürgen Kocka und Prof. Dr. Wolfgang Küttler, und dankbar erinnere ich mich der vielen hilfreichen Auskünfte und Hinweise, die mir Prof. Dr. Olaf Groehler und Prof. Dr. Joachim Petzold gaben. Auf die kritische Unbeirrtheit, mit der – aus denkbar unterschiedlichen Blickwinkeln – Dr. Rainer Eckert, Ilko-Sascha Kowalczuk, Dr. Thomas Lindenberger, Dr. Matthias Middell und Dr. Ralf Possekel die allmähliche Entwicklung des hier entfalteten Interpretationsrahmens mündlich und schriftlich begleiteten, geht eine ganze Reihe von Denkanstößen zurück, die in die vorliegende Arbeit eingeflossen sind. Für zusätzliche Hilfestellungen habe ich meinen Gutachtern im Habilitationsverfahren Prof. Dr. Rüdiger vom Bruch, Prof. Dr. Georg G. Iggers, Prof. Dr. Jürgen Kocka und Prof. Dr. Peter Steinbach zu danken und ebenso Prof. Dr. Dietrich Beyrau, Prof. Dr. Anselm Doering-Manteuffel und Prof. Dr. Lutz Raphael als Herausgebern der Reihe „Ordnungssysteme. Studien zur Ideengeschichte der Neuzeit“, in der diese Arbeit erscheint. Für die Bewältigung der redaktionellen Aufgaben bei ihrer Fertigstellung schließlich bin ich Christopher Görlich, Robin Niemeyer, Inge Schmöker, Cornelia Siebeck und vor allem Waltraud Peters zu besonderem Dank verpflichtet.

I. Die DDR-Geschichtswissenschaft als Forschungsgegenstand

1. Konkurrierende Interpretationsmodelle

Um den hier gewählten Interpretationsansatz zur DDR-Geschichtswissenschaft zu verdeutlichen, ist ein kurzer Blick auf die Geschichte der Auseinandersetzung mit der historischen Fachdisziplin in der DDR geboten.[1] Sie setzte nicht erst mit dem Untergang des ostdeutschen Staates ein, sondern reicht in ihren Anfängen bis in die erste Hälfte der fünfziger Jahre zurück und stand zunächst unter dem Eindruck der seit 1949 rasch fortschreitenden Spaltung des Faches und der sich in Wellen steigernden Repression gegen nicht-marxistische Historiker in Ostdeutschland.[2] Mit dem sich daraus ergebenden Urteil, daß die Historie in der DDR „politischen Zwecken dienstbar" gemacht worden sei, hatte sich ein Interpretationsmuster etabliert, das die Entwicklung des Faches unter dem SED-Regime als Verfallsgeschichte begriff, als zunehmende ideologische Knebelung einer Wissenschaft, deren Bedeutung in eben dem Maße sank, in dem der politische Wille der Partei über die fachlichen Maximen der Geschichtsschreibung triumphierte. Repräsentanten der „sowjetzonalen Geschichtsbetrachtung" waren demzufolge „keine vollwertigen Wissenschaftler nach westlichen Begriffen"[3], sondern verkörperten statt dessen den „Typ des Funktionärs [...], der ganz im Dienste der Staatspartei Geschichte schreibt"[4] und die tradierte Historie in „ein politisches und propagandistisches Mittel ersten Ranges" verwandelt hatte, das „den Forderungen des Tages dienen und sich, ihres Wissenschaftscharakters entkleidet, mißbrauchen lassen [muß] wie selten zuvor".[5] Die verfallsgeschichtliche Betrachtungsweise grenzte die ‚pseudowissenschaftliche' Geschichtsschreibung in der DDR[6] folglich aus der Fachdisziplin aus und ordnete die Beschäftigung mit ihr in den Kontext antitotalitärer Gefahrenabwehr ein.[7] Die in dieser Zeit erscheinenden Publikationen zur Lage des Fachs in der DDR trugen folglich primär Enthüllungscharakter und

[1] Zur Forschungsentwicklung über die DDR-Geschichtswissenschaft vor 1989: Jarausch/Middell/Sabrow, Störfall Geschichtswissenschaft, S. 7ff.

[2] Dehio, Zeitschrift für Geschichtswissenschaft, S. 151f.

[3] Kopp, Die Wendung zur „nationalen" Geschichtsbetrachtung, S.6.

[4] Beck, Die Geschichte der Weimarer Republik, S. 66.

[5] Timm, Das Fach Geschichte in Forschung und Lehre, S. 7.

[6] Hofer, Geschichtsschreibung als Instrument, S. 206.

[7] „Bei der Auseinandersetzung mit dem totalen Bolschewismus, die auf allen Ebenen erfolgt, darf kein entscheidendes Gebiet übersehen werden." Kopp, Die Wendung, S. 7.

stützten sich im wesentlichen auf genaue Außenbeobachtung oder nicht selten auch eigenes Erleben ihrer von Osten nach Westen geflüchteten Autoren.[8] In ihnen stellte sich die Sowjetisierung des Geschichtsbildes in Mitteldeutschland als Niedergangsprozeß in einzelnen Etappen dar[9], dessen Schlußpunkt die gänzliche Instrumentalisierung der „parteihörigen" Wissenschaft bildete und damit die ‚Aufspaltung des deutschen Geschichtsbildes in ein westliches und ein östliches'[10] – also das Ende jeder innerwissenschaftlichen Verständigungsmöglichkeit. Sofern die historiographiegeschichtliche Literatur der Bundesrepublik die ostdeutsche Geschichtsschreibung im Folgejahrzehnt überhaupt wahrnahm, war es ihr vornehmlich darum zu tun, Unstimmigkeiten und Widersprüche zwischen wissenschaftlichem Anspruch und politisch gelenkter Realität aufzudecken. Der normativ ausgrenzende Betrachtungsansatz zur Geschichte der Geschichtsschreibung in der DDR zielte auf die „nicht zu übersehende[n] Lücken"[11]; er insistierte auf den „zahlreiche[n] weiße[n] Flecken"[12], und er tadelte „die offensichtliche Ungleichmäßigkeit, mit der in Mitteldeutschland bis jetzt die Geschichte der Weimarer Republik erforscht wurde"[13]. Die Leistungskraft dieses die fünfziger und frühen sechziger Jahre beherrschenden Paradigmas lag in der Aufmerksamkeit für die genuine Verschiedenheit der beiden deutschen Geschichtswissenschaften und die politische Abhängigkeit einer „unfreien, völlig dirigierten Geschichtsschreibung, die sich als Mittel im Kampf um die totale kommunistische Welteroberung versteht".[14]

Nicht zuletzt die sich verändernden politischen Koordinaten im Zuge des abflauenden Kalten Krieges ließ aber seit Mitte der sechziger Jahre auch für den Bereich der Wissenschaften die Einsicht wachsen, „daß mit der DDR zu leben ist und nur die Beibehaltung des Status quo in Europa langfristig Sicherheit und Entspannung garantieren kann", was für die DDR-Forschung den Verzicht darauf bedeuten müsse, „Ideologien, Hypothesen oder ‚Theorien' zu produzieren und in Umlauf zu setzen, die eben diesen status quo in Frage stellen können".[15] Mit dieser Entwicklung ging ein allmählicher Tendenzwechsel des westdeutschen Fachumgangs mit dem ostdeutschen Ge-

8 Exemplarisch: Timm, Das Fach Geschichte in Forschung und Lehre.

9 Hehn, Die Sowjetisierung des Geschichtsbildes, S. 6929f.

10 v. Rauch, Das Geschichtsbild der Sowjetzone, S. 101.

11 Beck, Die Geschichte der Weimarer Republik, S. 20.

12 Ebd., S. 21. Zu „weißen Flecken" in der kommunistischen Geschichtsschreibung vgl. insbesondere Hermann Weber, Ulbricht fälscht Geschichte, Köln 1964; ders., „Weiße Flecken" in der DDR-Geschichtsschreibung; ders., „Weiße Flecken" in der Geschichte.

13 Beck, Die Geschichte der Weimarer Republik, S. 21.

14 Ebd., S. 22f.

15 Josef Foschepoth, Reformation und Bauernkrieg im Geschichtsbild der DDR. Zur Methodologie eines gewandelten Geschichtsverständnisses, Berlin 1976, S. 23, unter Bezug auf eine Einlassung von Wolfgang Pfeiler, Über den politischen Wert einer wissenschaftlichen DDR-Forschung, in: DA 6 (1973), S. 493–499, hier S. 497.

genüber einher, der sich grob als fortschreitende Ablösung des normativ ausgrenzenden durch ein pragmatisch integrierendes Interpretationsmuster fassen läßt. Das neue Paradigma schloß die marxistisch-leninistische Historiographie der DDR nicht mehr kategorisch aus der „Ökumene der Historiker" (Karl Dietrich Erdmann) aus, sondern insistierte darauf, ihren fachlichen Beitrag fallweise in der wissenschaftlichen Diskussion zu prüfen. Es begriff die Entwicklung des Faches in der DDR nicht länger allein als fortschreitende Zerstörung der Fachwissenschaft durch die Parteiideologie, sondern billigte der Historie in der SED-Diktatur eine zwar zögerliche und uneinheitliche, aber im ganzen doch unverkennbare Abschwächung der politischen Instrumentalisierung zu und konstatierte eine langsam wachsende Emanzipation des historischen Denkens vom Primat der Politik.

Dieser Wandel von einem verfalls- zu einem aufstiegsgeschichtlichen Verständnis der ostdeutschen Disziplingeschichte begünstigte die Entwicklung neuer Beurteilungskonzepte und Wertungsraster, die die wissenschaftliche Arbeit am sozialistischen Geschichtsbild der DDR-Historiographie wenigstens partiell in den Rahmen des westlichen Wissenschaftsverständnisses einzupassen erlaubten. Die Leitkategorie des „ökumenischen" Deutungsmusters hieß Differenzierung, und die nüchterne Prüfung fachlicher Brauchbarkeit drängte seit der zweiten Hälfte der sechziger Jahre mehr und mehr das Pathos einer intransigenten Demarkationslinie zwischen Wissenschaft und Propaganda in den Hintergrund, das bisher den westlichen Blick auf die östlichen Fachverhältnisse geprägt hatte. Dieses neue Deutungsmuster begünstigte auch die starke Zunahme von Forschungsberichten, die sich in der bundesdeutschen Fachliteratur den verschiedenen Themenfeldern der parteimarxistischen Historiographie widmeten, um sie im einzelnen auf ihren wissenschaftlichen Ertrag oder auch auf ihre dogmatische Engführung hin zu mustern. Das aufstiegsgeschichtliche Interpretationsmodell differenzierte in besonderem Maße zwischen stärker und schwächer kontaminierten Bereichen des Faches und bemühte sich dabei, die breiten oder schmalen Zonen einer weitgehend intakt gebliebenen Wissenschaftlichkeit etwa im Bereich der Mittelalter- oder Altertumsforschung von denjenigen Fachgebieten zu isolieren, auf denen die politische Pression die wissenschaftliche Erkenntnistätigkeit nachhaltiger beschädigt hatte.[16] Politisch besonders kontaminierte Themenbereiche wie die deutsche Geschichte nach 1945, die politische Geschichte der Arbeiterbewegung sowie der gesamte Bereich der NS-Forschung blieben auch auf der Sichtachse eines pragmatisch-integrierenden Fachverständnisses zu jeder Zeit unfruchtbare Felder, auf denen sich ein ernsthafter wissenschaftlicher Dialog von vorn-

[16] Vgl. beispielsweise Schäfer, 1813; Winckler, Die Novemberrevolution in der Geschichtsschreibung der DDR; Riesenberger, Zeitgeschichte in der DDR; Förtsch, Revision des Preußenbildes?; Schulze, Unterschiede und Gemeinsamkeiten; Vogtherr, „Reformator" oder „frühbürgerlicher Revolutionär"?

herein verbot, weil die dort verrichtete Tätigkeit mit dienstfertiger Legitimationshistorie viel, mit wissenschaftlicher Erkenntnis aber wenig oder nichts zu tun hatte.[17]

Der Siegeszug des ökumenischen Deutungsmodells war möglich, weil es mit Hilfe der Einführung einer differenzierenden Skala zur graduellen Abbildung von politisch stärker und schwächer belasteter Geschichtsschreibung die Teilintegration der bislang ausgegrenzten Fachdisziplin Ostdeutschlands in die internationale Gemeinschaft der Wissenschaft erlaubte, ohne die universalen Normen der wissenschaftlichen Verständigung in Frage zu stellen. Substanz und Selbstverständnis des aufstiegsgeschichtlichen Paradigmas gründeten in der Auffassung, daß auch in einer politisch beherrschten Geschichtswissenschaft wie der im kommunistischen Machtbereich die universalen Normen wissenschaftlicher Verständigung nicht grundsätzlich außer Kraft gesetzt worden waren, so oft gegen sie im fachlichen Alltag auch verstoßen werden mochte: „Nach wie vor hat sich die Geschichtswissenschaft einen Freiraum als autonome, wenn nicht ganz, so doch zum Teil bürgerlichen Objektivitätskriterien verpflichtete Wissenschaft zu wahren verstanden."[18] Im Verständnishorizont des aufstiegsgeschichtlichen Paradigmas mußte vielmehr sogar das wohlverstandene Eigeninteresse der SED-Führung selbst es gebieten, die innerwissenschaftlichen Angemessenheits- und Überprüfungsregeln der ihrer Gewalt unterworfenen Historiographie zu wahren, um nicht die ihr zugewiesenen Aufgaben nachhaltig zu gefährden. In diesem Sinne argumentierte etwa Jürgen Kocka 1977, daß „die Verletzung innerwissenschaftlicher Angemessenheitsregeln und Überprüfungsregeln (die eben auch in der DDR-marxistischen Geschichtswissenschaft ganz ähnlich wie in der ‚bürgerlichen' gelten und im Prinzip ein hohes Maß an Kommunikationsmöglichkeit zwischen diesen verbürgen) nicht zu häufig erzwungen und nicht zu weit getrieben werden (darf), wenn nicht andererseits die Wissenschaftlichkeit der Geschichtswissenschaft allzusehr riskiert werden soll, ohne die diese aber die ihr zugemuteten gesellschaftlichen Funktionen [...] nur schlecht erfüllen könnte und überdies internationale Einfluß- und Selbstdarstellungsmöglichkeiten einbüßen müßte".[19]

Mit diesen Überlegungen war der Rahmen abgesteckt, den eine Vielzahl empirischer Studien in den siebziger und achtziger Jahren auszufüllen unternahmen. Prägekraft erlangten hier insbesondere die Arbeiten von Günther Heydemann, der seine Erkenntnis, daß das marxistisch-leninistische

[17] Weithin negativ verliefen daher auch die Bemühungen der jüngeren Sozialgeschichte, in ihrer eigenen Fundierung Anknüpfungspunkte bei der marxistischen Geschichtswissenschaft der DDR zu finden. Hierzu Kocka; ders., Zur jüngeren marxistischen Sozialgeschichte.

[18] Rumpler, Parteilichkeit und Objektivität, S. 357.

[19] Kocka, Parteilichkeit in der DDR-marxistischen Geschichtswissenschaft, S. 266, Anm. 4.

Geschichtsbild nuancenreicher und differenzierter geworden war, zu dem bald weitgehend anerkannten Leitgedanken verallgemeinerte, „daß die Geschichtswissenschaft der DDR inzwischen von einer ehemals selektiven, nur einzelne Geschichtsepochen oder -themen bearbeitenden Forschung zu einem integralen, d.h. die gesamte Geschichte umfassenden, Ansatz gelangt ist".[20] Seine normsetzende Erkenntnis, daß die einstige Diktatur der Ideologie über das Fach „einem diskursiven Kommunikationsprozeß zwischen SED und Geschichtswissenschaft gewichen" sei[21] und die DDR-Historie „bemerkenswert erweiterte theoretische und methodologische Freiräume" gewonnen habe[22], stellte den Schlußpunkt des westlichen Übergangs von einem verfalls- zu einem aufstiegsgeschichtlichen Bild von der östlichen Konkurrenzhistoriographie vor 1989 dar. Die Überzeugungskraft des neuen Paradigmas beschränkte sich nicht auf die Leistungen der akademischen Geschichtsschreibung an den Universitäten und staatlichen Forschungseinrichtungen. Sie erwies sich sogar als hinreichend, um selbst die achtbändige parteioffizielle „Geschichte der deutschen Arbeiterbewegung" von 1966 in eine aufstiegsgeschichtliche Argumentation zu integrieren, der zufolge sich die ostdeutsche Geschichtsschreibung zunehmend aus den Fesseln fachfremder Gängelung gelöst habe und in ihre „Verwissenschaftlichungsphase" eingetreten sei. Damit wurde es möglich, die historische Selbstdarstellung der Staatspartei als auf ihrem Gebiet „erste geschlossene, eigenständige geschichtswissenschaftliche Forschungsleistung" zu bewerten, die sich in rein innerfachlichen Kategorien analysieren lasse.[23]

Auch in der DDR selbst hatte sich, konzentriert an der Universität Leipzig und der Akademie für Gesellschaftswissenschaften beim ZK der SED, inzwischen ein eigener Forschungszweig etabliert, der die Disziplingeschichte seit 1945 zum Thema hatte und bis zum Zusammenbruch des ostdeutschen Wissenschaftssystems eine Vielzahl von Publikationen vorlegte.[24] Dennoch blieb die Historiographiegeschichte in der DDR bis zum staatlichen Untergang 1989/90 eine im wesentlichen hagiographische Disziplin, die die einzelnen Etappen in der Ausformung des sozialistischen Geschichtsbildes in ontogenetischer Metaphorik als kontinuierlichen Rei-

20 Heydemann, Zwischen Diskussion und Konfrontation, S. 12. Ebenso Fischer/Heydemann, Weg und Wandel, S. 3, und Heydemann, „Die andere deutsche Klio", S. 209.

21 Fischer/Heydemann, Weg und Wandel, S. 15f.

22 Ebd., S. 16. Ebenso Blänsdorf, Die deutsche Geschichte, S. 276.

23 Heydemann, Geschichtswissenschaft und Geschichtsverständnis, S. 19.

24 Vgl. Heinz, Zur Entwicklung der marxistisch-leninistischen Geschichtswissenschaft der DDR; Haun, Zur Entwicklung der marxistisch-leninistischen Geschichtswissenschaft der DDR; ders., Die Entstehung und Gründung der Deutschen Historiker-Gesellschaft; Fischer, Zur Rolle des Autorenkollektivs; Helas, Zur Rolle des Autorenkollektivs. Ein für 1990 geplanter Sonderband der ZfG „Forschungen zur Geschichte der Geschichtswissenschaft" fiel dem Umbruch von 1989/90 zum Opfer.

fungsprozeß beschrieb. Dementsprechend faßte die DDR-Geschichtswissenschaft die eigene Disziplingeschichte in vier aufeinander aufbauenden Etappen, deren erste infolge der teleologischen Gesamtsicht bereits die Jahre 1945 bis 1949 als „Grundlegung der neuen Geschichtswissenschaft" verstand, obwohl sich in dieser Zeit eine marxistisch-leninistische Historiographie institutionell wie theoretisch-methodisch noch nicht einmal in nuce gebildet hatte.[25] Die zweite Periode wurde als „eigentliche Durchbruchphase zu einer neuen, institutionalisierten, marxistisch-leninistischen Geschichtswissenschaft" zwischen 1949/50 und 1961/62 begriffen, der eine dritte Etappe der Konsolidierung in den sechziger Jahren folgte.[26] Für den vierten und letzten Abschnitt wählte der aufgrund seiner Stellung als Direktor des Akademie-Instituts für Geschichte mit autoritativer Stimme sprechende Walter Schmidt die Umschreibung „Dynamische Entfaltung einer der entwickelten sozialistischen Gesellschaft gemäßen, voll ausgebildeten, produktiven Geschichtswissenschaft"[27] und deutete schon mit der barocken Begrifflichkeit dieser Umschreibungen auf die dahinterstehende Absicht, die Geschichte des Fachs unter den Auspizien der SED als bruchlose Höherentwicklung und planmäßiges Voranschreiten zu feiern.

Mit dem Untergang der zweiten deutschen Diktatur und ihrer historischen Legitimationswissenschaft verschoben sich die Deutungsachsen grundsätzlich, so daß keines dieser historiographiegeschichtlichen Paradigmen in unveränderter Form fortbestand, wenngleich auch nach 1989/90 noch einige Arbeiten publiziert wurden, die in ihrer Anlage aus der Zeit vor 1989 stammten.[28] An ihre Stelle traten zunächst zahlreiche Selbstreflexionen und Erfahrungsberichte bisheriger Akteure, Beobachter und Ausgegrenzter, die ihre nicht selten mit der Einsicht in vorher unzugängliche Akten angereicherten Erfahrungen ausbreiteten[29] und teils kritisch, teils selbstkritisch die Schattenseiten der zweiten deutschen Geschichtswissen-

25 Schmidt, Forschungsstand und Forschungsprobleme, S. 731. Schmidt rechtfertigte die Etappenbildung für einen noch nicht existenten Gegenstand mit dem Argument, daß in der „Zeit der antifaschistisch-demokratischen Umwälzung von 1945–1949 [...] erste wesentliche Voraussetzungen für einen Sieg der historisch-materialistischen Betrachtungsweise geschaffen wurden." Ebd.

26 Ebd., S. 731f.

27 Schmidt, Zur Geschichte der DDR-Geschichtswissenschaft, S. 628. Daß diese Einteilung sich in der DDR durchsetzte, belegt Berthold: Zur Geschichte der Geschichtswissenschaft der DDR. Vorgeschichte Konfrontationen und Kooperationen.

28 Ihre mehrheitlich reservierte Aufnahme in der Fachwelt zeigte allerdings bereits an, daß die Verwandlung der DDR von einem politischen Gegenüber zu einem historischen Gegenstand das ganze Forschungsfeld neu vermessen hatte. Vgl. entsprechende Rezensionen etwa zu Brinks, Die DDR-Geschichtswissenschaft auf dem Weg zur deutschen Einheit, u. Willing, Althistorische Forschung in der DDR, durch Wolfgang Schuller (HZ 256 [1993], S. 713–715) und Ilko-Sascha Kowalczuk (Zwei neue Bücher zur Geschichtswissenschaft in der DDR).

29 Exemplarisch: Kuczynski, Frost nach dem Tauwetter.

schaft bloßlegten.[30] In dieser „Distanzierungs- und Bilanzierungsphase", die das Nachdenken über die DDR-Geschichtswissenschaft in den ersten fünf Jahren nach 1994 bestimmte, verlor zunächst der hagiographische Blick auf die Geschichte der eigenen Disziplin seinen Kurswert in der fachlichen Diskussion[31] und wurde in die Nischen einer halböffentlichen Selbstvergewisserung abgedrängt, die sich in verschiedenen Vereinen und Zirkeln im Umfeld der PDS und auch der abgewickelten Akademie der Wissenschaften der DDR ausbildeten. Im bundesdeutschen Geschichtsdiskurs wiederum büßte das aufstiegsgeschichtliche Deutungsmuster seine bisherige Geltung kaum weniger rasch ein. Schmerzlich erlebten manche der sich einstmals auch im Westen anerkannt fühlenden Repräsentanten der bisherigen DDR-Historikerelite, wie früher aufgeschlossene Gesprächspartner nun oft mit schroffen Worten über eine geschichtswissenschaftliche Literatur der DDR urteilten, die aufgrund ihrer totalen Ideologisierung ‚wissenschaftlich nahezu bedeutungslos' und ohne ‚intellektuelle Redlichkeit' gewesen sei.[32] An die Stelle der überkommenen Deutungsachsen traten zwei neue Interpretationsmodelle zum Verhältnis von Geschichtswissenschaft und Diktatur im SED-Staat, die ihren oft ungestümen Kampf um die Deutungshoheit in der Öffentlichkeit einer sichtlich verunsicherten Fachwelt austrugen und dabei eine bis heute fortwirkende Polarität der Interpretationsmuster definierten.

30 Die einzelnen Phasen dieses Wandels von den ersten Selbstkritiken der Leitung des Akademie-Instituts für Geschichte im Herbst 1989 über den Gründungsaufruf des Unabhängigen Historikerverbandes vom Januar 1990 bis hin zu den öffentlichen Auseinandersetzungen um die Frage, wem die DDR-Geschichte gehöre, dokumentieren die Sammelbände von Eckert/Kowalczuk/Stark (Hg.), Hure oder Muse? Klio in der DDR, und Eckert/Küttler/Seeber (Hg.), Krise – Umbruch – Neubeginn, sowie: Umstrittene Geschichte. Beiträge zur Vereinigungsdebatte der Historiker. Einen guten Eindruck von den ost-westlichen Diskussionslinien der Wende- und Nachwendezeit vermitteln auch der „Bericht über die 38. Versammlung deutscher Historiker in Bochum 26. bis 29. September 1990" und die auf zwei Veranstaltungen der Evangelischen Akademien Loccum und Berlin-Brandenburg von 1993 bzw. 1994 zurückgehenden Tagungsbände von Calließ (Hg.), Historische Orientierung nach der Epochenwende, und: Eckert/Kowalczuk/Poppe (Hg.): Wer schreibt die DDR-Geschichte?

31 Dies geschah durchaus nicht ohne die Gegenwehr früherer Protagonisten der abgewickelten Wissenschaft. Vgl. Pätzold, Die Geschichtsschreibung in der Deutschen Demokratischen Republik, S. 187.

32 Vgl. z.B. die Interviewäußerungen von Hans-Ulrich Wehler, Es rächt sich, daß wir nie über Europa gestritten haben, in: Die Welt, 26. Feb. 1996, S. 7, und Heinrich August Winkler, Offen bleiben für die politische Kultur des Westens, in: Die Welt, 29. Juli 1996, S. 7. Ebenso Wolfgang Mommsen: „Die Historiker unterwarfen sich in ihrer großen Mehrheit ohne sichtliches Murren den beständigen Manipulationen der Partei und des ‚Rates der Geschichte' [sic!], [...] ohne daß ihr wissenschaftliches Ethos ihnen dabei sonderliche Gewissensbisse gemacht zu haben scheint." Mommsen, Der Ort der DDR in der deutschen Geschichte, S. 36.

In dieser Auseinandersetzung vermochten sich zunächst vor allem diejenigen Gehör zu verschaffen, deren Stimme zuvor unterdrückt worden war oder die die Pressionen eines gelenkten Geschichtssystems auf andere Weise hatten erfahren müssen. In der Mehrheit handelte es sich um ostdeutsche Nachwuchshistoriker, die in ihrem beruflichen Werdegang von einer kompromittierenden Einbindung in die fachliche Hierarchie des ostdeutschen „Ansteckungsstaates" (Charles S. Maier) noch weitgehend verschont geblieben waren. Eine Gruppe von ihnen trat im Januar 1990 mit dem Aufruf zur Gründung eines eigenen „Unabhängigen Historiker-Verbandes" an die Öffentlichkeit, der den radikalen Bruch mit der Legitimationswissenschaft des zusammengebrochenen Honecker-Staates verkündete: „Auf dem Gebiet der Geisteswissenschaften herrscht eine erschreckende Situation. Jahrzehntelang erstickte ein ungenießbarer Brei aus Lügen und Halbwahrheiten jede freie geistige Regung. [...] Philosophie, Soziologie, selbst Kunst- und Literaturwissenschaft wurden zu Bestätigungsinstanzen der SED-Beschlüsse. Das traurigste Los aber traf die Geschichtswissenschaft."[33] Die mit diesen Worten vorgezeichnete Sichtweise erlangte in kürzester Zeit eine dominante Stellung in der Debatte um die Abwicklung und Bewertung der zweiten deutschen Geschichtswissenschaft. Sie wurde zur Geburtshelferin eines Umgangs mit den institutionellen, inhaltlichen und personellen Hinterlassenschaften einer desavouierten Fachdisziplin, dessen Ziel Delegitimierung hieß und dessen Mittel die Anklage war. Das akkusatorische Modell zur Bewertung der entthronten Herrschaftshistoriographie polarisierte und pointierte; es begegnete der Rechtfertigung mit der Verurteilung, es konterte das Beharren auf der fachlichen Leistungsfähigkeit auch unter diktatorischen Umständen mit der Offenlegung der peinlichen Kollaboration mit dem Regime, und es antwortete auf den Wunsch nach versöhnlichem Zudecken mit dem Ruf nach kompromißloser Aufdeckung: „So kann und wird es auch keine ‚von oben' verordnete Versöhnung geben. Diese kann nur wachsen, wenn auf dem Weg der Offenlegung der DDR-Vergangenheit noch ein beträchtliches Stück zurückgelegt worden ist."[34]

Damit kehrte das anklagende Denkmodell in seiner analytischen Anlage zu dem normativen Paradigma zurück, das im westlichen Geschichtsdiskurs bis in die sechziger Jahre hegemonialen Status besessen hatte. In zwei zentralen Aspekten allerdings wich es von ihm ab, die beide das Problem von Verantwortung und individueller Zuordnung für die Fehlentwicklung der Historie im Kommunismus betrafen: Weder übernahm es die dem Ausgangsmodell inhärente Überzeugung vom totalitären Zwangscharakter der kommunistischen Herrschaft noch dessen verfallsgeschichtlichen Duktus, der die Geschichte des Faches als stufenweise Unterjochung durch die politischen Herrschaftsambitionen im SED-Staat zeichnete. Ganz im Gegenteil

33 Mitter/Wolle, Aufruf, S. 22.
34 Eckert, Geschichte als Instrument, S. 182.

ersetzte der anklagende Duktus die Abscheu vor der alles durchdringenden Diktatur durch die Abscheu vor seinen allzu willigen Werkzeugen. Er verwandelte das in den fünfziger und sechziger Jahren dominante und politisch argumentierende Opferbild einer von der totalitären Diktatur unterdrückten Wissenschaft in ein moralisch gefärbtes Täterbild, das weniger auf den Zumutungen von oben als auf der Kollaborationsbereitschaft von unten beharrte und nach dem Versagen der Wissenschaftler vor den kategorischen Imperativen der Wissenschaft fragte. Auf dieser Grundlage entwickelte der akkusatorische Diskurs über die DDR-Geschichtswissenschaft eine fundamentalkritische Sicht auf die DDR-Geschichtswissenschaft, der sich in der Folgezeit auch eine ganze Reihe westlicher Fachvertreter anschlossen.[35]

Das normativ-anklagende Denkmodell zeichnet sich durch eine Reihe von analytischen Diskursfiguren aus, die das von ihm entworfene Bild der Ost-Historiographie insgesamt strukturieren. Hierzu zählt zunächst ein auf Generalisierung statt auf Abwägen gerichteter Grundzug, der für die Zwischentöne des Geschichtsdiskurses in der DDR wenig empfänglich ist und Differenzierungsbemühungen bevorzugt als illegitime Entlastungsstrategie interpretiert.[36] Aus dem moralisch-politischen Duktus des anklagenden Interpretationsmusters folgt weiterhin, daß es die Suche nach personaler Verantwortung gegenüber der Erhellung überpersönlicher Strukturen deutlich privilegiert, also stärker auf das persönliche Versagen der Historiker und ihre individuelle Korruption durch die Macht im SED-Staat abstellt als auf die Herausarbeitung der fachlichen Binnenstruktur und des politischen Kontextes, in dem sich der Umgang mit der Vergangenheit in der DDR vollzog: Es „geht um das Versagen der Historiker angesichts der totalitären Herausforderung unseres Jahrhunderts; und es geht vor allem um die politische Instrumentalisierung der Geschichte zur Herrschaftssicherung totalitärer Cliquen“, heißt es etwa in der programmatischen Äußerung eines Mitgründers des UHV.[37] Drittens verzichtet der anklagende Aufarbeitungsansatz auf eine systematische Trennung von Wissenschaft und Wissenschaftspolitik und setzt damit unter anderem Vorzeichen eine Tradition fort, die ironischerweise gerade der DDR-Geschichtswissenschaft selbst eigen war.[38] Das dahinterstehende Erkenntnisinteresse bezieht sich stärker auf das Was als auf das Wie der historischen Praxis in der DDR; es geht ihm insgesamt nicht so sehr um den Forschungsertrag im einzelnen als um die

35 Fischer, Rezension, S. 658; Hacker, Deutsche Irrtümer; Christian Meier, Im Zweifel lieber abwickeln.

36 Vgl. etwa Kowalczuk, Die Durchsetzung des Marxismus-Leninismus, S. 33; Geschichtswissenschaft im Dissens, S. 99.

37 Wolle, Das Versagen der Historiker, S. 196.

38 „Offenkundiger als bei anderen historischen Diskussionen ist, daß es hier zugleich um die Gegenwart und Zukunft geht: Wer darf, wer sollte wo und worüber forschen und lehren?“ Kowalczuk, Die Durchsetzung des Marxismus-Leninismus, S. 31. Vgl. auch Eckert/Kowalczuk/Poppe (Hg.), Wer schreibt die DDR-Geschichte?

politische Indienststellung der historischen Wissenschaft im ganzen, also um „die Strukturen und Funktionsweisen der Macht".[39] Entsprechend konzentrierten sich die hieraus abgeleiteten Forschungsfragen von Historikern aus dem Umkreis des UHV in den Jahren nach dem Zusammenbruch des SED-Regimes und der Aufhebung der Archivsperren vor allem auf die Beteiligung von DDR-Historikern an repressiven Akten und politisch motivierten Verfolgungskampagnen[40], an der Durchdringung der historischen Disziplin durch die Staatssicherheit[41] und an ihrer Beteiligung bei der Verwandlung der Historiographie in eine historische Legitimationswissenschaft.[42]

Vor allem aber operiert das anklagende Bewertungsmuster mit einem nachgerade naiven Wahrheitsbegriff, der von jüngeren geschichtstheoretischen Diskussionen um den rekonstruierenden oder konstruierenden Charakter der Geschichtsschreibung offenbar gänzlich unbeeinflußt ist und auf der unzweideutigen Trennbarkeit von historischer Wirklichkeit und ideologischer Verformung beharrt. Vielfach unter Bezug auf Vaclav Havel setzt diese Radikalkritik an der DDR-Geschichtswissenschaft der unter der Diktatur oft selbst erfahrenen Nebelwand der verzerrten Tatsachen und der tendenziösen Urteile die Klarheit eines von normativer Kraft getragenen Gegenkonzeptes entgegen, das auf der Vetokraft der Quellen und den unverlierbaren Minimalstandards jeder Wahrheitswissenschaft fußt: „Unser Ziel muß es sein, ‚in der Wahrheit zu leben', auch wenn denjenigen, die sich dafür einsetzen, immer wieder eigennützige Ziele unterstellt werden, um sie damit wieder in die Welt der allgemeinen Demoralisierung zu integrieren."[43] Im Verständnis dieses emphatischen Wahrheitsbegriffs war ein Historiker „grundsätzlich dann disqualifiziert, wenn er wissentlich die Wahrheit verschwiegen, gelogen, seine Erkenntnisse entsprechend einer Parteilinie eingerichtet und trotz Quellenkenntnis ‚weiße Flecke' geschaffen hat".[44] In einer solchen ‚Wahrheitsprüfung' glaubte die anklagende Interpretationsrichtung nach 1989 eine Richtschnur gegenüber der ostdeutschen Historiographiegeschichte finden zu können, mit der sich wissenschaftsethische Normen und fachliche Analysestandards so weit verbinden lassen,

39 Wolle, Rezension, S. 544.

40 Eckert/Günter/Wolle, „Klassengegner gelungen einzudringen ...".

41 Eckert, Wissenschaft mit den Augen der Staatssicherheit, mit weiteren Angaben; Stark, Die inoffizielle Tätigkeit von Johannes Irmscher für die Staatssicherheit der DDR.

42 Vgl. beispielsweise Kowalczuk, Legitimation eines neuen Staates; ders., Die Historiker der DDR und der 17. Juni 1953; Florath, Von der historischen Mission der SED; Stark, Zur Situation der Altertumswissenschaften in der DDR.

43 Eckert, Vergangenheitsbewältigung, S. 206. Vgl. auch ders., Handlungsspielraum oder Parteiindoktrination?

44 Eckert, Ein gescheiterter Neuanfang?, S. 614.

daß die wissenschaftliche und die wissenschaftspolitische Vergangenheitsbewältigung letztlich zur Deckung gelangen müßten.

Freilich besaß das akkusatorische Paradigma nach 1989 zu keiner Zeit die Alleinherrschaft in der Fachöffentlichkeit, sondern stand immer einem zwar in die Defensive gedrängten, aber keineswegs ohnmächtigen Kontrastmodell gegenüber, das dem Imperativ der normativen Anklage mit dem Plädoyer für eine pragmatische Entlastung begegnete. In ihm lebt das von bundesdeutscher Seite nach 1989 vielfach ausgemusterte oder zumindest zeitweilig in den Hintergrund gedrängte Bekenntnis zu einer deutschen Wissenschaftsökumene in der Zeit der Teilung fort, und es wurde nun ironischerweise zum bevorzugten Interpretationsrahmen vieler früherer DDR-Historiker, die es früher engagiert bekämpft hatten. Ihnen bot das integrierende, auf fortbestehende Gemeinsamkeiten zwischen Ost und West zielende Paradigma der doppelstaatlichen Entspannungszeit einen willkommenen Ansatzpunkt, auch im nachhinein die grundsätzliche Gleichwertigkeit oder wenigstens doch vergleichbare Legitimität der zweiten deutschen Geschichtswissenschaft unter Beweis zu stellen, und dies leitete beispielsweise zu der Forderung, die Geschichte der DDR-Geschichtswissenschaft in der „Wechselwirkung gegensätzlicher Typen des Historismus in Ost und West" zu untersuchen.[45] Hervorstechendes Merkmal dieser Sicht ist ihre differenzierende und abwägende Grundhaltung, die sie mit anderen postkommunistischen Interpretationsmodellen der vergangenen DDR insgesamt verbindet.[46] Dies tritt vor allem in der Distanzierung von der ‚fünften Grundrechnungsart'[47] und in dem Appell zu kompromißloser Aufarbeitung eigener Fehlentwicklung zutage[48], der in einem zweiten Schritt zum Anlaß genommen wird, den Gedanken einer wissenschaftlichen „Kollektivschuld"[49] zurückzuweisen und vor „neuer Kurzschlüssigkeit"[50] im Umgang mit der dem alten System verhafteten Historikerschaft warnen. Der relativierende

45 Küttler, Das Historismus-Problem, S. 241 u. 258.

46 Hierzu besonders: Jarausch, Die DDR denken, u. ders., „Sich der Katastrophe stellen".

47 John/Küttler/Schmidt, Für eine Erneuerung des Geschichtsverständnisses.

48 Vgl. beispielsweise die in der „Wende" verfaßten Stellungnahmen von Klein, Eine Fehler-Diskussion, u. Ruge, Die Doppeldroge.

49 In seiner Rede auf der außerordentlichen Mitgliederhauptversammlung der Historiker-Gesellschaft der DDR vom 10.2.1990 hielt Scheel sich und seinen Kollegen vor, daß „die Geschichtswissenschaft [...] zu *den* Wissenschaften (gehörte), die in besonderem Maße zur Magd der Politik herabgewürdigt wurden [...]. Ich spreche damit keiner Kollektivschuld das Wort, keinem pater peccavi, das sich im geschlossenen Chorus sehr viel leichter aussprechen läßt als vor dem Spiegel, in den der einzelne allein hineinschaut. Der Anteil, den der einzelne Historiker an den Deformationen unserer Wissenschaft zu verantworten hat, ist ganz gewiß sehr unterschiedlich." Scheel, Zum Platz und zu den nächsten Aufgaben der Historiker-Gesellschaft, S. 162; Hervorhebung im Original.

50 Heitzer, Für eine radikale Erneuerung, S. 498.

Deutungsansatz suchte nach einem dritten Weg zwischen Achtung und Verachtung; er bejahte die ‚unabdingbare Katharsis'[51] und den ‚kritischen und ausgewogenen Umgang' mit der eigenen Vergangenheit[52], um daraus das moralische und sachliche Recht abzuleiten, vierzig Jahre historiographischer Arbeit in der DDR nicht in Bausch und Bogen zu verdammen, sondern als legitime und diskussionswürdige Variante der nationalgeschichtlichen ‚Meistererzählung' anzuerkennen.[53]

Die einem relativierenden Interpretationsmuster verpflichteten Argumentationsstrategien lassen sich in ihrem Urteil nicht auf einen Nenner bringen, sondern bieten Platz für apologetische Stimmen ebenso wie für schonungslos selbstkritische Reflexionen auf die eigene Rolle im untergegangenen Geschichtssystem der DDR. Gemeinsam aber sind ihnen verschiedene argumentative Grundfiguren, deren wichtigste die Forderung nach ‚Differenzieren statt Generalisieren' ist, wie mit vielen anderen der Ost-Berliner Hochschullehrer Kurt Pätzold unterstrich: „Verdienste und Mängel, Leistungen und Versagen der Geschichtswissenschaft der DDR frei von politischen Interessen abzuwägen und zu beurteilen, wird eine Aufgabe für längere Zeit bleiben".[54] Analog betont die abwägende Deutungsrichtung die entscheidenden Unterschiede zwischen politisch stärker und schwächer gesteuerten Teilgebieten der Historie. Sie geht davon aus, daß es in der ostdeutschen Geschichtsschreibung viele Arbeitsgebiete gab, in denen der politische Einfluß marginal war und über 1989 hinausreichende wissenschaftliche Leistungen erbracht worden waren, die nun Gefahr liefen, im Rahmen einer großangelegten Delegitimierungskampagne des Westens gegenüber dem Osten übersehen oder mutwillig diskreditiert zu werden. Ein weiterer Grundzug des relativierenden Paradigmas betont die Differenz von Außen und Innen und den konstitutiven Gegensatz zwischen Parteiwillen und Fachwirklichkeit. Nicht programmatische Leittexte und politische Ergebenheitsadressen machen aus dieser Sicht den wirklichen Charakter der untergegangenen Staatshistoriographie aus, sondern eine vielschichtige Alltagswirklichkeit, in der von unten um so listiger taktiert und finassiert wurde, um den eigenen Spielraum zu wahren, je stärker der Druck von oben wurde, um ihn zu zerstören.[55] Eine dritte Ordnungskategorie des relativie-

51 Schmidt, DDR-Geschichtswissenschaft im Umbruch, S. 189.

52 Benser, Das Jahr 1945 und das Heute, S. 73.

53 So der Direktor des Zentralinstituts für Geschichte bei der Akademie der Wissenschaften, Walter Schmidt, auf einer Podiumsdiskussion der Technischen Universität Berlin am 3.5.1990, zitiert nach Brink, Existenzkrise der DDR-Historiker, S. 193f.

54 Pätzold, Die Geschichtsschreibung in der Deutschen Demokratischen Republik, S. 194.

55 Vgl. hierzu beispielsweise Pätzold, Martin Broszat und die Geschichtswissenschaft in der DDR; Schütrumpf, Steuerung und Kontrolle der Wissenschaft durch die SED-Führung; Küttler, Geschichtstheorie und -methodologie in der DDR; Klein, Dokumente aus den Anfangsjahren der ZfG; Petzold, Die Auseinandersetzung zwischen

renden Deutungsmusters unterstreicht die Ambivalenz der Wissenschaftspraxis in der DDR. Der Glaube, daß der Einfluß der SED immer nur hemmend gewesen sei, beruhe demzufolge auf einer vereinfachenden Dämonisierung und verstelle die Erkenntnis, daß das historische Legitimationsinteresse der SED die Historie eben auch in einem Maße gefördert habe, das seinesgleichen gesucht habe. Dieselben Kräfte, die der Entfaltung der Geschichtswissenschaft in der DDR hinderlich gewesen seien, hätten ihr, so argumentierte insbesondere Walter Schmidt, auf der anderen Seite auch Wege gebahnt; selbst der als parteiliches Lenkungsorgan geschaffene „Rat für Geschichtswissenschaft" sei nicht nur für die ideologische Reglementierung zuständig, sondern auch der „Historiographie als Wissenschaftsdisziplin verpflichtet"[56] gewesen. Einen besonderen Stellenwert nimmt im relativierenden Deutungsmuster schließlich das Tu-quoque-Argument ein, das die Normalität der DDR-Historiographie mit der Annahme begründet, Wissenschaft sei unter allen Umständen und auch in nicht-sozialistischen Ländern unausweichlich immer mehr oder minder politisch gefärbt, wenngleich die Historikerschaft der DDR unter politischen Indienstnahmeversuchen zugestandenermaßen stärker gelitten habe als die Kollegenzunft im Westen Deutschlands.[57]

Im Wertungsraster des relativierenden Deutungsrahmens bildet die untergegangene Geschichtswissenschaft der untergegangenen DDR im Innersten „nicht anders als die in vielen Staaten der Erde ein sehr komplexes und vielgegliedertes Gebilde", deren geistigen Kern wie anderswo auch „Theorien, Erkenntnisse, Hypothesen, Informationen, Vermutungen" bildeten, die feste Organisationsformen besaß, über eingeführte Periodika verfügte, mit den Medien vernetzt war und sich insoweit nicht von den Historiographien anderer industriegesellschaftlicher Staaten des 20. Jahrhunderts unterschied.[58] Sie stellt sich damit als ein legitimer Sproß der internationalen Entwicklung des Fachs dar, die dem konservativen und nationalsozialistisch kompromittierten Historismus der frühen Bundesrepublik mit vollem Recht einen grundsätzlichen Neuanfang entgegenzusetzen versucht[59] und dafür auch im Westen eine – nach 1989 gern verdrängte – Anerkennung gefunden hatte.[60] Auf der so gezeichneten Folie bildet sich schließlich das Ende der

den Lampes und den Hampes; Groehler, Zur Geschichte des deutschen Widerstandes; Schmidt, Das Zwei-Nationen-Konzept der SED und sein Scheitern. Eine informative Übersicht der verschiedenen Blickwinkel dieses Deutungsmusters bietet Pohl (Hg.), Historiker in der DDR.

56 Schmidt, Geschichte zwischen Professionalität und Politik, S. 1030.

57 Schmidt, Zu Leistungen, Grenzen und Defiziten, S. 110.

58 Pätzold, Die Geschichtsschreibung in der Deutschen Demokratischen Republik, S. 189.

59 Vgl. hierzu den gleichwohl kritischen Rückblick von Klein, Der Erste Weltkrieg in der Geschichtswissenschaft der DDR.

60 Bleiber, 40 Jahre DDR-Geschichtswissenschaft, S. 562.

vierzigjährigen marxistischen Historiographietradition in der DDR nicht etwa als folgerichtiges Ergebnis des staatlichen Untergangs ab, sondern als später Sieg eines konservativen westdeutschen Geschichtssystems, das 1990 die über Jahrzehnte gesuchte Gelegenheit entschlossen genutzt habe, „mit der von Anbeginn bekämpften und in Frage gestellten nichtkapitalistischen Alternative in Deutschland und also auch mit der Geschichtswissenschaft" in der DDR und ihren Institutionen aufräumen zu können.[61]

Die Phase dieser polarisierten Diskussion hat in der Mitte der neunziger Jahre ungeachtet mancher Nachhutgefechte sein Ende gefunden. Mit dem abgeschlossenen Umbau der ostdeutschen Wissenschaftslandschaft ist zehn Jahre nach der deutschen Vereinigung der Streit um Klio als ‚Hure oder Muse' abgeflaut und ebenso die Auseinandersetzung um die ‚langen Schatten der Vergangenheit' oder die Frage, ‚ob linientreue Genossen die DDR-Geschichte neu schreiben sollen', um nur einige der ‚Beiträge zur Vereinigungsdebatte der Historiker' aus den Umbruchsjahren nach 1989 zu zitieren.[62] Der Distanzierungs- und Bilanzierungsphase des ersten Jahrfünfts nach dem Zusammenbruch der Diktatur folgte eine zweite Periode der historiographiegeschichtlichen Entpolitisierung und Professionalisierung, die sine ira et studio die genauere Rekonstruktion der Hinterlassenschaft der zweiten deutschen Diktatur und ihre Einbettung in die deutsche und internationale Zeitgeschichtsforschung vorantreibt. Nicht mehr Innensichten und Erfahrungsberichte, Anklagen und Rechtfertigungen von Beteiligten dominieren das Bild der andauernden Diskussion, sondern eine zunehmende Vielfalt von Analysekonzepten und zugleich eine ständig wachsende Zahl empirischer Detailstudien, die in Form von Monographien und Sammelbänden das Phänomen einer zweiten deutschen Geschichtswissenschaft in den Kontext postdiktatorialer Umbrüche, übergreifender fachlicher Institutionalisierungsprozesse oder säkularer Entwicklungen stellen.[63] Daß die Zeit einer „kritischen Historisierung" der geistigen Hinterlassenschaft auch der zweiten deutschen Diktatur herangekommen ist, belegen schließlich Arbeiten der jüngsten Jahre, die den Umgang mit der Vergangenheit in der DDR unter fach- und zeitübergreifenden Aspekten diskutieren, um jenseits der zunächst geschichtspolitisch dominierten Standortdebatten im öffentlichen

[61] Schmidt, Zu Leistungen, Grenzen und Defiziten, S. 113. Ebenso Röhr, Entwicklung oder Abwicklung, S. 425ff.

[62] Kowalczuk, Lange Schatten aus der Vergangenheit, u. Herzberg, Sollen linientreue Genossen die DDR-Geschichte neu schreiben.

[63] Corni/Sabrow (Hg.), Die Mauern der Geschichte; Middell (Hg.), Historische Zeitschriften; Diner (Hg.), Historiographie im Umbruch. Zu nennen sind hier auch die breit angelegten Lebensbilanzen führender DDR-Historiker, die das Verhältnis von Wissenschaft und Politik in systemübergreifenden Zusammenhängen erörtern: Klein, Drinnen und Draußen; Petzold, Parteinahme wofür?

Raum wissenschaftlich gesicherte Schneisen einer dauerhaften Einordnung zu schlagen.[64]

2. Der wissenssoziologische Untersuchungsrahmen

So unterschiedlich, ja gegensätzlich sie ansonsten auch über ihren Gegenstand urteilen mögen – in einem entscheidenden Punkt treffen sich normativ-ausgrenzendes und pragmatisch-integrierendes, anklagendes und relativierendes Herangehen an die Historie in der DDR, und diese Gemeinsamkeit besteht in der theoretischen Vorannahme, daß auch eine der SED unterworfene Historiographie ihre Kraft „zur endogenen Bestimmung ihres theoretischen, methodischen und auch fachsprachlichen Profils" zumindest partiell wahren mußte, um nicht in ihren „spezifischen Funktionsimperative[n]", in ihrer „selbstorganisatorischen Entfaltung" als Wissenschaft bis zur Leistungsunfähigkeit verkürzt zu werden.[65] Zwar habe sich die politisch beherrschte Geschichtsschreibung der sozialistischen Länder insoweit vom westlichen Fachverständnis abgehoben, als historische Erkenntnis im institutionell abgesicherten Rahmen historisch-materialistischer Geschichtsphilosophie ihre eigene politische Indienstnahme legitimiere. Genauso aber habe gegolten, daß „die von der DDR-Historie im Prinzip geteilte Verpflichtung gegenüber den im Untersuchungsgegenstand und im wissenschaftlichen Verfahren liegenden Wahrheitskriterien und Überprüfungsregeln solcher Indienstnahme gewisse [...] Grenzen setzt"[66] und „man die Historiker nicht allzu robust im Namen von ‚Parteilichkeit' daran hindern durfte, universell anerkannte quellenkritische Überprüfungsverfahren zu praktizieren, wenn sie denn nicht aufhören sollten, Historiker zu sein und als solche anerkannt zu werden".[67] Der Streit um die DDR-Geschichtswissenschaft nach 1989 entzündete sich nicht zuletzt an der Frage, inwieweit diese Grenzen gewahrt oder übertreten wurden, und er spitzte sich im anklagenden Verständnishorizont zu der Forderung zu, einen DDR-Historiker aus der Zunft auszuschließen, wenn er willentlich und wissentlich die Tatsachen verbogen und unterdrückt, also schlicht „gelogen" hätte.[68]

Die aus diesem analytischen Ansatz abgeleiteten Untersuchungsfragen zeichnen sich durch ihren primär evaluierenden Charakter aus. Sie bilden die Geschichte der östlichen Geschichtswissenschaft auf der Folie der westlichen Geschichtswissenschaft ab, und sie untersuchen den Grad ihrer Ab-

64 Kocka/Mayntz (Hg.), Disziplinen im Umbruch; Küttler/Rüsen/Schulin (Hg.), Geschichtsdiskurs.

65 Kocka, Wissenschaft und Politik in der DDR, S. 438 u. 441.

66 Kocka, Parteilichkeit in der DDR-marxistischen Geschichtswissenschaft, S. 265f. Ebenso schon Rumpler, Parteilichkeit und Objektivität, S. 256.

67 Kocka, Wissenschaft und Politik in der DDR, S. 455.

68 Eckert, Replik, S. 100.

weichung und Übereinstimmung mit der internationalen Fachentwicklung, um nach Leistungen und Fehlleistungen der ostdeutschen Disziplinentwicklung für die Geschichte des Fachs und für die erkenntnisfördernde Aufschließung der Vergangenheit zu fragen. Diese Perspektive ist nicht nur berechtigt, sondern im Interesse einer gemeinsamen Zukunft der vereinten Historiographie zwingend, und es kann nicht verwundern, daß sie in der Publizistik wie in der Fachwissenschaft in der Regel mit Blick auf die Universalität der wissenschaftlichen Fachstandards als selbstverständlich akzeptiert wird. Was läge schließlich näher, als die von der DDR-Historiographie erbrachten Leistungen und Fehlleistungen nach den Maßstäben fachlicher Seriosität und intellektueller Redlichkeit zu beurteilen, die zumindest außerhalb des sowjetischen Machtbereichs ihre unbestrittene Gültigkeit nie verloren hatten, und was wäre selbstverständlicher, als nach dem Ende der Tyrannei das Gute vom Schlechten zu trennen, die „bedingungslosen Apologeten" von den „Subversiven", die „unbekümmerten Anpaßlinge" von den „Eigensinnigen" abzuheben und sie alle von der eigentlichen „Historiker-Opposition" in der parteiergebenen Fachzunft zu unterscheiden?[69]

Doch die Anwendung eines pluralen Wissenschaftsbegriffs auf die staatssozialistische Praxis des Faches wird weniger selbstverständlich, sobald es nicht primär um den Nutzen der fachlichen Hinterlassenschaft der DDR-Historiographie für die zukünftige Geschichtswissenschaft des vereinigten Deutschland geht, sondern um das auf Funktionsmechanismen und Bewegungskräfte zielende Verständnis ihrer abgeschlossenen Teilgeschichte im SED-Staat. Dann nämlich ist eine systematische Vergewisserung des spezifischen Wissenschaftscharakters der DDR-Historiographie vonnöten, die sich der Möglichkeit bewußt bleibt, daß eine andere Kultur- und Wissenschaftsordnung nach anderen Wahrheits- und Plausibilitätskriterien organisiert sein könnte als die eigene.[70] In der Tat zählte in der Zeit der deutsch-deutschen Teilung zum Selbstverständnis sowohl der westlichen wie der östlichen Klio, daß nur sie selbst zur Erkenntnis der historischen Wahrheit befähigt sei und die jeweils andere Seite sie systematisch oder notgedrungen verschleiere. Während im westlichen Fachverständnis die Ideologisierung der Historie im Osten als Verlust an Wissenschaftlichkeit rezipiert wurde, war dem marxistisch-leninistischen Theorierahmen, in dem die historische Wissenschaft der DDR sich zu entfalten hatte, die Idee einer zeit- und klassenübergreifenden Erkenntnis der Vergangenheit fremd, die auch dem ‚bürgerlichen' Denken einen Weg zur historischen Wahrheit zugestand. Mit Lenin konnte es zwischen bürgerlicher und sozialistischer Ideologie keinen Bereich allgemeingültiger Wahrheiten geben: „Ein Mittelding gibt es hier nicht (denn eine ‚dritte' Ideologie hat die Menschheit nicht

69 Die zitierte Kategorisierung nach Peters, Über Historikerverhalten.

70 Für die Trennung zwischen intellektuellem Verständnis und moralischer Akzeptanz fremder Wertordnungen plädiert eindrucksvoll Isaiah Berlin: The First and the Last.

geschaffen, wie es überhaupt in einer Gesellschaft, die von Klassengegensätzen zerfleischt wird, niemals eine außerhalb der Klassen oder über den Klassen stehende Ideologie geben kann). Darum bedeutet jede Herabminderung der sozialistischen Ideologie, jedes Abschwenken von ihr zugleich eine Stärkung der bürgerlichen Ideologie."[71] Diesem manichäischen Denken zufolge vermag nur ein der sozialistischen Ideologie verpflichteter Historiker der „willkürliche[n] Behandlung historischer Ereignisse in der bürgerlichen Geschichtsschreibung" zu entrinnen und ihr ein „geschlossenes marxistisch-leninistisches Geschichtsbild entgegenzusetzen, das die geschichtliche Wahrheit im Interesse des gesellschaftlichen Fortschritts zum Ausdruck bringt".[72]

Schon hieran zeigt sich, daß Aussagen über Identität und Differenz des wissenschaftlichen Grundverständnisses zwischen westlicher und östlicher Historiographie genauerer Untersuchung bedürfen, als es zunächst scheinen mag. Um Leistung und Versagen der ostdeutschen Historikerschaft und um die Stabilität wie die Brüchigkeit, die Entwicklung wie die Stagnation der von ihnen betriebenen Historie angemessen beschreiben zu können, müssen Charakter und Funktionsweise der Geschichtswissenschaft unter den Bedingungen der SED-Diktatur erst noch geklärt werden, und hierunter fällt nicht zuletzt die Frage, was „historische Wahrheit" im Diskurs der marxistisch-leninistischen Historiographie der DDR eigentlich bedeutete und nach welchen Prinzipien und Paradigmata ihre Erforschung organisiert war.[73] Eine unreflektierte Übertragung der Fachnormen einer pluralen Wissenschaft auf den Sonderfall einer „gebundenen Geschichtswissenschaft" (Ernst Schulin) in sozialistischen Diktaturen jedenfalls droht ihren Gegenstand zu verfehlen. So kontrastierte der in den achtziger Jahren unter westlichen Beobachtern vorherrschende Glaube an den „Übergang der Geschichtswissenschaft der DDR von einem politisch-ideologischen Erfüllungsorgan zu einer Wissenschaftsdisziplin mit beachtlichen Forschungs-

[71] Lenin, Was tun?, S. 396. Als Referenz zitiert, findet sich dieses Diktum in vielen Grundlagenwerken der DDR-Historiographie, so. z.B. in Berthold u.a. (Hg.), Kritik der bürgerlichen Geschichtsschreibung, S. 2.

[72] Ebd., S. 9f. Noch kategorischer statuierte eine in der DDR weitverbreitete und autoritative „Einführung in das Studium der Geschichte" die Trennung von ‚bürgerlicher' und „sozialistischer" Geschichtsschreibung: „Die Stellungnahme für den proletarischen Standpunkt, für den Sozialismus fällt [...] mit der Erkenntnis der objektiven Wahrheit des historischen Prozesses zusammen." Eckermann/Mohr (Hg.), Einführung in das Studium der Geschichte, S. 40f.

[73] Daß eine systematische Klärung der „Definition der Begriffe ‚Wissenschaft' [...] sowie ‚Wahrheit' im ideologischen Sprachhaushalt des in der DDR propagierten Marxismus-Leninismus" noch ausstehe, aber unabdingbar sei, um die Funktion von Wissenschaft und Forschung in der DDR zu klären, hält auch das Sondervotum der SPD-Fraktion im Abschlußbericht der Enquete-Kommission „Aufarbeitung von Geschichte und Folgen der SED-Diktatur in Deutschland" fest.

leistungen"[74] in seinem fachlichen Entwicklungsoptimismus nicht nur grell mit dem sich in Wirklichkeit anbahnenden Ruin der DDR insgesamt; er hypostasierte auch eine Befreiung der sozialistischen Historiographie von politischer Gängelung und eine Rückkehr zu den Fachstandards pluraler Wissenschaft unter dem Honecker-Regime, für die sich nach der Öffnung der ostdeutschen Archive weit weniger Bestätigung fand, als die Texte und Kongreßbeiträge ostdeutscher Historiker seinerzeit vermuten ließen.

Denn zwischen den veröffentlichten Produkten der DDR-Historiographie und den in der Regel nach außen hin sorgsam verborgen gehaltenen Umständen ihrer Produktion klafft eine Schere, die im Zeichen des ökumenischen Fachdenkens im Westen in der Regel nicht angemessen berücksichtigt wurde: Die gedruckten Texte, die über die Umstände ihrer Verfertigung nichts mehr verrieten, mochten eine ost-westliche Identität oder doch Kompatibilität wissenschaftlicher Maßstäbe suggerieren, die die als „Reisekader" bestätigten Ost-Historiker in ihrem persönlichen Habitus und auch in ihrem Umgang mit West-Historikern in der Regel noch zu unterstreichen suchten. Die aus den heute zugänglichen Quellen erkennbaren Stufen der Textentstehung hingegen deuten auf eine parteigebundene Herrschaftswissenschaft, die sich in ihrer Fachpraxis zu keiner Zeit etwa den von Robert Merton formulierten wissenschaftsethischen Grundsätzen des – wie er es nennt – ‚Kommunismus', des Universalismus, der Uneigennützigkeit und des organisierten Skeptizismus[75] öffnete oder auch nur die tradierten Objektivitätsregeln wie sachliche Überprüfbarkeit, Urteilsneutralität oder intersubjektive Glaubwürdigkeit konsequent achtete. Statt dessen funktionierte sie nach Regeln, die zu jeder Zeit die Dominanz der Politik *in* der Wissenschaft respektierten – und doch zu keiner Zeit als Dominanz der Politik *über* die Wissenschaft begriffen. Heute wissen wir genauer, daß der „wissenschaftliche Meinungsstreit" unter DDR-Historikern zu keiner Zeit Pluralität im westlichen Sinne bedeutete, daß selbst einzelne Wortbeiträge auf Internationalen Kongressen zuvor im Zentralkomitee festgelegt oder zumindest gebilligt worden sein konnten, daß wissenschaftliche Dispute immer gleichzeitig auch als politische Auseinandersetzungen geführt und bewertet wurden und kritische Zurückweisungen eigener Interpretationen durch den ‚Klassengegner' als politische Niederlagen galten, die es bei nächster Gelegenheit wettzumachen galt. Aus diesen Gründen ist die Verwissenschaftlichungsthese nach 1989 aus ganz unterschiedlichen Perspektiven heraus kritisch überprüft worden[76], und sie hat die Gegenthese provoziert, daß die DDR-Historiographie in vieler Hinsicht eine janusköpfige Wissen-

[74] Fischer/Heydemann, Weg und Wandel, S. 12.

[75] Merton, Priorities in Scientific Discovery, u. ders., Entwicklung und Wandel von Forschungsinteressen.

[76] Vgl. Kowalczuk, Legitimation eines neuen Staates, S. 343f., Neuhäußer-Wespy, Geschichtswissenschaft unter der SED-Diktatur, S. 21.

schaft im ‚Selbstwiderspruch' darstellte[77], die nach außen die internationalen Gepflogenheiten der wissenschaftlichen Diskussion und der offenen Auseinandersetzung respektiert, nach innen aber mit ganz anderen Maßstäben operiert habe.

Der Denkbarkeit einer ost-westlichen Parallelexistenz signifikant unterschiedlicher historischer Ordnungssysteme versucht die vorliegende Untersuchung Rechnung zu tragen, indem sie die Frage in den Mittelpunkt stellt, ob und inwieweit die politisch gebundene Historiographie im Realsozialismus nach 1945 als eine bei allen Beschädigungen im Prinzip moderne, nach internationalen Standards ausgerichtete Disziplin oder aber im Gegenteil als eine Wissenschaft sui generis mit inkompatiblen eigenen Maßstäben der fachlichen Praxis anzusehen ist. Sie muß folglich nach einem theroretisch-methodischen Ansatz suchen, der nicht unter der Hand die für sie selbst gültigen – wenngleich dem eigenen Anspruch nach universalen – Fachstandards unmittelbar auf den Untersuchungsgegenstand überträgt. Nur so kann sie sich die Möglichkeit offenhalten, daß die zu untersuchende Historiographie das Produkt eines ganz anderen Umgangs mit der Vergangenheit darstellte und in ihr die tradierten Standards der geschichtswissenschaftlichen Disziplin und ihre fachspezifischen Objektivitätsregeln zu einem bestimmten Grad durch andere fachliche Rationalitätskriterien und Prozeduren der Erkenntnisgewinnung ersetzt waren.

Damit steht sie vor dem gleichen Strukturproblem wie auf anderer Ebene etwa die Verfolgung von Unrechtshandlungen im SED-Staat durch deutsche Gerichte nach der Vereinigung, die weder auf eine bloße Übertragung bundesdeutscher Rechtsnormen (die in der DDR nicht galten) gründen[78] noch sich unmittelbar aus einem Rechtssystem der DDR ergeben kann, das selbst Instrument der sozialistischen Diktatur war. Die unter Entscheidungszwang stehende juristische Bewältigung behalf sich mit einer Konstruktion, die das Dilemma zwischen dem positivem Recht eines Staates und den übergreifenden Normen des Naturrechts nicht löst, aber einen pragmatischen Ausweg aus ihm weist: Unter Rückgriff auf die „Radbruchsche Formel", nach der es auch ein ‚gesetzliches Unrecht' geben könne, das aus Gründen, die

[77] Possekel, Der Selbstwiderspruch der DDR-Historiker; Sabrow, Klio mit dem Januskopf.

[78] Ein entsprechender Versuch, die *gegen* die Bundesrepublik gerichtete Spionagetätigkeit des MfS als Landesverrat *an* der Bundesrepublik zu belangen, hatte infolge der offensichtlichen Widersinnigkeit der aus ihm resultierenden Urteile keinen Bestand: Am 15.5.1995 setzte das Bundesverfassungsgericht die vom Territorium der DDR aus betriebene Spionagetätigkeit außer Strafverfolgung, und am 18.10.1995 kassierte der Bundesgerichtshof daraufhin ein am 6.12.1993 gegen den langjährigen Chef der Hauptverwaltung Aufklärung Markus Wolf ergangenes Urteil wegen Landesverrats in Tateinheit mit Bestechung. Vgl. Fricke, Markus Wolf vor Gericht, u. ders., Die rechtsstaatliche Ahndung.

dem positiven Recht übergeordnet seien, rechtsunwirksam sein müsse[79], verfolgt sie Unrechtshandlungen des SED-Regimes aus bundesdeutschem Rechtsverständnis und zugleich unter Anwendung ostdeutscher Rechtsvorschriften.[80]

Anders als die juristische Rechtsprechung unterliegt die historische Erkenntnis freilich keinen dezisionistischen Zwängen; sie muß nicht zwischen Freispruch und Verurteilung wählen, sondern kann Grauzonen markieren und dem vereinheitlichenden Maßstab des Rechts die Individualität der geschichtlichen Entwicklung entgegenstellen. Aus heuristischen Gründen die Geltungskraft westlicher Fachstandards für den Untersuchungsgegenstand in Frage zu stellen, bedeutet daher keineswegs die Rückkehr zur kritisch-systemimmanenten Schule der „alten" DDR-Forschung. Dieser ist nach 1989 nicht zu Unrecht der Vorwurf gemacht worden, im Interesse einer vermeintlichen wissenschaftlichen Objektivität die Orientierung an den Werten einer freiheitlichen Gesellschaft aufgegeben zu haben. Die methodische Annahme einer Gleichwertigkeit der konkurrierenden Systeme in Ost und West hatte vor 1989 den Weg bahnen sollen, um mit anderen Ländern des kommunistischen Machtbereichs auch den SED-Staat und seine Gesellschaft aus den je eigenen Bedingungen zu erklären und an den eigenen Ansprüchen zu messen. Bekanntlich hat der aus einer solchen Äquidistanz ableitbare Werterelativismus den systemimmanenten Interpretationsansatz nach dem Zusammenbruch des SED-Staates nachhaltig diskreditiert; mit der überlegenen Anziehungskraft des Westens auf die Bevölkerungen des sowjetischen Machtbereichs ist statt dessen die Selbstverständlichkeit auch der wissenschaftlichen Option für liberal-demokratische Standards und Werte bekräftigt worden.

Um hinreichend zwischen explanans und explanandum zu unterscheiden und an der universalen Geltungsberechtigung der die eigene Forschung leitenden Fachmaßstäbe festhalten zu können, ohne sie gleichzeitig ungeprüft auf einen möglicherweise abweichend verfaßten Untersuchungsgegenstand zu übertragen, bedarf es eines Interpretationsrahmens, der dem bislang dominierenden bilanzierenden Umgang mit der DDR-Geschichtswissenschaft einen rekonstruierenden Analyseansatz an die Seite stellt. Verlangt ist ein methodisches Herangehen, daß die Historie im SED-Staat in ihren spezifischen Funktionsmechanismen und Kommunikationsregeln

79 Radbruch, Gesetzliches Unrecht und übergesetzliches Recht.

80 Das juristische Dilemma dieses Vorgehens trat wiederum besonders im Prozeß gegen Markus Wolf zutage: „Die Düsseldorfer Richter hatten Wolf individuelle Schuld zu beweisen und sie infolge des im Grundgesetz verankerten strafrechtlichen Rückwirkungsverbots nach dem zur Tatzeit gültigen Strafrecht der DDR zu ahnden. Dessen Normen waren niemals zur Verfolgung von Regierungskriminalität gedacht gewesen." Fricke, Wolfs Schuld, S. 524. Zur Problematik siehe auch: Winters, Wie souverän war die DDR, und aus juristischer Sicht Meier, Haben DDR-Richter das Recht gebeugt?

nach Geltungskraft und Geltungsgrenzen zu erforschen erlaubt – und damit die den einzelnen Beteiligten bewußten oder nichtbewußten Denk- und Wahrnehmungsstrukturen erhellt, in denen sich die Verwandlung von Vergangenheit in Geschichte im System einer staatssozialistischen Historiographie vollzog. Die kulturgeschichtliche Wende der Geschichtswissenschaft am Ende des 20. Jahrhunderts erleichtert die Rückbesinnung auf die alte Erkenntnis der Wissenssoziologie, daß es „die" Realität weder in der Gegenwart noch in der Vergangenheit gibt und jede Wirklichkeit zuallererst eine gesellschaftliche Konstruktion bildet.[81] Man muß die objektive Gegebenheit einer hinter allen Wirklichkeitsvorstellungen liegenden Welt so wenig leugnen wie die Existenz einer objektiven Vergangenheit als unausschöpfbarem Referenzrahmen aller Geschichte(n), um anzuerkennen, daß jede Wirklichkeit und jede Geschichte immer ein nach den in einer Zeit, in einer Gesellschaft, in einer Sozialgruppe geltenden Sehweisen erzeugtes Bild bleibt, das bis zu einem gewissen Grade seine eigenen Gewißheitsquellen und -kriterien in sich trägt. Daraus ergibt sich ein sinn- und lebensweltlich gebundener Status allen Wissens, den Helmuth Pleßner schon vor Jahrzehnten so formulierte: „Was im offenen Rahmen der Lebenswelt Wissen zu sein behauptet und den Anspruch darauf plausibel findet, hat damit Recht auf dieses Wort und die in seinem Horizont intendierte Sache. Mehr Recht, ein höheres Recht mit irgendeinem ontologischen Rückgrat kann es freilich nicht geltend machen."[82]

Gerade die parallele Existenz zweier gleichzeitiger Geschichtssysteme in Ost und West wirft die Frage auf, ob hinter ihnen auch zwei unterschiedliche historische Sinnwelten mit spezifischen Modi zur Vergesellschaftung der Vergangenheit standen. Nun bedeutete ‚Vergangenheit' im SED-Staat vor allem ‚verwaltete Vergangenheit'. Ihre Geltungsgrenzen deckten sich mit den Regimegrenzen, und die gesellschaftliche Konstruktion der geschichtlichen Wirklichkeit folgte aus dem totalitären Projekt einer staatlichen Konstruktion der Gesellschaft. Doch ungeachtet dieser Einschränkungen: Besaß vielleicht auch die konstruierte Sinnwelt des SED-Regimes zumindest auf der Ebene der „öffentlichen Realität" ihre eigenen Gewißheitsquellen für den unter ihm lebenden Menschen – „Präskripte, an die er sich halten kann und hält, weil sie ihm selbstverständlich, nicht etwa nur verständlich sind"?[83] Entwickelte womöglich die historische Wirklichkeit im Osten in mancher Hinsicht zeitweise keine geringere „Normalität" als im Westen, und trat sie vielleicht drüben nicht grundsätzlich anders als hüben in Erscheinung, nämlich doppelt: einmal *objektiv* als Faktum und gesell-

81 Vgl. aus der neueren Diskussion insbesondere Mergel/Welskopp, Geschichte zwischen Kultur und Gesellschaft; Conrad/ Kessel (Hg.), Kultur & Geschichte; Welskopp, Die Sozialgeschichte der Väter.

82 Pleßner, Zur deutschen Ausgabe, in: Berger/Luckmann, Die gesellschaftliche Konstruktion der Wirklichkeit, S. XIV.

83 Ebd., S. XV.

schaftliche Objektivierung in institutionalisierten Werthaltungen, Habitus und Ideologien, zum anderen *subjektiv* als individuelle Rezeption und Reproduktion? Bildete vielleicht – und in welchen Grenzen – auch die *gleich*zeitige Wirklichkeitsordnung staatssozialistischer Gesellschaften eine solche Macht, wie sie Michel Foucault für die *vor*zeitige Wirklichkeitsordnung vormoderner Gesellschaften analysierte und als die „fundamentalen Codes einer Kultur" beschrieb, „die ihre Sprache, ihre Wahrnehmungsschemata, ihren Austausch, ihre Techniken, ihre Werte, die Hierarchie ihrer Praktiken beherrschen" und „gleich zu Anfang für jeden Menschen die empirischen Ordnungen (fixieren), mit denen er zu tun haben und in denen er sich wiederfinden wird"?[84]

Von diesen Fragen ausgehend, verfolgt die vorliegende Darstellung zur Entwicklung der Geschichtswissenschaft in der DDR die Absicht, zentrale Vorgaben, Zielsetzungen und Widerstände bei der Schaffung einer „sozialistischen Geschichtswissenschaft" ebenso wie die einzelnen Stadien ihrer Verwirklichung nach dem Grad ihrer Konkordanz und Diskordanz mit den Praktiken einer nicht-staatlich beherrschten Geschichtswissenschaft zu beschreiben. Ihr Ziel ist die exemplarische Rekonstruktion einer Bezugsordnung, die den Ereignissen der Vergangenheit in der staatssozialistischen Geschichtswissenschaft ihren jeweiligen Platz anwies und die Modi der historischen Aneignung institutionalisierte, um so die Geschlossenheit, die Plausibilitätsstruktur, kurz: die Legitimation einer – aus der westlichen Perspektive und im Rückblick – in mancher Hinsicht „anderen" historischen Wirklichkeitbestimmung zu verbürgen.[85] Im Mittelpunkt der Untersuchung sollen die überwiegend mehr oder minder subkutanen Regeln und Mechanismen historischen Denkens im SED-Staat in ihrer institutionellen und forschungspraktischen Ausprägung stehen, die sich individueller Infragestellung nicht selten gänzlich entzogen und die Eigenart der diktatorisch verwalteten Vergangenheit in der Geschichte der DDR maßgeblich prägten.

Dies setzt einen wissenssoziologischen Analyserahmen voraus, der es erlaubt, die oktroyierte Verständigung über die Vergangenheit in der SED-Diktatur auf ihren verschiedenen Handlungsebenen als einen sprachlich vermittelten Prozeß zu beschreiben, der nicht bereits durch eigene normative Vorentscheidungen strukturiert ist. Nur so kann die Untersuchung die

84 Foucault, Die Ordnung der Dinge, S. 22.

85 „Legitimation ‚erklärt' die institutionale Ordnung dadurch, daß sie ihrem objektivierten Sinn kognitive Gültigkeit zuschreibt. Sie rechtfertigt die institutionale Ordnung dadurch, daß sie ihren pragmatischen Imperativen die Würde des Normativen verleiht. [...] Jetzt jedoch werden *alle* Ausschnitte der institutionalen Ordnung in ein allumfassendes Bezugssystem integriert, das eine Welt im eigentlichen Sinn begründet, weil *jede* menschliche Erfahrung nun nurmehr als etwas gedacht werden kann, das *innerhalb* ihrer stattfindet." Berger/Luckmann, Die gesellschaftliche Konstruktion, S. 100ff. (Hervorhebungen im Original).

„konstruierte Natürlichkeit“[86] einer im nachhinein oder aus der westlichen Außenperspektive fremden historischen Sinnwelt in ihren einzelnen Schichten und Vermittlungsebenen sichtbar machen, ohne gleichzeitig ihre Denkmuster ungewollt zu übernehmen oder sie im Gegenteil methodisch zu verdrängen. Nicht allein den materiellen Inhalten des geltenden Geschichtsbildes gilt daher das Interesse der folgenden Studie, sondern ebenso die seinen Produzenten und Rezipienten in der Regel weit weniger bewußten Regeln und Strukturen, also die formale Ordnung, in der historisches Wissen organisiert und präsentiert wird. Der sich hieraus ergebende Erschließungsansatz führt die in der bisherigen Auseinandersetzung mit der intellektuellen Hinterlassenschaft der DDR oft unverbunden nebeneinander herlaufenden kultur- und diktaturgeschichtlichen Untersuchungsperspektiven zusammen, indem er die Wirklichkeit einer primär staatlich oktroyierten Sicht auf die Vergangenheit in ihrer doppelten Rolle als objektivierte Macht und subjektives Erzeugnis zu erfassen unternimmt.

Es geht in den einzelnen Kapiteln der vorliegenden Arbeit darum, die Macht einer ideologisierten Form der Verständigung über die Vergangenheit zu beschreiben, die in der Apodiktik eines Parteireferats wie in der Disputation über eine Dissertation zum Ausdruck kam, im eifrigen IM-Bericht eines dem MfS verpflichteten Historikers ebenso wie im beredten Schweigen eines Institutsdirektors gegenüber auswärtigen Gästen, in der gedruckten Abhandlung ebenso wie in der privaten Tagebuchaufzeichnung des Autors oder im empörten Telefonanruf aus der Abteilung Wissenschaften des ZK der SED. Denn historische Texte und fachliche Auseinandersetzungen um das kulturelle Gedächtnis waren ebenso wie politische Anweisungen und persönliche Interventionen in historischen Fragen auch unter den Bedingungen einer durchherrschten Gesellschaft in der Regel selbst dann auf sprachliche Vermittlung und Einhaltung – freilich spezifischer – argumentativer und Verfahrensregeln angewiesen, wenn sich hinter ihnen allein machtpolitische Entscheidungen, wirtschaftliche Zwänge oder die Wirkung institutioneller Rahmenbedingungen verbargen. Ohne die Macht der ideologischen Verführung und die Gewalt der politischen Unterdrükkung auszublenden, bietet ein solcher Interpretationsrahmen die Voraussetzung, um die sozialistische Diktatur zugleich als ein ‚Diskursgefängnis‘ sichtbar werden zu lassen, dessen Mauern im Laufe der Jahre hoch genug wurden – oder schienen –, um Handelnden wie Leidenden, Opfern wie Tätern ein Entkommen nachhaltig zu erschweren oder gar zu verbieten.

Dabei lassen sich mehrere voneinander abgegrenzte Untersuchungsdimensionen unterscheiden: Auf der inhaltlichen und ideologischen Ebene stehen die in der „Doktringesellschaft“ DDR in ihren einzelnen Entwicklungsphasen präferierten bzw. unterdrückten Stoffe und Themen, Arbeitsgebiete und Fragestellungen, Interpretationsschemata und Leitbilder histori-

[86] Der Begriff stammt von Pleßner, Die Stufen des Organischen, S. 334f.

schen Denkens im Vordergrund, aber auch die ihnen gemeinsame theoretische und weltanschauliche Grundlage des Marxismus-Leninismus und natürlich die vom politischen Kontrollapparat verantworteten Deutungsvorgaben und Handlungsanweisungen. Auf einer zweiten, stärker fachstrukturellen Ebene zielt die Untersuchung auf die spezifischen Formen der ‚gelenkten Verständigung' über Geschichte, also auf die Instanzen der Produktion, „Begutachtung" und Verbreitung historischen Wissens, auf die habituellen oder dekretierten Verfahren des Erkenntnisgewinns und auf die Formen des wissenschaftlichen Austauschs. Auf einer darunterliegenden, dritten Ebene hingegen sind die Tiefenschichten historischer Repräsentation zu lokalisieren: die den Akteuren in der Regel gar nicht bewußten Organisationskriterien, Wahrnehmungsraster und Sichtweisen, die das DDR-spezifische Bild von Geschichte prägten. Das Untersuchungsfeld umfaßt hier die privilegierten Argumentationsmuster, sprachlichen Ausdrucksformen und rhetorischen Praktiken, in denen sich der Umgang mit der Vergangenheit in der sozialistischen Diktatur vollzog, also die innere Ordnung einer spannungsreichen Verständigungswelt, die Herrscher und Beherrschte – in freilich asymmetrischer Weise – band und verband. Während die erste dieser drei Dimensionen schon während der Existenz einer zweiten deutschen Geschichtswissenschaft vor 1989 und die zweite immerhin seit dem Untergang des SED-Staates vielfach durchleuchtet worden ist, blieb die dritte von ihnen in der Forschung gleichsam unentdeckt. Dieser inneren Ordnung und besonders ihrer Verknüpfung mit inhaltlich-ideologischen und institutionellen Aspekten der DDR-Geschichtswissenschaft gilt daher das besondere Augenmerk der vorliegenden Darstellung.[87]

Auf diese Weise soll im folgenden die geläufige Auffassung problematisiert werden, daß die Rolle der historischen Wissenschaft in der DDR zuallererst als Unterwerfungsverhältnis einer politisch instrumentalisierten Disziplin zu interpretieren ist, die in ihrer weiteren Entwicklung ‚zwischen Parteilichkeit und Professionalität'[88] oszillierte. Hier wird demgegenüber die Hypothese verfolgt, daß in der DDR nicht lediglich eine äußerlich instrumentalisierte, sondern eine innerlich verwandelte Geschichtswissen-

[87] Das gewählte analytische Vorgehen bringt es mit sich, daß im folgenden der Sprache der Quellen viel Platz eingeräumt wird. Anders läßt sich der Denkhorizont des sozialistischen Geschichtsdiskurses oft kaum angemessen wiedergeben, wie schon vor Jahrzehnten Ernst Deuerlein festhielt: „Unvermeidlich ist – leider – die Anwendung einer Methode, die die Literatur des Marxismus-Leninismus in hohem Maße fragwürdig, ja lächerlich gemacht hat, nämlich ihr wörtliches Zitieren. Eine zusammenfassend-referierende Darstellung ist nicht in der Lage, Begriffe, Phrasen und Urteile der marxistisch-leninistischen Betrachtung und Bewertung deutlich zu machen." Deuerlein, Das geschichtliche Deutschlandbild des Marxismus-Leninismus, S. 492f.

[88] So der Titel eines von Konrad H. Jarausch herausgegebenen Sammelbandes: Zwischen Parteilichkeit und Professionalität. Vgl. Schmidt, Geschichte zwischen Professionalität und Politik, S. 1013ff.

schaft entstand, die selbst politisch-funktionalen Charakter trug und in der Professionalität und Parteilichkeit sich nicht wechselseitig ausschlossen, sondern spannungsreich miteinander verschränkten. Damit ist zugleich eine Frage aufgeworfen, die im Kern über den engeren Bezirk der Fachwissenschaft hinausweist auf den Charakter und die Bindungskraft der kommunistischen Diktatur in der DDR überhaupt: Inwieweit steckt die eigentliche Substanz der „Diktatur über die Vergangenheit" weder in den repressiven Mechanismen politischer und wissenschaftspolitischer Steuerung noch in der bloßen ideologischen Umschreibung der Geschichte im Sinne der marxistisch-leninistischen Weltanschauung, sondern vor allem in der Verschiebung ihrer diskursiven Grundlagen als historischer Fachdisziplin?

II. Fachliche Institutionalisierung: Die Errichtung eines zentralen Instituts für Geschichte

1. Die Gründungsgeschichte

Nirgendwo läßt sich die Umwandlung der tradierten deutschen Historiographie und damit die Auseinandersetzung zwischen Politik und Wissenschaft, zwischen überkommenem ‚bürgerlichem' und neuem „sozialistischem" Fachverständnis präziser verfolgen als an derjenigen Forschungseinrichtung, an der das fachliche Potential der DDR-Geschichtswissenschaft in besonderem Maße konzentriert war: dem Institut für Geschichte an der Deutschen Akademie der Wissenschaften. Nicht nur als Trägerin der beiden größten Querschnittsprojekte der zweiten deutschen Historiographie in der DDR, nämlich dem dreibändigen „Lehrbuch deutsche Geschichte" und der auf zwölf Bände angelegten, aber unvollendet gebliebenen „Geschichte des Deutschen Volkes" bzw. „Deutschen Geschichte", sondern auch als Produktionsort für einen Großteil der jährlich in der DDR erscheinenden historischen Fachliteratur repräsentierte das 1956 gegründete Forschungszentrum wie keine andere Facheinrichtung in der DDR den zweiten deutschen Geschichtsdiskurs in seiner thematischen Breite, seiner fachlichen Tiefe und seinen unterschiedlichen Entwicklungsphasen.

Die Gründungsgeschichte des Akademie-Instituts reicht bis in die frühen fünfziger Jahre zurück, in denen eine Folge von Parteibeschlüssen die radikale Umgestaltung von historischer Lehre und Forschung in der eben gegründeten DDR einleiteten. Auf ihrem Parteitag von 1950 rief die SED dazu auf, ein geschlossenes marxistisch-leninistisches Geschichtsbild zu entwikkeln, das an allen Schulen und Universitäten fest zu verankern sei, und im November desselben Jahres trat Ulbricht mit einer Kampfansage an den weltanschaulichen Pluralismus in der gesellschaftswissenschaftlichen Lehre hervor. Entsprechend wurde im Januar 1951 auf einer ZK-Tagung beschlossen, die überkommene Organisation des Hochschulstudiums aufzugeben, ein einheitliches zehnmonatiges Studienjahr einzuführen und den gewohnten Seminarbetrieb zugunsten eines festen Kurssystems mit exakt geregelten Studienplänen abzuschaffen.[1] Die Umstrukturierung, die im Herbst 1951 in Kraft trat und gezielt mit der „sog. ‚akademischen Freiheit'" aufzuräumen beabsichtigte[2], bedeutete einen entscheidenden Schritt hin zur Sowjetisierung der akademischen Ausbildung in der DDR, und sie wurde flankiert durch eine Reihe weiterer institutioneller Festlegungen. Das ZK-

[1] Heydemann, Geschichtswissenschaft im geteilten Deutschland, S. 146.
[2] Kowalczuk, Legitimation eines neuen Staates, S. 165f.

Plenum vom 18. bis 20. Oktober 1951 sprach sich für die beschleunigte Einrichtung eines Museums für deutsche Geschichte und zugleich für die Entwicklung eines Leitfadens zur Geschichte des deutschen Volkes in Lehrbuchform aus. Um „die tiefgehenden Forschungen der Klassiker des Marxismus-Leninismus auf dem Gebiet der Geschichte Deutschlands vollständig auszunutzen", ordnete es weiterhin die „Herausgabe eines Sammelbandes der entsprechenden Arbeiten und Aussprüche von Marx, Engels, Lenin und Stalin" an.[3] Vor allem aber verlangte die Entschließung des Zentralkomitees, ein Institut für Deutsche Geschichte an der Deutschen Akademie der Wissenschaften zu schaffen.[4]

Die Voraussetzungen für diese Vorhaben hatten sich in den Jahren seit der Wiederaufnahme des historischen Lehrbetriebes zum Wintersemester 1946/47 erheblich verbessert. Vor allem war an den Universitäten der DDR das zunächst verschwindend geringe Reservoir an parteikommunistischen Historikern spürbar größer geworden: Die 1947 immerhin schon aus Alfred Meusel, Walter Markov und Jürgen Kuczynski bestehende Gruppe marxistischer Hochschullehrer wurde noch im selben Jahr durch Hermann Duncker an der Universität Rostock sowie Albert Schreiner, der auf Parteibeschluß eine Professur an der Gesellschaftswissenschaftlichen Fakultät in Leipzig erhielt, und den an die Berliner Universität berufenen Ernst Niekisch ergänzt. Seit 1948 lehrte auch der England-Remigrant Heinz Kamnitzer an der Berliner Universität, und 1949 wurde der nach Rückkehr aus der türkischen Emigration zunächst an die Landeshochschule Potsdam geschickte Ernst Engelberg nach Leipzig berufen. 1950 ging Leo Stern an die Universität Halle und im selben Jahr der eben promovierte Karl Obermann an die Landeshochschule Potsdam. Weitere Parteihistoriker unterrichteten in Berlin unter anderem an der 1946 begründeten und zunächst von Rudolf Lindau, dann seit 1950 von Hanna Wolf geleiteten Parteihochschule der SED, an der Pädagogischen Hochschule und an der Hochschule für Ökonomie. Der Einfluß der SED auf die zukünftige Geschichtswissenschaft der DDR wurde weiter gestärkt durch die Tätigkeit des Marx-Engels-Lenin (-Stalin)-Instituts[5] und des 1951 gegründeten und seit 1953 mit Promotions- und Habilitationsrecht ausgestatteten Instituts für Gesellschaftswissenschaften, die beide direkt dem ZK der SED unterstellt waren. Hier, wie auch in den oft im SED-Organ *Einheit* erscheinenden Beiträgen der Parteiführung zu historischen Fragen, verwischte sich die Trennlinie zwischen Politikgeschichte und Geschichtspolitik gänzlich; bezeichnenderweise hatten am Institut für Gesellschaftswissenschaften Parteifunktionäre wie Fred

[3] Die wichtigsten ideologischen Aufgaben der Partei, S. 582.

[4] Ebd.

[5] Das 1947 geschaffene Institut nahm seine Arbeit 1949 auf. Bis 1953 hieß es Marx-Engels-Lenin-Institut, wurde im April 1953 zu Ehren des verstorbenen Diktators in Marx-Engels-Lenin-Stalin-Institut umbenannt und nach dem XX. Parteitag der KPdSU in „Institut für Marxismus-Leninismus" (IML).

Oelßner und Kurt Hager Lehrstühle inne, und 1953 erhielt auch die Parteihochschule zum erstenmal das dann stillschweigend wieder entzogene und später nochmals verliehene Promotions- und Habilitationsrecht.

Gleichzeitig setzte sich die Abwanderung nicht-marxistischer Historiker aus der DDR fort und wurden ostdeutsche Kollegen immer weiter vom wissenschaftlichen Austausch mit der westdeutschen Fachwelt abgeschnürt, wie sich auf den Historikertagen in München 1949 und in Marburg 1951 zeigte, zu denen ostdeutschen Verbandsmitgliedern mit wenigen Ausnahmen der Interzonenpaß verweigert worden war.[6] Im Gefolge der 7. Tagung des ZK vom Oktober 1951 erfaßte dann der „Sturm auf die Festung Wissenschaften" die Universitäten mit neuer Wucht. Die historischen Fakultäten in Rostock, Jena und Greifswald wurden geschlossen und die Ausbildung im Fach Geschichte auf die drei Schwerpunktuniversitäten Berlin, Leipzig und Halle konzentriert, an denen jeweils ein „Institut für Geschichte des deutschen Volkes" entstand, um so den traditionellen universitären Ausbildungsbetrieb gleichsam zu unterlaufen.[7] Den neuen Instituten wurden zudem längerfristige Forschungsaufgaben zugewiesen, um das bisherige Fehlen einer zentralen fachwissenschaftlichen Forschungsstätte nach sowjetischem Muster zu kompensieren. Den vorläufigen institutionellen Schlußstein des Konstituierungsprozesses einer neuen, marxistisch-leninistischen Geschichtswissenschaft bildete die Gründung eines zentralen Museums für Deutsche Geschichte in Berlin, dessen Leitung dem Soziologen und Historiker Alfred Meusel zufiel und das am 6. Juli 1952 mit einer Dauerausstellung in Ost-Berlin eröffnet wurde.[8]

Den konzeptionellen Rahmen dieser institutionellen Umstrukturierung lieferten SED-Politiker, Geschichtsfunktionäre und Fachhistoriker gleichermaßen. In einer Rede auf der 2. Parteikonferenz der SED im Juli 1952 nahm Walter Ulbricht die Geschichte „für den Kampf um die nationale Einheit und für die Pflege aller großen Traditionen des deutschen Volkes" in Anspruch und erklärte die Sowjetisierung auch der historischen Wissenschaft zum politischen Ziel: „Für die Entwicklung der Geschichtswissenschaft bei uns ist der ‚Kurze Lehrgang der Geschichte der Kommunistischen

[6] Timm, Das Fach Geschichte, S. 23.

[7] Heydemann, Geschichtswissenschaft im geteilten Deutschland, S. 150.

[8] Der 1896 in Kiel als Sohn eines Studienrates geborene Alfred Meusel war 1922 nach einem Studium der Literaturgeschichte, Rechtswissenschaften, Nationalökonomie und Soziologie in Kiel mit „Untersuchungen über das Erkenntnisobjekt bei Marx" promoviert worden und hatte sich bereits im Jahr darauf mit einer soziologischen Untersuchung in Aachen habilitiert. Meusel, der seit 1930 eine ordentliche Professur für Volkswirtschaft und Soziologie an der Technischen Hochschule Aachen bekleidet hatte und 1934 über Dänemark nach England emigriert war, wurde nach seiner Rückkehr „nicht nur der erste marxistische Geschichtsprofessor an der Berliner Alma mater, sondern der erste marxistisch-leninistische Historiker überhaupt, der an eine deutsche Universität berufen wurde", wie ein DDR-Biograph hervorhob. Haun, Alfred Meusel, S. 154.

Partei der Sowjetunion (Bolschewiki)' richtunggebend, der die Geschichte der bolschewistischen Partei vom Standpunkt des historischen Materialismus beleuchtet."[9] Wenige Wochen zuvor hatte Leo Stern auf einer Tagung ostdeutscher Archivare in einer programmatischen Rede die „Gegenwartsaufgaben der deutschen Geschichtsforschung" umrissen und verlangt, „sich von den falschen und verhängnisvollen Positionen des traditionellen akademischen deutschen Historismus loszusagen und sich eindeutig auf die Positionen der fortschrittlichen, humanistischen, zutiefst nationalen und weltaufgeschlossenen Geschichtswissenschaft zu stellen, [...] die erst von den größten Söhnen des deutschen Volkes, Marx und Engels, durch die revolutionäre Theorie des historischen und dialektischen Materialismus zum Rang einer echten Wissenschaft erhoben wurde".[10] Auf dieser Grundlage entwickelte Stern einen Entwicklungsweg der erneuerten Disziplin, der von der ,Wegräumung des reaktionären ideologischen Schutts' und der Abwehr der „zersetzenden ideologischen Einflüsse des anglo-amerikanischen Imperialismus" bis zur „Neuformung des deformierten deutschen Geschichtsbildes" reichte, um so die ostdeutsche Historie in den „Kampf um die Herstellung eines einheitlichen, demokratischen, souveränen und friedliebenden Deutschland" zu führen.[11] Daß sich hinter diesem Arbeitsprogramm ein grundsätzlich gewandeltes Verständnis historischer Wissenschaft abzeichnete, hatte bereits zuvor die Entschließung der ZK-Tagung vom Oktober 1951 klargestellt, die zur „Zerschlagung unwissenschaftlicher Geschichtsauffassungen"[12] aufrief und von Fred Oelßner mit der kategorischen Feststellung untermauert wurde: „Die deutsche Geschichte muß auf wissenschaftlicher, d.h. auf marxistischer Grundlage neu geschrieben werden."[13]

Die verlangte Neuformung des deutschen Geschichtsbildes war jedenfalls bis zu diesem Zeitpunkt vor allem ein politischer Auftrag von oben, keine innerfachliche oder geschichtskulturelle Strömung von unten. Um ein solches Unternehmen in Gang zu setzen, wie es der oktroyierte Austausch eines tradierten Geschichtsbewußtseins durch ein neues bedeutete, bedurfte es personeller Ressourcen, über die die parteiverpflichtete Historiographie nicht gebot, und einer zentralen Koordinierung der einzelnen Ausarbeitungsschritte, die nicht existierte. Überdies erwies es sich, daß der Versuch, die einzelnen Forderungen des ZK in die Wirklichkeit umzusetzen, nachgerade in einen Teufelskreis führte: Für den Aufbau eines sozialistischen Geschichtsmuseums waren entsprechend qualifizierte, marxistische Historiker vonnöten, und um ein überzeugendes Bild von der Vergangenheit aus marxistisch-leninistischer Sicht zu präsentieren, bedurfte es einer in sich

9 Walter Ulbricht: Rede auf der 2. Parteikonferenz der SED am 9. Juli 1952, zit. n. v. Hehn, Die Sowjetisierung des Geschichtsbildes, S. 6938.

10 Stern, Gegenwartsaufgaben der deutschen Geschichtsforschung, in: Ebd., S. 6936.

11 Ebd., S. 6936f.

12 Die wichtigsten ideologischen Aufgaben der Partei, S. 581.

13 Zit. n. Kowalczuk, Legitimation eines neuen Staates, S. 167f.

geschlossenen ‚Meistererzählung' als verläßlichem Leitfaden. Ein solcher Leitfaden mit Lehrbuchcharakter aber setzte, wollte er nicht gänzlich schablonenhaft ausfallen, Forschungsvorlauf und theoretische Durchdringung voraus. Die wenigen, für diese Aufgabe zur Verfügung stehenden Fachkräfte jedoch waren in ihrer Überzahl bereits am Museum für Deutsche Geschichte konzentriert, um dort die erst noch zu schaffende Geschichtslehre in Ausstellungsform zu vermitteln.

Auch zeigte sich nach 1951 schnell, daß der ideologische Bemächtigungsanspruch der SED gegenüber der ostdeutschen Historiographie Makulatur bleiben würde, wenn er die immer neuen Direktiven und Zielvorgaben nicht über ein zentrales Steuerungs- und Kontrollsystem auch institutionell absichern würde. Einen wichtigen Schritt für die von Kurt Hager schon auf der 7. ZK-Tagung im Herbst 1951 geforderte Koordinierung der historiographischen Arbeit[14] bedeutete die Entscheidung, zunächst den historischen Instituten an den ostdeutschen Universitäten die Erstellung gemeinsamer Forschungspläne für die Geschichtswissenschaft aufzugeben, die in einer Historikerberatung der Abteilung Propaganda des ZK am 5. Januar 1952 getroffen wurde.[15] Begonnen als bloße informatorische Sondierung, um festzustellen, welche Forschungsthemen in den einzelnen Instituten aktuell bearbeitet würden oder bereits abgeschlossen seien, wurde diese Übersicht schnell zum entscheidenden Hebel, um die Entwicklung des Faches zentralistischer Lenkung zu unterwerfen. Die Preußische Akademie der Wissenschaften hingegen, die ihre Arbeit im Juni 1945 wieder aufgenommen hatte und nach ihrer Unterstellung unter die Zentralverwaltung für Volksbildung 1946 als Deutsche Akademie der Wissenschaften weitergeführt wurde, fügte sich diesem Veränderungsdruck weniger bereitwillig. Der noch 1945 zum Sekretar der Philosophisch-Historischen Klasse gewählte Fritz Hartung[16], Akademie-Mitglied seit 1939 und treibende Kraft in der ebenfalls 1945 begründeten Historischen Kommission der Akademie, kommentierte den ZK-Beschluß zur Schaffung eines neuen historischen Forschungszentrums mit dem Bekenntnis, daß er „persönlich [...] die Errichtung eines besonderen Instituts neben oder anstelle der Historischen Kommission nicht für notwendig" halte und in jedem Falle erst geklärt werden müsse, ob die geplante Neugründung „die Freiheit zur wissenschaftlichen Durchführung erhalten werde".[17]

14 Vgl. Hager, Aus der Diskussionsrede.

15 Näheres bei Haun, Zur Entwicklung der marxistisch-leninistischen Geschichtswissenschaft, S. 223.

16 Vgl. zur Biographie Hartungs: Schochow, Fritz Hartung; Walther, Fritz Hartung, sowie Karl-Heinz Noack, Fritz Hartung. Ein konservativer Historiker zwischen Ost und West (unveröff. Ms., in: ABBAW, ZIG 161/6).

17 ABBAW, Bestand Akademieleitung, Nr. 135, Protokoll der Sitzung der Historischen Kommission am 18.10.1951.

Auf der folgenden Kommissionssitzung einen Monat später lag nicht nur der ZK-Beschluß vor, sondern auch das Ergebnis einer Rücksprache, die Hartung mit dem 1946 eingesetzten Direktor der Akademie, dem Mathematiker Josef Naas, genommen hatte und in der er, Hartung, „ganz scharf die Frage gestellt habe, ob die Historische Kommission der Akademie die geplanten Arbeiten mit der erforderlichen wissenschaftlichen Freiheit durchführen könne".[18] Naas antwortete in dem von Hartung gewollten Sinn unzweideutig, die Akademie „habe das Recht und die Pflicht, wissenschaftlich zu arbeiten in einer Weise, daß ihre Veröffentlichungen auch im Westen, z.B. in München, als wissenschaftliche Leistungen anerkannt werden". Hartung hatte es nun leicht, mit Naas Einvernehmen darüber zu erzielen, „zunächst überhaupt kein großes Institut aufzuziehen", sondern entweder die bestehende Historische Kommission durch einige außerakademische Mitglieder zu ergänzen oder neben ihr eine besondere Sektion für Geschichte im Rahmen der Klasse für Gesellschaftswissenschaften zu bilden und „je nach Bedarf den Apparat auszubauen". Auf diese Weise war die Oktoberoffensive der SED von 1951 im Dezember schon vor den Toren der Akademie zum Stehen gebracht worden. Freilich war dieser Sieg nicht von Dauer. Angesichts einer unter politischem Druck zustande gekommenen Kräfteverschiebung zwischen Marxisten und ‚Bürgerlichen', die sogar den Vorschlag aufkommen ließ, Marx, Engels und Hegel postum zu Ordentlichen Mitgliedern der Akademie zu wählen[19], sah Hartung schon bald die Voraussetzungen für die Bewahrung der wissenschaftlichen Forschungsfreiheit nicht mehr gegeben und trat am 16. Mai 1953 „aus grundsätzlichen Erwägungen" vom Amt des Sektionsvorsitzenden zurück[20], nachdem er schon im Dezember 1952 das Amt des Sekretars seiner Klasse niedergelegt hatte und aus dem Präsidium der Akademie ausgeschieden war.[21] Mit Hartungs Rücktritt stand eine entscheidende Frage auf dem Spiel: Bewegte sich die neue, marxistisch-leninistische Geschichtswissenschaft noch auf einer gemeinsamen diskursiven Grundlage, die eine fachliche Verständigung zwischen Marxisten und Nicht-Marxisten zumindest dem Grundsatz nach nicht ausschloß? Oder versuchte vielmehr der aus dem Entwicklungsrückstand der parteilichen Geschichtswissenschaft geborene Zwang zum politischen Bündnis mit der überkommenen Fachgelehrsamkeit die Inkompatibilität

18 Ebd., Niederschrift über die Sitzung der Historischen Kommission am 29.11.1951, 1.12.1951.

19 Walther, Fritz Hartung, S. 69.

20 SAPMO-BArch, DY 30, IV 2/9.04/397, Alfred Meusel, Bericht [über die Sitzung der Sektion für deutsche Geschichte vom 16.5.1953], 18.5.1953. Hartungs Rücktrittsschreiben lag allerdings schon längere Zeit zurück und war von Irmscher bereits in der Sektionssitzung am 11.4.1953 verlesen worden. Ebd., Johannes Irmscher, Protokoll über die Sitzung der Sektion für deutsche Geschichte am 11.4.1963.

21 Zu den Hintergründen: Schochow, Fritz Hartung, S. 243.

zweier sich ex ante ausschließender Wissenschaftsbegriffe nur zu überdekken?

Der zähe nicht-marxistische Widerstand gegen eine institutionelle Verankerung der sozialistischen Geschichtsforschung in der Akademie begünstigte zunächst Überlegungen, das neue Forschungszentrum außerhalb von ihr zu begründen. Hier bot sich insbesondere das neue Museum für deutsche Geschichte in Berlin an, dem nach der 7. ZK-Tagung die Aufgabe übertragen worden war, das für die Prägung eines sozialistischen Geschichtsbildes fundamentale Hochschullehrbuch der deutschen Geschichte auszuarbeiten. Die schwankende Wissenschaftspolitik der SED spiegelt damit zugleich die Aporien des Bemühens, den historischen Diskurs nicht etwa nur institutionell und ideologisch „gleichzuschalten"[22], sondern auf staatlichem Wege gleichsam neu zu schaffen, denn ursprünglich hatte das neue Museum das neue Geschichtsdenken lediglich propagieren, nicht aber auch begründen sollen.[23] Doch der mit dem Namen Meusel verbundene Versuch, das Museum zur zentralen Produktionsstätte der sozialistischen „Meistererzählung" auszubauen, scheiterte angesichts der geringen personellen Ressourcen rasch. Bereits im September 1952 zog die von Paul Wandel geleitete „Koordinierungs- und Kontrollstelle für Unterricht, Wissenschaft und Kunst" ein ungeschminktes Fazit hinsichtlich des großangelegten Versuchs, der neuen Geschichtswissenschaft durch Forschungskonzentration und Schwerpunktbildung in den Sattel zu helfen: „Die geschichtswissenschaftliche Forschung in der DDR ist aufgrund des Kadermangels und der Überlastung der wenigen Professoren erst in den letzten Monaten angelaufen. Wichtige Forschungsarbeiten werden zur Zeit unter der Leitung von Prof. Stern in den Archiven der DDR über die Geschichte der deutschen Arbeiterbewegung durchgeführt [...]. Bisher besteht jedoch noch keine Koordinierung der Forschung. Das Museum für deutsche Geschichte hat bis jetzt keine Forschungsarbeiten leisten können und wird dazu bis zur Eröffnung des Museums im Zeughaus im wesentlichen auch nicht in der Lage sein. In der Akademie der Wissenschaften arbeiten bürgerliche Gelehrte an Forschungaufgaben, von denen positiv die Arbeit an den Monumenta Germaniae Historica zu werten ist. Das MEL [Marx-Engels-Lenin-Institut] und die Parteihochschule ‚Karl Marx' leisten, soweit bekannt, Forschungsarbeiten nur in geringem Umfang."[24]

Kein besseres Schicksal erlitt der anschließend unternommene Versuch, das Vakuum einer fehlenden Forschungsorganisation auf historischem Gebiet in der DDR über eine an der Universität Halle arbeitende Forschungs-

22 Diese begriffliche Charakterisierung bei Neuhäußer-Wespy, Die SED und die Historie, S. 19.

23 Vgl. Pfundt, Die Gründung des Museums, MA, S. 32.

24 BArch, DR 3, 243, Koordinierungs- und Kontrollstelle für Unterricht, Wissenschaft und Kunst, Paul Wandel, an Gerhard Harig und Alfred Meusel, 4.9.1952.

gemeinschaft „Dokumente und Materialien zur Geschichte der deutschen Arbeiterbewegung" zu füllen.[25] Die Arbeitsgemeinschaft verdankte ihre Existenz der Überzeugung, daß eine erfolgversprechende Transformation der Historie in Ostdeutschland allein im Bunde mit der ‚bürgerlichen' Fachtradition erreicht werden könnte – unter der einen und unabdingbaren Voraussetzung, daß die institutionelle Machtfrage eindeutig zugunsten der Parteihistorie geklärt war. Dies zu bewerkstelligen, war das Ziel des Letiers der Forschungsgemeinschaft Leo Stern, eines österreichischen Altkommunisten und Schülers von Max Adler, der während des Spanischen Bürgerkrieges 1937/38 Offizier in den Internationalen Brigaden gewesen war, sich 1940 in der sowjetischen Emigration habilitiert hatte und 1945 als Oberstleutnant der Roten Armee nach Österreich zurückgekehrt war, um an der Universität Wien zu lehren und Forschungsaufträge der Akademie der Wissenschaften der UdSSR zu bearbeiten. 1950 wurde Stern zum Professor mit Lehrstuhl für neuere Geschichte an der Universität Halle-Wittenberg berufen, die er dann von 1953 bis 1959 als Rektor leitete.[26] Wenn auch im Parteiapparat aufgrund seiner undurchsichtigen Beziehungen zur sowjetischen Seite immer mit einem gewissen Mißtrauen angesehen, wurde Stern schnell eine der Leitfiguren der neuen Geschichtswissenschaft und bildete zusammen mit Alfred Meusel, Jürgen Kuczynski[27], Ernst Engelberg[28] und Albert Schreiner[29] das spannungsreiche Fünfgestirn, das der Historiographie in der DDR den weiteren Weg wies.

25 Die Literatur zur „Forschungsgemeinschaft" ist spärlich. Vgl. Kowalczuk, Legitimation eines neuen Staates, S. 214, und aus DDR-Sicht Haun, Die Entwicklung der Forschungsgemeinschaft; Grau, Stern, S. 322f.

26 ABBAW, ZIG 677, Leo Stern, o.D.

27 Zu Kuczynski vgl. weiter unten, S. 346f.

28 Der 1909 im badischen Haslach geborene Engelberg, dessen Vater Buchdrucker und Herausgeber einer sozialdemokratischen Zeitung war, hatte 1934 ein Studium der Geschichte, Nationalökonomie, Philosophie und Rechtswissenschaften mit einer Promotion über die deutsche Sozialdemokratie zur Zeit Bismarcks abgeschlossen, bevor er wegen illegaler Arbeit für die KPD, der er 1930 beigetreten war, von den NS-Behörden verhaftet und zu eineinhalb Jahren Zuchthaus verurteilt worden war. 1935 in die Schweiz und 1941 in die Türkei emigriert, kehrte Engelberg 1948 nach Deutschland zurück und wurde 1951 zum Gründungsdirektor des Instituts für die Geschichte des deutschen Volkes an der Universität Leipzig berufen.

29 Anders als die Vorgenannten hatte Schreiner vor 1945 keine akademische Qualifikation erworben, konnte dafür aber auf eine langjährige Tätigkeit als Berufsrevolutionär und Spitzenfunktionär in der kommunistischen Arbeiterbewegung zurückblicken. Schreiner, Geburtsjahrgang 1892, absolvierte eine Lehre als Maschinenschlosser in Stuttgart und wurde in der Novemberrevolution Vorsitzender des Stuttgarter Arbeiter- und Soldatenrates, kurzzeitig sogar Kriegsminister in der ersten württembergischen Revolutionsregierung. Als Mitbegründer der KPD in Württemberg nahm er 1922 als Delegierter am IV. Weltkongreß der Kommunistischen Internationale teil und organisierte als militärischer Leiter des KPD-Oberbezirks Hamburg-Bremen-Hannover die bewaffneten Aktionen im Hamburger Aufstand 1923.

In Reaktion auf die Beschlüsse des III. SED-Parteitages noch 1950 gegründet, umfaßte seine Hallenser Forschungseinrichtung schon bald einen Kreis von 35 Mitarbeitern, der Materialien zur Geschichte der deutschen Arbeiterbewegung in allen in der DDR liegenden Archiven sichtete und zusammenzuführen suchte, regelmäßige Arbeitstagungen veranstaltete und unter dem Titel „Archivalische Forschungen zur Geschichte der deutschen Arbeiterbewegung" im Verlag Rütten & Loening eine eigene Schriftenreihe herausgab. Ihre Themenfelder umfaßten die Geschichte der deutschen Arbeiterbewegung im Vormärz, in der zweiten Hälfte des 19. Jahrhunderts sowie zwischen 1914 und 1933 und waren in eine Vielzahl von Einzelthemen gegliedert, so daß die Arbeitsgemeinschaft unter Einrechnung von drei weiteren monographischen bzw. editorischen Projekten in der Mitte der fünfziger Jahre insgesamt nicht weniger als 24 verschiedene Publikationsvorhaben betrieb. Damit schickte die Forschungsgemeinschaft sich an, die Lösung eben der fachwissenschaftlichen Koordinierungsaufgabe in Angriff zu nehmen, an der das Museum für deutsche Geschichte kurz zuvor gescheitert war. In Erkenntnis, daß die marxistisch-leninistische Historikergruppe nach Größe und Kompetenz nicht in der Lage sein könnte, ein solches Forschungsprogramm zu bewältigen, versuchte Stern daher gar nicht erst eine gesiebte Elite der neuen Geschichtswissenschaft um sich zu scharen, sondern stützte sich gezielt auf ‚bürgerliche' Fachleute und versuchte, die Richtigkeit seines Vorgehens durch breit angelegte Jahrestagungen seiner Forschungsgemeinschaft unter Beweis zu stellen: „Die Erfolge der Forschungsgemeinschaft bieten ein gutes Beispiel für die Möglichkeit einer engen und fruchtbaren Zusammenarbeit zwischen marxistischen und bürgerlichen Wissenschaftlern auch bei so schwierigen und komplizierten ideologischen Fragen, wie es historische Probleme sind."[30]

Zeitweilig Chefredakteur der Roten Fahne, wechselte Schreiner 1928 von der KPD in die KPO und emigrierte 1933 nach Frankreich, wo er eine Reihe von Büchern verfaßte, die hellsichtig vor Hitlers Kriegstreiben warnten. 1935 in die KPD zurückgekehrt, nahm er von 1936 bis 1938 als Stabschef der XII. Internationalen Brigade am Spanischen Bürgerkrieg teil, war zwischen 1938 und 1941 interniert und emigrierte 1941 in die USA. Der Ende 1946 nach Berlin zurückgekehrte, als Westemigrant und zeitweiliger KPO-Anhänger von Ulbricht mit Mißtrauen betrachtete Schreiner wurde im September 1947 zum Professor für Geschichte an der Universität Leipzig berufen, dann aber wegen seiner einstigen Rolle als „Abtrünniger" und „Versöhnler" im Zuge einer Säuberungskampagne in der SED 1950 wieder abberufen und zum wissenschaftlichen Mitarbeiter des MEL-Institutes in Berlin degradiert. 1952 holte er seine Promotion mit einer Arbeit zur „Geschichte der deutschen Außenpolitik 1871–1945" nach und wurde im selben Jahr zum Leiter der Abteilung „1918–1945" am Museum für deutsche Geschichte berufen.

30 ABBAW, ZIG 164, Gerhard Fuchs, Tagung der Forschungsgemeinschaft zur Herausgabe „Dokumente und Materialien zur Geschichte der deutschen Arbeiterbewegung" [Dezember 1953]. Vgl. zu dieser Kooperation aus der Perspektive der späten DDR-Geschichtswissenschaft Grau, Stern, S. 333.

Doch sein Konzept geriet schon Ende 1953 in Mißkredit, nachdem ein Mitarbeiter Sterns, Werner Frauendienst, der in der NS-Zeit eine Professur für Neuere Geschichte in Halle innegehabt hatte, auf eben einer solchen Tagung der Hallenser Arbeitsgemeinschaft im Dezember 1953 ein Referat hielt, das „von den fortschrittlichen Zügen Preußens (neben reaktionären) als von einer selbstverständlichen Tatsache" sprach.[31] Daß sich auf derselben Tagung der Leiter des Zentralarchivs in Merseburg in seinem Beitrag gegen die Ambitionen des MELS-Instituts verwahrte, relevante Aktenbestände in das Partei-Institut zu überführen, und ein dritter Mitarbeiter Sterns gegen die Klassenbedingtheit des preußischen Militarismus argumentierte, ließ den Falken im Parteiapparat die Vermutung zur Gewißheit werden, daß man es mit einer großangelegten Offensive des ‚bürgerlichen' Gegners zu tun habe. Das SED-Institut für Gesellschaftswissenschaften sandte eine Denkschrift an das ZK, die Sterns Absicht, die Hallenser Arbeitsgemeinschaft als Sprungbrett zum institutionellen Aufstieg zu nutzen, in ihr Gegenteil verkehrte, und zu dem düsteren Fazit kam: „Die Arbeitstagung hat ergeben: daß wir über die wirkliche Lage unter den bürgerlichen Archivaren und Historikern der DDR und über die Pläne und Intrigen der reaktionären Kräfte nicht unterrichtet sind".[32] Als besonders alarmierend bewertete die der Parteiführung zugeleitete Expertise, daß der ausgerechnet zum besonders gefährlichen Gegner gestempelte Tagungsreferent Frauendienst in einem von Stern und Hartung gemeinsam erstellten Planungspapier für das kommende Akademie-Institut als Abteilungsleiter auftauchte: „Es ergibt sich schließlich, daß die angeführten Erscheinungen der Arbeitstagung in ihrer ganzen Tendenz mit dem von Prof. Dr. Hartung vorgeschlagenen Plan für die Arbeit und die Struktur des vorgesehenen Historischen Instituts der Deutschen Akademie der Wissenschaften übereinstimmen. [...] Die von Hartung in Vorschlag gebrachte Struktur und Besetzung des Instituts bedeutet faktisch ein völliges Übergewicht der bürgerlichen Historiker und Archivare, indem die einzelnen Abteilungen fast nur bürgerlichen Exponenten, darunter ausgerechnet Frauendienst, unterstellt werden sollen."[33]

Zusammen mit seinen Mitarbeitern stand damit auch Leo Stern in der Schußlinie, obwohl an seiner eigenen ‚richtigen wissenschaftlichen Haltung' kein Zweifel bestand, da er dem Bericht der ZK-Abteilung zufolge als einziger sofort scharfe Kritik an den inkriminierten Referaten geübt habe und nachweisen konnte, daß seine Mitarbeiter in ihren Präsentationen von ihren vorher mit ihm abgestimmten Texten abgewichen seien und ihn mit

[31] SAPMO-BArch, DY 30, IV 2/9.04/123, Arbeitstagung der Forschungsgemeinschaft „Dokumente und Materialien zur Geschichte der deutschen Arbeiterbewegung" am 7. u. 8.12.1953, 27.3.1954.

[32] Ebd., Institut für Gesellschaftswissenschaften, Ernst Hoffmann, Bemerkungen zur 3. Arbeitstagung der Forschungsgemeinschaft „Dokumente und Materialien zur Geschichte der deutschen Arbeiterbewegung" am 7. und 8.12.1953, o.D.

[33] Ebd.

dem Vortrag ihrer persönlichen Auffassungen nachgerade überrumpelt hätten.[34] Gleichwohl wurde ihm vorgehalten, durch die Eigenmächtigkeit seiner Mitarbeiter „in eine ungünstige Position"[35] gebracht worden zu sein, die ihn bei der Durchsetzung der von der SED avisierten Forschungsziele behindere und „vom Gegner als Unterdrückung der ,wissenschaftlichen Freiheit' ausgelegt werden kann".[36] Auch hier lautete für den Parteiapparat die Schlußfolgerung, daß eine Zusammenarbeit mit ,bürgerlichen' Fachleuten nur auf der Grundlage des Marxismus-Leninismus möglich sei und die neue Geschichtswissenschaft keine Kompromisse mit der gegnerischen Historiographie eingehen dürfe.[37]

Den Beteiligten war bewußt, daß es in dieser Auseinandersetzung im Vorfeld des IV. Parteitags der SED um eine Richtungsentscheidung über die künftige Entwicklung der ganzen Geschichtswissenschaft in der DDR ging. Stern versuchte mutig, mit dem selbstkritischen Eingeständnis „ernste[r] Entgleisungen" den Freiraum für eine Fachpraxis zu gewinnen, die sich nicht scheute, die fachliche Unterstützung von Nichtmarxisten in Anspruch zu nehmen – jedenfalls sofern sie Zuarbeit blieb und die marxistische Deutungshoheit nicht tangierte: „Ich bin der Meinung, daß Prof. Fraundienst oder andere Mitarbeiter niemals gefährlich werden können, da es von vornherein feststand, daß das von ihnen bearbeitete Archivmaterial *nur unter entsprechender Redaktion und Einbegleitung durch berufene marxistische Historiker veröffentlicht werden* wird."[38] Mit diesem Vorstoß verfocht Stern Interessen, die unabhängig von ihrem wissenschaftlichen Standort wohl fast alle Historiker der DDR außerhalb der Partei-Institute teilten, und dies brachte ihm die Unterstützung eben der Bastion ein, der er zuvor fast im Alleingang hatte stürmen wollen: Am 18. März 1954 stellte die Klasse für Gesellschaftswissenschaften der Akademie in ihrer Sitzung fest, daß die sozialgeschichtliche Forschung in der DDR durch die Bildung der Forschungsgemeinschaft und ihre bisherige Tätigkeit ihr festes Fundament gefunden hat und daß das von Stern praktizierte Prinzip einer Zusammenarbeit von marxistischen und nichtmarxistischen Historikern richtig sei.[39]

Allerdings blieb auch der Parteiapparat nicht untätig. In Halle zwang die Parteileitung der Universität Stern praktisch zur Kündigung des Brückenschlags zur traditionellen Historiographie und zum Bekenntnis, daß er seine ,bürgerlichen' Mitarbeiter nicht als Historiker, sondern lediglich als Zuarbeiter betrachte: „Es ist klar, daß diese Leute [...] nur wissenschaftliche

34 Ebd., Abteilung Wissenschaft und Hochschulen, Bericht, o.D.

35 Ebd.

36 Ebd., Arbeitstagung der Forschungsgemeinschaft „Dokumente und Materialien zur Geschichte der deutschen Arbeiterbewegung" am 7. u. 8.12.1953, 27.3.1954.

37 Ebd., Institut für Gesellschaftswissenschaften, Bemerkungen.

38 Ebd., Leo Stern an Walter Ulbricht, 12.2.1954. (Hervorhebung im Original).

39 Ebd., Der Referent für Gesellschaftswissenschaften an die Historische Kommission, 25.3.1954, Äußerung Leo Stern.

Hilfsdienste leisten. Bei mir gibt es keine Historiker. Ein Historiker ist derjenige, der darstellt. Diese Leute suchen aber das Material, sie sammeln es, haben die Bestandsübersichten aufgestellt."[40] Für den Sektor Geschichte im ZK formulierte der Fachfunktionär Ernst Diehl dagegen im Anschluß an den IV. Parteitag der SED eine ausführliche Stellungnahme, die noch einmal grundsätzlich auf den spezifischen Charakter von Dialogkonzept und Wissenschaftsverständnis in der marxistisch-leninistischen Historiographie in der DDR einging und die „Position des prinzipienlosen ‚Zusammenwirkens' auch mit reaktionären Kräften" durch eine Form der „Zusammenarbeit" überwunden wissen wollte, „die hilft, die Geschichte auf der Grundlage des historischen Materialismus auszuarbeiten und den Kampf gegen die feindlichen Ideologien zu führen".[41]

Die Vorarbeiten zur Gründung eines zentralen Geschichtsinstituts in der DDR waren mit dieser Auseinandersetzung in einer ausweglos scheinenden Sackgasse gelandet. Während der Konflikt zwischen staatlichen und parteilichen Instanzen um die Aktenhoheit zur Parteiüberlieferung bald durch einen Kompromiß beigelegt werden konnte, in dem die ZK-Bürokratie zwischen den Interessen beider Seiten zu vermitteln trachtete[42], hatte der Eklat um Sterns Arbeitsgemeinschaft das verminte Feld der Gegensätze zwischen ‚Bürgerlichen' und Marxisten und der Grabenkämpfe innerhalb der kommunistischen Historikergruppe um eine weitere und alle anderen überlagernde Konfliktlinie erweitert: der Auseinandersetzung zwischen der Fachzunft und den Geschichtsfunktionären im Parteiapparat. Aus der Sicht von Ernst Diehl beleuchtete der „Fall Stern" genauso auch die ideologische Unzuverlässigkeit Meusels und die Gefahr, die von seiner Verbindung zu Hartung für das künftige Geschichtsinstitut und für die DDR-Geschichtswissenschaft insgesamt ausgehe, da sie dem Eindringen der feindlichen westlichen Geschichtswissenschaft das Tor öffne.[43] Wie sich damit zeigt, lag der eigentliche Grund der nicht vom Fleck kommenden Gründung des Geschichtsinstituts nicht allein im Mangel an marxistischen Historikern in der DDR, sondern weitaus stärker noch in den eigenen parteiinternen Differenzen über den Charakter der neuen Geschichtswissenschaft.

Solange die gegeneinander arbeitenden Kräfte und Konzeptionen in Politik und Wissenschaft nicht auf eine gemeinsame Linie gebracht werden konnten, war ein entscheidender Durchbruch hin zu dem von allen Fraktionen der parteimarxistischen Historiographie geforderten Zentrums der Geschichtsforschung in der DDR nicht zu erwarten. Der tiefste Grund für die stockende Umwälzung lag folglich darin, daß der SED-Apparat auf dem

40 Ebd., Protokoll der Besprechung der Parteileitung vom 1.3.1954.

41 Ebd., Ernst Diehl, Bemerkungen zum Diskussionsbeitrag des Genossen Prof. Dr. Stern, 2.4.1954.

42 Ebd., Abt. Wissenschaft und Hochschulen an Paul Wandel, 15.2.1954.

43 Ebd., Diehl, Bemerkungen zum Diskussionsbeitrag des Genossen Prof. Dr. Stern.

Feld der Geschichtswissenschaft selbst noch nicht durchsetzungsstark genug war, um die eigenen Historiker zu einer einheitlichen Haltung zu verpflichten, ohne ihre doppelte Loyalität gegenüber der Wissenschaft und der Partei auf eine Zerreißprobe zu stellen. So mußte der von Nachwuchsfunktionären wie Ernst Diehl und später Rolf Dlubek geleitete Sektor Geschichte[44] in der Wissenschaftsabteilung des ZK machtlos zusehen, wie angesichts der unklaren Gesamtlage einzelne Nestoren der ostdeutschen Historiographie die Augenblicksschwäche ihrer innerparteilichen Konkurrenten nutzten, um mit ihrem jeweiligen Gestaltungsvorschlag für das künftige Geschichtsinstitut eigene Interessen zu verfolgen und offene Rechnungen zu begleichen.

Am 12. Dezember 1953 schaltete sich auch Jürgen Kuczynski in den Wettstreit der marxistischen Mandarine ein, um Meusel für einen Plan zu gewinnen, der Sterns Machtbasis torpedieren sollte. Sein Vorschlag sah vor, angesichts der Kräfteknappheit der marxistischen Historiographie die historische Lehre in der DDR auf nur eine oder zwei DDR-Universitäten zu konzentrieren und die Forschung ganz von den Hochschulen weg zu verlagern, um das Museum für deutsche Geschichte zu erhalten, aber gleichzeitig parallel zu ihm das Akademie-Institut zu errichten. Die hinter diesem Vorstoß stehende Absicht war unschwer zu erraten, denn Kuczynski hielt es für selbstverständlich, daß auf diese Weise gleichzeitig zwei der drei Universitätsinstitute für die Geschichte des deutschen Volkes aufzulösen seien oder zumindest eines von ihnen, nämlich das in Halle.[45] Den solcherart seiner institutionellen Macht in Halle beraubten Stern wollte Kuczynski mitsamt seinem Apparat als Abteilung „Geschichte der deutschen Arbeiterbewegung" in das künftige Akademie-Institut eingegliedert wissen, das daneben zunächst die Abteilungen „Neuzeit", „Wirtschaftsgeschichte" und „Feudalismus" aufzubauen hätte.

Da keiner der Kontrahenten genügend Autorität besaß, um die anderen an sich zu binden, fiel diese Entscheidung zwangsläufig an die Parteibüro-

[44] Weder Diehl noch Dlubek waren bei Übernahme ihrer wissenschaftspolitischen Instruktionstätigkeit promoviert, und beide wurden von der Universität weg in die für den Bereich Wissenschaften zuständige ZK-Abteilung übernommen. Hinter dieser Personalpolitik des Parteiapparates verbarg sich neben dem Mißtrauen gegenüber der Historikerzunft auch eine erhebliche Personalnot: Als Rolf Dlubek bei seiner Einstellung auf weit besser qualifizierte Parteigenossen hinwies, ließ ihn der Kaderleiter wissen, daß die in den fünfziger Jahre geltende Regelung, keine Mitarbeiter mit Westverwandtschaft und keine früheren Westemigranten in den Parteiapparat aufzunehmen, zu einem außerordentlichen Mangel an qualifizierten ‚Kadern' auch im Sektor Geschichte geführt habe. Mitteilung Prof. Dr. Rolf Dlubek an den Vf., 20.4.1999.

[45] SAPMO-BArch, DY 30, IV 2/9.04/397, Jürgen Kuczynski an Alfred Meusel, 12.12.1953. Wenn zwei erhalten bleiben könnten, sollten es Berlin und Leipzig sein, fügte Kuczynski seinem Vorschlag an, um die Front seiner Gegner nicht unnötig zu erweitern.

kratie selbst zurück. Der wiederum mangelte es an der erforderlichen Legitimität, um das Verfahren kurzerhand an sich zu ziehen. Es war daher so konsequent wie bezeichnend, daß die Abteilung Wissenschaften und Hochschulen des ZK im Winter 1953/1954 eine Reihe von Stellungnahmen zu den Aufgaben und dem Aufbau des künftigen Akademie-Instituts einholte, um die vorliegenden Vorschläge von Hartung und Kuczynski zu neutralisieren und sich eine hinreichende Legitimationsbasis für das weitere Vorgehen zu schaffen.[46] Zwar wurden nur SED-Historiker um ihre Stellungnahme gebeten. Doch wieder zeigte sich, daß die gemeinsame politische und weltanschauliche Bindung nicht hinreichte, um zu einer einvernehmlichen Lösung zu kommen: Stern sprach sich für eine grundsätzliche Orientierung an der Ressorteinteilung in der sowjetischen Akademie der Wissenschaften aus und grenzte sich polemisch von Kuczynski ab[47]; Schreiner verwarf die Vorschläge Meusels und Kuczynskis gleichermaßen, weil sie den Rahmen einer möglichen Zusammenarbeit mit den ‚bürgerlichen' Historikern falsch oder gar nicht absteckten; Karl Obermann versuchte zwischen Stern und Kuczynski zu vermitteln, indem er die Frage aufwarf, ob das neue Institut seinen Sitz nicht in Halle nehmen sollte, und der ebenfalls um seine Meinungsäußerung gebetene Leiter des Deutschen Instituts für Zeitgeschichte, Karl Bittel, beharrte vor allem darauf, daß sein eigenes Haus (das bislang beim Presseamt des Ministerpräsidenten ressortierte), schnellstmöglich dem neuen Geschichtsinstitut angegliedert werde.[48]

Hinter diesen unterschiedlichen Konzepten verbargen sich unterschiedliche, aber miteinander verwobene Grundsatzfragen, deren fehlende Klärung dazu führte, daß auch diese programmatische Initiative zunächst wieder im Sande verlief. Offen war zunächst der thematische oder chronologische Zuschnitt des zu gründenden Instituts. Einerseits sprachen sich alle Denkschriften für eine Epochengliederung nach Feudalismus, Kapitalismus und DDR-Geschichte (Stern) oder Mittelalter, Neuzeit und Neueste Zeit (Schreiner) bzw. „bis 1789", „von 1789 bis 1871" und „ab 1871" (Meusel) aus. Andererseits aber befürworteten alle Gutachter ebenso einen systematischen Aufriß, der quer zur chronologischen Gliederung Abteilungen für Wirtschaftsgeschichte, Verwaltungsgeschichte und Geschichte der Arbeiterbewegung vorsah, um so das neue Haus auf den schon bestehenden Forschungssäulen zu errichten. Das aber provozierte sofort den Einwand, wie „hier Überschneidungen vermieden werden (sollen)"[49], und führte zu dem

[46] Vgl. Mehls, Die Gründungsphase, S. 804.

[47] SAPMO-BArch, DY 30, IV 2/9.04/397, Leo Stern, Exposé zur Gründung eines Instituts für Geschichte an der Deutschen Akademie der Wissenschaften, o.D.

[48] Ebd., Albert Schreiner, Bemerkungen zu Leitsätzen für den Aufbau des Instituts für Geschichte an der Akademie, 8.1.1954; Karl Obermann an Abteilung Wissenschaft und Hochschulen, 14.1.1954; Karl Bittel, Historisches Institut an der Akademie, 13.1.1954.

[49] Ebd., Bittel, Historisches Institut an der Akademie, 13.1.1954.

Gegenvorschlag, die Hauptabteilung Wirtschaftsgeschichte dem Institut für Wirtschaftswissenschaften zu überlassen und die Geschichte der deutschen Arbeiterbewegung dem MELS-Institut.[50] Damit erhob sich freilich wiederum die Frage, aus welchen fachlichen und personellen Ressourcen dann der Grundstock des künftigen Forschungszentrums zu bilden sei. Stern, der sich gleichzeitig auch gegen die Austrocknung des Faches an den Universitäten wehrte, unterstrich als entscheidende Voraussetzung, „daß unbedingt auf die Gewinnung und gute Zusammenarbeit mit den noch vorhandenen und zur Mitarbeit bereiten bürgerlichen Historikern und Archivaren Wert gelegt werden müsse".[51] Eine gegenteilige Auffassung vertrat Schreiner, der in allen Abteilungen des neuen Instituts die marxistische Dominanz gesichert wissen wollte und dessen zentrale Aufgabe darin sah, „entscheidend an der Erarbeitung eines Geschichtsbildes mitzuwirken, das sich kritisch mit der deutschen Vergangenheit und mit der bürgerlichen Geschichtsschreibung auseinandersetzt, das dem deutschen Volk ermöglicht, die Lehren aus seiner Vergangenheit zu ziehen und ihm das Rüstzeug vermittelt in seinem Kampf um nationale Einheit und Unabhängigkeit, um dauerhaften Frieden und wahre Demokratie. *Dieses Geschichtsbild kann nur auf der Basis des historischen Materialismus erarbeitet werden.*"[52] Folgerichtig wehrte Schreiner sich gegen jede fachliche Zusammenarbeit, die auf ‚ideologischen Zugeständnissen' beruhte. Sein Plädoyer lief darauf hinaus, das neue Institut nicht nur zu einem Zentrum der deutschen Geschichtswissenschaft *in* der DDR, sondern zum Zentrum einer anderen deutschen Geschichtswissenschaft *der* DDR zu machen: „Das Institut kann die leitende und koordinierende Funktion in der Geschichtswissenschaft nur in dem Maße ausüben, in dem der historische Materialismus als die maßgebliche Grundlage für Forschung und Lehre Anwendung findet."[53]

Die so radikal erstmals von Schreiner skizzierte Aufspaltung einer über Jahrhunderte gewachsenen Historie als Wissenschaft in eine ‚bürgerliche' und eine „proletarische" Disziplin, die in derselben Sprache und auf demselben nationalen Boden miteinander zu konkurrieren hatten, war allerdings ein Vorgang, der der direkten Einflußnahme und Unterstützung durch die politische Macht und der durch sie bewirkten Veränderung der fachlichen Rahmenbedingungen ebenso bedurfte wie der Kollaborationsbereitschaft hinreichend vieler Wissenschaftler. An beidem aber mangelte es im Jahr 1954 noch. Mit dem Menetekel des vorjährigen Juniaufstandes im Rücken schreckte die Parteiführung offenbar lange Zeit vor einem radikalen Schnitt in der Geschichtswissenschaft zurück, so sehr mit dem IV. Parteitag der SED im März/April 1954 auch der ideologische Druck abermals zu wach-

50 Ebd., Schreiner, Bemerkungen zu Leitsätzen.
51 Ebd., Stern, Exposé.
52 Ebd., Schreiner, Bemerkungen zu Leitsätzen, Hervorhebung im Original.
53 Ebd.

sen begann. Unter den Fachhistorikern wiederum fand Schreiners Vorstoß wenig Gegenliebe und mit Meusel sogar einen Gegner, der den Fehdehandschuh sogleich aufzunehmen gewillt war. In mehreren Denkschriften warnte der Direktor des Geschichtsmuseums davor, die Einheit des Faches aufs Spiel zu setzen, und berief sich hierzu auf den gesamtnationalen Charakter der Akademie: „Wenn ich mich nicht täusche, gibt es innerhalb und außerhalb der Akademie Kreise, die nichts so sehnlich wünschen, als daß gerade jetzt in der Akademie ein unheilbarer Riß zwischen Marxisten und Bürgerlichen entsteht, und daß dadurch die Fäden zerschnitten werden, die die Akademie mit westdeutschen Gelehrtenkreisen verbinden.“[54] Er konzipierte daher einen Antrag der Klasse für Gesellschaftswissenschaften an das Präsidium der Deutschen Akademie der Wissenschaften, der sich im wesentlichen auf organisatorische Fragen beschränkte. Unter Ausklammerung aller weltanschaulicher Fragen schlug er den Ausbau der Sektion Geschichte zu einem handlungsfähigen Koordinationsorgan und die Schaffung einer Arbeitsstätte vor, die zu einem nach Westdeutschland ausstrahlenden, zentralen geschichtlichen Forschungsinstitut der DDR werden könne.[55]

Doch auch die SED-Führung hatte in der Zwischenzeit dazugelernt. In ihrem Auftrag arbeitete die Abteilung Wissenschaft und Hochschulen für das ZK einen „Beschlußentwurf über die Kaderentwicklung in der Geschichtswissenschaft, die Aufgaben der Institute und Archive“ aus[56], der unmittelbar nach dem IV. Parteitag der SED den Entwicklungsstand der ostdeutschen Geschichtswissenschaft aus parteimarxistischer Sicht bewertete. Die breit angelegte Analyse orientierte sich an einem Ideal ‚fortschrittlicher deutscher Geschichtswissenschaft‘, die im „Kampf gegen die imperialistischen Verfälschungen der deutschen Geschichte und zur Stärkung des Patriotismus und der Gewißheit von der Unbesiegbarkeit der patriotischen Kräfte [...] die Rolle der Volksmassen als der entscheidenden Kraft bei der Entstehung und der Entwicklung der deutschen Nation wissenschaftlich nachzuweisen“ habe.[57] Mit dieser entschlossenen Verschmelzung von historischer Wissenschaftlichkeit und politischer Instrumentalität war der entscheidende Schritt hin zur Ausbildung einer neuen Wissenschaft von der Geschichte getan, deren Zentrum das Institut für Geschichte bei der Deutschen Akademie der Wissenschaften in Zukunft werden sollte. Wenn der Beschlußentwurf dekretierte, daß zur Lösung dieser Aufgaben die Anwendung der marxistisch-leninistischen Theorie auf die Erforschung und Darstellung aller Abschnitte der deutschen Geschichte notwendig sei[58], dann konnte auch der widerspruchsvolle Doppelcharakter als gleichzeitig

54 Ebd., Alfred Meusel an Ernst Diehl, 8.2.1954.

55 Ebd., Alfred Meusel, Geschichtswissenschaft in der Akademie, 16.5.1954.

56 Ebd., 90, Beschlußentwurf über die Kaderentwicklung in der Geschichtswissenschaft, Aufgaben der Institute und Archive, 1. Fassung, o.D.

57 Ebd., S. 1.

58 Ebd., S. 2.

parteiverbundene und überparteiliche Koordinierungs- und Forschungseinrichtung für überwunden gelten, der den Aufbau des neuen Geschichtszentrums über volle drei Jahre hinweg gehemmt hatte. Mit dem Beschlußentwurf wurde die entscheidende Kehrtwendung vollzogen, die die parteigebundene Wissenschaftsschule in der DDR offen in eine parteiliche Schulwissenschaft der DDR verwandelte und ihre politische Instrumentalität zur fachlichen Norm erhob. Die Bedeutung dieses Konzeptes lag in dem veränderten Bewertungsmaßstab, mit dem der Entwicklungsstand der ostdeutschen Historiographie nun nicht mehr primär kausal, sondern final beurteilt wurde: Der Beschlußentwurf argumentierte nicht mehr aus einer zumindest rhetorischen Rücksicht auf die Fachtradition und abweichende Auffassungen unter dem gemeinsamen Dach einer einheitlich gedachten Geschichtswissenschaft heraus, sondern allein von der angestrebten ‚Schaffung eines neuen, wissenschaftlichen Geschichtsbildes‘[59] im Dienste der SED her.

Dieser grundsätzliche Perspektivenwechsel betraf auch das geplante Geschichtszentrum an der Akademie, und es war nur konsequent, daß der Beschlußentwurf die Institutionalisierung in einer denkbar knappen Frist vorangetrieben sehen wollte. Schon auf den 1. Juni 1954 wurde die Eröffnung von zwei des auf insgesamt fünf Abteilungen konzipierten Hauses festgelegt, nämlich der Bereiche für deutsche Geschichte von 1789 bis 1871 und von 1871 bis zur Gegenwart. Realistisch konnte diese Planung freilich nur sein, wenn das Institut Zugriff auf bereits bestehende Forschungsprojekte und Organisationsstrukturen erhielt, und über die verfügte einzig Leo Stern. „Das Institut setzt die Arbeiten der Arbeitsgemeinschaft ‚Dokumente und Materialien zur Geschichte der deutschen Arbeiterbewegung‘ fort", konstatierte der Beschlußentwurf denn auch lapidar und erhob Leo Stern unter souveräner Übergehung aller Rivalitäten unter den ‚führenden Genossen Historikern‘ zum verantwortlichen Gründungsdirektor.[60] Der Versuch, auf diese Weise den gordischen Knoten der verworrenen Bündnisse und Intrigen zu durchschlagen, mußte allerdings nicht nur Sterns Kontrahenten mobilisieren, sondern setzte sich auch in einen eklatanten Widerspruch zum parteimarxistischen Grundcharakter, den der Beschlußentwurf dem neuen Institut zugedacht hatte. Denn bekanntlich waren es ja fast ausschließlich ‚bürgerliche‘ Fachleute gewesen, denen die bisherige Leistung der Hallenser Arbeitsgemeinschaft zu verdanken gewesen war, was der Beschlußentwurf durch folgende Vorgabe aufzufangen suchte: „Durch die ständige ideologische Anleitung der parteilosen Archivare [...] durch die Mitarbeiter des

59 Ebd., J IV 2/2–428, Protokoll Nr. 31/55 der Sitzung des Politbüros des Zentralkomitees am 5. Juli 1955, Anl. Nr. 1, S. 23.

60 Ebd., IV 2/9.04/90, Beschlußentwurf über die Kaderentwicklung in der Geschichtswissenschaft, Aufgaben der Institute und Archive, 1. Fassung, o.D., S. 10.

Instituts an der Akademie ist zu sichern, daß die Quellenveröffentlichungen allen politischen und wissenschaftlichen Ansprüchen entsprechen."[61]

Der hierin enthaltene Kompromiß war ungefähr die einzige Formulierung in dem der künftigen Forschungskoordination gewidmeten Abschnitt des umfänglichen Beschlußentwurfs des ZK, der noch bis in die am 5. Juli 1955 im Politbüro zur Entscheidung gestellte Beschlußvorlage erhalten blieb. Von der Heftigkeit, mit der im Vorfeld der Verabschiedung dieser ZK-Vorlage um Ausrichtung und Aufbau des geplanten Geschichtsinstitutes gerungen wurde, legen die immer neuen Metamorphosen beredtes Zeugnis ab, die der Text zwischen Frühjahr 1954 und Sommer 1955 durchlief. Die Kontroversen betrafen den Gründungszeitpunkt und die strukturelle Gliederung des Instituts, vor allem aber die Frage, wer unter den führenden SED-Historikern sich an seine Spitze setzen und das künftige Profil des neuen Hauses bestimmen würde. So verschob schon der zweite Beschlußentwurf das Datum der Arbeitsaufnahme vom 1. Juni 1954 auf den 1. Januar 1955.[62] Die durch abermalige Überarbeitungen eingetretenen Verzögerungen führten im dritten Entwurf zur Verlegung der Institutsgründung auf den 1. Mai 1955.[63] Auch dieser Termin wurde bald von der Wirklichkeit des fortwährenden Tauziehens um den Beschluß überholt, so daß der vierte Entwurf gar kein festes Datum mehr nannte, sondern nur mehr einen noch nicht bestimmten Zeitpunkt „zur Mitte des Jahres 1955" anpeilte.[64] Auch dies erwies sich noch als zu voreilig. Der am 5. Juli 1955 endlich gebilligte Geschichtsbeschluß, der der historischen Parteiwissenschaft in der DDR ihre formelle Gründungsurkunde ausstellte, dekretierte, daß der Beschluß der 7. Tagung des Zentralkomitees, ein Institut für Geschichte an der Deutschen Akademie der Wissenschaften zu schaffen, bis zum 1. Oktober 1955 verwirklicht werde.[65]

So unrealistisch eng der Gründungstermin in den einzelnen Entwürfen auch gefaßt worden war, verriet die Hast der Geschichtsfunktionäre doch die nochmals gestiegene Bedeutung, die dem neuen Geschichtszentrum jetzt zukam. Denn derselbe Geschichtsbeschluß, der dessen Institutionalisierung hilfreich beschleunigen sollte, hatte mit seinem ehrgeizigen Planziel, der neuen Geschichtswissenschaft zum endgültigen Durchbruch zu verhelfen, auch den tatsächlichen Zwang unabweisbar gemacht, ein organisatorisches und ideologisches Kraftzentrum einzurichten, das die Etablierung der neuen Wissenschaft vorantrieb: „Ein ernstes Hindernis für die Entwicklung der

61 Ebd.

62 Ebd., Beschlußentwurf über die Kaderentwicklung in der Geschichtswissenschaft, Aufgaben der Institute und Archive, 2. Fassung, S. 14.

63 Ebd., Die Aufgaben der Geschichtswissenschaft nach dem IV. Parteitag, 3. Entwurf, S. 28.

64 Ebd., Überblick über den Beschluß, 4. Entwurf, S. 22.

65 Ebd., J IV 2/2–428, Protokoll Nr. 31/55 der Sitzung des Politbüros des Zentralkomitees am 5. Juli 1955, Anl. Nr. 1, S. 23.

Geschichtswissenschaft der Deutschen Demokratischen Republik besteht in dem Fehlen einer zentralen Koordinierung und Planung der geschichtswissenschaftlichen Arbeit und besonders der Forschungstätigkeit. Die verschiedenen geschichtswissenschaftlichen Institute arbeiteten weitgehend nebeneinander und wurden nicht durch ein zentrales geschichtswissenschaftliches Institut angeleitet. Dieser Mangel führte dazu, daß einige wichtige Aufgaben der deutschen Geschichtswissenschaft bisher vernachlässigt wurden." [66] Die damit gegebene Eilbedürftigkeit der Schaffung einer straffen Forschungskoordination im parteimarxistischen Interesse bewog die SED-Führung, ihre ideologischen Bedenken nicht nur gegenüber der Hallenser Arbeitsgemeinschaft, sondern auch gegenüber der immer noch von Nicht-Marxisten dominierten Berliner Akademie hintanzustellen und ihr das neue Institut zuzuordnen. Rücksicht auf die innerhalb der Akademie gültigen Entscheidungswege wurde dabei nicht oder nur notdürftig genommen, wie der erste Entwurf des Geschichtsbeschlusses mit seiner statuarischen Verfügung demonstrierte: „In der Klasse für Gesellschaftswissenschaften der Deutschen Akademie der Wissenschaften wird ein Institut für Geschichte [...] geschaffen."[67] Während der schließlich vom Politbüro gebilligte Beschluß sich hier einer geschmeidigeren Formulierung bediente, überging er in einem anderen Punkt sogar den Einspruch Meusels und legte in offener Mißachtung der Akademie-Statuten kurzerhand eigenmächtig fest, daß die ZfG „später als Organ des Instituts für Geschichte" erscheinen solle.[68]

Das verbissene Tauziehen unter den SED-Historikern um das inhaltliche Profil und die institutionelle Struktur des neuen Zentrums hingegen wurde auch durch diese massive Einschaltung der obersten Parteiinstanzen in den Gründungsprozeß nicht unterbunden. Der Erstentwurf der Politbüro-Vorlage gliederte das Institut im Frühjahr 1954 in fünf Abteilungen, von denen drei der deutschen Geschichte bis 1789 (1. Abteilung) bzw. von 1789 bis 1871 (2. Abteilung) sowie von 1871 bis zur Gegenwart (3. Abteilung) gewidmet waren und die beiden übrigen der allgemeinen Geschichte (4. Abteilung) und der Wirtschaftshistorie (5. Abteilung). Der Entwurf sah weiterhin vor, daß die 3. und die 5. Abteilung von Stern bzw. Kuczynski geleitet würden und ihre Arbeit mit der Institutsgründung aufnehmen sollten, während die drei übrigen Abteilungen erst anschließend aufzubauen und in ihrer Leitung „durch qualifizierte Genossen" zu besetzen seien.[69] Offenbar erhob sich Widerstand gegen die inhaltliche Übermacht der projektierten Abtei-

66 Ebd., IV 2/9.04/90, Beschlußentwurf über die Kaderentwicklung in der Geschichtswissenschaft, die Aufgaben der Institute und Archive, 1. Fassung, S. 6.

67 Ebd., S. 9.

68 Ebd., J IV 2/2–428, Protokoll Nr. 31/55 der Sitzung des Politbüros des Zentralkomitees am 5. Juli 1955, Anl. Nr. 1, S. 26.

69 Ebd., IV 2/9.04/90, Beschlußentwurf über die Kaderentwicklung in der Geschichtswissenschaft, die Aufgaben der Institute und Archive, 1. Fassung, S. 9f.

lung Stern, die im zweiten Entwurf bereits auf den Zeitraum von 1871 bis 1918 verkleinert wurde, um Platz für eine neue Abteilung 4 „Deutsche Geschichte von 1918 bis zur Gegenwart" zu schaffen.[70] Auch sie wurde nach erneuter Entwurfsüberarbeitung abermals unterteilt in eine Abteilung 4 von 1918 bis 1945 und eine neue Abteilung 5 von 1945 bis zur Gegenwart.[71] Dafür verschwand in diesem vierten Entwurf die vorgesehene Abteilung „Allgemeine Geschichte" aus der geplanten Gründungsstruktur[72], so daß die dem Politbüro zugeleitete Beschlußvorlage schließlich sechs Abteilungen aufwies, von denen immerhin fünf chronologisch gegliedert und allein auf die deutsche Geschichte bezogen waren. Offenbar in letzter Stunde wurde schließlich das neue Institut im Politbürobeschluß vom 5. Juli 1955 noch einmal erweitert; ein handschriftlicher Zusatz führt noch eine „7. Abteilung: Geschichte der Völker der UdSSR" auf.[73]

Lediglich ein einziger Querschnittsbereich stand dieser offenkundigen Konzentration auf die einzelnen Abschnitte des geplanten Lehrbuchs nach den verschiedenen Umarbeitungen der Beschlußvorlage noch entgegen, nämlich die Abteilung Wirtschaftsgeschichte unter Kuczynski. Daß ungeachtet der anderslautenden Empfehlung des Ministerrates[74] mit der allgemeinen Geschichte auch sie zwischenzeitlich zur Disposition gestanden hatte, erhellt eine Korrespondenz, die Kuczynski selbst zu Anfang des Jahres 1955 mit der zuständigen ZK-Abteilung führte und in der er um eine Entscheidung bat, ob er weiter als Politökonom dem Institut für Wirtschaftswissenschaften erhalten bleiben oder als Historiker die Abteilung Wirtschaftsgeschichte am Institut für Geschichte aufbauen solle.[75] Die Unsicherheit war offenbar dadurch entstanden, daß sich im Politbüro vor allem Fred Oelßner gegen den Übertritt Kuczynskis zum Geschichtsinstitut starkgemacht hatte[76], während den Geschichtsfunktionären des ZK Kuczynskis Unentbehrlichkeit bei der Errichtung des neuen Forschungszentrums nur allzu bewußt war. Doch offenen Widerstand gegen die Meinungsbildung im Politbüro wagte nicht einmal der Leiter der Abteilung, Kurt Hager, dem Kuczynski im Februar 1955 vorhielt: „Seit mehr als einem Jahr warte ich jetzt mit einem Kreis von etwa 12 Mitarbeitern auf die Schaffung einer Abteilung Wirtschaftsgeschichte im Rahmen eines Instituts der Akademie

70 Ebd., Beschlußentwurf über die Kaderentwicklung in der Geschichtswissenschaft, Aufgaben der Institute und Archive, 2. Fassung, S. 14.

71 Ebd., Überblick über den Beschluß, 4. Entwurf, S. 23.

72 Ihre Bildung wurde auf unbestimmte Zeit verschoben: „Der Aufbau von Abteilungen für Allgemeine Geschichte ist in den nächsten Jahren vorzubereiten." Ebd.

73 Ebd., J IV 2/2–428, Protokoll Nr. 31/55 der Sitzung des Politbüros des Zentralkomitees am 5. Juli 1955, Anl. Nr. 1, S. 23.

74 Heitzer, Die Gründung des Instituts für Geschichte, S. 96.

75 SAPMO-BArch, DY 30, IV 2/9.04/397, Jürgen Kuczynski an Ernst Diehl, 19.1.1955.

76 Mündliche Mitteilung Prof. Dr. Rolf Dlubek an den Vf., 9.6.1998.

der Wissenschaften."[77] Kuczynski selbst gab sich neutral und erklärte sich unter der Voraussetzung eines bewilligten Stellenplans bereit, eine Abteilung Wirtschaftsgeschichte aufzubauen und organisiert arbeiten zu lassen, ganz gleich, welchem Institut der Akademie sie wann angeschlossen werde.[78] Unterstützung erhielten Hagers Leute in der ZK-Abteilung Wissenschaften diesmal aber von Meusel, der zwar der ihm schriftlich vorgelegten Frage auswich, „ob die Wirtschaftsgeschichte zur Politökonomie oder zu Historie gehört", es in bezug auf Kuczynski selbst aber für ratsam hielt, „wenn er seine wertvolle Arbeitskraft und seine großen Kenntnisse dem Institut für Geschichte widmet".[79]

Die Frage berührte nicht nur das Schicksal einer Institutsabteilung, sondern betraf vor allem das heikelste von allen Problemen, die die Gründung des neuen Forschungszentrums aufwarf: die Besetzung des Direktorenpostens. Im ursprünglichen Entwurf der Abteilung Wissenschaft und Propaganda war Stern nicht nur, wie ausgeführt, für die Leitung des Gesamtinstituts nominiert, sondern in Personalunion auch zum Chef der Abteilung 3 (Deutsche Geschichte von 1871 bis zur Gegenwart) gekürt worden, was ihm angesichts der thematischen Breite dieses Ressorts eine fast unangreifbare Stellung gesichert und Kuczynski als designierten Leiter der Abteilung 5 (Wirtschaftsgeschichte) zur Ohnmacht verurteilt hätte. Die vermutlich heftige Kritik der Kontrahenten Sterns führte dazu, daß der nächste Entwurf von der Einzelleitung zu einem dreiköpfigen Führungskollegium umschwenkte: „Die Leitung des Instituts wird [von] einem Kollektiv, bestehend aus den Genossen Professoren Kuczynski, Stern und Schilfert, übernommen."[80] Wenn die Durchbrechung der alphabetischen Ordnung bei der Namensnennung als Hinweis auf eine interne Rangordnung genommen werden darf, hatte nun Kuczynski Stern in der Führungsrolle abgelöst, während dem noch nicht vierzigjährigen Neuzeithistoriker Gerhard Schilfert in diesem Gremium wohl hauptsächlich die praktische Umsetzung der getroffenen Entscheidungen zufallen würde. Der vierte Entwurf schließlich spiegelte die tatsächliche Situation in der Führungstroika der ostdeutschen Historiographie vielleicht am deutlichsten wider, indem er Kuczynski, Meusel und Stern in die Institutsleitung zu berufen vorschlug, dabei aber Kuczynski in der Funktion des geschäftsführenden Direktors als primus inter pares heraushob.[81] Gemäß dieser Konstruktion sollten alle drei Direktoren zusätzlich eine eigene Abteilung leiten, nämlich Meusel die Abteilung 1

77 SAPMO-BArch, DY 30, IV 2/9.04/397, Jürgen Kuczynski an Kurt Hager, 16.1.1955. Hager glossierte den Brief mit der bezeichnenden Frage: „Wo kommt nun K. hin – in die Geschichte oder in die Wirtschaft?"

78 Ebd., 90, Überblick über den Beschluß, 4. Entwurf, S. 23.

79 Ebd., Alfred Meusel an Ernst Diehl, 29.4.1955.

80 Ebd., Beschlußentwurf über die Kaderentwicklung in der Geschichtswissenschaft, Aufgaben der Institute und Archive, 2. Fassung, S. 15.

81 Ebd., Überblick über den Beschluß, 4. Entwurf, S. 23.

(Deutsche Geschichte bis 1789), Stern die Abteilung 3 (Deutsche Geschichte von 1871 bis 1918) und Kuczynski die Abteilung 6 (Wirtschaftsgeschichte).

Um so überraschender war, daß der Gründungsdirektor schließlich doch nicht Kuczynski hieß und auch nicht Stern oder Meusel, sondern Karl Obermann. Sein Name war zum erstenmal auf der Vorschlagsliste des vierten Entwurfs für die Leitung der einzelnen Arbeitsbereiche aufgetaucht, die ihn als Direktor der Abteilung 2 (Deutsche Geschichte von 1789 bis 1871) benannte und damit auf einer mittleren Führungsebene zwischen dem Mitarbeiterstamm und der eigentlichen Institutsleitung rangieren ließ. Obermanns beruflicher Lebenslauf wies zudem ein deutlich geringeres Maß an akademischer Qualifikation auf als etwa der von Kuczynski, Stern oder auch Meusel: Der 1905 in Köln als Sohn eines Fabrikarbeiters geborene Obermann hatte als freischaffender Journalist gearbeitet und der SPD angehört, bevor er 1933 über Belgien nach Frankreich emigrierte und dort der KPD beitrat. Bei Kriegsbeginn in Vernet interniert, gelang ihm die Flucht in die USA, wo er als Redakteur der Zeitung *The German American* tätig war. Im Oktober 1946 über die Sowjetunion in die DDR remigriert, schloß Obermann sich der SED an. Er trat in die Redaktion des *Forum* ein und nahm gleichzeitig ein Studium im Fach Geschichte an der Berliner Universität auf, das er 1950 mit einer Promotion über die deutsche Revolution von 1848 abschloß. Im selben Jahr mit einer Wahrnehmungsprofessur an der Brandenburgischen Landes- und späteren Pädagogischen Hochschule Potsdam betraut, habilitierte Obermann sich 1952 mit einer Arbeit über die deutsch-amerikanischen Beziehungen in der Weimarer Republik und wurde 1953 als Professor mit vollem Lehrauftrag an die Humboldt-Universität berufen. Nach publizistischer Bekanntheit und wissenschaftlichen Meriten konnte Obermann sich mit Kuczynski ebensowenig messen wie an dessen politischen Verdiensten in der kommunistischen Bewegung, und er fiel auch in bezug auf Ausstrahlung und persönliche Autorität deutlich von seinem Kontrahenten ab, doch angesichts der tiefen Gräben zwischen den „führenden Genossen Historikern“ wurde gerade dies der ausschlaggebende Grund dafür, daß die Wahl schließlich auf ihn fiel.

Hagers ZK-Abteilung allerdings hielt nach außen weiterhin an der Auffassung fest, daß an Kuczynski kein Weg vorbeiführe, obwohl in ihr insgeheim wohl die Meinung vorherrschte, daß dem neuen Institut mit einem jüngeren Leiter ohne weitere Ämter und politische Pflichten besser gedient wäre.[82] Die maschinenschriftliche Fassung der im Juli 1955 vom Politbüro verabschiedeten Vorlage des Geschichtsbeschlusses führte Kuczynski unverändert als geschäftsführenden Direktor vor Meusel und Stern auf; offenbar erst im Ergebnis dieser entscheidenden Sitzung wurde sein Name handschriftlich durchgestrichen. Das Beschlußprotokoll führte hierzu lediglich

[82] Mitteilung Prof. Dr. Rolf Dlubek an den Vf., 9.6.1998.

nichtssagend aus: „Die Frage der Besetzung der Funktion des geschäftsführenden Direktors des Instituts für Geschichte ist offen zu lassen.“[83] An der Politbürositzung vom 5. Juli 1955 nahmen unter Vorsitz Ulbrichts nur vier Mitglieder[84] und vier Kandidaten[85] teil, während sechs Politbüromitglieder, unter ihnen Otto Grotewohl, Wilhelm Pieck und Hermann Matern, verhindert waren. Zum Tagesordnungspunkt „Die Verbesserung der Forschung und Lehre der Geschichtswissenschaft in der DDR“ wurden außerdem Hager, Diehl und Dlubek von der zuständigen ZK-Abteilung hinzugezogen sowie als einziger Historiker Meusel, der als Mitglied der von Ulbricht am 18. Januar 1955 ernannten Kommission an der Überarbeitung des Geschichtsbeschlusses mitgewirkt hatte. Seine Einladung war allerdings nicht als Absichtserklärung des Politbüros zu interpretieren, da Meusel selbst dem neuen Institut vorstehen solle. Der mit Ämtern überhäufte Direktor des Geschichtsmuseums hatte im Vorfeld schriftlich erklärt, daß „ich für vorläufig unabsehbare Zeit nicht in der Lage bin, die Leitung des Instituts zu übernehmen“.[86] Seine Ambition richtete sich vornehmlich darauf, zu verhindern, daß statt seiner etwa Stern dieses Amt zufiele. Er scheute sich nicht, unverhohlen und besonders mit Blick auf Sterns Lehrbuchabschnitt an die Kapazitätsgrenzen seines Hallenser Intimfeindes zu erinnern und seiner Befürchtung Ausdruck zu geben, „es würde *sehr* lange dauern, bis der 1. Band des Lehrbuchs das Licht der Welt erblickt, wenn Gen. Stern zu all seinen sonstigen Würden und Ämtern auch noch die Direktion eines neu zu gründenden Instituts übernehmen sollte“.[87] Daß Meusel aber auch einer Nominierung Kuczynskis zumindest verhalten gegenüberstand, ließ sich aus seiner seit Jahren immer wieder artikulierten Auffassung schlußfolgern, innerhalb der Deutschen Akademie der Wissenschaften Schlüsselpositionen an organisatorisch befähigte Nachwuchskräfte zu vergeben, statt dafür zu sorgen, daß ‚statt eines überlasteten Genossen nunmehr drei überlastete Genossen‘ die ihnen übertragenen Verpflichtungen nicht befriedigend erfüllen würden.[88] Und er selbst hatte Ende April 1955 Obermann in einem Schreiben an die Abteilung Wissenschaft und Propaganda als eine mögliche Alternative zu Kuczynski ins Spiel gebracht, um seiner eigenen Forderung Rechnung zu tragen, daß man die Leitung des Instituts am besten „einem wissenschaftlich ausgewiesenen und politisch bewährten jüngeren Genossen“ anvertrauen solle. Meusels Kalkül, einen wenig erfahrenen Nachwuchshistoriker zum Institutsdirektor zu berufen, der zudem jedenfalls

[83] SAPMO-BArch, DY 30, J IV 2/2–428, Protokoll Nr. 31/55 der Sitzung des Politbüros des Zentralkomitees am 5. Juli 1955, S. 4.

[84] Neben Ulbricht selbst waren dies Fred Oelßner, Friedrich Ebert und Willi Stoph.

[85] Bruno Leuschner, Alfred Neumann, Herbert Warnke und Erich Mückenberger.

[86] SAPMO-BArch, DY 30, IV 2/9.04/90, Alfred Meusel an Ernst Diehl, 29.4.1955.

[87] Ebd.; Hervorhebung im Original.

[88] Vgl. beispielsweise Meusels Bericht über eine Sitzung der Sektion für deutsche Geschichte vom 18.5.1953. Ebd., 397.

seine eigene Machtstellung in der ostdeutschen Geschichtswissenschaft kaum ernstlich würde gefährden können, beruhte nicht zuletzt auch darauf, daß die SED nach den jüngsten Zuwahlen zusammen mit „fortschrittlichen Parteilosen" in der Klasse für Philosophie, Geschichte, Staats-, Rechts- und Wirtschaftswissenschaften über annähernd die Hälfte der Sitze verfügte und der kommende Direktor also davon ausgehen konnte, daß aus der Akademie kein entscheidender Widerstand gegen das neue Institut mehr zu befürchten sein werde.[89]

Daß schließlich Kuczynski nicht zum Gründungsdirektor des Instituts für Geschichte an der Akademie berufen wurde, hing daher keineswegs mit den Nachwirkungen der antizionistischen Kampagne der Jahre 1952 und 1953 in der DDR zusammen, wie gelegentlich gemutmaßt worden ist.[90] Auch lag die entscheidende Ursache für seine Streichung nicht in dem von ihm selbst angeführten Umstand, daß er etwa für die Geschichte des Mittelalters nicht hinreichend qualifiziert gewesen wäre und darum einem die ganze deutsche Geschichte abdeckenden Forschungszentrum nicht gut hätte vorstehen können.[91] Wenn Kuczynski ähnlich wie Meusel Aktivitäten entfaltet haben sollte, um seiner Nominierung zu entgehen, so hat dies zumindest keinen Niederschlag in den Akten des ZK-Apparats gefunden. Auch befaßte sich nur eine einzige von sieben vorgesehenen Abteilungen mit der deutschen Geschichte vor 1789 und keine einzige mit der des Feudalzeitalters. Schließlich galt Kuczynskis Einwand in noch höherem Maße für alle seine möglichen Mitbewerber, mehr noch: Er selbst hatte als Wirtschaftshistoriker das einzige Querschnittressort inne, das zeitübergreifend arbeiten sollte, und wäre von daher gerade in besonderem Maße geeignet gewesen, die Gesamtleitung des Hauses zu übernehmen. Wenn seine Benennung auf der Politbürositzung vom 5. Juli 1955 gleichwohl rückgängig gemacht wurde, so ergab sich dies mit hoher Wahrscheinlichkeit aus einem unvermuteten Zusammenspiel zwischen zwei ungleichen Gegnern der im Beschlußentwurf vorgeschlagenen Personalentscheidung. Denn Fred Oelßner, selbst Inhaber eines Lehrstuhls für Politische Ökonomie am Institut für Gesellschaftswissenschaften beim ZK der SED, nutzte die Sitzung, um den Be-

89 Ebd., 90, Alfred Meusel an Ernst Diehl, 29.4.1955.

90 Kuczynski selbst ließ noch zu DDR-Zeiten in einer Veröffentlichung durchblicken, daß antisemitische Haltungen der sowjetischen Führung für seine Absetzung als Präsident der Gesellschaft für Deutsch-Sowjetische Freundschaft verantwortlich gewesen seien. Kuczynski, Dialog mit meinem Urenkel, S. 47. – Auch nach der Wende beharrte er aber darauf, daß ihm Antisemitismus in der DDR selbst nach 1950 zu keiner Zeit begegnet sei: „Nein, ich, ein Sohn volljüdischer Eltern, [...] habe niemals den mindesten Antisemitismus, sei es von seiten der Partei und Staatsführung oder, sagen wir nach 1950, auf Hunderten von Versammlungen, auf denen ich gesprochen habe, erlebt." Kuczynski, Wo wäre das anders gewesen, S. 46.

91 So deutete Kuczynski seine Nichtberufung selbst: „1956 wollte ich nicht Direktor werden, da ich mich nicht kompetent für feudale Geschichte hielt." Mitteilung Prof. Dr. Jürgen Kuczynski an den Vf., 2.5.1994.

schlußentwurf noch einmal grundsätzlich in Frage zu stellen und Kuczynskis Abteilung mit einer großangelegten Rede aus dem neuen Institut wieder herauszubrechen. Ulbricht hingegen war bestrebt, die Diskussion so kurz wie möglich zu halten und den über seinen persönlichen Referenten für Geschichtsfragen, Hans Vieillard, bis in alle Details mit der Abteilung Wissenschaft und Propaganda abgestimmten Beschlußentwurf rasch zu verabschieden.[92] In dieser Situation fand offenkundig Meusels bereits im April entwickelter Vorschlag Gehör, auf Kuczynski zu verzichten, ohne den verschmähten Kandidaten aber gleichzeitig durch die Bevorzugung des ohnedies überlasteten Stern unmittelbar zu brüskieren, sondern statt des zerstrittenen Fünfgestirns einen nachrangigen Historiker auszuwählen, mit dem die sich wechselseitig befehdenden Leitwölfe der neuen Geschichtswissenschaft gerade darum alle gemeinsam ihr Auskommen finden könnten.

Für diese Rolle bot sich in besonderer Weise Karl Obermann an, der sich parallel zu seinem raschen Aufstieg in der universitären Hierarchie auch wissenschaftspolitische und organisatorische Kompetenzen als Mitglied des Wissenschaftlichen Rates beim Museum für Deutsche Geschichte und des Wissenschaftlichen Beirates für die Fachrichtung Geschichte beim Staatssekretariat für Hochschulwesen angeeignet hatte, zudem im September 1952 zum Mitglied des Autorenkollektivs für das Lehrbuch deutsche Geschichte berufen worden war.[93] Seine SED-Parteigruppe stellte Obermann bereits 1954 das beste Zeugnis aus[94], und Ende 1955 bewertete das Staatssekretariat für Hochschulwesen, allerdings in Kenntnis seiner bevorstehenden Ernennung zum Gründungsdirektor des IfG, den homo novus gar als einen „unserer befähigsten marxistischen Historiker", der sich durch seine wissenschaftlichen Publikationen um das Ansehen der DDR-Geschichtswissenschaft mehr als jeder andere verdient gemacht habe.[95] Tatsächlich galt Obermann für einen Fachkollegen, der seine marxistische Überzeugung mit dem Interesse an detaillierten Quellenrecherchen verband und empirisch ungewöhnlich fundiert arbeitete.[96] Obermanns politische Loyalität war darüber hinaus ungeachtet des Umstandes, daß er Westemigrant war, auch in der SED-Führung offenbar über jeden Zweifel erhaben[97] und ging einher

[92] Mitteilung Prof. Dr. Rolf Dlubek an den Vf., 9.6.1998.

[93] HUB, UA, Personalakten (nach 1945), Karl Obermann, Lebenslauf, 18.10.1952.

[94] Ebd., SED-Parteigruppe des Instituts für Geschichte des deutschen Volkes [der Humboldt-Universität] an die Kaderabteilung der Universität, 20.12.1954. Dieser Beurteilung schloß sich noch ein Jahr später die Kaderabteilung der Humboldt-Universität fast wortgleich an. Ebd., Stellungnahme der Kaderabteilung, 30.11.1955.

[95] Ebd., Staatssekretariat für Hochschulwesen, Hausmitteilung, 22.12.1955.

[96] So schon der Tenor der Beurteilung, die Meusel als Dekan der Philosophischen Fakultät der Humboldt-Universität dem Studenten Obermann am 29.6.1949 ausstellte. Ebd.

[97] Im Frühjahr 1953 wurde Obermann allerdings eine Vortragsreise in die ČSSR vom ZK-Apparat verwehrt. Die Kaderabteilung der Humboldt-Universität hielt darüber hinaus die Maßgabe der Abteilung Wissenschaft und Propaganda im ZK fest, daß

mit einer ausgeprägten Neigung, sich in Lehre und Forschung stets durch passende Zitate abzusichern.[98] Nicht von ungefähr genoß Obermann daher das Vertrauen von Kurt Hager, der nicht in die vorangegangenen Flügelkämpfe eingegriffen hatte, sondern getreu der ihm in der Abteilung Wissenschaft zugeschriebenen Rolle eines ‚Cunctators' abwartete, bis sich eine akzeptable Lösung von selbst aufdrängen würde[99], und mußte so angesichts der Querelen unter den „führenden Genossen Historikern" und auch dank seiner bekannt konzilianten und ausgleichenden Art als nachgerade idealer Kompromißkandidat für das Amt eines Gründungsdirektors des nun zu errichtenden Akademie-Instituts erscheinen.

Damit waren die entscheidenden Schwierigkeiten aus dem Weg geräumt, die die Schaffung des neuen Instituts aus der Deutschen Akademie der Wissenschaften heraus immer wieder verhindert hatten. Das weitere Prozedere vollzog sich in betontem äußerlichem Respekt vor den tradierten Entscheidungsstrukturen der Akademie. Am 22. November 1955 wandte sich Alfred Meusel als Vorsitzender der Sektion Geschichte mit einem Schreiben an Fritz Hartung als Vorsitzendem der Historischen Kommission, das nicht auf den Geschichtsbeschluß des Politbüros vom 5. Juli, sondern auf eine analoge Festlegung des Ministerrats (dem die Akademie ja unterstand) vom 18. Mai 1955 Bezug nahm und den Antrag enthielt, ein historisches Institut in der Deutschen Akademie der Wissenschaften aufzubauen. Ein anliegender Plan gliederte das Haus in sechs Abteilungen, von denen vier bereits mit Abteilungsleitern besetzt waren, und wies als Leitungskopf ein vierköpfiges Führungsgremium aus. In ihm wurde Obermann als Geschäftsführender Direktor von Kuczynski, Meusel und Stern als Ko-Direktoren eingerahmt, die auf diese Weise ihren beherrschenden Einfluß wahrten, ohne dafür den Preis der tatsächlichen Leitungsarbeit entrichten zu müssen. Unter den Direktoren hatte einzig der Direktor des Geschichtsmuseums keine eigene Abteilung zugewiesen bekommen, was freilich auf Meusels eigenes Betreiben zurückging, der immer wieder auf Entlastung drängte.[100] Daß er gleichwohl entscheidenden Einfluß zu nehmen gedachte, gab ein autoritatives Schreiben an die Historische Kommission der DAW vom November 1955 zu erkennen, mit dem Meusel den im Juli gefaßten Politbürobeschluß umzusetzen gedachte und als vornehmste Aufgabe des Instituts die

„Prof. O. aus kaderpol[itischen] Gründen auch nicht für Studienaufenthalt [in der ČSSR] infrage" kommt. (Ebd., Aktenvermerk, 18.3.1953). Als aber das Staatssekretariat für Hochschulwesen „aus fachlichen Gründen" auf Obermanns Reise beharrte, zog das ZK-Referat seine Weigerung – die offenbar im Zusammenhang mit dem Slansky-Prozeß stand – wieder zurück. Ebd., Staatssekretariat für Hochschulwesen, Hausmitteilung, 25.9.1953, u. Aktennotiz, Betr.: Vortragsreise von Prof. Dr. Karl Obermann in die ČSSR, 10.10. u. 15.10.1953.

98 Petzold, Parteinahme wofür?, S. 65.

99 Mitteilung Prof. Ernst Diehl an den Vf., 13.4.1995.

100 Vgl. etwa DHM, MfDG, 56, Alfred Meusel an Rolf Dlubek, 19.4.1956.

„Förderung und Unterstützung der Arbeit am Lehrbuch für deutsche Geschichte unter Leitung des Vorsitzenden des Autorenkollektivs", also seiner selbst, definierte.[101] Meusels „nach Beratung mit den verantwortlichen Genossen im Zentralkomitee der SED" formulierter Vorschlag[102] sah weiterhin vor, daß die einzelnen Gliederungen des Hauses über jeweils durchschnittlich zehn Mitarbeiter verfügen und daß die Abteilungen für die Geschichte bis 1789 und die Geschichte der Neuesten Zeit ihre Arbeit später, die vier übrigen aber „sobald wie möglich, tunlichst zu Beginn des Jahres 1956" aufnehmen sollten.[103]

Daß letztlich auch dieser Termin noch ein weiteres Mal verschoben werden mußte, signalisiert einmal mehr, wie wenig das äußere und von der hagiographischen Eigensicht der DDR-Geschichtswissenschaft gepflegte Bild einer zielstrebigen Umsetzung der Parteibeschlüsse der Wirklichkeit gerecht wird.[104] Zunächst wurde zwar auf einer Sitzung der Historischen Kommission der DAW, von deren Votum die Errichtung des neuen Forschungszentrums abhing, am 24. November die „Gründung eines Instituts für Geschichte bei der Akademie [...] auf der Grundlage eines von Hrn. Meusel ausgearbeiteten Entwurfs eingehend besprochen", ein entsprechender Beschluß aber dann überraschend vertagt.[105] Erst auf ihrer nächsten Sitzung am 1. Dezember 1955 fand die Historische Kommission sich bereit, der zuständigen Klasse einen entsprechenden Beschlußentwurf vorzulegen, den diese dann am 8. Dezember 1955 zustimmend an das Präsidium weiterleitete.[106] Das Präsidium schloß sich dem Entwurf seinerseits am 22. Dezember an und überwies die Angelegenheit dem Plenum der Akademie, das am 19. Januar 1956 beschloß, „ein Institut für Geschichte zu gründen und Herrn Prof. Dr. Obermann als Direktor dieses Instituts zu berufen".[107] Am 10. Februar 1956 ersuchte die Akademie den Ministerpräsidenten der DDR, Otto Grotewohl, um Zustimmung. Dessen Bestätigung verzögerte sich allerdings und verhinderte so das Inkrafttreten des Plenarbeschlusses der Akademie noch einmal um zwei Wochen. Am 27. Februar aber stimmte auch Grotewohl als oberster Dienstherr der Akademie zu, so daß das Institut

101 ABBAW, Bestand Akademieleitung, 135, Alfred Meusel an Fritz Hartung, 22.11.1955.

102 Heitzer, Die Gründung des Instituts für Geschichte, S. 96.

103 ABBAW, Bestand Akademieleitung, 135, Alfred Meusel an Fritz Hartung, 22.11.1955.

104 So etwa bei Heitzer, Die Gründung des Instituts für Geschichte, S. 96f.

105 ABBAW, Bestand Akademieleitung, 135, Protokoll der Sitzung der Historischen Kommission vom 24. November 1955.

106 Ebd., Alfred Meusel an Rolf Dlubek, 10.12.1955.

107 Ebd., Deutsche Akademie der Wissenschaften, Mitteilung eines Beschlusses des Plenums, 6.2.1956. S. a. Heitzer, Die Gründung des Instituts für Geschichte, S. 96f.

für Geschichte nach fünfjähriger Gründungsgeschichte am 1. März 1956 endlich seine Arbeit aufnehmen konnte.[108]

Hinter dieser Fassade klarer Willensbildung und Zuständigkeitswahrung aber erneuerte sich der erbitterte Kampf um die Ausgestaltung der neuen Forschungseinrichtung. Abgesehen von eher bizarren Ambitionen wie etwa denen des Direktors des Münzkabinetts, Arthur Suhle, der es „für unbedingt erforderlich [hielt], in diesem neuen Akademie-Institut auch eine Stelle für Numismatik zu errichten“[109], spiegelten sich im Tauziehen um die innere Struktur des kommenden Forschungszentrums abermals die Interessendifferenzen und unterschiedlichen Einflußstrategien der zerstrittenen Führungsgruppe unter den marxistisch-leninistischen Historikern der DDR. Zwar hatte der ZK-Apparat in einer Vorbesprechung am 22. November 1955 dafür zu sorgen versucht, daß die Fraktion der SED-Historiker sich geschlossen hinter Meusels Vorschlag stellte, um so den erwarteten Protest der ‚bürgerlichen‘ Akademie-Mitglieder möglichst rasch und geräuschlos zu ersticken und „die Gegenargumente einiger bürgerlicher Professoren gegen die von uns vorgeschlagene Struktur des Instituts abzuwehren und ihren Plan zu vereiteln“.[110] Doch es sollte anders kommen, wie Leo Stern später berichtete: „Als Genosse Meusel das vortrug, gab es einen heftigen Vorstoß insbesondere von Irmscher, von Hartung usw. ungefähr in der Art: Also Sie meinen, daß wir als bürgerliche Historiker nicht in den Rahmen patriotischer, fortschrittlicher, demokratischer und humanistischer Geschichtsschreibung passen, daß wir hier eigentlich kein Wirkungsfeld haben? – Irmscher hat sich noch ereifert, das Präsidium werde dem nicht zustimmen. Mit einem Wort, es war Sturm.“[111] Nicht Meusel, sondern Stern rettete nach eigenem Bekunden die Situation, indem er von der Konfrontation zur Kooperation mit der ‚bürgerlichen‘ Wissenschaftsauffassung zurückkehrte: „Es galt, in dieser Sitzung zunächst eines zu machen: Zeit zu gewinnen und zu sagen, es ist durchaus nicht beabsichtigt, einen Trennungsstrich zu ziehen zwischen den bürgerlichen und marxistischen Historikern, im Gegenteil, es ist möglich und wünschenswert, daß beide zusammenarbeiten, und ich habe darauf verwiesen, wenn irgend etwas ein Beweis ist, ist es die von mir ge-

108 Die Problematik, angesichts dieses Vorlaufs ein genaues Gründungsdatum zu bestimmen, wurde bereits in der DDR-internen Geschichtsschreibung erörtert: „Der Prozeßcharakter der Institutsgründung macht es schwer, ein Gründungsdatum zu fixieren.“ Ebd., S. 98. Heitzer folgte mit dem Vorschlag, sich auf den 1.3.1956 zu einigen, der Sicht Obermanns, der dieses Datum in seinem ersten Tätigkeitsbericht für die ZfG selbst genannt hatte. Obermann, Aus der Arbeit, S. 1044.

109 ABBAW, Bestand Akademieleitung, 135, Arthur Suhle an Wilhelm Unverzagt, 14.2.1956.

110 SAPMO-BArch, DY 30, IV 2/9.04/133, Referat Rolf Dlubek, o.D. [11.1.1956].

111 Ebd., Stenographische Niederschrift der Beratung des Gen. Prof. Kurt Hager mit Genossen Historikern am 12. Januar 1956, S. 61.

leitete Forschungsgemeinschaft. Die Sache ist vertagt worden."[112] Damit war im Prinzip das Institut gerettet – und zugleich die von der SED-Führung verfolgte Strategie schon gescheitert, es von vornherein zu einem Flaggschiff der neuen sozialistischen Geschichtswissenschaft zu machen. In der Kommissionssitzung vom 1. Dezember wurde Meusels Strukturplan einer gründlichen Revision unterzogen, bevor er grünes Licht erhielt und an die gesellschaftswissenschaftliche Klasse weitergeleitet wurde. Nicht mehr die Arbeit am Lehrbuch und damit die Funktion als Motor der neuen Geschichtswissenschaft stand nun im Vordergrund, sondern die ursprünglich nachrangige Forschungsarbeit traditionellen Musters: „Dem Institut obliegt die Herausgabe von Quellenpublikationen sowie die Durchführung von Forschungsarbeiten auf allen Gebieten der Geschichtswissenschaft, besonders aber auf dem Gebiete der deutschen Geschichte der Neuzeit und der neuesten Zeit sowie der deutschen Wirtschaftsgeschichte. Die Arbeit am Lehrbuch für deutsche Geschichte wird durch das Institut gefördert und unterstützt werden."[113] Die Kommission strich weiterhin die beiden noch nicht mit einem Leiter ausgestatteten Abteilungen zur Frühneuzeit und zur neuesten Zeit und reduzierte so die nach Zeitabschnitten gegliederten Abteilungen von fünf auf drei. Sie erklärte weiterhin die Hallenser Arbeitsgemeinschaft zur Geschichte der deutschen Arbeiterbewegung zum „Grundstock" der von Stern geführten Abteilung 1871 bis 1918 und machte die Arbeitsaufnahme der beiden verbleibenden „Lehrbuch"-Abteilungen Obermanns (1789 bis 1871) und Schreiners (1918 bis 1945) „abhängig von der Abstellung der Mitarbeiter aus bereits tätigen Forschungsinstituten".[114]

Der Sieg der überkommenen Forschungssystematik in der Akademie über die Ausrichtung des Instituts an der Gliederung des geplanten Lehrbuchs wurde dadurch gekrönt, daß die Kommission neben Kuczynskis Abteilung Wirtschaftsgeschichte nicht weniger als vier weitere „Arbeitsgruppen" „Deutsche Landesgeschichte", „Bibliographie", „Verfassungs- und Verwaltungsgeschichte" und „Geschichte der slawischen Völker" installierte, die mehrheitlich laufende Vorhaben der Historischen Kommission fortsetzen sollten und personell wie inhaltlich weitgehend Residuen einer nicht-marxistischen Geschichtsforschung darstellten.[115] Um das so gewonnene Terrain in der Praxis nicht wieder an die parteimarxistische Geschichtsschreibung zu verlieren, bestimmte der von der Historischen Kom-

[112] Ebd.

[113] ABBAW, Bestand Akademieleitung, 135, Protokoll der Sitzung der Historischen Kommission vom 1. Dezember 1955.

[114] Ebd.

[115] Die Leitung der Arbeitsgruppe „Bibliographie" wollte Fritz Hartung selbst übernehmen; für „Verfassungs- und Verwaltungsgeschichte" wurde Hans Haussherr vorgeschlagen und für die „Geschichte der slawischen Völker" Eduard Winter. Offen blieb lediglich, wem die Leitung der Arbeitsgruppe „Deutsche Landesgeschichte" zufallen sollte. Ebd.

mission am 1. Dezember 1955 verabschiedete Vorschlag weiterhin, daß die „Leiter der Abteilungen und Arbeitsgruppen [...] für ihren Bereich voll verantwortlich [sind] sie stehen im Range einander gleich".[116] Damit nicht genug, entmachtete die Historische Kommission kurzerhand die so sorgsam von der SED austarierte Führungsstruktur des neuen Instituts, indem sie dem künftigen Direktor ein neues Gremium überordnete: „An der Spitze des Instituts steht ein wissenschaftlicher Rat, welchem die Fachvertreter der Geschichte in der Akademie, der geschäftsführende Direktor des Instituts sowie diejenigen Abteilungs- und Arbeitsgruppenleiter angehören, von deren Mitarbeit eine besondere Förderung der Aufgaben des Gesamtinstituts zu erwarten ist."[117]

Härter hätte die ‚bürgerliche' Geschichtswissenschaft die Herausforderung durch eine ‚sozialistische' Historiographie auf institutionellem Feld kaum zurückschlagen können. Die unvermutete Versteifung der Historischen Kommission nutzte nicht nur die der Akademie aus gesamtdeutschen Rücksichten nach außen hin noch zugestandenen Handlungsspielräume geschickt aus. Sie traf die SED-Seite darüber hinaus zu einem denkbar ungünstigen Zeitpunkt, an dem angesichts des immer noch nicht weitergediehenen Lehrbuchs und der zersplitterten Forschungslandschaft die Schaffung des neuen Instituts von Tag zu Tag dringlicher erschien und jede weitere Verzögerung den Vormarsch der neuen Wissenschaft insgesamt empfindlich hemmen müßte. Um das Maß vollzumachen, begann angesichts dieser Situation nun auch das zwei Wochen zuvor noch von Diehl und Dlubek auf Meusels Konzept eingeschworene Führungsquintett der Genossen Geschichtswissenschaftler auseinanderzufallen. Völlig unvermutet scherte Leo Stern auf der Sitzung der Klasse am 8. Dezember 1955 aus und versuchte in letzter Stunde abermals, seine Hallenser Abteilung nach Berlin zu überführen, wie Meusel anschließend der ZK-Abteilung Wissenschaften und Propaganda melden mußte: „Auf Antrag von Gen. Stern soll eine besondere Gruppe ‚Geschichte der deutschen Arbeiterbewegung' gebildet werden und die Abteilung 1871 bis 1918 von jemand anders geleitet werden."[118]

Am 11. und 12. Januar 1956 fand daraufhin eine parteiinterne Historikerberatung mit Kurt Hager statt, auf der Dlubek die vor ihm versammelte Führungsgruppe der neuen Geschichtswissenschaft frontal angriff: „Uns scheint, daß die Wurzel für die meisten Schwächen in dem ungenügenden Verständnis für die Verantwortung der Historiker im politischen Kampf unserer Partei und unseres Volkes liegen. Viele Genossen haben eine enge akademische Auffassung von den Aufgaben der Geschichtswissenschaft." Im Mittelpunkt der Kritik stand besonders Stern, dem Dlubek die Hauptver-

[116] Ebd.
[117] Ebd.
[118] SAPMO-BArch/IV 2/9.04/397, Alfred Meusel an Rolf Dlubek, 10.12.1955.

antwortung für das Desaster gab.[119] Nur beiläufig ließ der Geschichtsfunktionär durchblicken, daß der ZK-Apparat und die von ihm geführten Historiker durch den Politbürobeschluß selbst in Zugzwang waren und infolgedessen der ‚bürgerlichen' Gegenoffensive fast wehrlos gegenüberstanden: „Es kam in dieser Stimmung darauf an, alle Versuche, die Gründung des Instituts zu verzögern, zu verhindern. Aber Genosse Stern schlug vor, nur einen Allgemeinen Beschluß zu fassen, daß ein Institut gegründet wird, aber alle anderen Fragen offen zu lassen und später zu klären. Es kam für uns darauf an, daß alle Genossen einheitlich auftreten und versuchen, einige Parteilose auf ihre Seite zu ziehen. Aber Genosse Stern erklärte dort vor den Parteilosen, der vorliegende Plan sei über seinen Kopf hinweg gemacht worden."[120]

Dennoch: Wenn die Institutsgründung nicht abermals vertagt werden sollte, mußte die parteimarxistische Fraktion die neuen Bedingungen notgedrungen akzeptieren. Unterstützt von Hager selbst, verlangte die ZK-Abteilung von Stern zwar, seinen nicht autorisierten Vorstoß zur Schaffung einer speziellen Abteilung für Geschichte der deutschen Arbeiterbewegung unter seiner eigenen Leitung zurückzuziehen, und Stern, so unerschrocken er seine Auffassung auch verteidigte, fügte sich letztlich.[121] Vergeblich versuchte die ZK-Abteilung Wissenschaft und Propaganda mit aller Macht, auf ihrer Januarberatung 1956 „die politische Verantwortung der Historiker der Arbeiterklasse" zu unterstreichen und die Auffassung durchzusetzen, daß es darum gehe, „die Geschichtswissenschaft zu einer möglichst wirksamen Waffe im Klassenkampf zu machen".[122] Umsonst griff auch Hager selbst ein und verlangte dezidiert, „daß unsere Geschichtswissenschaft einen polemischen Charakter erhält, um das einmal kraß zu sagen, einen kämpferischen Charakter, daß die Auseinandersetzungen mit dem Feind bei Euch eine größere Rolle spielen".[123] Doch diesmal scheiterte die Partei an der entschlossenen Gegenwehr ihrer eigenen Genossen Historiker, wie Sektorleiter Dlubek in seinem anschließenden Bericht feststellen mußte: „Es ist nicht gelungen, die Mehrheit der Genossen Historiker von der Rich-

119 Ebd., 133, Referat Rolf Dlubek, o.D. [11.1.1956].

120 Ebd.

121 „Wenn die Genossen von Abteilung Hochschulen und Wissenschaft der Meinung sind, daß ich wissentlich oder unwissentlich einen ZK-Beschluß verletzt habe, dann muß natürlich eine berufene Instanz diese sehr ernste Frage klären. Denn das ist ein sehr ernster Vorwurf. [...] Also, was ist hier zu tun? Ich möchte von hier weggehen mit der Frage: Was hat der Stern zu tun? – Und der Stern wird das tun." Ebd., Stenographische Niederschrift der Beratung des Gen. Prof. Kurt Hager mit Genossen Historikern am 12. Januar 1956, S. 65–68. Ein anderes Urteil bei Mehls, Die Gründungsphase, S. 805.

122 SAPMO-BArch/IV 2/9.04/133, [Entwurf eines Briefes an alle Teilnehmer der Beratung vom 12.1.1956], o.D.

123 Ebd., Stenographische Niederschrift der Beratung des Gen. Prof. Kurt Hager mit Genossen Historikern am 12. Januar 1956, S. 92–97.

tigkeit der an sie gestellten Forderungen, von der Notwendigkeit der Verstärkung der Auseinandersetzung mit der feindlichen Ideologie zu überzeugen."[124]

Unter diesen Umständen gelang es natürlich um so weniger, das neue Institut von Anfang an zu der Speerspitze einer von ‚bürgerlichen' Traditionen gesäuberten, parteilichen Geschichtswissenschaft zu machen, die es im Kalkül der SED-Führung hatte werden sollen. Als das Haus am 1. März 1956 seine Arbeit mit 35 wissenschaftlichen Mitarbeitern aufnahm, verfügte es über je drei Abteilungen und drei Arbeitsgruppen. Nur zwei von ihnen waren auf historische Epochen bezogen, nämlich die von Obermann (1789 bis 1871) und Schreiner (1918 bis 1945); vier hingegen hatten Querschnittsaufgaben: Kuczynskis Abteilung Wirtschaftsgeschichte sowie die drei von Nicht-Marxisten geführten Arbeitsgemeinschaften „Bibliographie" unter Fritz Hartung, „Verfassungs- und Verwaltungsgeschichte" unter Hans Haussherr und „Geschichte der slawischen Völker" unter Eduard Winter.[125] Vergebens hatte sich Schreiner im Januar noch einmal dagegen gewehrt, daß das Institut in systematische Forschungsthemen zerlegt werde[126], und die Rückkehr zu einer streng chronologischen Struktur gefordert, um zu verhindern daß „man sich das Material bereiten lassen [muß] von Leuten, die bürgerlich eingestellt sind".[127] Immerhin war es gelungen, wie Obermann in seiner Antrittsrede vor dem Wissenschaftlichen Rat hervorhob, „einige der besten Assistenten und Aspiranten der Universitäten Berlin und Leipzig [...] zu gewinnen", so daß es möglich schien, die einzelnen Abteilungen des Hauses mit marxistischen Nachwuchshistorikern aufzubauen, die schon über Spezialkenntnisse auf ihren künftigen Arbeitsgebieten verfügten.[128] Auf die einzelnen Abteilungen bezogen, wies der am Institut für Geschichte versammelte Mitarbeiterkreis in politischer Hinsicht jedoch eine erhebliche Binnendifferenzierung auf, die künftige Konfliktlinien bereits erahnen ließ: In Schreiners Abteilung waren sämtliche, in Obermanns Abteilung sechs von sieben und in Kuczynskis zehn von zwölf Mitarbeitern Mitglieder der SED, während sich etwa in der Arbeitsgruppe des parteilosen Winter nur ein einziger Mitarbeiter zur Einheitspartei bekannte.[129]

Nicht nur hier zeigte sich, daß das neue Haus zwar von Parteimarxisten beherrscht, aber eben durchaus noch nicht von ihnen monopolisiert war,

[124] Ebd., [Rolf Dlubek], Bericht über die Beratung der Genossen Historiker am 12.1.1956. Zur Bewertung des Beratungsergebnisses s.a. Kowalczuk, Legitimation eines neuen Staates, S. 240.

[125] Vgl. Karl Obermann, Aus der Arbeit, S. 1044ff.

[126] SAPMO-BArch, DY 30, IV 2/9.04/133, Stenographische Niederschrift der Beratung des Gen. Prof. Kurt Hager mit Genossen Historikern am 12. Januar 1956, S. 44f.

[127] Ebd., S. 44.

[128] ABBAW, ZIG 572, Karl Obermann, Rede im Wissenschaftlichen Rat des Instituts für Geschichte, 8.3.1956.

[129] SAPMO-BArch, DY 30, IV 2/9.04/397, Liste der wissenschaftlichen Kader 1956.

geschweige denn dem pluralen Fachdenken explizit und offensiv ein SED-gebundenes Parteiwissenschaftsverständnis entgegensetzte. Dies fand seinen prägnantesten Ausdruck in der Zusammensetzung des Wissenschaftlichen Rates, dem laut Statut obersten Entscheidungsgremium des Instituts für Geschichte. Ihm gehörten neben dem Institutsdirektor und den Abteilungsleitern alle Mitglieder der Historischen Kommission der Akademie an, die damit nicht nur in ihren Arbeitsvorhaben, sondern auch personell im neuen Geschichtsinstitut aufgegangen war. Das führte jedenfalls nominell zu einer Art Pattsituation: Die fünf Parteimarxisten Kuczynski, Meusel, Obermann, Schreiner und Stern fanden sich im Wissenschaftlichen Rat einer gleich großen Gruppe von mehr oder minder dezidierten Gegnern des Marxismus-Leninismus gegenüber, die aus Hartung, Haussherr, Hohl, Unverzagt und Winter bestand. Den Vorsitz in diesem Gremium allerdings übernahm – wenn auch angesichts der Fülle seiner Ämter und Verpflichtungen nur widerstrebend – Alfred Meusel, und er trug damit vor dem Parteiapparat der SED die Verantwortung, daß der Wissenschaftliche Rat letzten Endes nicht gegen die Pläne der Staatspartei agieren würde.[130]

Der weltanschauliche Waffenstillstand der Gründungsphase beeinflußte auch die ersten Deklarationen, mit denen Obermann Ziele und Charakter des Instituts intern und in der Öffentlichkeit bekanntgab. Einerseits beeilte der neue Institutsdirektor sich, in einer seiner ersten Amtshandlungen die 3. Parteikonferenz der SED mit einem Ergebenheitstelegramm zu grüßen, und bekräftigte im Namen aller Mitarbeiter „als seine höchste Aufgabe [,] den Anforderungen gerecht zu werden [,] die die Partei der Arbeiterklasse an die Geschichtswissenschaft stellt".[131] Andererseits vermied er sowohl in seiner Antrittsrede vor dem Wissenschaftlichen Rat wie in der Annotation des Instituts in der ZfG jeden Hinweis auf eine politische Funktion oder ideologische Bindung der künftigen Forschungsarbeit und stellte statt dessen ganz auf den friedlichen Ausgleich der unterschiedlichen Interessen und zerstrittenen Leitfiguren in seinem Hause ab.[132] Das in einer Phase des beginnenden ‚Tauwetters' aus der Taufe gehobene Akademie-Institut blieb ein unfertiger Kompromiß zwischen neuer und alter, zwischen einer politisch-funktionalen und einer westlich-pluralen Geschichtswissenschaft; es trug den Geburtsfehler einer Doppelbestimmung durch zwei miteinander auf Dauer unvereinbare Wissenschaftsverständnisse, und die kommende Zeit mußte erweisen, welche der beiden Richtungen sich in ihm langfristig durchsetzen würde.

130 Vgl. DHM, MfDG, 56, Alfred Meusel an Rolf Dlubek, 19.4.1956.

131 SAPMO-BArch, DY 30, IV 2/9.04/397, Karl Obermann an die 3. Parteikonferenz der Sozialistischen Einheitspartei Deutschlands, 3.3.1956.

132 ABBAW, ZIG 572, Karl Obermann, Rede im Wissenschaftlichen Rat des Institut für Geschichte, 8.3.1956.

2. Die Kündigung der institutionellen Koexistenz

Zieht man eine Bilanz der Institutsentwicklung nach dem ersten Jahr seines Bestehens, fällt das Ergebnis uneinheitlich aus. Auf der einen Seite war das Forschungszentrum in seinem Gründungsjahr planmäßig gewachsen und zählte im März 1957 bereits fünf Abteilungen und vier Arbeitsgruppen. Zahlenmäßig hatte es innerhalb eines Jahres mit nunmehr 64 wissenschaftlichen Mitarbeitern bereits den doppelten Umfang seiner Gründungsgröße erreicht.[133] Auf der anderen Seite war es aber nicht gelungen, den die Entstehungsgeschichte des Hauses prägenden Gegensatz zwischen Epochen- und Querschnitts-Abteilungen zu einer Lösung zu bringen. Schnell zeigte sich vor allem, daß Sterns Erkrankung, die den fristgerechten Arbeitsbeginn der Abteilung 1871 bis 1918 verhindert hatte, einen nicht unbedeutenden wissenschaftspolitischen Hintergrund besaß. Ungeachtet der unmißverständlichen Forderung der ZK-Abteilung Wissenschaft und Propaganda und seines eigenen Einlenkens vom Januar 1956 hatte Stern keineswegs die Hoffnung aufgegeben, seine Hallenser Arbeitsgemeinschaft als Forschungsabteilung an das Berliner Institut zu verlagern. Tatsächlich vermochte er sich schließlich mit einer Taktik durchzusetzen, die nur scheinbar einem Rückzug gleichkam, in Wahrheit aber auf das nicht beiseite zu schiebende Gewicht der in Halle geleisteten Arbeit setzte.

Am 20. April 1956 fertigten Hager und Diehl für die Abteilung Wissenschaft und Propaganda eine ZK-Vorlage aus, die den „Geschichtsbeschluß" des Politbüros von 1955 dahingehend änderte, daß statt Stern der Leipziger Universitätshistoriker Engelberg die Leitung der Abteilung „Deutsche Geschichte von 1871 bis 1918" übernehme.[134] Zur Begründung wurde angeführt: „Gen. Stern hat gebeten, ihn von diesem Auftrag zu entbinden. Die Tätigkeit als Rektor der Universität Halle und als Leiter der Forschungsgemeinschaft ‚Dokumente und Materialien zur Geschichte der deutschen Arbeiterbewegung' nehmen ihn so in Anspruch, daß er keine weitere Funktion übernehmen kann."[135] Das war allerdings nur die halbe Wahrheit. Wenige Wochen später verhandelte Stern bereits in Berlin über die Ausstattung einer Abteilung, die „in ihrer Struktur prinzipiell den bereits bestehenden Abteilungen anzugleichen (sei) unter Berücksichtigung der Besonderheiten, die sich aus der umfangreichen Editionstätigkeit der von Herrn Prof. Stern zu leitenden Abteilung ergeben würden".[136] Während das neugegründete Institut in der westdeutschen Fachpublizistik noch ohne eine Abteilung

133 Obermann, Ein Jahr Institut für Geschichte, S. 839.

134 SAPMO-BArch, DY 30, IV 2/9.04/397, Vorlage an das Sekretariat des Zentralkomitees, 20.4.1956.

135 Ebd.

136 ABBAW, ZIG 457, Gedächtnisprotokoll der Unterredung vom 14.6.56 zwischen Herrn Prof. Stern, Frl. Brecht, Frau Teckelmann und Dr. Klein in Berlin.

Stern vorgestellt wurde[137], hatte Stern selbst es verstanden, seinen vermeintlichen Rückzug aus dem Institut in eine vollständige Durchsetzung seines Ziels umzumünzen und dem IfG einen weiteren Querschnittsbereich mit zunächst vier Wissenschaftlern und zwei technischen Mitarbeitern anzufügen, der überdies „in der Zukunft auf etwa 12 wissenschaftliche Mitarbeiter und wenigstens 5 technische Kräfte erweitert werden würde".[138] In der ZfG teilte Obermann kurz mit, daß die bisherige Forschungsgemeinschaft zum 1. September 1956 „vom Institut für Geschichte als Abteilung übernommen wurde" und eine Anzahl von Quellenpublikationen zu verschiedenen Themen der deutschen Arbeiterbewegung im 19. Jahrhundert vorbereite.[139]

Ebenfalls zum 1. September 1956 konstituierte sich die nunmehr von Engelberg als Leipziger Außenstelle geführte Abteilung 1871 bis 1918, deren Schwerpunkt auf der Bearbeitung des Lehrbuchabschnitts 1871 bis 1900 liegen sollte. Als weitere Themenfelder wurden Arbeiten über die revolutionären Traditionen der deutschen Arbeiterbewegung und ihren Kampf gegen den Militarismus in Aussicht gestellt.[140] Noch im Herbst 1956 trat schließlich auch die Arbeitgemeinschaft Landesgeschichte unter Friedrich Beck ins Leben, der bereits auf einer Sitzung der Kommission „Deutsche Landesgeschichte" der Akademie die so vage wie übergreifende Aufgabe zugewiesen worden war, „alles zusammenzufassen, was auf dem Gebiet der Landesgeschichte der DDR gegenwärtig an brauchbaren Studien vorliegt, um möglichst schnell das vorhandene Material in einer Schriftenreihe des Instituts veröffentlichen zu können".[141] Der sichtbar voranschreitende Ausbau des Instituts überdeckte somit nicht nur, daß die materielle Ausstattung des Hauses weiterhin im argen lag und besonders die Bibliotheksausstattung alle Wünsche offen ließ.[142] Er verbarg vor allem, daß der alte Strukturkonflikt um die mehr systematische oder chronologische Ausrichtung des Instituts weiterschwelte und mit ihm der Gegensatz zwischen den Forschungstraditionen der Akademie bzw. den individuellen Arbeitsschwerpunkten der Abteilungsdirektoren auf der einen Seite und den sich aus der Arbeit am Hochschullehrbuch ergebenden Forschungsbedürfnissen

137 Vgl. den Artikel „Institut für Geschichte an der Deutschen Akademie der Wissenschaften zu Berlin" in der an Gymnasial- und Hochschullehrer sich wendenden Fachzeitschrift „Geschichte in Wissenschaft und Unterricht" von 1956.

138 ABBAW, ZIG 457, Gedächtnisprotokoll der Unterredung vom 14.6.1956.

139 Obermann, Aus der Arbeit, S. 1047. Stern selbst hatte sogar auf die Übernahme bereits zum 1. Juli gedrängt, war damit aber an den administrativen und haushaltsrechtlichen Gegebenheiten in der Akademie gescheitert. ABBAW, ZIG 457, Gedächtnisprotokoll der Unterredung vom 14.6.1956.

140 Obermann, Aus der Arbeit, S. 1046.

141 Ebd.

142 ABBAW, Bestand Akademieleitung, 137/1, Deutsche Akademie der Wissenschaften, Bibliothek, an Institut für Geschichte, 20.3.1956, u. Karl Obermann an Verwaltungsdirektor Freund, 27.3.1956.

andererseits. Symptomatisch für die gegenseitige Blockierung, die aus diesem Zustand erwuchs, war hier etwa das Schicksal einer Initiative Kuczynskis, eine Zeitschrift für Wirtschaftswissenschaft herauszugeben. Gegen den Willen aller anderen Abteilungsleiter brachte Schreiner diesen Vorschlag mit einer ganz auf den alten Strukturkonflikt abgestellten Argumentation zu Fall, da „seiner Meinung nach mit der Zustimmung zu einer Zeitschrift für Wirtschaftswissenschaft auch die Zustimmung zur dauernden Existenzberechtigung einer Abteilung Wirtschaftsgeschichte verbunden sei".[143]

In der Schwebe blieb im Gründungsjahr auch das Verhältnis von Marxisten und Nicht-Marxisten. Aus den überlieferten Protokollen läßt sich entnehmen, daß etwa die fast komplett aus Meusels Museum übernommene und ausschließlich aus SED-Mitgliedern zusammengesetzte Abteilung 1917 bis 1945 unter der Leitung Schreiners erhebliche Anstrengung in die Klärung von Fragen investierte, die sich ganz im Rahmen einer parteiloyalen Geschichtsbetrachtung bewegten. Die Arbeit an den von Hartung mit seinen Mitarbeitern besorgten „Jahresberichten" dagegen schritt ganz nach den bereits 1925 festgelegten bibliographischen Grundsätzen fort. Auf der Linie der ‚Bürgerlichen' lag es auch, daß Hartungs Vorstoß in einer Abteilungs- und Arbeitsgruppenleiterbesprechung vom April 1956, nur promovierte Mitarbeiter einzustellen und dies in der Arbeitsordnung des Instituts festzuschreiben, mehrheitlich und auch von SED-Historikern befürwortet wurde, obwohl dies zu der Zeit die Anstellungschancen gerade für marxistisch-leninistische Nachwuchskader noch erheblich beschränken mußte.[144]

Die Frage des Institutscharakters und besonders der Duldung nicht-marxistischer Forschungsrichtungen am Akademie-Institut beherrschte auch eine Auseinandersetzung um die perspektivische Ausrichtung des Instituts um die Jahreswende 1956/57, in der der im September neuberufene Abteilungsdirektor Engelberg zum erstenmal gegen den Institutsleiter opponierte. Am 20. Dezember versandte Obermann einen ersten Entwurf von „allgemeinen Richtlinien für die Weiterentwicklung der Geschichtswissenschaft", den er als Eingangsteil eines Perspektivplans der DDR-Geschichtswissenschaft für 1957/58 insgesamt verfaßt hatte. In diesem Papier, das in seinem deklaratorischen Charakter den Interessen der Parteiführung und der Historiker gleichermaßen gerecht zu werden versuchte, erhob Obermann „die Aufgaben der Gegenwart" zur „Leitlinie bei der Auswahl von Thematik und Problematik der Geschichtsforschung", die sich unter Ablehnung aller starrer Schemata sowohl den allgemeinen Gesetzmäßigkeiten wie den histori-

143 SAPMO-BArch, DY 30, IV 2/9.04/397, Karl Obermann an Ernst Diehl, 19.10.1956.

144 ABBAW, ZIG 451/2, Protokoll der 1. Arbeitsbesprechung der Abt.- und Arbeitsgruppenleiter, 26.4.1956. Der Beschluß wurde im November auf Betreiben Winters ausdrücklich bekräftigt. Ebd., Protokoll über die Institutsleitungssitzung am 2.11.1956.

schen und nationalen Besonderheiten zuzuwenden habe. Obermanns Entwurf trug einen spürbaren Kompromißcharakter, dem das Bestreben anzusehen war, es allen Seiten recht machen zu wollen: Im Einklang mit der deutschlandpolitischen Strategie der SED rückte er die „nationale Frage" in den Mittelpunkt und subsumierte gleichzeitig unter sie „aber auch die Behandlung der Beziehungen zu den von den herrschenden Klassen Deutschlands unterdrückten Nationen". Einerseits erklärte er die Volksmassen zur wichtigsten geschichtsbildenden Kraft, andererseits verlangte er, im selben Kontext die Tätigkeiten geschichtsmächtiger Individuen zu untersuchen. Ebenso grenzte der Entwurf die marxistische Geschichtswissenschaft scharf von ihrem ‚bürgerlichen' Gegenüber ab und stellte doch im selben Atemzug auch deren enge Beziehung zu ihr heraus: „Sie knüpft [...] darüber hinaus auch an fortschrittliche Traditionen der bürgerlichen Geschichtsschreibung (an), ohne dabei deren ideologische Begrenzung außer acht zu lassen. Sie benutzt ferner jene Errungenschaften der bürgerlichen Geschichtswissenschaft, die im wesentlichen keinen ideologischen Charakter tragen (Quellenbenutzung, Einzelforschung)."[145]

Dieser Passus, mit dem Obermann die friedliche Koexistenz der Geschichtsforschung in seinem Hause zu fundieren dachte, forderte schon den *in praxi* kaum anders agierenden Stern zu einer kritischen Randglosse auf.[146] Mehr noch fühlte sich Engelberg herausgefordert, der besonders daran Anstoß nahm, daß Obermann in seinem gedanklichen Spagat einerseits gegen alle ideologischen Zugeständnisse in der Auseinandersetzung mit den ‚bürgerlichen' Historikern in Westdeutschland eintrat und sich andererseits dagegen wandte, daß die von westdeutschen Historikern vertretenen Meinungen und erarbeiteten Ergebnisse insgesamt als Ausfluß einer reaktionären Ideologie abgetan würden. Engelberg begnügte sich nicht mit einer punktuellen Kritik, sondern verfaßte einen Gegenentwurf, der die „ideologische Grundlage" der geschichtswissenschaftlichen Arbeit am Akademie-Institut entsprechend dem „grundsätzlich neuen Charakter, den die Deutsche Demokratische Republik in der Geschichte der deutschen Staaten verkörpert", scharf von der Geschichtsschreibung in der Bundesrepublik abhob. Sein Perspektivplan stellte seine Kollegen vor eine unzweideutige Alternative: „Entweder den ersten Arbeiter-und-Bauernstaat Deutschlands anerkennen und damit – zumindest de facto – das weltgeschichtliche Verdienst der Deutschen Demokratischen Republik, die gesellschaftlichen Kräfte, die für zwei kriegerische Katastrophen Deutschlands und der Welt verantwortlich sind, auf ihrem Territorium entmachtet zu haben [...]. Oder

145 Ebd., 665, [Karl Obermann], Perspektivplan, 1. Teil, Allgemeine Richtlinien für die Weiterentwicklung der Geschichtswissenschaft, o.D.

146 „Bürg[erliche] Gesch[ichts]f[orschung] früher objektiv – Widerspruch", notierte Stern auf dem Begleitschreiben, mit dem ihm Obermann seinen Entwurf am 20.12.1956 übersandte. Ebd.

lediglich die deutsche Bundesrepublik als deutschen Staat anerkennen, damit für die Verhärtung der staatlichen deutschen Spaltung einzutreten oder gar für alle Annexionsbestrebungen gegenüber der Deutschen Demokratischen Republik, die unweigerlich die Gefahr der Atomkatastrophe für die Nation in sich bergen."[147]

Als Obermann seinen Perspektivplanentwurf für eine marxistische und doch kooperationsfähige DDR-Geschichtswissenschaft im Dezember 1956 versandte, dürfte er wohl schwerlich damit gerechnet haben, daß einer seiner Abteilungsleiter sich gegen ihn mit einer Gegenkonzeption durchsetzen würde, die in der Konsequenz die Voraussetzungen einer fachlichen Koexistenz unterschiedlicher Geschichtsauffassungen zerstören müßte. Tatsächlich mußte im Lichte des bisherigen Arbeitsklimas am Institut für Geschichte Engelbergs umstandslose Identifizierung von geschichtswissenschaftlicher Grundüberzeugung und deutschlandpolitischer Parteinahme einigermaßen befremdlich erscheinen, während Obermanns Planentwurf sich ganz im Einklang mit einer politischen Strömung bewegte, die dem Tauwettereinbruch im Gefolge des XX. Parteitags der KPdSU auch in der Geschichtswissenschaft Rechnung trug und das Forschungszentrum an der Akademie zum Hoffnungsträger eines neuen Denkens über die Vergangenheit machte. „Das Institut konnte zu keinem günstigeren Zeitpunkt seine Arbeit beginnen", erklärte Obermann programmatisch in der ZfG, denn der XX. Parteitag in der Sowjetunion habe der Geschichtswissenschaft die Chance eröffnet, gründlicher als früher zu arbeiten: „Da bisher durch Personenkult und Dogmatismus in der Geschichtswissenschaft unser Blick eingeengt worden ist, ist es notwendig geworden, alles neu zu durchdenken, um die Geschichte in ihrer ganzen Vielseitigkeit zu behandeln."[148] Er stand mit dieser Auffassung nicht allein: Die Entmachtung Stalins als Klassiker durch Ulbricht im *Neuen Deutschland* vom 4. März 1956 löste in der Akademie ein Aufbruchsdenken aus, das der Slawist Bielefeld auf einer Sitzung des erweiterten Akademie-Präsidiums am 17. März in die Worte faßte: „Hoffentlich hält das politische Tauwetter, das zur Zeit aus dem Osten kommt, auch noch recht lange in der DDR an."[149] Auf derselben Sitzung gab Eduard Winter Einblick in die auch am Institut für Geschichte allgemein verbreitete Stimmung, als er sich bereit erklärte, unter den veränderten Umständen „alle meine Kräfte in den Dienst der historischen Wahrheit zu stellen".[150]

Besorgt gab der Parteiapparat diese Meinungsäußerungen an das Politbüro weiter, ohne sich ihnen aber während des ganzen Jahres 1956 auch nur

[147] Ebd., Gegenentwurf von Ernst Engelberg zum Perspektivplan, o.D. [4.3.1957].
[148] Obermann, Aus der Arbeit, S. 1045.
[149] SAPMO-BArch, DY 30, IV 2/9.04/380, Über die politisch-ideologische Stimmung an der DAdW [Deutschen Akademie der Wissenschaften], 1. Entwurf, o.D.
[150] Ebd.

im Ansatz erfolgreich entgegenstellen zu können. In allen historischen Einrichtungen kam es während der Tauwetterperiode zu mehr oder minder heftigen Auseinandersetzungen, die auf eine Revision verordneter Geschichtsinterpretationen zielten.[151] Im Mai 1956 reagierte der Sektor Geschichte im ZK-Apparat mit einer Leitlinie, die die antidogmatische Bewegung unter den Historikern zu kanalisieren hoffte, indem sie ihr selbst einen gewissen Raum zugestand. Unter den Historikern sei „eine breite Diskussion über die engere Verbindung der Geschichtswissenschaft mit dem Kampf der Partei und über die Überwindung des Dogmatismus zu entfalten", hielt das Strategiepapier der Geschichtsfunktionäre fest und verlangte eine „Überprüfung der richtigen Darstellung des Verhältnisses von Persönlichkeit, kollektiver Führung, Partei und werktätigen Massen in der Geschichte".[152] Als konkrete Schwächen der bisherigen Geschichtsschreibung wurden vornehmlich „Tendenzen zur Schönfärberei, zur unkritischen Darstellung bestimmter historischer Traditionen und Ereignisse" genannt, wobei die amtlichen Autoren vor allem auf die Geschichte des 20. Jahrhunderts und der deutschen Arbeiterbewegung abhoben und monierten, daß die Geschichte der KPD als ein glatter, gradliniger Prozeß dargestellt und die Rolle Thälmanns idealistisch übertrieben worden sei.[153]

Wenn der Parteiapparat mit einer bei aller sprachlichen Zurückhaltung doch fundamentalen Kritik an der dogmatischen Verkrustung der eigenen Parteigeschichte voranging, dann konnte es nicht ausbleiben, daß auch die ausschließlich mit SED-Historikern besetzten Abteilungen des Akademie-Instituts an der Gültigkeit ihres parteiverbundenen Geschichtsbildes zu zweifeln und ihre Frontstellung gegenüber der ‚bürgerlichen' Historiographie zu lockern begannen. Selbst Albert Schreiner, der seine zeitweilige Verirrung in die KPO vor 1933 mit einer besonders unduldsamen Haltung gegenüber jeder Abweichung von der Parteilinie nach 1945 auch in seiner eher ungern übernommenen Rolle als Historiker zu kompensieren trachtete[154], ging seit April 1956 in seiner Abteilung auf die „Schädlichkeit des Dogmatismus" ein und suchte gegenüber seinen Mitarbeitern die Wurzeln des Personenkults in Deutschland auf den Faschismus zurückzuführen.[155]

151 Eine Dokumentation der Vorgänge im Museum für deutsche Geschichte findet sich in den Akten des ZK-Apparats. Ebd.,148. Vgl. zum Jahr 1956 an den Universitäten in der DDR Kowalczuk, Legitimation eines neuen Staates, S. 139ff.

152 SAPMO-BArch, DY 30, IV 2/9.04/52, Protokoll über die Sektorberatung am 2.5.1956.

153 Ebd.

154 Ein bezeichnendes Beispiel für Schreiners Leitungsstil, der 1952 am Museum für deutsche Geschichte die Lektüre trotzkistischer Schriften zum Skandal machte, bringt Kowaclzuk (Legitimation eines neuen Staates, S. 177). Den rationalen Hintergrund dieser Haltung veranschaulicht Joachim Petzold in einem differenzierten Porträt seines früheren Vorgesetzten Schreiner: Parteinahme wofür?, S. 88f.

155 ABBAW, ZIG 452/1, Institut für Geschichte, Abteilung 1918–1945, Protokoll der Arbeitsbesprechung am 4.4.1956.

Die überlieferten Verlaufsprotokolle der Besprechungen seiner Abteilung geben einen Eindruck davon, wie die verschiedenen Abteilungen des Akademie-Instituts sich im Laufe des ersten Jahres nach Gründung ungeachtet ihrer weltanschaulichen Heterogenität vorsichtig aufeinander zuzubewegen begannen und damit in gewisser Hinsicht der vorsichtig optimistischen Einschätzung recht gaben, mit der Obermann in der ZfG auf das Gründungsjahr des von ihm geleiteten Hauses zurückblickte: „Aber auch das Institut entwickelt sich jetzt langsam zu einem Kollektiv."[156]

Doch als Engelberg im März 1957 seinen Gegenentwurf zu Obermanns Perspektivplan abfaßte, hatte der Wind bereits wieder und diesmal entscheidend gedreht. Wie sich schnell zeigen sollte, war damit der unausgesprochene Kompromißcharakter des Akademie-Instituts zur Disposition gestellt. Die bis zum Volksaufstand in Ungarn und zur Staatskrise in Polen vorangeschrittene Gärung, die von Chruschtschows halbherzigem Entstalinisierungsversuch im sozialistischen Lager in Gang gesetzt worden war, hatte der SED-Führung nachdrücklich den unauflöslichen Nexus zwischen ideologischer Liberalisierung und politischer Machtgefährdung vor Augen geführt, der sich mit ihrem Regime als einer Herrschaft über die Massen im vorgeblichen Namen der Massen zwingend verband. Die Parole, daß die Partei das Volk nicht nur lehre, sondern auch von ihm lerne[157], hatte ihren Kurswert bereits verloren, als das Zentralkomitee der SED am 30. Januar 1957 zu seiner 30. Tagung zusammentrat, um eine Offensive gegen alle Spielarten des „Revisionismus" und „der ideologischen Koexistenz" vorzubereiten. Die Umsetzung der dort festgelegten Linie auf die DDR-Geschichtswissenschaft leitete eine Beratung der Fachkommission Geschichte bei der nunmehr zu einer eigenständigen „Abteilung Wissenschaften" umgeformten Fachaufsicht des ZK[158] im Februar 1957 ein, die sich von ihrer Vorläuferkonferenz vom Januar 1956 substantiell unterschied. War damals der Parteiapparat mit seinen Forderungen durch den einmütigen Widerstand der versammelten Historikerschaft in die Schranken gewiesen worden, so zwang nun die zugespitzte Krise des sozialistischen Lagers Funktionäre und Fachleute zum Schulterschluß und lähmte jede Abwehr der ideologischen Säuberungskampagne, die die SED gegen den angeblichen Versuch anstrengte, „unter der Flagge des Kampfes gegen den Dogmatismus den Mar-

[156] Obermann, Ein Jahr Institut für Geschichte, S.839.

[157] Sie hatte auch in der DAW im Gefolge des XX. Parteitags der KPdSU eine prominente Rolle gespielt und etwa eine SED-Parteiversammlung am 14.3.1956 zu der Erkenntnis geführt, „1. in Zukunft alles offen auszusprechen, 2. nicht auf die offizielle Meinung von oben zu warten – bevor man sich eine eigene bildet, 3. Schulmeisterei überwinden – von den Massen lernen" zu wollen. SAPMO-BArch, DY 30, IV 2/9.04/380, Parteiversammlung DAW, 14.3.1956.

[158] Zu den Hintergründen der Strukturreform: Neuhäußer-Wespy, Die SED und die Historie, S. 57.

xismus-Leninismus und die Grundsätze der Partei anzutasten".[159] Eingestimmt durch ein Referat des zuständigen Geschichtsreferenten Dlubek, das sich ausführlich mit den „opportunistischen Schwankungen" bei den Historikern der DDR befaßte, diskutierten die etwa 45 Teilnehmer der Sitzung am 20. Februar 1957 ausführlich die politische Lage und die vor ihnen liegenden Aufgaben „bei der sozialistischen Erziehung der Werktätigen".[160] Sie gaben damit die Initialzündung zu einem ideologischen Kesseltreiben, das sich über mehr als ein Jahr hinweg fortsetzen sollte, bis die volle Einmütigkeit an der ‚historischen Front' wieder gänzlich hergestellt war.

Von der mit der Kampagne gegen alle ‚Aufweichungstendenzen' verbundenen Disziplinierung war das Akademie-Institut zunächst nur insofern betroffen, als der besonders angegriffene und des Revisionismus beschuldigte Wirtschaftshistoriker Kuczynski an ihm eine herausgehobene Position bekleidete und die Auseinandersetzung mit ihm somit in die Zuständigkeit der SED-Grundorganisation des Instituts fiel. Auch Dlubek wies in der Historikerversammlung vom 20. Februar 1957 nur beiläufig darauf hin, daß die Parteileitung des Akademie-Instituts sich nicht in genügendem Maße mit dem ideologischen Niveau ihrer Mitglieder beschäftige, und in der Diskussion waren die Fronten noch so wenig scharf konturiert, daß ausgerechnet einer der selbst des Revisionismus beschuldigten Fachkollegen, Joachim Streisand, dem Geschichtsreferenten mit dem Vorwurf zur Seite sprang, daß das Institut für Geschichte in der Öffentlichkeit bisher nicht „durch die Behandlung theoretischer Fragen zur sozialistischen Erziehung beigetragen habe".[161] Doch nur wenige Monate später hatte der Parteiapparat seine eher abwartende Haltung mit dezidierter Kritik vertauscht. Zusammen mit Meusels Museum bilde das Akademie-Institut den einzigen Bereich der Historie in der DDR, in dem die Beschlüsse des 30. Plenums noch keine sichtbare Wende herbeigeführt hätten, befand eine interne ZK-Analyse vom Juli 1957 und stellte fest: „Die gesamte Lage am Akademie-Institut ist sehr unbefriedigend."[162] Musterhaft hingegen stelle sich demselben Bericht zufolge die Entwicklung an der Universität Leipzig dar, deren Parteiorganisation in der Fachrichtung Geschichte als beste unter allen Hochschulen der DDR hervorgehoben wurde. „Vor allem Genosse Engelberg hatte es in den vergangenen Jahren verstanden, am Institut für deutsche Geschichte einen Kreis von parteiverbundenen Assistenten heranzubilden,

159 SAPMO-BArch, DY 30, IV 2/9.04/134, Referat Rolf Dlubek, 20.2.1957.

160 Ebd., Bericht über die Beratung der Genossen Historiker bei der Abteilung Wissenschaften des Zentralkomitees am 20. Februar 1957.

161 Ebd., Bericht über die Beratung der Genossen Historiker bei der Abteilung Wissenschaften des Zentralkomitees am 20. Februar 1957.

162 Ebd., Bericht über die Lage in der Geschichtswissenschaft nach dem 30. Plenum des ZK der SED, 5.7.1957.

die die Parteiarbeit an der ganzen Fachrichtung entscheidend beeinflussen."[163]

Wie sich spätestens hier zeigte, hatte Engelberg seinen Vorstoß gegen Obermann vom Frühjahr 1957 weitaus geschickter lanciert, als nach der bisherigen Entwicklung des Instituts abzusehen gewesen war. Schon bald hatte die um einen Perspektivplan ausgebrochene Kontroverse ihren unmittelbaren Anlaß hinter sich gelassen und sich zu einer Auseinandersetzung ausgeweitet, in der der opponierende Engelberg unter veränderten politischen Umständen die Grundfrage nach dem eigentlichen Charakter des Geschichtszentrums an der Akademie abermals zur Entscheidung stellte. Gleichviel, ob aus eigenem Willen oder aus Schwäche, dem Drängen von oben durch die Partei und von unten durch einen Gegenspieler im eigenen Haus standzuhalten – seit dem Frühjahr 1957 schwenkte Obermann unter dem Eindruck der SED-Kampagne zunehmend auf Engelbergs Linie ein und gab die konziliante Linie seiner bisherigen Institutsführung Stück um Stück preis. Am 19. März 1957 legte er einen überarbeiteten Entwurf seiner Bemerkungen zum ‚Arbeitsplan 1957' des Instituts vor, der zum erstenmal einen einheitlichen Gestaltungswillen erkennen ließ und die Disproportionalitäten der Themenverteilung beim Namen nannte, um daraus die Forderung nach einer zügigen Schließung der wichtigsten Forschungslücken abzuleiten.[164] In dieselbe Richtung einer strafferen Ausrichtung des Hauses auf zentrale Grundsätze wies ein am 4. April 1957 auf einer Institutsleitungssitzung gefaßter Beschluß, daß alle Manuskripte unter Einhaltung des Dienstweges vor der Veröffentlichung dem Institutsdirektor vorzulegen seien.[165] Daß diese Form der Kontrolle den SED-Vertretern in diesem Gremium allerdings längst noch nicht weit genug ging, machten die zu einer eigenen Parteigruppe zusammengefaßten Mitglieder der Institutsleitung ein Jahr später deutlich, als sie erneut die Frage von „Maßnahmen, die die Veröffentlichung ausschließlich wissenschaftlich einwandfreier Arbeiten des Instituts gewährleisten", auf die Tagesordnung setzten. Man kam überein, daß in jedem Falle zwei Gutachten einzuholen seien, bevor eine Arbeit zur Publikation freigegeben werde, in Zweifelsfällen sogar drei bis vier Stellungnahmen.[166]

Nicht nur hier wurde offenbar, daß Obermann trotz seiner Bemühungen mit der raschen Verschärfung der von der SED-Führung eingeschlagenen Gangart nicht Schritt zu halten vermochte. Während die ‚bürgerlich' dominierten Arbeitsgruppen des Instituts noch unbeirrt den gewohnten Austausch mit der internationalen Fachwelt über die Grenzen der sozialistischen

[163] Ebd.

[164] ABBAW, ZIG 665, [Karl Obermann], Bemerkungen zum Arbeitsplan 1957 des Instituts für Geschichte [März 1957].

[165] Ebd., 451/2, Protokoll der Institutsleitungssitzung vom 4.4.1957.

[166] Ebd., 665, Protokoll der Parteigruppensitzung der Institutsleitung vom 10.4.1958.

Diktatur hinweg fortsetzten, bot am anderen Ende der Skala Albert Schreiners Abteilung schon das Bild eines geschlossenen sozialistischen Kollektivs. Die dort herrschende Atmosphäre veranschaulicht schlaglichtartig eine kontroverse Diskussion im Juni 1956 über die Frage, ob etwa die Verwendung eines Trotzki-Zitats zur Illustrierung der sowjetischen Haltung zur Ruhrbesetzung durch Wolfgang Ruge angängig sei. Der Autor konnte sich zwar mit seiner Auffassung durchsetzen, daß das Zitat die Moskauer Politik durchaus richtig wiedergebe, wurde aber dennoch zu der Einsicht gebracht, „daß man das Zitat weglassen solle, da man im anderen Falle beim Leser des Aufsatzes einseitige Auffassungen über die Person Trotzkis hervorrufen würde, die zu Irrtümern führen und feindlichen Zielen dienen könnten".[167]

Wie weit sich tatsächlich und ganz entgegen der Prognose von Obermann die einzelnen Arbeitsgruppen des Akademie-Instituts im Laufe des Jahres 1957 in ihrem Wissenschaftsverständnis voneinander entfernt hatten, illustrierte abermals Schreiners Abteilung im Dezember 1957, als deren Mitarbeiter einmütig einer ersten Tagung der neugebildeten deutsch-sowjetischen Historikerkommission in Leipzig Beifall zollten, die sich „in erster Linie durch die Ablehnung jedweder Vorstellung einer ideologischen Koexistenz" Verdienste erworben habe.[168] Ganz in diesem Sinne stellte im selben Monat der Sekretär der SED-Grundorganisation, Heinrich Scheel, seinen Rechenschaftsbericht vor der Parteiversammlung der Akademie auf den Vormarsch des Imperialismus ab, der von seinen vorgeschobenen Basen Westdeutschland und Westberlin aus die „innere ‚Aufweichung'" des sozialistischen Lagers betreibe und daher „die ideologische Gegenoffensive der sozialistischen Intelligenz dringendstes Gebot" werden ließ.[169] Nachdem im Zuge der Säuberungen selbst Kulturfunktionäre aus dem engsten Führungszirkel der SED wie Johannes R. Becher und Kurt Hager in öffentlicher Selbstkritik ihre mangelhafte Parteilichkeit gegenüber revisionistischen und konterrevolutionären Vorstößen bekannt hatten, drängte die SED-Parteigruppe am Akademie-Institut nun gleichfalls darauf, „an der historischen Front [...] weiche Stellen" aufzuspüren, die „der Feind" sich zunutze machen könnte.[170] In dieser Logik war es gerade das auf Obermanns pragmatischen Führungsstil zurückgehende Ausbleiben scharfer Kontroversen zwischen Marxisten und Nicht-Marxisten, das Scheel in seinem Referat bemängelte und als „Atmosphäre ungenügender geistiger Auseinandersetzungen und eines nicht-kämpferischen Auftretens für unsere gemeinsame Sache des Marxismus-Leninismus" brandmarkte, um eindringlich vor der damit

167 Ebd., 452/1, Institut für Geschichte, Abt. 1918–1945, Bericht über die Arbeitsbesprechung vom 22.5.1957.

168 Ebd., Institut für Geschichte, Abt. 1918–1945, Protokoll über die Arbeitsbesprechung vom 5.12.1957.

169 SAPMO-BArch, DY 30, IV 2/9.04/397, Heinrich Scheel, [Referat der Parteileitung der SED-Grundorganisation der DAW], Dez. 1957.

170 Ebd.

verbundenen Gefahr zu warnen: „Eine solche Atmosphäre aber nutzt der Feind und dringt ein. Wo Auseinandersetzungen vermieden werden, da breitet sich wie ein schleichendes Gift das Prinzip der ideologischen Koexistenz aus."[171]

Scheel kehrte damit zum erstenmal seit Gründung des Instituts offen zu der ursprünglichen Forderung zurück, das Haus in allen seinen Abteilungen einheitlich als sozialistisches Forschungszentrum unter Führung der SED zu profilieren. Nichts und niemand stand diesem Ziel mehr im Weg als Fritz Hartung und die von ihm geleiteten Arbeiten an den „Jahresberichten der deutschen Geschichte", die als ein von Albert Brackmann dreißig Jahre zuvor begründetes Traditionsunternehmen den Geist der Akademie und der in ihm aufgegangenen Historischen Kommission weit stärker atmeten als die noch kaum in Erscheinung getretenen Arbeitsgruppen von Haussherr und Beck. Vollends der ehemalige Theologe Winter zeigte sich den Ansprüchen der Parteifunktionäre so entgegenkommend, daß diese dafür über Winters mehrfachen politischen Positionswechsel und besonders seinen einstigen Einsatz für den völkischen „Deutschtumskampf" in der Tschechoslowakei hinwegzusehen bereit waren.[172] Zur Nagelprobe kam es, als Hartung im Winter 1957 die Druckfahnen der ersten in der Verantwortung des Akademie-Instituts erscheinenden Jahresberichte für 1953/64 vorlegte. Er bot damit der Parteileitung des Hauses die willkommene Gelegenheit für eine Attacke, die sich gegen die bestehenden Zustände am Institut für Geschichte richtete, um den Boden für die Einführung einer allgemeinen Vorzensur für Institutsveröffentlichungen zu bereiten: „Die PL ist der Meinung,

171 Ebd.

172 Zum Problem wurde Winters zeitweilige Liaison mit der völkischen Rechten erst Anfang 1961 im Zuge einer SED-Kampagne gegen die nationalsozialistische Verstrickung der westdeutschen Historikerzunft, als sich bei der Zusammenstellung eines Dokumentenbandes „Drang nach Osten" ergab, daß Eduard Winter an einem Teil der zum Abdruck vorgesehenen Denkschriften der deutschen Ostforschung verantwortlich mitgearbeitet hatte. Weniger dies störte die zuständigen Geschichtsfunktionäre als vielmehr der Umstand, daß der seit 1919 an der Universität Prag lehrende und nach seiner Entpflichtung von der Katholischen Theologischen Fakultät im Kontext der volkstumswissenschaftlichen Ambitionen des SD und Heydrichs selbst mit dem Lehrstuhl für „Europäische Geistesgeschichte mit besonderer Berücksichtigung Osteuropas" betraute Winter im propagandistischen Kampf gegen die West-Historiographie zu versagen drohte: „Offenbar ist Prof. Winter in seinem Auftreten gegen die westdeutschen Ostforscher (die er teilweise als Mitarbeiter von früher kennt) gehemmt, solange er glaubt, daß uns seine Tätigkeit gegen den damaligen tschechoslowakischen Staat nicht bekannt ist." Um die Situation zu bereinigen und Winter diese Scheu zu nehmen, schlug die Abteilung Wissenschaften des ZK eine „Aussprache mit ihm" vor „und evtl. eine Erklärung von ihm selbst, die seine damalige und seine heutige Position klar zum Ausdruck bringt". Ebd. 41, Sektor Gesellschaftswissenschaften, Informationsbericht für die Zeit vom 9.–21.1.61, 25.1.1961. Knappe Hinweise zur Rolle Winters in der NS-Zeit enthält: Roth, Heydrichs Professor, S. 299 u. 304.

daß die Institutsleitung ein Gremium schaffen muß, das sämtliche fertigen Arbeiten, bevor sie als Publikationen des Instituts erscheinen, begutachtet. [...] Ein Beispiel, das die Notwendigkeit dieser Forderung deutlich machen soll: Das Institut gibt die ‚Jahresberichte' heraus. Die Fahnenabzüge des Bandes für die Jahre 1953/54 führen unter vielen anderen von der gleichen Couleur auf: Hans Grimm, eine Hitlerrede, Gauleiter-Memoiren [...] Nun, die Arbeitsgruppe, die die ‚Jahresberichte' herausgibt, ist die Domäne der bürgerlichen Ideologie an unserem Institut."[173]

Während sich die generelle Einführung der Gutachtenpraxis noch bis zum April 1958 hinziehen sollte, sah sich Obermann in bezug auf die „Jahresberichte" zu schnellem Handeln gedrängt. Am 19. Dezember gab er auf einer Institutssitzung bekannt, daß er die vorliegenden Korrekturfahnen des Abschnittes 1933 bis 1939 der Jahresberichte für 1953/54 Albert Schreiner zur Begutachtung übergeben habe.[174] Parallel dazu kamen die versammelten Abteilungsleiter des Instituts überein, daß „Herr Professor Obermann mit dem Genossen Professor Hager (ZK) Rücksprache über die Weiterführung bzw. inhaltliche Gestaltung der Jahresberichte nimmt".[175] Bevor es allerdings zu einer formellen Entscheidung kam, fand im Januar 1958 eine abermalige Historikertagung der Fachkommission Geschichte statt, die den Erfolg der im Jahr zuvor beschlossenen Maßnahmen zu überprüfen ausersehen war. Raimund Wagner, der als Nachfolger Dlubeks die Sicht der ZK-Abteilung vortrug, zeigte sich insgesamt befriedigt über die Erfolge der Partei im Kampf „gegen die politischen und ideologischen Entartungserscheinungen" und auch über den „Stand der ideologisch-theoretischen Auseinandersetzungen in der Geschichtswissenschaft der DDR". Eben diese Einschätzung gab ihm die Sicherheit, sich nun eingehender mit den im Windschatten der Konflikte gebliebenen Einrichtungen zu befassen: „Es gibt aber auch Parteiorganisationen, die von diesem Prozeß des vergangenen Jahres fast unberührt geblieben sind. Wir meinen in erster Linie das Institut für Geschichte an der Akademie."[176] Daß Wagner auf dieser vor allem der Disziplinierung von einzelnen Abweichlern gewidmeten Tagung[177] die Parteiorganisation des Akademie-Instituts scharf wegen ihres „nicht parteimäßigen, defensiven Geistes" und „Zurückweichens vor Aus-

173 SAPMO-BArch, DY 30, IV 2/9.04/397, Heinrich Scheel, [Referat der Parteileitung der SED-Grundorganisation der DAW], Dez. 1957.

174 ABBAW, ZIG 451/2, Protokoll der Institutssitzung vom 19.12.1957.

175 Ebd.

176 SAPMO-BArch, DY 30, IV 2/9.04/135, [Referat Raimund Wagner auf der Tagung der Fachkommission Geschichte, 24.1.1958].

177 Zur Bedeutung der Historikerberatung allgemein vgl. Neuhäußer-Wespy, Die SED und die Historie, S. 40ff.

einandersetzungen" angriff[178], beeinflußte auch das weitere Vorgehen der Institutsleitung gegen die Arbeitsgruppe Bibliographie.

Allerdings verging nahezu ein halbes Jahr, bis definitive Schritte erfolgten, und daran trug ironischerweise das angesichts von Schreiners Arbeitsüberlastung durch die Abteilung 1918 bis 1945 kollektiv erstellte Gutachten[179] selbst Mitschuld: Es fiel so grundsätzlich und scharf aus, daß es ratsam schien, auch Meusel als Vorsitzenden des Wissenschaftlichen Rates des Akademie-Instituts mit einem eigenen Gutachten über die „Jahresberichte" zu beauftragen, um das weitere Vorgehen gegen die Arbeitsgruppe Bibliographie nicht als Akt politischer Willkür erscheinen zu lassen und damit auch die gesamtdeutsche Ausstrahlung weiter zu verdunkeln, auf die es der SED-Wissenschaftspolitik im Zeichen ihrer „Konföderations"-Propaganda durchaus noch ankam. Daß es sich freilich um den auf fachlicher Ebene nicht mehr zu entscheidenden Kampf zweier gegensätzlicher Wissenschaftsverständnisse handelte, zeigte sich schon im März 1958 auf einer Sitzung des Wissenschaftlichen Rates, in der die Kontroverse über den Charakter der Jahresberichte offen zur Sprache kam. Das Protokoll der Ratssitzung notierte eine ausführliche Aussprache über die Jahresberichte, in der alle anwesenden Ratsmitglieder das Wort nahmen. Von ihnen stand offenbar nur Haussherr dem angegriffenen Hartung bei, der sich im übrigen einer geschlossenen Phalanx der Kritik gegenübersah: „Die Herren Meusel, Engelberg, Obermann, Schreiner und Winter bestehen darauf, daß faschistische und revanchistische Literatur nicht durch Aufnahme in diese Bibliographie propagiert werden darf und daß dementsprechend auch die Annotationen zu gestalten sind."[180]

Der Bedeutung des Vorgangs entsprechend, begnügte Meusel sich nicht mit einer summarischen Stellungnahme, sondern lieferte eine umfangreiche, in einen allgemeinen und einen besonderen Teil gegliederte Arbeit ab, die die Titelauswahl und Annotationsprinzipien der Bibliographie anhand der vorliegenden Fahnen der Jahresberichte für 1953/54 überaus sorgsam prüfte. Der Autor würdigte Hartungs Unternehmen als „eine große und prinzipiell wertvolle Arbeit" und verlangte gleichzeitig eine tiefgreifende Änderung ihres Charakters: „Um sie weiterzuführen, ist es notwendig, sie mit dem Wesen unseres volksdemokratischen Staates, mit der Entwicklung des Instituts für Geschichte und mit der neuen Geschichtswissenschaft, die sich in unserem Staat entwickelt, in Übereinstimmung zu bringen. Um diese Übereinstimmung herzustellen, genügen nicht ein paar kleine Reformen, wie sie

178 SAPMO-BArch, DY 30, IV 2/9.04/135, [Referat Raimund Wagner auf der Tagung der Fachkommission Geschichte, 24.1.1958].

179 Zuarbeiten blieben in den Papieren Meusels erhalten: ABBAW, NL Meusel, 609, Abt. 1918–1945, Bemerkungen zu: Jahresberichte für deutsche Geschichte, Spalte 98–121, 20.1.1958.

180 Ebd., Aufzeichnung über die Sitzung des wissenschaftlichen Rates des Instituts für Geschichte am 6.3.1958.

etwa darin bestehen würden, einige Büchertitel in die Berichte aufzunehmen und andere zu streichen, einige Annotationen zu ändern u. dgl. Vielmehr ist eine Reform an Haupt und Gliedern erforderlich."[181]

Weit über ihren konkreten Gegenstand hinausgehend, spiegelte Meusels Gutachten so den Aufeinanderprall zweier nicht nur unterschiedlicher, sondern genuin inkompatibler Wissenschaftsauffassungen wider. Seite für Seite dokumentierte es, daß die neue, ‚sozialistische' Geschichtswissenschaft in entscheidender Hinsicht anderen Fachprinzipien als ihr ‚bürgerliches' Pendant gehorchte, und desavouierte ihr bisheriges friedliches Nebeneinander unter einem gemeinsamen Institutsdach zum Scheinkompromiß einer konfliktscheuen Leitungspolitik. Meusels Gutachten bekräftigte im wesentlichen das von Schreiner und seinen Mitarbeitern gefällte Verdikt über die revanchistische, in Teilen gar faschismusverherrlichende Tendenz der Annotationen und die selbst ‚agitatorische Machwerke übelster Art' einschließende Titelauswahl, die zuweilen eher „für ein Witzblatt oder ein politisches Kabarett, aber nicht für die Jahresberichte des Akademie-Instituts für Geschichte" tauge.[182]

Seiner Argumentation lag eine Auffassung zugrunde, die das Wissenschaftsverständnis der marxistisch-leninistischen Historiographie in der DDR insgesamt kennzeichnete: daß es nämlich eine neutrale, über den Weltanschauungen stehende Darstellungsweise nicht einmal in einer Bibliographie geben könne: „In den Besprechungen, die sich auf die Jahresberichte bezogen, wurde von allen Teilnehmern anerkannt, daß es unmöglich sei, alle historischen [...] Publikationen in die Jahresberichte aufzunehmen. Man muß also eine Auswahl treffen – das heißt nichts anderes als: man muß sich über ein Auswahlprinzip einigen. Nach meiner Meinung muß das Auswahlprinzip in der Förderung der fortschrittlichen, friedensfreundlichen, demokratischen und sozialistischen Historiographie liegen. In dem vorliegenden Entwurf wird nicht dieser Grundsatz, sondern – trotz aller scheinbaren Neutralität – der entgegengesetzte angewandt."[183] Meusels Gutachten fußte dementsprechend auf einem Wissenschaftsverständnis, das gegen diesen Grundsatz verstoßendes Schrifttum *ex ante* – und in reziproker Aufnahme der Verdammung marxistisch-leninistischer Arbeiten im Westen – als wissenschaftlich wertlos disqualifizierte und in der harschen Ausmerzung als ‚nichts Gutes versprechend', ‚verleumderisch' bzw. „Schmähschrift" oder „faschistische Sudelei" nicht kleinlich verfuhr: „a) Die von den Nazi-Verbrechern und ihren Spießgesellen verfaßte Literatur wird aus den

181 SAPMO-BArch, DY 30, IV 2/9.04/397, Alfred Meusel, Gutachten über die „Jahresberichte", S. 2.
182 Ebd., S. 14.
183 Ebd., S. 2. Vgl. auch Meusels Urteil über die bisherige Gliederung der „Jahresberichte" nach Allgemeine und innere Politik, Außenpolitik, Wirtschaftsgeschichte, Rechtsgeschichte, Kulturgeschichte usw.: „Diese Disposition ist weit davon entfernt, weltanschaulich neutral zu sein; vielmehr ist sie essentiell bürgerlich." Ebd., S. 4.

Jahresberichten vollkommen ausgemerzt. b) Über die von den Nazi-Diplomaten, Nazi-Generalen usw. verfaßten Arbeiten muß von Fall zu Fall entschieden werden. Auf keinen Fall können die Verfasser, deshalb, weil sie einmal aus irgendwelchen Gründen mit den Nazis in Streit gerieten, als standhafte Antifaschisten anerkannt werden, die sich heute in die weiße Toga von ‚Widerstandskämpfern' hüllen, um sich selbst zu rechtfertigen, die Öffentlichkeit zu täuschen und das alte Spiel von neuem zu beginnen. c) Belangreiche [!] Werke von anerkannten [!] bürgerlichen Wissenschaftlern werden in die Jahresberichte aufgenommen."[184]

Folgerichtig stellte Meusel dem als bürgerlich verurteilten Scheinprinzip weltanschaulicher Neutralität der vorliegenden „Jahresberichte" ein alternatives Auswahlkriterium gegenüber, das die Differenz von Sein und Sollen einebnete und auch eine bloße Dokumentation als politisch-wissenschaftliche Erziehungsleistung auffaßte: „Die Behauptung, daß das einseitige und verzerrte Bild, das die Jahresberichte von dem deutschen Widerstand geben, unvermeidlich sein soll, weil die Literatur über den 20. Juli, den Kirchenkampf usw. umfangreicher als die über den antifaschistischen Widerstandskampf der Arbeiter ist, kann ich nicht gelten lassen. Wenn man die marxistische Literatur mit dem gleichen Eifer wie die bürgerliche durchsucht hätte, würde man wichtige und aufschlußreiche Arbeiten gefunden haben. Aber selbst angenommen, nicht zugegeben, daß in einer bestimmten Periode viel mehr bürgerliche als sozialistische Arbeiten über den Widerstandskampf erscheinen, kann das kein Grund dafür sein, daß die Jahresberichte dieses Mißverhältnis gleichsam mechanisch reproduzieren und damit die Irrtümer und Fehlauffassungen bestätigen, die vielfach, besonders im westdeutschen Bürgertum, über den Widerstandskampf verbreitet sind."[185]

Meusels Gutachten wurde so zu einem entscheidenden Beitrag der inneren Institutsgründung, indem es der Kohabitation der beiden deutschen Geschichtswissenschaften im Akademie-Institut so nüchtern wie präzise die Existenzgrundlage raubte. Die Abwicklung des ausgelaufenen Modells vollzog sich in den vorgezeichneten Bahnen. Am 3. Mai 1958 sandte Meusel seine Ausarbeitung an Hartung, Obermann und die Abteilung Wissenschaften, deren Leiter Johannes Hörnig am 17. Mai Meusel dafür dankte, „durch Dein Gutachten eine wirkliche Vorstellung davon erhalten [zu haben], welche skandalösen Zustände in dieser Arbeitsgruppe herrschen".[186] So sichtbar Hörnig damit den hauptsächlich fachinternen Charakter der Kontroverse auch zu betonen versuchte und auch ihre Lösung scheinbar an

184 Ebd., S. 3.

185 Ebd., S. 18f. Ebenso argumentierte auch das Gutachten der Abteilung Schreiners: ABBAW, NL Meusel, Abt. 1918–1945, Bemerkungen zu: Jahresberichte für deutsche Geschichte, Spalte 98–121, 20.1.1958.

186 SAPMO-BArch, DY 30, IV 2/9.04/397, Abt. Wissenschaften an Alfred Meusel, 17.5.1958.

die Akademie selbst delegierte[187], war Hartung ihm diesmal doch zuvorgekommen. Mit Schreiben vom 13. Mai 1958 bat er um die Entbindung von seiner Verpflichtung als Herausgeber der Jahresberichte und hob seinerseits den politischen Charakter der von ihm geforderten Änderungen hervor, die mit den hergebrachten Grundsätzen der historischen Wissenschaft nicht vereinbar seien: „Vielmehr hat Herr Meusel die Forderung gestellt, daß die Jahresberichte [...] eine Auswahl der zu verzeichnenden Literatur nach politischen Gesichtspunkten vornehmen sollen. Die Erfüllung dieser Forderung bedeutet den Tod einer ernsthaften wissenschaftlichen Bibliographie. [...] Für mich ist nach den Grundsätzen, die ich bisher in der Wissenschaft vertreten habe, eine Nachgiebigkeit ausgeschlossen."[188]

Sein Rücktritt führte zu einer grundsätzlichen Reorganisierung der bibliographischen Arbeit im IfG mit einem veränderten Mitarbeiterstamm, der die Jahresberichte bis 1989/90 unter dem nunmehrigen Leiter Peter Wick nach neuen, parteilichen Kriterien im Sinne von Meusels Gutachten fortsetzte. Ein von der Institutsleitung eingesetzter Ausschuß erarbeitete hierzu verbindliche Richtlinien, deren Präambel den vollzogenen Wandel kundtat: „Mit den Jahresberichten für deutsche Geschichte wird eine Bibliographie vorgelegt, die nach marxistischen Gesichtspunkten gegliedert ist."[189] Im Zuge dieses Revirements verloren gleichermaßen die anderen, noch nicht rein parteitreu ausgerichteten Institutsbereiche ihren Rückhalt und fast zeitgleich auch ihre bisherigen Direktoren. Die Leitung der Arbeitsgruppe zur Verfassungs- und Verwaltungsgeschichte blieb vorerst unbesetzt, nachdem ihr Leiter Hans Haussherr im November 1958 in den Westen geflohen und sein Wunsch, auch weiterhin als auswärtiges Akademiemitglied behandelt zu werden, von Ulbricht eigenhändig abgeschlagen worden war.[190] Die drei verbliebenen Mitarbeiter seiner Gruppe in Halle wurden zunächst in die Abteilung 1789 bis 1871 übernommen, einige Monate später aber aufgrund

[187] „Nach unserer Meinung muß diese Angelegenheit nicht nur im Wissenschaftlichen Rat des Instituts für Geschichte an der Akademie prinzipiell diskutiert, sondern auch in der Klasse zur Sprache gebracht werden. Die jetzigen Bearbeiter der Jahresberichte dürften gänzlich ungeeignet sein, diese Aufgabe fortzuführen. Es ist einfach nicht vertretbar, das wir eine solche ‚Tätigkeit' mit Mitteln unseres Staates finanzieren." Ebd.

[188] ABBAW, Bestand Akademieleitung 136, Fritz Hartung an den Präsidenten der Deutschen Akademie der Wissenschaften, 13.5.1958.

[189] Ebd., ZIG 451/2, Protokoll über die Sitzung der von der Institutsleitung benannten Kollegen zu Fragen der Richtlinien zu den Jahresberichten vom 6.2.1959. Der neue Charakter der Jahresberichte kam so nicht nur in der Titelauswahl zum Ausdruck, sondern auch in „der Reihenfolge der Titel (zuerst marxistische, dann bürgerliche und zuletzt revanchistische Arbeiten)". Ebd.

[190] SAPMO-BArch, DY 30, IV 2/9.04/37, Hans Haussherr an den Präsidenten der Deutschen Akademie der Wissenschaften, 25.11.1958. „Als Republikflüchtiger kann er nicht Akademiemitglied bleiben", glossierte Ulbricht den ihm vom Akademiepräsidium vorgelegten Vorgang. Ebd.

ihrer ‚schlechten Arbeitsdisziplin' administrativ Stern zugeordnet und ebenso wie ihr Editionsprojekt zur preußischen Reformära zur Disposition gestellt, da die Institutsleitung fortbestehende Verbindungen zu Haussherr argwöhnte.[191] 1961 wurde die Arbeitsgruppe dann ebenso aufgelöst wie die Arbeitsgruppe Landesgeschichte unter dem 1956 zum Direktor des Brandenburgischen Landeshauptarchivs berufenen Friedrich Beck, deren Tätigkeit erlosch, nachdem Becks einziger Mitarbeiter Klaus Schwartz ebenfalls in den Westen gegangen war.[192] Schon 1959 war auch Eduard Winters Arbeitsgruppe aus dem Institut herausgelöst und dem Institut für Slawistik an der Humboldt-Universität angeschlossen worden.[193] Bereits noch früher, im Frühjahr 1958, hatte Wilhelm Unverzagt, der im Dezember des Vorjahres zum Ärger des Akademie-Präsidiums und trotz einer sorgsam vorbereiteten Gegenstrategie der SED-Fraktion zum Sekretar der Klasse für Philosophie, Geschichte, Staats-, Rechts- und Wirtschaftswissenschaften wiedergewählt worden war[194], dieses Amt wieder aufgeben müssen, nachdem er ultimativ mit der Frage konfrontiert worden war, warum gerade er als Klassensekretar den Aufruf der Akademie-Mitglieder für eine atomwaffenfreie Zone nicht mitunterschrieben habe.[195] Seine Nachfolge trat Meusel an.

Mit diesen Maßnahmen hatte das Akademie-Institut endgültig die Gestalt angenommen, die es nach dem Willen der Parteiführung bereits bei seiner Gründung hätte tragen sollen, und war zu einer ausschließlich von Parteimarxisten gelenkten Forschungsstätte geworden. Um aber darüber hinaus auch in seinem inneren Selbstverständnis zu einer Stätte der neuen Geschichtswissenschaft zu werden, genügte diese formelle Angleichung an das von Meusel angeführte „Wesen unseres volksdemokratischen Staates" noch keineswegs. Nicht minder galt es, nach der Marginalisierung und Eliminierung der ‚bürgerlichen' Fachtradition nun auch die „Genossen Historiker" von den Schlacken dieser Tradition zu befreien und auf ein historisches Denken zu verpflichten, dem das Bekenntnis zur politischen Dienstbarkeit so selbstverständlich war wie dem überkommenen das Credo der fachlichen Autonomie. Die einzelnen Schritte dieser substantiellen Transformation hin zu einem radikal gewandelten Verhältnis von Wissenschaft und Politik, die auch im Selbstverständnis der DDR-Historikerschaft das eigentliche Signum der Konstitutionsphase des Akademie-Instituts bildeten[196], lassen sich exemplarisch an den Bemühungen um die Errichtung einer Forschungs-

191 ABBAW, ZIG 451/2, Protokoll der Sitzung der Institutsleitung am 9.4.1959.

192 Mitteilung Prof. Dr. Friedrich Beck an den Vf., 6.12.1999.

193 ABBAW, ZIG 451/2, Protokoll der Sitzung der Institutsleitung am 19.3.1959.

194 SAPMO-BArch, DY 30, IV 2/9.04/376, Robert Dewey an die Abt. Wissenschaften des ZK, 11.12.1957.

195 ABBAW, Bestand Klassen, Klasse für Philosophie, P 3/12, Protokoll der Sitzung vom 6.3.1958.

196 Heitzer, Das Akademie-Institut für Geschichte, S. 895.

gruppe zu der herrschaftslegitimatorisch besonders beanspruchten Zeitgeschichte am Akademie-Institut ablesen.

Die Bildung einer zeithistorischen Abteilung am Institut für Geschichte ging zurück auf einen Beschluß des ZK-Sekretariats vom 21. August 1957 über die „Organisation der zeitgeschichtlichen Forschung und Lehre in der DDR", der eine Intensivierung der wissenschaftlichen Beschäftigung mit der bislang als Forschungsgegenstand noch gar nicht in den Blick gerückten Zeit nach 1945 und deren Institutionalisierung an den Hochschulen und Geschichtsinstituten der DDR verlangte.[197] Abweichend von der westdeutschen Facheinteilung, die unter Zeitgeschichte mit Hans Rothfels „die Epoche der Mitlebenden und ihre wissenschaftliche Behandlung"[198] verstand, reservierte der ZK-Beschluß den Begriff auf die Zeit nach 1945 und befestigte damit eine bis 1989 in der DDR-Zunft geltende Sprachregelung. Damit trug die Zeitgeschichte in der DDR von vornherein unmittelbar politischen Charakter als eine Subdisziplin, die die Existenz der DDR und die Politik der SED mit wissenschaftlichen Mitteln zu rechtfertigen hatte. Selbst unter parteiloyalen DDR-Historikern herrschte in der zweiten Hälfte der fünfziger Jahre noch die Meinung vor, daß die Herausbildung der bipolaren Welt nach dem Ende des Zweiten Weltkriegs und insbesondere die Geschichte der deutschen Teilung vorerst kaum wissenschaftlicher Analyse zugänglich, sondern vor allem ein Geschäft der Dokumentation und der Tagespublizistik sei, wie es am Deutschen Institut für Zeitgeschichte betrieben wurde.[199]

Aus diesem Grund hatte der Aufbau einer entsprechenden Abteilung in den Gründungsplänen des Instituts für Geschichte ungeachtet gelegentlicher deklaratorischer Bemerkungen keine ernsthafte Rolle gespielt, obwohl schon der Geschichtsbeschluß der SED im Jahr 1955 die rascheste Hinwendung zur Erforschung der deutschen Geschichte „seit der Befreiung Deutschlands vom Hitlerfaschismus durch die Sowjetarmee" verlangt hatte.[200] In der Auseinandersetzung um eine neue, sozialistische Geschichtswissenschaft kam der Zeitgeschichte unter diesen Umständen eine zentrale Bedeutung zu. Einem Lackmustest gleich zeigte sie im Verständnis des Parteiapparats den Reifegrad der ostdeutschen Historikerzunft an und machte deutlich, wo es noch Vorbehalte zu überwinden galt, wie eine parteiinterne Einschätzung von 1962 festhielt: „Bis 1955 war auf dem Gebiet der Zeitgeschichte von Historikern kaum eine gründliche Forschungsarbeit betrieben worden. Eines der wesentlichsten ideologischen Hemmnisse hier-

197 Vgl. SAPMO-BArch, DY 30, IV A 2/9.04/134, Erstes Material einer Einschätzung der Entwicklung der Geschichtswissenschaft der DDR seit 1955, o.D. [1962].

198 Rothfels, Zeitgeschichte als Aufgabe, S. 1. Zur fortbestehenden Aktualität seiner Definition: Hockerts, Zeitgeschichte in Deutschland, S. 3ff.

199 Vgl. Heitzer, „Zeitgeschichte" 1945 bis 1958, S. 112; Fischer/Heydemann, Weg und Wandel, S. 26f.

200 Die Verbesserung der Forschung und Lehre, S. 352.

für war die weitverbreitete schädliche Auffassung, daß die Geschichte der neuesten Zeit nicht wissenschaftlich betrieben werden könne."[201]

Dasselbe Papier sprach rückblickend davon, daß diese Hemmnisse „erst in harten Auseinandersetzungen, vor allem in den Jahren 1956 bis 1958", beseitigt werden konnten[202], und traf mit dieser Feststellung auch den langwierigen Institutionalisierungsvorgang einer zeitgschichtlichen Forschungsabteilung am Akademie-Institut. Tatsächlich dauerte es bis zum Sommer 1958, bis Obermann die Gründung eines Arbeitskreises anregte, der sich „mit den Aufgaben auf dem Gebiete der Zeitgeschichte" befassen solle.[203] Allerdings war der Vorschlag bezeichnenderweise nicht in der Direktion selbst entstanden, sondern von der ‚ideologisch besonders gefestigten' Abteilung Albert Schreiners ausgegangen, und er wurde von Obermann mit erkennbarer Behutsamkeit vorgetragen: Der neue Arbeitskreis solle zum einen ohne jede Änderung der Institutsstruktur gebildet werden, zum anderen auch Mitarbeiter anderer Einrichtungen umfassen und schließlich nicht von einem hauseigenen, sondern von einem auswärtigen Fachmann geleitet werden.[204] Der von der SED für dieses Amt vorgesehene Mann war Walter Bartel, der sich, obschon kein ausgebildeter Historiker[205], in den Augen der Partei als Direktor des Deutschen Instituts für Zeitgeschichte bewährt hatte und über die notwendigen Verbindungen verfügte, um die im ZK-Beschluß von 1957 angemahnte Koordinierung der an den verschiedenen Einrichtungen der DDR betriebenen Unternehmungen zu zeitgeschichtlichen Fragen in Angriff zu nehmen. Im Vorgriff auf diese Entscheidung hatte Bartel bereits im April des Jahres einen Arbeitsplan der künftigen Kommission für Zeitgeschichte erstellt, der die fortlaufende Beschaffung von Informationen über die Forschung, Lehre und Publizistik zur Zeit nach 1945 institutionalisieren sollte und eine Konferenz über „Aufgaben, Methoden der Zeitgeschichtsforschung in der DDR" anvisierte.[206]

Offenkundiger Hintergrund dieser Überlegungen war der heranrückende zehnte Jahrestag der Gründung der DDR. Dennoch vergingen Monate, bis

201 SAPMO-BArch, DY 30, IV AZ/9.04/134, Erstes Material einer Einschätzung der Entwicklung der Geschichtswissenschaft der DDR seit 1955, o.D. [1962].

202 Ebd.

203 ABBAW, ZIG 451/2, Protokoll der Institutsleitungssitzung vom 19.6.1958.

204 Ebd.

205 Über den beruflichen und politischen Weg Walter Bartels, der 1935 wegen einer Verpflichtungserklärung für die Gestapo aus der KPD ausgeschlossen worden und im KZ Buchenwald Mitglied der illegalen Parteileitung und Vorsitzender des illegalen Internationalen Lagerkomitees gewesen war, bevor er nach 1945 zum persönlichen Referenten Wilhelm Piecks avancierte und nach einer Parteiüberprüfung in die Geschichtswissenschaft abgeschoben wurde, vgl. Niethammer, Der „gesäuberte" Antifaschismus, S. 19ff.

206 SAPMO-BArch, DY 30, IV 2/9.04/400, Walter Bartel, Zur Arbeit der Kommission für Zeitgeschichte beim Institut für Geschichte an der Deutschen Akademie der Wissenschaften, 10.4.1958.

Bartel einen erweiterten Entwurf vorlegte, der nun in offenkundigem Widerspruch zu Obermanns Versicherung die Installierung einer eigenen Arbeitsgruppe am Institut vorsah und sich darüber hinaus neben der Koordinierung in der Sache charakteristischerweise auch eine „Planung zur Heranbildung der notwendigen wissenschaftlichen Kader" zur Aufgabe machte – beredter Ausdruck des geringen Ansehens, das diese Teildisziplin fachintern besaß.[207] Der schließlich gefundene Kompromiß mündete darin, daß am 10. November 1958 doch nicht eine Arbeitsgruppe, sondern eine Kommission für Zeitgeschichte am Akademie-Institut gegründet und durch einen Beschluß der zuständigen Klasse für Philosophie, Geschichte, Staats-, Rechts- und Wirtschaftswissenschaften der Akademie vom 18. Dezember 1958 bestätigt wurde, der ihr gleichzeitig auferlegte, „Vorbereitungen zur Gründung einer Abteilung Zeitgeschichte am Institut für Geschichte [zu] treffen".[208]

Schon im Januar 1959 veranstaltete die neue Kommission eine erste Arbeitstagung, um über den Stand der zeitgeschichtlichen Forschung in der DDR und die vor ihr liegenden Aufgaben zu beraten.[209] Vom Geist dieses Treffens von fast 200 Delegierten aus 79 Institutionen[210] zeugt der Tagungsbericht in der ZfG, der die tagespolitische Dienstbarkeit der Zeitgeschichte unterstrich: „Zum Höhepunkt der Arbeitstagung wurde das Schlußwort von Walter Bartel, der [...] den Teilnehmern in überzeugenden Worten darlegte, welche unmittelbaren Aufgaben sie bei der Vorbereitung und Durchführung von Veranstaltungen anläßlich des 10. Jahrestages der DDR zu erfüllen haben."[211] Im selben Sinne entwarf der von der Parteihochschule entsandte Hauptreferent Werner Horn ein Bild von den „Grundfragen der Entwicklung Deutschlands nach 1945", das die Pression veranschaulicht, unter der die von der SED-Führung nachhaltig forcierte Zeitgeschichtsschreibung auch im weiteren stehen sollte. Horn „forderte alle Historiker auf, sich die Theorie der sozialistischen Revolution anzueignen und sie mit den einschlägigen Materialien und Beschlüssen der Partei zur Grundlage ihrer Arbeit zu machen", um auf dieser Grundlage die Entstehung der DDR zu einem gesetzmäßigen Prozeß zu erklären, der „das Ergebnis der Aktivität der Volksmassen" gewesen sei und sich in zwei Hauptetappen als Glieder einer einheitlichen volksdemokratischen Revolution unterteile: die Etappe der antifaschistisch-demokratischen Umwälzung und

207 Ebd., Entwurf für die Aufgaben der Arbeitsgruppe Zeitgeschichte im Institut für Geschichte der Akademie der Wissenschaften, 24.9.1958.

208 Zit. n.: Ebd., Walter Bartel an die Abteilung Wissenschaften des ZK 13.1.1959.

209 Köhler, Die erste Arbeitstagung der Kommission Zeitgeschichte.

210 Darunter Partei- und Universitätsinstitute, Zeitschriftenredaktionen, Archive, Kommissionen zur Erforschung der Geschichte der örtlichen Arbeiterbewegung. SAPMO-BArch, DY 30, IV 2/9.04/400, Abt. Wiss., Information über die Tagung der Zeitgeschichtler, 5.2.1959.

211 Köhler, Die erste Arbeitstagung der Kommission Zeitgeschichte, S. 669.

die Etappe der sozialistischen Umgestaltung.[212] Bartel als zweiter Hauptredner hingegen setzte sich in seinem Referat über Fragen der marxistischen Zeitgeschichte besonders „mit der reaktionären westdeutschen Zeitgeschichte auseinander, analysierte ihre Unwahrhaftigkeit und Unwissenschaftlichkeit und bewies ihre Rolle als Instrument der ideologischen Aufrüstung. An Hand dokumentarischen Materials wies er nach, daß führende westdeutsche Historiker sich regelrecht an Franz-Josef Strauß verdingen und an der psychologischen Vorbereitung eines neuen Krieges mitwirken."[213]

Die Diktion dieser zur Karikatur entstellten Manier, die jüngste Vergangenheit mit den Mitteln der Wissenschaft zu erschließen, ging erkennbar zurück auf eine Fragen der Zeitgeschichte gewidmeten Versammlung vom Dezember 1958, in der als Konsequenz des offenen Bruchs zwischen der west- und der ostdeutschen Historikerzunft auf dem Historikertag von Trier der SED-Parteichef Ulbricht selbst seine Auffassung von der neuen Geschichtsschreibung in der DDR zum Ausdruck gebracht hatte. Den Rahmen steckte einleitend Kurt Hager mit der behaupteten Einigkeit aller Anwesenden ab, „daß unsere Geschichtswissenschaft nicht eine beschauliche Betrachtung der Vergangenheit sein kann, sondern daß es ihre Aufgabe ist, die Lehren der Geschichte für den Kampf unseres Volkes gegen Imperialismus und Militarimus und für die nationale Wiedergeburt Deutschlands zu nutzen".[214] Auf dieser Basis hatte sodann Bartel über die Lage der Zeitgeschichte in der DDR referiert, bevor Ulbricht die Hilfe der Geschichtswissenschaft bei der Durchkreuzung der Pläne des westdeutschen Imperialismus einforderte und den versammelten Fachvertretern vorhielt, die aus dieser Aufgabe erwachsenden Probleme der Zeitgeschichte an die Parteiführung zurückzugeben: „Aber wenn Ihr über 10 Jahre DDR schreiben wollt, dann müßt Ihr doch als Historiker beweisen, daß die DDR der gesetzmäßige deutsche Staat ist. Aber das überlaßt Ihr uns immer. Wir schreiben über den gesetzmäßigen deutschen Staat: die DDR. Aber die Historiker machen nicht mit, obwohl die Historiker das Potsdamer Abkommen genau so gut kennen wie ich, obwohl sie genau so gut wissen, wie ich, daß wir die Prinzipien der Antihitlerkoalition verwirklicht haben. [...] Das heißt, die Historiker überlassen diese Arbeit allein leitenden Funktionären."[215]

In demselben Tenor kritisierte die ZK-Abteilung Wissenschaften im Vorfeld der ersten zeithistorischen Arbeitstagung vom Januar 1959, daß die Produktion der Historiker zum ‚nationalen Verrat der deutschen Monopolbourgeoisie' noch sehr spärlich sei und die größeren Veröffentlichungen

212 Ebd., S. 664f.
213 Ebd., S. 665.
214 SAPMO-BArch, DY 30 IV 2/1.01/392, Stenographische Niederschrift der Abteilung Wissenschaften beim ZK mit Genossen Historikern im Großen Sitzungssaal des Zentralhauses der Einheit am Mittwoch, dem 17. Dezember 1958.
215 Ebd.

über die Zeit nach 1945 „meist von führenden Funktionären der Partei und des Staates und nur zum geringsten Teil von den Genossen Historikern" stammten. Immerhin fand die Abteilung ihre apodiktische Forderung, daß die anstehende Geschichtskonferenz zum „Startschuß für eine breite Offensive unserer Historiker auf dem Gebiet der Zeitgeschichte" werde[216], im nachhinhein so weit befriedigt, daß ihr Auswertungsbericht mit Genugtuung die „klare ideologisch-politische Orientierung und Aufgabenstellung [...] insbesondere für die Vorbereitung des 10. Jahrestages" hervorhob.[217]

Auch hier erwies sich also 1958 als das Schlüsseljahr, in dem nach der Verdrängung der ‚bürgerlichen' Fachkonkurrenz nun auch die interne Angleichung der neuen Geschichtswissenschaft an die politischen Bedürfnisse der Einheitspartei entscheidend vorangebracht worden war. Doch sogar auf dem Boden einer politisch instrumentalisierten Geschichtsschreibung blieb das der Zeithistorie zugemutete Maß an ungenierter Beugung vor den Legitimationsansprüchen der SED-Führung ein Gegenstand des internen Anstoßes. Wenngleich das im Laufe des Jahres 1958 etablierte Wissenschaftsverständnis offener Ablehnung keine Plattform mehr bot, so blieben die stillen Reserven doch erheblich. Sie artikulierten sich am deutlichsten in der Verzögerung der anvisierten Verwandlung der Kommission Zeitgeschichte in eine vollwertige Institutsabteilung, die ungeachtet des ständigen Drängens von Bartel[218] und der am seinerzeitigen ZK-Beschluß ausgerichteten Zielvorstellungen des ZK-Apparats[219] bis zur Zehn-Jahr-Feier der DDR im Herbst 1959 immer noch nicht aufgebaut war und sich mit der Abhaltung einer Tagung mit dem Thema „10 Jahre DDR" im September 1959 begnügen mußte. Den Umschwung brachte ausgerechnet der Verlauf der Tagung, die fast einen Eklat provozierte, als Bartel von der Abteilung Wissenschaft in brüsker Desavouierung das Schlußwort entzogen wurde, nachdem sein Konferenzreferat den Unwillen der Parteileitung erregt hatte. Doch so sehr Obermann die in diesem Vorgang manifestierte Ausschaltung der Institutsleitung durch das „Parteizentrum der Konferenz" als unangemessen be-

216 Ebd., IV 2/9.04/134, Material zur Einleitung zur Auseinandersetzung mit der westdeutschen Geschichtsschreibung, o.D.

217 Ebd., 400, Abteilung Wissenschaften, Information über die Tagung der Zeitgeschichtler am 30./31.1.1959, 5.2.1959.

218 Vgl. etwa das Protokoll einer Sitzung der Institutsleitung vom 28.5.1959: „Prof. Bartel erläutert den Arbeitsplan und bittet um die Schaffung angemessener materieller und organisatorischer Voraussetzungen für die Bildung einer Abteilung Zeitgeschichte". ABBAW, ZIG 451/2.

219 Rückblickend hielt eine interne Darstellung fest: „Entsprechend dem Beschluß des Sekretariats des Zentralkomitees der SED vom August 1957 sollte am Institut für Geschichte der Akademie eine Abteilung Zeitgeschichte, bestehend aus 10 bis 15 Mitarbeitern, im Jahre 1959 gebildet werden." SAPMO-BArch, DY 30, IV 2/9.04/400, Vorschlag zu einem Forschungsplan für die Abteilung Zeitgeschichte am Institut für Geschichte der Deutschen Akademie der Wissenschaften zu Berlin, 30.3.1960.

klagte, stimmte er in der Sache mit ihrem Urteil über Bartel vollkommen überein: Bartel sei für das negative Ergebnis der Tagung nicht zuletzt selbst verantwortlich und habe sich mit seinem Vortrag disqualifiziert, der „kein wissenschaftliches Referat war", „da er keine wirklichen Probleme brachte".[220]

Dieser Hintergrund erleichterte es der Institutsleitung, dem von ZK-Seite forcierten Aufbau einer Abteilung Zeitgeschichte zuzustimmen, deren Arbeitsprogramm und personelle Zusammensetzung nun zügig Konturen annehmen sollten.[221] Im März 1960 wurde festgelegt, daß die Abteilung im Laufe der nächsten Monate mit zunächst vier bis sechs und später 14 Mitarbeitern zu konstituieren sei, die vorrangig Arbeiten zur „Rolle der in der Nationalen Front vereinigten Volksmassen beim Aufbau der sozialistischen Gesellschaft in der DDR" und zur aggressiven Außenpolitik des deutschen Imperialismus" (Teil 1945 bis zur Gegenwart) vorzulegen hätten.[222] Daß bis zu ihrer Konstituierung gleichwohl noch mehr als ein halbes Jahr verstreichen sollte, lag ironischerweise weder primär am Widerstand des Akademie-Instituts noch an dem immer wieder hervorgehobenen Kadermangel, sondern vor allem an einem aufgebrochenen Gegensatz zwischen der von den Ostemigranten um Ulbricht bestimmten Parteilinie und Walter Bartel, der als Buchenwald-Häftling die Gruppe der nicht emigrierten Kommunisten in der DDR repräsentierte. Bartel, der sich der Sprachregelung, nach der die KPD unter ihrer Moskauer Leitung als Organisation auch zwischen 1933 und 1945 weiterbestanden habe und das Zentrum des kommunistischen Widerstandes somit in Moskau gewesen sei, nicht vorbehaltlos anzuschließen bereit war, wurde in eine „Auseinandersetzung" mit seiner Grundorganisation gezwungen und zur Disposition gestellt.[223] Zu seinem Ersatz als Leiter der künftigen Instituts-Abteilung bestimmte der Parteiapparat zunächst Stefan Doernberg, der im Juni 1960 auch als Autor des Lehrbuchabschnittes 1945 bis 1949 eingesetzt wurde.[224] Doernberg ging dann aber als Bartels Nachfolger an das Deutsche Institut für Zeitgeschichte, während zum ersten Direktor der schließlich am 3. Oktober 1960 gegründeten Abteilung Zeitgeschichte des Akademie-Instituts mit Heinz Heitzer ein Dozent der wegen ihrer bedingungslosen SED-Loyalität in Fachkreisen heimlich verachteten Parteihochschule bestellt wurde. Daß in

220 ABBAW, ZIG 457, Protokoll der Parteigruppensitzung der Institutsleitung des Instituts für Geschichte (DAW) am 1.10.1959.

221 SAPMO-BArch, DY 30, IV 2/9.04/400, Aufgaben der Kommission Zeitgeschichte für 1960 (Entwurf), o.D.

222 Ebd., Vorschlag zu einem Forschungsplan für die Abteilung Zeitgeschichte am Institut für Geschichte der Deutschen Akademie der Wissenschaften zu Berlin, 30.3.1960.

223 SAPMO-BArch, DY 30, IV 2/9.04/41, Wochenbericht vom 1.-13.2.1960, 15.2.1960.

224 Ebd., Tätigkeitsbericht vom 14.–26.3.1960, u. ebd., Wochenbericht vom 6.–18.6.1960.

„der konstituierenden Sitzung der Abteilung [...] als Grundlage der wissenschaftlichen Arbeit die ständige Behandlung und Auswertung der Parteibeschlüsse für notwendig erachtet" wurde[225], markierte schlaglichtartig das Ende eines Transformationsprozesses, in dem die ideologische Koexistenz mit konkurrierenden Geschichtsauffassungen gekündigt und in den ideologischen Konsens einer neuen, nämlich herrschaftsfunktionalen Wissenschaft von der Geschichte verwandelt worden war. Im Laufe dieser Entwicklung hatte das Akademie-Institut für Geschichte seinen zunächst noch amorphen Charakter verloren und sich in den Worten seines Direktors vom September 1959 „als sozialistisches Institut" herausgebildet, in dem die marxistisch-leninistische Geschichtswissenschaft „ein neues, wissenschaftliches Geschichtsbild" im Interesse der Arbeiterklasse zu formen sich anschickte.[226]

3. Das Akademie-Institut in der Krise

Obermanns optimistisches Urteil über den nunmehr einheitlichen sozialistischen Charakter seiner Forschungseinrichtung konnte allerdings nicht darüber hinwegtäuschen, daß das Institut für Geschichte trotz der ihm attestierten Verwandlung dramatisch hinter den mit seiner Gründung verbundenen Hoffnungen zurückgeblieben war und in eben diesem Herbst 1959 vor einem grundsätzlichem Revirement in organisatorischem Aufbau und personeller Leitung stand. Bei seiner Errichtung waren dem Forschungszentrum zwei Hauptaufgaben zugewiesen worden: zum einen die lenkende Koordinierung der historischen Forschung in der DDR und zum anderen die Erarbeitung zentraler Abschnitte des „Hochschullehrbuchs", mit dem endlich eine eigene, sozialistische ‚Meistererzählung' der deutschen Geschichte von ihren Anfängen bis zur Gegenwart als verbindlicher Interpretationsrahmen entstehen sollte. Was hatte das Institut für Geschichte nach vier Jahren in der Bilanz vorzuweisen?

Auf der Haben-Seite standen zunächst eine Reihe von wissenschaftlichen Arbeitstagungen, mit denen das Institut vor die Augen der deutschen und teils auch internationalen Fachöffentlichkeit trat: Im November des Gründungsjahres veranstaltete es eine Konferenz mit polnischen und tschechoslowakischen Historikern zur Frage nach dem „Charakter der napoleonischen Kriege in bezug auf die Entwicklung in Deutschland"[227] und beher-

225 ABBAW, ZIG 25, Information über die Behandlung von Parteibeschlüssen in der Arbeit der Abteilung 1945 bis zur Gegenwart, o.D.

226 Ebd., 457, [Karl Obermann], Grundzüge für einen Perspektivplan, [September 1959].

227 Die von Kontroversen bestimmte Tagung kreiste vor allem um die Frage, wann Frankreichs „gerechte Verteidigungskriege" zur Bewahrung der revolutionären Fortschritte in „ungerechte Eroberungskriege" umschlugen. Vgl. hierzu den Konferenz-

bergte ein Jahr später die erste Tagung der neugegründeten deutsch-sowjetischen Historikerkommission, die dem „Einfluß der Großen Sozialistischen Oktoberrevolution auf Deutschland" und den „wichtigsten Richtungen der reaktionären Geschichtsschreibung über den zweiten Weltkrieg" gewidmet war. 1958 fanden zwei Tagungen statt, nämlich einmal ein Symposium zu Ehren des 250. Todestages von E.W.Tschirnhaus und zum anderen eine Konferenz anläßlich des 40. Jahrestags der deutschen Novemberrevolution von 1918. 1959 schließlich trat das Institut gleich mit drei Konferenzveranstaltungen hervor, von denen sich zwei – wie oben dargestellt – mit Fragen der Zeitgeschichte befaßten und eine dritte unter der Obhut der deutsch-sowjetischen Historikerkommission dem Thema „Der deutsche Imperialismus und der 2. Weltkrieg" gewidmet war.

Beachtenswert waren weiterhin die Impulse einer internationalen Zusammenarbeit innerhalb des kommunistischen Lagers, die vom Institut ausgingen. Es wirkte führend in den drei bis 1957 gebildeten Historikerkommissionen mit, die die DDR-Historiographie mit der Arbeit ihrer Kollegen in der ČSSR (seit 1955), Polens (seit 1956) und der Sowjetunion (seit 1957) verbanden. Die Kooperation mit der UdSSR war darüber hinaus durch ein förmliches Akademieabkommen zwischen dem Berliner und dem Moskauer Institut für Geschichte bekräftigt worden und schlug sich auch in der Gründung eines Arbeitskreises zur „Außenpolitik des deutschen Imperialismus" nieder, den der sowjetische Historiker A. S. Jerussalimski während eines längeren Gastaufenthaltes in der DDR 1957 ins Leben gerufen hatte.

Auf die Bildung von überregionalen Arbeitskreisen konzentrierte sich auch die Binnenwirkung, die das Institut mit seinem Koordinierungsanspruch innerhalb der DDR auf einer Reihe wichtiger Forschungsfelder anstrebte. 1957 wurde ein Arbeitskreis zur Vorgeschichte der KPD ins Leben gerufen; 1960 kamen zwei gleichgelagerte Gremien hinzu, die sich mit der Frühgeschichte der deutschen und internationalen Arbeiterbewegung bzw. der Militärgeschichte befaßten. Daneben gingen aus Kuczynskis Abteilung Wirtschaftsgeschichte gleich fünf weitere Arbeitskreise hervor, die sich der Geschichte des Imperialismus, der Produktivkräfte und des Bergbaus bzw. der Wirtschaftsgeschichte des 19. Jahrhunderts und des Feudalismus widmeten.[228] Der ihm zugewiesenen Koordinierungsaufgabe suchte das Institut weiterhin durch die 1958 begonnene Anlage einer Übersichtskartei über Forschungsthemen der Historiker in der DDR gerecht zu werden, die aus einer aufwendigen Erhebungstätigkeit in Zusammenarbeit mit der Sektion Geschichte der Akademie resultierte und im Austausch mit den einzelnen

bericht von Wächtler, Arbeitstagung des Instituts für Geschichte, S. 363ff. Die Referate und Diskussionsbeiträge wurden 1958 als Protokollband veröffentlicht.

228 Wächtler, Probleme der Entwicklung sozialistischer Forschungsgemeinschaften, S. 1644.

geschichtswissenschaftlichen Einrichtungen der Republik neben einer umfassenden Dokumentation laufender Untersuchungen auch eine Vielzahl kritischer Hinweise auf bestehende Forschungslücken und -überkapazitäten erbrachte.[229] Das Institut stellte weiterhin nicht nur die Mehrzahl der Abschnittsbearbeiter für das Hochschullehrbuch, sondern arbeitete ebenso mit an der unter Ulbrichts persönlicher Leitung entstehenden „Geschichte der deutschen Arbeiterbewegung" und war im Redaktionskollegium der ZfG vertreten. Erwähnung verdient schließlich, daß ein führender Repräsentant des Instituts, nämlich Ernst Engelberg, Präsident der 1958 gegründeten Deutschen Historikergesellschaft war und seit 1959 auch dem Nationalkomitee der Historiker der DDR als Präsident vorstand.

Die Bilanz wirkte allerdings weniger eindrucksvoll, sobald ihr die Arbeit der einzelnen Institutsabteilungen zugrundegelegt wurde. So war zwar die Zahl der am Institut entstandenen Monographien von 5 im Jahre 1956 auf 12 im Jahre 1958 gestiegen, aber schon 1959 trotz der personellen Ausweitung wieder auf dieselbe Zahl von sieben selbständigen Schriften gefallen, die im ersten vollen Arbeitsjahr 1957 erzielt worden war. Auch an wissenschaftlichen Aufsätzen gemessen, stagnierte die intellektuelle Leistung des Hauses und war teils sogar rückläufig.[230] Schwerer wog allerdings das proportionale Ungleichgewicht in der Produktivität der einzelnen Abteilungen. Den weitaus größten Anteil aller Arbeiten lieferten die Wirtschaftshistoriker mit Kuczynski an der Spitze, die nach Obermanns Rechenschaftsbericht zum zweijährigen Bestehen seines Hauses für nicht weniger als vier der ersten sechs Veröffentlichungen in der institutseigenen Publikationsreihe „Deutsche und allgemeine Geschichte" verantwortlich zeichneten.[231] Obermanns eigene Abteilung 1789 bis 1871 konnte bis 1960 nur die Bearbeitung punktueller Aspekte ihres Zeitabschnitts der deutschen Geschichte vorweisen, die einmal dem süddeutschen Jakobinismus galten und sich zum anderen auf Obermanns Lehrbuchabschnitt 1815 bis 1849 konzentrierten, während die Arbeitsgruppe 1849 bis 1871 nach eigenem Eingeständnis „bisher keine kontinuierliche Arbeit" leistete und die Forschungen zur Frühgeschichte der deutschen Arbeiterbewegung an fehlender Interdisziplinarität litten.[232]

229 ABBAW, VA 14129, Zeitgeschichtliche Forschungsthemen, 30.1.1959.

230 Die Angaben stützen sich auf eine interne Übersicht aus dem Jahr 1964: Ebd, ZIG 021, Klaus Scheel für Heinz Heitzer, 23.3.1964.

231 Ebd., 479, Referat Karl Obermann vor dem Wissenschaftlichen Rat, 6.3.1958. Diese Disproportionalität sollte sich in den folgenden Jahren fortsetzen. Unbeeindruckt von der scharfen Kampagne von 1957/58 gegen ihn steuerte Kuczynski auch 1960 allein fünf von insgesamt siebzehn Büchern des Akademie-Instituts bei, wie die Parteibürokratie ungehalten feststellte. SAPMO-BArch, DY 30, IV 2/9.04/399, Sektor Gesellschaftswissenschaften, Kurze Einschätzung der Arbeit des Instituts für Geschichte an der Deutschen Akademie der Wissenschaften zu Berlin, 9.6.1961.

232 ABBAW, ZIG 25, Arbeitsbericht der Abteilung 1789–1871, 8.2.1966.

Ihre ehrgeizigen Ziele erreichte auch Sterns Hallenser Abteilung nicht. Die fortlaufende Herausgabe der Archivalischen Forschungen zur Geschichte der deutschen Arbeiterbewegung wurde schon durch den unerwartet hürdenreichen Verlagswechsel von Rütten & Loening zum Akademieverlag verzögert, da ersterer sich als direkt dem ZK unterstehender Verlag zunächst mit Macht dagegen sperrte, die prestigeträchtige Edition abzugeben. Die geplante Herausgabe von Staatsministerialprotokollen zur preußischen Reformära geriet gar zum Skandal, nachdem ein vernichtendes Gutachten der Edition bescheinigt hatte, noch „weit unter dem Niveau selbst bürgerlicher Aktenpublikationen des vorigen Jahrhunderts“ zu stehen[233]; das schon gedruckte Werk wurde schließlich eingestampft. Weitere Editionsarbeiten gerieten in Verzug, wie Stern einräumen mußte, nachdem bis April 1959 gleich vier Kollegen aus Sterns Arbeitsgsruppe in die Bundesrepublik gegangen waren.[234] Die als Leipziger Außenstelle geführte Abteilung 1871 bis 1917 bestand bei ihrer Gründung zum 1. September 1956 neben ihrem Leiter Engelberg vorwiegend aus Nachwuchshistorikern, die eben erst ihr Staatsexamen abgelegt hatten. Sie fungierte dementsprechend zunächst primär als Ausbildungsinstanz und verhalf in den ersten Jahren nicht weniger als fünf der sieben Mitarbeiter unter Engelberg zur Promotion.[235]

Unzufrieden war auch die Parteiführung. Ungeduldig verlangte Ulbricht im Herbst 1958 auf einer Tagung des ZK der SED, den Nachweis zu führen, daß „die Niederlagen des deutschen Imperialismus im ersten und zweiten Weltkrieg nicht zufällig, sondern gesetzmäßig, d.h. unvermeidbar“ gewesen waren.[236] Nicht zuletzt dieser Druck führte Anfang 1959 zur Gründung einer Arbeitsgruppe „Erster Weltkrieg“ am Institut, die aber natürlich noch nicht unmittelbare Ergebnisse zu liefern vermochte.[237] Bereits im Oktober 1958 hatte sich gleichfalls eine Arbeitsgruppe „Zweiter Weltkrieg“ konstituiert, die nominell Leo Stern in Halle unterstand, faktisch aber von Karl-Alexander Hellfaier geleitet wurde und ihre Mitarbeiter aus den Abteilungen von Stern und Schreiner rekrutierte. Ihre Arbeit allerdings blieb im Chaos stecken, als Hellfaier im Frühsommer 1959 ebenfalls in den Westen floh[238]; die Gruppe brachte es bis zum Ende desselben Jahres nur zur Orga-

[233] Ebd, AV 2395, Kurt Stenkewitz/Wolfgang Schröder/Heinz Wolter/Rolf Kuntzsch, Stellungnahme zu der in Druckfahnen vorliegenden Quellenpublikation aus Protokollen des Preußischen Staatsministeriums, o. D.

[234] Ebd., ZIG 668, Leo Stern an den Verlag Rütten & Loening, 1.4.1959.

[235] Vgl. ebd., 21, Materialien zur Entwicklung der Abteilung 1871–1917 (Leipzig), o.D.

[236] Ulbricht, Die Unvermeidlichkeit der Niederlagen des deutschen Imperialismus, S. 361. Vgl. Petzold, Parteinahme wofür?, S. 181; Klein, Drinnen und draußen, S. 221.

[237] Vgl. hierzu den Bericht von Fritz Klein „Zur Geschichte der Arbeitsgruppe „Erster Weltkrieg“, 14.2.1966 (ABBAW, ZIG, 021).

[238] Zu den Hintergründen: Kowalczuk, Legitimation eines neuen Staates, S. 301f.

nisierung der genannten Konferenz über den deutschen Imperialismus und den Zweiten Weltkrieg.

Hinter dem strukturellen Wildwuchs der sich überlappenden Forschungsgruppen und dem unbefriedigenden Ergebnis ihrer Arbeit verbarg sich ganz offenkundig eine Krise des gesamten Instituts und besonders seiner staatlichen Leitung, der möglichst umgehend mit grundlegenden Maßnahmen Einhalt geboten werden mußte, wenn sie nicht den Aufstieg der neuen Historiographie in der DDR als historischer Funktionalwissenschaft insgesamt spürbar zurückwerfen sollte. Institutsdirektor Obermann selbst besaß diese Einsicht offenbar nur in unzureichendem Maße. Zwar ergriff er immer wieder halbherzige Initiativen, um die Zusammenarbeit der einzelnen Abteilungen administrativ zu verbessern[239], doch glaubte er die hier bestehenden Mängel bereits durch die Publikation einer zweiten Nummer der „Wissenschaftlichen Mitteilungen" des Instituts durchgreifend beheben zu können[240], und wich in seinen jährlichen Rechenschaftsberichten den konzeptionellen Grundfragen konsequent zugunsten einer harmonisierenden Erfolgsbilanz aus. Die Führungsschwäche des Direktors, die ihn zunächst als idealen Ausgleichskandidaten gegenüber der miteinander rivalisierenden Führungsriege am Akademie-Institut hatte erscheinen lassen, war schon seit mit dem Ende der Tauwetterperiode von 1956 mehr und mehr zum Ärgernis einer SED-Wissenschaftspolitik geworden, die mit dem Beginn des Jahres 1957 endgültig von der Kooperation zur Konfrontation übergegangen war und dem Institut einen einheitlichen sozialistischen Charakter aufzuprägen gedachte. Schon im Sommer 1957 hielt der Sektorreferent Wagner für die ZK-Abteilung Wissenschaften fest: „Am Akademie-Institut gibt es noch andere Fragen, die eine ungesunde Atmosphäre erzeugen. Die Abteilungen stehen praktisch nicht unter der Gesamtleitung des Direktors, sondern arbeiten fast völlig selbständig. Gen. Obermann wird von den Genossen nicht ernst genommen; man macht über ihn Witze. Auch nach unserer Meinung besitzt er nicht die Eigenschaften für diese Funktion. Allen schwierigen Fragen weicht er aus."[241]

Harscher hätte das Verdikt der aufsichtsführenden Parteibehörde kaum ausfallen können, und es wurde in der Folge zu einem Gemeinplatz interner Stellungnahmen.[242] Dennoch verstrichen volle zwei Jahre, bis die SED-Bürokratie Maßnahmen einleitete, um die Führungskrise am Akademie-

[239] So beispielsweise im März 1958: „Um die Zusammenarbeit im Institut zu verbessern, schlage ich vor, monatlich einmal zu einer Institutsleitungssitzung zusammenzukommen." ABBAW, ZIG 668, Karl Obermann an Leo Stern, 20.3.1958.

[240] Ebd., 479, Referat Karl Obermann vor dem Wissenschaftlichen Rat, 6.3.1958.

[241] SAPMO-BArch, DY 30, IV 2/9.04/134, Abt. Wiss., Bericht über die Lage in der Geschichtswissenschaft nach dem 30. Plenum des ZK der SED, 5.7.1957.

[242] So auch in IM-Berichten: BStU, AP 1989/67 (Halle), Bd. 2, Obermann, Situation im Institut für Geschichte bei der Deutschen Akademie der Wissenschaften zu Berlin, 4.10.1959.

Institut zu beheben. Wo lagen die Gründe für dieses eigentümliche Zögern? Vor allem war es wohl Obermann selbst, der sich durch sein vorsichtiges Taktieren immer weiter im Amt hielt. Er, der im Institut keine Konflikte provozierte, niemandem zu nahe trat, vermied es andererseits auch ängstlich, in Widerspruch zu den Absichten der Parteibürokratie zu geraten, und schloß sich deren wechselnder Institutspolitik in der Sache bei aller Mäßigung im Ton widerstandslos an, gleichviel, ob die Kampagne einem ‚bürgerlichen' – wie Hartung – oder einem marxistischen Kollegen aus seinem Haus – wie Kuczynski – galt. Auch drohte jede Veränderung des sorgsam ausbalancierten Gleichgewichts in der Führungsetage des prestigeträchtigen Akademie-Instituts die alten Querelen zu neuem Leben zu erwecken, ganz abgesehen davon, daß in der Zwischenzeit die Mehrheit der einstigen Konkurrenten aus unterschiedlichen Gründen als Nachfolger Obermanns nicht mehr in Frage kamen. Besser als Obermann erkannte die Parteileitung des Instituts, daß das Haus die ihm zugedachte ‚führende Rolle an der ideologischen Front im Bereich der Geschichtswissenschaft' erst spielen könnte, wenn seine Leitungsstruktur grundsätzlich verändert würde. Sie drängte um so mehr zum Handeln, als der bisherige Direktor selbst mehrfach darauf hingewiesen hatte, daß die Leitung einer Forschungseinrichtung von der Größe des Akademie-Instituts nicht einem einzelnen aufgebürdet werden könne, und zu seiner Entlastung die Schaffung von neuen Stellen für einen oder zwei stellvertretende Direktoren und einen wissenschaftlichen Sekretär ventiliert hatte.

Die Parteileitung des Instituts griff diesen Vorschlag auf, als sie am 8. Dezember 1958 ein Schreiben an das ZK der SED richtete, das die Abteilung Wissenschaften um schnelles Handeln ersuchte, um die Arbeit der Institutsleitung grundlegend zu verbessern. Anders als Obermann verlangte die Parteileitung darüber hinaus aber auch eine personelle Veränderung an der Institutsspitze: „Der gegenwärtige Direktor unseres Instituts, Gen. Prof. Obermann, verfügt nicht über die politisch-ideologischen und theoretischen Fähigkeiten, die diese Funktion erfordert. Deshalb gibt die Institutsleitung auch keine politisch-ideologische Anleitung und Impulse für die Arbeit des ganzen Instituts. Hinzu kommt, daß Gen. Prof. Obermann auch auf wissenschaftsorganisatorischem Gebiet nur ungenügende Fähigkeiten besitzt."[243] Die Parteigruppe des Akademie-Instituts hatte sich ihre Palastrevolution offenbar nicht leicht gemacht und bemühte sich in ihrer Demarche auch um eine faire Würdigung der Verdienste des von ihr als amtsunfähig hingestellten Direktors, den sie zuvor von ihrer Initiative unterrichtet hatte. Gleichwohl lehnte sie auch Obermanns Bitte ab, für den Fall seiner Ablösung wenigstens erster stellvertretender Direktor bleiben zu können. Statt

243 SAPMO-BArch, DY 30, IV 2/9.04/397, Parteileitung der SED-Grundorganisation des Instituts für Geschichte an der Deutschen Akademie der Wissenschaften zu Berlin an das Zentralkomitee der SED, Abteilung Wissenschaften, 8.12.1958.

dessen sprach sie sich dafür aus, an Obermanns Stelle Leo Stern zum Leiter des Akademie-Instituts zu berufen und ihm als ersten Stellvertreter Heinrich Scheel sowie als zweiten Stellvertreter Heinz Habedank beizuordnen, während sie für die Besetzung der Stelle des wissenschaftlichen Sekretärs keinen Vorschlag formulierte. Der allem Anschein nach von der Initiative der Institutsparteileitung einigermaßen überraschte SED-Apparat benötigte zwei Wochen, bis er eine eigene Position zu den aufgeworfenen Fragen entwickelt hatte. Diese war von dem Bemühen getragen, die ihm durch die jüngste Entwicklung entwundene Handlungskompetenz zurückzugewinnen und die Parteileitung des Akademie-Instiuts aus dem weiteren Entscheidungsprozeß über die anstehenden Personalfragen tunlichst auszuschalten. Desungeachtet würdigte der ZK-Apparat die ihm übermittelte Gesamteinschätzung und folgte auch ohne weiteres dem Vorschlag, ungeachtet der zurückliegenden Auseinandersetzungen den drei Jahre zuvor abgelehnten Stern zu Obermanns Nachfolger zu machen, wenngleich im Wortlaut der hierfür geltend gemachten Gründe eine leises Bedenken herausgelesen werden konnte: „Auch den Vorschlag für die Neubesetzung der Stelle des Direktors durch den Genossen Stern halten wir für richtig und für den zur Zeit einzig möglichen.“[244] Angesichts dieser Einigkeit schien dem von allen Seiten herbeigewünschten Wechsel kein ernsthaftes Hindernis mehr im Weg zu stehen und konnte Stern davon ausgehen, daß er nun im zweiten Anlauf doch noch Direktor des wichtigsten ostdeutschen Geschichtsinstitutes werden würde. Doch sollte bis zur endgültigen Umbesetzung noch ein volles weiteres Jahr vergehen, und als der neue Direktor im Januar 1960 schließlich in sein Amt eingeführt wurde, hieß er nicht Leo Stern, sondern Ernst Engelberg.

Tatsächlich hatte schon die SED-Parteileitung des IfG in ihrer Initiative zur Ablösung des Gründungsdirektors Obermann durchblicken lassen, daß die Nominierung Sterns nichts als eine der personellen Mangelsituation geschuldete Verlegenheitslösung darstelle. Stern war nicht nur ein mit einer Vielzahl von Funktionen überhäufter Repräsentant der DDR-Geschichtswissenschaft, sondern bekleidete vor allem in dieser Zeit das Amt des Rektors der Universität Halle bis zur fälligen Neuwahl im Oktober 1959. Die Parteileitung unterstrich daher in ihrem Benennungsvorschlag ausdrücklich, daß ihr eine grundsätzliche Verbesserung der Leitungsarbeit nur gewährleistet scheine, wenn sie „möglichst bald zur wichtigsten und hauptsächlichen Aufgabe des Gen. Prof. Stern wird“.[245] Diese Bedingung aber konnte Stern, der auch für die DDR-Seite die Leitung der deutsch-sowjetischen Historikerkommission übernommen hatte und beispielsweise 1957 nach eigenen

[244] Ebd., Stellungnahme zum Schreiben der Parteileitung des Instituts für Geschichte an der Akademie betreffs Veränderung der Leitung des Instituts, 23.12.1958.

[245] Ebd., Parteileitung der SED-Grundorganisation des Instituts für Geschichte an der Akademie der Wissenschaften zu Berlin, 8.12.1958.

Angaben nicht weniger als 25 wissenschaftliche und sieben Parteifunktionen auf sich vereinigte[246], bei realistischer Betrachtung überhaupt nicht erfüllen, und es mutet fast wie ein Hohn an, daß die Abteilung Wissenschaften ihm im Zuge des anstehenden Revirements obendrein auch noch die Abteilung 1918 bis 1945 zu unterstellen gedachte, deren bisheriger Leiter Albert Schreiner sich als hoffnungslos überfordert erwiesen hatte.

Dabei war Stern auch ideologisch keineswegs so unumstritten, wie man nach Zahl und Gewicht seiner vielen Ämter hätte annehmen mögen. An der Universität Halle galt er ungeachtet des politischen Kurswechsels von 1957 als ein Gemäßigter, der als Rektor auch das Vertrauen ‚bürgerlicher' und parteiloser Professoren genoß und gerade deshalb parteiintern in den Geruch des „Lavierens und Diplomatisierens" geriet, wie ein von Ulbricht persönlich verwahrter Bericht aus dem Jahr 1958 darlegte.[247] An dem Stern unterstehenden Institut für deutsche Geschichte der Universität Halle war es zudem nach dem Ende der Tauwetterphase zu massiven wissenschaftlichen und politischen Auseinandersetzungen gekommen, die zu einem radikalen Austausch in der zuständigen SED-Leitung führten und Stern selbst den Vorwurf eintrugen, schlechte Leitungs- und Erziehungsarbeit zu leisten.[248] Zudem war das Unkraut ‚bürgerlichen' Geistes in seiner eigenen Forschungsgruppe zur Arbeiterbewegung, die ihn bereits im Vorfeld der Institutsgründung in Mißkredit gebracht hatte, in der Zwischenzeit keineswegs so vollständig ausgejätet worden, wie Stern hatte glauben machen wollen. Besonders der Weggang seines langjährigen Assistenten Ernst Klein, der sich im Juli 1958 in die Bundesrepublik absetzte, erzeugte nicht nur eine Sterns Reputation abträgliche Publizität[249], sondern behinderte auch den Fortgang seiner Editionsarbeiten in erheblichem Ausmaß. Im Frühjahr 1959 konnte Stern nicht umhin, gegenüber dem Verlag Rütten & Loening um Verständnis zu bitten, daß eine vorgesehene Dokumentenpublikation zur russischen Oktoberrevolution verschoben werden müsse, da die mit ihr betrauten Mitarbeiter in den Westen geflohen seien.[250] Besonders mißtrauisch mußte stimmen, daß abtrünnige Historiker der Abteilung Stern ihren

246 Kowalczuk, Legitimation eines neuen Staates, S. 299.

247 SAPMO-BArch, NY 4182/1364, Über die Politik des Lavierens und Diplomatisierens des Genossen Prof. Dr. Stern, Rektor der Universität Halle, 27.3.1958.

248 Kowalczuk, Legitimation eines neuen Staates, S. 301.

249 Am 22.7.1958 berichten West-Berliner Zeitungen, daß der ehemalige Mitarbeiter der Deutschen Akademie der Wissenschaften, Dr. Ernst Klein, in der Bundesrepublik um politisches Asyl gebeten habe. Stern suchte den ihm entstandenen Schaden zu begrenzen, indem er schon zwei Wochen später darauf drängte, den „Verräter Klein" aus der Deutschen Historiker-Gesellschaft auszuschließen und ihm seinen akademischen Grad abzuerkennen. ABBAW, ZIG 668, Leo Stern an den Dekan der Philosophischen Fakultät der Martin-Luther-Universität Halle-Wittenberg, 5.8.1958, u. Leo Stern an den Bezirksvorstand der Deutschen Historiker-Gesellschaft Bezirk Halle, 5.8.1958.

250 Ebd., Leo Stern an den Verlag Rütten & Loening, 1.4.1959.

Weggang ausdrücklich mit ihrer Enttäuschung motivierten, als Nicht-Marxisten von Stern nicht in erhoffter Weise geschützt worden zu sein, wie der im April 1958 nach Hamburg übergesiedelte Siegfried Fauck[251], oder ihre Stellung bei Stern aufgaben, nachdem ihre ‚bürgerliche' Grundeinstellung in der ZfG überhaupt erst aufgedeckt worden war, wie im Falle Karl-Alexander Hellfaiers.[252] Spätestens dessen Flucht zu Pfingsten 1959 ließ Sterns Chancen, Obermanns Nachfolge als Direktor des Akademie-Instituts anzutreten, entscheidend sinken, nachdem ihm der besonders parteiloyale Ernst Hoffmann vorgehalten hatte: „Der Genosse Stern hat seine Kader zur Republikflucht erzogen."[253]

Wie sehr sich das Kräfteverhältnis in der Institutsleitung infolge dieses Autoritätsverlusts verändert hatte, verdeutlicht eine Kontroverse auf Abteilungsleiterebene, in die Stern im September 1958 verwickelt wurde, nachdem er seinen Leipziger Kollegen Ernst Engelberg um Unterstützung für eine umfassende Abhandlung über die Lage der Geschichtswissenschaft in der DDR gebeten hatte, deren Kerngedanken er bereits zuvor in Moskau vor der deutsch-sowjetischen Historikerkommission entwickelt hatte. Engelberg fand es empörend, daß Stern sich auf diese Weise „die Rolle des Kardinalinquisitors für die Geschichtswissenschaft in der DDR" anmaßte, und weigerte sich mit der Autorität eines Präsidenten der Historiker-Gesellschaft selbstbewußt, Stern auch nur eine Zeile zu schicken.[254] Offenbar fühlte Engelberg sich mittlerweile stark genug, um offen als Sterns Konkurrent um die Obermann-Nachfolge in den Ring zu treten, und er scheute sich auch nicht, ein argumentum ad hominem zu benutzen, gegen das Stern in der Tat wehrlos war: „Diese Selbstherrlichkeit schadet nicht nur der vertrauensvollen Zusammenarbeit unter uns Genossen, sondern letzten Endes Dir selbst. Ich möchte Dich nur an den Fall Dr. Ernst Klein erinnern: Obwohl ich in einem längeren Exposé nachgewiesen habe, daß seine Habilitationsschrift unmarxistisch und auch handwerklich nicht sehr stark ist, obwohl ich Dich darauf aufmerksam gemacht habe, daß er sich in den Diskussionen, die meine Mitarbeiter und ich mit ihm in der Absicht wohlmeinender Kameradschaft geführt haben, rotzig benommen hat, hast Du alle meine Warnungen vor diesem Burschen in den Wind geschlagen. [...] Schließlich hast Du ihn zu Deinem Oberassistenten gemacht und jetzt sitzt er als ‚Flüchtling' in der Westzone. Wäre es nicht besser gewesen, Du hät-

[251] Ebd., Siegfried Fauck an Leo Stern, 14.5.1958.

[252] Kowalczuk, Legitimation eines neuen Staates, S. 301f.

[253] SAPMO-BArch, DY 30, IV 2/9.04/533, Leo Stern an Walter Ulbricht, 8.10.1959. Vergeblich verwahrte Stern sich in seinem Schreiben an Ulbricht gegen diesen Vorwurf; für solche Fragen hatte der ZK-Apparat längst eine eigene „Akte Stern" angelegt. Ebd.

[254] Ebd., 125, Ernst Engelberg an Leo Stern, 15.9.1958.

test auf Deine Genossen und Kollegen gehört, statt Dich hochmütig über sie hinwegzusetzen?"[255]

Ob es in seinem Kalkül lag oder nicht, hatte Engelberg sich mit diesem demonstrativ hingeworfenen Fehdehandschuh in einer Weise in Erinnerung gebracht, die weit über den eigentlichen Anlaß hinausging. Stern, der seinem Gegenspieler die Attacke öffentlich mit gleicher Münze heimzuzahlen versuchte[256], schickte Engelbergs Schreiben in Kopie diversen fachlichen und politischen Gremien zu, um seinen Kollegen und Gegner zu kompromittieren, und erreichte doch nur, daß der unerschrockene Angriff auf Sterns „sattsam bekannten Honoratioren-Stil der akademischen Selbstherrlichkeit"[257] weitere Beachtung fand und seinen Autor plötzlich in eine Reihe mit dem bisherigen Führungsquintett des Akademie-Instituts um Meusel, Stern, Kuczynski, Schreiner und Obermann stellte. Engelberg konnte sich seine herausfordernde Sprache um so eher leisten, als er zu dieser Zeit nicht allein Deckung in seiner Funktion als Vorsitzender des im selben Jahr gegründeten Fachverbandes der DDR-Historiker besaß. In auffälligem Kontrast zur Situation in Halle galt das Historische Institut der Universität Leipzig als Musterbeispiel sozialistischer Wissenschaft und war die Parteiorganisation der Leipziger Historiker nicht nur die zahlenmäßig größte von allen DDR-Universitäten, sondern stand auch seit längerem dank der Verdienste Engelbergs in dem Ruf, die nach Parteimaßstäben beste unter allen in den universitären Facheinrichtungen zu sein.[258]

Engelberg kam zustatten, daß er mit seinen führenden Fachkollegen die Emigrationserfahrung und auch die autoritätsverbürgende politische Vergangenheit als Kommunist teilte, aber als Angehöriger des Geburtsjahrgangs 1909 über ein Jahrzehnt jünger war als Stern, Meusel oder gar Schreiner. So verkörperte er nachgerade die Brücke zwischen der eigentlichen Remigrantengeneration, deren oft von aller Parteiergebenheit nicht zu unterdrückenden Individualismus die SED-Bürokratie immer wieder rüg-

[255] Ebd.

[256] Vgl. das Protokoll einer Parteigruppensitzung der Leitung des Instituts für Geschichte vom 1.10.1959, in der Stern sich heftig gegen Engelbergs „ausgeprochene Nazi-Methoden" zur Wehr setzte: „Diese Gerüchtemacherei hinter meinem Rücken, die politischen Rufmord bedeutet, muß ein für allemal aufhören! Ich möchte nicht die Angelegenheit des Parteisekretärs und Oberassistenten des Genossen Engelberg, Dr. Helmert, der in der Affäre der staatsfeindlichen Lucht-Gruppe eine sehr zweifelhafte Rolle spielte, näher untersuchen, auch nicht andere Fragen, die Genossen Engelberg selbst betreffen." ABBAW, ZIG 457.

[257] SAPMO-BArch, DY 30, IV 2/9.04/125, Ernst Engelberg an Leo Stern, 15.9.1958.

[258] „Vor allem Genosse Engelberg hatte es in den vergangenen Jahren verstanden, am Institut für Geschichte einen Kreis von parteiverbundenen Assistenten heranzubilden, die die Parteiarbeit an der ganzen Fachrichtung entscheidend beeinflussen." Ebd. 134, Abteilung Wissenschaften, Bericht über die Lage in der Geschichtswissenschaft nach dem 30. Plenum des ZK, 5.7.1957.

te[259], und der noch in der Ausbildung begriffenen Nachwuchshistorikerschaft der DDR, der über kurz oder lang die Führungsrolle in der zweiten deutschen Geschichtswissenschaft zufallen würde. Diesen Übergang zu bewerkstelligen, mußte Engelberg geradezu prädestiniert sein, verband ihn mit den Älteren doch die unbeugsame und oft unbequeme Grundhaltung und mit den Jüngeren die wissenschaftliche wie politische Beweglichkeit, die ihn anders als Schreiner, Meusel oder Kuczynski im Verlauf der vergangenen Jahre nirgendwo hatte anecken lassen.

Für Engelberg sprach weiterhin, daß der mit Ämtern überhäufte Stern in derselben Zeit seiner schlechten Gesundheit Tribut zollen mußte und sich bei der Erledigung wissenschaftlicher Arbeitsaufträge nach interner Feststellung in extensiver Weise auf die Zuarbeit von Mitarbeitern verließ.[260] Auch war nicht genau abzuschätzen, ob Stern nicht infolge seiner bewegten Biographie im westlichen Ausland möglicherweise auf Anfeindungen stoßen würde, die dem internationalen Renommee der Akademie Schaden zufügen könnten. Allerdings hatte Engelberg mit seiner rüden Attacke gegen Stern wohl zumindest unter den IfG-Mitarbeitern allen Kredit verspielt und das Kunststück fertiggebracht, die in sich zerstrittenen ‚Stammesherzöge' des Akademie-Instituts zu einer gemeinsamen Abwehrhaltung gegen den homo novus zu einen.[261] So hätte die im Sektor Geschichte vornehmlich mit jüngeren Mitarbeitern besetzte und im Umgang mit den launischen Koryphäen der Historikerschaft nach eigenem Verständnis überforderte Abteilung Wissenschaften[262] vielleicht doch nicht die Kühnheit aufgebracht, Stern zu übergehen und ihm den polarisierenden Engelberg vorzuziehen, wenn nicht Ulbricht selbst sich schließlich in die Angelegenheit eingeschaltet hätte. Am 13. Mai 1959 ließ er den Abteilungsleiter Wissenschaften persönlich wissen, daß er sich entschieden gegen eine Berufung Sterns aus-

259 Vgl. hierzu eine aufschlußreiche Gesamteinschätzung der Entwicklung auf dem Gebiet der Historie von 1962: „Besonders bei den älteren Historikern sind noch starke Tendenzen des Individualismus vorhanden, die einer kollektiven Erarbeitung grundlegend neuer Probleme im Wege stehen. [...] Bei einigen älteren Genossen Historikern zeigen sich auch grundsätzliche ideologische Vorbehalte gegenüber der Konzeption der Partei." Ebd., 91, Erstes Material einer Einschätzung der Entwicklung der Geschichtswissenschaft der DDR seit 1955, o.D. [1962].

260 BStU, MfS AP 1989/67 [Halle], Bd. 3, Obermann, Betr.: Gen. Prof. Dr. L. Stern, 18.2.1960.

261 Der Staatssicherheit drang beispielsweise im Herbst 1959 zu Ohren, daß am IfG neue Bündnisse geschlossen würden: „So z.B. gingen sich Kuczynski und Stern längere Zeit aus dem Wege. Als aber vor kurzem das Projekt auftauchte, Engelberg solle evtl. Institutsdirektor werden, unternahm Stern einen mehrstündigen Besuch bei Kuczynski, um – wie man nur vermuten kann – eine ‚Koalition' gegen Engelberg zu schmieden." Ebd., Bd. 2, Obermann, Situation im Institut für Geschichte bei der Deutschen Akademie der Wissenschaften zu Berlin, 4.10.1959.

262 Mitteilungen Prof. Ernst Diehl (13.4.1995) u. Prof. Dr. Ernst Dlubek (9.6.1998) an den Vf.

spreche.[263] Damit war im Grunde die Frage der Institutsleitung zugunsten Engelbergs entschieden, denn seine übriggebliebenen Konkurrenten aus dem einstigen Fünfgestirn – Meusel, Kuczynski und Schreiner – hatten sich aus ideologischen oder fachlichen Gründen in der Zwischenzeit selbst disqualifiziert, und aus der Nachwuchsgeneration war weit und bereit noch niemand erkennbar, der nach Qualifikation und Autorität eine Einrichtung vom Range des Akademie-Instituts zu führen in der Lage gewesen wäre.

Ungeachtet dieser Voraussetzungen zog sich Engelbergs Weg an die Spitze des Berliner Forschungszentrums noch über etliche Monate hin, denn der designierte Direktor nutzte das Fehlen einer ernsthaften Alternative zu seiner Person entschlossen aus, um seine eigenen Vorstellungen mit brachialer Gewalt durchzusetzen und mit seinen Rivalen gründlich abzurechnen. Dem die nächsten Monate ausfüllenden Ringen um das künftige Profil des Hauses haftete so ein fast abenteuerlicher Zug an, der unbarmherzig die reale Schwäche der vermeintlich so mächtigen ZK-Abteilung Wissenschaften gegenüber ihrem machtvoll auftrumpfenden Kandidaten offenbarte. Während die SED-Parteileitung des Akademie-Instituts Ende Mai noch einmal ihren ursprünglichen Personalvorschlag mit dem Dreigestirn Stern, Scheel und Habedank bekräftigte[264], eröffnete Sektorreferent Wagner am 22. Mai 1959 Engelberg, daß sich in der Abteilung Wissenschaften der Plan verdichte, ihn zum Direktor des Akademie-Instituts zu machen. Zwei Tage später erklärte Engelberg sich grundsätzlich bereit, knüpfte seine endgültige Zusage unter anderem aber an eine vorherige Klärung von zukünftiger Struktur und Grundaufgaben des Instituts sowie an eine Übereinkunft über die Besetzung der beiden Stellvertreterposten.[265] Die anschließenden Verhandlungen verliefen offenbar erfolgreich, so daß Abteilungsleiter Hörnig die SED-Bezirksleitung Leipzig Anfang Juli offiziell von der bevorstehenden Abberufung Engelbergs von Leipzig nach Berlin unterrichtete und eine entsprechende Beschlußvorlage für das ZK-Sekretariat vorbereiten ließ.[266]

Am 19. Juli 1959 aber richtete Engelberg ein ausführliches Schreiben an den Leiter der Abteilung Wissenschaften, das zu den erstaunlichsten Dokumenten zählt, die die gewiß facettenreiche Überlieferung der DDR-Geschichtswissenschaft aufzuweisen hat. In ihm ließ Engelberg wissen, daß er das ZK-Sekretariat fernschriftlich ersucht habe, die auf der Tagesordnung stehende Vorlage zur künftigen Direktion des Akademie-Instituts zurückzustellen und nichts zu beschließen.[267] Auslöser dieses hinter dem Rücken der Abteilung Wissenschaften getanen Schrittes war offenkundig der Umstand, daß die an das ZK gegebene Beschlußvorlage auch die zukünftige Stellung

263 SAPMO-BArch, DY 30, IV 2/9.04, 533, [Johannes Hörnig], Aktennotiz, 14.5.1959.
264 Ebd., 398, Institut für Geschichte, SED-Parteileitung, an das ZK der SED, Abteilung Wissenschaften, 26.5.1959.
265 Ebd., Ernst Engelberg an Abteilung Wissenschaften, Genossen Hörnig, 24.5.1959.
266 Ebd., Abteilung Wissenschaften an die Bezirksleitung der SED, 6.7.1959.
267 Ebd., Ernst Engelberg an die Leitung der Abteilung Wissenschaften, 19.7.1959.

Obermanns als stellvertretender Institutsdirektor festlegte, wogegen Engelberg sich in seinen Verhandlungen nachdrücklich gesträubt hatte. Mit dem sicheren Bewußtsein, in Lebenslauf und Persönlichkeit das Ideal der neuen, parteilichen Geschichtswissenschaft wie kein anderer neben ihm zu verkörpern, setzte Engelberg nun alles auf eine Karte und ließ die Parteibürokratie kühl wissen, er sei sich durchaus darüber im klaren, daß es in der Besetzungsfrage zu ihm keine Alternative gebe: „Genosse Hörnig sagte mir, es käme als Direktor des Akademie-Instituts heute eigentlich nur ich in Frage. Meinetwegen. Aber ich möchte dringend bitten, einmal zu fragen, *warum* ich der einzige bin, der augenblicklich in Frage kommt? Ist dies ein Zufall? Ich bin so kühn (oder wenn Ihr wollt) so unbescheiden, Euch eine Antwort selbst und sofort zu geben: Weil ich der einzige unter den DDR-Historikern bin, der vor 1933 Mitglied der KPD (in der Studentenbewegung sogar führendes) war und zugleich Geschichte als Hauptfach studiert hat.“ [268]

Diese Ausgangsposition nutzte Engelberg, um nun ultimativ seine zahlreichen Forderungen vorzutragen, die auf eine vollständige Entmachtung des führenden Fünfgestirns in der DDR-Historikerschaft bei gleichzeitiger Aufwertung der eigenen Stellung zielten. Während seine Demarche aber Stern als „begabte[n] Windmacher“ und Kuczynski als „gebildete[n] Windhund“ nur streifte und auch den längst erledigten Schreiner eher beiläufig mit einem Hinweis auf dessen 30 Jahre zurückliegende KPO-Zugehörigkeit abqualifizierte, konzentrierte Engelberg seine ganze Kraft auf die beiden Gegner, die er um jeden Preis aus dem Wege zu schaffen sich vorgenommen hatte: Obermann und Meusel. Von seinem Vorgänger erwartete er sich keine Unterstützung in ideologischen und organisatorischen Fragen und erklärte eine Zusammenarbeit mit ihm schon deshalb kategorisch für ausgeschlossen, weil seine Gegner Schreiner, Meusel und Stern ihrerseits auf Obermann setzten. Konsequenterweise bekräftigte er nicht nur seine Weigerung, den bisherigen Direktor in Zukunft wenigstens als seinen Stellvertreter wirken zu lassen, sondern widerrief auch sein früheres Zugeständnis, Obermann doch wenigstens als Abteilungsleiter zu dulden, und wollte ihn nun an die Universität Rostock abgeschoben wissen.

Noch stärkere Geschütze fuhr Engelberg freilich gegen seinen langjährigen Widersacher Meusel auf, der als Vorsitzender des Wissenschaftlichen Rates des Instituts eine Machtposition besaß, mit der auch der neue Leiter rechnen mußte: „Meusel wird mein Vorgesetzter, der mich mit Hilfe des Akademiestatuts, seiner Anhänger und seines Museums, das er schlimmstenfalls als Ausweich- und versteckte Forschungsstätte für seine Lieblinge ausnutzen kann, bis aufs Blut bekämpfen wird, was eine Verschleierungstaktik – d.h. gelegentliche Lobsprüche an meine Adresse – geradezu einschließt.“ Engelberg erinnerte die Parteibehörde daran, daß sie eine ihm bereits fest zugesagte und angeblich sogar im ZK-Sekretariat beschlossene

[268] Ebd., Hervorhebung im Original.

„Auseinandersetzung mit Meusel" immer noch nicht eingeleitet habe, und steigerte die Gegnerschaft zu seinem Intimfeind nachgerade zu einem Existenzkampf hoch, in dem es nur Sieg oder Untergang geben könne. In offenbarer Sorge, daß die Parteiführung sich mit dem Direktor des Museums für deutsche Geschichte und Patriarchen der DDR-Geschichtswissenschaft doch noch arrangieren könnte, griff Engelberg die Abteilung Wissenschaften selbst an, um auf diese Weise die Entmachtung des verhaßten Gegners förmlich zu erzwingen: „Ich traue Euch aus folgenden Gründen nicht mehr allzu viel Kämpferwillen auf dem Gebiete der Geschichte zu: Den eisernen Willen, die erste beste Gelegenheit, wo Meusel vom Krankenhaus oder der Erholung zurückgekehrt ist, auszunutzen, um mit ihm abzurechnen, habe ich nicht gespürt."[269]

Mit dieser nach Inhalt und Tonlage gleichermaßen schroffen Kampfansage hatte Engelberg in der Frage der Institutsleitung die Initiative übernommen und die Wahlmöglichkeiten der SED-Führung im Wissenschaftsbereich auf die bloße Alternative eingeschränkt, entweder an Meusel festzuhalten und auf Engelberg zu verzichten oder aber bei einer Entscheidung für Engelberg die fachlichen Bastionen gründlich zu schleifen, von denen aus anderenfalls Meusel „in noch raffinierterer Generalstabsarbeit seine Minen legen wird, bis er eines Tags den Moment gekommen sieht, politisch und persönlich zu zeigen, daß er der alte Halunke ist".[270] Seine Kalkulation ging auf. Die Parteibehörde wies die von Engelberg gestellten Forderungen mitnichten ebenso frontal zurück, wie er sie formuliert hatte, sondern lud ihn zu einer gründlichen Aussprache ein, die am 24. Juli 1959 mit einem Kompromiß endete: Engelberg erhielt die Akademiemitgliedschaft „in der Perspektive" in Aussicht gestellt, ohne daß ein fester Zeitpunkt fixiert wurde, und die Rechte des von Meusel beherrschten Wissenschaftlichen Rates sollten zugunsten einer Stärkung der Direktion überprüft werden. Die ZK-Abteilung beugte sich auch Engelbergs Verlangen, zunächst weiter Herausgeber seiner Leipziger Schriftenreihen zu bleiben, und bewog ihn dafür im Gegenzug zu einer definitiven Kündigung seiner bisherigen Stellung in Leipzig. Vorerst ausgeklammert blieb allein die grundsätzliche und über die anstehende Neubesetzung der Institutsleitung hinausgehende Frage, ob der beschworene Umschwung in der ostdeutschen Geschichtswissenschaft im Sinne der auf Verständigung hoffenden Abteilung Wissenschaften mit oder nach dem Willen Engelbergs gegen die bisherigen Autoritäten Schreiner, Stern und Meusel vor sich gehen sollte.

Nur in einem Punkt vermochte der Parteiapparat sich vorbehaltlos durchzusetzen: Engelberg mußte sich gefallen lassen, daß sein Vorgänger Obermann doch als stellvertretender Direktor eingesetzt werde. Wenn man aber in der Abteilung Wissenschaften glauben mochte, Engelberg damit in die

[269] Ebd.
[270] Ebd.

Schranken gewiesen zu haben, sollte man sich gründlich täuschen. Nur zwei Tage später teilte Engelberg ihr mit, daß für ihn „die Angelegenheit Obermann noch nicht vollständig erledigt" sei, und nannte den Preis für seine Einwilligung: „Wenn ich schon nicht erwarten kann, daß O[bermann] mir in der Leitung des Instituts *wesentlich* hilft, dann darf ich aber durch ihn in der wissenschaftlichen Leitungs- und Forschungsarbeit auf meinem ureigensten Interessengebiet, dem 19. Jahrhundert, nicht gehemmt werden."[271] Was das bedeuten sollte, mochte allerdings selbst Engelberg nur in einem Wust von weitschweifigen Begründungen und Anschuldigungen verpackt zu erkennen geben: Auf keinen Fall wollte er mit seiner eigenen und angeblich von Meusels Gefolgsleuten durchsetzten Abteilung 1871 bis 1918 gegenüber den größeren und besser organisierten Abteilungen von Obermann (1789 bis 1871) und Kuczynski (Wirtschaftsgeschichte) ins Hintertreffen geraten. Folglich verlangte er nicht weniger, als daß Obermann seine bisherige Abteilung samt Forschungsfeld ungeachtet der langjährigen Arbeit am entsprechenden Lehrbuchabschnitt an ihn mit dem Ziel abtreten solle, daß auf diese Weise eine große Abteilung 1789 bis 1917 unter Engelbergs eigener Führung entstünde. Obermann hingegen solle in das 20. Jahrhundert abgeschoben werden, um dort fortan den bislang Schreiner zugewiesenen Lehrbuchabschnitt 1918 bis 1933 zu bearbeiten und einer Abteilung 1918 bis zur Gegenwart vorzustehen. Engelberg war sich wohl bewußt, daß der bisherige Direktor kaum widerstandslos so mit sich umspringen lassen würde, sondern forderte die Gegenwehr des mit dem Amt auch des Arbeitsgebietes verlustig gehenden Gründungsdirektors nachgerade heraus, um seine Stärke unter Beweis zu stellen: „Schlimmstenfalls muß Genosse Obermann gezwungen werden."[272]

In der Abteilung Wissenschaften war man sich wohl bewußt, daß hinter diesem Vernichtungsfeldzug mehr steckte als persönlicher Rachedrang und daß die nun ausgebrochene Auseinandersetzung einen anderen Charakter hatte als die altgewohnte Befehdung im Kreise der ‚führenden Genossen Historiker'. Der wissenschaftlich und politisch gleichermaßen ausgewiesene Engelberg verkörperte wie kein zweiter die Hoffnung der neuen parteimarxistischen Geschichtswissenschaft der DDR, und er bemühte sich auch seine heftigsten Attacken als Ausdruck eines Kampfes zwischen ‚bürgerlicher' bzw. revisionistischer auf der einen und marxistischer Wissenschaft auf der anderen Seite erscheinen zu lassen: „Ich befürchte nämlich, daß Ihr auf so etwas wie einen Dresdener Parteitag von 1903 lossteuert: Genosse Kurt Hager wird, wie einst August Bebel, die Revisionisten vom Schlage eines Meusel verurteilen; dieser wird (wie Bernstein selig!) erklären, wie sehr er mißverstanden wurde, daß er im Grunde ein konsequenterer Gegner

271 Ebd., Ernst Engelberg an die Leitung der Abteilung Wissenschaften, 26.7.1959. (Hervorhebung im Original).

272 Ebd.

des preußischen Militarismus ist als Engelberg [...]. Aber notwendig ist, eine ähnliche [...] Entmachtung der bisherigen Prominenz (vor allem des zwar in sich uneinigen, aber charakterlich gleichwertigen Dreigestirns: Meusel – Stern – Schreiner) wie die der Schirdewangruppe und der erstarrten Molotowgruppe."[273] Desungeachtet reagierte die Wissenschaftsbehörde der SED zunächst anders, als Engelberg erwartet haben mochte, nämlich gar nicht. Im Grundsätzlichen mit Engelberg einig, aber auf moderatere Lösungswege bedacht, hielt sie Abwarten offenbar für den besten Ausweg, um dem Konflikt die zerstörerische Schärfe zu nehmen. Als der designierte Direktor außerdem erfuhr, daß seine Verhandlungen mit dem ZK über die beabsichtigte Änderung der Leitungsstruktur weniger diskret als vereinbart geblieben, sondern gerüchteweise offensichtlich bereits nach außen und sogar bis zu seinen Institutsgegnern gedrungen waren, tat er abermals einen unerwarteten Schritt und zog seine Kandidatur am 31. Juli 1959 schriftlich zurück.[274]

Diese Wendung schien seinen Gegnern doch noch die Gelegenheit zu geben, mit anderen Lösungen zur Bewältigung der schwelenden Institutskrise aufzuwarten. Doch das allzu durchsichtige Bemühen Obermanns, seine eigene Position durch Vorsprache bei Kurt Hager durch die Bildung eines Dreierdirektoriums am IfG zu retten, dem er selbst angehören wollte, stieß schon im ZK-Apparat auf unzweideutige Ablehnung[275], und ebenso scheiterte ein letzter Verständigungsversuch der Abteilungsleiter, die am 1. Oktober 1959 in Abwesenheit Engelbergs zusammenkamen, um sich auf eine gemeinsame Strategie zu einigen, um dann doch nur den sattsam bekannten Streit über den inkohärenten und in sich widersprüchlichen Aufbau des Hauses fortzusetzen: Stern bemängelte unter Berufung auf sowjetische Gewährsleute, „daß unser Institut alles ist, nur kein Institut für Geschichte", und forderte abermals, „daß strukturelle Änderungen an Haupt und Gliedern notwendig sind"[276]; Kuczynski rieb sich ergänzend an dem „Provinzialismus" des Instituts, das im wesentlichen eine „Abart der Heimatgeschichte" betreibe, und andere Leitungsmitglieder fanden einmal mehr, daß die Abteilung Wirtschaftsgeschichte die Struktur des Hauses zerhacke und organisch in die chronologischen Abteilungen einzugliedern sei.

Somit war die Entscheidung schon vorgezeichnet, zu der sich die Institutsparteileitung am 15. Oktober in einer förmlichen Stellungnahme durchrang. Sie unterstrich noch einmal, daß es beim Prinzip der Einzelleitung bleiben, die neue Direktion aber im Interesse ihrer Funktionsfähigkeit durch zwei Stellvertreter des Direktors und einen wissenschaftlichen Sekretär

[273] Ebd., Ernst Engelberg an die Leitung der Abteilung Wissenschaften, 19.7.1959.
[274] Ebd., Ernst Engelberg an die Leitung der Abteilung Wissenschaften, 31.7.1959.
[275] Ebd., Karl Obermann an den Sekretär des ZK, Genossen Prof. Kurt Hager, 4.9.1959.
[276] ABBAW, ZIG 457, Protokoll der Parteigruppensitzung der Institutsleitung des Instituts für Geschichte (DAW) am 1.10.1959.

erweitert werden müsse und Obermann ihr aus demselben Grund nicht länger angehören dürfe. Im weiteren schloß sie sich „unter den gegebenen Umständen" und mit erkennbaren Reserven dem vom ZK kommenden Vorschlag, Engelberg zu berufen, unter der Voraussetzung an, daß jede Seite ihre Abneigungen und Empfindlichkeiten zurückzustellen bereit sei. Zu diesem Zweck forderte sie eine förmliche Zusammenkunft der Kontrahenten, auf der die bestehenden Meinungsverschiedenheiten in sachlicher Weise auszutragen seien.[277] Diese Aussprache fand bereits eine Woche darauf im Beisein von Vertretern der Abteilung Wissenschaften statt, die zuvor intern als Eckpfeiler ihrer Verhandlungsführung festlegten, daß die Ernennung Engelbergs „unter allen Umständen" durchzusetzen sei und Obermanns Weigerung, sein Stellvertreter zu werden, dankbar akzeptiert werden solle, um im Gegenzug den von Engelberg gewünschten Horst Bartel in die Direktion zu berufen. Den Ausschlag für diese kompromißlose Festigkeit gab die Einschätzung, daß das Institut bei der zurückliegenden „Auseinandersetzung mit dem Revisionismus" keine Stütze gewesen sei, während Engelbergs Qualitäten gerade darin bestünden, daß er eine ‚klare ideologisch-politische und theoretische Position gegenüber revisionistischen und objektivistischen Erscheinungen' in dieser Zeit eingenommen habe.[278]

Das Konzept der Abteilung Wissenschaften ging auf. Zwar bezog jetzt auch Obermann eindeutig Stellung und warf Engelberg persönliche Schwächen und mangelnde Leitungskompetenz vor. Am schärfsten artikulierte sich Kuczynski, der den Besetzungsvorschlag für die Institutsleitung einen „Wahnsinn" nannte, über den man im Institut lache, und Engelberg zu einem von Verfolgungswahn besessenen Choleriker erklärte, der scheitern und zusammenbrechen werde. Vollends das Ansinnen, den seines Erachtens allein mit Propagandaschriften bar aller Wissenschaftlichkeit hervorgetretenen Bartel zum stellvertretenden Direktor zu machen[279], fand Kuczynski eine glatte Verhöhnung der Akademie, gegen die es an den „Sinn für Würde" zu appellieren gelte. Doch alle Vorhaltungen vermochten nicht darüber hinwegzutäuschen, daß Engelbergs Kritiker kein konsensfähiges Gegenkonzept besaßen. Ihre Front zerfiel, als Günter Paulus namens der Parteileitung der Nominierung Engelbergs zustimmte, und Meusel sich überra-

[277] SAPMO-BArch, DY 30, IV 2/9.04/398, Stellungnahme der Parteileitung zu Fragen der Institutsleitung, 21.10.1959.

[278] Ebd., Interne Gesichtspunkte für die Aussprache in der Abt., 20.10.1959.

[279] Der 1928 geborene Horst Bartel zählte zu den ersten Jahrgängen von Gesellschaftswissenschaftlern, die ihre Ausbildung allein in der SBZ/DDR absolviert hatten. Nach dem Studium der Geschichte, Germanistik und Pädagogik in Berlin hatte Bartel als Lehrer und Internatsleiter in Wandlitz gewirkt, bevor er im Anschluß an einen Lehrgang an der Landesparteischule der SED Aspirant und später Dozent am SED-Institut für Gesellschaftswissenschaften wurde. Bartel promovierte 1956 mit einer Studie über die Tätigkeit von Marx und Engels für die Zeitung „Der Sozialdemokrat".

schend versöhnlich zeigte. Daraufhin resignierte auch Stern und willigte gleichfalls ein, es mit Engelberg zu versuchen, nachdem die Entscheidung der Abteilung ja bereits gefallen sei.[280]

Der Schlußakt der Ablösung Obermanns war nun nur noch Formsache. Im Dezember berichtete Meusel Stern brieflich: „Die Engelbergiade entwickelt sich gesetzmäßig weiter. Der nächste und – soweit meine Mitwirkung in Frage kommt – letzte Akt dieser Tragikomödie wird wohl im Januar oder Februar über die Bretter gehen."[281] So kam es. Am 12. Januar 1960 trat der Wissenschaftliche Rat des Instituts für Geschichte zusammen, um ein Schreiben zur Kenntnis zu nehmen, in dem Obermann von seinen Verpflichtungen als Direktor entbunden zu werden bat, um sich wieder stärker seinen Forschungsaufgaben widmen zu können. Der Rat stimmte dieser Bitte zu und dankte Obermann für sein Wirken als Leiter des Instituts. Anschließend schlug Meusel vor, Ernst Engelberg zum neuen Direktor zu wählen. „Der Wissenschaftliche Rat stimmt dem Vorschlag einmütig zu und bittet die Klasse und das Präsidium in diesem Sinne zu verfahren. Prof. Dr. Engelberg dankt für das mit diesem Vorschlag erwiesene Vertrauen und entwickelt Vorschläge für die weitere Arbeit des Instituts für Geschichte."[282]

280 SAPMO-BArch, DY 30, IV 2/9.04/398, Aktennotiz [über eine Aussprache mit Genossen Historikern im ZK am 21.10.1959].

281 ABBAW, ZIG 668, Alfred Meusel an Leo Stern, 16.12.1959.

282 Ebd., 479, Notiz über die Sitzung des Wissenschaftlichen Rates des Instituts für Geschichte am 12.1.1960.

III. Wissenschaftliche Normalisierung: Der innere Ausbau der historischen Forschung

1. Konsolidierung durch Restrukturierung

Die Ablösung des Gründungsdirektors Karl Obermann durch seinen Nachfolger Ernst Engelberg bedeutete mehr als nur einen personellen Wechsel in der Leitung des Instituts für Geschichte bei der Akademie der Wissenschaften; sie markierte auch eine entscheidende Zäsur in der Entwicklung der historischen Forschung in der DDR insgesamt: Mit der Übernahme des bei weitem größten ostdeutschen Geschichtsinstituts durch den Leipziger Ordinarius und Präsidenten der Historiker-Gesellschaft verband sich die zu Ende gehende Etablierungsphase der staatssozialistisch gewendeten Fachdisziplin einschließlich all ihrer jähen Wendungen und internen Grabenkämpfe. Engelbergs Berufung stand für das Ende der gesamtdeutschen Illusionen einer zweiten deutschen Geschichtswissenschaft, die die Teilung des Faches bislang noch als ein mehr oder minder transitorisches Phänomen angesehen hatte; sie stand für das Ende der „Erbhöfe" und Forschungsnischen, die das Bild des Akademie-Instituts in den ersten Jahren geprägt hatten, und sie stand für das Ende der Zersplitterung und der Reibungsverluste, die zuvor den Steuerungsanspruch der ZK-Abteilung Wissenschaften vielfach unterlaufen und den Schulterschluß zwischen den staatlichen und den Partei-Einrichtungen auf dem Gebiet der Geschichtswissenschaft immer wieder verhindert hatten.

Ernst Engelberg leitete das Geschichtsinstitut der Akademie vom Januar 1960 bis zu dessen Umwandlung in ein Zentralinstitut im Mai 1969. In dieser Zeit wuchs die Zahl der an ihm tätigen Historiker kontinuierlich an; die nicht-wissenschaftlichen Mitarbeiter eingerechnet, war das Forschungszentrum 1969 beim Dienstantritt von Engelbergs Nachfolger Horst Bartel immerhin Arbeitgeber für nicht weniger als 280 Beschäftigte.[1] Die äußere Expansion vollzog sich vor dem Hintergrund einer umfassenden Verstetigung in der Fachpraxis, die das vielleicht entscheidende Charakteristikum der institutionellen Entwicklung auf dem Gebiet der ostdeutschen Geschichtswissenschaft in den sechziger Jahren bildet und auch in der Geschichte des Instituts die Zeit von Engelbergs Direktorat zur eigentlichen Konsolidierungsphase werden ließ. Das Streben nach Ausbau und Sicherung beherrschte die Arbeit der zentralen Forschungseinrichtung der DDR-

[1] ABBAW, ZIG 212/4, [Deutsche Akademie der Wissenschaften], Gesellschaftswissenschaftlicher Bereich, Kaderstatistik 1968, 13.12.1968, Bl. 1; ebd., Gewi-Bereich II, 6.7.1970, Anl. 3.

Geschichtswissenschaft auf allen ihren Arbeitsfeldern und hebt diese Normalisierungsphase von der ihr vorangehenden Gründungs- und Etablierungszeit in den fünfziger Jahren ebenso ab wie von den ihr nachfolgenden Phasen der Anpassung und der Erosion in den siebziger und achtziger Jahren. Der Weg zur fachlichen Konsolidierung der neuen Geschichtswissenschaft in der DDR läßt sich auf den verschiedensten Handlungsebenen des Instituts für Geschichte verfolgen und vielleicht am deutlichsten in der Veränderung seiner inneren Struktur und Gliederung im Laufe der sechziger Jahre.

Als der neue Institutsleiter im Februar 1960 sein Amt antrat, konnte auch die geordnete Form, in der Obermann seinem Nachfolger die Direktionsgeschäfte übergab[2], nicht darüber hinwegtäuschen, daß das monatelange Tauziehen um die Nachfolge des an den ihm gestellten Ansprüchen gescheiterten Obermann zu einem bedrohlichen Stillstand nicht nur für das Akademie-Institut, sondern für die sozialistische Geschichtswissenschaft überhaupt geführt hatte. Weniger als siebzig Veröffentlichungen konnte die zentrale Facheinrichtung der DDR-Geschichtswissenschaft für das Jahr 1959 vorweisen, so daß für diese Zeit auf einen wissenschaftlichen Mitarbeiter im Durchschnitt gerade einmal eine einzige Publikation entfiel, und bei genauerem Hinsehen erwies sich die Bilanz als noch weit dürftiger, denn bei der Mehrzahl dieser Arbeiten handelte es sich lediglich um Rezensionen.[3] Schlimmer noch war es etwa nach Ansicht der Parteileitung der DAW um die Personalpolitik des Instituts bestellt, die wissenschaftlich und politisch gleichermaßen ziel- und regellos verlaufen sei und damit dem großangelegten Projekt zur Umwandlung der historischen Disziplin ausgerechnet in dem Bereich besonders geschadet habe, der für die Verfolgung kommunistischer Herrschaftsambitionen seit jeher im Mittelpunkt gestanden hatte: „Das Institut für Geschichte ist geradezu ein klassisches Beispiel für schlechte Kaderpolitik. Unter Leitung des Gen. Prof. Obermann war die Kaderpolitik rein zufällig. Es gibt keine Kaderreserve, keine bestätigten individuellen Entwicklungspläne. Der Abschluß von Promotionen ist in den einzelnen Abteilungen sehr unterschiedlich und lief völlig unabhängig von der Institutsleitung. Eine Reihe unserer besten und qualifiziertesten Genossen bleiben in der wissenschaftlichen Entwicklung zurück."[4]

Der neue Institutsdirektor ließ vom ersten Tag an erkennen, daß er diese Sorgen der Parteiführung zu seinen eigenen machte und sich jedenfalls

[2] Der detaillierten Einführung Engelbergs dienten eine Reihe von Arbeitsbesprechungen zwischen der alten und der neuen Leitung, deren Ergebnis in eingehenden Protokollen festgehalten wurde. Vgl. ABBAW, ZIG 455, Protokoll Nr. 1 der Arbeitsbesprechung vom 18.2.1960, Protokoll Nr. 2 der Arbeitsbesprechung vom 19.2.1960 u. Protokoll Nr. 6 der Arbeitsbesprechung vom 1.3.1960.

[3] LAB, IV/7/104/001, [Bericht der Zentralen Parteileitung auf der Delegiertenkonferenz der Deutschen Akademie der Wissenschaften,] 26.3.1960, S. 8.

[4] Ebd., S. 32.

gegen alle Vorwürfe einer „liberalen" und von „intelligenzlerischer Überheblichkeit" gekennzeichneten Haltung, die die Parteileitung gegen die alte Direktion ins Feld führte, zu wappnen wüßte. Schon Anfang März stattete er sowohl den Berliner Abteilungen wie den Außenstellen Visite ab und führte dabei weiter Arbeitsbesprechungen über Kaderfragen sowie Stand und Zielrichtung der Forschungs- und Publikationstätigkeit durch, die in einen neuen Arbeitsplan des Instituts münden und in einen Perspektivplan des Staatssekretariats für das Hochschulwesen zur Geschichtsforschung eingehen sollten. Dabei und bei den vorherigen Besprechungen zur Übergabe der Dienstpläne an Engelberg zeigte sich beispielsweise, daß die Institutsbibliothek kein DM-Kontingent besaß und daher keine westdeutschen Zeitungen und Zeitschriften mehr hielt[5] und daß in der Abteilung 1789 bis 1871 der Zeitraum 1849 bis 1871 infolge Kadermangels überhaupt nicht bearbeitet werde.[6] Zutage trat weiterhin, daß der Dualismus zwischen der Abteilung 1918 bis 1945 und der von Stern geleiteten Arbeitsgruppe Zweiter Weltkrieg zu vielfachen thematischen Überschneidungen geführt habe[7] und daß die Kommission Zeitgeschichte des Akademie-Instituts weder sachlich noch thematisch hinreichend von dem auf demselben Feld tätigen Institut für Zeitgeschichte abgegrenzt sei und überdies in Konkurrenz mit einer gleichnamigen Kommission für Zeitgeschichte stehe, die im Parteiauftrag Aussprachen und Konferenzen auf zeithistorischem Gebiet organisiere.[8]

Einzelne Abteilungsleiter zeigten sich so überlastet, daß sie die ihnen zugewiesenen Leitungsaufgaben unmöglich erfüllen konnten.[9] Wichtige Zentralaufgaben des Instituts ruhten vollständig wie die Zentrale Forschungskartei, die unter Obermann ins Leben gerufen worden war, um einer Forderung aus dem ZK-Apparat nachzukommen und das Institut für Geschichte endlich zu dem gewünschten Lenkungsorgan auf dem Gebiet der Geschichtswissenschaft zu machen. Seit Herbst 1959 aber waren kaum noch

[5] ABBAW, ZIG 455, Protokoll Nr. 2 der Arbeitsbesprechung vom 19.2.1960. Als Sofortmaßnahme wurde festgelegt, bei der Akademie ein West-Kontingent von 8000 DM für Bibliothekszwecke zu beantragen und u.a. den „Spiegel", den „Vorwärts", die „Welt" und den „Rheinischen Merkur" zu bestellen. Ebd.

[6] Ebd., Protokoll Nr. 6 der Arbeitsbesprechung vom 1.3.1960.

[7] Ebd., Protokoll Nr. 4 der Arbeitsbesprechung vom 25.2.1960.

[8] Ebd., Protokoll Nr. 5 der Arbeitsbesprechung vom 1.3.1960.

[9] Ein besonders prägnantes Beispiel bot hier wieder Leo Stern: „In einer Darlegung seiner persönlichen Arbeits- und Forschungsvorhaben entfaltete er eine erstaunliche Interessenbreite. Zu den von ihm vorgesehenen Arbeitsthemen zählen folgende: 1. Abfassung des Lehrbuchs über die Geschichte Deutschlands im Mittelalter; 2. Leitung der Abt. Dokumente und Materialien ..., deren Quellenpublikationen sich über den Zeitraum von 1800–1945 erstrecken; 3. Vorlesung über die Geschichte der bürgerlichen Geschichtsschreibung; 4. Geschichte der österreichischen Arbeiterbewegung; 5. Geschichte der österreichischen Republik; 6. Forschungen zur Geschichte des zweiten Weltkriegs." Ebd., Protokoll Nr. 14 der Arbeitsbesprechung vom 29.3.1960.

Nachmeldungen aus historiographischen Einrichtungen des Landes eingegangen, und vom Institut aus war nicht nur nicht nachgehakt, sondern die Registraturtätigkeit stillschweigend ganz eingestellt worden.[10] Unsicherheit herrschte selbst über den allgemeinen wissenschaftspolitischen Kurs und die Stellung des Instituts in der internationalen Fachgemeinschaft. Namens der Abteilung Wirtschaftsgeschichte konfrontierte Kuczynski Engelberg mit der heiklen Frage nach den zukünftigen innerdeutschen Beziehungen und „erachtete es als dringend geboten, zu klären, ob wissenschaftliche Verbindungen nach Westdeutschland gepflegt werden können und in welcher Art diese zu schaffen sind".[11]

Gleichwohl dauerte es fast ein volles Jahr, bis der Antrag zu einer tiefgreifenden Umbildung des Geschichtsinstituts der zuständigen Klasse der Deutschen Akademie der Wissenschaften unterbreitet wurde. In ihren Grundzügen stützte sich die Strukturreform auf Überlegungen, die Engelberg dem Wissenschaftlichen Rat bereits bei seiner Benennung als Nachfolger Obermanns vorgetragen hatte. In ihnen hatte er drei Zieldimensionen der zukünftigen Aufgabenerweiterung benannt: in räumlicher Hinsicht die stärkere Berücksichtigung der allgemeinen Geschichte insbesondere durch die Erforschung der Beziehungen zwischen dem deutschen Volk und seinen Nachbarn; in zeitlicher Perspektive die Verbreiterung des Forschungsfeldes durch die Gründung je einer Abteilung für Mittelalter und für Zeitgeschichte; schließlich auf organisatorischer Ebene eine grundlegend verbesserte Koordination der historischen Forschung im ‚Republikmaßstab'.[12] Diese Absichtserklärung unterschied sich im Grunde kaum von dem strategischen Konzept, das Obermann selbst im letzten Halbjahr seiner Amtsführung als „Grundzüge für einen Perspektivplan" entwickelt hatte. Auch Obermann hatte vorgeschlagen, die Themenpalette des Instituts zeitlich auszudehnen, und die Betonung vergleichs- und beziehungsgeschichtlicher Perspektiven verlangt. Ebenso war er sich mit seinem Nachfolger auch über den grundsätzlichen Charakter des Hauses einig: „Das Institut für Geschichte der DAW kann nur als sozialistisches Institut dieser großen Aufgabe gerecht werden."[13]

So war von vornherein klar, daß das umgebildete Institut nicht mehr unter einem nur vage formulierten oder durch Formelkompromisse verdeckten Wissenschaftsverständnis leiden, sondern sich offen zur instrumentellen

[10] Ebd., Protokoll Nr. 6 der Arbeitsbesprechung vom 1.3.1960.

[11] Ebd., Protokoll Nr. 7 der Arbeitsbesprechung vom 2.3.1960. Engelberg vermied es freilich, sich in dieses Minenfeld zu verirren und delegierte die Frage: „Die Direktion wird diese Frage in einer Aussprache mit der Abt. Wissenschaften beim ZK der SED zu klären suchen." Ebd.

[12] Ebd., 479, Notiz über die Sitzung des Wissenschaftlichen Rates des Instituts für Geschichte am 12.1.1960.

[13] Ebd., 457, Karl Obermann, Grundzüge für einen Perspektivplan, o.D. [September 1959].

Rolle des Faches im Rahmen der staatssozialistischen Ordnung der DDR bekennen würde. Ebenso wie Obermann seinen Planentwurf unter die Maxime gestellt hatte, mit den Mitteln der institutionalisierten Geschichtswissenschaft „den Weg der DDR als den einzig gesetzmäßigen und demokratischen Staat für ganz Deutschland" nachzuzeichnen[14], ging Engelberg in einem Gegenentwurf davon aus, „daß über den Ausgangsort und das Ziel der Planung Klarheit herrscht. Beides wird bestimmt von der Politik der Partei und Regierung, denn wir betreiben die Geschichte nicht um ihrer selbst willen, sondern wir wollen die Vergangenheit für die Gegenwart nutzbar machen."[15] Hieraus erklärte sich der Akzentwechsel hin zur Zeitgeschichte, deren Auf- und Ausbau zur dringendsten Aufgabe avancierte, ebenso wie die künftig zu verstärkende Förderung der allgemeinen Geschichte, „um Vergleichsmöglichkeiten zu schaffen, die die Richtigkeit unserer nationalen Grundkonzeption bestätigen".[16]

Allerdings sollte sich bald zeigen, daß die strukturelle Straffung dem Akademie-Institut nicht so kompromißlos verordnet werden konnte, wie die neue Institutsleitung um Engelberg es ursprünglich erhofft haben mochte. Der der Akademie-Leitung schließlich eingereichte Neu- und Umbildungsantrag bedeutete vielmehr einen Kompromiß zwischen konkurrierenden Zielvorstellungen. Er sah die Schließung von drei Abteilungen bzw. Arbeitsgruppen vor: Die von Eduard Winter geleitete und ursprünglich den deutsch-slawischen Beziehungen gewidmete Abteilung wurde aus dem Institut herausgelöst und als Arbeitsstelle für Geschichte der deutsch-slawischen Wissenschaftsbeziehungen der Akademie-Klasse für Philosophie, Geschichte, Staats-, Rechts- und Wirtschaftswissenschaften zugeordnet. Aufgelöst wurde ferner die Stern unterstehende Arbeitsgruppe Zweiter Weltkrieg, deren Mitarbeiter in die nun mit der russischen Oktoberrevolution einsetzende Abteilung 1917 bis 1945 eingegliedert wurden, während die Mitglieder der ebenfalls aufgehobenen Arbeitsgruppe für Verfassungs- und Verwaltungsgeschichte fortan die Abteilung 1789 bis 1871 verstärken sollten. Dieser Konzentrierung standen auf der anderen Seite nicht weniger als sieben neuzubildende Abteilungen und selbständige Arbeitsgruppen gegenüber, die die gewonnene Übersichtlichkeit sofort wieder aufs Spiel setzten. Eine Aufwertung zur Abteilung erlebten die „Geschichte der neuesten Zeit von 1945 bis zur Gegenwart" und die Militärgeschichte, während die Frühneuzeit durch zwei Arbeitsgruppen abgedeckt wurde und – eher überraschend – auch für das Mittelalter lediglich eine Arbeitsgruppe gebildet wurde. Zwei weitere Arbeitsgruppen sollten sich in Zukunft mit der

[14] Ebd.
[15] Ebd., Entwurf, o.D.
[16] Ebd.

Geschichte der Geschichtswissenschaft bzw. der Geschichte der slawischen Völker befassen.[17]

Weitere Veränderungen des unterdes durch zusätzliche Einstellungen auf 96 wissenschaftliche und 38 technische Mitarbeiter angewachsenen Forschungszentrums betrafen die Verteilung der Leitungsgeschäfte selbst und stellten die Konsequenz aus Obermanns selbstkritischer Erkenntnis dar, daß sein Hauptfehler darin bestanden habe, ein Institut von dieser Größe allein leiten zu wollen. Die im Februar 1961 vom Präsidium der Akademie gebilligte Struktur sah demgegenüber eine Entlastung des Direktors durch die Schaffung einer zweiten Stellvertreterstelle vor, nachdem Engelberg bei seinem Dienstantritt im Februar 1960 zunächst nur ein stellvertretender Direktor an die Seite gegeben worden war.[18] Auf diese zweite Stellvertreterstelle rückte Horst Bartel mit der Verantwortung für alle Personalangelegenheiten, während zu Engelsbergs erstem Stellvertreter Heinrich Scheel berufen wurde, der insbesondere für den Bereich Publikationen zuständig war. Neu eingerichtet wurden daneben Stellen für wissenschaftliche Sekretäre der einzelnen Abteilungen, die den wissenschaftlichen Sekretär der Institutsleitung bei der Geschäftsführung des Institutes zu unterstützen und für den Informationsfluß zwischen Zentrale und Abteilungen zu sorgen hatten.[19]

Dieser Leitungskopf übertraf das in der Gründungsphase 1956 gebildete Führungsgremium an Kontinuität und Kohärenz bei weitem und steuerte die Geschicke des Instituts mit vergleichsweise wenigen personellen Veränderungen über zehn Jahre hinweg bis zu der Zäsur von 1969, in der es in ein Zentralinstitut umgewandelt wurde. Dies war nur möglich, weil anders als unter Obermann den zunächst vierzehn und später – nach der Ausgliederung bzw. Auflösung der Bereiche Wirtschaftsgeschichte bzw. Landesgeschichte – zwölf Abteilungen und Arbeitsgruppen eine erstarkte Direktionsebene gegenüberstand, deren dreiköpfigem Führungsgremium neben dem wissenschaftlichen Sekretär ein Direktionsassistent, ein Verwaltungsbeauftragter sowie ein Direktionssekretariat und der Leiter der Propagandakommission unterstellt waren. Seine Lenkungskompetenz nahm das neue Führungsgremium des IfG vor allem durch wöchentliche Direktions- und in der Regel zwei- oder dreiwöchentliche Abteilungsleiterberatungen wahr; eine Reihe weiterer organisatorischer Instrumente sicherte der Direktion den effizienten Zugriff auf die fachliche Arbeitsebene des Forschungszentrums.[20]

Unter dieser Führungsstruktur expandierte das Institut in den Folgejahren in raschem Tempo weiter und erhöhte seinen Mitarbeiterbestand allein

[17] Ebd., Antrag an die Deutsche Akademie der Wissenschaften, Klasse für Philosophie, Geschichte, Staats-, Rechts- und Wirtschaftswissenschaften, 18.1.1961.

[18] Vgl. Heitzer, Das Akademie-Institut für Geschichte, S. 897.

[19] ABBAW., ZIG 457, Deutsche Akademie der Wissenschaften zu Berlin, Institut für Geschichte, Geschäftsverteilungsplan [Ende 1965].

[20] Ebd., 459, Strukturplan des Instituts für Geschichte (Stand 1.3.1964).

zwischen Januar 1960 und Dezember 1962 um 20 Prozent[21], so daß weitere Wege gesucht wurden, um einem erneuten Zerfall in nebeneinander herlaufende Teilbereiche vorzubeugen und die Dominanz der zentralen Leitung über die Person Engelbergs hinaus auch strukturell zu verankern.[22] Diesem Zweck dienten nicht zuletzt besondere Kommissionen, die mit begrenztem Auftrag operierten und unabhängig von der Institutsgliederung in ausgewählten Abteilungen und Arbeitsgruppen angesiedelt wurden. Neben einer ständigen Kommission für Geschichtspropaganda, deren Mitglieder von den Abteilungs- und Arbeitsgruppenleitern benannt und von der Institutsleitung bestätigt wurden, führte die Arbeitsordnung „befristete Kommissionen aus geeigneten Mitarbeitern des Instituts" zur „Lösung besonderer Aufgaben" auf.[23] So setzte die Direktion nicht zuletzt auf Druck der Abteilung Wissenschaften und der eigenen Parteileitung im April 1962 zeitweilige Evaluierungskommissionen ein, die den Stand der wissenschaftlichen Arbeit am Institut zu bewerten hatten. Eines dieser zu „Hilfsorgane[n] der Direktion" erklärten Prüfungsgremien widmete sich der Produktivität der einzelnen Abteilungen, ein anderes der ‚Kaderentwicklung' und ein drittes der Publikationstätigkeit des Hauses, um „einen möglichst umfassenden Überblick über die Situation auf den überprüften Gebieten zu geben, Material zu liefern und Vorschläge zur Beseitigung von Mängeln und Fehlern in der Arbeit zu machen".[24] Besonders die Publikationskommission entwickelte sich zu einer dauerhaften Einrichtung, die zu den in den einzelnen Abteilungen angefertigten Arbeiten Gutachten einholte, selbst ausgewählte Manuskripte prüfte und Kontakt zu den Verlagen und Redaktionen der Fachzeitschriften pflegte, um die Publikationsmöglichkeiten des Instituts zu wahren und erforderlichenfalls gegen zu knappe Papierkontingentierungen oder sonstige Publikationsbeschränkungen vorzugehen.[25] Ohne das schon 1957 und 1958

[21] Die Angaben für die Zahlen der wissenschaftlichen Mitarbeiter schwanken hier allerdings. Während in einer nach außen gerichteten Stellungnahme vom Februar 1963 ein Wachstum von 96 auf 120 Wissenschaftler behauptet wurde (Ebd., 477, Exposé über die Publikationstätigkeit des Instituts für Geschichte an der Deutschen Akademie der Wissenschaften zu Berlin, 18.2.1963), führt eine interne Statistik für denselben Zeitpunkt 110 wissenschaftliche Mitarbeiter auf. Ebd., 021, Verteilung der Kräfte in den Abteilungen, Stand 14.3.1963.

[22] Die Institutsleitung selbst motivierte ihren breiten Regelungsanspruch damit, daß die gewachsenen Anforderungen „sowohl die Anwendung neuer Arbeitsmethoden bei der Forschung als auch die ständige Verbesserung der wissenschaftspolitischen und organisatorischen Tätigkeit der Leitung (erfordern)". Ebd., 459, Arbeitsplan der Direktion für das 1.–3. Quartal 1963, 2. Vorlage vom 22.2.1963.

[23] Ebd., 457, Arbeitsordnung des Instituts für Geschichte, 18.3.1964.

[24] Ebd., 477, Bildung von zeitweiligen Kommissionen zur Untersuchung des Standes der wissenschaftlichen Arbeit am Institut für Geschichte, 30.4.1962.

[25] Ebd., Exposé über die Publikationstätigkeit des Instituts für Geschichte an der Deutschen Akademie der Wissenschaften zu Berlin, 18.2.1963. Eine nicht zu unterschätzende Rolle spielte in dieser Zeit auch die „Literatur-Arbeitsgemeinschaft Ge-

unter Obermann eingeführte Begutachtungsverfahren für alle publikationsreifen Manuskripte zu ersetzen, griff die Publikationskommission in Zuständigkeiten ein, die bislang allein bei den jeweiligen Abteilungen gelegen hatten, und stärkte damit die Rolle der Direktion weiter.

Wichtigstes Leitungsinstrument aber war auch in der erfolgreich institutionalisierten neuen Geschichtswissenschaft der DDR der Plan.[26] Kurz-, mittel- und langfristige Arbeitspläne zu erstellen und Rechenschaft über den Stand ihrer Erfüllung zu legen, band einen Gutteil der investierten Kräfte vieler Mitarbeiter. Tätigkeitsübersichten waren auch unter der ersten Institutsleitung angefertigt worden. Aber erst unter Obermanns Nachfolger wurde das Plangeflecht so weit ausgebaut, daß die einzelnen Arbeitseinheiten zeitliche Aufstellungen ihrer Vorhaben fertigten, die mehrere Aggregationsstufen durchliefen, um dann Eingang in zentrale Forschungs- und Perspektivpläne des Staatssekretariats für Hochschulwesen, des Ministeriums für Kultur und des ZK für die Geschichtswissenschaft der DDR zu finden. Die Arbeit nach Maßgabe eines einheitlichen Forschungsplans zu organisieren, erschien auch im Selbstverständnis der Institutshistoriker der eigentliche Qualitätssprung in der Ära Engelberg[27], und ihr entscheidendes Instrument bildete der Jahresarbeitsplan. Von der Akademie-Leitung zu Ende des Vorjahres angefordert, um „die wissenschaftlichen Vorhaben für den Berichtszeitraum entnehmen zu können, sowie die Gliederung in kontrollierbare Zeitabschnitte [...] zu ersehen", setzte sich der Gesamtarbeitsplan des Instituts aus den Jahresarbeitsplänen der Abteilungen und Arbeitsgruppen zusammen, die – nach Themen, zeitlicher Gliederung und personellem Bedarf gegliedert – der Direktion eingereicht werden mußten und dort gegebenenfalls überarbeitet wurden.[28] Ihrer Formulierung lagen von der Direktion vorgegebene Richtlinien zugrunde, die beispielsweise für das Jahr 1963 neben dem Programm der SED und den jüngsten ZK-Beschlüssen folgenden Schwerpunkt nannte: „Auch 1963 steht als zentrale Aufgabe für alle Historiker die Mitarbeit an der mehrbändigen Geschichte der deutschen Arbeiterbewegung. Vorrangig sollten also solche Arbeiten, Teilarbeiten, Spezialuntersuchungen und wissenschaftliche Beratungen bzw. Kolloquien

schichte beim Ministerium für Kultur", die das Staatssekretariat für Hochschulwesen und das Kulturministerium bei der Erstellung des zentralen Forschungsplans und der Formulierung von Publikationsaufgaben beriet und die seit dem Frühjahr 1962 von einer Mitarbeiterin des Instituts für Geschichte geleitet wurde. Vgl. beispielsweise: Ebd., Maid Koehler, Vorlage für die Direktionssitzung am 17.5.1962, u. Empfehlungen der LAG Geschichte, angenommen auf ihrer Sitzung am 20.2.1963.

26 „Hauptinstrument der Leitungstätigkeit", so hielt ein Strategiepapier von 1967 fest, sind „Perspektivplan und Jahresarbeitspläne". Ebd., 212/1, Konzeption zur Leitungstätigkeit der Direktion des Instituts für Geschichte, o.D.

27 Heitzer, Akademie-Institut für Geschichte, S. 897.

28 ABBAW, ZIG 459, Zur Abteilungsleiterbesprechung am 29.11.1962 unter Bezug auf eine Rundverfügung des Generalsekretärs der DAW.

der Abteilung im Plan vorgesehen werden, die unmittelbar und mittelbar die Ausarbeitung der mehrbändigen Geschichte fördern.“[29]

Einen eigenen Jahresarbeitsplan entwickelte auch die Direktion selbst, der regelmäßig zunächst das wissenschaftliche Selbstverständnis des Instituts festschrieb[30] und die Zuständigkeiten der einzelnen Direktionsmitglieder sowie die Aufgaben der ständigen und zeitweiligen Kommissionen aufführte, um dann den umfassenden Regelungsanspruch der Hausleitung zu fixieren. Dieser erstreckte sich auf die Gesamtkonzeption des Instituts und die Profilierung seiner Stellung im Rahmen der DDR-Geschichtswissenschaft ebenso wie auf die alltägliche Praxis der Institutsarbeit.[31] Der fachlichen Homogenisierung dienten vor allem Institutsvollversammlungen und Kolloquien, die im Arbeitsplan mit der Notwendigkeit zur „Durchsetzung der theoretischen Leitideen für die wissenschaftliche Tätigkeit der Abteilungen und Arbeitsgruppen“ begründet wurden und beispielsweise im ersten Halbjahr 1962 Themen wie „Probleme des Nationalen Geschichtsbildes“ oder „Thesen zur Geschichte der deutschen Arbeiterbewegung“ vorsahen.[32]

Die „Anleitung und regelmäßige Kontrolle der Fachabteilungen“ vollzog sich vornehmlich über regelmäßige Auswertungen der ZK-Plenartagungen und Beratungen mit den leitenden Mitarbeitern aller Arbeitsbereiche in einem festen Rhythmus und auf Grundlage schriftlicher Vorlagen.[33] Geregelter Kontrolle unterlag weiterhin natürlich die Publikationstätigkeit; ein eigener und zum Direktionsbeschluß erhobener Arbeitsplan legte die Abgabe druckfertiger Manuskripte an den Akademie-Verlag fest, und ein spezieller Jahresthemenplan für Rezensionen und Aufsätze orientierte die Redaktion der ZfG über Titel, die auf Wunsch durch Institutsmitarbeiter angefertigt werden könnten. An Planvorgaben mußte sich auch die populärwissenschaftliche Tätigkeit des IfG messen lassen, die durch vierteljährliche

[29] Ebd., Maid Koehler, Gesichtspunkte für die Aufstellung der Arbeitspläne der Abteilungen für das Jahr 1963, o.D.

[30] „Eingedenk der historischen Erfahrung, daß Wissenschaft und Politik seit jeher eine ideologische Einheit bilden, so daß es im Namen der Humanität gilt, die Wissenschaft in den Dienst des sozialen und politischen Fortschritts zu stellen, bekennt sich das Institut für Geschichte zum gegenwärtigen Kampf um den Weltfrieden. [...] Den Erbauern des Sozialismus in der Deutschen Demokratischen Republik und allen deutschen Patrioten in ihrem Ringen gegen Militarismus und Krieg Hilfe zu leisten, betrachten wir als unseren vorrangigen Beitrag zum historischen [sic!] Weltgeschehen.“ Ebd., 459, Jahresplan der Direktion des Instituts für Geschichte an der Deutschen Akademie der Wissenschaften zu Berlin, o.D. [April 1962].

[31] Ebd., Arbeitsplan der Direktion für das 1.–3. Quartal 1963, 2. Vorlage vom 22.2.1963.

[32] Ebd., Jahresplan der Direktion des Instituts für Geschichte an der Deutschen Akademie der Wissenschaften zu Berlin, o.D. [April 1962].

[33] Ebd., Arbeitsplan der Direktion für das 1.–3. Quartal 1963, 2. Vorlage vom 22.2.1963.

Auswertungen der Arbeit der „Propaganda-Kommission" überwacht wurde. In der Kaderpolitik lag wiederum der Arbeitsschwerpunkt der Direktion laut Arbeitsplan für 1962 auf der Förderung von Frauenarbeit und auf der vordringlichen Förderung der laufenden Promotions- und Habilitationsvorhaben. Weitere Überwachungs- und Leitungsaufgaben stellten das Zentralprojekt „Lehrbuch der deutschen Geschichte", die landesweiten Arbeitskreise, für die das Institut als sogenanntes ‚Leitinstitut' fungierte, und die fachlichen Beziehungen zu den sozialistischen Nachbarländern.[34] Inhaltlich wahrte die Hausleitung ihre Entscheidungskompetenz, indem sie eine Konzeption für alle größeren Arbeitsvorhaben und Veranstaltungen des Instituts ebenso wie für die Arbeit jeder Abteilung verabschiedete und laufend überprüfte und allgemein für „die Abstimmung der Einzelpläne der Abteilungen und Arbeitsgruppen mit dem Forschungsplan der DDR" sorgte.[35] Zusammen ergab sich aus diesen detaillierten Festlegungen ein Führungsstil der Engelberg-Direktion, dessen Gegensatz zu der liberalen und dezentralisierten Leitung unter seinem Vorgänger kaum schärfer hätte gedacht werden können. Er übertrug im eigenen Selbstverständnis die Funktionsmechanismen der politischen Herrschaftsausübung in der DDR auf den Bereich der Geschichtswissenschaft, um die innere Homogenität der in ihrer Konsolidierungsphase befindlichen Geschichtswissenschaft neuen Typs zu sichern.

Auch hier bestätigte sich freilich das bürokratische Gesetz, nach dem die Rationalisierung von Verfahrensabläufen fortwährend neuen Regelungsbedarf erzeugt. Schon Anfang 1964 wurde ein weiteres Instrument eingeführt, um den Kontakt zwischen der Direktion und den Abteilungen zu verbessern: „Die Erfahrungen zeigen, daß es erforderlich ist, die regelmäßige Berichterstattung einzuführen. Die Abteilungs- bzw. Arbeitsgruppenleiter oder ihre Vertreter sollen künftig alle vierzehn Tage einem Verantwortlichen der Direktion mündlich über die Arbeit in ihrem Bereich berichten, den Stand der Planerfüllung, die Arbeit an den Publikationsvorhaben, den Fortgang der Dissertationen usw. einschätzen. Das ermöglicht einen ständigen Überblick über die Arbeit des Gesamtinstituts, schafft Voraussetzungen für zielgerichtete Leitungsarbeit und sichert die engen wissenschaftlichen Kontakte zwischen den verschiedenen Abteilungen des Instituts."[36] Wenige Wochen später wurde „zur Verbesserung der Leitungstätigkeit" eine neue Arbeitsordnung beschlossen, die das strukturelle Gefüge des Instituts und den Aufgabenbereich seiner einzelnen Gliederungen präzise bestimmte. Ihnen zufolge wurde das Haus im Einklang mit „den Prinzipien des demo-

[34] Ebd., Jahresplan der Direktion des Instituts für Geschichte an der Deutschen Akademie der Wissenschaften zu Berlin, o.D. [April 1962].

[35] Ebd., Arbeitsplan der Direktion für das 1. Quartal 1964, 3.1.1964. Ein eigener Evaluationsgesichtspunkt betraf die Qualität der Rechenschaftslegung selbst: „Einschätzung der Ergebnisse der Methode der Berichterstattung durch die Abteilungsleiter und Arbeitsgruppenleiter." Ebd.

[36] Ebd., 455, An die Leiter der Abteilungen und Arbeitsgruppen, 7.1.1964.

kratischen Zentralismus" durch die dreiköpfige Direktion so geleitet, daß jedes Direktionsmitglied für die Kontrolle von jeweils vier Abteilungen bzw. Arbeitsgruppen der nunmehr zwölf Arbeitsbereiche zuständig war. Die einzelnen Arbeitseinheiten wiederum unterstanden weisungsgebundenen und rechenschaftspflichtigen Abteilungsleitern, die „entsprechend dem Prinzip der Einzelleitung für die wissenschaftlich, wissenschaftspolitische und wissenschaftsorganisatorische Leitung der Arbeit ihres Aufgabenbereichs voll verantwortlich" waren.[37] Sie bildeten zusammen mit den wissenschaftlichen Sekretären der Abteilungen das Grundgerüst einer „zweite[n] Ebene", die im Mai 1967 durch die Gründung eines Institutsrates noch verstärkt wurde, bei dem nach dem Willen seiner Initiatoren „vor allem die Stränge der wissenschaftsorganisatorischen Information, der Terminkontrolle, des laufenden Geschäftsbetriebes, der unmittelbaren operativen Leitung zusammen(laufen)" sollten.[38] Gedacht als ein „beratendes und mitarbeitendes Organ", sollten sich in ihm die Leiter der Abteilungen mit Vertretern der Partei- und Gewerkschaftsleitung sowie weiteren vom Direktor berufenen Ratsmitgliedern über die konzeptionellen Grundlinien und Schwerpunktaufgaben der Institutsarbeit verständigen.[39] Gänzlich ohne besondere Kompetenzen, sondern bloßer Gegenstand von Belehrungen blieb hingegen in der 1964 verabschiedeten Institutsordnung die Gesamtheit der Institutsmitarbeiter: „Die Institutsvollversammlungen, Tagungen und Konferenzen dienen der Orientierung der Mitarbeiter des Instituts über die Geschichtswissenschaft der DDR, über die Aufgaben des Instituts, über Forschungserkenntnisse von allgemeiner Bedeutung und über grundsätzliche Fragen der Wissenschaftspolitik."[40]

Dieser straffen Reorganisierung blieb der Erfolg nicht versagt. Unter Engelberg gehörten grundsätzliche Auseinandersetzungen über das geltende Fachverständnis ebenso wie selbstzerfleischende Kämpfe zwischen den ‚Herzögen' der einzelnen Abteilungen oder mit der Abteilung Wissenschaften der Vergangenheit an. Zur Entspannung der Lage trug bei, daß ein Großteil der Widersacher von einst im Zuge des Generationswechsels altershalber ausschied oder seine Stellung auf dem Institutsschauplatz räumte wie Stern, der 1963 zum Vizepräsidenten der DAW aufstieg, und

[37] Ebd., 457, Arbeitsordnung des Instituts für Geschichte, 18.3.1964.

[38] Ebd., 065, Rechenschaftsbericht [der Direktion], 21.12.1967.

[39] Ebd.

[40] Ebd., 457, Arbeitsordnung des Instituts für Geschichte, 18.3.1964. Daran änderte auch eine Überarbeitung von 1966 nichts, wie der Sekretär der Arbeitsgemeinschaft gesellschaftswissenschaftlicher Institute kritisch anmerkte: „Allgemeiner Eindruck: ‚Ordnung' scheint in diesem Institut mehr eine Angelegenheit ‚von oben nach unten' zu sein, nicht umgekehrt. Es fehlt völlig die Rolle des Institutsplenums als Forum der Mitberatung und -bestimmung aller Mitarbeiter über wissenschaftliche Grundsatzfragen des Instituts." Ebd., ZIG 063, [Jan] Peters, Zur Ordnung des Instituts für Geschichte, 10.5.1966.

Kuczynski, dessen Abteilung Wirtschaftsgeschichte 1964 aus dem Geschichtsinstitut ausgegliedert und 1966 in ein selbständiges Institut für Wirtschaftsgeschichte umgewandelt wurde.[41] Aus diesem Abstand konnte im Januar 1964 die Grundorganisation „Historische Institute" der Deutschen Akademie der Wissenschaften in ihrem Rechenschaftsbericht zufrieden auf den Gegensatz zur desolaten „Situation 1960" zurückblicken: „Arbeitsfähige Direktion hatte sich gerade erst gebildet. Perspektivplanung stand noch in den Anfängen. [...] In den Abteilungen dominierten die unpromovierten Mitarbeiter. Es gab nur sehr wenige leitende Kader. Von wirksamer Propagandatätigkeit konnte kaum die Rede sein. Die Abteilungen arbeiteten völlig isoliert voneinander. Beispiele umfassender Darstellungen und kollektiver Gemeinschaftsvorhaben waren sehr selten. Die individuellen Forschungsthemen standen oft im Widerspruch zu den neuen Aufgaben." Mit Recht feierte die Parteileitung die erzielten Fortschritte seit Engelbergs Amtsantritt als entscheidenden Sprung nach vorn und hob hervor, daß das Institut in dieser Zeit völlig neu aufgebaut worden sei und sich nun sowohl nach Leistungsbilanz wie innerer Kohärenz sehen lassen könne.[42]

Parallel zu der von der Parteiführung ausgerufenen neuen Stufe der Planung und Leitung des gesellschaftlichen Entwicklungsprozesses wuchs das Institut für Geschichte während der sechziger Jahre allmählich in eine Großforschungseinrichtung der sozialistischen Geschichtswissenschaft hinüber, in der Gemeinschaftsvorhaben die überkommene Zersplitterung von Einzeluntersuchungen abzulösen begannen und in der die rationelle Organisation der Forschungsarbeit eine ständig zunehmende Rolle spielte.[43] Auf dem Weg von der Konkurrenz zur Kollektivität im Geiste von „gegenseitige[r] Unterstützung und helfende[r] Kritik"[44] wähnte sich die mit der Ausarbeitung der „Geschichte Deutschlands im zweiten Weltkrieg" beauftragte Forschergruppe des Akademie-Instituts 1968 bereits so weit, daß sie ihren Anspruch auf den Titel „Kollektiv der sozialistischen Arbeit" anmeldete und die „wichtigsten Ereignisse in der Entwicklung unseres Kollektivs [...]

41 Heitzer, Das Akademie-Institut für Geschichte, S. 899; Fischer/Zschaler, Wirtschafts- und Sozialgeschichte, S. 364.

42 SAPMO-BArch, DY 30, IV A 2/9.04/331, Grundorganisation „Historische Institute" der DAW, Referat der Parteileitung vor der Grundorganisation am 6. Januar 1964 über den gegenwärtigen Stand der wissenschaftlichen Arbeit am Institut für Geschichte.

43 Ein Ausdruck dieser Entwicklung war die Umwandlung der aus den „Jahresberichten" erwachsenen Arbeitsgruppe Bibliographie des Instituts in eine „Abteilung Bibliographie und Dokumentation", die im Oktober 1964 mit dem Ziel erfolgte, neben der laufenden Bibliotheks- und Bibliographiearbeit den Aufbau eines Dokumentationsdienstes für Geschichte in Angriff zu nehmen. ABBAW, ZIG 063, Heinrich Scheel an den Stellvertreter des Vorsitzenden der Arbeitsgemeinschaft der gesellschaftswissenschaftlichen Institute und Einrichtungen bei der DAW, 28.9.1964, u. Der ständige Stellvertreter des Vorsitzenden an Heinrich Scheel, 9.10.1964.

44 Koehler, Durch sozialistische Gemeinschaftsarbeit zu hoher Effektivität, S. 376.

in unserem Abteilungstagebuch festgehalten" zu werden würdig befand, „das eine Art Chronik werden soll".[45]

In der Tat konnte sich die Konsolidierungsbilanz des Instituts auch an weniger ideologischen Koeffizienten ablesen lassen. Die Zahl seiner Mitarbeiter wuchs, von einer abermaligen rascheren Wachstumsphase in der Mitte der sechziger Jahre abgesehen[46], langsam, aber kontinuierlich, während gleichzeitig die immer noch unübersichtlich große Zahl seiner Teilbereiche durch Auslagerung und Schließung schrittweise weiter gesenkt werden konnte, bis sich das Institut 1966 unterhalb der Direktionsebene in nur mehr acht Abteilungen sowie zwei bzw. drei selbständige Arbeitsgruppen gliederte und eine weitere Konzentration für die Zukunft bereits absehbar war.

Auch die sogenannte ‚Kaderqualifizierung' entwickelte sich zur Zufriedenheit der Direktion; ein vertraulicher Kaderplan aus dem Jahr 1966 zeichnete für die kommenden fünf Jahre vor, wie die bislang von der Remigrantengeneration wahrgenommenen Führungsfunktionen sukzessive auf den in der DDR selbst ausgebildeten Nachwuchs übergehen sollten. Elf Mitarbeiter führte dieser Plan auf, deren Habilitation wegen der von ihnen ausgeübten Leitungsfunktionen „besonders vordringlich" sei, und 14 weitere, die in ihrer Habilitation wegen einer in Kürze bevorstehenden Berufung in Leitungspositionen „besonders gefördert" werden sollten.[47] Neunzehn anderen, namentlich aufgeführten Mitarbeitern des Instituts eröffnete er die Aussicht auf eine sichere Wissenschaftskarriere, indem er das vorgesehene Jahr ihrer Habilitation präzise festlegte. Nicht weniger als 23 Dissertationen waren daneben nach derselben Perspektivplanung bis 1970 zum Abschluß zu bringen und zeugten von der Zielstrebigkeit, mit der das Institut den zu Beginn des Direktorats Engelberg beklagten Qualifizierungsrückstand wettzumachen begonnen hatte. Selbst die immer wieder durch Rundverfügung angemahnte Frauenförderung zeitigte respektable Ergebnisse.[48]

45 Ebd., S. 377, u. ABBAW, ZIG 065, Verpflichtung der Mitarbeiter der Abteilung 1917–1945 des Institutes für Geschichte der Deutschen Akademie der Wissenschaften zur Teilnahme am Wettbewerb um den Staatstitel „Kollektiv der sozialistischen Arbeit", 30.4.1968.

46 Allein zwischen dem 1.5.1965 und dem 1.7.1967 verzeichnen die Akten 15 Neueinstellungen, davon neun Wissenschaftler. Ebd., 212/1, Institut für Geschichte, Neueinstellungen seit 1.1.1965. – Im Selbstverständnis von Institutsangehörigen bedeutete gerade dieser Wachstumsschub die politische Anerkennung für eine erfolgreiche Etablierung der parteimarxistischen Geschichtswissenschaft, die über die bloße ideologische Anpassung hinaus zu einer sozialistischen Organisation der Forschungsarbeit übergegangen war. Mitteilung Prof. Dr. Olaf Groehler an den Vf., 16.12.1993.

47 ABBAW, ZIG 212/1, Kaderplan des Instituts für Geschichte bei der DAW, o.D. [1966].

48 Für 1963 etwa konnte das Institut bei insgesamt 24 weiblichen wissenschaftlichen Mitarbeitern – was einer Frauenquote von knapp 25% entsprach – sieben Frauen in

1965 schließlich nahm auch der Plan Gestalt an, ein Jahrbuch herauszubringen, das „die wissenschaftliche Arbeit des Instituts ausweisen und eine niveauvolle Verbindung zwischen Wissenschaft und Politik darstellen soll" und es bis zu seiner Einstellung 1990 auf 39 Jahresbände bringen sollte.[49]

Über die gefestigte Verbindung zwischen Politik und Geschichtswissenschaft im Institutsleben gab nicht nur das Jahrbuch-Projekt Auskunft. Während in den fünfziger Jahren die Führungsgarde der Zunft noch zu besonderen „Historikerberatungen" ins ZK bestellt und durch Ulbricht und Hager selbst auf den jeweiligen Kurs der Partei- und Staatsführung eingeschworen worden waren, bildete sich auch am Akademie-Institut im folgenden Jahrzehnt bei der Rezeption politischer Richtungskorrekturen eine Durchstellungsroutine heraus, deren ineinandergreifende Mechanismen ohne spektakuläre Generaldebatten auf höchster Ebene dafür sorgten, daß der Wille der Macht auch in die fernsten Winkel des Geistes drang. Zur Auswertung des VII. Parteitags der SED vom April 1967, der das „entwickelte gesellschaftliche System des Sozialismus" propagiert hatte, arbeiteten Direktion und Parteileitung ein detailliertes Programm aus, das die Auswertung der Parteitagsbeschlüsse in mehrere Stufen von der öffentlichen Parteiversammlung bis zur Veranstaltung einzelner Seminare gliederte und zu einem generalstabsmäßig organisierten Unternehmen machte: „Die Auswertung der Materialien und Beschlüsse des Parteitages begann am Institut für Geschichte schon in den Tagen des Parteitags selbst. In allen Abteilungen wurde das Studium der wichtigsten bis dahin erschienenen Materialien sofort organisiert und auch schon in kurzen Zusammenkünften erste Aussprachen geführt. Die Abteilungen und Parteigruppen gaben darüber täglich eine Information an die Direktion und die Parteileitung. [...] Nach Abschluß des Parteitages beschäftigten sich Direktion und Parteileitung mehrmals mit der eingehenden Auswertung der Materialien. Als Ergebnis dieser Besprechungen wurde ein gemeinsamer Plan zur gründlichen [!] Auswertung des Parteitages beschlossen. Anschließend wurden alle Abteilungsleiter und Parteigruppenorganisatoren auf einer Anleitung mit den politisch-ideologischen Schwerpunkten für die Auswertung am Institut für Geschichte und mit dem genauen Themenplan der 4 Seminare bekannt gemacht."[50]

Kontinuierlich gewachsen war in derselben Zeit auch die Forschungsbreite des Instituts. Zum zehnjährigen Bestehen konnte sein Leiter selbstbewußt mitteilen, daß sich das Haus in der fachinstitutionellen Landschaft der DDR nicht nur etabliert habe, sondern auf dem Gebiet der „Nationalgeschichte" die alleinige Führungsrolle zu erringen im Begriff stehe.[51] Es war

Leitungspositionen, fünf bestandene Prüfungen und 13 wissenschaftliche Veröffentlichungen melden. Ebd., 461, Direktion an die Kaderabteilung der DAW, 27.2.1964.

49 Ebd., 471/2, Ernst Engelberg an Leo Stern, 28.7.1965. Der schon gesetzte Bd. 40 des Jahrbuchs kam infolge des Umbruchs von 1989/90 nicht mehr heraus.

50 Ebd., 065, Bericht über die Auswertung des VII. Parteitages, o.D. [1967].

51 Engelberg, 10 Jahre Institut für Geschichte, S. 197.

gelungen, das ursprünglich auf die Zeit von 1789 bis 1945 begrenzte Arbeitsfeld auf die gesamte Zeit der deutschen Geschichte vom Mittelalter bis zur Gegenwart zu erweitern und darüber hinaus mit Hilfe neuer Arbeitsgruppen zur anglo-amerikanischen, zur slawischen und zur österreichischen Geschichte beziehungsgeschichtlich zu erweitern; eine eigene Arbeitsgruppe zur Geschichte und Methodologie der Geschichtswissenschaft reflektierte daneben die Grundlagen des eigenen Fachs. Eine positive Bilanz zogen interne Rechenschaftsberichte auch über die Beteiligung des Akademie-Instituts an Konferenzen und Kolloquien.[52] Das Haus hatte erfolgreich dem großen SED-Geschichtsprojekt der sechziger Jahre, der Geschichte der deutschen Arbeiterbewegung, zugearbeitet und weitere Schwerpunkte in der Geschichte der demokratischen und liberalen Bewegung und der nationalen Befreiungsbewegungen des 18. und 19. Jahrhunderts sowie in der Imperialismusgeschichte gebildet.

Diese Binnenexpansion war Ausdruck und zugleich Motor einer Verstetigung und Stabilisierung nicht nur des Akademie-Instituts, sondern der neuen, sozialistischen Geschichtswissenschaft insgesamt, die in die Phase ihrer allmählichen Normalisierung und Homogenisierung hinübergewachsen war. Dies manifestierte sich am deutlichsten in der Einrichtung bzw. dem Ausbau von Institutsabteilungen zu den Randbereichen des bisherigen Forschungsfeldes: nämlich der Feudalismusforschung, der Zeitgeschichte nach 1945 und der allgemeinen Geschichte. An diesen Rändern des Fachgebietes zeigt sich aber auch die latente Brüchigkeit der Geschichtswissenschaft der DDR in besonderem Maße. Ebenso wie die Institutsmitarbeiter in ihrer Mehrzahl der Einrichtung eines Arbeitsgebietes Gegenwartsgeschichte als Wissenschaftler distanziert gegenüberstanden und ihre Reserven auch nach der oben behandelten Gründung einer zeitgeschichtlichen Abteilung keineswegs aufgaben[53], waren umgekehrt die Reserven von Parteiseite gegen eine Beschäftigung mit dem Mittelalter unverkennbar, aus der sich – von der Thomas Müntzerschen ‚Volksreformation' im frühen 16. Jahrhundert abgesehen – vor dem Aufstieg des Erbe-Traditions-Paradigmas legitimatorischer Honig nur in vergleichsweise geringem Maße saugen ließ. Als die Parteiführung 1963 von der Abteilung Wissenschaften einen nach Geschichtsperioden gegliederten Bericht über die Entwicklung der DDR-Geschichtswissenschaft seit dem Geschichtsbeschluß von 1955 verlangte, befaßte sich die Prüfung eingehend nur mit der Lage in der Zeitgeschichte,

[52] ABBAW, ZIG 065, Rechenschaftsbericht [der Direktion], 21.12.1967.

[53] Aufschlußreich hier ein Urteil der Parteileitung des Instituts von 1968 über die Probleme der Zeitgeschichte: „Die Bereitschaft, die Geschichte unseres eigenen Staates zu erforschen und darzustellen, ist am Institut für Geschichte [...] sehr gering. Mehr noch, man muß geradezu von einer Aversion gegen die neueste Geschichte sprechen, eine Haltung, deren Ursachen wir letzten Endes in falschen Auffassungen über die Aufgaben und die Stellung eines marxistischen Historikers sehen." LAB, IV–B–7/221/001, Rechenschaftsbericht der Leitung, 27.3.1968.

der NS- und Weimar-Forschung sowie der Periode von 1900 bis 1917. Summarisch würdigte die ZK-Abteilung noch die auf die Zeit ab 1830 angesetzte Geschichte des 19. Jahrhunderts; die davorliegende Zeit fand in der Parteieinschätzung nicht mit einem einzigen Wort Erwähnung.[54]

Desungeachtet war das Akademie-Institut zu dieser Zeit in jeder Hinsicht in die durchherrschten Strukturen der zweiten deutschen Gesellschaft eingebunden. Über 50% der Beschäftigten und mehr als zwei Drittel der wissenschaftlichen Mitarbeiter, unter ihnen das gesamte Führungspersonal auf der „ersten" und „zweiten Ebene" gehörten der SED an. Damit bildete das Geschichtsinstitut auch im gesellschaftswissenschaftlichen Bereich der Akademie eine Ausnahme. Während sich beispielsweise 1961 am Institut für deutsche Sprache und Literatur von insgesamt 130 wissenschaftlichen Mitarbeitern lediglich 15 zur Einheitspartei bekannten, waren unter den 78 wissenschaftlichen Kräften des Geschichtsinstituts nicht weniger als 61 SED-Mitglieder[55], und dieser Organisierungsgrad blieb – wenngleich nach Arbeitsbereichen abgestuft – auch in den Folgejahren annähernd konstant.[56] Auf Demonstrationen wie zum 15. Jahrestag der DDR am 7. Oktober 1964 marschierten die Mitarbeiter des IfG an neunter Stelle des „Marschblocks der Akademie" zwischen dem Institut für Volkskunde und dem für Vor- und Frühgeschichte[57]; und sie bewiesen wie andere wissenschaftliche Einrichtungen ihre Verbundenheit mit den ‚Werktätigen des Landes' und vertauschten auf Verlangen sogar die Feder mit dem Spaten, wenn das Staatsinteresse es gebot und etwa die „Paten-LPG" Wölsickendorf-Wollenberg „um möglichst schnelle und tatkräftige Hilfe bei der Beseitigung

54 SAPMO-BArch, DY 30, IV A 2/9.04/134, Erstes Material einer Einschätzung der Entwicklung der Geschichtswissenschaft der DDR seit 1955, o.D. [Oktober 1962].

55 LAB, IV 7/104007, Bericht der Kaderkommission, o.D. [Februar 1961]. Noch höher allerdings als am Institut für Geschichte lag der Prozentsatz an Parteimitgliedern am Akademie-Institut für Wirtschaftswissenschaften, wo von 29 wissenschaftlichen Kräften 28 in der SED organisiert waren. Ebd.

56 So besaßen 1970 von 258 Beschäftigten des ZIG insgesamt 128 oder 49,6% das Mitgliedsbuch der SED. Deutlich höher war dieser Prozentsatz bei den Wissenschaftlern selbst, die sich 1971 zu 68% zur SED bekannten, und noch höher lag er in den Kernabteilungen des alten Instituts für Geschichte: Im Wissenschaftsbereich Feudalismus waren im selben Jahr 8 von 13, im Bereich 1789–1871 14 von 17, im Bereich 1917–1945 14 von 19 und im Bereich 1945–Gegenwart gar 11 von 13 Wissenschaftlern Mitglieder der SED. ABBAW, ZIG 212/1, Zentralinstitut für Geschichte, Kaderstatistik 1970, 20.1.11971, u. Textanalyse zur Kaderstatistik 1971, 28.2.1972.

57 Ebd., 471/2, Deutsche Akademie der Wissenschaften, Arbeitsgemeinschaft der gesellschaftswissenschaftlichen Institute und Einrichtungen, Rundschreiben, 28.9.1964.

eines Notstandes im Feldgemüsebau" durch einen „Großeinsatz unseres Institutes" ersuchte.[58]

„Revisionistische Vorstöße" und gar „bürgerliche" Auffassungen, so konnte der letzte Instituts-Direktor vor der Wende, Walter Schmidt, zu Recht bilanzieren, fanden am Akademie-Institut in den sechziger Jahren „keinen Boden mehr".[59] Im Gegenteil: Als Robert Havemann 1966 statutenwidrig aus der Akademie ausgeschlossen wurde, bekannten sich fünfzig Institutsmitarbeiter mit ihrer Unterschrift unter eine Zustimmungserklärung demonstrativ zu den Maßnahmen gegen den abtrünnigen Dissidenten[60], und nach der Niederschlagung des Prager Frühlings 1968 gaben die mit dem Kollektivorhaben „Geschichte Deutschlands im zweiten Weltkrieg" befaßten Mitarbeiter des Hauses in einer Entschließung kund, daß sich ihr „Kollektiv voll und ganz hinter die zum Schutze der sozialistischen Errungenschaften in der ČSSR notwendig gewordenen Hilfsmaßnahmen der fünf sozialistischen Staaten stellte".[61] In der Rückschau also mußte der riskante Versuch für geglückt gelten, ein dem herrschenden Staatssozialismus und seiner Wissenschaftsdoktrin verpflichtetes Forschungsinstitut aus den Strukturen einer Wissenschaftsakademie heraus zu entwickeln, das von einer 250jährigen Tradition geprägt war. So bietet das Institut für Geschichte geradezu ein modellhaftes Bild für die institutionelle Etablierung einer gebundenen Historiographie, die dennoch, wie in der jüngeren Literatur zu Recht hervorgehoben wird, keine „Kommandowissenschaft" war.[62] Es veranschaulicht, wie unter dem SED-Regime „Gewalt zu einem haltbaren, regelhaften Diskursverhältnis umgeformt wurde, zu einer sehr differenzierten, aber sicheren Einbindung von Geschichtswissenschaft in die politische Abhängigkeit".[63]

Diese Erfolgsgeschichte bedeutet freilich nicht, daß die Bilanz des auf Kurs gebrachten Geschichtsinstituts ohne Passiva war. Ein steter Stein des Anstoßes war vor allem die insgesamt unzureichende Produktivität der

58 Ebd., 455, An alle Mitarbeiter des Institutes, 4.6.1963. Ähnliche Anforderungen erfolgten in anderen Jahren.

59 Schmidt, Zur Geschichte der DDR-Geschichtswissenschaft, S. 623; vgl. Heitzer, Das Akademie-Institut für Geschichte, S. 899.

60 SAPMO-BArch, DY 30, IV A 2/9.04/106, Zustimmungserklärungen zur Streichung von Herrn Havemann aus den Listen der Akademiemitglieder, 6.4.1966, u. Nachtrag zur Aufstellung vom 5.4.1966, 7.4.1966. Einzig der allerdings zu dieser Zeit bereits aus dem Institut für Geschichte ausgeschiedene Kuczynski übte Kritik an dem Verfahren, das den politischen Kampf an der Akademie erschwere, und fand in einer von der Akademieparteileitung als ‚destruktiv' gebrandmarkten Stellungnahme: „Früher hätte man andere Wege gefunden, um Havemann zu beseitigen." Ebd., Information über den gegenwärtigen Stand der Angelegenheit Havemann, 14.4.1966. Zu den Hintergründen: Müller/ Florath (Hg.), Die Entlassung.

61 Koehler, Durch sozialistische Gemeinschaftsarbeit, S. 377.

62 Kocka, Wissenschaft und Politik in der DDR, S. 445.

63 Schulin, Herrschaft und Geschichtswissenschaft, S. 385.

anders als ihre Hochschulkollegen in der Regel nicht durch Lehr- und Prüfungstätigkeit belasteten Mitarbeiter. Das dabei zutage tretende Leistungsgefälle war bemerkenswert und blieb ein Dauerthema der Institutsleitung bis über die Akademiereform von 1969 hinaus.[64] 1967 scheute die Parteileitung sich nicht, „ganz unverhohlen aus[zu]sprechen, daß wir mit den Arbeitsleistungen einer Reihe von Mitarbeitern, in bezug auf Qualität und Quantität, [...] nicht zufrieden sind“[65], und erinnerte an die von der Direktion festgesetzte Norm, nach der jeder promovierte Mitarbeiter im Durchschnitt alle drei bis vier Jahre mit einer größeren Arbeit und jährlich mit einem wissenschaftlichen Aufsatz, einer Rezension sowie einem qualifizierten Beitrag auf einer Konferenz in Erscheinung zu treten habe.[66] Wie in allen Bereichen der Planwirtschaft, suchten auch auf dem Gebiet der Geschichtswissenschaft periodische Kampagnen das Leistungsniveau der Beschäftigten zu steigern. In der Ära Engelberg war es beispielsweise der heranrückende 20. Jahrestag der DDR-Gründung, der Anlaß zu einer besonderen Kräftemobilisierung gab. Ein entsprechendes Programm empfahl, für jeden einzelnen Mitarbeiter individuelle Leistungsziele festzulegen, und schlug die Verpflichtung zur Fertigstellung bzw. „verantwortliche[n] Mitarbeit“ in zehn laufenden Arbeitsvorhaben vor, die von der Periodisierung der Geschichte des deutschen Volkes bis zum „Entwurf des Kapitels ‚Fränkische Eroberungspolitik und feudale deutsche Ostexpansion‘“ im Gemeinschaftswerk „Geschichte und Kultur der slawischen Stämme in Deutschland“ reichten.[67]

Allerdings stand allen Bemühungen um eine Steigerung der wissenschaftlichen Produktivität entgegen, daß die chronische Terminüberschrei-

64 ABBAW, ZIG 021, Bericht über die Erfüllung des Jahresarbeitsplanes des Instituts für Geschichte 1966, o.D. Der Jahresbericht 1971 des neugeschaffenen Zentralinstituts hielt lakonisch fest: „Die schon immer geltende Forderung, daß jeder Wissenschaftler pro Jahr einen Artikel veröffentlicht, wurde 1971 lediglich in der Forschungsstelle Methodologie verwirklicht.“ Ebd., 039, Direktionsbereich I, [Material für den Jahresbericht 1971], o.D.

65 Ebd., 065, Rechenschaftsbericht [der Direktion], 21.12.1967.

66 Ebd. Diesen Standard erreichte das Institut unter Engelberg allerdings wenigstens bei den selbständigen Schriften zu keiner Zeit. Die für 1966 genannten Publikationszahlen veränderten sich von Jahr zu Jahr kaum: „Von den 101 wissenschaftlichen Mitarbeitern des Instituts wurden 1966 10 Buchpublikationen veröffentlicht, hinzu kommen 108 Beiträge, Aufsätze und Berichte in Sammelbänden, 75 Rezensionen, über 100 Annotationen sowie 32 Vorträge und Diskussionsbeiträge auf wissenschaftlichen Konferenzen.“ Ebd., 063, Bericht über die Erfüllung des Jahresarbeitsplanes des Instituts für Geschichte 1966, o.D. Anders verhielt es sich im Bereich der sogenannten ‚Geschichtspropaganda‘: „Von den Mitarbeitern des Instituts wurden 1966 insgesamt 218 populärwissenschaftliche Vorträge gehalten sowie 8 Broschüren, 102 Artikel und 5 Gutachten verfaßt. Damit konnte die selbstgestellte Aufgabe, 200 Aufsätze und Vorträge abzugeben, weit übererfüllt werden.“ Ebd.

67 Ebd., 065, Programm des Instituts für Geschichte zur Vorbereitung des 20. Jahrestages der Gründung der DDR, o.D.

tung und Nichterfüllung eingegangener Verpflichtungen weniger in einer unzureichenden Arbeitshaltung der Mitarbeiter als in den Strukturvoraussetzungen der umgewandelten DDR-Geschichtswissenschaft zu suchen war, die unter schlechten infrastrukturellen Arbeitsbedingungen litt und vor allem das Regulativ einer kritischen Öffentlichkeit durch ein System der inneren Steuerung und Kontrolle ersetzt hatte. Deutlicher als andere wagte die mit Engelberg besonders verbundene Nebenstelle Leipzig 1965 in ihrem Halbjahresbericht darauf hinzuweisen, daß die Planrückstände zu Unrecht „den Eindruck ungenügend intensiver Arbeit (erwecken)" und dadurch „zugleich Arbeitsmethoden (begünstigen), die auf Kosten der Gesundheit der Mitarbeiter gehen".[68] In Wirklichkeit seien die Ursachen für die notorischen Zeitverluste einmal in den „mittelalterlichen Arbeitsmethoden der Historiker" zu suchen, die einen Großteil ihrer Zeit mit unproduktiven Fleißarbeiten in Bibliotheken zubringen müßten. Zum anderen aber lägen sie in der Flut von besonders bei Kollektivarbeiten unvermeidlichen und von den Autoren nicht verschuldeten Überarbeitungen begründet: „Ob es sich um die Chronik zur Geschichte der deutschen Arbeiterbewegung oder um die Chronologie zur deutschen Geschichte oder um die Kurzbiographien für das IML handelte – stets gab es im Verlauf der Arbeit mehrere konzeptionelle Änderungen (von den redaktionellen Gesichtspunkten ganz zu schweigen), die jedesmal mit einer zeitraubenden Mehrarbeit für die Mitarbeiter verbunden waren."[69]

Auch auf der Leitungsebene funktionierte das gründlich restrukturierte Geschichtsinstitut nicht gänzlich reibungslos. Selbst der Rechenschaftsbericht der SED-Parteileitung „Historische Institute" der Deutschen Akademie der Wissenschaften übersah bei aller Euphorie Anfang 1964 nicht, daß auf verschiedenen Gebieten noch „besonders starke Mängel und Unzulänglichkeiten" auftraten. So hatte das ausgefeilte Plansystem durchaus nicht nur zu einer Beschleunigung der wissenschaftlichen Tätigkeit geführt, sondern die „ungenügende Planerfüllung" zu einem Hauptcharakteristikum der Institutsarbeit in allen Abteilungen gemacht. Gleichviel, ob es sich um Dissertationen oder Dokumentationen, um Gesamtdarstellungen oder Spezialforschungen handelte – überall wurden die gesetzten Termine regelmäßig in einem solchen Maße überschritten, daß der zuständige Parteisekretär sich

[68] Ebd., 063, Walter Wittwer, Auszug aus dem Halbjahresbericht (1. Halbjahr 1965) der Abt. 1871–1917 (Leipzig), o.D. Der Bericht vermochte seine Warnung eindrucksvoll zu untermauern: „Es stimmt immerhin bedenklich, daß von 7 Mitarbeitern unserer Abteilung 5 in dauernder oder wiederholter ärztlicher Behandlung sind, wobei es sich überwiegend um Herz- und Kreislaufkrankheiten und nervöse Überlastungserscheinungen handelt."

[69] Ebd.

bemüßigt fühlte, den „Kampf um diese Planerfüllung zu einer Kardinalfrage des Instituts für Geschichte“ zu erklären.[70]

Auch eine weitere Klage, die die Parteileitung 1964 erhob, war weder neu, noch sollte sie je erledigt werden: „Die Tatsache, daß die Direktoren mit den verschiedensten Funktionen völlig überlastet sind, ist auf die Dauer untragbar.“[71] Gegen den Vorwurf, daß die gesamte Direktion nicht genügend Zeit finde, sich eingehender mit den einzelnen Abteilungen zu befassen, half auch das Rezept nicht, das die SED-Leitung dem staatlichen Direktor mitgab, um die Kohärenz des Instituts zu sichern: „Neben der konzeptionellen Anleitung sollte die staatliche Leitung ihre besondere Aufmerksamkeit der Kontrolle schenken.“[72] Mit ihrer Forderung, die Institutsleitung müsse mindestens einmal im Quartal detaillierte Arbeitsberichte aus allen Abteilungen anfordern und einer eingehenden Prüfung unterziehen, um mit „der bei uns üblichen Großzügigkeit bei der Kontrolle“ Schluß zu machen[73], löste sie nicht den Strukturkonflikt der planwirtschaftlichen Forschungsorganisation, sondern drohte eher die Institutsdirektion durch Berichtsüberflutung in die Selbstlähmung zu treiben.

In der Tat hatte die Strukturreform des Akademie-Institutes zwar die Arbeit der dort beschäftigten Historiker in einen festen Rahmen eingebunden und damit der Fachpraxis der neuen Geschichtswissenschaft im weitesten Sinne zur Normalisierung durch Institutionalisierung verholfen, damit aber gleichzeitig die Lenkungslast des Leitungs-Triumvirats weiter verschärft, ohne dessen vielfältige sonstige Verantwortung im wissenschaftlichen und politischen Geflecht der DDR-Geschichtswissenschaft zu mindern. Schon im Frühjahr 1962 hatte der Jahresplan der Direktion warnend darauf hingewiesen, daß „die drei Direktoren des Instituts in besonderer Weise durch wissenschaftliche und politische Arbeit belastet (sind), die außerhalb des Bereichs der Direktionstätigkeit liegen“.[74] Die Situation verschärfte sich dadurch, daß der Institutsdirektor nach erfolgreicher Reorganisierung amtsmüde zu werden begann. Im Sommer 1963 hielt das Beschlußprotokoll einer Direktionssitzung fest, daß „Gen. Prof. Engelberg [...] von der Direktionsarbeit weitgehend entlastet werden (muß)“, um seine vielfältigen Verpflichtungen in der Lehrbuch-Arbeit, Dissertationsbetreuung und Vorbe-

70 SAPMO-BArch, DY 30, IV A 2/9.04/331, Grundorganisation „Historische Institute“ der DAW, Referat der Parteileitung vor der Grundorganisation am 6. Januar 1964 über den gegenwärtigen Stand der wissenschaftlichen Arbeit am Institut für Geschichte.

71 Ebd.

72 Ebd.

73 Ebd.

74 ABBAW, ZIG 459, Jahresplan der Direktion des Instituts für Geschichte an der Deutschen Akademie der Wissenschaften zu Berlin, o.D. [April 1962].

reitung wichtiger Vorträge erfüllen zu können.[75] Allerdings scheiterte das Leitungsgremium des Institutes mit seinem daraufhin an die Abteilung Wissenschaften gerichteten Antrag, Engelbergs ersten Stellvertreter Heinrich Scheel von seiner Funktion als Sekretär der Akademie-Parteileitung zu befreien und als amtierenden Direktor des Institutes einzusetzen. Im Gegenteil sollte Scheel seinerseits 1966 das Institut verlassen, um sich ganz der Parteiarbeit in der Akademie zu widmen.

In den nächsten Jahren änderte sich nichts an der Aufgabenüberhäufung einer Institutsdirektion, deren Direktor die Bürde der alltäglichen Verwaltungsroutine offenkundig lästig zu werden begonnen hatte. Es konnte nicht ausbleiben, daß bei dieser Konstellation über kurz oder lang Engelberg selbst in das Zentrum der Kritik geriet. Im Juli 1965 setzte der Referent der Arbeitsgemeinschaft gesellschaftswissenschaftliche Institute in der Akademie, Jan Peters, seinen Vorgesetzten Leo Stern von einem Rencontre mit dem Direktor des Geschichtsinstituts in Kenntnis: Er habe „in sachlicher und aus der Kenntnis der Art des Gen. Prof. Engelberg in recht schonender Weise" auf eine Vielzahl von Mängeln in dessen Leitungstätigkeit aufmerksam gemacht, die in erster Linie die schlechte Zusammenarbeit mit den Akademiegremien betrafen, aber ebenso die Verschleppung von Institutsplänen, das Ausbleiben konkreter Beschlüsse über Forschungsperspektiven und die geringe Intensität, mit der neue Arbeitsthemen in Angriff genommen würden. Bedenklicher noch als der Inhalt der Kritik fiel die uneinsichtige Haltung des Kritisierten ins Gewicht, der fünf Jahre zuvor noch als Favorit des Parteiapparats das Institut neu modelliert hatte und nun nicht mehr die mindeste Bereitschaft zu einem sachlichen Umgang mit bestehenden Mißständen zu erkennen gab: „Auf diese Kritik reagierte Gen. Prof. Engelberg sehr heftig. Er hat in keinem Punkt die Kritik akzeptiert. [...] Die Erregung des Gen. Prof. Engelberg machte die Weiterführung der Diskussion zwecklos."[76]

Der Akademie-Referent stand mit seinem Unmut nicht allein; auch für die Abteilung Wissenschaften hatte das in Engelberg personifizierte Führungsmodell längst seine einstige Attraktivität verloren, so daß in den Folgejahren immer wieder Bemühungen um eine neuerliche Straffung der Leitungstätigkeit in Gang kamen. Parallel zu der wachsenden Amtsmüdigkeit des Institutsdirektors hatte in der Zwischenzeit das von Ulbricht forcierte Konzept des „Neuen Ökonomischen Systems der Planung und Leitung der Volkswirtschaft" das administrative Denken auch im Bereich der Gesellschaftswissenschaften zu prägen begonnen und zu Überlegungen geführt, in der Akademie nach Verwaltungsstrukturen zu suchen, die das

75 Entsprechend legte das Protokoll fest: „Für Prof. Engelberg ist vorgesehen, daß er sich 1 ½ Tage in der Woche für das Institut zur Verfügung hält." Ebd., 450, Beschlußprotokoll über die Direktionssitzung vom 10.6.1963.

76 Ebd., 471/2, [Jan Peters], Aktennotiz für Prof. Stern, o.D. [Juli 1965].

Kunststück ermöglichen könnten, gleichzeitig die fachliche Selbständigkeit der Geschichtswissenschaft zu erhöhen und die Kontrolle der nachgeordneten Institute zu intensivieren. Im Zuge dieser analog zur Volkswirtschaft auf einen „weiteren konsequenten Ausbau des demokratischen Zentralismus"[77] zielenden Planungen verloren Funktion und Persönlichkeit des Instituts-Direktors in der Sicht der Parteibürokratie paradoxerweise nahezu in demselben Maß an Bedeutung, in dem der als Wissenschaftler und Wissenschaftspolitiker gleichermaßen durchsetzungsstarke Engelberg seine beherrschende Stellung in der DDR-Geschichtswissenschaft weiter ausbaute. 1964/65 stand er auf der Höhe seines Einflusses und hielt als Leiter des zentralen Geschichtsinstitutes der DDR, als Präsident ihrer Historiker-Gesellschaft und des Nationalkomitees der Historiker, als Ordentliches Mitglied der Akademie der Wissenschaften und als Vorsitzender ihrer Sektion für Geschichte, schließlich als autoritativer Lehrbuch-Autor die Fäden des Fachs in einer Weise in der Hand wie vor ihm nur Alfred Meusel und nach ihm niemand mehr.

Doch noch während Engelberg in die Rolle des eigentlichen Fach-Repräsentanten einer DDR-Geschichtswissenschaft in der Zeit ihrer Normalisierungs und ‚Veralltäglichung' hineinwuchs und diese Stellung durch wegweisende Leitreferate auf Historiker-Kongressen und Akademie-Veranstaltungen untermauerte, setzten hinter seinem Rücken Planungen ein, die die Konsolidierung der neuen Geschichtswissenschaft auf einer höhere, entpersonalisierte Ebene zu heben suchten. Hinter dem Wortgefecht mit dem Sekretär der Arbeitsgemeinschaft gesellschaftswissenschaftlicher Institute vom Sommer 1965 verbarg sich das Tauziehen um eine zweite Konsolidierungsstufe, die den Parteiapparat in seiner Leitungsfunktion entlasten und das Geschichtsinstitut stärker in selbsttragende Fachhierarchien einbetten würde. Engelberg protestierte gegen diesen Schritt, indem er die Kooperation verweigerte und die von Stern geleitete Arbeitsgemeinschaft schlicht ignorierte, wie Peters klagte: „Viele Pläne und andere Ausarbeitungen des Instituts, die der Arbeitsgemeinschaft eingereicht wurden, waren von der Direktion nicht bestätigt. [...] Mir scheint, daß die Ursachen für die Mängel in der Arbeit des Instituts für Geschichte neben dem ungenügenden Leitungsstil der Direktion darin liegen, daß das Institut immer noch nicht die Arbeitsgemeinschaft als das zuständige Leitungsgremium betrachtet."[78] Nicht ohne Grund begehrte der einstige Hoffnungsträger der ersten Konsolidierungsphase gegen die in der Mitte der sechziger Jahre immer deutlicher werdende Tendenz auf, auch am Geschichtsinstitut das persönliche Regiment durch ein strukturelles zu ersetzen – sie würde in der Tat zukünftig eine cäsarische Führungsfigur wie ihn selbst überflüssig machen.

[77] Zit. n. Schroeder, Der SED-Staat, S. 179.

[78] ABBAW, ZIG 471/2, [Jan Peters], Aktennotiz für Prof. Stern, o.D. [Juli 1965].

Engelbergs Unmut zum Trotz lief die weitere Entwicklung in eben diese Richtung, wozu der Institutsdirektor selbst beitrug, indem er sich immer weiter aus der Leitung zurückzog und die täglichen Dienstgeschäfte mehr und mehr seinen beiden Stellvertretern überließ, um sich seiner wissenschaftlichen Arbeit widmen zu können. Als Heinrich Scheel zu Beginn des Jahres 1966 sein Amt des ersten stellvertretenden Direktors zur Verfügung stellte, um ganz in die Parteileitung der Akademie überzuwechseln, schlug Engelberg mit dem Parteihochschuldozenten Werner Horn einen ausgesprochenen ‚Kaderhistoriker' als Nachfolger vor, um mit diesem taktischen Zugeständnis nicht zuletzt auch seinen eigenen Freiraum zu erweitern: „Ich bin überzeugt, daß die Berufung des Gen. Prof. Werner Horn die dringend notwendige Arbeitsfähigkeit und ideologisch-politische Einheitlichkeit der Direktion ermöglichen würde. Darüber hinaus würden mir endlich mehr die Hände frei, um mich stärker als bisher auf die Forschung und die wissenschaftliche Leitung des Instituts zu konzentrieren."[79]

Zwar setzte sich schließlich nicht der von Engelberg lancierte Kandidat durch, wohl aber die grundsätzliche Linie des Institutsdirektors, denn zu seinem neuen Stellvertreter wurde Walter Nimtz ernannt, ein Kollege Horns an der SED-Parteihochschule. Dieser Wechsel zeitigte jedoch offenbar nicht die von Engelberg erhoffte Wirkung. Im Mai 1967 legte die Parteileitung des Instituts ihre Kritik am herrschenden Führungsstil in einer ausführlichen Denkschrift nieder, die vordergründige Schuldzuweisungen vermied und an den unveränderten Grundkonflikt anknüpfte: „Genosse Engelberg ringt mit dem Problem vieler leitender Wissenschaftler, wie man die gestiegenen Anforderungen an die Leitungstätigkeit mit der eigenen Forschung in Einklang bringen kann."[80] Eine grundsätzliche Lösung erwartete die SED-Gruppe des Instituts einzig von einem energischen Übergang zur ‚sozialistischen Gemeinschaftsarbeit' auch in der Institutsleitung. Doch diesen Schritt zu einer Ausdehnung des neuen Fachverständnisses über den inhaltlich-ideologischen Bereich hinaus in die Sphäre der Wissenschaftssorganisation mochte Engelberg nicht mitgehen, der immer „nur individuelle Auswege (sucht), die ihm gestatten, ohne feste Bindung an einen Plan und ohne feste Verpflichtung bei der Leitung des Instituts seine – ohne jeden Zweifel wichtigen – individuellen Forschungsvorhaben zu realisieren".[81] In der ‚Normalisierungskrise' erwies er sich letztlich doch als Übergangsfigur – energisch und effizient, um ein in seinem Profil noch uneinheitliches Fachinstitut zur führenden Heimstatt der sozialistischen Geschichtswissenschaft zu machen, aber in einem als überholt und bürgerlich etikettierten

[79] SAPMO-BArch, DY 30, IV A 2/9.04/332, Ernst Engelberg an Hannes Hörnig, 26.3.1966.

[80] Ebd., Zu den ideologischen Auseinandersetzungen am Institut für Geschichte der Deutschen Akademie der Wissenschaften, 12.5.1967.

[81] Ebd.

Rollenverständnis befangen[82] und mit persönlichen Schwächen behaftet, sobald es galt, die Arbeitsprinzipien der neuen Geschichtswissenschaft auch im Direktorat durchzusetzen.

So wurde der einstige Motor zum Hemmschuh der fachlichen Sozialisierung in der DDR und begann Engelberg in den Folgejahren seine Führungsrolle Schritt um Schritt einzubüßen. Anfang 1968 fand sich nach längeren Auseinandersetzungen ein Weg, um Engelberg von der Bürde der Verantwortung für das Institut zu entlasten, ohne ihn in seiner Rolle als Repräsentant der ostdeutschen Geschichtswissenschaft anzutasten. Das gewählte Vorgehen entsprach exakt dem Verfahren, das Engelberg bereits fünf Jahre zuvor avisiert hatte: „Angesichts der außerordentlichen Bedeutung der Forschungsvorhaben des Gen. Prof. Engelberg (Bismarck-Biographie, Geschichte der Reichseinigung, Probleme der Historiographie und Methodologie), im Hinblick auf den Internationalen Historikerkongreß in Moskau und für die Auseinandersetzung mit der imperialistischen Ideologie überhaupt wird von der Leitung der Arbeitsgemeinschaft akzeptiert, Gen. Prof. Engelberg unter Beibehaltung seiner Stellung als Institutsdirektor bis zur Fertigstellung dieser vordringlichen Planaufgaben von der Verantwortung für die wissenschaftliche und politische Leitung des Instituts für Geschichte zu befreien".[83] Als Vertreter für den sehr unbestimmt auf „voraussichtlich 1970/71" befristeten Zeitraum empfahl sich aus der bisherigen Direktion Horst Bartel stärker als Walter Nimtz, der seine Abkunft aus der von Hanna Wolf geleiteten Parteihochschule nie verleugnen konnte und im Institut gern offenbarte, daß er als gewissenhafter DDR-Historiker seinen Arbeitstag mit dem Studium der Parteidokumente zu beginnen pflege. Bartel, den Kuczynski mit Rücksicht auf den Ruf der Akademie noch 1959 höchstens als Parteisekretär im Institut hatte dulden mögen, hatte in der Funktion des zweiten stellvertretenden Direktors – obgleich als Fachwissenschaftler weiterhin ohne besondere Reputation[84] – eine vermittelnde Rolle übernommen und dadurch das oft impulsive Auftreten Engelbergs auszugleichen vermocht. Wo Engelberg polarisierte, wirkte Bartel gerade dank seines weniger schar-

[82] Indigniert notierte die Institutsparteileitung im Schuldbuch ihres Direktors: „Bemerkungen wie ‚Am Ende zählt doch nur, wieviel Bücher der einzelne geschrieben hat', die mit Bezug auf die über 40 Bände des Genossen Prof. Kuczynski gemacht wurden, zeigen das. Mindestens beansprucht Genosse Engelberg für sich eine Sonderregelung. (‚Ein Künstler malt sein Gemälde auch nicht in der Gemeinschaftsarbeit!')". Ebd.

[83] LAB, IV–B–7/221/001, Rechenschaftsbericht der Leitung, 27.3.1968.

[84] Dem von seinem Biographen Walter Schmidt als „Parteihistoriker in doppeltem Sinne" Gerühmten (Schmidt, Horst Bartel, S. 10 u. 13f.) eilte am Institut für Geschichte der Ruf voraus, daß seine Arbeiten auf dem Gebiet der revolutionären deutschen Sozialdemokratie maßgeblich das Werk seiner Leipziger Kollegen in der Abteilung 1871–1917 seien. Mitteilung Prof. Dr. Joachim Petzold an den Vf., 17.3.1999.

fen Profils integrativ, und so entschieden Parteiapparat und Akademie-Leitung, ihm die Funktion des amtierenden Direktors zu übertragen.

Vergeblich versuchte Engelberg zu verhindern, daß ihm in der Zeit seiner befristeten Freistellung in Bartel ein womöglich überlegener Konkurrent erwüchse, und verlangte in Anlehnung an das Annuitätsprinzip der römischen Magistratsverfassung, daß seine Stellvertreter sich in der Institutsleitung jährlich ablösen sollten. Doch die Akademie-Leitung blieb fest und wies das Prinzip der rotierenden Leitung als Verstoß gegen die Grundsätze der staatlichen Leitungstätigkeit zurück, und tatsächlich wurde Bartel zum alleinigen amtierenden Direktor in der Zeit von Engelbergs Beurlaubung berufen.[85] Die Entscheidung hatte Bestand über den Augenblick hinaus, denn Bartel bewies schnell, daß er auch als zeitweiliger Direktor seine integrativen Fähigkeiten durchaus in den Dienst des politischen Auftrags der DDR-Geschichtswissenschaft zu stellen vermochte. Anders als Engelberg gerechnet haben mochte, wurde der Interimsdirektor daher im weiteren Verlauf der gesamtstaatlichen Konsolidierung zum Mann der Wahl: Als Ulbricht 1968 forderte, im Einklang mit dem ‚gesellschaftlichen System des entwickelten Sozialismus' auf dem Gebiet der Wissenschaften die „sozialistische Großforschung"[86] zu entwickeln, erhielt bei der daraufhin in Angriff genommenen Akademiereform Bartel und nicht der nun auch zu ideologischen Eigenwilligkeiten neigende Engelberg[87] den Auftrag, eine Konzeption zur Umbildung des Instituts auszuarbeiten. Auch diese Entscheidung war von Dauer. Als im Jahr darauf das neue Zentralinstitut für Geschichte an der Deutschen Akademie der Wissenschaften ins Leben trat, wurde Horst Bartel zu seinem ersten Direktor berufen.[88]

85 ABBAW, ZIG 064, Deutsche Akademie der Wissenschaften, Der Vorsitzende der Arbeitsgemeinschaft der gesellschaftswissenschaftlichen Institute und Einrichtungen, Festlegungen zu Fragen der Leitung des Instituts für Geschichte, 8.3.1968.

86 Koehler, Durch sozialistische Gemeinschaftsarbeit, S. 377.

87 Besondere Sorgen bereiteten offenbar die nationalistischen Positionen, die Engelberg sich so stark zu eigen gemacht hatte, daß er 1970 als Belastung für den bevorstehenden Internationalen Historikerkongreß in Moskau empfunden wurde, wie der zum stellvertretenden ZIG-Direktor aufgestiegene Heinz Heitzer seinem Führungsoffizier beim MfS mitteilte. BStU, MfS, AIM 3237/71, A, Information, 29.1.1970.

88 ABBAW, ZIG 055/1, Anweisung über die Gründung des Zentralinstitutes für Geschichte vom 15. August 1969.

2. Konsolidierung durch fachinterne Steuerung

Die die sechziger Jahre prägenden Anstrengungen, die marxistisch-leninistische DDR-Geschichtswissenschaft nach der vorhergehenden Durchsetzung ihrer fachlichen Monopolstellung institutionell zu stabilisieren und gleichsam zu ‚veralltäglichen', erfaßten das Akademie-Institut nicht allein auf der Ebene seiner administrativen Binnengliederung. Darüber hinaus übernahm es in doppelter Hinsicht eine tragende Rolle für die Ausbildung zentralistischer, aber gleichzeitig wissenschaftsinterner Lenkungsstrukturen in der DDR-Historiographie.

Während der „Geschichtsbeschluß" des Politbüros sich 1955 noch mit der Auflistung wissenschaftlicher ‚Hauptaufgaben' begnügt hatte, begann die Parteiführung nach dem Mauerbau von 1961 den unterschiedlichen Facheinrichtungen der DDR auf dem Feld der Geschichte spezifische Aufgabenfelder zuzuweisen und auf eine klare innerdisziplinäre Arbeitsteilung zu drängen. Das 16. ZK-Plenum 1962 bestimmte in diesem Sinne das Partei-Institut für Marxismus-Leninismus als das zentrale Forschungszentrum für die Geschichte der Arbeiterbewegung. Daraus folgte, daß das Geschichtsinstitut der Akademie in Zukunft in die Stellung einer zentralen Forschungseinrichtung auf dem Gebiet der deutschen Nationalgeschichte hineinwachsen müsse. Welche konkreten Folgerungen aus dieser Aufteilung erwuchsen, erörterte im Dezember 1962 ein Strategiepapier des IfG, das drei anzustrebende Ziele auflistete: erstens „Hauptträger und ausführendes Organ der Sektion Geschichte bei der DAW zu sein", zweitens Zentrum der Arbeit am Hochschullehrbuch der deutschen Geschichte zu werden und das Autorenkollektiv im Institut zu verankern, drittens sich zum „Leitinstitut für die Forschungsarbeit" auf historischem Gebiet ‚im Republikmaßstab' zu entwickeln.[89]

Der letztgenannte Anspruch erneuerte ein altes Anliegen, das schon bei der Gründung des Instituts Pate gestanden hatte, daß es nämlich dank seiner Größe und Ausstrahlung als Motor der fachlichen Vereinheitlichung wirken und so zur Homogenisierung des sozialistischen Geschichtsbildes beitragen könne. Im Fehlen einer zentralen Koordinierung des Faches hatte auch der Geschichtsbeschluß des Politbüros von 1955 die entscheidende Schwäche der neuen Geschichtswissenschaft erblickt, deren Durchsetzungs- und Geltungskraft als einer in sich geschlossenen Disziplin darauf beruhen mußte, daß sie „durch eine zentrale geschichtswissenschaftliche Institution angeleitet" würde.[90] In der Tat hatte das Akademie-Institut schon unter Obermann Anstrengungen unternommen, diesen Erwartungen gerecht zu wer-

[89] ABBAW, ZIG 459, Maid Koehler, Zur Stellung und Rolle des Instituts im Rahmen der Geschichtswissenschaft der DDR, 15.12.1962.

[90] Die Verbesserung der Forschung und Lehre, S. 345.

den, zumal weder die 1953 gegründete ZfG noch die 1958 ins Leben gerufene Historiker-Gesellschaft trotz mancher Anläufe die vermißte übergreifende Leitungsverantwortung ernsthaft zu übernehmen in der Lage waren.[91] Die Erkenntnis, daß man damit trotz der Gründung von ersten Arbeitskreisen und des Aufbaus einer zentralen Forschungskartei nicht sehr weit gekommen und nicht einmal der eigene Arbeitsplan des Institutes mit den Plänen der übrigen Geschichtseinrichtungen abgestimmt war, hatte sich allerdings schon zu Ende des Direktorats Obermann durchgesetzt, aber nicht über deklaratorische Beschwörungen eines irrealen Lenkungsanspruchs hinausgeführt.[92]

Auch hier bedeutete der Direktorenwechsel von 1960 eine Zäsur. Nur Wochen nach der Übernahme der Direktionsgeschäfte verfügte Engelberg einen neuen Aufruf an alle geschichtswissenschaftlichen Institutionen der DDR, ihre neu hinzugekommenen Forschungsthemen zu melden.[93] Im Dezember 1961 erging eine entsprechende Rundanfrage an alle einschlägigen Facheinrichtungen, und im Herbst 1962 druckte die ZfG eine „Mitteilung an alle Historiker der DDR" ab, die in autoritativem Ton wissen ließ, daß „jedes Institut und jeder Historiker beim Beginn einer größeren Arbeit (Kollektivarbeit, Dissertation, Habilitation, Monographie) verpflichtet (ist), sein Thema diesem Institut zu melden, um Überschneidungen zu verhindern".[94] Wiewohl der Aufruf im Gegenzug anbot, jeden Einsender darüber zu informieren, ob sein Thema schon von anderer Seite bearbeitet werde, blieb dem Unternehmen der Erfolg auch diesmal versagt und dies offenbar nicht zuletzt deshalb, weil die konkurrierenden Institutionen eine Suprematie des IfG fürchteten und die wenigsten Fachkollegen die Fortsetzung ihrer Arbeit an einem gewählten Thema von dem zustimmenden Votum des Geschichtsinstitutes abhängig machen wollten.

Zu einem zweiten Instrument der landesweiten Forschungskoordinierung wurden hingegen die schon unter der alten Institutsleitung begründeten „Arbeitskreise", die nun gleichsam zu einem förmlichen Netzwerk der historischen Forschung ausgebaut werden sollten. Vorreiterfunktion übernahm hier abermals die Abteilung Wirtschaftsgeschichte. Schon im März 1960 legte Kuczynski einen entsprechenden Planentwurf für seine Abteilung vor: „Besonderes Gewicht wurde auf die Neubildung je einer Arbeitsgruppe in der chemischen Industrie und im Braunkohlenbergbau gelegt, um die auf diesen Gebieten arbeitenden wissenschaftlichen Kader im DDR-Maßstab zu zweckdienlichen Diskussionen und zur Koordination der For-

91 Schmidt, Die Sektion Geschichte, S. 457f.

92 Vgl. ABBAW, ZIG 457, Protokoll der Parteigruppensitzung der Institutsleitung des Instituts für Geschichte (DAW) am 1.10.1959.

93 Ebd., 455, Protokoll Nr. 6 der Arbeitsbesprechung vom 1.3.1960.

94 Institut für Geschichte bei der Deutschen Akademie der Wissenschaften, Mitteilung an alle Historiker der DDR, S. 1683.

schungstätigkeit zusammenfassen zu können."[95] Dieselbe Intention verfolgte auch die Gründung analoger Gremien durch die übrigen Institutsabteilungen, so daß das IfG zu Ende des Jahres 1962 darauf verweisen konnte, nicht weniger als zwölf landesweite Arbeitskreise zu leiten, die die deutsche Geschichte vom Mittelalter bis zur Zeitgeschichte abdeckten. Eine herausgehobene Stellung wahrten dabei die wirtschaftsgeschichtlichen Arbeitskreise. Bereits im Herbst 1960 würdigte ein Artikel in der ZfG sie „als „neue Organisationsformen der wissenschaftlichen Arbeit", die die „Interesseneinheit der Arbeiterklasse und der Geschichtswissenschaft" dokumentierten, und erklärte die innovative Forschungs- und Sammlungstätigkeit der Arbeitskreise, die Fachwissenschaft und Traditionspflege vereinten, Reiheninterviews mit Zeitzeugen durchführten und der wechselseitigen Erziehung von Intelligenz und Werktätigen Raum böten, zum eigentlichen Moment des Fortschritts in der sozialistischen Geschichtswissenschaft.[96]

Der Erfolg schien die Euphorie zu rechtfertigen. Bereits im Jahr darauf konnte etwa der Arbeitskreis zur Geschichte des Bergbaus in der ZfG über seine 19. Sitzung berichten, auf der 35 Fachkollegen einander mit ihren laufenden Vorhaben bekanntmachten.[97] Zusätzlich angetrieben durch die auf dem 16. ZK-Plenum 1962 vorgezeichnete Arbeitsteilung mit dem IML und einen entsprechenden Auftrag der zuständigen Akademie-Klasse, arbeitete die Direktion des Instituts im Dezember 1962 darüber hinaus eine detaillierte Arbeitskonzeption aus, die ausdrücklich eine intensivierte Zusammenarbeit mit „Arbeiterforschern (Betriebsgeschichte), Laienforschern des Kulturbundes (Heimatgeschichte und örtliche Arbeiterbewegung) und Funktionären der Parteien der Nationalen Front (Bündnispolitik und Geschichte der Bündnispartner)" vorsah.[98] Doch nachdem die Abteilung Wirtschaftsgeschichte, die von der Arbeitskreisbewegung mit der umfassenden Erschließung der lokal- und mikrohistorischen Ebene vor allem auf dem Feld der Betriebsgeschichte am meisten profitierte[99], sich 1964 zu einer selbständigen Arbeitsstelle entwickelt hatte und aus dem Akademie-Institut ausgegliedert worden war, verlor dieses Koordinationsinstrument die Hälfte seiner bisherigen Arbeitskreise und einen noch größeren Teil seines bisherigen Einflusses.

Zwar bestanden die vom Institut geleiteten Arbeitskreise die sechziger Jahre hindurch fort. Aber einzig die Gründung eines Arbeitskreises zur Geschichte des Zweiten Weltkriegs, der im April 1963 ins Leben gerufen wurde, vermochte die mit ihm verbundenen Hoffnungen tatsächlich zu erfüllen und wirkte durch ein vierteljährlich erscheinendes „Bulletin" und

95 ABBAW, ZIG 457, Protokoll Nr. 7 der Arbeitsbesprechung vom 2.3.1960.
96 Wächtler, Probleme bei der Entwicklung sozialistischer Forschungsgemeinschaften.
97 Unger/Wächtler, Sitzung des Arbeitskreises für Geschichte des Bergbaus.
98 Ebd., ZIG 459, M[aid] Koehler, Über die Konzeption und die Aufgabenstellung für die wissenschaftliche Arbeit des Instituts für Geschichte an der DAW, 10.12.1962.
99 Hierzu detailliert: Mehls, Die Betriebsgeschichtsforschung in der DDR.

eine Reihe größerer wissenschaftliche Tagungen und Kolloquien auch nach außen. Dies war nicht zuletzt darauf zurückzuführen, daß die ihn tragende Abteilung 1917 bis 1945 mit der „Geschichte Deutschlands im zweiten Weltkrieg" an einem langfristigen Kollektivprojekt arbeitete, auf das der Arbeitskreis von vornherein zugeschnitten wurde.[100] Die Mehrzahl der anderen Arbeitskreise hingegen spielte auf Dauer nur eine randständige Rolle in der Praxis der historischen Forschung. Mit den Ursachen beschäftigte sich beispielsweise die Arbeitsgruppe „Erster Weltkrieg" in ihrem Zehnjahresbericht 1966: Auch hier war der Arbeitskreis im Zusammenhang eines umfassenden Kollektivvorhabens gegründet worden, das in diesem Fall der Geschichte Deutschlands im Ersten Weltkrieg galt, und dennoch nicht über den Charakter eines „Beratungs- und Diskussionsgremium[s]" mit zwei oder drei jährlichen Treffen hinausgekommen war.[101] Der entscheidende Grund war offenbar darin zu sehen, daß die Zahl der professionell zur Zeit 1914 bis 1918 arbeitenden Historiker in der DDR nur klein war und die Mitglieder der Arbeitsgruppe „Erster Weltkrieg" des Akademie-Instituts im Arbeitskreis nicht auf gleichermaßen qualifizierte oder ambitionierte Kollegen trafen. Unter diesen Umständen aber war der Arbeitskreis lediglich dazu angetan, den wissenschaftlichen Spielraum weiter einzuengen, den das Weltkriegs-Vorhaben anderen Forschungen zur Geschichte des 20. Jahrhunderts voraus hatte.

Die aus dieser Lagebeurteilung abgeleitete Empfehlung der Arbeitsgruppe „Erster Weltkrieg", statt dessen für künftige Großprojekte interdisziplinäre Forschungskollektive zu schaffen[102], wies allerdings weit in die Zukunft der DDR-Geschichtswissenschaft, die zu einer solchen Entwicklung erst im Zusammenhang mit dem Vorhaben einer „Geschichte des deutschen Volkes" in den siebziger und achtziger Jahren fand. Das Akademie-Institut mußte sich unter dem Strich mit der Erkenntnis begnügen, daß die Anstrengungen, aus eigener Kraft in die Rolle eines Leitinstitutes auf dem Gebiet der Geschichtswissenschaft hineinzuwachsen, großteils versandet waren. So blieben dem Institut neben den Jahresberichten für deutsche Geschichte faktisch nur die „Herausgabe des Jahrbuches für Wirtschaftsgeschichte als zentrales wissenschaftliches Publikationsorgan für die Wirtschaftsgeschichte", die „Konsultationsstellen für Betriebsgeschichte bei den Bezirksverbänden der DHG" und der „Vorsitz in der Literaturarbeitsgemeinschaft Geschichte beim Ministerium für Kultur" als zentrale Funktionen im Rahmen der DDR[103] – zu wenig, um die angestrebte Vereinheitlichungsfunktion in der neuen Geschichtswissenschaft übernehmen zu kön-

[100] ABBAW, ZIG 021, Entwicklung der Abt. 1917–1945 in den Jahren 1956–1966.

[101] Ebd., Arbeitsgruppe „Erster Weltkrieg", Zur Geschichte der Arbeitsgruppe „Erster Weltkrieg", 14.2.1966.

[102] Ebd., ZIG 459, Maid Koehler, Zur Stellung und Rolle des Instituts im Rahmen der Geschichtswissenschaft der DDR, 15.12.1962.

[103] Ebd.

nen. Der entscheidende Grund für diesen Mißerfolg lag allerdings nicht beim Institut selbst. Er war vielmehr darin zu suchen, daß die sozialistische Geschichtswissenschaft zwar die Reste der dem Fach bis dahin gebliebenen organisatorischen Autonomie beseitigt hatte, aber infolge ihrer politischen Implementierung noch nicht die innerfachlichen Vernetzungen und Leitungsstrukturen ausgebildet hatte, in denen die zentrale historische Forschungsstätte der DDR ihre Autorität überhaupt erst dauerhaft hätte geltend machen können. Um sich erfolgreich an der bisher vor allem von der ZK-Abteilung Wissenschaften wahrgenommenen Aufgabe der Wissenschaftssteuerung zu beteiligen und die innere Homogenisierung der DDR-Geschichtswissenschaft voranzutreiben, bedurfte es nicht so sehr weiterer Arbeitskreise als vor allem anderem einer mit der notwendigen Autorität ausgestatteten Einrichtung an der Nahtstelle zwischen institutionsübergreifendem Forschungsmanagement und Politik.

Eine solche Behörde existierte: Es war die Sektion Geschichte der Deutschen Akademie der Wissenschaften, die nach einer Direktionsverlautbarung des IfG von 1962 die Aufgabe hatte, „auf der Grundlage der Beschlüsse von Partei und Regierung die gesamte geschichtswissenschaftliche Forschungsarbeit in der DDR zu planen, zu koordinieren und zu kontrollieren".[104] Doch 1962 hatte diese Feststellung mit der Wirklichkeit nicht mehr das Geringste gemein. Statt, wie 1955 von der Parteiführung verlangt, die Geschichtswissenschaft der DDR über die Aufstellung eines langfristigen Forschungsplanes zu lenken, hatte die Sektion, die im Zuge der Auseinandersetzung zwischen tradierter Gelehrtenwelt und neuer Geschichtswissenschaft entstanden war, mit der Gründung des Akademie-Instituts immer weiter an Bedeutung eingebüßt und war schon vor dem Tode ihres Vorsitzenden Meusel in gänzlicher Untätigkeit versunken, nachdem ihr die ursprünglich in Aussicht genommene institutionelle Stärkung durch ein eigenes Koordinierungsbüro versagt geblieben war. Als auf einer Historikerberatung der Abteilung Wissenschaften des ZK im Dezember 1958 energisch auf eine bessere Abstimmung von Forschung und Lehre auf dem Gebiet der Geschichte gedrängt wurde, stellte sich heraus, daß die Sektion faktisch nicht mehr bestehe und die Verantwortung für eine übergreifende Forschungskontrolle allein beim überforderten Akademie-Institut läge.[105] Ihre letzte Würdigung erfuhr sie im Jahrbuch der Akademie für das Jahr 1960, das 19 Mitglieder der Sektion – darunter fünf Akademiemitglieder –

[104] Ebd. Die Sektion Geschichte bei der Deutschen Akademie der Wissenschaften ist bislang nicht Gegenstand eingehender Erforschung geworden. Eine knappe Orientierung gibt Schmidt, Die Sektion Geschichte, S. 459ff.; ders., Geschichte zwischen Wissenschaft und Politik, S. 1018ff.

[105] SAPMO-BArch, DY 30 IV 2/1.01/392, Stenographische Niederschrift der Abteilung Wissenschaften beim ZK mit Genossen Historikern im Großen Sitzungssaal des Zentralhauses der Einheit am Mittwoch, dem 17. Dezember 1958.

aufführte und die Posten des Vorsitzenden sowie des Referenten vakant meldete[106]; das Jahrbuch für 1961 erwähnte die Sektion gar nicht mehr.

Daß die Sektion unter Engelbergs Ägide stillschweigend beseitigt wurde, mochte letztlich ebenfalls auf die Rivalität zwischen ihrem letzten Vorsitzenden Meusel und dem neuen Institutsdirektor Engelberg zurückgehen, der in dieser Zeit allen Versuchen, seine Handlungsfreiheit zu beschneiden, energisch entgegentrat. Sie stand jedenfalls in krassem Gegensatz zum Interesse des SED-Apparates, sich aus der direkten Verantwortung für die weitere Entwicklung der Historie allmählich zurückzuziehen und damit die politische Außensteuerung so weit wie möglich in eine fachliche Binnensteuerung umzuwandeln. Denn der Weg vom Ausnahmezustand einer vor allem durch politischen Oktroi in neue Bahnen gezwungenen Fachdisziplin zur ‚beherrschten Normalität' einer sozialistischen Funktionalwissenschaft im SED-Herrschaftssystem begann nicht erst mit der Gründung des Rates für Geschichtswissenschaft 1969, sondern bereits in der Entstalinisierungskrise vor 1961. Scharf verwahrte der Leiter der Abteilung Wissenschaften im ZK sich schon auf der erwähnten Historikerberatung vom Dezember 1958 dagegen, daß es Aufgabe der Partei sei, die allseits beschworene „tragende, alles umfassende und alles in eine Richtung bringende Idee in der historischen Forschung und Lehre" zur Geltung zu bringen: „Ich stelle jetzt die Frage: Ist es etwa Aufgabe einer Kommission beim ZK, an der vielleicht sogar noch [...] ein Kandidat oder Mitglied des Politbüros teilnimmt, anhand der vorliegenden Forschungsthemen zu sagen: die tragende Richtung muß hier sein?"[107]

Nachdem allerdings der allzu simple Glaube des ZK-Funktionärs Hörnig, daß „die Koordinierung der Forschungsarbeit, die Festlegung der Hauptideen und der Hauptaufgaben der Historiker [...] doch Aufgabe unserer Genossen Historiker und nicht einer Kommission im ZK" sei[108], durch das fachorganisatorische Versagen des Akademie-Institutes Lügen gestraft worden war, startete auch der Parteiapparat neue Initiativen, um die – nicht mit einem fachlichen Autonomiegewinn zu verwechselnde – Eigensteuerung der Geschichtswissenschaft zu befördern. Ausgehend von der Einsicht, daß vom IfG „nur wenig Impulse für die weitere wissenschaftliche und organisatorische Entwicklung der Geschichtswissenschaft aus(gehen)"[109], dekretierte die Abteilung Wissenschaften 1962: „Wir beauftragen daher die Genossen Akademiemitglieder und das Institut für Geschichte an der Aka-

106 Jahrbuch der Deutschen Akademie der Wissenschaften 1961, S. 93f.

107 SAPMO-BArch, DY 30 IV 2/1.01/392, Stenographische Niederschrift der Abteilung Wissenschaften beim ZK mit Genossen Historikern im Großen Sitzungssaal des Zentralhauses der Einheit am Mittwoch, dem 17. Dezember 1958, Äußerung Johannes Hörnig.

108 Ebd.

109 Ebd., IV A 2/9.04/134, Erstes Material einer Einschätzung der Entwicklung der Geschichtswissenschaft der DDR seit 1955, o.D. [Oktober 1962].

demie, noch in diesem Jahr die Sektion Geschichte an der Akademie und ein Büro der Sektion zu gründen."[110] Die Abteilung gab damit einen Beschluß der Ideologischen Kommission beim Politbüro der SED weiter, die sich bereits im Juni 1962 zusammen mit der Verabschiedung eines auf fünf Jahre angelegten Forschungsplanes für die Geschichtswissenschaft dafür ausgesprochen hatte, daß „endlich ein zentrales Organ geschaffen [werde], das die gesamte Forschung plant, koordiniert und kontrolliert".[111]

Doch obwohl die SED dem „Kampf gegen den vorhandenen Individualismus und ein falsch verstandenes Spezialistentum" hohe Priorität einräumte[112], ließ sich auch hier der politische Wille weniger schnell umsetzen als gedacht. Die neue Sektion, die bewußt an die Tradition der alten anknüpfen sollte und von der auch eine rasche Evaluation des Geschichtsinstituts der Akademie erwartet wurde, trat in den darauffolgenden Monaten noch keineswegs ans Licht, und auch das 1963 erschienene Jahrbuch der Akademie für 1962 konnte nur lapidar vermelden: „Die Sektion befindet sich in Umbildung. Die Neukonstitution erfolgt 1963."[113] Im Hintergrund dieser Verzögerung stand offenbar nicht zuletzt die Frage, welche Institutionen und welche Personen diesem schließlich mit nicht weniger als 56 Köpfen besetzten Gremium angehören sollten. Der Vorschlag der Abteilung Wissenschaften lief auf ein sorgsam austariertes Gleichgewicht zwischen staatlichen und Parteieinrichtungen sowie zwischen Berliner Metropole und fachlicher Peripherie hinaus, das von dem aus der SED ausgeschlossenen Walter Markov bis hin zu der als dogmatische „Parteisoldatin" bekannten Hanna Wolf reichte.[114] Daß Engelberg als Direktor des Akademie-Instituts, an dem die neugebildete Sektion angesiedelt werden sollte, zum Vorsitzenden gekürt werden sollte, stand von Anfang an fest. Umstritten hingegen war offenbar der Vorschlag des Geschichtsressorts im ZK-Apparat, auf eine der beiden für die eigentliche administrative Arbeit geschaffenen Positionen des Sekretärs ausgerechnet den von Engelberg für einen „Meuseleaner" gehaltenen Fritz Klein zu berufen. Klein ebenso wie der als sein Kollege vorgesehene Dlubek, der seit seinem Ausscheiden aus der Abteilung Wissenschaften als Aspirant am IfG an einer Dissertation arbeitete, wurden über diese Entscheidung niemals in Kenntnis gesetzt[115], so daß Engelberg keine

110 Ebd., [Johannes Hörnig], Referat, o.D. [9./10.10.1962].

111 Ebd., IV 2/9.01/11, Abt. Wissenschaften, Vorlage an die Ideologische Kommission des Politbüros, 1.6.1962.

112 Ebd.

113 Jahrbuch der Deutschen Akademie der Wissenschaften 1962, S. 118.

114 SAPMO-BArch, DY 30, IV A 2/9.01/11, Abt. Wissenschaften, Vorlage an die Ideologische Kommission des Politbüros, 1.6.1962, Anl. 2: Aufgaben, Arbeitsweise und Zusammensetzung der Sektion Geschichte bei der Deutschen Akademie der Wissenschaften.

115 Mitteilung Prof. Dr. Rolf Dlubek an den Vf., 20.4.1999; Mitteilung Prof. Dr. Fritz Klein an den Vf., 20.4.1999.

große Mühe hatte, einen genehmeren Mitarbeiter zum Sekretär der Sektion zu machen. Unmittelbar vor der Gründung der Sektion setzte er sich im Januar 1964 mit dem Vorschlag durch, einen zusätzlichen Arbeitsausschuß unter Leitung von Kurt Pätzold zu schaffen, der die Tätigkeit der Sektion zwischen ihren einzelnen Tagungen organisieren sollte.[116]

Am 29. Januar 1964 wurde die Sektion Geschichte bei der Deutschen Akademie der Wissenschaften zu Berlin mit einer Gründungstagung offiziell ins Leben gerufen. Namens der Ideologischen Kommission würdigte ZK-Abteilungsleiter Hörnig die Schaffung des innerfachlichen Lenkungsorgans als neuen Abschnitt in der Geschichtswissenschaft, der die Disziplin aus ihrer rückwärtsgewandten Sicht befreie und in den Dienst der Zukunft stelle.[117] Auch der frischgekürte Sektionsvorsitzende machte in seiner Ansprache über die „Pflichten und Rechte der Sektion" deutlich, daß die Gründung der Sektion und die gleichzeitige Verabschiedung eines zentralen Fünfjahresplans für die ostdeutsche Geschichtswissenschaft eine grundsätzliche Zäsur bedeute, mit der nach der inhaltlichen nun auch die wissenschaftsorganisatorische Eroberung der Wissenschaft für den Sozialismus besiegelt werde: „Es geht darum, daß wir den im bürgerlichen Individualismus steckenden Subjektivismus, Egoismus und Antidemokratismus überwinden. [...] Die Zäune, die bislang viele historische Institute umgaben, müssen fallen – nicht um einem unbefugten, neugierigen Außenstehenden einen Einblick zu gewähren, sondern damit die Historikerschaft der DDR enger zusammenrücken kann und die Aufgaben, die sie als Ganzes zu lösen hat, auch gemeinsam meistert." Nicht anders als der ZK-Vertreter Hörnig ließ auch der Sektionsvorsitzende keinen Zweifel daran, daß der mit der Sektionsgründung aufgenommene Kampf um „einen höheren gesellschaftlichen Nutzeffekt der Forschungsarbeit auf dem Gebiet der Geschichtswissenschaft" die politischen Ansprüche der SED an ihre Historiographie nicht mindere, sondern erhöhe. Nicht die Emanzipation der Geschichte *von* der Politik, sondern ihre Befreiung *in* der Politik war das Credo auf der vermeintlich erreichten Entwicklungsstufe der neuen Geschichtswissenschaft: „Die Sektion Geschichte bei der DAW ist keine Regierung über die Historiker. Sie soll eine entscheidungsbefugte Versammlung von Sachverständigen sein, die ihre ureigenen Belange beraten und regeln. In der Sektion Geschichte soll sich der Grundsatz verwirklichen, daß die Wissenschaft von den Wissenschaftlern selbst verantwortlich geplant, geleitet und kontrolliert werden muß. So gesehen, markiert die Gründung der Sektion für unser Fachgebiet einen weiteren Schritt auf dem Wege zur vollen Entwicklung

116 SAPMO-BArch, DY 30, IV A 2/9.04/331, Ernst Engelberg an Johannes Hörnig, 17.1.1964.

117 Hörnig, Ein neuer Abschnitt in der Geschichtswissenschaft, S. 383.

der demokratischen Grundsätze, die einen Wesenszug der sozialistischen Gesellschaft ausmachen."[118]

Doch diese nächste Normalisierungsetappe der neuen Geschichtswissenschaft, die den ihr von außen zugeschriebenen Gegensatz zwischen fachlicher Autonomie und politischer Instrumentalität im Anschluß an inhaltliche Neuausrichtung und institutionelle Verankerung nun auch wissenschaftsorganisatorisch in einem anderen Fachverständnis auflöste, war rhetorisch leichter zu verkünden, als praktisch umzusetzen. Die Sektion Geschichte verlor ihren Einfluß trotz der ihr auch im nachhinein von Insidern bescheinigten Effektivität ihrer Arbeit[119] fast so schnell wieder, wie sie ihn erobert hatte, und wurde schon 1969 mit der Akademie-Reform durch ein neues Gremium ersetzt, das dann die im ersten Anlauf gescheiterte Fachkoordinierung übernehmen und bis 1989 fortsetzen sollte: den Rat für Geschichtswissenschaft.[120] Die Geschichte dieses Rates zeigt, daß die gleichzeitige Intensivierung von politischer Beherrschung *und* fachlicher Verwissenschaftlichung, die schlechthin quer zu den Axiomen eines politisch nicht-gebundenen Historiographie-Verständnisses außerhalb des staatssozialistischen Fachhorizonts liegt[121], durchaus nicht nur utopische Züge trug, aber zumindest auf eine Reihe von Rahmenbedingungen angewiesen war, die 1964 noch nicht gegeben waren. Interessanterweise betreffen sie weniger die fachliche Konsolidierung selbst als vielmehr deren organisatorisches und politisches Umfeld. Gerade im Vergleich zwischen dem 1969 gegründeten Rat für Geschichtswissenschaft und der 1964 geschaffenen Sektion für Geschichte zeigt sich der sensible und brüchige Rahmen einer fachlichen Konsolidierung, die auf den sorgsamen Ausgleich zwischen wissenschaftlichen und parteilichen Kräften angewiesen blieb und auch den Normalitäts-

118 Engelberg, Die Aufgaben der Historiker, S. 390ff.

119 Schmidt, Geschichte zwischen Professionalität und Politik, S. 1019.

120 Zum Rat für Geschichtswissenschaft vgl. neben der – freilich von euphemistischen Zügen nicht freien – Darstellung bei Schmidt (ebd., S. 1019ff.) die Arbeit von Neuhäußer-Wespy, Die SED und die Historie, S. 91ff., und auf der Grundlage der vor 1989 zugänglichen Quellen Heydemann, Geschichtswissenschaft im geteilten Deutschland, S. 176ff.

121 Eben deshalb hatte ein verantwortlicher Teilhaber dieser Entwicklung wie Walter Schmidt nach 1989 erhebliche Mühe, die Arbeitsgrundlage des Rates im Kontext eines nun abermals veränderten Fachverständnisses überhaupt noch sprachlich darzustellen: „Auf den ersten Blick mag die Bildung des Rates als ein Verlust von Eigenständigkeit und wissenschaftlichem Freiraum und als ein strafferes Anziehen politisch-ideologischer Zügel erscheinen. Doch kontrastiert dies mit einer sich gerade seit Ende der sechziger Jahre deutlich abzeichnenden größeren Selbständigkeit der nun als Wissenschaft etablierten DDR-Historiographie und einer merklichen Entdogmatisierung und Verwissenschaftlichung der Fachdisziplin, was von westlichen Forschern wiederholt festgestellt wurde." Schmidt, Geschichte zwischen Professionalität und Politik, S. 1020f.

status einer im Sinne Helmuth Pleßners „selbstverständlichen" Wissenschaft nur als „beherrschte Normalität" entwickeln konnte.

Ein schwer zu gewichtendes, aber nicht zu unterschätzendes Irritationsmoment bildete abermals die Person Engelbergs, der in der zweiten Hälfte der sechziger Jahre parallel zu seinem Rückzug aus der Leitung des Akademie-Instituts mit dem Aufbau einer eigenen Forschungsgruppe zur Methodologie und Geschichte der Geschichtswissenschaft ein neues Arbeitsfeld zu erschließen begann und sich um die Arbeit der Sektion wenig kümmerte. Der von Engelberg selbst inthronisierte Sektionssekretär Pätzold wiederum hatte darunter zu leiden, daß sein ständig mißtrauischer Institutsdirektor diese Entscheidung bald bereute und seinen Sekretär infolge von institutsinternen Auseinandersetzungen in das Lager der „Meuseleaner" abgewandert wähnte. Infolgedessen stagnierte die Arbeit der mit so vielen Erwartungen ins Leben gerufenen Sektion in einem Maße, daß die Abteilung Wissenschaften seit Ende 1964 mehrere Krisensitzungen mit der Sektionsleitung einberief. Pätzold, dem der schroffe Wandel im Verhalten Engelbergs nach eigener Aussage ein Rätsel blieb[122], nahm im Juli 1965 die Verantwortung auf sich, „daß die Möglichkeiten, die mit der Sektionsgründung im Januar 1964 für die Planung, Leitung und Kontrolle der Geschichtswissenschaft der DDR geschaffen wurden, bisher weitgehend ungenutzt blieben" und die „inhaltliche Kontrolle wichtiger Vorhaben, so der Forschungen zum 1. und 2. Weltkrieg [...] unterblieben" war.[123] Er wurde daraufhin ungeachtet einer ausdrücklichen Loyalitätsbekundung abgelöst und durch einen für unbedingt linientreu angesehenen Nachfolger ersetzt.

Gravierender noch war ein struktureller Kompetenzkonflikt, der die Entwicklung der Sektion behinderte. Denn fast zeitgleich war in der Deutschen Akademie der Wissenschaften eine „Arbeitsgemeinschaft der gesellschaftswissenschaftlichen Institute und Einrichtungen" gebildet worden, die sich analog zu dem bereits früher gebildeten „naturwissenschaftlich-technischen Forschungsbereich" der Akademie das Ziel setzte, „das Potential, das die gesellschaftswissenschaftliche Forschung der Akademie darstellt, für den umfassenden Aufbau des Sozialismus zu aktivieren und nutzbar zu machen".[124] Nicht anders als die Sektion hatte die Arbeitsgemeinschaft den Auftrag, Forschungsschwerpunkte zu erarbeiten, die Verbindung mit der ‚sozialistischen Praxis' zu fördern und fortlaufende Evaluationen in bezug auf Personalausstattung und Leistungskraft vorzunehmen. Ihr oblag die Bestätigung von Personalvorschlägen der Institutsleitung, und über sie

[122] Mitteilung Prof. Dr. Kurt Pätzold an den Vf., 12.6.1995. Vgl. zu den tatsächlichen Hintergründen, S. 316ff. dieser Arbeit.

[123] SAPMO-BArch, DY 30, IV A 2/9.04/331, Kurt Pätzold, Stellungnahme zur Kritik an meiner Arbeit als Referent der Sektion Geschichte bei der Deutschen Akademie der Wissenschaften, 7.7.1965.

[124] Ebd, 329, Aufgaben der Arbeitsgemeinschaft der gesellschaftswissenschaftlichen Institute und Einrichtungen, 27.8.1964.

mußten Anträge wie etwa auf die Herausgabe eines Jahrbuchs an das Präsidium der Akademie weitergeleitet werden.[125] Ebenso wie der Sektion die Förderung der ‚sozialistischen Gemeinschaftsarbeit' und der Beschäftigung mit den theoretischen Grundlagen des Faches anheimgegeben war, nahm die Arbeitsgemeinschaft sich vor, „zu neuen und nutzbringenden Formen der Gemeinschaftsarbeit zu kommen"[126]; sie skizzierte „Problemkomplexe zur Grundlage von Gemeinschaftsforschungen verschiedener Institute" und pochte auf die Kompetenz der Akademie hinsichtlich der methodologischen Grundlagen der Gesellschaftswissenschaften.[127] Mit entsprechendem Selbstbewußtsein agierte die Arbeitsgemeinschaft, deren Leitung der zum Vizepräsidenten der Akademie aufgestiegene Leo Stern innehatte. Die Arbeitsgemeinschaft leistete mit dem gleichen Nachdruck beim ZK-Sekretariat Schützenhilfe für einen geplanten Neubau des in Berlin-Mitte unter teils katastrophalen Raumbedingungen leidenden Geschichtsinstituts[128], wie sie etwa im Falle Eduard Winters selbständig personelle Entscheidungen traf[129] oder auf die Ausarbeitung von detaillierten Rationalisierungskonzeptionen für alle Abteilungen drängte.[130] Daraus ergab sich allerdings nicht nur eine faktische Entmündigung der Institutsleitung, die der Arbeitsgemeinschaft nach Maßgabe dieser Konzeption für sämtliche Aspekte ihrer inhaltlichen Arbeit und sogar für jede einzelne Reise eines Institutsmitarbeiters rechenschaftspflichtig wurde, sondern auch eine gänzliche Marginalisierung der Sektion Geschichte. Nicht zufällig wehrte sich das IfG daher gegen die schleichende Mediatisierung, wo es konnte. Ganz im Sinne der Direktion ließ beispielsweise die Abteilung Bibliographie und Dokumentation im Frühjahr 1967 wissen, daß eine von der Arbeitsgemeinschaft „vor-

125 SAPMO, ZIG 471/2, Ernst Engelberg an Leo Stern, 28.7.1965, u. Horst Bartel an Leo Stern, 3.8. 1965.

126 Stern, Zur Bildung der Arbeitsgemeinschaft, S. 143.

127 Ebd.

128 SAPMO-BArch, DY 30, IV A 2/9.04/329, Leo Stern an Kurt Hager, 26.9.1966.

129 Am 4. Juni 1965 setzten der Generalsekretär der Akademie und der amtierende Leiter der Arbeitsgemeinschaft Eduard Winter davon in Kenntnis, „daß die Zeit herangekommen sei, ihn in den verdienten Ruhestand zu setzen und von der Leitung der Arbeitsgruppe Deutsch-Slawische Wissenschaftsbeziehungen zu entbinden". Winter half auch sein hartnäckiges Widerstreben nicht: „Es wurde ihm klar gemacht, daß eine weitere Verlängerung seiner Tätigkeit als Leiter der Arbeitsgruppe nicht möglich sei." ABBAW, ZIG 471/2, Institut für Wirtschaftswissenschaften, Aktennotiz über ein Emeritierungsgespräch mit Herrn E. Winter, 4.6.1965. Erst tags darauf wurde Engelberg über die getroffene Entscheidung informiert und um Zustimmung ersucht. Ebd., Aktennotiz, 4.6.1965.

130 Ebd., 065, Konzeption der Deutschen Akademie der Wissenschaften zu Berlin zur komplexen sozialistischen Rationalisierung, 9.2.1967.

gelegte Konzeption als Grundlage für eine Diskussion nur ungenügend geeignet ist, da sie nicht über allgemeine Feststellungen hinausgeht".[131]

Engelberg lehnte sich gegen die Suprematie der Arbeitsgemeinschaft nicht nur im Interesse seiner Handlungsfreiheit als Institutsdirektor auf, sondern ebenso, um die Kompetenzen der Sektion Geschichte zu wahren. Unmittelbar nach der Ablösung Pätzolds als Sektionssekretär ersuchte Engelberg den zuständigen Referenten der Arbeitsgemeinschaft um eine Unterredung, an der auch der neue Sektionssekretär Ernst Laboor teilnahm. In ihr griff Engelberg den Leiter der Arbeitsgemeinschaft frontal an, wie Stern von seinem Referenten Peters erfuhr: „Eine Nebenbemerkung des Gen. Prof. Stern über die Mängel in der Arbeit der Sektion Geschichte [...] wertet er als Ausdruck dafür , daß ‚man' (gemeint war vor allem Gen. Prof. Stern) etwas gegen ihn vorhabe, daß ‚man' ihn als Vorsitzenden der Sektion und als Institutsdirektor ‚erledigen' wolle."[132]

Neben persönlichen Feindschaften und wissenschaftsorganisatorischem Kompetenzgerangel hinderte noch ein dritter und vielleicht entscheidender Faktor die fortschreitende Integration der politischen Funktionalität in die fachliche Praxis, nämlich ein struktureller Zielkonflikt: Die Sektion war gedacht als Organ, das die Forschungsarbeit der historischen Institute auf politisch und herrschaftslegitimatorisch für wesentlich erachtete Schwerpunkte orientieren und auf geschlossene Forschungskomplexe konzentrieren sollte, um damit die fachinterne Hegemonie der Politik zuverlässig zu befestigen. Doch gerade die daraus resultierende Aufwertung der bei der Deutschen Akademie der Wissenschaften ressortierenden Sektion zum zentralen Lenkungsorgan der neuen Geschichtswissenschaft mußte zwangsläufig einen Statusverlust der von der SED-Führung besonders gehegten Partei-Institute zugunsten der staatlich betriebenen Geschichtsforschung nach sich ziehen. Schon die Gründungsvorlage der Sektion Geschichte hatte dieses Dilemma erkannt und vorsorglich ausgeführt: „Ungeklärt ist die Frage, in welchem Verhältnis die Parteihochschule ‚Karl Marx', das Institut für Marxismus-Leninismus und das Institut für Gesellschaftswissenschaften beim ZK zur Sektion in Forschungsfragen stehen sollen."[133] Das Problem war um so brisanter, als ein latentes Spannungsverhältnis zwischen den staatlichen und den parteilichen Geschichtseinrichtungen in der DDR jedermann bewußt war, so sehr man es besonders nach außen hin auch zu verbergen suchte – wovon nicht zuletzt die angestrengte Aufmerksamkeit zeugte, mit der immer wieder auch nur der Anschein einer solchen Kluft vermieden

[131] Ebd., Institut für Geschichte, Abt. Bibliographie und Dokumentation an die Direktion des Instituts für Geschichte, 20.3.1967.
[132] Ebd., 471/2, [Jan Peters], Aktennotiz für Prof. Stern, o.D. [Juli 1965].
[133] SAPMO-BArch, DY 30, IV A 2/9.01/11, Abt. Wissenschaften, Vorlage an die Ideologische Kommission des Politbüros, 1.6.1962.

werden sollte.[134] Neben der besonders gefürchteten Leiterin der Parteihochschule, Hanna Wolf, war es insbesondere das Institut für Marxismus-Leninismus, das als Gral der reinen Lehre galt und nach der hartnäckigen Auseinandersetzung mit Sterns Hallenser Forschungsgemeinschaft womöglich noch eifersüchtiger über sein Monopol für die Erforschung der Geschichte der deutschen Arbeiterbewegung wachte.[135] Um die vorhersehbaren Konflikte zu entschärfen, die sich aus der künftigen beherrschenden Stellung der Sektion auch auf dem Gebiet der Parteigeschichte ergeben würden, hatte die Beschlußvorlage der Ideologischen Kommission auf eine möglichst ausgeglichene Repräsentation beider Seiten in der Zusammensetzung der Sektion geachtet, die bis in die Rangfolge der aufgeführten Einrichtungen reichte.[136] Mehr noch: Sie hatte ihre Empfehlung, daß „diese drei Institutionen der Partei ihre hauptsächlichsten Forschungsvorhaben im Rahmen des Forschungsplanes der Geschichtswissenschaft" und damit unter dem Dach der Sektion lösen sollten, mit einer zusätzlichen Äußerung verbunden, die auf das glatte Gegenteil hinauslief: „Hierbei muß jedoch klargestellt werden, daß das Institut für Marxismus-Leninismus das verantwortliche Zentrum für alle Fragen der Geschichte der Arbeiterbewegung und der Partei ist und daß die Kontrolle durch die zuständigen Organe aus-

[134] Vgl. hierzu etwa die Auswertung des Berliner VHD-Kongresses von 1964 durch die Sektion Geschichte: „Dabei ist klar, daß sich die westdeutschen Historiker ebenfalls über uns informieren, differenzieren und spalten wollen. Da sie offenbar besonders zwischen den Historikern an der Akademie und den Universitäten einerseits und den Historikern an Parteiinstitutionen andererseits differenzieren wollen, müßte bei allen Begegnungen eine gute Kombination aus Historikern aus den Parteiinstitutionen und anderen Historikern gebildet werden." ABBAW, SG 14131, Einschätzung des westdeutschen Historikerkongresses vom 7.–10.10.1964 in Westberlin und Schlußfolgerungen für die weitere Arbeit der marxistischen Historiker der DDR, o.D.

[135] Klagen von DDR-Historikern über die Abschließung des dem Institut für Marxismus-Leninismus anvertrauten Parteiarchivs gehörten zum Alltag der DDR-Geschichtswissenschaft bis zum Zusammenbruch des SED-Regimes und noch darüber hinaus. Ein anschauliches Erfahrungsbeispiel für die restriktive Zugangsgewährung überliefert Petzold, Parteinahme wofür?, S. 94f. Vgl. auch Zumschlinge, Geschichte der Historiographie der DDR, S. 9f.

[136] So ergab sich der groteske Umstand, daß an oberster Stelle die zu benennenden Akademie-Mitglieder (Engelberg, Kuczynski, Markov, Stern, Winter) aufgeführt wurden, unmittelbar gefolgt von der Parteihochschule (Hanna Wolf, Walter Nimtz, Werner Horn), dem Institut für Gesellschaftswissenschaften (Ernst Hoffmann, Ernst Diehl, Wolfgang Schumann) und dem Institut für Marxismus-Leninismus (Roland Bauer, Lothar Berthold), während das Akademie-Institut mit seinen Vertretern (Karl Obermann, Heinrich Scheel, Horst Bartel, Heinz Heitzer, Joachim Streisand, Herwig Förder, Fritz Klein, Rolf Dlubek) als letzte der insgesamt 15 beteiligten Einrichtungen auftauchte. SAPMO-BArch, DY 30, IV A 2/9.01/11, Abt. Wissenschaften, Vorlage an die Ideologische Kommission des Politbüros, 1.6.1962, Anl. 2: Aufgaben, Arbeitsweise und Zusammensetzung der Sektion Geschichte bei der Deutschen Akademie der Wissenschaften.

geübt wird."[137] Entsprechend war die endgültige Bildung der Sektion im Januar 1964 verlaufen, bei der dem von einer staatlichen Einrichtung kommenden Vorsitzenden Engelberg als Stellvertreter mit Ernst Diehl ein einflußreicher Geschichtsfunktionär beigegeben wurde, der zu dieser Zeit Lehrstuhlleiter am Partei-Institut für Gesellschaftswissenschaften war.[138]

Die sorgfältige Beobachtung von Proportionalitätsgesichtspunkten führte freilich auch dazu, daß das personell aufgeblähte Gremium sich selbst zu paralysieren drohte. Ungeachtet dieser strukturellen Schwächen und diffusen Zuständigkeitsabgrenzungen, zu denen sich zusätzlich noch ein ebenfalls ungeklärtes Verhältnis zur Historiker-Gesellschaft gesellte, blieb die Sektion in den vier Jahren ihres Bestehens nicht untätig. Auf ihrer Gründungstagung im Januar 1964 bestätigte sie den zuvor von verschiedenen Gremien eingehend beratenen Forschungsplan 1964 bis 1970, der in einer früheren Fassung der Ideologischen Kommission bereits im Juni 1962 vorgelegen hatte; und in der Folgezeit trat sie bis 1966 mit jährlich einer größeren Konferenz an die Öffentlichkeit, von denen allerdings nur die erste – zum 15. Jahrestag der DDR im September 1964 – breitere Resonanz erzielte.[139] Die Leitung der Sektion befaßte sich in derselben Zeit vor allem mit dem Realisierungsstand des Forschungsplanes, der 1966 auf einer Plenartagung der Sektion in überarbeiteter Form bestätigt wurde. Schon auf dieser Beratung, die eine Zwischenbilanz der bisherigen Sektionsarbeit ziehen sollte, wurde allerdings deutlich, daß das Leitungsorgan über die Gestaltung des Forschungsplanes hinaus mit den verschiedensten fachorganisatorischen Forderungen überhäuft wurde, ohne ihnen auch nur im Ansatz nachkommen zu können.[140] Hier zeigte sich drastisch, daß die Internalisierung der politischen Steuerung und Kontrolle in der DDR-Geschichtswissenschaft zum Scheitern verurteilt war, solange es an entsprechenden Rahmenbedingungen mangelte: Ohne klare hierarchische Zuordnung und Kompetenzverteilung und damit ohne eine einschneidende Reform der institutionellen Grundlagen des Faches insgesamt konnte der Schritt in die ‚beherrschte Normalität' einer sich selbst auf Kurs haltenden historischen Funktionalwissenschaft nicht gelingen.

Die entscheidende Voraussetzung für die weitere Normalisierung der historischen Fachpraxis im Sinne des staatssozialistischen Systems bildete ein Beschluß des Politbüros vom Oktober 1968, der den „marxistisch-leninistischen Gesellschaftswissenschaften" erklärtermaßen eine erhöhte Bedeutung „für die weitere Entwicklung der sozialistischen Gesellschaft, für die Festigung der revolutionären Einheit der kommunistischen Bewegung und als

137 Ebd, Abt. Wissenschaften, Vorlage an die Ideologische Kommission des Politbüros, 1.6.1962.

138 Pätzold, Gründungstagung der Sektion, S. 475.

139 Becker, Konferenz über 15 Jahre DDR; ders., Tagung der Sektion Geschichte.

140 Laboor, Plenartagung der Sektion Geschichte.

Waffe im Kampf gegen die Ideologie des Imperialismus" zusprach und darauf abstellte, daß dies nur durch „ein höheres Niveau der politischen und wissenschaftlichen Leitung und Kontrolle der gesellschaftswissenschaftlichen Forschung" zu gewährleisten sei.[141] Zu diesem Zweck bekräftigte der Beschluß in altbekannter Weise die Führungsfunktion der Einheitspartei, die die Schwerpunkte, Richtlinien und Grundsätze der Forschung bestimme. Um aber die dergestalt von der Politik vorgegebenen Schwerpunktthemen rationell und effektiv durch „große Kollektive von Wissenschaftlern verschiedener Fachgebiete unter einheitlicher Leitung" zu bearbeiten, schuf der Politbüro-Beschluß nun als neues Koordinierungsinstrument zur Bündelung der Forschungspotentiale sogenannte „Leiteinrichtungen", unter denen wiederum „Leitinstitute" für die Erfüllung konkreter Forschungsvorhaben zuständig sein sollten. Daß dieser Rationalisierungsschub den Parteieinfluß nicht etwa mindern, sondern im Gegenteil noch weiter verstärken sollte, kam darin zum Ausdruck, daß alle drei vorgesehenen Leiteinrichtungen für den Bereich der gesellschaftswissenschaftlichen Forschung unmittelbare SED-Institutionen waren.[142] Dies galt auch für die Neuvergabe der einst dem IfG zugedachten Koordinationsaufgabe: „Das Institut für Marxismus-Leninismus beim ZK der SED übernimmt die Funktion einer Leiteinrichtung auf dem Gebiet der Forschung zur Geschichte der deutschen Arbeiterbewegung, der deutschen und allgemeinen Geschichte".[143] In genauer Umkehr der bisherigen Hierarchie wurde das solcherart zum eigentlichen Zentrum der historischen Disziplin aufgewertete Institut für Marxismus-Leninismus nun auch mit der Anleitung der entsprechenden Forschungsbereiche der Akademie betraut.

Mit dieser Regelung war der wissenschaftsorganisatorische Zuständigkeitsrahmen ausgebildet, in dem die Geschichtswissenschaft der DDR sich bis zu ihrem Ende zwanzig Jahre später bewegen sollte. Die Bestimmung des Institut für Marxismus-Leninismus als historische Leiteinrichtung bedeutete eine definitive Entscheidung für den Primat des Parteiwillens in der Geschichtsdisziplin und schuf damit doch zugleich die Voraussetzung für eine fortschreitende Professionalisierung der Fachpraxis im Laufe der folgenden Jahre. Zum wichtigsten Meilenstein dieser Entwicklung wurde die Akademiereform von 1968/69. Sie stand im Kontext einer ideologisch bereits seit Jahren vorbereiteten Anpassung an die Erfordernisse des „entwikkelten sozialistischen Systems" der DDR und zielte ebenso wie die sogenannte „3. Hochschulreform" von 1968/69 auf eine bessere Verzahnung der

141 Die weitere Entwicklung der marxistisch-leninistischen Gesellschaftswissenschaften, S. 1455 u. 1462.

142 Es handelte sich dabei um das Institut für Gesellschaftswissenschaften, das Institut für Marxismus-Leninismus und das Zentralinstitut für sozialistische Wirtschaftsführung. Ebd., S. 1462.

143 Ebd., S. 1463.

Forschung und Lehre mit den Bedürfnissen der Industrie.[144] Parallel dazu vollzog sich auch im Bereich der Akademie eine Strukturveränderung hin zur ‚sozialistischen Forschungsakademie', die „den Prozeß der Profilierung und Konzentration unserer Kapazitäten auf die in den prognostischen Einschätzungen und staatlichen Strukturentscheidungen festgelegten Schwerpunkte mit aller Konsequenz fortsetzen" sollte.[145] Hinter dieser allgemeinen Aussage verbarg sich eine tiefgreifende Umgestaltung, die das Verfahren zur Wahl neuer Mitglieder ebenso betraf wie die Auflösung der bisherigen disziplingebundenen Klassen und ein neues System der auftragsgebundenen Forschung besonders in den naturwissenschaftlichen Forschungsbereichen installierte. Die neue Akademie sollte in Forschungsbereiche strukturiert sein, denen jeweils „ein präziser gesellschaftlicher Auftrag übertragen" wurde und die zur Durchführung ihrer Aufgaben „Leiteinrichtungen für komplexe Forschungsvorhaben" in Gestalt von Zentralinstituten zu schaffen hatten.[146]

In einem solchen Zentralinstitut ging mit Wirkung vom 1. Mai 1969 nach dreizehnjährigem Bestehen auch das Institut für Geschichte auf und neben ihm das Institut für Volkskunde, die Arbeitsstelle der Monumenta Germaniae Historica und die Arbeitsgruppen Moderne Geschichte Indiens, Chinas und Japans des Instituts für Orientforschung.[147] Die Entstehung des dem neugebildeten Forschungsbereich Gesellschaftswissenschaften der Akademie der Wissenschaften zugeordneten Hauses war von einem zähen Ringen begleitet, das anders als in der Gründungsphase des Vorgängerinstituts weniger seiner Leitungsstruktur galt als vielmehr seinem thematischen Zuschnitt. Auf der einen Seite stand die Sorge ganzer Subdisziplinen, im Zuge der Zentralisierung sozusagen „wegrationalisiert" zu werden[148], auf der anderen die Furcht, in der neuen Großforschungseinrichtung ohne angemessenen Einfluß zu bleiben. So erreichte es Jürgen Kuczynski auch dank seiner funktionierenden Verbindungen zur Führungsspitze der SED, daß das Institut für Wirtschaftsgeschichte überraschenderweise wieder aus dem Zentralinstitut ausgegliedert wurde[149] – was zu beträchtlicher Unruhe

[144] Zur Akademiereform s. Landrock, Die Deutsche Akademie der Wissenschaften, Bd. 2, S. 267ff.
[145] Klare, Grundsätze und Ziele der Akademiereform, S. 292.
[146] Ebd., S. 293.
[147] ABBAW, ZIG 054/1, Anweisung über die Gründung des Zentralinstituts für Geschichte vom 15. August 1969.
[148] Schmidt, Geschichte zwischen Professionalität und Politik, S. 1020.
[149] Kuczynski, „Ein linientreuer Dissident", S. 93, 155f., 228. Eine maßgebliche Rolle bei der Wahrung der institutionellen Unabhängigkeit spielte auch der Kuczynski nachgefolgte Leiter des Instituts für Wirtschaftsgeschichte, Wolfgang Jonas, der mit einer Kaskade von Denkschriften, Eingaben und Briefen für dessen weitere Selbständigkeit kämpfte. Vgl. dazu beispielsweise ABBAW, ZIG 054/1, Wolfgang Jonas, Konzeptionelle Grundgedanken zur Eingliederung des Instituts für Wirtschaftsgeschichte.

in der Akademie führte –, während andererseits sogar ein ausgesprochenes ‚Orchideenfach' wie die Sorabistik unter das Dach des Zentralinstituts zu schlüpfen vermochte.

Die Arbeitsgrundlage des neuen Forschungszentrums ergab sich aus der unter Leitung von Horst Bartel entwickelten Konzeption, die zuvor mit den fusionierenden Einrichtungen und den vorgesetzten staatlichen Parteiinstanzen abgestimmt worden war. Demnach zerfiel das neue Großinstitut in die Wissenschaftsbereiche „Deutsche Geschichte", „Allgemeine Geschichte", „Deutsche Volkskunde und Kulturgeschichte" sowie „Information und Dokumentation". Zusätzlich waren ihm vier weitere Forschungseinrichtungen zugeordnet, nämlich die Forschungsstelle für Methodologie der Geschichte, das Institut für sorbische Volksforschung in Bautzen, die Forschungsstelle für die Geschichte der DAW und die Forschungsstelle für deutsche Erziehungs- und Schulgeschichte.[150] Auf diese Weise wurde das Zentralinstitut für Geschichte ein organisatorisches Ungetüm, dessen Personalbestand auf 252 Mitarbeiter – unter ihnen 168 ‚Hochschulkader' – anschwoll. Der personell bei weitem stärkste Bereich „Deutsche Geschichte" umfaßte die bekannten Abteilungen „Feudalismus", „1780 bis 1871", „1871 bis 1917", „1917 bis 1945" und „1945 bis zur Gegenwart" mit insgesamt 73 angestellten Wissenschaftlern.[151] Die weitere Geschichte des ZIG ist daher auch eine Geschichte der allmählichen Entflechtung dieser willkürlichen Konzentration: Schon 1970 wurde der überproportional große Wissenschaftsbereich „Deutsche Geschichte" wieder aufgelöst, nachdem sich seine Bereichsdirektion „faktisch als eine Art Zwischenleitung" herausgestellt hatte, und das Gesamtinstitut in sechs Wissenschaftsbereiche gegliedert.[152] 1982 erhielt auch das Institut für sorbische Volksforschung seine Selbständigkeit zurück, und 1986 wurde schließlich der Wissenschaftsbereich Allgemeine Geschichte in ein eigenes Institut umgewandelt.

Anders allerdings als die Vorgängereinrichtung arbeitete das neue Forschungszentrum von vornherein unzweideutig und bis in seine kleinste Struktureinheit auf ein und derselben, für verbindlich erklärten wissenschaftlichen Grundlage der sozialistischen Historiographie. Es war auch Ausdruck der in zwanzig Jahren gewachsenen Stabilität des Fachs im SED-Staat, daß die ZIG-Konzeption sich in diesem Punkt so kurz wie klar faßte: „Das Zentralinstitut hat die Aufgabe, im ideologischen Klassenkampf zwischen Sozialismus und Imperialismus in überzeugender Weise die marxistisch-leninistische Auffassung von der Geschichte zu vertreten. Grundlage der Forschungen ist der Marxismus-Leninismus."[153] Die Parteileitung des

150 ABBAW, ZIG 054/1, Konzeption zur Bildung des Zentralinstituts für Geschichte der DAW, 10.3.1969.

151 Ebd., Kaderspiegel Bereich Deutsche Geschichte (21. Mai 1969).

152 Ebd. Vorlage für Direktionssitzung am 30.10.1970.

153 Ebd., Konzeption zur Bildung des Zentralinstituts für Geschichte der DAW, 10.3.1969.

Zentralinstituts für Geschichte spielte in dieser Umbildung folglich keine tragende Rolle neben der staatlichen Direktion mehr. Angesichts der gesicherten Rahmenbedingungen des wissenschaftsorganisatorisch und weltanschaulich fest verankerten Instituts konnte sie ihre Arbeit vor allem auf die Steigerung der fachlichen Effektivität richten und ihre Aufgabe im übrigen auf die laufende Kontrolle beschränken, daß die gebilligten Normen der neuen Geschichtswissenschaft im Forschungsalltag allseitige Beachtung fanden: „Aufgabe der Parteiorganisation ist es, bei der Inangriffnahme neuer Projekte [...] dafür zu sorgen, daß die politischen Grundfragen jeder wissenschaftlichen Arbeit von vornherein im Blickpunkt des jeweiligen Parteikollektivs stehen und von der staatlichen Leitung die politischen und wissenschaftlichen Ziele des betreffenden Projekts richtig herausgearbeitet werden."[154]

Im selben Jahr wie das ZIG wurde 1969 auch der Rat für Geschichtswissenschaft gebildet. Er trat nach Zusammensetzung und Aufgabengebiet die direkte Nachfolge der Sektion Geschichte bei der Akademie an und unterschied sich dennoch in wesentlicher Hinsicht von seiner sang- und klanglos verabschiedeten Vorgängerin: Nicht zufällig fand die konstiuierende Sitzung des Rates in den Räumen des Instituts für Marxismus-Leninismus statt, während die seinerzeitige Sektion am Akademie-Institut institutionalisiert war. Entsprechend wurden die 32 Mitglieder des explizit „bei der Zentralen Leiteinrichtung für die Geschichtswissenschaft der DDR" angesiedelten Rates durch den Direktor des Institut für Marxismus-Leninismus berufen.[155] Auch hatte den Vorsitz nicht mehr Ernst Engelberg bzw. sein Nachfolger als ZIG-Direktor inne, sondern Ernst Diehl, und er dokumentierte als ZK-Mitglied wie als stellvertretender IML-Direktor den Willen der SED, die Handlungsfähigkeit des Gremiums von vornherein durch eine klare Dominanz der parteiunmittelbaren Geschichtsforschung sicherzustellen und – vor dem Hintergrund des Prager Frühlings 1968 – alle intellektuellen Emanzipationsversuche im Keim zu ersticken. Demselben Ziel entsprach, daß von den sieben weiteren Mitgliedern der Leitung des Rates lediglich zwei von einer nicht der Partei direkt unterstellten Einrichtung kamen – nämlich Horst Bartel als Direktor und der frühere Sektions-Sekretär Ernst Laboor als Bereichsleiter des neugebildeten Zentralinstituts für Geschichte. Die fünf übrigen hingegen vertraten das Institut für Marxismus-Leninismus, das Institut für Gesellschaftswissenschaften bzw. unmittelbar die Abteilung Wissenschaften im ZK. Erst unter den „einfachen" Ratsmitgliedern hatten Repräsentanten der Hochschulen und der staatlichen Forschungseinrichtungen das numerische Übergewicht gegenüber Vertretern von Partei-Instituten.[156]

[154] Ebd., Entwurf Entschließung, o.D. [1969].
[155] Rat für Geschichtswissenschaft gebildet, S. 1249.
[156] Ebd., S. 1249f.

Mit diesen Maßnahmen wurde sowohl die fachliche Verwissenschaftlichung wie die politische Verfügbarkeit der zweiten deutschen Geschichtswissenschaft gestärkt. Auf der einen Seite unterstellte der Rat für Geschichtswissenschaft das Fach radikaler denn je zuvor dem Diktat der Parteigeschichtsschreibung und ihrer Institutionen; auf der anderen Seite konnte er aus zeitgenössischer Außensicht als ein Gremium erscheinen, das die Hierarchie von Politik und Wissenschaft in ein „dialogisches Verhältnis" verwandelt[157] und eine „größere Unabhängigkeit in der Organisation der Forschung und der Erstellung der Forschungspläne" durchgesetzt habe.[158] Entgegen diesem Eindruck war der Rat für Geschichtswissenschaft indes keineswegs ein autonomes Wissenschaftlerkollegium.[159] Er blieb bis zum Ende der DDR-Geschichtswissenschaft der Transmissionsriemen zwischen Partei und Fach, zu dem ihn noch ein Politbürobeschluß aus dem Jahr 1986 erklärte.[160] Auf den turnusmäßigen Sitzungen des Ratssekretariats, der erweiterten Ratsleitung und des Gesamtrats wurden ebenso ZK-Tagungen und Parteibeschlüsse für die Geschichtswissenschaft ausgewertet, Forschungspläne diskutiert, Fachtagungen vorbereitet und Fragen der zwölfbändigen Geschichte des deutschen Volkes behandelt, wie dies einst die von der ZK-Abteilung Wissenschaften anberaumten „Historikerberatungen" und später die Tagungen der Sektion Geschichte getan hatten.[161] Dennoch aber war das Gremium zugleich eine Clearingstelle, in der ebenso auch Historiker ihre speziellen Gesichtspunkte artikulieren und den geschichtspolitischen Kurs der SED-Führung durch eigene Vorschläge zu modifizieren versuchen konnten.

Immer aber spielten diese Aushandlungen und Interaktionen, die oft im beidseitigen Interesse einer effizienteren Umsetzung politischer Ziele in der fachlichen Praxis erfolgten, sich auf dem einheitlichen Boden einer geschlossenen marxistisch-leninistisch verfaßten Geschichtswissenschaft ab, deren Exponenten sich selbst im Streit noch einig wußten über die strukturelle Funktionalität des sozialistischen Geschichtsbildes und seiner institutionalisierten Erforschung. Diese charakteristische Mischung von administrativer Lenkung und fachlicher Verständigung beherrschte in den zwanzig Jahren seiner Existenz die Arbeit des Rates, die sich im Anschluß an die Einteilung bei Walter Schmidt in die fünf Hauptgebiete der politisch-ideologischen Orientierung, der zentralen Forschungsplanung und -kontrolle,

157 Fischer/Heydemann, Weg und Wandel, S. 25.

158 Blänsdorf, Die deutsche Geschichte, S. 276.

159 So argumentiert mit Recht Neuhäußer-Wespy, Die SED und die Historie, S. 93.

160 „Wissenschaftliche Räte sind Instrumente der Partei zur Verwirklichung der Parteibeschlüsse in den Gesellschaftswissenschaften. [...] Die Räte sind für die wissenschaftsstrategische Orientierung der Disziplinen und Bereiche auf der Grundlage des Marxismus-Leninismus und der Politik der Partei verantwortlich." Zit. b. ebd., S. 92.

161 Nähere Ausführungen zur Arbeitsweise des Rates bei Schmidt, Geschichte zwischen Professionalität und Politik, S. 1022ff.

der Diskussion thematischer Grundprobleme, der Geschichtspropaganda und der Hochschullehre gliedern läßt.[162] So erklärt sich, daß gerade die Erörterung der in ihrer politischen Legitimationsfunktion besonders zentralen Arbeitsvorhaben zur Weimarer Republik und zur Zeit nach 1945 im Zusammenhang der zwölfbändigen „Deutschen Geschichte" auch die stärksten fachlichen Kontroversen hervorrief und schließlich die Erosion des sozialistischen Geschichtsdiskurses im Rat für Geschichtswissenschaft am weitesten vorantrieb.[163]

Die politisch-fachliche Doppelbestimmung bewirkte andererseits, daß es bis zum Frühjahr 1989 dauern sollte, bis der alle Meinungsverschiedenheiten überwölbende Grundkonsens der DDR-Historiographie sich erkennbar aufzulösen und in den Gegensatz von Fach- und Herrschaftsinteressen zu dissoziieren begann, wie ein kurzer Blick auf die Niedergangsphase der sozialistischen Geschichtswissenschaft verdeutlicht: Als der Ratsvorsitzende Ernst Diehl für den 13. März 1989 zu einer Besprechung über eine geplante Rede Kurt Hagers in der Parteihochschule einlud, stand er mit seiner Forderung nach „Prinzipienfestigkeit" und zugleich „Geschmeidigkeit" zum erstenmal allein. Der Vertreter des Bereichs Zeitgeschichte am ZIG konterte mit dem Hinweis auf die Defizite der DDR-Historiographie, die sich neuen Fragen nicht stelle und ihre Dialogfähigkeit einbüße; andere verlangten, daß Hagers Rede analytisch statt propagandistisch gehalten werde und zur Ausweitung der fachlichen Spielräume beitrage; der Direktor des IAG schließlich forderte: „Es darf nicht rauskommen, daß wir die Guten sind und die anderen nur die Bösen."[164] Daß der Rat für Geschichtswissenschaft sich in diesen Monaten von einer Schaltstelle zwischen Parteiauftrag und Facharbeit zu einem Lobbyistentreffen zu verwandeln begonnen hatte, auf dem Historiker nicht-öffentliche Ratssitzungen vorsichtig als diskretes Instrument zur Abwehr geschichtspolitischer Zumutungen zu nutzen versuchten, wurde kurz darauf noch weit deutlicher erkennbar. Als sich nämlich im Mai 1989 die frühere Leiterin der Parteihochschule Hanna Wolf mit einem offenbar handstreichartig in das *Neue Deutschland* gerückten Aufsatz in Reaktion auf einen undogmatischen Prawda-Artikel dagegen gewandt hatte, „die Geschichte der Sowjetunion als eine Geschichte der Fehler, die Geschichte des sozialistischen Aufbaus in der UdSSR als eine Geschichte der Verbrechen Stalins und der KPdSU" zu verfälschen[165], protestierte mit vielen Lesern auch der Rat für Geschichtswissenschaft gegen die Geschichtsklitterung dieses Artikels, der fälschlich im Namen der DDR-Historiker spräche und in Wirklichkeit die Würde des Historikers verletze, wie ein

162 Ebd., S. 1023ff.
163 Hierzu Petzold, Parteinahme wofür?, S. 304ff.
164 Privatarchiv Küttler, Wolfgang Küttler, Tagebuch, Eintrag vom 13.3.1989.
165 Wolf/Schneider, Zur Geschichte der Komintern.

empörtes Mitglied des Rates auf der Sitzung ausrief.[166] In dieser schleichenden Auflösung erst zeigte sich, welche jahrzehntelange Stabilität die neue marxistisch-leninistische Geschichtswissenschaft in der DDR besessen hatte, gerade weil sie nach ihrer politischen Etablierung auf dem Weg einer Professionalisierung des Faches *gegen* die Politik zurückgewiesen und erfolgreich auf den Weg einer Professionalisierung *mit* der Politik gelenkt worden war. Der Rat für Geschichtswissenschaft war das nach mehreren Fehlschlägen erfolgreich installierte Steuerungsorgan einer funktionalen Geschichtswissenschaft, die diese Funktionalität nicht als äußere politische Beherrschung, sondern als Ausdruck eines gemeinsamen Grundkonsenses auf dem Boden eines veränderten Wissenschaftsverständnisses begriff.[167]

3. Konsolidierung durch Überwachung

Die allmähliche Formung eines strukturellen Konsenses zwischen Geschichtswissenschaft und Politik fügte sich in das übergreifende Projekt einer staatssozialistischen Diktatur, in der die Gegensätze zwischen Staat und Gesellschaft, zwischen Parteiavantgarde und Volksmassen, zwischen Zwang und Freiheit immer unkenntlicher und endlich ganz verschwinden würden, bis die „Durchherrschung" der Gesellschaft[168] von der Vergesellschaftung der Herrschaft nicht mehr zu unterscheiden wäre. Die Institutionalisierung dieses „diktatorischen Konsenses" in der systemloyalen DDR-Historiographie verdankte sich einem eigentümlichen Zusammenspiel von Gewalt und Glauben, von Zwang und Zustimmung, das die substantielle Künstlichkeit der sich über zwanzig Jahre hinweg vollziehenden Homogenisierung von Diktatur und Wissenschaft im SED-Staat partiell und befristet zu überwinden oder doch wenigstens in erheblichem Maße zu überspielen vermochte. Um so mehr bedurfte es einer Instanz, die von einer äußeren Warte über das alltägliche Funktionieren der Ordnung wachte, in der der sozialistische Geschichtsdiskurs sich entfaltete. Diese Instanz war die Staatssicherheit, deren Tätigkeit den verschwiegensten Bereich im Innenleben der historischen Disziplin des SED-Staates ausmachte. So wie die Historie in der DDR nach außen in der Regel nur die Schauseite ihrer fachlichen Ergebnisse und Diskussionen präsentierte, während der politische Steuerungsprozeß im wesentlichen in interner Abschirmung stattfand, so gehörte die geheimdienstliche Überwachung überwiegend einer Sphäre an, die sich auch im Innenleben der Geschichtswissenschaft abschottete und als

166 Privatarchiv Schmidt, Walter Schmidt an Eberhardt Gering, 20.12.1989, u. Privatarchiv Küttler, Wolfgang Küttler, Tagebuch, Eintrag vom 9.5.1989.

167 Ein analoges Urteil für die Literaturwissenschaft bei Rosenberg, Zur Geschichte der Literaturwissenschaft in der DDR, S. 11ff.

168 Vgl. Kocka, Eine durchherrschte Gesellschaft.

Teil einer Fachpraxis unter Ausschluß der Fachöffentlichkeit vollzog. Doch sollte die Diskretion in der Arbeit des Kontroll- und Repressionsapparates der sozialistischen Diktatur nicht dazu verleiten, die Beziehungen zwischen Fachentwicklung und Staatssicherheit zu unterschätzen. Im Institutionalisierungsprozeß der zweiten deutschen Geschichtswissenschaft spielten sie eine tragende Rolle, und die fachliche Konsolidierung der sozialistischen Historiographie in den fünfziger und sechziger Jahren zeigt sich auf der Ebene ihrer geheimdienstlichen Überwachung nicht weniger als im Wandel ihrer wissenschaftspolitischen Steuerung.

Die Verflechtung von Geschichtswissenschaft und Staatssicherheit in der DDR ist bislang nur in wenigen Arbeiten thematisiert worden[169], wozu beigetragen haben mag, daß die Aktenlage zur Überwachung der Hochschulen und Forschungseinrichtungen sich umgekehrt proportional zu der zur SED-Wissenschaftspolitik verhält: Gewinnt die Überlieferung der Parteiinstanzen an Umfang und Aussagekraft, je mehr sie sich den Anfängen der DDR nähert, so verliert die des MfS, je weiter man sich von den achtziger Jahren entfernt. Besonders für die fünfziger Jahre haben nur vergleichsweise wenige Dokumente die Kassationsfristen und Aktenvernichtungen des Geheimdienstes überstanden[170], und da überdies aussagekräftige Selbstauskünfte von Beteiligten kaum zur Verfügung stehen, bleibt das Bild, das sich aus dem verfügbaren Material ergibt, in hohem Maße fragmentarisch und vorläufig. Die DAW und ihr Akademie-Institut für Geschichte fielen in die Zuständigkeit einer spezifischen Diensteinheit des MfS, der Abteilung III bzw. ab 1964 Hauptabteilung XVIII, betraut mit dem „Schutz der Volkswirtschaft“.[171] Im Mittelpunkt ihrer Arbeit standen von Anfang an makroökonomische Aufgaben wie die Zwangskollektivierung der Landwirtschaft, die Mobilisierung von Energieressourcen in den sogenannten „Winterschlachten“ und vor allem die „Störfreimachung“, also die Verminderung der volkswirtschaftlichen Abhängigkeit von der Bundesrepublik und dem innerdeutschen Handel. Volkswirtschaftlich weniger relevante Wissenschaften spielten in der Hauptabteilung XVIII nur eine randständige Rolle.[172] Allerdings hatte die „politische Polizei in der Wirtschaft“ für die vorbeugende, sichernde und kontrollierende Überwachung der wissenschaftlich-technischen und auch der gesellschaftswissenschaftlichen Forschung ein eigenes Ressort eingerichtet, das zunächst als Abteilung III/6 „Wissenschaft und Forschung“ und später als Abteilung XVIII/5 „Wissenschaft und Technik“ firmierte.[173] Innerhalb der quantitativ ohnehin zu den

[169] Eckert, Geheimdienst und Hochschulen in der DDR; ders., Wissenschaft mit den Augen der Staatssicherheit; ders., Die Westbeziehungen der Historiker.

[170] Zur Quellenlage vgl. Eckert, Die Berliner Humboldt-Universität, S. 770f.

[171] Haendcke-Hoppe-Arndt, Die Hauptabteilung XVIII, S. 3.

[172] Gill/Schröter, Das Ministerium für Staatssicherheit, S. 44.

[173] Die Überwachung der Universitäten und sonstigen Bildungseinrichtungen hingegen unterstand der Hauptabteilung XX, die mit der Bekämpfung aller Formen und An-

kleineren Diensteinheiten des MfS zählenden Hauptabteilung XVIII[174] besaß die Abteilung 5 im Jahre 1964 nicht mehr als 25 Mitarbeiter und weitere sechs unbesetzte Planstellen[175]; allerdings kooperierte sie eng mit dem Sektor XIII der Hauptverwaltung Aufklärung, dem der Bereich Wissenschaft in der Auslandsspionage zugeteilt war.

Auch am Akademie-Institut für Geschichte kam das MfS den Aufgaben nach, die dem Geheimdienst der ostdeutschen Diktatur für den Bereich Geschichtswissenschaft gestellt bzw. von ihm selbst entwickelt worden waren, also die Aufdeckung und Unterdrückung jeder Opposition nach innen und die Abschirmung und Sicherung der historischen Forschung nach außen gegen den westlichen „Gegner". Die Abteilung XVIII/5 verfolgte diese Ziele vorwiegend in beobachtender Weise, indem sie ein möglichst dichtes und konkretes Bild der Institutsentwicklung auf all seinen Ebenen von den strategischen Direktionsentscheidungen bis hinunter zu den Kantinengesprächen der Mitarbeiter zu gewinnen suchte und gegebenenfalls zu Hinweisen an die Zentrale Auswertungs- und Informationsgruppe verdichtete. Daneben nahm die Staatssicherheit aber auch unmittelbaren Einfluß auf die Geschicke des Instituts: Ohne ihre Zustimmung konnte kein Mitarbeiter ins Ausland reisen, und vom Ergebnis ihrer „Sicherheitsüberprüfung" hing ab, wer in den ab 1965 institutionalisierten Stamm von „Reisekadern" berufen wurde. Berufungen auf Leitungspositionen setzten ein zustimmendes Votum des MfS voraus, und der Einstellung jedes neuen Mitarbeiters ging eine geheimdienstliche „Empfehlung" voraus, die bei negativer Entscheidung in begründeten Ausnahmefällen durch die staatliche Institutsleitung lange Zeit ignoriert werden konnte, aber in der Spätphase der DDR unumstößliche Vetokraft erlangte.[176]

Die Staatssicherheit machte ihren Einfluß sowohl auf formellem wie auf informellem Wege geltend. Zum Direktor des IfG unterhielt sie, die in späteren Jahren einen eigenen Raum im Institut nutzte, ebenso offizielle Beziehungen wie zu dessen Personalchef; in regelmäßigen Konsultationen beriet der zuständige MfS Vertreter mit der Institutsleitung über anstehende Fragen wie die künftige Personalplanung, die Lage an der ‚ideologischen Front' und die innere Entwicklung des Forschungszentrums. Diese offiziel-

sätze zur Veränderung der bestehenden gesellschaftlichen Verhältnisse befaßt war und eine Schlüsselstellung im Kontroll- und Repressionsapparat des MfS einnahm.

174 In den sechziger Jahren waren in der Hauptabteilung XVIII maximal 230 und 1989 schließlich 646 Mitarbeiter beschäftigt, was einem Anteil von lediglich 1,8 % der Beschäftigten der MfS-Zentrale bedeutete. Gill/Schröter, Das Ministerium für Staatssicherheit, S. 11 u. 55.

175 Eckert, Wissenschaft mit den Augen der Staatssicherheit, S. 141. Bis 1989 wuchs die Zahl der Mitarbeiter in der Abteilung 5 allerdings auf immerhin 57 an. Haendcke-Hoppe-Arndt, Die Hauptabteilung XVIII, S. 11.

176 Schütrumpf, Steuerung und Kontrolle der Wissenschaft durch die DDR-Führung, S. 368.

len Kontakte machten wohl zumindest qualitativ den bedeutenderen Teil der MfS-Arbeit im Wissenschaftssektor aus. Doch nicht sie, sondern die parallelen verdeckten Verbindungen zwischen dem Mielke-Imperium und der Geschichtswissenschaft haben – begünstigt durch die Quellenlage – seit dem Sturz des Regimes das eigentliche öffentliche Interesse auf sich gezogen. Unter den Mitarbeitern allgemein bekannt, wenngleich nie öffentlich thematisiert und immer von einem Schleier des Geheimen überzogen, war der Umstand, daß die Staatssicherheit in der Akademie-Zentrale seit deren Reorganisierung Ende der sechziger Jahre in der Abteilung „Internationale Beziehungen" einen festen institutionellen Stützpunkt besaß und als unmittelbare Empfängerin eines Durchschlags der in mehreren Ausfertigungen einzureichenden Reiseberichte von DDR-Historikern laufende Kontrolle über alle Auslandsaktivitäten von Akademie-Angehörigen besaß. In seinem tatsächlichen Ausmaß weniger genau war vor 1989 hingegen die Kenntnis, daß das MfS daneben ein engmaschiges Netz von Zuträgern geknüpft hatte, die ihm zunächst als „Geheime Informatoren" und später „Gesellschaftliche Mitarbeiter für Sicherheit"[177] sowie als „Inoffizielle Mitarbeiter" in verschiedenen Kategorien[178] mit einer laufenden geheimen Berichterstattung über das Innenleben des Akademie-Instituts zu Diensten waren.[179] Anders als die offiziellen Verbindungsfäden sind die Ergebnisse der verdeckten Überwachung durch das heimische Spitzelheer auch für das Geschichtsinstitut der Akademie zumindest in erheblichen Teilen dank der überlieferten IM-Akten hinreichend gut dokumentiert, um aus ihnen Art und Umfang der geheimdienstlichen Überwachung der Geschichtswissenschaft in der DDR zu erschließen.

Für die fünfziger Jahre eignet sich hierfür in besonderer Weise die MfS-Akte über Leo Stern, weil der Hallenser Universitätsrektor aufgrund seiner

177 Anders als IM arbeiteten GMS in der Regel nicht konspirativ, sondern waren auf Grund ihrer besonderen Systemloyalität gewonnene Mitarbeiter, die sich durch eine offensive Parteinahme für die SED auszeichneten und das MfS aus eigener Überzeugung mit Informationen aus ihrem Umfeld versorgten. Richtlinie Nr. 1/1979 für die Arbeit mit Inoffiziellen Mitarbeitern (IM) und Gesellschaftlichen Mitarbeitern für Sicherheit (GMS)", zitiert bei Gill/Schröder, Das Ministerium für Staatssicherheit, S. 473.

178 In IM-Richtlinie des MfS von 1979 werden sechs IM-Kategorien voneinander unterschieden: 1. IM zur politisch-operativen Durchdringung und Sicherheit des Verantwortungsbereiches (IMS), 2. IM der Abwehr mit Feindverbindung bzw. zur unmittelbaren Bearbeitung im Verdacht der Feindtätigkeit stehenden Personen (IMB), 3. IM zur Führung anderer IM und GMS (Führungs-IM oder FIM), 4. IM für einen besonderen Einsatz (IME), IM zur Sicherung der Konspiration und des Verbindungswesens (IMK), 6. Hauptamtliche IM (HIM). Ebd., S. 101ff.

179 Zahlen über den sogenannten „IM-Bestand" der Hauptabteilung XVIII liegen allerdings erst für das Jahr 1986 vor. Zum 31.10. dieses Jahres verfügte sie über insgesamt 1886 IM, von denen 346 auf die Abteilung 5 entfielen. Haendcke-Hoppe-Arndt, Die Hauptabteilung XVIII, S. 111.

schillernden Biographie und seiner dienstlichen Stellung im Wissenschaftsbetrieb der DDR gleichzeitig zum Partner und zum Objekt der geheimdienstlichen Überwachungspraxis avancierte. Die von der Bezirksverwaltung Halle gesammelten Unterlagen betrafen zunächst routinemäßige Sicherheitsüberprüfungen, wie sie etwa im Vorfeld von Auslandsreisen anfielen. So erhielt die Bezirksverwaltung Halle im Frühjahr 1953 eine Anforderung des „Sondersekretariates" des Ministers für Staatssicherheit, festzustellen, ob über Stern, der eine Dienstreise nach Ungarn beantragt hatte, „negatives Material vorhanden ist, und ob gegen eine Ausreise des Prof. Dr. Stern Bedenken bestehen".[180] Die Auskunft erfolgte prompt: „Gegen den Obengenannten liegt bei uns kein negatives Material vor. Gegen eine Ausreise bestehen unsererseits keine Bedenken."[181] Anders, als die apodiktische Eindeutigkeit des geheimdienstlichen Bescheides vermuten ließe, besaß das MfS weder zu dieser Zeit noch später ein klar konturiertes Bild von Stern, was nicht zuletzt darauf zurückzuführen war, daß es den prominenten Nestor der sozialistischen Geschichtswissenschaft schwerlich politischer oder ideologischer Gegnerschaft verdächtigen konnte und folglich gegen ihn keine einer „Operativen Personenkontrolle" oder gar einem „Operativen Vorgang" entsprechenden Ermittlungen eingeleitet worden waren.[182] Dennoch aber gingen beim MfS „seit ca. 1951 Berichte und Meldungen über den Genossen Stern" ein, die überaus beunruhigende Streiflichter auf Sterns Persönlichkeit warfen: „Unsere offiziellen und inoffiziellen Verbindungen hielten es für notwendig, uns von diesen oft undurchsichtigen Dingen zu berichten".[183] Obwohl selbst im ungewissen, hielt die Hallenser Bezirksverwaltung es im Ergebnis ihrer Sammlungstätigkeit in Sachen Stern im Februar 1960 für angezeigt, „das Material den zuständigen Parteiorganen zu übergeben".[184]

Angesichts der bürokratischen Routine, mit der die Staatssicherheit in späteren Jahren die DDR-Bevölkerung in eine gläserne Gesellschaft verwandelte, wirkt die Unsicherheit befremdend, mit der dieselbe Behörde in den fünfziger Jahren über volle neun Jahre hinweg mehr passiv als aktiv

180 BStU, MfS AP 1989/67 (Halle), Bd. 1, Regierung der Deutschen Demokratischen Republik, Ministerium für Staatssicherheit an die Bezirksverwaltung für Staatssicherheit, Abt. VI, 12.5.1953.

181 Ebd., Ministerium für Staatssicherheit, Bezirksverwaltung Halle, Abt. VI, an die Regierung der Deutschen Demokratischen Republik, Ministerium für Staatssicherheit, Abt. VI, 18.5.1953.

182 Ebd., Bd. 3, Zusammenfassung des vorhandenen Materials über den Rektor der Universität Halle, Gen. Prof. Dr. Leo Stern, 11.2.1960. Die Begriffe „Operative Personenkontrolle" (OPK) und „Operativer Vorgang" (OV) entstammen späteren Richtlinien. Zum Bedeutungsgehalt vgl. Gill/Schröder, Das Ministerium für Staatssicherheit, S. 127ff.

183 BStU, MfS AP 1989/67 (Halle), Bd. 3, Zusammenfassung des vorhandenen Materials über den Rektor der Universität Halle, Gen. Prof. Dr. Leo Stern, 11.2.1960.

184 Ebd.

bruchstückhafte Informationen über eine zentrale Führungsfigur des SED-Staates an der „ideologischen Front" sammelte, ohne ihre Erkenntnisse systematisch zu überprüfen und zu einem schlüssigen Bild im Sinne ihres vielzitierten Wahlspruches „Wer ist wer?" zusammenzuführen. In einem nicht weniger seltsamen Licht erscheint die Überwachungstätigkeit des zu dieser Zeit Wilhelm Zaisser unterstehenden Ministeriums bei einem Blick auf die sachliche Substanz der über Stern zusammengestellten Erkenntnisse. Im März 1954 nahm die Hallenser Bezirksverwaltung einen Auskunftsbericht über Stern zu den Akten, der dem gebürtigen Österreicher ein denkbar schlechtes Zeugnis ausstellte: „Er ist Dr. rer.pol. der Universität Wien, einer der billigsten akademischen Titel Europas", hieß es in der ausführlichen Charakteristik, er sei nach zuverlässigen Angaben aus der Sowjetunion „nie Professor an der Moskauer Universität gewesen", sondern entweder „ein Hochstapler oder Trotzkist", der nach seiner Übersiedlung in die SBZ sogleich „als ‚Messias' behandelt und zu sämtlichen Parteiversammlungen delegiert" worden sei. Dieselbe Quelle wußte detailliert zu berichten, daß das von Stern geleitete Geschichtsinstitut an der Universität Halle ein ideologischer und moralischer Sumpf sei, in dem die dem Direktor mißliebigen Mitarbeiter terrorisiert würden, während dessen eigene Assistenten sich in ketzerischen Reden ergingen[185], am „faschistischen Rummel" des Juniaufstandes 1953 beteiligt gewesen seien und insgesamt „ein Ausmaß von Opportunismus und Feigheit" zeigten, das in der Konsequenz bis zur Deckung von Vorbereitungen zur Republikflucht reiche.[186] So abstrus diese Spitzelbeobachtungen auch klingen mochten und so unverstellt aus ihnen die Ranküne eines in seinem Fortkommen behinderten Mitarbeiters des Geschichtsinstitutes der Universität Halle sprach, bildeten sie doch den Sockel einer von Jahr zu Jahr wachsenden Sammlung von Affären und Verfehlungen, die die Staatssicherheit gegen einen Mann zusammentrug, der in derselben Zeit dank seiner zahlreichen Funktionen zu einem der auch institutionell stärksten Garanten der neuen Geschichtswissenschaft aufstieg.

Im Januar 1956 fertigte die Abteilung V des MfS in Halle eine „Zusammenstellung des vorhandenen Materials", das den gegen Stern bestehenden Verdacht auf fortgesetzte ideologische und politische Diversion in acht Hauptpunkte gliederte und insbesondere den Vorwurf des Trotzkismus und der Bildung einer parteifeindlichen Plattform zu untermauern versuchte.[187] Ohne den Gehalt dieser Feststellungen in Frage zu stellen, monierte allerdings in diesem Fall eine übergeordnete MfS-Stelle selbst die mangelhafte Konkretisierung der erhobenen Vorwürfe und verlangte Nachbesserung.[188]

185 Ebd., Bd. 1, „Helmut Hoffmann", [Bericht über Leo Stern], 24.3.1954.

186 Ebd.

187 Ebd., Abt. V, Ref. 1, Betr. Prof. Dr. Leo Stern, 9.1.1956.

188 „Wo sind die Beispiele, wo er aus der Partei ausgeschlossene Leute um sich schart, eine Plattform gegen die Partei bildet. Solche Beispiele müssen rein." Ebd., Kopfglosse.

Zwar vermochte die Bezirksverwaltung desungeachtet auch in der Folgezeit nicht viel mehr herauszufinden, als daß Stern eine in der ZfG erschienene Laudatio auf ihn anläßlich seiner Auszeichnung mit dem Nationalpreis vielleicht selbst verfaßt habe[189] und sich im Hallenser Geschichtsinstitut 1956/57 „parteifremdes Denken, revisionistische Anschauungen und parteischädigendes oder parteifeindliches Handeln" ausgebreitet hätten.[190] Doch nach dem Ende des „Tauwetters" und im Zuge der einsetzenden Kampagne gegen ‚Revisionismus' und ‚Objektivismus' bedeuteten solche Vorwürfe unabhängig von der Quelle, aus der sie stammen mochten, eine existentielle Gefahr. Seine ausgleichende Haltung als Universitätsrektor gegenüber einer in großen Teilen noch ‚bürgerlichen' Professorenschaft brachte Stern um so mehr in Bedrängnis, je deutlicher jedes Anzeichen der ‚ideologischen Koexistenz' nach dem 30. ZK-Plenum gebrandmarkt und unterdrückt wurde. Opfer dieser Kampagne wurde in Halle in besonderem Maße die Fachrichtung Geschichte, in der 1958 „eine staatsfeindliche Gruppe von Studenten" ausgehoben und vor dem Bezirksgericht Halle abgeurteilt wurde.[191] Noch bedrohlicher war für Stern, daß im Zuge des Restalinisierungskurses nicht weniger als sieben seiner Assistenten wegen „Plattformbildung und revisionistischem und opportunistischem Auftreten und Handeln" Parteistrafen von der Rüge bis zum Ausschluß erhielten.[192]

Als Stern 1958 mit der Westflucht mehrerer seiner Mitarbeiter vollends zur Zielscheibe der Parteikritik wurde, erfuhren auch die dilettantischen Ausforschungen der örtlichen MfS-Organe eine Aufwertung. Nun schien das über Jahre hinweg in einer „Hand-Akte Stern" gesammelte Material so brisant, daß die Bezirksverwaltung im September 1958 zum erstenmal offiziell den 1. Sekretär der Bezirksleitung der SED Halle und „Leitende Organe der Partei" von ihren Erkenntnissen über das parteischädigende Verhalten Sterns unterrichtete.[193] Angesichts seines erneuerten Kampfes gegen die ideologische Koexistenz nahm der Parteiapparat das zusammengestellte MfS-Material hinreichend ernst, um umgehend genaueren Aufschluß zu verlangen. Anfang Dezember 1958 beauftragte die SED-Bezirksleitung die Parteileitung der Universität Halle, ausgehend vom Fall Stern „eine Einschätzung der Lage an der Universität zu erarbeiten, die als Bürovorlage dienen sollte und in der die weiteren Maßnahmen auf dem Wege zur sozia-

[189] Ebd.

[190] Ebd., Bd. 2, „Heinrich Angermüller", Über die fraktionelle Gruppierung in der Parteiorganisation der Fachschaft Historiker, Institut für Deutsche Geschichte – Prof. Stern, 9.3.1958.

[191] Ebd., SED-Parteiorganisation Universität Halle, Information, 29.5.1959.

[192] Ebd.

[193] Ebd., Abteilung V/6, Betr. Hinweise über das parteischädigende Verhalten des Genossen Prof. Stern der Universität Halle, 16.9.1958.

listischen Universität vorgeschlagen werden".[194] In diesem Zusammenhang wurde auch das MfS tätig und stellte einen detaillierten Auskunftsbericht zusammen, der zu einer förmlichen Anklageschrift gedieh und „Sterns Intrigenspiel an der Universität gegenüber leitenden Staatsfunktionären und dessen Auswirkung" in vier Aspekte unterteilte: „a) Vertreibung und Zermürbung von Kadern, die an seiner Arbeit oder seiner Person Kritik übten, b) Ausspielen eines Wissenschaftlers gegen den Anderen, c) Unterstützung und Förderung reaktionärer Elemente bzw. offener Feinde unserer Gesellschaftsordnung, d) Theoretische Mängel".[195] Tatsächlich wurde Stern im Dezember 1958 auf Beschluß der SED-Bezirksleitung ab Februar 1959 ohne förmliche Amtsenthebung von der Wahrnehmung seiner Aufgaben als Rektor entbunden und in „Arbeitsurlaub" geschickt, nachdem er die gegen ihn erhobenen Vorwürfe trotz ausführlicher Rechtfertigungsschriften nicht genügend hatte entkräften können.

Doch nur scheinbar war der Fall Stern auf diese Weise geräuschlos bereinigt worden. Schon wenige Monate später erhielt das MfS Hinweise darauf, daß Stern sein kritisiertes Tun anderswo fortsetze: „In der letzten Zeit konnte man den Eindruck gewinnen, daß Gen. Stern seine fehlerhafte Linie der Leitungstätigkeit am Institut für Deutsche Geschichte (Universität) auch auf das Akademieinstitut übertragen wolle."[196] Daraufhin reagierte die Hallenser Staatssicherheit mit einer erneuten „Zusammenfassung des vorhandenen Materials über den Rektor der Universität Halle, Gen. Prof. Dr. Leo Stern", die es diesmal auf volle 42 Gravamina brachte und praktisch sämtliche Vorwürfe übernahm, die von den Zuträgern des MfS jemals erwähnt worden waren. Anders als in früheren Dossiers bewertete der Geheimdienst diesmal die ihm zugetragenen Informationen als „inoffiziell – zuverlässig" oder im Einzelfall auch „inoffiziell – bedingt zuverlässig" und gab sich selbst Rechenschaft, daß „das im Folgenden zusammengestellte Material nicht als vollständig und immer überprüft betrachtet werden (kann), da es in unregelmäßiger und unsystematischer Art angefallen ist".[197]

Wie unzuverlässig die Erhebungen der geheimdienstlichen Zuträger tatsächlich waren, zeigt sich daran, daß der Mielke-Apparat nicht einmal Sterns genaue Tätigkeit in Wien nach dem Ende der NS-Zeit und die Hintergründe seiner Übersiedlung in die SBZ zweifelsfrei aufzuklären vermochte. Er habe nach der Kapitulation als sowjetischer Beauftragter zur Sichtung der Wiener Archive fungiert, sei seines Postens aber enthoben worden, „da durch seine Mitarbeiter unter seiner Verantwortung umfangreiche Aktendiebstähle vorgekommen seien", vermutete ein geheimer Infor-

[194] Ebd., Trautsch, Betr.: Bisheriger Verlauf und Stand der Auseinandersetzungen mit Gen. Prof. Dr. Stern Leo, Rektor der Martin Luther Universität Halle, 8.1.1959.

[195] Ebd., Auskunftsbericht, Betr.: Prof. Stern, Leo, 23.12.1958.

[196] Ebd., Betr.: Gen. Prof. Stern, 27.4.1959.

[197] Ebd., Bd. 3, Zusammenfassung des vorhandenen Materials über den Rektor der Universität Halle Gen. Prof. Dr. Leo Stern, 11.2.1960.

mant 1954.[198] Sechs Jahre später hingegen wollte ein anderer GI erfahren haben, daß Stern „sich in Österreich nicht mehr sehen lassen" dürfe und beim Betreten österreichischen Bodens mit seiner Verhaftung rechnen müsse, weil er als von der KPÖ eingesetzter Referent für eine Maikundgebung die sowjetische Garnison in seiner Eigenschaft als Oberst der Sowjetarmee alarmiert habe, um auf betrunkene Arbeiter schießen zu lassen, „die sich ungebührlich aufführten".[199] In der Bereitschaft, solchem Gerede Glauben zu schenken, erwies sich das MfS in diesen Jahren als eine Überwachungsbehörde von geringer Professionalität, deren Mitarbeiter im Gros nur über außerordentlich niedrige geheimdienstliche Ausbildungsstandards verfügten und jedenfalls im Sektor Wissenschaften zu einer anspruchsgerechten Aufklärungstätigkeit nicht im entferntesten in der Lage waren. Folgerichtig gebar etwa der Versuch von Mielkes Leuten, Stern als verantwortlichem Autor für den Mittelalter-Abschnitt des Hochschullehrbuchs deutsche Geschichte ‚theoretische Mängel' als Ursache seiner „mangelhaften und z.T. negierenden Bindung zur Partei" nachzuweisen, nachgerade hilflose Auslassungen über die Schwächen der von ihm vorgelegten Abschnitts-Disposition: „Im Gegensatz zum Marxismus spielt für ihn die Persönlichkeit eine entscheidende Rolle. Ein Beispiel für das ungenügende Verstehen des Verhältnisses zwischen Basis – Produktion – Überbau ist seine Feststellung, daß die Entstehung der Reformbewegung von dem hohen Entwicklungsstand der Produktivkräfte in einigen Klöstern ausgegangen ist." [200]

Nicht nur hier vermochte die Hallenser Bezirksverwaltung des MfS den eigenen Ansprüchen nicht gerecht zu werden; ihre ungeregelte und von keiner erkennbaren Ziel-Mittel-Relation geleitete Ausforschungspraxis gefährdete schließlich ihre eigene informationelle Infrastruktur an der Universität Halle. Denn ungeachtet des gegen ihn gesammelten Anschuldigungsmaterials galt Leo Stern in der Historikerzunft als Mann des KGB[201], und er besaß schon aus gleichsam familienbiographischen Gründen einen politischen wie geheimdienstlichen Rückhalt in der Sowjetunion, der ihm in der DDR und vollends gegenüber einer Bezirksverwaltung des MfS eine fast unantastbare Stellung verlieh.[202] Tatsächlich machte Stern von dem ihn

198 Ebd., Bd. 1, „Helmut Hoffmann", [Bericht über Leo Stern], 24.3.1954.

199 Ebd., Bd. 3, „Egon", Betr.: Gen. Prof. Stern, 15.9.1960.

200 Ebd., Bd. 2, Auskunftsbericht, Betr.: Prof. Stern, Leo, 23.12.1958. Die Grenze zur unfreiwilligen Komik schließlich überschritten Mitschriften der Hallenser Bezirksverwaltung, die vom Unvermögen der Geheimdienstler zeugen, wenigstens Dialekt und Schriftdeutsch auseinanderzuhalten: „[...] ist Aspirant für Gunstgeschichte [sic!] bei Professor Stern. Er hat sich jedoch im Institut für Gunstgeschichte nicht sehen lassen." Ebd., Bd. 1, „Helmut Hoffmann", [Bericht über Leo Stern], 24.3.1954.

201 Mitteilung Prof. Dr. Joachim Petzold an den Vf., 17.3.1999.

202 Hinter dem legendären „General Kléber" der Internationalen Brigaden im Spanischen Bürgerkrieg verbarg sich Leo Sterns Bruder Manfred. Ein weiterer Bruder –

umgebenden Nimbus ausgiebigen Gebrauch, um seine Interessen und die der Universität geltend zu machen. „Gen. Stern gab sich ständig bei passender oder unpassender Gelegenheit als enger Freund von Zaisser aus, was in geeigneten Fällen im Sinne einer Drohung aufgefaßt wurde", urteilte das MfS in seinem zusammenfassenden Dossier von 1960[203] und stützte sich dabei auf immer wiederkehrende Äußerungen von Informanten, die auch in Erfahrung gebracht haben wollten, daß „Stern vor der Entlarvung Zeisser[s] [recte: Zaissers] diesen häufig privat aufgesucht hat, sowie von Zeissers Privatwagen abgeholt wurde".[204] Dieser Darstellung zufolge scheute der Hallenser Universitätsrektor sich auch nicht, bei Gelegenheit die verbreitete Furcht vor der Staatssicherheit für seine eigenen Ziele zu nutzen: „Drohte damit, Akten über ihm ablehnend [gegenüberstehend]en Personen der Staatssicherheit zu übergeben", notierte ein Geheimer Informator 1954[205], und der für Stern zuständige MfS-Referatsleiter führte in einem internen Bericht 1958 Beschwerde, daß der Universitätsrektor das Instrumentarium der Staatssicherheit förmlich imitiere.[206] Tatsächlich hatte schon vier Jahre zuvor ein Geheimer Informator geschildert, mit welch beklemmenden Anspielungen auf das Treiben einer stalinistischen Geheimpolizei sich Stern selbst und gerade unter seinen eigenen Genossen Respekt zu schaffen pflege: „Stern habe sein Heft genommen, auf jedem Bogen hatte er einen stehen, das war auf der Parteiversammlung. Dort hat Stern gesagt: Hat noch einer etwas zu sagen gegen mich? Nein! Ich habe noch ein paar Bogen frei [...]. Das ist auch die Methode, die er gelegentlich gegen uns [...] anwendet, eine schauderhafte, die eine beängstigende Nebenwirkung erzielen sollte."[207]

Zielstrebig wirkte Stern so aus dem Blickwinkel des MfS bei der Erzeugung eben derselben „Atmosphäre der ‚Angst und Drohung'" mit, für die er

Wolf Stern – hatte ebenfalls am Spanischen Bürgerkrieg teilgenommen und zwar als Angehöriger einer Sonderbrigade des sowjetischen Innenministeriums. Auch nach dem Ende des Krieges war Wolf Stern im sowjetischen Geheimdienst tätig, nun in der Hauptverwaltung „Kriegsgefangenenwesen". Erst 1956 kehrte er aus der Sowjetunion in die DDR zurück, um dort zum Chef der politischen Verwaltung des Ministeriums für Nationale Verteidigung und Leiter des Instituts für Deutsche Militärgeschichte in Potsdam aufzusteigen.

203 BStU, MfS AP 1989/67, Bd. 3, Zusammenfassung des vorhandenen Materials über den Rektor der Universität Halle Gen. Prof. Dr. Leo Stern, 11.2.1960.

204 Ebd., Bd. 1, „Helmut Hoffmann", [Bericht über Leo Stern], 24.3.1954.

205 Ebd.

206 „Als Gen. Stern am 12.12.1958 ein Telefongespräch führte, [...] erklärte er dem Gen. Bruk, daß auf seinem Schreibtisch ein Tonbandgerät stehe, welches das Gespräch mit dem Gen. Bruk aufnehmen würde." Ebd., Bd. 2, Abt. V/6, Trautsch, Betr.: Bisheriger Verlauf und Stand der Auseinandersetzungen mit Gen. Prof. Dr. Stern Leo, Rektor der Martin Luther Universität Halle, 8.1.1959.

207 Ebd., Bd. 3, Zusammenfassung des vorhandenen Materials über den Rektor der Universität Halle, Gen. Prof. Dr. Leo Stern, 11.2.1960.

seine innerparteilichen Gegner verantwortlich machte.[208] Aus der Sicht des Geheimdienstes war besonders beunruhigend, daß Stern im Versuch, seine Stellung zu festigen, gern andere mit dem Vorwurf eben der Geheimdienst-Kooperation überzog, die ihm selbst nachgesagt wurde, und dabei ihm bekannte oder auch nur vermutete MfS-Verbindungen seiner Kollegen und Mitarbeiter bedenkenlos offenbarte, um diese aus dem Weg zu räumen. Bei solchen Gelegenheiten pflegte Stern direkt Front gegen den Kontrollapparat des Regimes zu machen und warnte mit der Autorität eines Mannes, der über einen besonderen Erfahrungshintergrund verfüge, ungeschminkt vor jeder Zusammenarbeit mit dem „Schwert und Schild der Partei": „Man solle sich nicht zum Werkzeug der Staatssicherheit machen. Auch dort sitzen Feinde! Das hat der Prozeß gegen Slansky bewiesen!"[209]

Zumindest im Licht der gegen ihn erstellten Dossiers war Stern mit diesem Doppelspiel durchaus erfolgreich, wenn es darum ging, mißliebige Universitätsmitarbeiter einzuschüchtern oder versetzen zu lassen.[210] Aber er schuf sich mit ihm zugleich in der örtlichen MfS-Behörde selbst einen gefährlichen Feind, der Sterns dekonspirierenden Erklärungen zunächst ohnmächtig zur Kenntnis nehmen mußte, aber im Geheimen gezielt Material gegen ihn sammelte und sich in offenkundigem Rachebedürfnis wenig um dessen Substanz und innere Glaubwürdigkeit scherte. Dem Schein nach setzte die Hallenser Bezirksverwaltung des MfS allerdings weiterhin auf Zusammenarbeit mit dem unbequemen SU-Remigranten. Die Sicherheitsbehörde kam zu klärenden Aussprachen mit ihm zusammen und entschuldigte sich im Interesse einer gütlichen Einigung sogar für den Fehler, Sterns eigenen Fahrer ausgehorcht zu haben.[211] In Wirklichkeit aber ordnete das örtliche MfS den Hallenser Historiker im Lager des ‚Gegners' ein und arbeitete zielstrebig auf seine Diskreditierung hin.[212] Sterns „feindliche Einstellung gegenüber dem MfS" bildete im folgenden einen Hauptpunkt des fortlaufenden Dossiers, mit dem der Sicherheitsapparat sich die Handhabe

208 Ebd., Bd. 2, Abteilung V/6, Trautsch, Betr.: Bisheriger Verlauf und Stand der Auseinandersetzungen mit Gen. Prof. Dr. Stern Leo, Rektor der Martin Luther Universität Halle, 8.1.1959.

209 Ebd., Bd. 1, Abt. V, Ref. 1, Betr. Prof. Dr. Leo Stern, 9.1.1956. Zur ‚ambivalenten Haltung' Sterns vgl. auch: Margarete Wein im Gespräch mit Günter Mühlpfordt, S. 92f.

210 Beispiele in: BStU, MfS AP 1989/67, Bd. 1, Abt. V, Ref. 1, Betr. Prof. Dr. Leo Stern, 9.1.1956.

211 Ebd., Bd. 2, Abt. V/1, Betr. Rücksprache mit Prof. Stern, 12.4.1956.

212 Vgl. etwa den MfS-Kommentar zu einem Vorfall vom November 1955: „Die Parteiorganisation der Historiker wählt ihre neue Parteileitung. Dort nimmt Stern gegen den ehemaligen Parteisekretär Stellung, weil er annimmt, daß dieser für unsere Organe arbeitet. [...] Stern bringt dies vor, um diesen unmöglich zu machen, zu provozieren und unser Organ bei allen Anwesenden als das darzustellen, was schließlich nur unsere Gegner erreichen wollen!" Ebd., Bd. 1, Abt. V/Ref. 1, Betr. Prof. Dr. Leo Stern, 9.1.1956.

für eine mögliche Unschädlichmachung des unbequemen Großordinarius zu schaffen suchte. Als entscheidender Hebel sollte dabei offenbar der Vorwurf dienen, daß Stern sich mit Methoden der Gegenspionage nichts weniger als einen eigenen Machtapparat aufzubauen angeschickt habe: „So hat er in den verschiedensten Fakultäten und Instituten Personen, die ihn regelmäßig aufsuchen und über bestimmte Vorgänge informieren. Dazu benutzt er seine Sprechstunde. In den verschiedensten Fällen aber läßt er die Personen in sein Institut kommen, damit nicht so ein genauer Überblick besteht, wer ihn besuchen kommt. Diese ihm so zugetragenen Mitteilungen sammelt er, um sie später gegen ihm unangenehme Personen zu verwenden."[213]

Nicht nur hier läßt sich hinter der vermeintlichen Erkenntnis eine massive Perspektivenverzerrung vermuten. Mehrfach kolportierten die Geheimdienstler in Halle auch das Gerücht, daß Stern bei der ‚Republikflucht" seiner Assistenten tatkräftig nachgeholfen habe.[214] Noch schwerer wog der Vorwurf, daß der Hallenser Universitätsrektor auch den 1950 demonstrativ aus der SED ausgetretenen Soziologen und Geschichtsphilosophen Leo Kofler mit Hilfe einer geschickten Intrige zur Flucht veranlaßt habe: „Nach der Entlarvung von Prof. Kofler als Trotzkist durch das ZK der SED, wo dieser angab, mit Stern gut befreundet zu sein, hatte Stern mit einem Gen. [...] ein Gespräch unter vier Augen, wo er letzteren aufforderte, Prof. Kofler aus Halle zu vertreiben. Dazu sollte [...] den Kofler anrufen, um ihn vor einer Verhaftung zu warnen. Ebenso würde man es in der SU machen."[215] Den Hintergrund dieser MfS-Darstellung bildete die Mitteilung eines Informanten, der „den Eindruck [hatte], als ob Prof. Stern einen loswerden wolle, der seine Vergangenheit kennt".[216] Weder dem Informanten noch den mit seinem Bericht befaßten MfS-Stellen kam offenbar die naheliegende Vermutung in den Sinn, daß Stern sich in diesem Fall vielleicht gar nicht eines unliebsamen Zeugen zu entledigen, sondern schlicht einen von Repressalien bedrohten Kollegen vor dem Zugriff der Staatssicherheit zu retten getrachtet haben könnte.

Stern überstand die ihm von der Staatssicherheit drohende Unbill letztlich unbeschadet, auch wenn sie möglicherweise dazu beitrug, daß ihm die Nachfolge Obermanns als Direktor des Akademie-Instituts für Geschichte verwehrt blieb. Doch zu einer ernsthaften Erschütterung seiner Stellung taugten die Ergebnisse einer so rohen und einfältigen Überwachungspraxis nicht. Auch bildete die Zeit zwischen der einsetzenden Antirevisionismus-Kampagne 1957/58 und dem Mauerbau 1961 einen Einschnitt, der in den Beziehungen zwischen Geschichtswissenschaft und Staatssicherheit einen

213 Ebd., Bd. 2, Auskunftsbericht, Betr. Prof. Stern, Leo, 23.12.1958.

214 Ebd., Bd. 1, Abteilung V/Ref. 4/D, Unterleutnant Rogalla, Aktenvermerk, Betr. Prof. Frauendienst, 14.4.1954.

215 Ebd., Auskunftsbericht, 23.12.1950.

216 Ebd., Bd.1, Abschrift des GI-Berichtes „Weber" vom 21.5.1954.

gewissen Umschwung auslöste. Seither kam es wenigstens in Ansätzen zu einer kritischen Überprüfung der Erkenntnisse, die das MfS aus verschiedenen Quellen über Stern gewann. Mit glossierendem Fragezeichen bewertete das zuständige Bezirksreferat V/6 Halle im Januar 1962 den Bericht eines Geheimen Informators, der wissen wollte, daß Stern einem besonders ergebenen Gefolgsmann an der Universität Halle als Entgelt für geleistete Dienste selbstherrlich den Professorentitel verschafft habe.[217] Die Angaben einer anderen Denunziantin, die Stern gar für die Wohnmisere seiner Mitarbeiter verantwortlich machen wollte[218], wurde von übergeordneter Stelle mit dem distanzierenden Kommentar versehen: „Trotz Ansatzpunkte subjektive Färbung des Berichtes beachten".[219]

Eine analoge Tendenz zur allmählichen Professionalisierung und Bürokratisierung der geheimen Kontrollpraxis wiesen in derselben Zeit auch die beim MfS einlaufenden oder aus den jeweiligen Treffgesprächen zwischen Informant und Führungsoffizier hervorgehenden Ausforschungsberichte über Stern auf, die nun zumeist deutlich abgewogener und realitätsnäher urteilten. Im Januar 1961 nahm die Hallenser Bezirksverwaltung schließlich eine Stellungnahme über Stern zu Protokoll, die auf eine temporäre Linienänderung in der SED-Politik gegenüber den besonders ‚abwanderungsgefährdeten' Berufsgruppen aus Medizin und Wissenschaft reagierte und sich fast wie ein Widerruf der über ein volles Jahrzehnt aufgehäuften Beschuldigungen liest: „In Gesprächen, besonders im Institut für Geschichte (DAW) wird gesagt, daß also Prof. Stern mit seiner alten Intelligenzpolitik – für die er kritisiert und von seinem Posten als Rektor der Universität abgelöst wurde – richtig war [sic!]. Genosse Stern hatte seinerzeit erklärt, auf der Hochschulkonferenz sei ein ultralinker Kurs gesteuert worden, der zur Katastrophe in der Intelligenzpolitik führen muß. In den jetzigen Korrekturen wird eine Bestätigung dieser damaligen Ansichten Prof. Sterns erblickt."[220]

Schon angesichts dieses Akzentwechsels wird deutlich, welchen Charakter die Beziehungen zwischen Staatssicherheit und Geschichtswissenschaft in der zurückliegenden Zeit getragen hatten. Weitgehend unsystematisch, durch zufällige Feststellungen statt durch zielgerichtete Informationsgewinnung bestimmt, ersetzten sie in hohem Maße Validität der Erkenntnis durch Willkür des Urteils und entsprachen damit jenseits aller in mangelnder Qualifikation zu suchenden Ursachen insgesamt der aggressiven Durchsetzung des kommunistischen Wissenschaftsmonopols, das die Politik der SED in der Frühphase der DDR kennzeichnete. Nicht diskrete Durchleuchtung, sondern offene Einschüchterung bestimmte auf dem Feld der Geschichtswissenschaft in den fünfziger Jahren die Arbeit eines Geheimdien-

[217] Ebd., Bd. 3, GI Abt. V/6, Betr.: Prof. Dr. Leo Stern, 12.1.1962.
[218] Ebd., „Diana", [Über Leo Stern], o.D. [ca. Januar 1962].
[219] Ebd., Fußglosse.
[220] Ebd., „Obermann", Betr.: Stimmen der Bevölkerung, 18.1.1961.

stes, der grundlegende Regeln der Konspiration ebenso mißachtete wie die primitivsten Gebote einer angemessenen Überprüfung getroffener Einschätzungen, der zwischen Freund und Feind nicht zu trennen wußte, seine eigenen Verbindungsleute gegen sich aufbrachte und eine repressive Atmosphäre der Einschüchterung verbreitete, die sich bis in die fernsten innerakademischen Beziehungen fortpflanzte und allen im Geruch einer Verbindung mit der Staatssicherheit Stehenden einen auf Angst und Drohungen aufgebauten Machtzuwachs verschaffte. Insgesamt stellt sich das MfS in dieser Zeit als ein „Schwert und Schild der Partei" dar, das seine Macht mehr durch punktuellen Terror als durch flächendeckende Kontrolle ausübte und in seinem Zugriffsbereich einen permanenten Ausnahmezustand erzeugte. Mit Hilfe einer solchen Praxis ließ sich zwar das Monopol der neuen Geschichtswissenschaft gegenüber der Fachtradition erzwingen, nicht aber deren innere Akzeptanz und Legitimation erhöhen. Der Weg der neuen Geschichtswissenschaft vom Ausnahmezustand zur ‚beherrschten Normalität' verlangte auch einen strukturellen Wandel in ihrem Verhältnis zum Repressions- und Kontrollapparat im SED-Staat.

Die Transformation des MfS zu einem modernen bürokratischen Geheimdienst, der verfeinerte Methoden geheimdienstlicher Überwachung entwickelte und stärker auf die präventive Erkundung potentieller Unruheherde statt allein auf die Entlarvung und Ausschaltung vermeintlicher oder tatsächlicher Systemgegner abstellte, läßt sich sinnfällig am Charakterwandel der Ausforschungspraxis gegenüber der Historie in der DDR der sechziger Jahre ablesen. Um ihn zu veranschaulichen, soll im folgenden die MfS-Zuarbeit von drei Angehörigen des Akademie-Instituts für Geschichte im Mittelpunkt stehen, die von ihrer unterschiedlichen Stellung in der Institutshierarchie und fachlichen Ausrichtung her jeweils andere Brücken zwischen Geschichtswissenschaft und Geheimdienst schlugen. Die am weitesten zurückreichende MfS-Verbindung in dieser Gruppe hatte die Neuzeithistorikerin Maid Koehler, die während ihrer Spitzeltätigkeit im Akademie-Institut ungeachtet ihrer nur unzureichenden akademischen Ausbildung in eine administrative Vermittlungsfunktion zwischen Direktion und Mitarbeitern aufstieg. Als das MfS auf sie aufmerksam wurde, um sie zunächst als Deckadresse zur geheimdienstlichen Anwerbung eines in der Bundesrepublik lebenden und angeblich in der Rüstungsindustrie tätigen Verwandten zu benutzen, war sie noch unter Meusel als wissenschaftliche Mitarbeiterin am Museum für deutsche Geschichte tätig. Im Juli 1955 „einer Befragung unterzogen", erklärte sie sich zu einer ‚ehrenamtlichen Mitarbeit' unter dem Decknamen „Mai" im Interesse der deutschen Einheit bereit, wobei neben der vom MfS bescheinigten „Werbung aus Überzeugung" offenkundig auch die Furcht der Kandidatin eine Rolle spielte, abermals durch ihre einstige

Nähe zur NSDAP kompromittiert werden zu können.[221] Da aber die geplante Anwerbung ihres Verwandten scheiterte, ließ das MfS die Verbindung zu „Mai" über zehn Jahre ruhen und aktivierte sie erst wieder, als im Akademie-Institut 1965 „in schädlicher Form gegen die Arbeit der ‚Zeitschrift für Geschichtswissenschaft' polemisiert" wurde.[222]

Durch Maid Koehler wurde die Staatssicherheit im selben Jahr 1965 auf einen Historiker am Akademie-Institut aufmerksam, der der Abteilung Zeitgeschichte vorstand und gleichzeitig zum Führungsnachwuchs der DDR-Geschichtswissenschaft zählte, vor allem aber „viel an Konferenzen der Historiker der DDR im Ausland teil(nimmt), so daß er in dieser Richtung umfangreich operativ eingesetzt werden kann".[223] Der den Decknamen „Werner" wählende Kandidat war Heinz Heitzer, und er gab dem Werbebericht zufolge „ohne Zögern" sein Einverständnis zu dem Vorschlag, „daß wir als MfS daran interessiert sind, ständig mit ihm in Kontakt zu bleiben und ohne Wissen anderer Personen uns zu treffen". Den Hintergrund bildete auch in diesem Fall die Verstärkung einer behaupteten Interessenidentität zwischen Geheimdienst und Fachdisziplin durch das gemeinsame Wissen um einen politischen Makel in der Lebensgeschichte des Kandidaten, die es durch besonderen Einsatz auszutilgen gelte.[224]

Auch der dritte Institutshistoriker der hier zu betrachtenden Gruppe wurde zielgerichtet im Jahre 1965 zum Zweck der „operative[n] Aufklärung" gegenüber der westlichen und besonders der bundesdeutschen Gegenwissenschaft geworben, weil er nicht nur „in der Vergangenheit durch seine fachliche Arbeit als Historiker Verbindungen zu den uns interessierenden westdeutschen Historikern erhalten" hatte, sondern darüber hinaus „die Rolle der westdeutschen Historiker bei den Parteiversammlungen innerhalb

221 Ebd., MfS AIM 10772/85, I, Bd. 1, Hauptabteilung II/3, Betr.: Aussprache mit der Koehler, Maid, 14.7.1955; ebd., Hauptabteilung II/3, Vorschlag, Betr.: Werbung einer Deckadresse, 10.2.1956.

222 Ebd., Hauptabteilung II/7, Treffbericht, 19.5.1965.

223 Ebd., MfS AIM 3237/71, P, Bd. 1, Hauptabteilung XVIII/5/3, Vorschlag zur Werbung eines IM, 4.9.1965.

224 In diesem Fall waren es sogar zwei nachteilige Umstände, die das MfS über den IM-Kandidaten in Erfahrung gebracht hatte, nämlich einerseits, daß er in der NS-Zeit zum Besuch der Napola vorgeschlagen worden sei und sich freiwillig zu der der SS unterstehenden „Division Hitlerjugend" gemeldet habe (ebd., MfS AIM 3237/71, P, Bd. 1, Hauptabteilung XVIII/5/3, Vorschlag zur Werbung eines IM, 4.9.1965), und andererseits, daß er zwischen 1959 und 1962 wegen „Verbindung zur revisionistischen Gruppe um Dr. Schmiedt, Roland-Franz" (ebd., MfS AGMS 5397/85, [Vermerk zu] Prof. Dr. Heitzer, Heinz, o.D. [ca. 1965–67]) selbst vom MfS als operativer Vorgang bearbeitet worden war und später als Mitarbeiter des Instituts für Gesellschaftswissenschaften „eine sogenannte stille Opposition" betrieben habe. Ebd., MfS AIM 3237/71, P, Bd. 1, Hauptabteilung XVIII/5/3, Vorschlag zur Werbung eines IM, 4.9.1965.

des Instituts richtig ein(schätzte)".[225] Der nach seiner Verpflichtung mit dem Decknamen „Rolf" unterzeichnende Kandidat hieß Gerhart Hass, war Leiter einer Arbeitsgruppe „Faschismus und 2. Weltkrieg" und verkörperte anders als die Vorgenannten den Typus eines Fachwissenschaftlers, der an der administrativen Führung des Instituts nur peripher teilhatte und sich nach dem Scheitern mehrerer Aufstiegsversuche – die ihn über die Funktion eines Sekretärs der deutsch-sowjetischen Historikerkommission nicht hinauskommen ließen – vorwiegend der Forschung widmete. Obwohl seine Vita keine Anhaltspunkte bot, um den Kandidaten mit moralischem oder materiellem Druck zur Zusammenarbeit zu zwingen, erzielte der Anwerbungsversuch auch in diesem Fall unmittelbare Resonanz.[226] Ausschlaggebend für den raschen Erfolg des MfS war hier offenbar, daß der im Akademie-Institut mit dem Ruf eines intriganten Karrieristen behaftete und von vielen gemiedene Kandidat über die Zusammenarbeit mit dem MfS einen persönlichen Einflußzuwachs erreichen und seine Reisemöglichkeiten in die Bundesrepublik ausbauen wollte.[227]

Während die Anwerbung des GI „Mai" 1955 noch eher beiläufig geschah – und daher zunächst auch folgenlos blieb –, stand seine Reaktivierung 1965 ebenso wie die Verpflichtung der IM „Werner" und „Rolf" im selben Jahr unter einem gemeinsamen und gezielten Strategiekonzept, das der ostdeutsche Geheimdienst in überlegtem Vorgehen umsetzte: „Das Institut für Geschichte bildet im Arbeitsbereich einen politisch-operativen Schwerpunkt, für dessen Absicherung der GI auf Grund seiner Stellung und seines Überblickes gewonnen wurde."[228] Der damit angedeutete Tendenzwechsel von der repressiven inneren Entlarvung zur präventiven Abschirmung nach außen führte dazu, daß die Staatssicherheit mit Hilfe der Anwerbung weiterer IM[229] ein dichtgeknüpftes Überwachungsnetz über die Arbeit und vor allem über die größte Schwachstelle des in seiner Konsolidierungsphase befindlichen Geschichtsinstituts legte: seine Verbindung zur westlichen Gegenwissenschaft. Angesichts der mit der innerdeutschen Konkurrenz um

225 Ebd., MfS 11190/85, I, Bd. 1, HA XVIII/5/3, Kurzvorschlag zur Werbung eines IM, 23.7.1965.

226 Ebd., HA XVIII/5, Bericht über durchgeführte Werbung eines inoffiziellen Mitarbeiters, 16.2.1966)

227 Ebd., [Auskunftsbericht über] Dr. Gerhart Hass – Leiter der Arbeitsgruppe Faschismus und 2. Weltkrieg, o.D., u. HA XVIII/5/2, Vorschlag zur Werbung eines IM, 25.11.1965.

228 Ebd., MfS AIM 3237/71, P, 1, HA XVIII/5/1 an Büro der Leitung II, 12.12.1967.

229 Zu Informanten der Staatssicherheit am Institut für Geschichte zählten am Ende der hier untersuchten Konsolidierungsphase der sechziger Jahre nicht nur wissenschaftliche Mitarbeiter, sondern auch Inhaber von Führungspositionen bis hin zu stellvertretenden Direktoren und dem amtierenden Direktor selbst. Zusammen mit den Informationen, die sich aus regelmäßigen offiziellen Kontakten mit der Institutsleitung, dem Kaderleiter und dem Parteisekretär ergaben, war die Staatssicherheit auf diese Weise ständig und nahezu lückenlos über das Geschehen am Institut im Bilde.

das nationale Geschichtsbild verbundenen Bedrohung schrumpften auf der anderen Seite auch die fortbestehenden Reserven gegen eine Spitzeltätigkeit, die bei allen von der Staatssicherheit ausgewählten Ansprechkandidaten – in unterschiedlicher Stärke – vermutet werden dürfen, und machten einer im Rückblick erstaunlichen Kooperationsbereitschaft Platz, die bis zur wechselseitigen Funktionalisierung gehen konnte und deutlich von dem Klima der Einschüchterung und Furchterzeugung abstach, mit der das MfS in den Jahren zuvor spätere Mitarbeiter des Akademie-Instituts angeworben hatte.[230] Alle Kandidaten aus dieser jüngeren Entwicklungsetappe des MfS waren ‚parteiverbundene' Mitglieder der SED. Wie zuvor vorgenommene ‚Aufklärungen' zeigten, vertraten sie – nach Überwindung früherer Irrtümer – durchgehend ‚die Linie der Partei', zeigten auch in der ‚gesellschaftlichen Arbeit vorbildliche Einsatzbereitschaft' und identifizierten sich in hohem Maße mit der DDR-Geschichtswissenschaft.[231] Es verwundert nicht, daß die einmal geknüpfte Verbindung über Jahrzehnte hinweg stabil blieb: IM „Mai" berichtete bis zu ihrem altersbedingten Ausscheiden aus dem ZIG 1985 so ausführlich wie regelmäßig über die Interna der Institutsleitung und ihres Wissenschaftsbereiches; IM „Werner" wurde 1970 anläßlich seiner Berufung zum stellvertretenden Direktor des Akademie-Instituts gar zum GMS umgestuft[232] und blieb über den Tod des gleichfalls als GMS geführten Direktors Horst Bartel 1984 hinaus ein zuverlässiger Ansprechpartner der Staatssicherheit; und selbst der schlecht beleumdete IM „Rolf" diente dem MfS immerhin volle zwanzig Jahre und noch über seinen Ausschluß

230 Ein beredtes Beispiel für die angstbesetzten Umstände einer Zuträgergewinnung bietet die IM-Akte des nachmaligen stellvertretenden ZIG-Direktors Olaf Groehler, der 1957 als Mitglied einer als staatsfeindlich eingestuften und operativ bearbeiteten „Interessengemeinschaft" angeworben wurde: „Zu dem ausgemachten Treffpunkt erschien der Kandidat pünktlich. Wir begaben uns in eine Gaststätte Nähe Bahnhof Friedrichstr. In dieser Gaststätte stellten wir uns als MfS vor. Der Kandidat machte zu Beginn einen sehr erschrockenen Eindruck. [...] Kurz vor Beendigung des Gespräches sagte der Kandidat, daß er noch etwas zu sagen hätte. Wir sagten ihm, er könne hier ruhig alles erzählen. Danach schilderte die KP [Kontaktperson], daß er Mitglied der ‚Interessengemeinschaft' sei. [...] Einschätzung der KP: Die KP machte einen offenen und ehrlichen Eindruck. Obwohl die KP am Anfang sehr erschrocken war, überwand sie schnell alle Hemmungen. [...] Bei der Beendigung der Kontaktaufnahme war der Eindruck vorhanden, daß die KP ehrlich mit uns zusammenarbeiten will und auch gegenüber jeder Person schweigen wird." Ebd., MfS AIM 367/61, I, Bd. 1, Abt. V/1, Bericht über die Kontaktaufnahme, 3.4.1957. – Daß diese unter Druck erzeugte Harmonie trog, bewies die weitere Verbindung mit dem IM, die die Staatssicherheit 1960 infolge von dessen ‚mangelnder Bereitschaft zur Zusammenarbeit' zunächst abbrach und erst unter gänzlich anderen Umständen in den achtziger Jahren wieder aufnahm.

231 Ebd., Einschätzung, 30.6.1969; ebd., MfS AIM, 3237/7, P, HA XVIII/5/3, Vorschlag zur Werbung eines IM, 5.9.1965, u. Kontaktaufnahme zu Gen. Dr. Heitzer, Sekretär des Nationalkomitees der Historiker der DDR, 13.8.1965.

232 Ebd., Abschlußvermerk, 18.12.1970.

aus der SED wegen hinterzogener Parteibeiträge hinweg, bis er infolge eines abenteuerlichen Versuchs, seine Festnahme nach einem Ladendiebstahl in West-Berlin als Übergriff des West-Berliner Staatsschutzes zu vertuschen, für den ostdeutschen Geheimdienst keinen weiteren Nutzen mehr besaß.[233]

Einen analogen Befund bieten die Darstellungen selbst, die die geheimdienstlichen Zuträger dem Kontrollapparat übermittelten. Fehl ginge, wer in ihnen spektakuläre Enthüllungen erwartete; was alle drei IM in ihren regelmäßigen Treffberichten zu sagen hatten, dokumentiert den Alltag einer unspektakulären Fachpraxis. Aus den zu Niederschriften zusammengefaßten Aussagen der in der Regel monatlich und fallweise sogar wöchentlich, gelegentlich aber auch nur vierteljährlich oder noch seltener in einer öffentlichen Gaststätte, in einer konspirativen Wohnung oder bei sich zu Hause mit ihrem Führungsoffizier zusammenkommenden Berichterstatter ging es um fachliche Kontroversen und um persönliche Eifersüchteleien, um lenkende Eingriffe von oben und um die Stimmung in der Mitarbeiterschaft. Dennoch sammelte das MfS seine Erkenntnisse durchaus nicht wahllos. Die von ihm gestellten Ausforschungsaufträge und die aus ihnen erwachsenden Mitteilungen kreisten um zwei große Komplexe: das Innenleben der DDR-Geschichtswissenschaft und des Akademie-Instituts einerseits, deren Selbstbehauptung nach außen im Ausland und vor allem gegenüber dem Westen andererseits.

Beide Schwerpunkte bestimmten schon die Einsatzlenkung der neugewonnenen IM. So hielt das zuständige Referat in einer ‚Arbeitsstudie' über IM „Rolf" nach den ersten Monaten der Zusammenarbeit einschränkend fest: „Informationen zur Einschätzung der Lage im Objekt können nur bedingt erarbeitet werden."[234] Der geheimdienstliche Wert dieses ohne engere Verbindungen zu Personen aus dem Institut arbeitenden IM lag hingegen in seinen Außenkontakten, deren Pflege auch in seinem eigenen Interesse lagen: „Der IM wurde [...] zur Aufklärung und Herstellung von Verbindungen zu westdeutschen Historikern eingesetzt."[235] In bezug auf IM „Mai" hingegen stand die „Bearbeitung von Personen, Vorgängen, Expertentätigkeit" besonders im Binnenspektrum der ostdeutschen Historiographie im Vordergrund[236], während IM „Werner" sowohl in der Akademie wie in der Westarbeit ‚operativ einsetzbar' schien, aber aufgrund einer hausinternen Absprache „nur territorial, innerhalb der Grenzen" Verwendung finden

[233] Das MfS kappte die Verbindung zu dem als „unehrlich/unzuverlässig" eingestuften IM „Rolf" daraufhin 1985. Ebd., MfS 11190/85, I, Bd. 1, HA XVIII/5, Beschluß, 14.8.1985.

[234] Ebd., MfS AIM 11190/85, II, Bd. 1, HA XVIII/5/3, Arbeitsstudie – GI, 1.11.1966.

[235] Ebd.

[236] „Einsetzbar in Berlin im Akademie-, Universitäts- und Bibliotheksbereich, in Archiven und auf Tagungen im In- und Ausland". Ebd., MfS AIM 10772/85, I, Bd. 1, HA XVIII/5/1, Arbeitsstudie für GI an GHI, 22.5.1967.

sollte.[237] Entsprechend lauteten die Aufträge, die die IM von ihren Führungsoffizieren erhielten. Sie galten der Herstellung persönlicher Verbindungen zu westdeutschen Fachkollegen ebenso wie der ‚allseitigen Aufklärung' von Personen, die sich von westlichen Auffassungen angekränkelt zeigten. Vom MfS angefordert wurden aber auch interne Materialien zur Institutsentwicklung wie Kaderanalysen und Strukturpläne, Tagungsprotokolle und Situationsberichte zur Lage anderer Geschichtswissenschaften des sozialistischen Lagers, die gleichzeitig der Abteilung Wissenschaften im ZK oder anderen Parteigremien zugingen und deren Beschaffung daher im Grunde außerhalb des geheimdienstlichen Überwachungsauftrags lag.

Wenn sich im geheimdienstlichen Kontrollapparat in freilich sehr gezielter Beleuchtung auf diese Weise buchstäblich das ganze Panorama der institutionalisierten Vergangenheitsverwaltung abbildete, so kann dies nicht darüber hinwegtäuschen, daß die mit der DDR-Volkswirtschaft befaßte Hauptabteilung XVIII sich auf die Situation im eigenen Zugriffsbereich konzentrierte. Sicherung der eigenen, nicht Destabilisierung der gegnerischen Linien stand auch dort im Vordergrund der Tätigkeit des MfS, wo die ihm zuarbeitenden IM zur ‚Feindaufklärung' in der ‚Westarbeit' eingesetzt waren. Direkte Aufträge an die der Abteilung XVIII/5 zugeordneten Historiker-IM zur Auskundschaftung der Verhältnisse in der Bundesrepublik nahmen daher auch im vorliegenden Fall eine eher untergeordnete Rolle ein. Soweit grenzüberschreitende Spionagetätigkeiten nicht ohnehin in der Hauptverwaltung Aufklärung ressortierten, wurde die gezielte ‚Aufklärung' insbesondere westdeutscher Fachinterna in der Regel über die Reisedirektiven abgewickelt, die jeder dienstlich ins Ausland fahrende Wissenschaftler in seinem Reisebericht abzurechnen hatte. So fielen auch für die drei hier behandelten Informanten besondere Auslandsaufträge allenfalls sporadisch an. Sie reichten von der eher dilettantisch wirkenden Aufforderung von 1955 an IM „Mai", bei Spaziergängen in Konstanz „festzustellen, wo sich militärische Objekte, Werke, die für die Rüstung arbeiten, Dienststellen der Besatzungsmacht und der Adenauerregierung [...] befinden"[238], bis hin zu einem in sechs Haupt- und insgesamt 17 Unterpunkte gegliederten Auftrag an IM „Rolf", bei einem Aufenthalt im Münchner Institut für Zeitgeschichte Kontakte zu mehreren seiner Mitarbeiter insbesondere aus dem Kreis der Gutachter für den Frankfurter Auschwitz-Prozeß zu knüpfen, detailliert ihre ‚Einstellung zur Politik der Bonner Regierung' und aktuellen fachlichen Schwerpunkte, aber jeweils auch die „Charakterei-

237 Ebd., MfS AIM 3237/71, P, Bd.1, HA XVIII/5/3, Vorschlag zur Werbung eines IM, 4.9.1965, u. HA XVIII/5/1 an Büro der Leitung II, 12.12.1967.

238 Ebd., MfS AIM, 10772/85, I, Bd.1, HA II/3, Nochmalige Aussprache mit der Genn. Koehler am 21.7.1955.

genschaften, familiären Verhältnisse, Freizeitgestaltung, Gewohnheiten, berufliche Tätigkeit der Ehefrau usw. [...] aufzuklären".[239]

Wie aber kamen die geheimdienstlichen Zuträger den ihnen gestellten Aufgaben nach? Hinsichtlich des Schwerpunktbereichs Binnenaufklärung fällt zunächst auf, wie homogen in den wissenschaftlich-politischen Grundzügen und wie heterogen in der praktischen Durchführung sich die fortlaufend geschilderte Arbeit am sozialistischen Geschichtsbild im Spiegel ihrer geheimdienstlichen Überwachung vollzog. Der Befund eines strukturellen Grundkonsenses in der historischen Fachpraxis ist um so stärker zu gewichten, als das Informationsinteresse des MfS und somit auch die Berichterstattung seiner Historiker-IM sich immer auf Diskontinuitäten, auf Abweichendes und Unvorhergesehenes und nicht auf die Reibungslosigkeit einer eingeschliffenen Normalität richtete. Abwägende Leistungsbilanzen, erfolgreiche Funktionsabläufe gerieten ebensowenig in den Blick wie systematische Zusammenhänge. Statt dessen konzentrierte sich der Blick der Überwachung aus in der Regel sehr begrenzter und strikt ereignisbezogener Perspektive auf den Kontrast von glatter Außendarstellung und zerklüftetem Innenleben, um so insgesamt das Bild einer vielschichtigen Aushandlungsgesellschaft entstehen zu lassen, hinter dessen monolithischem und nie in Frage gestelltem Konsensrahmen sich eine überraschende Fülle divergierender Interessen und individueller Diskrepanzen auftat.

Der Gesamtblick auf die geheimdienstliche Erkenntnisgewinnung über die DDR-Geschichtswissenschaft lehrt, daß selbst auf dieser herrschaftsnächsten Ebene der Fachpraxis, auf der der Zwangscharakter der geistigen Verhältnisse am unverstelltesten zutage trat und keine Rücksicht auf öffentliche Meinungen und schwankende Kollegen mehr zu nehmen war, die Strukturelemente des historischen Fachdiskurses nahezu unverändert fortgalten. Keineswegs, und das ist vielleicht der überraschendste Befund, demaskiert die DDR-Geschichtswissenschaft sich in den Denunziantenprotokollen ihrer geheimen Informanten als eine gefügige Zwangsveranstaltung, die sich ihr intellektuelles Monopol vornehmlich durch Gewalt, Unterdrückung und Korruption sicherte. Über einen Kollegen aus der Abteilung Feudalismus, der den fachlichen Konsens durch seinen demonstrativen Parteiaustritt und seine kritische Grundhaltung gegenüber dem offiziellen Geschichtsbild gekündigt hatte, berichtete IM „Werner" mit Worten, die die Ausschaltung des Kritikers zu einer wissenschaftsinternen Angelegenheit machen: „Das negative Verhalten von [...] wird in der Institutsleitung beraten. Vermutlich erfolgt die Empfehlung, daß [...] im Institut kündigt. Seine fachl[ichen] Ergebnisse sind nicht überragend."[240] Derselbe Informant wies gegenüber dem MfS eine nicht parteikonforme Ansicht zur Vereinigung

[239] Ebd., MfS AIM 11190/85, II, Bd. 1, HA XVIII/5/3, Auftrag für den IM „Rolf", 29.9.1966.

[240] Ebd., MfS AIM 3237/71, A, Bd.1, HA XVIII/5/3, Treffbericht, 4.4.1966.

von SPD und KPD mit eben den Worten zurück, die auch auf allen anderen Ebenen des historischen Herrschaftsdiskurses die Anpassung an politische Vorgaben zur fachlichen Erkenntnis umgeformt hätte: „Die Auffassung über die Bildung der SED widerspricht der historischen Entwicklung von 1945 bis 46."[241] Nur selten wurden hinter solchen Anpassungsleistungen die tatsächlichen Entscheidungslinien so sichtbar wie in der Hintergrundinformation des IM „Werner", daß die zwölfbändige Geschichte des deutschen Volkes anders als das voraufgegangene Hochschullehrbuch hinter verschlossenen Türen ausgearbeitet werden solle und die Mitarbeiter „vom ZK verbindlich angewiesen [seien], keine Vorveröffentlichungen oder öffentliche Polemiken zu führen und zuzulassen".[242] Und selten auch trat der Wille zur kompromißlosen Ausschaltung nicht-kongruenter Ansichten so unverhüllt ans Licht wie im Urteil des GMS „Werner" über die Lage im Wissenschaftsbereich Kulturgeschichte des neugebildeten ZIG, in dem „ein Teil der Mitarbeiter die Wissenschaftspolitik der DDR nicht versteht, weil sie marxistisch nicht vorgebildet und nicht fundamentiert sind, ein Teil der Mitarbeiter will sie aber offensichtlich nicht verstehen. Bei einigen sind wir davon überzeugt, daß sie eine Gegenkonzeption haben und gegen uns arbeiten [...]. Den Beweis müssen wir noch finden."[243]

Einen Hauptteil der Berichterstattung von Historiker-IM an das MfS nahmen Personalangelegenheiten ein. Hinterbracht wurde ebenso die Information, daß der mächtige Leiter des Instituts für Marxismus-Leninismus, Lothar Berthold, wegen überheblichen und diktatorischen Verhaltens als einfacher Mitarbeiter ans Akademie-Institut strafversetzt werde[244], wie der Umstand, daß der ehemalige Institutsdirektor Engelberg nur unter erheblichen Anstrengungen zur Zurückziehung einer stark nationalistisch gefärbten Arbeit zur Periodisierungsfrage veranlaßt werden konnte und eine ständige Furcht vor seinen unkontrollierten Temperamentausbrüchen verbreite.[245] Die Berichte ließen sich über unzulässige religiöse Cliquenbildungen am Institut aus[246], sie hielten fest, wie ein Forschungsgruppenleiter sich in Ge-

241 Ebd. Der angeprangerte Mitarbeiter konnte letztlich doch am Institut bleiben.

242 Ebd., HA XVIII/5/1, Information, 29.1.1970. Deutlicher trat der Kommandocharakter freilich auch in den siebziger Jahren noch bei einschneidenden politischen Richtungswechseln hervor wie etwa nach der Ablösung Ulbrichts: „In Auswert[ung] d[es] 16. Pl[enums] gab Prof. Bartel Anweisungen, bei allen Neuausarbeitungen sowie bei Manuskr[ipten], die noch nicht im Druck [sind], das Verhältnis zw[ischen] Zitaten v[on] E[rich] Honecker u[nd] W[alter] U[lbricht] in Ordnung zu bringen und dem 16. Pl[enum] Rechnung zu tragen." Ebd., MfS AGMS 10269/34, Übergabe Prof. Barthel [recte: Bartel], 2.6. [1971].

243 Ebd., MfS AIM 3237/71, A, Bd.1, Treffbericht, 20.4.1970.

244 Ebd., HA XVIII/5/3, Treffbericht, 3.12.1968.

245 Ebd., HA XVIII/5/1, Information, 29.1.1970.

246 „Der GI weiß, daß Kuczynski Jude ist und in dieser Hinsicht öfters heftig reagierte. Enge Verbindung hat er zum Ehepaar Paulus, die ebenfalls jüdische Menschen sind. K. äußerte zum GI vor längerer Zeit, Juden halten noch immer zusammen. Demon-

genwart von Parteilosen mit seinen Kenntnissen über den sowjetisch-chinesischen Grenzkonflikt gebrüstet und „an der Unwissenheit der Gesprächspartner geweidet habe“[247] oder ein anderer Fachkollege, der in „fachlicher Hinsicht [...] als guter Faktologe geschildert“ wurde, ‚politisch zum Versöhnlertum neige‘[248], und ein dritter „unehrliche Selbstkritik“ treibe „mit dem Ziel, durch die zur Schau gestellten Zeichen von Einsicht zu beeindrucken, um dann auf altem Wege fortzufahren“.[249]

Auch dort, wo nicht charakterliche, sondern politisch-ideologische Schwächen zu verfolgen waren, bestimmte das gemeinsame Bewußtsein von der unantastbaren Gültigkeit des parteimarxistischen Denkhorizonts die Berichterstattung, dessen Übertretung sich daher gedankenloser Sorglosigkeit, nicht bedachter Widerständigkeit verdanke: „Prof. Dr. Fritz Klein hat wieder durch politisch leichtfertiges Handeln Anlaß zu Auseinandersetzungen und nun zu seinem 3. Parteiverfahren gegeben. Zusammen mit Dr. Wohlgemuth von der Parteihochschule hat er im Klub der Kulturschaffenden einen Vortragsabend gestaltet. Bei der anschließenden Diskussion trat ein junger Mann, Studententyp, mit recht vielen Fragen hervor, die sich später als geschickte Provokation herausstellten. So kam z. B. die Frage, warum in der DDR das Lenin'sche Gehaltssystem, nach dem Arbeiter und Angestellte gleichen Lohn bekommen, nicht eingeführt ist. Die Beantwortung der Fragen erfolgte politisch sorglos und lässig durch beide Wissenschaftler. Am nächsten Tag brachte der RIAS einen Kommentar zu dieser Veranstaltung, der die sorglosen Argumente hervorhob.“[250]

Individuelle Unzulänglichkeiten und interne Differenzen auf dem Wege zum gemeinsamen Ziel einer entwickelten sozialistischen Historiographie aber bildeten auch im Mitteilungshorizont des staatlichen Geheimdienstes der DDR nur ein Moment unter anderen. Nicht weniger häufig spiegelten die Auskünfte der befragten Historiker-IM das generelle Arbeitsklima im Institut und machten auf Disharmonien und Schwachpunkte in seiner inneren Struktur aufmerksam. „In der DAW-Reform ist gegenwärtig Pause“,

striert wurde dies von Paulus, als K. wegen opportunistischer Anschauungen angegriffen wurde. Paulus stellte die Frage, ob in diesen Angriffen nicht noch die Spur des Antisemitismus enthalten ist.“ Ebd., MfS AIM 10772/85, II, Bd.1, Bericht, 25.3.1966. Daß zumindest der IM selbst antisemitisch befangen urteilte, läßt sich schon daraus schließen, daß Günter Paulus die ihm zugeschriebene Äußerung nach eigener Erinnerung nie getan hat und zudem weder Kind jüdischer Eltern noch selbst jüdischen Glaubens ist. Mitteilung Prof. Dr. Günter Paulus an den Vf., 20.5.1999.

247 Ebd., MfS AIM 10772/85, II, Bd.1, [Mitteilung IM „Mai“], 20.9.1966.

248 Ebd., MfS AIM 3237/71, A, Bd.1, HA XVIII/5/1, Treffbericht, 25.4.1969.

249 Ebd., Kaderanalyse des Wissenschaftsbereichs Deutsche Volkskunde/Kulturgeschichte, 20.9.1969.

250 Ebd., HA XVIII/5/3, Treffbericht, 3.12.1968. Andere Spielregeln als am Institut für Geschichte vermuteten das MfS und sein Informant allerdings an der Parteihochschule, an der Wohlgemuth tätig war: „Wohlgemuth wurde von Hanna Wolf fristlos entlassen.“ Ebd.

hieß es in einer Information des IM „Werner“ vom Dezember 1968[251]; im Akademie-Institut gebe es eine permanente Führungskrise, da der Leitungskader überaltert sei und jüngere Genossen nicht zur Verfügung stünden, lautete eine andere Einschätzung desselben Informanten von 1970.[252] Fragloser Glaube an die Tragkraft des fachlichen Fundaments bei kritischer Würdigung der auf ihm errichteten Gebäudeteile bestimmten das Muster, in dem die Berichterstattung nicht nur des in der Leitung des Akademie-Instituts tätigen IM „Werner“ gehalten war. So monierte IM „Mai“ im September 1966, daß die gesamte politische und gesellschaftliche Arbeit am Institut durch dessen räumliche Zersplitterung und das viel zu geringe Raumangebot empfindlich erschwert werde, weil infolgedessen die meisten Mitarbeiter zu Hause arbeiten müßten: „Das heißt, daß jeder sehr individuell arbeitet, die Kontrolle der Arbeit sehr erschwert ist und der Kontakt der Mitarbeiter untereinander und zu den wissenschaftlichen und politischen Leitungen sehr lose ist.“[253] Um so wichtiger wäre es nach dem Urteil derselben Berichterstatterin, daß eine straffe Leitung das Institut und seine einzelnen Abteilungen auf Kurs halte; wo sie hingegen fehle oder wie im Falle des amtsmüden Engelberg zu wünschen übrig lasse, müsse es unfehlbar zu Reibungsverlusten kommen, wie sich etwa in der von einem Direktor im Nebenamt betreuten Abteilung zur Geschichte der slawischen Völker zeige. Doch zeigte sich gerade angesichts dieser Lage, die sich nach Auffassung des IM in den Abteilungen, in denen die sich weitgehend selbst überlassenen Mitarbeiter mehrheitlich nicht einmal der SED angehörten, noch problematischer darstellte[254], der Konsolidierungsgrad der DDR-Geschichtswissenschaft bereits so hoch, daß solche institutionelle Schwächen allein die sozialistische Historiographie nicht mehr ernsthaft zu gefährden vermochten, sondern schon durch die neuen Formen wissenschaftlichen Arbeitens mehr und mehr aufgefangen wurden: „Als positiv ist zu bewerten, daß die meisten großen Abteilungen an Kollektivvorhaben arbeiten und daß hierbei die individuelle wissenschaftliche Arbeit dem Gesamtvorhaben dient und untergeordnet ist.“[255]

Den Schwerpunkt des geheimdienstlichen Berichtswesens in den sechziger Jahren und besonders deren zweiter Hälfte aber machte nicht die Ho-

[251] Ebd.

[252] Ebd., Treffbericht, 19.2.1970.

[253] Ebd., MfS AIM 10772/85, II, Bd.1, IM „Mai“, Zur politisch-ideologischen Situation am Institut f. Geschichte der DAW, 13.9.1966.

[254] „Die zweite Konzentration von Parteilosen ist die Abt. Feudalismus, geleitet von dem parteilosen Prof. Dr. Töpfert [recte: Töpfer]. Hier zwang der ehemalige Gen. Dr. Lösche den Genossen bis in das Frühjahr 1966 hinein ständig und in provokatorischer Weise Diskussionen auf, zog die Politik der SED und der SU in vielen Fragen, vor allem der Deutschlandpolitik, in Zweifel und zwang der ganzen Abt. auch immer wieder in Fachfragen Diskussionen auf.“ Ebd.

[255] Ebd.

mogenisierung nach innen, sondern die Abschirmung nach außen aus. Kaum ein Bericht findet sich in den Akten, der nicht auf das Ost-West-Verhältnis in der Geschichtswissenschaft einginge und etwa für den Wiener Historikerkongreß 1965 notierte, daß ein bundesdeutscher Historiker „direkt auf einen Historiker aus einem Parteiinstitut zugegangen sei", daß das Hamburger „Collegium Politicum" eine Hetzbroschüre gegen die DDR-Historiographie herausgebracht und konspirativ verteilt habe oder daß es unangenehme Auseinandersetzungen zwischen rumänischen und ungarischen Historikern gab, „worüber sich die bürgerlichen Wissenschaftler offensichtlich freuten".[256] Immer stand hinter den einzelnen Beobachtungen die Berichterstatter und Empfänger einigende Sorge, daß es zu einem Einbruch an der ideologischen Westfront kommen könne. Entsprechend dem bei der Anwerbung bzw. Reaktivierung von Spitzeln in den sechziger Jahren leitenden Plan versuchte das MfS über seine Historiker-IM vor allem die mit dem Berliner Historikertag 1964 einsetzende ‚Kontaktoffensive' in der jüngeren westdeutschen Historikerschaft zu erhellen.[257] Aus den Berichten der Jahre 1965 und 1966 konnte die Hauptabteilung XVIII/5 sich gleichzeitig ein detailliertes Bild darüber verschaffen, wie die in persönlichen Einladungen an DDR-Kollegen sich ausdrückende „Angriffsrichtung des Gegners auf dem Gebiet ‚Geschichte'" auf allen Ebenen des Instituts, angefangen von Stellungnahmen der Leitung bis hin zu den halblauten Meinungsäußerungen der Parteilosen, rezipiert wurde und zu welchen Gegenreaktionen sie führte.[258] Warnend wiesen IM-Berichte auf die „einzelnen Erscheinungsformen dieser Strategie und Taktik der Aufweichung" hin, die sich auf das „Aufspüren von Lücken in der Forschung und von Auffassungen unserer Historiker, die noch nicht genügend beweiskräftig fundiert sind"[259], konzentrierten, und sorgsam registrierten sie im Auftrag ihrer Führungsoffiziere auch die leiseste Andeutung über einen Stellungswechsel im Lager des Gegners. Aus dieser Perspektive demonstrierte die westliche Gegenwissenschaft in ihren einzelnen Bewegungen genau die Geschlossenheit und Einheitlichkeit, die auf der eigenen Seite herzustellen so viel Mühe kostete, und dank dieser Projektionsleistung besaß selbst die Nachricht einen hohen Informationswert, daß ein westdeutscher Historiker auf einem deutsch-deutschen Kolloquium „in Kiel außerordentlich zurückhaltend aufgetreten (ist). Dieses Auftreten erfolgte offensichtlich auf höhere Anweisung."[260]

[256] Ebd., MfS AIM 3237/71, A, 1, HA XVIII/5/3, Bericht, 15.9.1965.

[257] Vgl. zu den Hintergründen dieser Entwicklung, S. 279ff.

[258] BStU, MfS AIM 10772/85, II, Bd.1, HA XVIII/5/1, GI „Mai" am 22.3.1966, 25.3.1966.

[259] Ebd., „Mai", Über die Strategie und Taktik des ideologischen und politischen Kampfes der westdeutschen imperialistischen Geschichtsschreibung gegen die DDR bzw. das sozialistische Lager, 20.12.1965.

[260] Ebd., Information, o.D.

In der Verlagerung des geheimdienstlichen Ausforschungsinteresses von der Aufspürung innerer Feinde im eigenen Lager hin zur ‚Aufklärung' des äußeren Gegners im Westen läßt sich dieselbe Konsolidierung ablesen, die auch in der Analyse des Entwicklungsgangs des Akademie-Instituts selbst zutage trat. Nirgendwo aber wird die Veralltäglichung der Beziehungen zwischen Staatssicherheit und Geschichtswissenschaft plastischer als in dem zunehmenden Bemühen der Historiker-IM, ihre Berichtempfänger für eigene Ziele einzuspannen und den geheimdienstlichen Kontrollapparat gleichsam zum innerfachlichen Partner zu machen. Freilich gewannen „eigen-sinnige" Ambitionen[261] in diesem Feld eine individuell sehr unterschiedliche Ausprägung. Während beispielsweise IM „Rolf" nur sehr verhalten sein durch die Kooperation mit dem MfS erworbenes Wissen im internen Gespräch in prestigesteigernder Weise einsetzte und IM „Mai" lediglich einmal darum bat, daß ihre Rehabilitation als loyale SED-Genossin den tschechischen Kollegen vom MfS aus übermittelt werde, nutzte IM „Werner" seine Geheimdienst-Verbindungen ganz offensiv, indem er die Staatssicherheit kurzerhand in den Rang einer fachlichen Zuarbeiterin versetzte: „Der IM bat im Anschluß an den Treff um unsere Unterstützung. Er sei verantwortlich für die Zusammenstellung des 7. Bandes der Geschichte der deutschen Arbeiterbewegung. In diesem Band wird vom Autorenkollektiv unter Leitung des Gen. Walter Ulbricht die Forderung gestellt, mit einzuarbeiten, wieviel Provokationen an der Staatsgrenze der DDR in der Zeit von 1949 bis 1955 durchgeführt wurden und wieviel Genossen der Sicherheitsorgane dabei ermordet wurden. Außerdem eine Zahlenangabe, wieviel Genossen bei[m] fasch[istischen] Putsch am 17.06.1953 ermordet wurden."[262]

Im Januar 1970 bediente der zum GMS umgestufte Informant „Werner" sich sogar der Parallelstruktur des MfS, um endlich die immer noch schwebende Lösung der immer dringenderen Raumfrage des Akademie-Instituts voranzutreiben, und führte bei einem Treffen vehemente Klage darüber, daß die Akademie-Leitung die Gesellschaftswissenschaften sträflich unterschätze und materiell nicht hinreichend ausstatte, was in der Folge das dem Geschichtsinstitut zugewiesene Projekt einer zwölfbändigen Nationalgeschichte ernsthaft gefährde. Sein Vorbringen hatte immerhin den Erfolg, daß die Abteilung XVIII/5 sich in die Rolle eines Lobbyisten drängen ließ: „Es wird gebeten, über unsere Möglichkeiten auf das Problem hinzuweisen."[263] In derselben Zeit avancierte die Staatssicherheit zumindest auf der Führungsetage des Akademie-Instituts gar zu einem wissenschaftlichen Kooperationspartner, der über die Hochschule des MfS in Potsdam-Eiche

[261] Zum Begriff des „Eigen-Sinns" vgl. Lindenberger, Die Diktatur der Grenzen, bes. S. 23ff.

[262] BStU, MfS AIM, 3237/71, A., Bd. 1, HA XVIII/5/3, Treffbericht, 12.10.1965.

[263] Ebd., HA XVIII/5/1, Information, 29.1.1970.

mit seinen besonderen Kompetenzen in dieses Projekt einer Geschichte des deutschen Volkes in zwölf Bänden einbezogen werden könnte. Vorverhandlungen über „Beteiligung der Hochschule am Projekt (besonders zu 17.6.1953 und 13.8.1961)" seien bereits geführt, ließ GMS Werner seinen Führungsoffizier wissen: „Die Leitung des ZI wird jetzt ein Schreiben an Gen. Minister Mielke richten, wo offiziell gebeten wird, eine solche Zusammenarbeit zu ermöglichen."[264]

Zumindest für den Bereich des Akademie-Instituts läßt sich festhalten, daß auch das Verhältnis zwischen dem Geheimdienst und der Historiographie in der DDR sich in den sechziger Jahren in vieler Hinsicht gleichsam ‚normalisiert' hatte: Die Überwachung war effizienter geworden, sie gehorchte nun einer gezielten Planung, und sie hatte sich so weit verstetigt, daß die Rekrutierung ohne Hindernisse auf genau den vom MfS anvisierten Forschungsfeldern erfolgte. Den damit erreichten Wandel in den sachlichen wie personalen Beziehungen reflektierten die Einschätzungen des MfS selbst: „Der IM wurde – bedingt durch objektive Umstände – überwiegend für die Beschaffung von Informationen über den politisch-moralischen Zustand des Institutes und nur begrenzt zur operativen Bearbeitung von Personen eingesetzt. Er gab jedoch aus eigener Initiative eine Reihe von Hinweisen."[265] Wie in einem Hohlspiegel bündelt diese Feststellung eine Entwicklung, in der aus der terroristischen Einschüchterung durch willkürliche Geheimdienst-Zugriffe mehr und mehr eine umfassende, bürokratisierte Durchleuchtungspraxis geworden war, die peinlich genau den Regeln der Konspiration folgte und so den akuten Schrecken des Ausnahmezustandes in die strukturelle Alltäglichkeit einer lautlosen, aber ubiquitären Überwachungsnormalität zu überführen half.

264 Ebd., Information, 20.2.1970.

265 Ebd., MfS AIM 10772/85, I, Bd. 1, Einschätzung, 30.6.1969. Über die allgemeine Entwicklung der Staatssicherheit zur „poststalinistischen Großbürokratie mit universalem sicherheitspolitischem Anspruch" vgl. Gieseke, Das Ministerium für Staatssicherheit, S. 387ff.

IV. Inhaltliche Homogenisierung: Der Entstehungsprozeß des Lehrbuchs der deutschen Geschichte

1. Konsensualität als Leitkategorie

Nachdem in den vorangegangenen Abschnitten die institutionelle Verankerung der staatssozialistischen Geschichtsschreibung in der DDR am Beispiel ihres Akademie-Instituts für Geschichte behandelt wurde, steht im folgenden Teil die Verständigung über die Inhalte des neuen Geschichtsbildes im Mittelpunkt. Die DDR-Geschichtswissenschaft hat in ihrer vierzigjährigen Geschichte verschiedene Anläufe zur Schaffung einer verbindlichen historischen ‚Meistererzählung' unternommen, angefangen von den Lehrbriefen zur deutschen Geschichte über die achtbändige „Geschichte der deutschen Arbeiterbewegung" bis hin zu dem vom staatlichen Untergang überholten und unvollendet gebliebenen Unternehmen einer „Geschichte des deutschen Volkes"/„Deutschen Geschichte" in zwölf Bänden. Die herausragendste Rolle unter diesen Kollektivvorhaben aber nahm das „Lehrbuch der deutschen Geschichte"[1] ein, und das gleich in doppelter Hinsicht: Zum einen versuchte es, eine geschlossene Darstellung der gesamten deutschen Nationalgeschichte von den Jäger- und Sammlerhorden im Altpaläolithikum bis zur Gegenwart zu geben, zum anderen beanspruchte seine Schaffung die Kräfte der DDR-Historiographie über fast zwanzig Jahre und spiegelt so exemplarisch die einzelnen Entwicklungs- und Wandlungsphasen des sozialistischen Geschichtsdiskurses in den fünfziger und sechziger Jahren.

Das Lehrbuch war von Anfang an ein Projekt der neuen, parteimarxistischen Geschichtswissenschaft, und sein Ziel war es, „den werktätigen Massen – den wahren Schöpfern der Geschichte – die Vergangenheit zu beleuchten, damit sie ihren heutigen Kampf mit den revolutionären Tradi-

[1] Der ursprüngliche Name des geplanten Werkes lautete „Lehrbuch der Geschichte des deutschen Volkes". Nachdem der sowjetische Historiker W.G. Brjunin 1955 eingewandt hatte, daß der Begriff „Volk" enger sei als „Nation" und die ebenfalls geschichtsmächtigen „Ausbeuterklassen" nicht einschließe, wurde der Titel zunächst in „Lehrbuch der Geschichte Deutschlands" geändert. Die einzelnen Abschnitte des Lehrbuchs erschienen schließlich als „Lehrbuch der deutschen Geschichte (Beiträge)", während das dreibändige Gesamtwerk den Titel „Deutsche Geschichte" erhielt. Zur Geschichte des Hochschullehrbuchs: Pfundt, Die Gründung des Museums; Kowalczuk, Legitimation eines neuen Staates, S. 169ff.; Neuhäußer-Wespy, Die SED und die Historie, S. 26ff. u. S. 67f.; Sabrow, Planprojekt Meistererzählung.

tionen verbinden".[2] Schon an diesem Anspruch zeigt sich, daß das Lehrbuch-Unternehmen einem holistischen Geltungs- und Durchdringungsanspruch folgte, der mit seiner Beherrschung der Gegenwart auch die Macht über das Gestern und Morgen verband und dabei die Grenze zwischen Erkenntnis und Handeln, zwischen Wissenschaft und Politik in der gleichen Weise aufhob wie in der institutionellen Entwicklung des IfG zum Zentrum der sozialistischen Vergangenheitsbetrachtung in der DDR.[3] Es ergänzte die wissenschaftsorganisatorische Offensive der neuen Historiographie um die inhaltliche und stand für den Versuch, die deutsche Geschichte von Grund auf und in einem einheitlichen und geschlossenen Interpretationsrahmen zu erneuern, der „alle Fälschungen aus der deutschen Geschichte ausmerzen" sollte.[4]

Wie das Akademie-Institut für Geschichte, so ging auch das Lehrbuch der deutschen Geschichte auf die „Revolution von oben"[5] zurück, in der die SED seit 1950 die zunächst schleichende Umwandlung der überkommenen Fachtraditionen mit energischen politischen Maßnahmen zur vollständigen „Eroberung der Festung Wissenschaften" weiterzutreiben begann. Auf der 7. Tagung des ZK der SED im Oktober 1951 wurde den Historikern der DDR „die wissenschaftliche Ausarbeitung der Geschichte Deutschlands und der deutschen Arbeiterbewegung" auf marxistisch-leninistischer Grundlage zur Aufgabe gemacht und zu diesem Zweck beschlossen, „ein qualifiziertes Autorenkollektiv zur Vorbereitung eines Lehrbuches der Geschichte des deutschen Volkes zu schaffen".[6] Tatsächlich war in den davorliegenden Jahren wenig unternommen worden, um den politischen Führungsanspruch der SED in der historischen Forschung und Lehre auch inhaltlich durchzusetzen. Obwohl die universitäre Ausbildung schon seit der Hochschulreform 1951 nach einem einheitlichen, marxistisch-leninistischen Lehrprogramm erfolgte, beschränkten sich die dazu passenden Geschichtstexte – abgesehen von den Schriften der „Klassiker" selbst – auf die Arbeiten von Franz Mehring, einige sowjetische Übersetzungen und das von kommunistischen Funktionären wie Wilhelm Pieck, Albert Norden, Fred Oelßner und Walter Ulbricht publizierte Schrifttum. Um die Lücke notdürftig zu füllen, gab das Deutsche Pädagogische Zentralinstitut seit 1951 im Rahmen des Fernstudiums sogenannte Lehrbriefe heraus. Für den Schulunterricht erschienen 1952 erste Geschichtsbücher auf parteiideologischer Grundlage, und im selben Jahr eröffnete das Museum für deutsche Geschichte seine vom Politbüro selbst abgenommene Schau der Geschichte auf marxistisch-

2 SAPMO-BArch, DY 30, IV 2/9.04/108, Roland Franz Schmiedt, Das Lehrbuch der Geschichte des deutschen Volkes – eine wichtige ideologische Waffe (i. f. zit. als 1. Entwurf).

3 Ebd.

4 Lösche, Ein Hochschullehrbuch der Geschichte.

5 Kowalczuk, Legitimation eines neuen Staates, S. 164.

6 Die wichtigsten ideologischen Aufgaben der Partei, S. 581f.

leninistischer Grundlage. Im engeren Bereich der Fachwissenschaft aber konnte die Offensive der SED nur auf eine einzige Gesamtdarstellung zur deutschen Geschichte aus marxistisch-leninistischer Sicht zurückgreifen, nämlich auf den entsprechenden (und zudem erst 1953 ins Deutsche übersetzten) Abschnitt zur Geschichte Deutschlands in der „Großen Sowjet-Enzyklopädie".[7] Im übrigen blieb den Geschichtsfunktionären der Partei nur übrig, „eine gründliche Durcharbeitung des Meisterwerks marxistischer Geschichtsdarstellung, der Stalinschen Geschichte der KPdSU (B), Kurzer Lehrgang" zu propagieren.[8]

Um bei der ideologischen Homogenisierung der neuen Geschichtswissenschaft nicht hinter deren institutioneller Verankerung zurückzuhinken, drängte die SED-Führung auf möglich rasche Erarbeitung des neuen Leittextes und legte in der ZK-Entschließung vom 20. Oktober 1951 fest, „daß das Lehrbuch nach einer breiten vorhergehenden öffentlichen Diskussion spätestens im Jahre 1953 erscheint".[9] Die Historiker bemühten sich, dem Willen der Partei Genüge zu tun: Noch nicht ein Jahr nach der ZK-Tagung trat ein offiziell berufenes Autorenkollegium zusammen, um die Arbeit an dem geforderten Kompendium aufzunehmen und die ersten Gliederungsentwürfe zu beraten. Während die langwierige Gründungsgeschichte des Akademie-Instituts für Geschichte vor allem daran krankte, daß der fachliche Rahmen des künftigen Forschungszentrums nicht klar genug umrissen worden war und es nicht von einer anerkannten Führungsfigur vorangetrieben wurde, räumten hier zwei wissenschaftspolitische Grundsatzentscheidungen mögliche Hindernisse dieser Art von vornherein aus dem Weg. Die eine betraf den Leiter des Lehrbuch-Projekts. An seine Spitze wurde im Januar 1952 mit Alfred Meusel der zu der Zeit noch unbestrittene Kopf der marxistisch-leninistischen Historikergruppe in der ostdeutschen Fachdisziplin berufen, der als Direktor des Museums für deutsche Geschichte am ehesten über die personellen und fachlichen Voraussetzungen verfügte, um ein ‚vorläufiges Autorenkollektiv' zu bilden und das weitere Prozedere energisch in die Hand zu nehmen. Ein anschließend von ihm verfaßtes Gutachten wies zum zweiten den Weg, um das geplante Lehrbuch so rasch und reibungslos wie möglich zu erarbeiten: „Das Lehrbuch soll eine marxistisch-leninistische Darstellung der deutschen Geschichte geben. Es würde deshalb unzweckmäßig sein, die Abfassung einzelner Teile des Lehrbuches bürgerlichen Gelehrten anzuvertrauen."[10] Damit hatten sich all die Schwierigkeiten erledigt, die zuvor am Museum für deutsche Geschichte mit der Berufung eines auch „bürgerliche Gelehrte" einschließenden Fach-

7 Geschichte Deutschlands (Große Sowjet-Enzyklopädie, Reihe Geschichte und Philosophie, 22), Berlin (O) o.J. [1953].

8 Diehl, Wie erfüllen unsere Historiker ihre Aufgaben, S. 818.

9 Die wichtigsten ideologischen Aufgaben der Partei, S. 582.

10 SAPMO-BArch, DY 30, IV 2/9.04/106, Alfred Meusel, Gutachten zu Fragen des Lehrbuches der deutschen Geschichte, 18.4.1952.

beirates aufgetreten waren[11] und die in derselben Zeit dazu beitrugen, die Schaffung des Akademie-Instituts für Geschichte zu hemmen. Von langwierigen Debatten und Scheinkompromissen mit nicht-marxistischen Fachvertretern unbelastet, konnte das Autorenkollektiv für das Lehrbuch als homogene Gruppe marxistisch-leninistischer Historiker arbeiten, die bei aller denkbaren Diskrepanz in inhaltlichen Fragen dasselbe fachliche Grundverständnis einte und damit auch die Überzeugung, daß Politik und Wissenschaft eine unlösbare – und wünschenswerte – Einheit bildeten. Demzufolge kannte die Entstehungsgeschichte des Lehrbuchs keine erkennbare Zäsur, durch die politischer Auftrag und wissenschaftliche Bearbeitung voneinander abgegrenzt würden.[12] Im Gegenteil: Meusels Gutachten schlug vor, den Minister für Volksbildung Paul Wandel zum Vorsitzenden einer Verfasserkommission zu machen, der neben sieben Fachhistorikern auch der ZK-Sekretär für Propaganda Fred Oelßner und sein Abteilungsleiter Kurt Hager angehören sollten. Wenige Tage später fertigte die Abteilung Propaganda den Entwurf einer Beschlußvorlage für das ZK, die diesem Votum folgte und nur die von Meusel geforderte Anbindung des Projekts an sein Museum ausklammerte.[13]

Daß dennoch auch auf dem Boden eines solchen politisch-wissenschaftlichen Grundkonsenses tiefgreifende Auseinandersetzungen um den Charakter des Lehrbuches unvermeidbar werden könnten, bewies Meusel selbst schon kurz darauf, als er gegenüber der ZK-Abteilung Propaganda eine Reihe von Bedingungen für eine erfolgreiche Lehrbuch-Arbeit geltend machte, die sich in der Hauptsache mit der offenbar als prekär empfundenen Kongruenz von politischem Interesse und fachlichem Selbstverständnis des Autorenkollektivs befaßten. Seine bislang kategorische Absage an die Mitarbeit nicht-marxistischer Historiker schwächte Meusel nun dahingehend ab, „daß es *im allgemeinen* unzweckmäßig sein dürfte, die Abfassung des

11 Vgl. zur Konstiuierungsgeschichte dieses „Wissenschaftlichen Rats" des Museums für deutsche Geschichte Pfundt, Die Gründung (Ms.), S. 37ff.

12 Es gehört zum selben Denkhorizont, wenn genauso spätere historiographiegeschichtliche Arbeiten in den achtziger Jahren ihr Erkenntnisziel in dem Nachweis sahen, wie stark die DDR-Geschichtswissenschaft auch in der Lehrbuch-Frage von der Politik gesteuert worden sei: „Die Arbeit kann neue Kenntnisse und Erkenntnisse über die Führungsrolle der SED bei der Durchsetzung des Marxismus-Leninismus in der Geschichtswissenschaft der DDR vorlegen und zeigen, wie die Partei der Arbeiterklasse diesen Prozeß als Teil der sozialistischen Revolution auf dem Gebiet der Ideologie und Kultur führte und voranbrachte. Sie liefert den Nachweis, daß und wie die SED über die Förderung der Tätigkeit des Autorenkollektivs Einfluß auf die Entwicklung der ganzen Geschichtswissenschaft nahm." Fischer, Zur Rolle des Autorenkollektivs, S. II.

13 SAPMO-BArch, DY 30, IV 2/9.04/106, Sektor Geschichte, Entwurf einer Sekretariatsvorlage, 21.4.1952.

Lehrbuches bürgerlichen Wissenschaftlern anzuvertrauen"[14], und versah sie mit einer Begründung, die weniger auf die SED Rücksicht nahm als auf die Empfindungen der ‚bürgerlichen' Kollegenschaft.[15] Auch empfahl er nun eine Aufspaltung der Kommissionsmitglieder in verantwortliche Autoren einerseits und „politische Berater" andererseits, um die Kompetenzen der vorgeschlagenen Fachhistoriker und der SED-Funktionäre des Gremiums voneinander abzugrenzen. Ein offenkundiger Interessenkonflikt zwischen Partei und Fachdisziplin kam des weiteren in Meusels Forderung zum Ausdruck, den festgelegten Termin für die Fertigstellung des Lehrbuchs noch einmal gründlich zu überdenken: „Es ist unmöglich, ein hieb- und stichfestes wissenschaftliches Werk in demselben Tempo abzufassen, in dem jetzt das Museum eingerichtet werden mußte."[16] Das hinter diesem Verlangen stehende Mißtrauen richtete sich nicht gegen eine prinzipielle Einbindung der Historie in das politische Handeln der SED-Führung, wohl aber gegen eine substanzschädigende Unterordnung der wissenschaftlichen Arbeit unter politische Nutzungsinteressen. Es bestimmte Meusel darüber hinaus zu einer grundsätzlichen Äußerung über das Ziel der bevorstehenden Arbeit, die sichtlich von den Denkformen eines tradierten – also ‚bürgerlichen' – Geschichtsdenkens beeinflußt waren: „Das Lehrbuch soll eine marxistisch-leninistische Darstellung der deutschen Geschichte geben. Das bedeutet nicht, daß es eine Zitatensammlung mit verbindendem Text sein soll. Das Lehrbuch muß eine genaue und umfassende Kenntnis der Tatsachen und Zusammenhänge vermitteln. Es darf nicht so abgefaßt werden, daß der Leser zwar überreichlich die Meinungen des Verfassers über bestimmte Ereignisse erfährt, daß er aber, wenn er sich über die Ereignisse selbst unterrichten will, schließlich doch wieder auf eines der Compendien zurückgreifen muß, die ihm die Tatsachen, in eine bestimmte reaktionäre Ideologie eingewickelt, servieren."[17]

Den schließlich ausgehandelten Kompromiß fixierte der Sektor Geschichte im ZK-Apparat im September 1952 mit der schriftlichen Festlegung verbindlicher „Richtlinien" für das Kollektivvorhaben.[18] Meusel kam entgegen, daß in ihnen hinsichtlich der Bildung des Autorenkollektivs zwischen den eigentlichen wissenschaftlichen Bandautoren und den bloßen Beratern unterschieden wurde[19], und wenigstens als Teilerfolg konnte er

[14] Ebd., Alfred Meusel an das ZK der SED, Abteilung Wissenschaften, 13.5.1952 (Hervorhebung durch mich; M.S.).

[15] „Es würde zu schweren Unstimmigkeiten führen, wenn die von ihnen abgefaßten Teile und Kapitel schließlich doch abgelehnt werden müßten." Ebd.

[16] Ebd.

[17] Ebd.

[18] Ebd., Sektor Geschichte, [Erster] Entwurf der Richtlinien für die Ausarbeitung des Hochschullehrbuches der Geschichte des deutschen Volkes, 8.9.1952.

[19] Allerdings durchkreuzte Kurt Hager mit seiner Ankündigung, im Rahmen des Lehrbuchs einen eigenen Beitrag im Rahmen der Periode 1815 bis 1849 zu verfassen, der

auch verbuchen, daß das Datum der Fertigstellung des Gesamtwerkes in den Herbst des per ZK-Beschluß festgesetzten Jahres gerückt wurde.[20] Auf der anderen Seite allerdings bedeutete der Umstand, daß die Richtlinien entgegen früheren Überlegungen das geplante Werk bis in die unmittelbare Gegenwart, also 1952, weiterzuführen vorschrieben, einen Affront gegen die Mehrheit auch der Parteimarxisten unter den DDR-Historikern, die der besonderem politischem Erwartungsdruck ausgesetzten Gegenwartsgeschichte der DDR kaum weniger distanziert gegenüberstanden als ihre ‚bürgerlichen' Kollegen. Gleichzeitig definierten die Richtlinien die geltenden Konstruktionsprinzipien des zu entwerfenden Geschichtsbildes: „Die feste *wissenschaftliche* Grundlage des Lehrbuches sind die Lehren von Marx, Engels, Lenin und Stalin, ist der historische Materialismus. [...] In jedem Abschnitt ist die Beurteilung der Vorgänge der deutschen Geschichte durch die Klassiker zur Grundlage der Darstellung zu machen."[21] Nicht weniger aber insistierten die Richtlinien darauf, daß die damit vollzogene Kanonisierung der Klassiker-Auslassungen zur deutschen Geschichte die hergebrachten Standards der historischen Erkenntnisbildung in keiner Weise einschränke: „Bei der Darstellung geht das Lehrbuch vom konkreten geschichtlichen Tatsachenmaterial aus. Es gibt *auf dieser Grundlage* eine Analyse und eine wissenschaftliche Einschätzung und Erklärung der geschichtlichen Ereignisse."[22]

In diesen gleichrangig nebeneinander stehenden Orientierungsmarken zeigt sich, daß die Entstehungsgeschichte des Lehrbuch-Projekts einen latenten Widerspruch zwischen konkurrierenden Diskursnormen in sich barg, der in den „Richtlinien" nur äußerlich überspielt wurde. Den tatkräftigen Fortgang des Lehrbuch-Projekts hinderte dies zunächst allerdings nicht. In einer Beratung am 8. Juli 1952 wurde die deutsche Geschichte in elf Perioden eingeteilt, für die gleich viele Autoren mit den entsprechenden Lehrbuch-Abschnitten und der Maßgabe beauftragt wurden, bis Ende August 1952 eine Disposition ihres Beitrags zu erstellen. Als Auftraggeber fungierte fortan das Staatssekretariat für Hochschulwesen, das den Mitgliedern des am 8. Juli gebildeten Autorenkollektivs förmliche Berufungsurkunden verlieh und Alfred Meusel am 1. September 1952 offiziell mit der Leitung des Unternehmens betraute. Als das neugebildete Verfassergremium am 14. Oktober zu seiner ersten eigenständigen Beratung zusammen-

dem Abschnitt über Marx und Engels gewidmet sein sollte, sofort wieder Meusels Versuch, die Linie zwischen Vertretern der Partei und denen der Geschichtswissenschaft so weit wie möglich zu verwischen. Vgl. Fischer, Zur Rolle des Autorenkollektivs, S. 13.

20 SAPMO-BArch, DY 30, IV 2/9.04/106, Sektor Geschichte, (Zweiter) Entwurf der Richtlinien für die Ausarbeitung des Hochschullehrbuches der Geschichte des deutschen Volkes, 8.10.1952.

21 Ebd. (Hervorhebung im Original).

22 Ebd. (Hervorhebung durch mich; M.S.).

trat, konnte es seine fachliche Autorität nicht nur darauf stützen, daß in ihm mit Meusel, Stern, Schreiner, Kuczynski, Obermann und Engelberg die komplette Führungsriege der neuen marxistischen Geschichtswissenschaft in Ostdeutschland versammelt war. Es wußte sich auch darin bestärkt, daß die einzelnen Entscheidungen über Charakter und Umfang der vor ihm liegenden Arbeit in enger Abstimmung mit der politischen Führung getroffen worden waren, und es konnte sich der Entschlossenheit der Parteispitze gewiß sein, dem Lehrbuch-Projekt auf allen Ebenen staatlichen und parteilichen Handelns hohe Priorität einzuräumen.

Von außen betrachtet, rechtfertigte der Erfolg den Einsatz. Zwar vergingen insgesamt sieben Jahre, bis 1959 als erster Beitrag der Band 4 der Lehrbuch-Reihe gedruckt vorlag, der die Zeit vom Ende des Dreißigjährigen Krieges 1648 bis zur Französischen Revolution 1789 behandelte.[23] Noch im selben Jahr aber erschienen zwei weitere Abschnitte des Lehrwerks[24], und ihnen folgten nacheinander die übrigen Einzelbände, bis 1969 die gesamte Lehrbuchreihe auf knapp 5000 Druckseiten in zwölf Bänden und einheitlich gelb-roter Ausstattung im Deutschen Verlag der Wissenschaften publiziert vorlag.[25] Eine gekürzte und überarbeitete Version in drei Teilbänden, die damit den ursprünglichen Gliederungsgedanken wiederaufnahm, schloß im Jahr darauf das Gemeinschaftswerk ab[26], das sich im Ergebnis über zwei Generationen der DDR-Geschichtsschreibung hinweg gespannt hatte und ganz im Sinne des ursprünglichen Konzeptes neben remigrierten Parteihistorikern der ersten Stunde auch Nachwuchsautoren zu Mitarbeitern ge-

23 Schilfert, Deutschland von 1948.

24 Es handelte sich um die Abschnitte 1, 5 und 7: Otto, Deutschland in der Epoche der Urgesellschaft; Streisand, Deutschland von 1789 bis 1815; Engelberg, Deutschland von 1849 bis 1871.

25 1961 erschienen als Bd. 6 und 9: Obermann, Deutschland von 1815 bis 1849, u. Klein, Deutschland von 1897/98 bis 1917. Der nächste Abschnitt des Lehrbuches, Bd. 2, wurde 1963 publiziert: Stern/Bartmuß, Deutschland in der Feudalepoche von der Wende des 5./6. Jh. bis zur Mitte des 11. Jh. 1964 kamen als Bd. 2/2 und 2/3 heraus: Stern/Gericke, Deutschland in der Feudalepoche von der Mitte des 11. Jh. bis zur Mitte des 13. Jh.; Stern/Voigt, Deutschland in der Feudalepoche von der Mitte des 13. Jh. bis zum ausgehenden 15. Jh. 1965 schlossen sich als Bd. 3 und 8 an: Steinmetz, Deutschland von 1476 bis 1648; Engelberg, Deutschland von 1871 bis 1897. 1967 erschien als Bd.10 der mit 535 Druckseiten umfangreichste Beitrag: Ruge, Deutschland von 1917 bis 1933. 1969 schließlich wurde die Lehrbuchreihe durch die Beiträge 11 und 12 abgeschlossen: Paterna/Fischer/Gossweiler/Markus/Pätzold, Deutschland von 1933 bis 1939; Bleyer/Drechsler/Förster/Hass, Deutschland von 1939 bis 1945.

26 Deutsche Geschichte in drei Bänden. Der dritte Band stützte sich allerdings nur in Teilen auf bereits veröffentlichte Lehrbuch-Beiträge (nämlich im Abschnitt 1917–1933 von Wolfgang Ruge) und übernahm für die Zeit nach 1945 die Kapitel 12 bis 15 der kurz zuvor erschienenen „Geschichte der deutschen Arbeiterbewegung" in einer von den jeweiligen Autoren überarbeiteten Form.

macht hatte, die ihre fachliche Ausbildung erst in der DDR absolviert hatten.

Erfolgreich blieb das Hochschullehrbuch auch nach seinem Erscheinen. Anders als die achtbändige Geschichte der Arbeiterbewegung, die bereits wenige Jahre nach ihrer Drucklegung mit dem politischen Führungswechsel von 1971 als inhaltlich überholt in den Hintergrund gedrängt wurde, avancierte das Lehrbuch zum Standardwerk der universitären Fachausbildung, in der es als zentrale Pflichtlektüre figurierte, und blieb auch in der wissenschaftlichen Forschung bis zum Ende der DDR unbestrittenes Eichmaß der fachlichen Praxis, wie sich an den Neuauflagen erwies, die fast alle Lehrbuchbeiträge erlebten.[27] Daß es auch über die engere Fachöffentlichkeit hinaus weite Verbreitung fand, belegen die hohen Druck- und Verkaufszahlen, die für die Erstauflagen der Beiträge zwischen 8.000 und 20.000 Exemplaren lagen[28] und dennoch für manche Lehrbuchbeiträge schon kurz nach Erscheinen eine unveränderte Neuauflage erforderlich machten. Auch die dreibändige Zusammenfassung wurde daher ungeachtet ihres jeweils gegen achthundert Seiten betragenden Umfangs gleich bei Erscheinen mit 20.000 (für Band I und II) bzw. gar mit 30.000 (für Band III) Exemplaren aufgelegt.[29] Nicht nur aus der Perspektive der Verkaufszahlen erfüllten sich die mit dem Lehrbuch verknüpften Erwartungen: Für Lehre und Forschung stellte es auf autoritativer Grundlage die sozialistische Variante der nationalen ‚Meistererzählung' bereit, deren Fehlen den Vormarsch des neuen Geschichtsbildes in den fünfziger Jahren so nachhaltig behindert hatte. „Jeder Student der Geschichte und darüber hinaus jeder historisch Interessierte erhält einen Leitfaden der Geschichte unseres Volkes, der auf wissenschaftlichen Prinzipien fußt", konnte in diesem Sinne das *Neue Deutschland* die Publikation der ersten Lehrbuch-Abschnitte begrüßen. „Auch für die Forschung ist jetzt eine klarere Orientierung möglich. Jeder, der sich mit einem Einzelthema befaßte, war bisher genötigt, die allgemeinen Zusammenhänge der von ihm behandelten Teilereignisse selbst zu erarbeiten. Jetzt kann er sich auf die im Lehrbuch [...] vorliegenden, wenn auch natürlich

27 Eine Spitzenposition nahmen hier die Lehrbuchbeiträge von Obermann und Klein ein, die beide 1961 erschienen und es auf jeweils fünf Auflagen brachten. Vier Auflagen erlebten die Bände 2/1 (Stern/Bartmuß) und 5 (Streisand), während die Autoren der Bände 1 (Otto), 2/3 (Stern/Voigt), 4 (Schilfert), 7 (Engelberg), 10 (Ruge) sich mit drei Auflagen zufriedengeben mußten. Lediglich zwei Auflagen erreichten die Bände 2/2 (Stern/Gericke), 3 (Steinmetz), 8 (Engelberg) und 12 (Bleyer/Drechsler/Förster/Hass), und über die Erstauflage nicht hinaus kam lediglich ein einziger Lehrbuch-Beitrag, nämlich der Band 11 von Paterna/Fischer/Gossweiler/Markus/Pätzold.

28 Vgl. die entsprechenden Druckgenehmigungen für die einzelnen Lehrbuch-Beiträge in: BArch, DR 1, 3308, 3673, 3676, 3680, 3681.

29 Ebd., 3076, Druckgenehmigung für „Deutsche Geschichte" in 3 Bänden, Bd. I, 8.8.1964, u. Bd. II, 6.11.1964; ebd., 3681, Druckgenehmigung für „Deutsche Geschichte" in 3 Bänden, Bd. III, 21.11.1967.

keineswegs abschließenden Ergebnisse stützen."[30] Das Hochschullehrbuch ergänzte die institutionelle Verankerung der neuen Geschichtswissenschaft um ein inhaltliches Interpretationsgefüge, das dem Anspruch nach sachliche Kohärenz mit politischer Verbindlichkeit verschränkte und so das Fundament einer Rekonstruktion der historischen Wirklichkeit schuf, die nur mehr von außen als – mehr oder minder – künstlich wahrgenommen werden mußte, aus der Binnenperspektive aber als – mehr oder minder – natürlich erscheinen konnte.

Doch der Weg hin zur Veralltäglichung eines anderen Geschichtsdenkens war gewundener und langwieriger, als die äußere Erfolgsbilanz der Lehrbuch-Reihe vermuten lassen möchte. Hinter der Glätte des fertiggestellten historischen Leittextes verbargen sich die inneren Spannungen und Gegensätze einer zwischen den Maximen der Politik und der Wissenschaft balancierenden Lehrbuch-Produktion, die sich nicht weniger mühevoll und diskontinuierlich vollzog als der Formierungsprozeß des historischen Forschungsinstituts an der Akademie der Wissenschaften, bis sie am Ende und unter Abstreifung ursprünglicher Ambitionen zu einer eigenen diskursiven Normalität fand, die dann ihre eigentliche innerdisziplinäre Bindungskraft ausmachte. Diese Metamorphose tritt besonders eindrucksvoll am Schicksal des übergreifenden fachlichen Verständigungsstandards zutage, an dem sich die Arbeit des Autorenkollektivs orientierte: ihrer Fixierung auf Geschlossenheit und Konsens.

Mit dem Projekt des Hochschullehrbuchs hatte die neue marxistische Geschichtsschreibung ihrer ‚bürgerlichen' Kontrahentin im Westen den Kampf gleich in doppelter Weise angesagt. Nicht nur unternahm sie es, dem ‚reaktionären und unwissenschaftlichen' Bild der deutschen Nationalgeschichte ein ‚fortschrittliches und wissenschaftliches' entgegenzustellen und „wissenschaftlich nach[zu]weisen, daß das Volk die entscheidende Kraft in der geschichtlichen Entwicklung ist".[31] Vielmehr verband sie mit diesem Vorhaben auch eine Überwindung des überkommenen Individualismus in der historischen Wissenschaft durch die sozialistische Gemeinschaftsarbeit: Eine so große Aufgabe könne „von keinem einzelnen Historiker, sondern nur von einem Kollektiv gelöst werden, in kameradschaftlicher Zusammenarbeit und in kämpferischer Auseinandersetzung marxistischer Historiker", versuchte der wissenschaftliche Sekretär des Autorenkollektivs das geplante Unternehmen 1955 einem breiteren Publikum nahezubringen.[32] Seine werbende Präsentation war von dem Optimismus durchdrungen, daß das Lehrbuch-Projekt die Fähigkeit der sozialistischen Gemeinschaftsarbeit unter Beweis stellen würde, in kürzester Zeit Aufgaben zu lösen, zu deren Bewältigung die ‚bürgerliche' Historiographie im Westen infolge der in ihr

[30] Müller, Die Grundfragen der Nation.
[31] Lösche, Ein Hochschullehrbuch der Geschichte.
[32] Schmiedt, Das neue Lehrbuch.

herrschenden Zersplitterung und individuellen Konkurrenz gänzlich unfähig wäre. Tatsächlich arbeitete das 1952 berufene Autorenkollektiv für das Lehrbuch wissenschaftsorganisatorisch auf der Grundlage eines permanenten kollektiven Diskussionsprozesses, der die Entstehung des Werkes von der Festlegung der Eckdaten für jeden Band über die Erarbeitung der einzelnen Dispositionen bis hin zum endgültigen Abschluß des druckfähigen Manuskriptes begleitete und ihm nach dem Willen seiner Schöpfer die innere Homogenität verleihen sollte.

Der angestrebten Einheitlichkeit in der Erarbeitung entsprach die Homogenität des angestrebten Resultats – und dies in einem Maße, daß die Herstellung eines fachlichen Konsenses zur wichtigsten Richtschnur der historiographischen Selbstverständigung und zum entscheidenden Prüfstein der wissenschaftlichen Erkenntnisgewinnung auf allen Ebenen der Arbeit am Lehrbuch wurde.[33] Diesem Denken lag der für das staatssozialistische Geschichtsdenken konstitutive Glaube an den Abbildcharakter geschichtlicher Erkenntnis zugrunde, der es erlaube, „das Abbild des historischen Prozesses der Wirklichkeit getreu [zu] reproduzieren".[34] Der Fortschritt des Wissens über die Vergangenheit erschien der autoritativen „Einführung in das Studium der Geschichte" von Walther Eckermann und Hubert Mohr daher „ein immerwährender Prozeß der Annäherung an die absolute Wahrheit [...], welcher über die Erkenntnis relativer Wahrheiten verläuft" und in dem Begriffe wie „richtige Deutung" der Tatsachen und „exaktes Bild des historischen Gesamtprozesses" die entscheidenden Eckpfeiler bildeten.[35] Der ‚bürgerlichen' Pluralität der historiographischen Produkte hielt dieser wissenschaftliche Monismus die Pluralität der historiographischen Prozedur entgegen, und er insistierte darauf, daß auf dem gemeinsamen weltanschaulichen Boden des Marxismus-Leninismus auch die breiteste Diskussion über geschichtliche Fragen nicht ins Chaos führe, sondern im Gegenteil die Berücksichtigung einer möglichst großen Zahl von Gesichtspunkten auf dem gemeinsamen Weg zur ‚richtigen Erkenntnis' erlaube.

Dieses Ideal einer konsensuellen Diskussion, die letztlich in einem einheitlichen Ergebnis münden müsse, beherrschte auch das Lehrbuch-Unternehmen, in dem die individuelle Zuständigkeit des einzelnen Autors für die Auswahl und Interpretation der historischen Tatsachen in musterhafter Weise durch die Geltungskraft einer kollektiven Urteilsbildung abgelöst werden sollte: „An der Schaffung dieses Kollektivs mitzuhelfen, ist die *erste* Pflicht *jedes* von der Partei der Arbeiterklasse und der Regierung unseres Arbeiter- und Bauernstaates zur Mitarbeit berufenen Historikers"[36],

[33] Die folgende Darstellung rekapituliert meine Ausführungen in: Planprojekt Meistererzählung, S. 275ff.

[34] Eckermann/Mohr (Hg.), Einführung in das Studium der Geschichte, S. 72.

[35] Ebd., S. 70f.

[36] SAPMO-BArch, DY 30, IV 2/9.04/108, Schmiedt, Das neue Lehrbuch (2. Entwurf) (Hervorhebungen im Original).

verlangte der Sekretär des Autorenkollektivs 1955 öffentlich und ließ im Pathos dieses Appells bereits durchblicken, daß mit der Revolutionierung des tradierten Geschichtsbildes auch ein grundsätzlicher Wandel im Charakter der historischen Erkenntnisgewinnung in der neuen Geschichtswissenschaft verknüpft sei: „Die Diskussion und die gemeinsame Aufgabenstellung haben bereits dazu beigetragen, die Bildung eines Kollektivs anzubahnen. Es ist jedoch notwendig, diese Ansätze weiter zu entwickeln, damit ein *wirkliches* Kollektiv entsteht. Hierin sehen der Vorsitzende des Autorenkollektivs sowie sein Referent eine besonders wichtige Aufgabe in der nächsten Zeit. Die Schaffung eines wirklichen Autorenkollektivs ist eine notwendige und unabdingbare Voraussetzung für die Lösung der Aufgaben dieses Kollektivs."[37].

Doch beschränkte die Geltungskraft des Kollektivitäts- und Konsensgebotes sich nicht allein auf das Gremium der Lehrbuchautoren, sondern bezog im weiteren auch die Rezipienten des Werkes ein. Aus diesem Grund waren nicht weniger als zwei der insgesamt fünf Phasen, in die die Erarbeitung des Geschichtswerkes sich gliedern sollte, für die öffentliche Diskussion der Arbeitsergebnisse reserviert, deren Auftakt die Publizierung der im Autorenkollektiv verabschiedeten Dispositionen in der ZfG bildete. Nicht geringere Bedeutung kam einer zweiten öffentlichen Bearbeitungsphase des im Entstehen begriffenen Lehrbuchs zu: der Diskussion der fertiggestellten Manuskripte. In einem internen Bericht vom Februar 1954 skizzierte Meusel das vorgesehene Verfahren: „Es ist beabsichtigt, die Manuskripte in 2000 Exemplaren drucken zu lassen und an interessierte Institute, Wissenschaftler, Lehrer, Massenorganisationen usw. zur kritischen Stellungnahme zu versenden. Es soll eine Diskussion auf *breitester* Grundlage entfaltet werden. Selbstverständlich werden auch die Historiker in der UdSSR und in den Volksdemokratien gebeten werden, sich an der Diskussion zu beteiligen."[38] Hinter dieser Offensive stand die utopische Idee, den Gegensatz zwischen Leser und Autor des Lehrbuches so weit wie möglich einzuebnen und das neue Werk zum Produkt der DDR-Gesellschaft selbst zu machen: Es läge jetzt „in der Hand aller Autoren des Lehrbuches und ihrer Mitarbeiter", faßte das *Neue Deutschland* Anfang 1954 ein Gespräch mit Meusel zusammen, „mit den Dispositionen und den fertigen Texten zu unseren Werktätigen zu gehen und mit ihnen in den Betrieben und auf den Dörfern über die Arbeit zu sprechen".[39] Dieser Versuch einer möglichst umfassenden Konsensbildung kollidierte allerdings mit dem anderen Ziel, das Lehrbuch in möglichst knapper Zeit herauszubringen, und Meusel selbst hielt es für notwendig, „die Diskussionszeit auf drei Monate zu beschrän-

[37] Ebd., 107, Alfred Meusel, Bericht über den Stand der Arbeiten am Lehrbuch der Geschichte des deutschen Volkes, 15.2.1954 (Hervorhebung im Original).
[38] Ebd., (Hervorhebung im Original).
[39] Lösche, Ein Hochschullehrbuch der Geschichte des deutschen Volkes.

ken", da jedem Autor „wiederum ein bis drei Monate Zeit gegeben werden (müßten), um die eingegangenen Diskussionsbeiträge zu verarbeiten".[40]

Der Zeitpunkt der Fertigstellung allerdings rückte anschließend in immer weitere Ferne. Schon im Juli desselben Jahres wurde ein rationelleres Verfahren gefunden, um die öffentliche Konsensbildung in rascherer Zeit zu erreichen. Es sah für jedes fertiggestellte Manuskript zunächst die Bestellung eines Referenten und eines Korreferenten vor, die dem Autorenkollektiv „ein prinzipielles Gutachten" gemäß einer vom wissenschaftlichen Sekretär zu erarbeitenden Kriterienliste zu erstatten hätten. Im Anschluß an die „kritische Einschätzung" aller Manuskripte plante die Abteilung Wissenschaft nun „eine Diskussion auf möglichst breiter Basis" über das Lehrbuch im Rahmen einer fachöffentlichen Tagung zu führen, zu der neben den „namhaftesten Vertreter[n] der Geschichtswissenschaft in der Deutschen Demokratischen Republik" auch Historiker aus dem sozialistischen Lager und aus der Bundesrepublik sowie „Vertreter von Parteischulen und Schulen der Massenorganisationen, der Lehrerschaft usw." eingeladen werden sollten.[41] Doch schon im Herbst desselben Jahres wurde die fachinterne Einschätzung der vorgelegten Entwürfe abermals überdacht und kehrte das hochfliegende Ideal einer öffentlichen Konsensbildung zwischen Autoren und Publikum zurück auf den Boden des Autorenkollektivs selbst: Im Ergebnis einer Besprechung mit der Abteilung Wissenschaften wurde unter Verzicht auf die Bestellung von Korreferenten ein Gremium zur Qualitätsprüfung gebildet, das sich auf die Mitglieder des Autorenkollektivs und einzelne externe Gutachter beschränkte, die fallweise hinzuzuziehen waren.[42]

Diese Festlegung hatte zur Folge, daß die Mitglieder des Autorenkollektivs ihre Entwürfe gegenseitig begutachten ließen und dabei den von Meusels ausführlichen Stellungnahmen zu allen Dispositionen gesetzten Standard bei weitem unterschritten. Anders als ihre Historiker war die SED-Führung zu dieser Zeit allerdings noch keineswegs bereit, die Idee einer republikweiten Kampagne der ‚helfenden Kritik' aufzugeben, und sie bekräftigte ihre Forderung noch einmal mit dem „Geschichtsbeschluß" des Politbüros vom Juli 1955, der „die breite Entfaltung des Meinungsstreites unter Einbeziehung aller fortschrittlicher Historiker der Deutschen Demokratischen Republik über die Hauptprobleme der Geschichte des deutschen Volkes" für das „Wichtigste bei der weiteren Arbeit am Lehrbuch"

40 SAPMO-BArch, DY 30, IV 2/9.04/107, Alfred Meusel, Bericht über den Stand der Arbeiten am Lehrbuch der Geschichte des deutschen Volkes, 15.2.1954.

41 Ebd., Aktennotiz über die Besprechung am 13.7.1954 mit den Vertretern der Abteilung Wissenschaft und Propaganda beim Zentralkomitee der SED, 15.7.1954.

42 Ebd., Aktennotiz über die Besprechung vom 21.10.54 zu Fragen des Lehrbuchs der Geschichte des deutschen Volkes.

erklärte.[43] Zu diesem Zweck insistierte das Politbüro auf dem ursprünglich geplanten Manuskriptdruck des Lehrbuchs in einer verringerten Auflagenhöhe von 1.500 Exemplaren, „die den marxistischen und den parteilosen Historikern, qualifizierten Propagandisten, Dozenten, Lehrern der Parteischulen, ABF's und allgemeinbildenden Schulen, Archiven, Rechts-, Literatur- und Kunsthistorikern in der DDR sowie den Historikern der Sowjetunion und der volksdemokratischen Länder und fortschrittlichen Historikern Westdeutschlands zur Diskussion zuzustellen sind".[44]

Doch die im Jahr darauf im Politbüro getroffene Rückzugsentscheidung, statt der 1.500 Diskussionsexemplare die einzelnen Lehrbuchabschnitte gesondert in einer Auflage von 30.000 bzw. 50.000 Exemplaren zu veröffentlichen[45], setzte dem Vorhaben einer gleichsam vergesellschafteten Autorenschaft am neuen Lehrbuch ein Ende. Der Beschlußentwurf der ZK-Abteilung Wissenschaft und Propaganda begründete diese grundsätzliche Wendung so lapidar wie pragmatisch: „Die bisherigen vorliegenden Arbeiten zeigen, daß man sie als Beiträge zu einem Lehrbuch auch ohne vorherigen Manuskriptdruck veröffentlichen kann."[46] Nur die Parteipresse hielt daher die ursprüngliche Fiktion, daß die Lehrbuch-Autoren „in ihren Gesprächen mit den Arbeitern und Bauern gewiß manchen Hinweis und wichtige Anregungen für ihre Arbeit erhalten" würden[47], im Kern bis zum Erscheinen des ersten Beitrags aufrecht und verlangte noch 1959 unbeirrt, daß an Hand der erscheinenden Lehrbuch-Abschnitte „eine breite Diskussion der damit zusammenhängenden Fragen der marxistischen historischen Methodologie" geführt werde.[48]

In der tatsächlichen Arbeit des Autorenkollektivs hingegen war in derselben Zeit das fachliche Konsensgebot Zug um Zug ausgehöhlt und schließlich sogar im Kern neu definiert worden. Die Gründe für diesen Vorgang sind vielschichtig und weisen über das Lehrbuch-Unternehmen hinaus auf eine Zäsur in der DDR-Geschichtswissenschaft insgesamt. Die erste Ursache ist darin zu suchen, daß auf dem Boden des historischen Herrschaftsdiskurses unter der geforderten „öffentlichen Diskussion" keineswegs ein pluraler Meinungsaustausch im westlichen oder ‚bürgerlichen' Sinne zu verstehen war. Nicht allein die Verbesserung des Lehrbuchs, sondern ebenso die Verbreitung seines Geschichtsbildes hatte die Parteiführung vor Augen, wenn sie dem Autorenkollektiv vorhielt, daß der „Hauptmangel

43 Ebd., J IV 2/2/428, Protokoll Nr. 31/55 der Sitzung des Politbüros des Zentralkomitees am 5. Juli 1955, Anl. Nr. 1.

44 Ebd.

45 Ebd., IV 2/9.04/108, Alfred Meusel an die Abt. Wissenschaft und Propaganda, 1.2.1956.

46 Ebd., Wissenschaft und Propaganda, Vorlage an das Sekretariat des Zentralkomitees, 20.4.1956.

47 Lösche, Ein Hochschullehrbuch der Geschichte des deutschen Volkes.

48 Müller, Die Grundfragen der Nation.

der bisherigen Arbeit am Lehrbuch [...] die ungenügende Entfaltung des Meinungsstreites unter Einbeziehung aller fortschrittlichen Historiker" sei[49], und verlangte, die Diskussion über die Dispositionen „in der breiten Öffentlichkeit" zu entfalten.[50] Deren volkserzieherischer Komponente maß auch die DDR-Geschichtsschreibung rückblickend „um so größere Bedeutung zu, als in dieser Zeit generell die Aufgabe stand, den Marxismus-Leninismus in der Geschichtswissenschaft zur Geltung zu bringen. Die Arbeit an den Dispositionen, die ja veröffentlicht werden sollten, war damit nicht einfach nur als Selbstverständigung der Autoren wichtig, sondern besaß darüber hinaus bedeutenden Wert für die Verbreitung einheitlicher konzeptioneller Vorstellungen über die deutsche Geschichte von ihren Anfängen bis zur Gegenwart."[51] Hinter diesem Denken stand das Modell einer gleichsam „geschlossenen Öffentlichkeit", in der Freiheit und Bindung zusammenfallen und der Austausch der Ansichten am Ende in ein einheitliches Ergebnis mit Verbindlichkeitscharakter münden müßten.

Über Jahrzehnte hinweg waren es daher paradoxerweise nicht allein die Historiker, sondern womöglich stärker noch ihre Parteiführung, die immer wieder das geringe Niveau des „wissenschaftlichen Meinungsstreits" beklagte und an die Wissenschaftler im SED-Staat appellierte, ihn „echter" oder „leidenschaftlicher" zu führen als bisher.[52] Schon die ständige Vergeblichkeit dieses Aufrufs illustriert, wie irreal dieses ideologische Konsensideal tatsächlich war, das nur auf dem festen Grund eines gebundenen Denkens vorstellbar war. Auch im Falle des Lehrbuchs geriet die öffentliche Erörterung der vorgelegten Entwürfe in das Dilemma, daß sie vom Publikum als tatsächliches Diskussionsangebot aufgefaßt wurde, wie sich etwa an der Auseinandersetzung um die erste veröffentlichte Disposition von Leo Stern über die deutsche Geschichte im Mittelalter erwies. Sterns Disposition wurde, „nachdem sie im Autorenkollektiv eingehend beraten und besprochen worden" war, unter dem Namen ihres Autors, aber gleichzeitig als „Meinung und Auffassung des Autorenkollektivs"[53] in einem der ersten Hefte der neugegründeten ZfG publiziert[54], begleitet von einer redaktionellen Diskussionsaufforderung, die den didaktischen Vermittlungsaspekt ganz hinter dem fachlichen Begutachtungsanliegen zurücktreten ließ: „Wir [...] bitten unsere Leser um kritische Stellungnahme in der Überzeugung, daß

49 SAPMO-BArch, DY 30, IV 2/9.04/90, Die Aufgaben der Geschichtswissenschaft nach dem IV. Parteitag, 3. Entwurf.

50 Ebd., J IV 2/2/428, Protokoll Nr. 31/55 der Sitzung des Politbüros des Zentralkomitees am 5. Juli 1955, Anl. Nr. 1.

51 Fischer, Zur Rolle des Autorenkollektivs, S. 17.

52 Zu diesem Topos des Geschichtsdiskurses in der DDR: Diesener, „Scharf gezielt und nicht getroffen".

53 SAPMO-BArch, DY 30, IV 2/9.04/107, Alfred Meusel, Bericht über den Stand der Arbeiten am Lehrbuch der Geschichte des deutschen Volkes, 15.2.1954.

54 Stern, Disposition des Hochschullehrbuchs.

eine breite Diskussion der vorliegenden Entwürfe die Arbeit an dem bedeutungsvollen Werk außerordentlich fördern wird."[55] Tatsächlich gingen etwa 30 Zuschriften aus dem In- und Ausland bei der Redaktion ein[56], und sie bewegten sich ganz innerhalb der geltenden Diskursordnung einer parteilichen Geschichtswissenschaft. Die Kommentatoren argumentierten im Rahmen der materialistischen Weltanschauung, sie beriefen sich auf Auslassungen der Klassiker, und sie monierten Abweichungen von sowjetischen Überblicksdarstellungen.[57] Dennoch kamen sie zu vielfach ganz unterschiedlich konturierten Bildern der deutschen Vor- und Frühgeschichte und demonstrierten so, daß auch die konsequente Beachtung der diskursiven Regeln des sozialistischen Geschichtsdenkens durchaus nicht zu dem erwarteten „exakten" Geschichtsbild führen müsse, geschweige denn ein verbindliches Kriterium zur Unterscheidung zwischen „richtig" und „falsch" liefere.

Besonderes Interesse verdient in diesem Zusammenhang die kritische Stellungnahme des Lesers Burchard Brentjes, weil sie die Dilemmata einer gebundenen Diskussion auf dem Boden der neuen Geschichtswissenschaft besonders eindrucksvoll offenlegt. Brentjes bekräftigte eingangs seiner Zuschrift die patriotische Aufgabe des Lehrbuchs, aus dem „die Werktätigen Begeisterung und Kraft zur erfolgreichen Lösung der vor uns stehenden Aufgaben schöpfen" sollten. Gerade diesem Bekenntnis entnahm Brentjes alsdann den Maßstab seiner Kritik an Sterns Entwurf: „Es dürfen in ihm keine Überreste reaktionärer bürgerlicher Ideologie oder Versuche der Verwässerung des Marxismus enthalten sein." Von diesem Auftraggeber, Autoren und Rezipienten der neuen ‚Meistererzählung' einigenden Ansatz her verriß Brentjes Sterns Disposition, weil sie sich „einseitig auf die Quellen stützt, die die Ansichten der damals herrschenden Klassen wiedergeben", weil sie den Anteil des Slawentums bei der Schaffung der deutschen Nation unterschätze und folglich „der ideologischen Untermauerung des deutschen Imperialismus" Vorschub leiste, weil sie den deutschen Weg als „verhängnisvolle Sonderentwicklung" qualifiziere und mit dieser Anlehnung an die „Misère-Theorie" „die faschistische Diktatur der zwölf Jahre und die neofaschistische Diktatur in Westdeutschland" letzten Endes entschuldige.[58]

55 Ebd., S. 628.

56 Eine Aufstellung der einzelnen Zuschriften brachte die ZfG in einer redaktionellen Vorbemerkung zur Diskussion (ZfG 2 [1954], S. 759).

57 Beispiele in: SAPMO-BArch, DY 30, IV 2/9.04/107, Hans Mottek, Bemerkungen zur Disposition zum 1. Band des Hochschullehrbuches für Geschichte, u. Georg Krüger, Zur Disposition des Hochschullehrbuches der Geschichte des deutschen Volkes (Bd. 1), sowie ebd., 106, M.M. an das Staatssekretariat für Hochschulwesen, 27.10.1953.

58 Ebd., 107, Burchard Brentjes, Einige Bemerkungen zur Disposition des Hochschullehrbuches der Geschichte des deutschen Volkes.

Stärker als durch diese grundsätzliche Einrede auf dem Boden einer gemeinsamen Denkordnung konnte das für die Lehrbuch-Arbeit konstitutive Konsensgebot kaum der Absurdität überführt werden. Die Träger des Lehrbuch-Projekts in Partei und Wissenschaft brachte dieser unterminierende Vorstoß in einen kaum lösbaren Zwiespalt: Die eingegangene Kritik ungefiltert zu publizieren, hätte bedeutet, einer ‚bürgerlichen' Pluralität Vorschub zu leisten, die die Grundlagen der geltenden Diskursordnung zu sprengen geeignet war; sie zu unterdrücken, hieße umgekehrt die diskursive Leitkategorie der Konsensualität gänzlich aufzugeben und die oktroyierte Künstlichkeit der historischen Verständigungsregeln zu offenbaren. Dies erkannten die Fachhistoriker offenbar schneller als der zuständige Geschichtsreferent im ZK, Ernst Diehl, an den sich Brentjes zunächst mit der Frage gewandt hatte, ob seine kritischen Anmerkungen hilfreich sein könnten. „Genosse Diehl, dem ich beiliegenden Artikel übersenden wollte, empfahl mir, ihn in Eurer Zeitschrift zu veröffentlichen, da die entsprechende Disposition auch in Eurer Zeitschrift erschienen ist", ließ Brentjes die ZfG-Redaktion im Mai 1954 wissen. Die aber nahm, wie sie in einer späteren Aktennotiz festhielt, wider Brentjes' Erwarten überhaupt nicht Stellung, sondern leitete seine Kritik zusammen mit den anderen bei ihr eingegangenen Zuschriften weiter an Leo Stern als den verantwortlichen Autor der Disposition.[59]

Brentjes bat daraufhin am 11. Juli 1954 um Rücksendung seines Manuskripts, um es anderswo zu publizieren. Dadurch unter Druck geraten, antwortete die Redaktion am 17. Juli, „daß durchaus die Absicht bestünde, die zu den Dispositionen einlaufenden kritischen Stellungnahmen in der Zeitschrift zu verwerten".[60] Brentjes reagierte umgehend mit der Feststellung, „daß er seinen Artikel zum Zweck der Veröffentlichung übersandt habe und nicht zum Zwecke einer auszugsweisen Verwertung in anderem Zusammenhang". Am 16. August unternahm Fritz Klein namens der ZfG-Redaktion abermals den Versuch, Brentjes „davon zu überzeugen, daß wir nicht die Absicht hätten, Kritik zu unterdrücken, sondern lediglich aus sachlichen bzw. rein räumlichen Gründen von der vollständigen Veröffentlichung seiner wie auch anderer Kritiken bei uns absehen müßten".[61] Brentjes gab es daraufhin vorerst auf, auf eigene Faust gegen die Haltung der ZfG anzurennen, sondern wandte sich direkt an das Politbüromitglied Fred Oelßner, um „die Redaktion einer eigenartigen Auffassung von wissenschaftlichem Meinungsstreit" anzuklagen: „Nicht die Kritiken werden gedruckt, sondern nur die Antwort des Kritisierten [...], weil nicht genug Raum für den Abdruck

[59] Ebd., 114, Fritz Klein, Betr.: Veröffentlichung der Kritik des Genossen Dr. Brentjes an der Disposition des ersten Bandes des Lehrbuches, 6.1.1955.

[60] Ebd. Gleichzeitig betonte die Redaktion, „daß wir selbstverständlich nichts dagegen hätten, wenn Gen. Brentjes seinen kritischen Beitrag an anderer Stelle in vollem Umfang veröffentlichen wolle". Ebd.

[61] Ebd. Brentjes Ausarbeitung umfaßte elf Schreibmaschinenseiten.

der Kritiken vorhanden wäre".[62] Oelßner gab die Angelegenheit an die Abteilung Wissenschaft und Propaganda weiter, die ihrerseits nun Brentjes wissen ließ, daß die ZfG im Wortlaut nur „die besonders fundierten Kritiken der sowjetischen Wissenschaftler" veröffentlichen würde. „Die übrigen Kritiken wird Genosse Stern in einem zusammenfassenden Referat darlegen und seine Stellungnahme dazu begründen. Die Redaktion der Zeitschrift wird sich verpflichtet fühlen, dafür zu sorgen, daß dabei die strengste Objektivität gewahrt wird."[63]

So geschah es. Stern, auf dem nun die freilich nach Kräften erleichterte Last einer Autor und Leser vereinenden Konsensbildung über seinen Abschnitt oblag, wehrte sich allerdings zunächst gegen Fritz Kleins „Urgenz in der Frage der Zusammenfassung der kritischen Stellungnahmen zu meiner Disposition und um die von Euch angegebene Frist".[64] Er gab zu bedenken, daß es sich immerhin um etwa 60 Problemfragen handele, auf die er eingehen müsse. Ihm war im Einklang mit den geltenden Verständigungsnormen des Faches wohl bewußt, daß eine möglichst weitgehende Homogenisierung der Kritiken untereinander und mit seinem Entwurf oberstes Gebot sein müsse. Dies sei aber außerordentlich zeitaufwendig – besonders hinsichtlich „der geplanten Zusammenfassung, die, wenn man exakt und für unsere weitere Arbeit fruchtbringend vorgehen will, außerordentliche Sorgfalt erfordert: einmal um die Konkordanz bzw. Diskordanz der verschiedenen Kritiker zu bestimmten Fragen festzustellen und dann die übriggebliebenen noch zu klärenden Problemfragen".[65]

Eine solche Strategie der Problemeingrenzung und -teilung mochte in bezug auf diejenigen Leserstellungnahmen greifen, die ihre Kritik auf Einzelaspekte beschränkten und die von Stern vorgelegte Disposition im Grundsatz billigten; hinsichtlich der von Brentjes geltend gemachten Grundsatzkritik war sie von vornherein aussichtslos. Als wesentliche Hilfe, um die öffentliche Geltungskraft des historischen Konsensideals auch in seinem Falle zu wahren, erwies sich allerdings, daß die Leser der ZfG die Stimme von Brentjes nur aus dem Munde Sterns vernehmen konnten. In seiner nach detaillierter Abstimmung mit der Abteilung Wissenschaft und Propaganda und vor allem mit der ZfG-Redaktion schließlich publizierten Sammelantwort[66] betonte Stern zunächst den „unvergleichliche[n] Wert der kritischen Stellungnahmen", durch die die Schwächen des ersten Entwurfs „mit der ganzen Schärfe einer objektiven, im wahrsten Sinne des Wortes

62 Ebd., Burchard Brentjes an Fred Oelßner, 18.8.1954.

63 Ebd., Abt. Wissenschaft und Propaganda an Burchard Brentjes, 27.9.1954.

64 Ebd., 107, Leo Stern an Fritz Klein, 9.9.1954.

65 Ebd.

66 Gerade für die Stellen, in denen Stern auf Brentjes einging, erarbeitete die ZfG-Redaktion „neue Formulierungsvorschläge", die dann mit Stern abgestimmt wurden. Ebd., 114, Fritz Klein an Rolf Dlubek, 20.11.1954.

helfenden Kritik sichtbar gemacht worden sind"[67], um anschließend Brentjes als Eiferer hinzustellen, der „offensichtlich (glaubt), durch seine besondere ideologische Wachsamkeit die Disposition beim Versuch der Infiltration der ‚fortschrittsfeindlichen Theorie von der deutschen Misère' ertappt zu haben".[68] Stern beantwortete den impliziten Angriff auf ein Grundelement der nicht-pluralen Verständigung über die Vergangenheit im SED-Staat, indem er die Autorität des Angreifers zunächst mit der des Autorenkollektivs übertrumpfte[69], um anschließend den fehlenden Konsens in re an die fehlende Konsensbereitschaft in homine zurückzureichen: „Die Mitarbeiter am Lehrbuch beachten sehr aufmerksam alle kritischen Äußerungen zu ihrer schwierigen und verantwortungsvollen Arbeit am Lehrbuch und sind sich stets der Tatsache bewußt, daß ihre Arbeit durch Berücksichtigung kritischer Stellungnahmen von anderer Seite nur gewinnen kann. Wir halten es jedoch für eine Selbstverständlichkeit, daß Kritiker, die vom Boden des Marxismus-Leninismus aus kritisieren, ihre Kritik bei aller notwendigen sachlichen Schärfe im ganzen als kameradschaftliche und helfende Kritik auffassen. Brentjes hat als einziger von allen Kritikern seine Auffassungen in einer Form zu vertreten versucht, die u.E. als unsachlich und als einer schöpferischen Diskussion abträglich zurückgewiesen werden muß."[70]

Damit war der die Normen der Verständigung über die Vergangenheit bedrohende Kritiker unschädlich gemacht worden, indem er selbst wegen Regelverletzung aus dem historischen Diskurs ausgeschlossen wurde. An seinem Fall zeigte sich die Janusköpfigkeit des Topos der ‚helfenden Kritik', die in der Kommunikation der gebundenen Geschichtswissenschaft der DDR eine Schlüsselrolle einnahm: Auf der einen Seite verlieh er dem Prozeß der Verwandlung von Vergangenheit in Geschichte beflügelnde Kraft, indem er die Schranken zwischen Produzenten und Rezipienten des sozialistischen Geschichtsbildes einzureißen erlaubte; auf der anderen Seite band er die Teilhabe am Geschichtsdiskurs an die Bereitschaft, Kritik in Konsens zu überführen, und wurde so zum Korrespondenzbegriff einer geschlossenen Öffentlichkeit. Dennoch blieb die Ausgrenzung einer regelverletzenden Stimme ein Notbehelf, der anzeigte, daß der sozialistische Geschichtsdis-

67 Stern, Erste Zwischenbilanz, S. 919. Auch in Sterns Antwort schien wieder ein Verständnis von wissenschaftlicher Diskussion auf, das Kritik nicht als wechselseitige Befruchtung unterschiedlicher Deutungen, sondern als ausbessernde Vereinheitlichung verstand: „Es ist für uns klar: Wir Mitarbeiter am Lehrbuch haben nach Kräften dafür zu sorgen, daß die von der Kritik aufgezeigten Mängel behoben werden." Ebd., S. 918.

68 Ebd., S. 926.

69 „Damit ist die Disposition, die von dem Autorenkollektiv sämtlicher Bände des Hochschullehrbuches nach mehrmaliger Beratung und Diskussion zum Druck gegeben wurde, wieder einmal von B. Brentjes angeklagt, fortschrittsfeindliche, der Entwaffnung der Werktätigen dienende Theorien zu enthalten!" Ebd.

70 Ebd., S. 927, Anm. 8.

kurs in der DDR-Historie seine selbstverständliche Geltung noch keineswegs voll erreicht hatte. Nach außen hin und von der ZfG-Redaktion als „Beginn einer wissenschaftlichen Auseinandersetzung in größerem Rahmen" begrüßt, vermochte die öffentliche Diskussion von Sterns Disposition zwar die Fiktion eines durch Rede und Gegenrede herstellbaren Konsenses über das sozialistische Geschichtsbild zu wahren. Nach innen aber sprach Brentjes das abschließende Wort: „Eine öffentl[iche] Diskussion, auf der nur die kritisierte Seite auftreten darf, ist keine, sondern läuft auf eine Unterdrückung der Kritik hinaus."[71] Er jedenfalls werde nach dieser Erfahrung zu den kommenden Dispositionen keine Meinungsäußerung mehr absenden, „da ich nicht die Gewähr der Diskussion sehe".[72] So wie Brentjes dachten auch andere.[73] Zu der folgenden Disposition von Gerhard Schilfert etwa liefen nur noch vier öffentliche Stellungnahmen von Historikern ein[74] – seiner formalen Behauptung zum Trotz hatte das Konsensideal seine emphatische Kraft bereits verloren, und das erloschene Feuer der Lehrbuch-Diskussion wiederanzublasen, wurde nun eine Aufgabe der zuständigen ZK-Behörde, die „die Hilfe der Partei bei der Entfaltung einer Diskussion zur Disposition des Lehrbuches" versprechen mußte.[75]

Aber nicht nur in der Öffnung zur Öffentlichkeit erlitt das Konsensideal des neuen Diskurses in der Mitte der fünfziger Jahre Schaden. Auch innerhalb des Autorenkollektivs nahmen in fast ironischer Umkehr der anfänglichen Erwartungen die substantiellen Kontroversen im Laufe der gemeinsamen Arbeit nicht ab, sondern im Gegenteil zu. Wie immer, wurden auch in diesem Fall die zugrundeliegenden Leitnormen erst explizit formuliert, als ihre Gültigkeit schon in Frage stand. Diesmal war es das Sekretariat des ZK selbst, das 1954 die schleppende Fertigstellung des Lehrbuches zu beschleunigen hoffte, indem es das Konsensideal noch einmal für verbindlich

[71] SAPMO BArch, DY 30, IV 2/9.04/114, Burchard Brentjes an Ernst Diehl, 2.10.1954.

[72] Ebd.

[73] Selbst am Marx-Engels-Lenin-Stalin-Institut erregte sich der frühere Direktor der Parteihochschule „Karl Marx", Rudolf Lindau, über die Abwürgung der Diskussion: „Es besteht die Gefahr, daß wenn wir unsere Kritik einsenden, wir gleichfalls so behandelt werden." Ebd., 107, [MELS-Institut], Protokoll der wissenschaftlichen Beratung über die Disposition für das Hochschullehrbuch der Geschichte des deutschen Volkes (1918–1945), 2.12.1954.

[74] Ebd., 109, Roland Franz Schmiedt an Abt. Wissenschaften, 6.2.1959. Eine Reihe weiterer Rückäußerungen erreichten den Verfasser allerdings offenbar ohne Kenntnis des Lehrbuch-Sekretärs. Vgl. Fischer, Zur Rolle des Autorenkollektivs, S. 57.

[75] „Zu diesem Zweck wird sich die Abt. Wissenschaft und Propaganda mit den Betriebsparteiorganisationen an den Universitäten bzw. Historischen Instituten in Verbindung setzen und sie bitten, bei der Organisierung und Durchführung von Diskussionen zu helfen." SAPMO-BArch, DY 30, IV 2/9.04/107, Aktennotiz über die Besprechung vom 21.10.54 zu Fragen des Lehrbuchs der Geschichte des deutschen Volkes.

erklärte: „Das Lehrbuchkollektiv muß die wichtigsten Fragen der deutschen Geschichte so lange gründlich diskutieren, bis eine prinzipielle Übereinstimmung erreicht ist."[76] Wie es mit dieser Übereinstimmung in Wahrheit bestellt war, hatte Meusel kurz zuvor in einem Bericht fixiert, der unter der Rubrik „Wichtige Fragen bzw. Probleme, die bei der Besprechung der Dispositionen nicht geklärt wurden", nicht weniger als 22 offene Kontroversen allein für die Zeit von 1400 bis 1849 aufführte.[77] Sie umfaßten etwa für den Abschnitt 1648 bis 1789 Fragen, die die DDR-Geschichtswissenschaft bis zum Untergang der DDR beschäftigen sollten, so beispielsweise die „Einschätzung des Absolutismus in Österreich, Preußen, Sachsen und anderen größeren deutschen Ländern". Nicht weniger strittig war „die qualitativ verschiedene Rolle Preußens und Rußlands bei den Teilungen Polens", nachdem sich nicht alle Beteiligten bereitgefunden hatten, bündnispolitische Erwägungen umstandslos in die Vergangenheit zu verlängern.[78] Unlösbare Differenzen verursachten selbst einzelne Ereignisse wie die Schlacht von Roßbach, deren Bedeutung für die deutsche Geschichte Meusel anders sah als manche seiner Kollegen: „Dieses Ereignis löste zweifellos eine gewisse Begeisterung in Deutschland aus. Man darf diese jedoch nicht überschätzen und nicht auf den preußischen Junkerstaat beziehen."[79]

Der Vorsitzende des Autorenkollektivs hatte nicht nur hier einen eigenen Standpunkt. Gravierender war, daß er offenbar auch das der Lehrbuch-Arbeit zugrundeliegende Wissenschaftsverständnis nur bedingt teilte und gerade dessen substantiellen Kern mit Unbehagen verfolgte, nämlich den in Konsensgebot und Kollektivitätsnorm gleichermaßen zum Ausdruck kommenden Geschlossenheitsanspruch der fachlichen Praxis. Auf der Diskursebene des SED-Apparats gab es an der konsensuellen Grundverfassung der sozialistischen Geschichtswissenschaft keinen Zweifel, so daß die immer neuen Entwürfe zum „Geschichtsbeschluß", die die zuständige ZK-Abteilung im Frühjahr 1955 vorlegte, unbeirrt in der „Entfaltung der Diskussion" das entscheidende Heilmittel gegen den „Hauptmangel" in der von immer

[76] Ebd., 90, Über die Kaderentwicklung in der Geschichtswissenschaft. Aufgaben der Institute und Archive, 2. Fassung, o.D.

[77] Ebd., 107, Alfred Meusel, Bericht über den Stand der Arbeiten am Lehrbuch der Geschichte des deutschen Volkes, 15.2.1954. Für die jüngere Geschichte war die Bilanz noch düsterer: „Die Probleme bzw. Fragen, die sich in den Abschnitten von 1850–1945 bzw. 1954 ergeben werden, können in diesem Bericht noch nicht aufgeführt werden. Die von den Autoren gelieferten Beiträge – sofern sie überhaupt geliefert wurden – sind nicht ausreichend. Außerdem müßten sie erst im Kollektiv diskutiert werden." Ebd.

[78] Zur Begründung der qualitativen Differenz führte Meusel an: „Während Preußen Gebiete mit nicht-deutscher Bevölkerung annektierte, erhielt Rußland bei diesen Teilungen Gebiete, die von slawischer Bevölkerung bewohnt waren und historisch gesehen zu Rußland gehören." Ebd.

[79] Ebd.

neuen Verzögerungen und Kontroversen gekennzeichneten Arbeit am Lehrbuch erblickten. Meusels Entgegnung aber verriet, daß der Vorsitzende des Autorenkollektivs ungeachtet seines weltanschaulichen und politischen Bekenntnisses zum Marxismus-Leninismus den Boden eines ‚bürgerlich'-individuellen Arbeitsethos nie ganz verlassen hatte, das von der Verantwortung des einzelnen Gelehrten ausging: „Der Hauptmangel in der bisherigen Arbeit am Lehrbuch besteht darin, daß sich die Mitarbeiter am Lehrbuch wegen starker anderweitiger Inanspruchnahme nicht wirklich auf diese Aufgabe konzentrieren können. [...] Der Hauptmangel kann nicht durch eine, und er kann auch nicht durch zahllose Diskussionen überwunden werden, wie wertvoll und in die Weite wirkend Diskussionen auch sein mögen. In der Vergangenheit entstanden bedeutende Werke der Kunst und der Wissenschaft dadurch, daß sich Menschen monatelang, mitunter jahrelang auf die Bewältigung von bestimmten Problemen konzentrierten. In Zukunft werden bedeutende Werke auch nicht anders entstehen."[80]

2. Gebundene Diskussion und geschlossene Öffentlichkeit

Wie die Affinität des Vorsitzenden des Autorenkollektivs zu einem traditionellen Gelehrtenbild zeigte, herrschten offenbar auch unter profilierten SED-Historikern in den fünfziger Jahren noch über grundsätzliche Charakterzüge der sozialistischen Geschichtswissenschaft substantielle Auffassungsdifferenzen. Um den Gemeinsamkeiten und den Unterschieden des neuen Geschichtsdiskurses in der DDR gegenüber dem westlich-pluralen Fachverständnis näherzukommen, sollen im folgenden der Entstehungsprozeß und die öffentliche Rezeption der von Albert Schreiner verantworteten Disposition zum Lehrbuchabschnitt 1918 bis 1945 im Mittelpunkt der Betrachtung stehen. Schreiners Gliederung bietet sich für eine solche Fragestellung in besonderem Maße an, weil sie über ihre Veröffentlichung in der ZfG hinaus an eine Vielzahl historischer Einrichtungen mit der ausdrücklichen Aufforderung zur Stellungnahme versandt wurde, die in Auswahl samt zusammenfassender Stellungnahme Schreiners ebenfalls in der ZfG erschienen. Als einzige Disposition wurde sie sogar Gegenstand einer eigenen Arbeitstagung, und sie bildete die Grundlage für den gegenwartsnächsten aller veröffentlichten Lehrbuch-Beiträge, was sie in besonderem Maße zur Projektionsfläche für die unterschiedlichsten Darstellungsinteressen der

[80] Ebd., 90, Einwände des Gen. Prof. Meusel zum Geschichtsbeschluß. Seine Sensibilität gegenüber dem Homogenisierungszwang des historischen Herrschaftsdiskurses demonstrierte Meusel an einer anderen Stelle in derselben Kritik am „Geschichtsbeschluß" noch deutlicher: „Es ist ein großer Unterschied, ob man einen Wissenschaftler dazu auffordert, ein Problem zu lösen oder dazu, eine bereits vorgenommene oder für wünschenswert gehaltene Lösung zu verifizieren." Ebd.

Parteiführung, der Fachwissenschaft und der zeitgenössischen Teilhaber machte.

Die Behandlung der Schreinerschen Lehrbuch-Disposition im Autorenkollektiv gliederte sich in verschiedene Phasen, deren erste die auf vier Termine 1953/54 verteilte Diskussion des von Schreiner und seinen Mitarbeitern am Museum für deutsche Geschichte gefertigten Glilederungsentwurfs umfaßte. Die anschließend überarbeitete Version dieses Entwurfs erschien 1955 in der ZfG und teilte die Darstellung in zwei Hauptabschnitte, die einmal „Die Novemberrevolution und die Weimarer Republik" und zum anderen „Deutschland unter der faschistischen Diktatur" umfaßten und durchgängig zwischen narrativen Passagen und systematischen, meist stichwortartigen Themenlisten wechselten. Auch wenn Schreiner seine Darstellung nicht mit der russischen Oktoberrevolution, sondern mit der deutschen Novemberrevolution einsetzen ließ, suchte er konsequent die Bedeutung der Sowjetunion für die deutsche Geschichte auch für alle zentralen Aspekte der Weimarer Zeit herauszuheben. Der privilegierten Rolle der Sowjetunion in allen außenpolitischen Aspekten der Disposition, die im Duktus einer Zwei-Reiche-Lehre abgefaßt war und etwa in dem der Weltwirtschaftskrise gewidmeten Teil „Die Krise im kapitalistischen Sektor der Welt" den „sozialistische[n] Aufbau in der Sowjetunion" gegenüberstellte[81], entsprach die Breite, die die Disposition der kommunistischen Bewegung in der innenpolitischen Darstellung der Weimarer Republik einräumte. Der Text präsentierte seinen Gegenstand folgerichtig als Parallelgeschichte zweier selbständiger Handlungslinien der KPD und des deutschen Imperialismus. Zu den Charakteristika dieses Überblicks über die deutsche Geschichte zwischen 1918 und 1945 zählt weiterhin, daß Schreiners Disposition auf jede Andeutung einer empirischen Beweisführung ganz verzichtete und sich nirgendwo auch nur mit dem bloßen Hinweis auf stichhaltige Forschungsergebnisse aufhielt. Statt dessen stützte sie sich auf „wichtige Einschätzungen und historische Arbeiten führender Funktionäre der KPD, der SED und der internationalen Arbeiterbewegung"[82], besonders häufig aber auf entsprechende Auslassungen Stalins und die Thesen der SED zum 35. Jahrestag der KPD-Gründung.

Trotzdem war Schreiners Disposition 1918 bis 1945 ungeachtet ihres legitimatorischen Grundcharakters keineswegs nur ein Produkt politischen Zwanges, das wissenschaftlichen Ansprüchen von vornherein Hohn sprechen wollte und sich damit begnügte, der Vergangenheit rücksichtslos die Rechtfertigungsansprüche der herrschenden Einheitspartei einzuschreiben. Denn bei aller Dogmenbeflissenheit wagte sie sich zugleich auf ein vermintes Gelände vor, das selbst die parteitreuesten Kräfte in der akademischen Lehre an den Universitäten zu dieser Zeit sorgsam mieden: Als die

81 Schreiner, Disposition für das Hochschullehrbuch, S. 726.
82 ABBAW, ZIG 161/6, Fischer, Die Diskussionen von 1954/1955, S. 5.

Disposition 1918 bis 1945 im Autorenkollektiv zur Beratung stand, war noch kein Hochschullehrer an der Berliner Humboldt-Universität und auch kein Mitglied des Lehrbuch-Kollektivs in seinen Vorlesungen über die Anfänge der Weimarer Republik hinausgekommen, und ihr verantwortlicher Autor Albert Schreiner folgte durchaus nicht blind den Richtungswechseln der Parteilinie, sondern sollte in der kommenden Zeit mit seinem Beharren auf dem sozialistischen Charakter der Novemberrevolution die Kluft zwischen politischer Räson und eigenem Denken noch selbst schmerzhaft erfahren müssen.

Zunächst aber stellt sich die Frage, wie ein so stark von politischen Legitimationsinteressen geprägtes Resultat mehrjähriger intensiver Beschäftigung mit dieser Epoche der deutschen Geschichte überhaupt Gegenstand einer von den Beteiligten als sinnhaft empfundenen Diskussion im Autorenkollektiv und in der Fachöffentlichkeit werden konnte. Nach welchen Diskursregeln spielte sich der Streit um ein sozialistisches Geschichtsbild ab, das erkennbar keine empirische Bodenhaftung mehr besaß und offenkundig die Geschichte vorwiegend oder ausschließlich als ein bloßes Arsenal der politischen Auseinandersetzung mit wissenschaftlichen Mitteln verstand? Für eine nähere Untersuchung der innerfachlichen Meinungsbildung bieten sich im vorliegenden Fall Aufzeichnungen auf gleich drei Diskussionsebenen an, die nach dem Grad ihrer fachlichen Öffentlichkeit bzw. Abschließung voneinander differieren. Zum einen wurde Schreiners in der ZfG publizierte Disposition im Jahr darauf in derselben Zeitschrift in verschiedenen Stellungsnahmen öffentlich kritisiert und anschließend von ihrem Autor verteidigt. Das Gegenstück zu dieser fachöffentlichen Verhandlung bilden die Ergebnisprotokolle, die die Schreiner unterstehende Forschungsabteilung im Akademie-Institut für Geschichte über ihre Arbeit am Lehrbuchabschnitt 1918 bis 1945 anfertigte. Sie dokumentieren eine Form fachlicher Verständigung, für die innere Abgeschlossenheit und hierarchische Organisation eine nachgerade konstitutive Voraussetzung der Erkenntnisgewinnung bildete. Zwischen diesen beiden Polen stehen die protokollierten Diskussionen im Autorenkollektiv von 1953/54 über Schreiners Dispositionsentwurf, die zwar ebenfalls internen und vertraulichen Charakter trugen, aber doch gleichzeitig als Urteil unabhängiger Forscherkollegen eine eigene Form von Öffentlichkeit repräsentierten. Zeitlich bildeten sie den Auftakt der kollektiven Arbeit am Lehrbuch-Abschnitt 1918 bis 1945 und sind daher hier auch zuerst näher zu betrachten.

Als das Lehrbuch-Gremium am 12. Mai 1953 über den ersten Teil 1918 bis 1929 der von Schreiner vorgelegten Disposition beriet, fehlten aufgrund anderweitiger Verpflichtungen mit Stern, Kamnitzer und Kuczynski gleich drei prominente Vertreter einer eher gemäßigten Linie, die der bedenkenlosen Usurpation der jüngsten Geschichte durch die Parteibürokratie Widerstand hätten entgegensetzen können. Tatsächlich wurde die Kollektiv-Sitzung vom 12. Mai 1953 von Diskutanten bestimmt, die entweder unmittelbar Mitarbeiter des ZK der SED waren oder aber dem Partei-Institut für Gesellschaftswissenschaften bzw. der Parteihochschule „Karl Marx“ angehörten. Insgesamt äußerten sich acht Sitzungsteilnehmer zu Schreiners Entwurf, überwiegend mit vorbereiteten Beiträgen von 15 bis 30 Minuten Länge; eine eigentliche Diskussion ergab sich mit Ausnahme eines kurzen Wortwechsels über die Locarno-Verträge im Verlauf der mehrstündigen Besprechung hingegen nicht. In keiner Wortmeldung wurden weiterhin die Struktur der Disposition, das durch sie vermittelte Gesamtbild der historischen Vorgänge oder gar das sie prägende Wissenschaftsverständnis problematisiert; die Teilnehmer tauschten ihre Ansichten auf der Grundlage eines gemeinsamen Kanons von fachlichen Verständigungsregeln und ideologischen Überzeugungen aus.

Leitender Gesichtspunkt aller Kritiken war daher nicht allein die sachliche Stichhaltigkeit der von Schreiner vorgelegten Interpretation geschichtlicher Vorgänge, sondern genauso die Adäquanz ihrer Umsetzung in einen narrativen Text. Die versammelten Lehrbuch-Autoren diskutierten in einem gemeinsamen fachlichen Denkhorizont, der im Zweifelsfall nicht kausal, sondern modal bestimmt war und in dem der Satz vom zureichenden Grunde keinen höheren Rang beanspruchen konnte als das Prinzip der funktionellen Wiedergabe. Hieran zeigte sich eine spezifische Prägung des Geschichtsdiskurses in der DDR, die besonders die Behandlung der zeitnahen Abschnitte der allgemeinen und der Parteigeschichte ab 1917 dominierte und ihre Heimstatt vor allem an den direkt der SED unterstellten Lehr- und Forschungseinrichtungen besaß. Ihr Erkennungsmerkmal hieß „historische Verantwortlichkeit“, und es beschrieb einen Umgang mit Geschichte, der absichtsvoll die Objektivität des geschichtlichen Prozesses mit der Subjektivität ihrer Rezipienten in der Gegenwart vermittelte, der historische Erkenntnis mit politischer Erziehung verwob und im Diskursgefängnis der neuen Geschichtswissenschaft gleichsam den Hochsicherheitstrakt besetzte. Der „verantwortliche“ Geschichtsdiskurs kündigte keineswegs die Denkordnung, die den Umgang mit der Vergangenheit in der sozialistischen Fachwelt bestimmte und ihn von seinem westlichen Pendant unterschied, aber er verschärfte ihre Regeln, indem er die Produktion historischen Wissens mit der Verantwortung für ihre Vermittlung verschmolz. Anders als in dem im Zuge seiner Etablierung immer mehr zur vorbewußten Normalität gerinnenden Gesamtsystem der sozialistischen Geschichtswissenschaft war im Prinzip der ‚funktionalen Erkenntnis‘, das den verantwortlichen Geschichtsdiskurs auszeichnete, der Gegensatz zwischen Wahrheit und Interesse selbst dem eigenen Verständnis nach nicht völlig ausgelöscht. Im Gegenteil definierte es die Aufgabe des Historikers gerade darin, diesen Widerspruch durch sein Dazutun möglichst auszugleichen und mit seinem privilegierten Wissen um vergangene Vorgänge „verantwortlich“ umzugehen.

Ein Schulbeispiel des „verantwortlichen" Geschichtsdiskurses bildete die Beratung über Schreiners Disposition im Autorenkollektiv. Bemerkenswerterweise schloß dies die Austragung tiefgreifender Meinungsverschiedenheiten keineswegs aus, wie schon der allererste Diskussionsbeitrag in der Beratung des Autorenkollektivs über Schreiners Entwurf verdeutlichte. Gleich in seinem Eröffnungskommentar machte Ernst Hoffmann, Lehrstuhlleiter für die Geschichte der Arbeiterbewegung am Institut für Gesellschaftswissenschaften des ZK der SED zwei kritische Haupteinwände geltend, deren einer den Aufbau des zweiten Teils 1919 bis 1923 betraf: „Ich möchte zu bedenken geben, ob es nicht besser wäre, den Aufbau, wie er für die erste Periode gewählt ist, beizubehalten. Es kommt hier irgendwie durcheinander, man bekommt kein laufendes Geschichtsbild."[83] Im selben Duktus einer Argumentation, die weit stärker am Maßstab didaktischer Rationalität als an Kriterien der historischen Objektivität ausgerichtet war, kritisierten Hoffmann und nachher ebenso andere Diskutanten mißverständliche Argumentationen, unglückliche Formulierungen und unpassende Überschriften oder hielten dem Verfassser bei ihrer Kritik an unklaren Feststellungen die unvermeidliche Kürze seiner Disposition zugute: „Das wird wahrscheinlich im Text richtig rauskommen."[84]

Ein zweites Bewertungskriterium der zur Beratung stehenden Disposition betraf die angemessene Gewichtung der Darstellung und die Auswahl der mitgeteilten Fakten. Wenn man „einiges von Epp" mitteilt, „sollte man den Namen von Leviné erwähnen", tadelte Hoffmann in seinem zweiten Monitum die Nachlässigkeit des Dispositions-Autors, der in die neue proletarische ‚Meistererzählung' den Namen eines gegenrevolutionären Freikorpsführers aufzunehmen, aber seinen kommunistischen Gegenspieler dem Vergessen zu überantworten bereit war.[85] In demselben diskursiven Kontext einer repräsentativen Proportionalität bewegte sich Engelberg, als er von Schreiner forderte, an weiteren „Beispielen [zu] zeigen, wie durch die Unvollendetheit der bürgerlichen Revolution die Faschisierung später erleichtert wurde"; und nicht anders argumentierte Paterna in seinem Bemühen, der Zäsur von 1917 ein größeres Gewicht zu verleihen: „Es wird auch nicht genügend die Tatsache berücksichtigt, daß mit der Großen Sozialistischen Oktober-Revolution tatsächlich eine neue Wende in der Menschheitsgeschichte eingetreten war".[86]

Ein drittes Moment des kollegialen Meinungsaustauschs über den Dispositions-Entwurf von Schreiner folgte einem Prinzip innerhalb des „verantwortlichen" Diskurses, das als „funktionale Vollständigkeit" etikettiert

[83] SAPMO-BArch, NY 4198/96, Autorenkollektiv, Sitzung vom 12. Mai 1953, Äußerung Ernst Hoffmann, S. 3/1f.

[84] Ebd., S. 5/2.

[85] Ebd., S. 4/2.

[86] Ebd., Äußerung Erich Paterna, S. 6/2.

werden könnte. Die Frage, ob die von Schreiner aufgeführten Ereignisse und Entwicklungen tatsächlich ausreichten, um eine „richtige“ Sicht auf die Weimarer Republik und ihren Untergang zu vermitteln, bewegte die meisten Diskussionsredner in besonderem Maße: „Ich stelle die Frage, ob hier nicht in diesem Abschnitt doch notwendig wäre, etwas auszusagen über Literatur und Kunst und Bildungswesen in der Zeit der Weimarer Republik“, meldete sich beispielsweise Walter Schmidt zu Wort.[87] Auch Meusel, der seine Kollegen vor zu weitgehenden Forderungen nach Ergänzungen warnte[88], fand, „entweder in dieser Arbeit oder irgendwo muß man die Ideologie der Sozialdemokratie in der Weimarer Republik im Zusammenhang untersuchen“.[89] Im Auftrag seiner ZK-Behörde kritisierte Ernst Diehl, selbst diplomierter Historiker und Altphilologe, „daß die Gewerkschaften, die größte Massenorganisation der deutschen Arbeiterklasse, in dieser Disposition eine ungenügende Rolle spielen“, und monierte weiterhin: „In der Disposition wird nicht gezeigt, daß nach dem 9. November 1918 weitere revolutionäre Aktionen stattfanden, die zum Teil doch eine nicht unerhebliche Bedeutung haben.“[90]

Das vierte und wichtigste metahistorische Prinzip der gebundenen Fachdiskussion aber war die kanonische Konkordanz, also die autoritative Beglaubigung der vorgetragenen Sicht durch entsprechende Äußerungen der parteimarxistischen Nestoren und kommunistischer Parteiführer. Sie vor allem half die Entscheidung angesichts der zuweilen verwirrenden Alternativmöglichkeiten der geschichtlichen Darstellung zu treffen, wie sie beispielsweise Ernst Hoffmann in seiner Kritik an Schreiners Periodisierung der Novemberrevolution aufzählte: „Das sind die verschiedensten Auffassungen. Ich glaube, es ist notwendig, darüber pfleglich zu diskutieren. Ich persönlich habe in Stalins Werken den Ausdruck ‚Nachkriegskrise‘ nur einmal gefunden, und zwar auf dem XIV. Parteitag. Da bezieht er aber diesen Ausdruck ‚Nachkriegskrise‘ auf die Wirtschaft und rechnet sie von 1919 bis 20 oder 21. [...]. Alle übrigen Äußerungen Lenins und Stalins, die ich gelesen habe, besagen immer, daß mit der Novemberrevolution ein revolutionärer Aufschwung einsetzt, daß die November-Revolution gewissermaßen die Periode der revolutionären Stürme einleitet.“[91] Hoffmanns Unsicherheit resultierte daraus, daß für den Fall der deutschen Revolution von 1918 bei den ‚Klassikern‘ unangenehmerweise keine eindeutige Auskunft zu erhalten war. Um so sicherer war er sich aber in einer anderen Frage, die das Ende der Periode einer relativen Stabilisierung betraf und zu

87 Ebd., Äußerung Walter Schmidt, S. 22/2.

88 „Wenn wir uns vergegenwärtigen, was alles vorkommen muß, so müssen wir die doppelte Länge von dem haben, als vorgesehen.“ Ebd., Äußerung Alfred Meusel, S. 22/3.

89 Ebd.

90 Ebd., Äußerung Ernst Diehl, S. 25/2 u. 23/2.

91 Ebd., Äußerung Ernst Hoffmann, S. 2/1f.

der ein klares ‚Klassiker'-Wort vorlag: „Also Stalin spricht davon, daß nur die ersten Anzeichen für eine Wendung zu verzeichnen sind 1927".[92] Auch in den Beiträgen seiner Kollegen im Autorenkollektiv spielte Stalin die prominenteste Rolle in dieser Ersetzung der empirischen durch die autoritative Beweisführung und wurde dem Dispositionsautor beispielsweise angekreidet, daß er die „wichtige Stalinsche Feststellung, Aufteilung der Welt in zwei Lager, [...] nur dargestellt, nicht wirklich zu Grunde gelegt" habe.[93] In der Frage des linken USPD-Flügels und seiner Rolle während der Revolution wiederum meinten andere Diskutanten „an die Ausführungen vom Genossen Walter Ulbricht erinnern [zu dürfen], [...] daß der Spartakusbund und die junge KPD nicht in der Lage waren, solche großen Kämpfe von sich aus zu organisieren"[94]; und ebenso führte Ernst Diehl aus, daß im „Jahre 1923, das zeigt Genosse Ulbricht in seiner neuen Arbeit, [...] die Frage des Bündnisses der Arbeiterklasse mit der werktätigen Bauernschaft ebenfalls eine große Bedeutung (hat)".[95]

Erst in diesem Rahmen eines „verantwortlichen" Geschichtsdiskurses, der aus den Normen von didaktischer Rationalität, repräsentativer Proportionalität, funktionaler Vollständigkeit und kanonischer Konkordanz gebildet wurde, besaßen empirisch belegbare Sachverhalte denselben argumentativen Stellenwert wie auf dem Boden eines traditionellen Fachdenkens. Auf neue Funde und Veröffentlichungen der Reden Thälmanns verwies Paterna, um seine Ansicht zu untermauern, daß der spätere KPD-Führer während der Novemberrevolution in der USPD „doch schon eine große Rolle gespielt hat"[96]; „an die unzähligen sozialdemokratischen Dezernenten für Wohnungswesen in den Stadtverwaltungen" erinnerte Engelberg, um die Rolle der Architektur in der politischen Massenbeeinflussung zu begründen.[97] Eine prominentere Rolle als allgemein bekannte Fakten spielten in dieser, einem gegenwartsnahen Bereich der deutschen Geschichte zugewandten Diskussion des Autorenkollektivs allerdings persönliche Zeugnisse, die sich aus der historischen Teilhaberschaft des Dispositionsverfassers und seiner Fachkollegen ergaben.[98] Auch für sie galt freilich, daß sie sich in den skizzierten funktionalen Argumentationsrahmen der historischen „Verantwortlichkeit" fügen mußten. Taten sie es aber, konnte die persönliche Zeitzeugenschaft eine erhebliche Rolle als autoritative Bekräftigung der vorgebrachten Ansicht übernehmen, wobei freilich hier neben

92 Ebd., S. 6/1.
93 Ebd., Äußerung Erich Paterna, S. 7/1.
94 Ebd., Äußerung Erich Paterna, S. 9/2.
95 Ebd., Äußerung Ernst Diehl, S. 25/1f.
96 Ebd., Äußerung Erich Paterna, S. 9/2.
97 Ebd., Äußerung Ernst Engelberg, S. 21/2.
98 Die Einpassung von Zeitzeugenerinnerungen in das sozialistische Geschichtsbild und damit die Umwandlung des kommunikativen in ein autoritatives Gedächtnis diskutiert am Beispiel eines SED-Archivs: Vierneisel, Das Erinnerungsarchiv.

der politischen Biographie das jeweilige Alter den Diskutanten individuelle Grenzen setzte. Der 1909 geborene Engelberg konnte sein Beharren auf der wahlbeherrschenden Macht der ostelbischen Junker allenfalls beiläufig aus der persönlichen Erinnerung stärken[99], während der siebzehn Jahre ältere Schreiner seine politische Vita immer wieder als historischen Beweis einsetzte und etwa „schon auf Grund meiner Tätigkeit in Süddeutschland" unterstreichen konnte, „welche ungeheure starke Tätigkeit die Kommunistische Partei in der Bauernfrage in den Jahren der Weimarer Republik entfaltet hat".[100]

Ein Blick auf Schreiners zusammenfassende Antwort auf die gegen ihn vorgebrachte Kritik zeigt, wie stabil der diskursive Rahmen einer Fachdiskussion war, die primär nicht auf logische Plausibilität und empirische Solidität zielte, sondern auf diskursive Homogenität und fachliche Funktionalität. Er begann sein Schlußwort mit einer Anrufung der Instanz, die die Verantwortung für seine vielfältige Belastung mit wissenschaftlichen Arbeitsaufträgen trüge; „es müßte eigentlich die Partei entscheiden und mich aus einer Zwickmühle bringen, welche Arbeit ich wirklich als erste machen muß". Sodann erinnerte Schreiner die Prinzipien einer historischen Funktionalwissenschaft, deren oberste Richtschnur die Kongruenz von sachgerechter Darstellung und politischem Handeln, nicht aber die wissenschaftliche Autonomie sei, und beharrte darauf, daß funktionale sich eben nicht mit inhaltlicher Vollständigkeit decke und didaktische Rationalität nicht mit fachlicher Komplexität.[101] Erst auf dieser Grundlage war Schreiner bereit, sich näher mit den vorgebrachten Einwänden zu befassen. Er nahm eine Reihe von Ergänzungsanregungen zustimmend auf, blieb aber in einer zentralen Frage hart: „Ich denke, wir müssen und können die USPD nicht anders beurteilen, als eine – und zwar die gefährlichste – Erscheinung des

[99] „Sie konnten nicht nur die Wahl machen, später zum Beispiel – ich gehe aus von eigenen Erinnerungen, als wir Landagitation machten – haben die Junker Schlägertrupps organisiert und haben uns zugesetzt, wenn wir aufs Land gingen. Das ist auch ein Ausdruck der tatsächlichen Macht, die die Junker hatten." SAPMO-BArch, NY 4198/96, Autorenkollektiv, Sitzung vom 12. Mai 1953, Äußerung Ernst Engelberg, S. 21/2.

[100] Ebd., Äußerung Albert Schreiner, S. 29/2.

[101] „Außerdem ist es so, es waren für die ganze Periode der Disposition mir 120 Seiten zugebilligt. Wie man auf 120 Schreibmaschinenseiten diese Sache bewältigen soll, das weiß ich nicht. [...] Ich habe eine ausführliche Arbeit über den Kapp-Putsch geschrieben. Ich habe über das Gebiet genügend gearbeitet; ich weiß ungefähr, was da reinkommen soll. Wie ich das auf 120 Seiten mit dieser Ausführlichkeit, wie es hier geboten ist, tun soll, das ist mir ein Rätsel. Darüber muß man sich entscheiden, ob es bei dem Umfange bleibt oder nicht. Man kann nicht nach dem Gleichmacheprinzip verfahren: zehn Abschnitte – ein Ztr. Kartoffeln, jeder kriegt 10 Pfd. Ich denke, man muß hier wirklich danach gehen, welche Bedeutung hat der und der Abschnitt jetzt für unsere Erziehung im allgemeinen." Ebd. Äußerung Albert Schreiner, S. 27/2.

Sozialdemokratismus".[102] In seiner Beweisführung nutzte Schreiner geschickt die Normen des verantwortlichen Geschichtsdiskurses und insistierte darauf, daß seine Wertung bei näherem Zusehen das Gebot der kanonischen Konkordanz durchaus nicht übertreten müsse[103], sondern im Gegenteil bei richtiger Behandlung didaktische Rationalität mit inhaltlicher Homogenität verbinde: „Ich meine, ich bin bereit, auf diese Frage einzugehen, und vielleicht wäre es sehr dienlich, wenn man sehr ausführlich über diese Frage des Zentrismus als organisierte Form des Sozialdemokratismus in einer selbständigen Partei zusammengefaßt sprechen würde, und man soll hier zu diesem Zweck alle die Urteile, die Lenin über die USPD gab [...], mit heranziehen, um klar zu werden und keine Verwirrung in dieser Frage zu stiften."[104]

Einen anderen, aber nicht weniger aufschlußreichen Charakter trug die fachöffentliche Diskussion, die sich aus der Publikation der nach der Beratung im Autorenkollektiv überarbeiteten und in der ZfG publizierten Disposition ergab. Im November 1954 gab Schreiner bekannt, daß er im Interesse einer lebhaften Debatte seine Dispositionen zusätzlich „an eine Reihe von Persönlichkeiten" verschickt habe und „kritische Bemerkungen in reicher Zahl" zu erwarten seien.[105] Tatsächlich liefen bis zum April 1955 16 Stellungnahmen bei der Redaktion der ZfG bzw. beim Autor ein. Interessanterweise waren unter ihnen kaum Stimmen von Universitätshistorikern. Statt dessen dominierten die professionellen Protagonisten eines „verantwortlichen" Umgangs mit der Vergangenheit: Stellungnahmen lieferten vorwiegend unmittelbare Parteieinrichtungen wie die Zentral- und Sonderschulen der SED in Ballenstedt, Berlin, Erfurt bzw. Schwerin, die Gewerkschaftshochschule in Bernau und das Marx-Engels-Lenin-Stalin-Institut. Die eingesandten Vorschläge enthielten eine solche Fülle von Haupt- und Nebeneinwänden, Kritiken und Rückfragen, daß Schreiner allein in seiner zusammenfassenden Antwort auf die ihm zugegangenen Stellungnahmen nicht weniger als 56 Druckseiten der ZfG benötigte. Wenn trotz des darin zum Ausdruck kommenden beeindruckenden Engagements nicht ein einziger Beitrag das von Schreiner entworfene Bild der Geschichte seit 1918 grundsätzlich in Frage stellte, sondern alle Einsender ihre Überlegungen als „helfende Kritik" abfaßten, war dies abermals darauf zurückzuführen, daß

102 Ebd., S. 27/1f. u. 28/2.

103 „Hier kommt es nicht so darauf an, und man tut niemandem weh, weder Thälmann, noch einem anderen späteren Führer und führenden Funktionär der Kommunistischen Partei." Ebd.

104 Ebd., S. 28/2f.

105 Ebd., DY 30, IV 2/9.04/107. Autorenkollektiv für das Lehrbuch der Geschichte des deutschen Volkes, Aktennotiz über die Einzelbesprechung des Gen. Prof. Dr. Schreiner in seiner Eigenschaft als Autor des Abschnittes 1918–1945 zum Lehrbuch der Geschichte des deutschen Volkes am 29.10.54.

sie in eben demselben Regelwerk des verantwortlichen Geschichtsdiskurses argumentierten wie der Dispositionsautor selbst.

Diese Verwurzelung gab schon die fast stereotype Eingangserklärung nahezu aller Kritiker zu erkennen, daß die Disposition „viel neues Tatsachenmaterial (enthält), das eine richtige marxistische Beleuchtung erfährt“[106], und „den Grundsätzen des Marxismus-Leninismus (entspricht) und den Forderungen, die die Partei an die Geschichtswissenschaft in der DDR stellt, insbesondere auf dem IV. Parteitag und in dem offenen Brief Walter Ulbrichts“.[107] Hinter diesen allgemeinen Wendungen verbarg sich das bekannte Verständnis einer parteilichen Wissenschaft, die ihre eigentliche Bestimmung in der Verbindung von ‚richtiger‘ Erkenntnis und politischem Nutzen fände. Aus dieser Festlegung auf einen parteimarxistischen Denkstil erwuchs eine Reihe von Urteilsnormen, mit denen Autor und Kommentatoren des neuen Geschichtsbildes sich gemeinsam von jedem ‚bürgerlichen‘ Verständnishorizont abhoben und so für die strukturelle Gleichgerichtetheit ihrer Beiträge auch dort sorgten, wo diese in der Sache widersprachen. Dazu zählte zunächst der präsentistische Ton der Dispositionsdiskussion, der Gutachter beispielsweise fordern ließ, bei „der Behandlung der Selbstauflösung der bürgerlichen Parteien [...] einen Hinweis darauf zu geben, welche Rolle die führenden Vertreter dieser Parteien in der Gegenwart spielen“[108], oder „den Unterschied zwischen der Weimarer Verfassung und der Verfassung der DDR“[109] hervorzuheben; dazu zählte die spezifische Utilitaritätsprüfung aller historischen Aussagen, die einen Interpretationsvorschlag schon allein deswegen durchfallen ließ, weil er mit einer ‚sozialdemokratischen These‘ konform gehen könnte[110]; dazu zählte schließlich der funktionale Grundcharakter der Bemühung um die Historie überhaupt: „Das Studium der Geschichte des deutschen Volkes – auf Grund dieses Lehrbuches – ist ein wichtiges Mittel zur patriotischen Erziehung unserer Jugend; das Lehrbuch muß sich daher in kämpferischer Weise mit allen bürgerlichen bzw. sozialdemokratischen Argumenten und Fälschungen auseinandersetzen.“[111]

106 Brjunin, Bemerkungen zur Disposition, S. 243f.

107 Lehrstuhl „Deutsche Geschichte und Geschichte der deutschen Arbeiterbewegung“, [Zur Disposition], S. 265.

108 Ebd., S., 270.

109 Ebd., S. 268.

110 „Die Formulierung ... *einmütig durchgeführter Generalstreik, der über 12 Millionen Werktätige erfaßte. Innerhalb von drei Tagen fegte die Aktionseinheit der Arbeiterklasse die Kappisten hinweg*, erscheint unzureichend. In dieser Form könnte sie die sozialdemokratische These stützen, daß der Generalstreik vollkommen genügt hätte und der bewaffnete Kampf der Arbeiterklasse ein von den Kommunisten angestiftetes überflüssiges Abenteuer sei.“ Die Mitarbeiter des Instituts für Geschichte der Arbeiterbewegung, Bemerkungen über die Disposition, S. 253.

111 Ebd., S. 250.

Identität und Verfassung des sozialistischen Geschichtsdiskurses sicherten weiterhin die bekannten weltanschaulichen Grundannahmen des Marxismus-Leninismus, wie das Bekenntnis zum historischen Materialismus, zur Hierarchie von Basis und Überbau und zur Rolle des Klassenkampfes, aber auch zur gesetzlichen Höherentwicklung der einander ablösenden Gesellschaftsordnungen von der Urgesellschaft zum Kommunismus und zur Gesetzmäßigkeit historischer Entwicklungen. Dieser ideologische Grundkanon lieferte die dem Autor wie seinen Kritikern gemeinsame Folie, auf der beispielsweise die sozialdemokratische Politik während der Novemberrevolution wie selbstverständlich als „Verrat" erschien, weil „es die historische Aufgabe der Revolution war, die politische Macht der Arbeiterklasse zu erobern" und „die Räte historisch dazu berufen sind, proletarische Macht (Diktatur) auszuüben".[112] Auf der anderen Seite vermißten aufmerksame Kommentatoren aber den Hinweis, „daß der Faschismus keine Gesetzmäßigkeit ist und durch die Aktionseinheit der Arbeiterklasse, durch die Einheitsfront der Antifaschisten verhindert werden kann".[113] Schärfer noch formulierte die Erfurter SED-Zentralschule diesen Mangel eines Lehrbuchs, für das die Grenzen zwischen Wissenschaft und Politik, Vergangenem und Künftigem keine kategorische Geltung besaß: „Hier wird nicht ersichtlich, ob die Absicht besteht, nachzuweisen, daß der Sieg des Faschismus keine Gesetzmäßigkeit ist. Dieser Nachweis ist aber erforderlich."[114]

Ebenso finden sich im Echo der Kritik dieselben Wertungskriterien des verantwortlichen Geschichtsdiskurses, die bereits die publizierte Disposition kennzeichneten. In den vertrauten Mustern der didaktischen Rationalität dachten die Mitarbeiter des ZK-Instituts für Gesellschaftswissenschaften Schmidt und Wehling, wenn sie die Verbrechen deutscher Okkupationstruppen stärker akzentuiert wissen wollten[115], und der Kritiker Karl Fugger, der fürchtete, daß durch die gebotene Fülle historischer Details „von den Hauptlinien der geschichtlichen Entwicklung abgelenkt wird"[116], aber auch die Mitarbeiter der Erfurter SED-Zentralschule, die einwandten, „daß der Grundgedanke: der Faschismus ist ein grausames, aber kein stabiles Re-

[112] Ebd., S. 266f.

[113] SAPMO-BArch, DY 30, IV 2/9.04/107, Zentralschule der SED „Wilhelm Liebknecht", Ballenstedt, Bemerkungen zum Dispositionsentwurf des Gen. Schreiner für das Hochschullehrbuch der Geschichte des deutschen Volkes [1919–1945], 17.12.1954.

[114] Lehrstuhl „Deutsche Geschichte und Geschichte der deutschen Arbeiterbewegung", [Zur Disposition], S. 270.

[115] „In Kap. B/II, 6 halten wir es für erforderlich, weit stärker herauszuarbeiten, daß dieses ungeheuerliche Verbrechen der deutschen Faschisten an der Sowjetunion zugleich auch das größte Verbrechen am deutschen Volk selbst war. Hier muß das Lehrbuch besonders erzieherisch wirken im Sinne einer festen Freundschaft zur Sowjetunion. (Erziehung zum Internationalismus überhaupt.)" Schmidt/Wehling, Bemerkungen zur Disposition, S. 264.

[116] Fugger, Zur Lehrbuch-Disposition, S. 271.

gime, sich nicht genügend beim Lesen einprägt"[117], und die SED-Sonderschule Berlin-Niederschönhausen, die für 1918/19 aufzuzeigen verlangte, „daß die objektiven Voraussetzungen für den revolutionären Kampf um die politische Macht der Arbeiterklasse gegeben waren, da sonst die Politik der KPD in dieser Periode nicht richtig verstanden wird".[118]

Die schon die Disposition selbst bestimmende Sorge um repräsentative Proportionalität leitete auch die Kritiker, die für das MELS-Institut verlangten, bei „der Aufzählung zerstörter Städte sollte man Dresden, Magdeburg und Berlin nicht fortlassen"[119], oder monierten, „daß der Widerstandskampf im Verhältnis zur Charakterisierung des Faschismus zu knapp behandelt wird"[120], wenn sie nicht mit Rücksicht auf die ‚richtige Proportion' die getroffene Auswahl aus dem historischen Geschehen überhaupt noch einmal generell zu überarbeiten vorschlugen.[121] Das nationalsozialistische Terrorregime veranlaßte gleich mehrere Gutachter, eine sozusagen ‚parteiliche Ausgewogenheit' einzuklagen: „Die Fragen des Terrors gegenüber der Arbeiterklasse, besonders gegenüber den Kommunisten, dürfen gegenüber der Darstellung der Judenverfolgung nicht zu kurz kommen"[122], verlangte etwa das Kritikerkollektiv des MELS-Instituts, ein Vorwurf, der aus der Außensicht um so eigentümlicher wirkt, als die Disposition Albert Schreiners den Vernichtungsantisemitismus der nationalsozialistischen Machthaber ohnehin nur knapp streifte und vorwiegend instrumentell deu-

117 Lehrstuhl deutsche Geschichte und Geschichte der deutschen Arbeiterbewegung, [Zur Disposition], S. 271.

118 SAPMO-BArch, DY 30, IV 2/9.04/107, Sonderschule der SED Berlin-Niederschönhausen, Stellungnahme des Lehrstuhls Geschichte Deutschlands und der deutschen Arbeiterbewegung zur Disposition des Genossen Professor Albert Schreiner für das Hochschullehrbuch der Geschichte des deutschen Volkes (1918–1945), 2.12.1954.

119 Die Mitarbeiter des Instituts für Geschichte der Arbeiterbewegung, Bemerkungen über die Disposition, S. 256.

120 SAPMO-BArch, DY 30, IV 2/9.04/107, Zentralschule der SED „Wilhelm Liebknecht", Ballenstedt, Bemerkungen zum Dispositionsentwurf des Gen. Schreiner für das Hochschullehrbuch der Geschichte des deutschen Volkes (1919–1945), 17.12.1954.

121 „Obwohl aus einer Disposition nur schlecht zu erkennen ist, wie und in welchem Verhältnis zueinander einzelne Probleme und Ereignisse behandelt werden sollen, möchten wir auf die Notwendigkeit der richtigen Proportion hinweisen, da in der Disposition an verschiedenen Stellen in dieser Beziehung Mängel auftreten. (Beispiel: ‚Konsolidierung der Achse Berlin-Rom' wurde nur kurz angedeutet, während weniger wichtige Ereignisse (wie der Bürgerbräu-Putsch und sonstige Dinge um Hitler) oft lang ausgeführt werden; ferner werden einzelne Parteitage der KPD [...] nur in einem Satz erwähnt und nichts darüber gesagt, ob man ihren Inhalt und ihre Bedeutung einschätzen will." Schmidt/Wehling, Bemerkungen zur Disposition, S. 257.

122 Die Mitarbeiter des Instituts für Geschichte der Arbeiterbewegung, Bemerkungen über die Disposition, S. 255.

tete.[123] Dennoch nahm die Stellungnahme des MELS-Instituts im weiteren auch die spärlichen Hinweise der gedruckten Disposition auf den Genozid an der deutschen und europäischen Judenheit, die weder auf Auschwitz noch auf das System der Vernichtungslager überhaupt eingingen, zum Anlaß, um eine parteilichere Proportionsbildung einzufordern, die sich insbesondere auf das von Schreiner im Zusammenhang mit dem totalen Krieg vorgesehene Stichwort „Der grausame Massenmord an den Juden" bezog: „Hier sollte man auch sagen, daß in KZs Rüstungsbetriebe eingerichtet wurden. Vor allem aber kommt so gut wie gar nicht zum Ausdruck, was die faschistischen Heere in der Sowjetunion angerichtet haben!"[124]

Womöglich noch dezidierter aber als Schreiner selbst argumentierten die kritischen Einwände unter dem Sicherheit verbürgenden Dach der kanonischen Konkordanz: Kein Gutachten fand sich unter den eingeschickten Reaktionen, das etwa die Anregung, die „Provokationen in Mitteldeutschland" 1921 als Ausdruck der zum Angriff übergehenden Großbourgeoisie zu werten, nicht mit dem Hinweis auf „Stalin Werke, Bd. 5, S. 103" untermauert hätte[125]; und es verstand sich von selbst, daß eine der Disposition widersprechende Einschätzung des Zentrums als Partei der Großbourgeoisie „ungeachtet der sozialen Zusammensetzung seiner Wählermassen" nicht ohne den Verweis auf eine entsprechende Erklärung Thälmanns auskam.[126] Im selben Sinne schlugen Gutachter vor, beispielsweise die Persönlichkeiten von Joseph Wirth und Walther Rathenau auf der Grundlage eines Artikels von Wilhelm Pieck ‚einzuschätzen'[127], und rieten, „die exakte Formulierung des Gen. Stalin über die allgemeine Krise des Kapitalismus zu verwenden"[128], oder empfahlen allgemein, „die Werke Lenins und Stalins sowie die Reden Thälmanns und die Konferenzen der KI, des EKKI und der KPD noch stärker bei der Analyse der entsprechenden Perioden auszuwerten".[129] Wieder sind freilich auch die Normen des verantwortlichen Geschichtsdiskurses nicht umstandslos mit einer gesteigerten Anpassung an

123 Schreiner, Disposition, S. 737.

124 Die Mitarbeiter des Instituts für Geschichte der Arbeiterbewegung, Bemerkungen über die Disposition, S. 256

125 SAPMO-BArch, DY 30, IV 2/9.04/197, Sonderschule der SED Berlin-Niederschönhausen, Stellungnahme des Lehrstuhls Geschichte Deutschlands und der deutschen Arbeiterbewegung zur Disposition des Genossen Professor Albert Schreiner für das Hochschullehrbuch der Geschichte des deutschen Volkes (1918–1945), 2.12.1954.

126 Die Mitarbeiter des Instituts für Geschichte der Arbeiterbewegung, Bemerkungen über die Disposition, S. 254.

127 Ebd., S. 253.

128 SAPMO-BArch, DY 30, IV 2/9.04/107, Zentralschule der SED „Wilhelm Liebknecht", Ballenstedt, Bemerkungen zum Dispositionsentwurf des Gen. Schreiner für das Hochschullehrbuch der Geschichte des deutschen Volkes (1919–1945), 17.12.1954.

129 Die Mitarbeiter des Instituts für Geschichte der Arbeiterbewegung, Bemerkungen über die Disposition, S. 255f.

beliebige Legitimationsbedürfnisse gleichzusetzen; das Prinzip der kanonischen Konkordanz konnte gerade mit Rücksicht auf die erzieherische Durchschlagskraft durchaus auch gegen vereinfachende Sichtweisen der deutschen Geschichte ins Feld geführt werden, wie ausgerechnet das Lehrstuhlkollektiv des MELS-Instituts vorexerzierte: „Unserer Meinung nach dürfte das Lehrbuch auch nicht auf eine marxistisch-leninistische Kritik gewisser Schwächen der Politik der Partei vor 1933 verzichten. Richtunggebend hierfür ist die Rede von Wilhelm Pieck auf der Brüsseler Konferenz."[130]

Ein Strukturelement der Schreinerschen Disposition allerdings mißachteten die eingesandten Stellungnahmen fast durchgehend und paradoxerweise gerade, indem sie es für sich in Anspruch nahmen: das Prinzip der funktionalen Vollständigkeit. Nahezu jede Stellungnahme verband ihre Anregung zur Verbesserung von Aufbau und Aussage des künftigen Lehrbuchabschnitts mit einem Plädoyer in eigener Sache. Der sowjetische Gastwissenschaftler Brjunin nutzte seine Stellungnahme vor allem, um die Rolle der Sowjetunion im künftigen Lehrbuch stärker zu verankern und beispielsweise zu verlangen, daß die „Stellung der Sowjetregierung zur heranreifenden und beginnenden Revolution in Deutschland [...] eingehender erklärt" werden müsse;[131] SED-Historiker hingegen vermißten „die äußerst wichtige und für die innere Festigung der Partei bedeutungsvolle II. Parteikonferenz der KPD (Dezember 1928)"[132] oder „die Würdigung der 1. Reichskonferenz der Spartakusgruppe am 1. Oktober 1918 in Gotha"[133] und führten Klage, daß die „Tätigkeit des Spartakusbundes in der Zeit vom 14. bis zum 30. Dezember [1918] [...] verschwiegen (wird)".[134] Was sich hier zeigte, war ein geradezu lobbyistischer Umgang mit der Geschichte, der durch die Anmeldung immer neuer Ergänzungsvorschläge eine förmliche legitimatorische Interessenkonkurrenz entwickelte, wie als ein Beispiel unter vielen das Petitum der SED-Zentralschule Erfurt lehrt: „Bei den Richtlinien der Kommissionen des ZK der KPD vom Februar 1945 fehlt als eine wichtige Maßnahme die Schulreform".[135]

Damit machten die einzelnen Stimmen der Kritik es Schreiner nicht schwer, in seiner ausführlichen Antwort in der ZfG einen Großteil der vorgetragenen Einwände allein unter Berufung auf eben dies Prinzip der funktionalen Vollständigkeit zurückzuweisen und seinen Kritikern entgegenzuhalten, daß der Lehrbuchabschnitt 1918 bis 1945 keinesfalls „ein ausge-

[130] Ebd., S. 251.
[131] Brjunin, Bemerkungen zur Disposition, S. 244.
[132] Schmidt/Wehling, Bemerkungen zur Disposition, S. 262.
[133] Lehrstuhl „Deutsche Geschichte und Geschichte der deutschen Arbeiterbewegung", [Zur Disposition], S. 266.
[134] Ebd., S. 267.
[135] Ebd., S. 271.

weitetes Kalendarium" sein dürfe.[136] Auch im weiteren berief Schreiner sich auf die grundsätzliche Übereinstimmung aller Diskutanten, wie das neue Geschichtsbild zu konturieren sei, und die geltenden Regeln seiner Schwerpunktsetzungen[137], um auf dieser Basis die Bedeutung einzelner Einwände abzuwägen. Er sah sich durch das Echo der Kritik auf manchen ‚ernsten Mangel der Disposition' aufmerksam gemacht[138], wies andere Einwürfe als gegenstandslos zurück und ließ sich in weiteren Fällen zu neuen Schlußfolgerungen etwa in der didaktischen Grundierung seines Abschnitts anregen: „Weder darf die patriotische Erziehungsaufgabe nur auf die studierende Jugend abgestellt sein, noch dürfen als Vorbilder des wahren Patriotismus nur Führer der deutschen Arbeiterklasse genannt werden. Insofern ist der Vorschlag im Gutachten von Schmidt-Wehling zu eng gefaßt."[139] Einig wußte Schreiner sich auch mit seinen Kritikern, daß die Pluralität der Standpunkte nur das Verfahren, nicht aber das Ergebnis bestimmen dürften. Die mißliche Situation, „daß über einige dieser Grundfragen [zur Novemberrevolution und zur revolutionären Nachkriegskrise] noch uneinheitliche Auffassungen bestehen", verlangte daher nach einem Ausweg, und Schreiner fand ihn in der Propagierung einer vertrauten konsensbildenden Maßnahme: „Das Bedürfnis nach einer klärenden Diskussion ist in einigen Gutachten direkt ausgesprochen."[140]

Probleme ergaben sich allerdings, wenn zwei unterschiedliche Darstellungsvorschläge sich gleichermaßen auf die diskursiven Normen der um den Abschnitt 1918 bis 1945 geführten Diskussion berufen konnten. Dies war etwa in der Forderung des Gutachtens von Schmidt und Wehling der Fall, in „der Unterteilung der Hauptperiode von 1933 bis 1939 [...] 1937 als

136 Schreiner, Zu einigen Fragen, S. 374.

137 „Allgemein wird in den Gutachten anerkannt, daß der Arbeiterklasse und ihrer Partei in der Disposition eine beherrschende Stellung eingeräumt ist. Das darf nicht anders sein; denn mit der Novemberrevolution 1918 begann auch in Deutschland die entscheidende Klassenauseinandersetzung zwischen Proletariat und Bourgeoisie." Ebd., S. 378.

138 So etwa in der Frage der Gewichtung des Verhältnisses von Faschismus und Widerstand in der Disposition, in der Schreiner eindrucksvoll die regelgeleitete Emanzipation des sozialistischen Geschichtsdiskurses von empirischen Argumentationskriterien illustrierte: „Das Ballenstedter Gutachten trifft meines Erachtens den Kernpunkt der Frage: die Proportion zwischen der Darstellung des Faschismus und der Widerstandskräfte ist zu einseitig zuungunsten der letzteren. Natürlich war das diktiert von dem Bestreben der Anklage gegen das größte Schandmal der deutschen Geschichte und des deutschen Volkes. Wenn die Widerstandskräfte nicht in der Lage waren, den Krieg zu verhindern oder den Faschismus zu stürzen, so ist das kein Grund, ihnen weniger Raum zu widmen. [...] Es ist sehr wichtig für unseren heutigen Kampf, aus den Erfahrungen des Widerstandskampfes die richtigen Schlüsse zu ziehen." Ebd., S. 421.

139 Ebd., S. 382.

140 Ebd., S. 384.

Einschnitt stärker herauszuarbeiten".[141] Der Vorschlag zeichnete sich durch kanonische Konkordanz aus, wie Schreiner selbst einräumte[142], aber er widersprach einem nicht weniger gewichtigen Imperativ, nämlich dem des politischen Utilitarismus: „Wenn [...] in der vorgesehenen Periodisierung 1937 anstatt 1939 als entscheidender Einschnitt markiert wird, schwächt man die notwendige Anklage gegen den deutschen Imperialismus als den Hauptbrandstifter des zweiten Weltkrieges ab."[143] Schreiner behalf sich mit einem Kompromiß, der beiden Ansichten recht gab und durch eine andere Abschnittsgliederung das Jahr 1937 als Unterzäsur hervorhob.

Doch solche Dilemmata, die die Problematik des hier geübten Umgangs mit der Vergangenheit selbst hätten zum Problem machen können, blieben in der gesamten Diskussion um Schreiners Gliederungsvorschlag seltene Ausnahmen. In einer noch kleineren Zahl von Einzelfällen wurden Regelverletzungen durch eine explizite Erinnerung an die verbindlichen Grundlagen des sozialistischen Geschichtsbildes beanstandet, so, wenn Schmidt/Wehling „eine Reihe von unklaren und teilweise halb bürgerlichen Formulierungen" in der Disposition tadelten[144] oder Schreiner einem Kritikerkollektiv von der Gewerkschaftshochschule Bernau die haltlose Rede von der ‚antiimperialistischen Spitze der bürgerlich-demokratischen Herrschaftsform' verwies: „Hier liegt eine Unklarheit bei den Gutachtern vor, über die sie in ihrem Kollektiv noch einmal diskutieren sollten."[145] Dank dieser Organisationsprinzipien blieb auch die öffentliche Auseinandersetzung eine gebundene Diskussion, die die Vielfalt der vorgebrachten Gesichtspunkte aufnehmen konnte, ohne die leitende Idee eines homogenen Geschichtsbildes zu dementieren. So konnte wie seine kritischen Leser und Ratgeber auch der Autor Schreiner selbst an der Vorstellung festhalten, daß die gewählte Form der Dispositionspublikation und der organisierten Diskussion die Schaffung eines wissenschaftlichen Maßstäben genügenden Geschichtsbildes durchaus nicht erschwere, sondern überhaupt erst ermögliche: „Ich habe hierbei die Veröffentlichung des Entwurfs, die organisierte Diskussion in den Zeitschriften und schließlich die Diskussion in einer wissenschaftlichen Konferenz im Auge. Das bedarf gewissenhafter Vorbereitung aller Teilnehmer an der schriftlichen und mündlichen Diskussion,

141 Schmidt/Wehling, Bemerkungen zur Disposition, S. 263.

142 „Die Begründung stützt sich u.a. auf Stalins Analyse und auf Kapitel XII, 1 der Geschichte der KPdSU (B)". Schreiner, Zu einigen Fragen, S. 377.

143 Ebd.

144 SAPMO-BArch, DY 30, IV 2/9.04/108, Walter Schmidt/Wilhelm Wehling, Bemerkungen zur Disposition für das Hochschullehrbuch der Geschichte des deutschen Volkes (1918–1945), 3.1.1955. Dieser Passus fehlt in dem von der ZfG veröffentlichten Wortlaut.

145 Schreiner, Zu einigen Fragen, S. 422.

denn die Hauptprobleme des Werkes sollen doch *wissenschaftlich exakt* erarbeitet werden."[146]

So unumwunden die ausführlichen Leserstellungnahmen damit die Regeln einer gebundenen Fachverständigung auf dem Feld der Geschichte preisgaben, so wenig verraten sie gleichzeitig, ob die Strukturen des historischen Diskurses, der sich in der Öffentlichkeit der ZfG-Leserschaft oder doch im halböffentlichen Rahmen des Autorenkollektivs abspielte, auch für die interne Verständigung der DDR-Historiker über die Gestalt der kommunistischen Meistererzählung Gültigkeit besaßen. Läßt möglicherweise ein von Außenrücksichten unbelasteter Umgang mit der deutschen Geschichte zwischen 1918 und 1945 deutlichere Klüfte und Konflikte zwischen vergangenheitsbezogenem Erkenntnisanspruch und gegenwartsorientiertem Erziehungsauftrag aufscheinen? Wie SED-Historiker im engsten Kreis ihrer eigenen Arbeitsgruppe über Probleme sozialistischer Geschichtsschreibung diskutierten, ist in verschiedenen Beratungsprotokollen sowohl der Autoren am staatlichen Akademie-Institut für Geschichte wie der Dispositionskritiker des MELS-Instituts überliefert. In der letztgenannten Einrichtung diskutierten im Dezember 1954 an zwei Tagen über zwanzig Mitarbeiter des Institutsbereichs für die Geschichte der deutschen Arbeiterbewegung über die von Schreiner vorab verschickte Disposition. Wie nicht anders zu erwarten, wurde auch diese überaus lebhafte Auseinandersetzung beherrscht von den vier Eckpfeilern des verantwortlichen Geschichtsdiskurses. Wieder regierte das Prinzip der didaktischen Rationalität, wenn ein Kritiker einwandte, man „sollte nicht solche neuen Begriffe, wie ‚Bucharinismus', einführen"[147], wenn ein anderer verlangte, die „Wahlerfolge der KPD müssen vor denen der Nazis behandelt werden"[148], oder wenn das Diskussionsstenogramm lapidar festhielt: „Statt ‚des Überfalls Polens' schreiben: des Überfalls der polnischen Pans".[149] Wieder urteilten die Diskutanten nach dem Maßstab der repräsentativen Proportionalität, wenn sie vor einer Überbetonung der KPD-Geschichte ebenso warnten wie vor einer Herausstreichung Hitlers, die Auswahl von ‚Klassiker'-Zitaten genauso zu über-

[146] SAPMO-BArch, NY 4198/109, Albert Schreiner an den Leiter der Abteilung Wissenschaften beim ZK der SED, Gen. Hans Hörnig, 8.3.1961 (Hervorhebung im Original).

[147] Ebd., 107, Protokoll der wissenschaftlichen Beratung über die Disposition für das Hochschullehrbuch der Geschichte des deutschen Volkes [1918–1945], 2.12.1954, Äußerung Rubens.

[148] Ebd.

[149] Ebd. Eine Besprechungsteilnehmerin brachte diese Devise auf die knappe Formel: „Wir müssen auch als Pädagogen an die Dinge herangehen." Ebd., Fortsetzung der Diskussion zur Disposition für das Hochschullehrbuch der Geschichte des deutschen Volkes [1918–1945], 4.12.1954, Äußerung Rubens.

denken gaben[150] wie die Bedeutung der sprachlichen Syntax zur Akzentuierung des historisch Positiven[151] oder gegen eine besondere Betonung der nationalsozialistischen Rassen-Theorie plädierten: „Wenn wir das belassen, erscheint es wieder, als wäre der Kampf gegen die Juden schlimmer als gegen die Kommunisten gewesen."[152] Abermals stand das Prinzip der funktionalen Vollständigkeit im Hintergrund, wenn in der Diskussion über unentbehrliche und überflüssige Angaben der Disposition verhandelt wurde[153] oder ein Diskutant apodiktisch feststellte: „Der vorübergehende Stimmverlust der KPD [bei den preußischen Landtagswahlen im April 1932] braucht hier nicht erwähnt zu werden, der ist falsch am Platze."[154] Unübersehbar diente auch in dieser Runde der Maßstab der funktionalen Vollständigkeit als Vehikel einer lobbyistisch anmutenden Aufladung, wenn eine Kritikerin auf einer detaillierteren Beschreibung der gegen die KPD gerichteten Verfolgungsmaßnahmen nach dem 30. Januar 1933 insistierte[155] oder eine andere unterstrich: „Wenn man vom Widerstandskampf spricht, darf man keinesfalls die ‚Rote Hilfe' übergehen, die doch eine große und aktive Hilfe geleistet hat."[156] Und natürlich beherrschte das Regulativ der kanonischen Konkordanz die Diskussion, gleichviel, ob eine ‚richtige Einschätzung' des Spanischen Bürgerkriegs[157] und des jugoslawischen Partisanenkampfes gefordert wurde[158] oder die in der Disposition gebrauchte

150 „Man müßte hier im ersten Absatz anstelle der Äußerung Stalins den Brief Lenins an Swerdlow bringen, da Stalin in der späteren Zeit sehr viel erwähnt wird und Lenin weniger." Ebd.

151 „In dem vorletzten Satz muß das Positive, das heißt die richtige Erkenntnis der Hauptaufgabe im Hauptsatz behandelt werden, während man den jetzigen Hauptsatz, der das Negative behandelt, in einen Nebensatz umwandeln muß." Ebd.

152 Ebd., Fortsetzung der Diskussion zur Disposition für das Hochschullehrbuch der Geschichte des deutschen Volkes [1918–1945], 4.12.1954, Äußerung Hädicke.

153 „Die nationalistischen Abweichungen [in der frühen KPD] sollte man hier nicht erwähnen. Dafür muß man eigehen auf die, durch die kleinbürgerlichen Elemente in der Parteiführung provozierte Abspaltung revolutionärer Arbeiter auf dem Heidelberger Parteitag (KAP), um diese Arbeiter kämpfte in den folgenden Jahren Lenin." Ebd., Protokoll der wissenschaftlichen Beratung über die Disposition für das Hochschullehrbuch der Geschichte des deutschen Volkes [1918–1945], 2.12.1954.

154 Ebd. Mit derselben Elle wurde auch die Behandlung anderer Parteien gemessen: „Die Tatsache, daß Severing zum Preußischen Innenminister ernannt wurde, ist überflüssig." Ebd.

155 „Zur Besetzung des K[arl] L[iebknecht]-Hauses müßte man hinzufügen, daß alle unsere Parteihäuser besetzt waren. Man könnte auch die Beschlagnahme unserer Presse und Literatur mit erwähnen." Ebd., Fortsetzung der Diskussion zur Disposition für das Hochschullehrbuch der Geschichte des deutschen Volkes [1918–1945], 4.12.1954, Äußerung Erxleben.

156 Ebd., Äußerung Haferkorn.

157 „Spanien war keine Vorübung, sondern Walter Ulbricht spricht von der Generalprobe des Faschismus." Ebd., Äußerung Schmidt.

Formulierung „siegreiche Beendigung des antifaschistischen Befreiungskriegs der Völker durch die Zerschlagung des Faschismus" problematisiert wurde: „Nicht umsonst hat Gen. Stalin formuliert, es war ein antifaschistisch-demokratischer Befreiungskrieg. Man sollte an solche[n] Formulierungen festhalten."[159]

Auch teilten die Besprechungsteilnehmer die übergreifenden parteilichen Standards der neuen Geschichtswissenschaft. Ebenso wie sie bemängelten, daß „dieser Abschnitt wenig parteimäßig, wenig kämpferisch abgefaßt ist"[160], stimmten sie darin überein, daß „die Rolle derer zerschlagen werden (muß), die aus der Partei ausgeschlossen worden sind"[161], und der Lehrbuch-Abschnitt insgesamt vor allem anderen den eigenen Standpunkt in Geschichte und Gegenwart zu befestigen habe: „Was wir durchsetzen müssen, ist der richtige Einbau der Lehren aus der Geschichte, und daß die sozialdemokratische Geschichtsschreibung keinesfalls zur Grundlage unserer Betrachtung gemacht werden darf."[162] So erklärt sich, daß auch in diesem Fall zwei Dutzend berufliche Neuzeithistoriker sich zwei Tage lang in aller Gründlichkeit mit kardinalen Fragen der historischen Interpretation von Weimarer Republik und NS-Zeit befassen konnten, ohne die Deutungsvorgaben der Disposition in nennenswertem Umfang kritisch zu hinterfragen oder empirische Quellenbefunde einzubringen bzw. umgekehrt einen hier oder dort vielleicht noch fehlenden Forschungsvorlauf zu beklagen.

Doch eben der Umstand, daß die Dispositions-Erörterung unter den Hütern der reinen Lehre im MELS einen solchen unverstellt legitimatorischen Grundcharakter trug, demontierte in den Augen einer breiteren Fachöffentlichkeit die Gewalt *des* historischen Herrschaftsdiskurses, indem er die Gewalt der politischen Machthaber *über den* Herrschaftsdiskurs demonstrierte. Mit der Politik des bloßen Durchstellens ließ sich auf diese Weise wohl eine gewünschte Geschichtsdeutung unter erprobten Parteihistorikern sichern, nicht aber deren innere Legitimität in einer weiteren Fachöffentlichkeit und darüber hinaus befestigen. Die Maßstäbe der historischen „Verantwortlichkeit" verhalfen dem Homogenitätsanspruch der neuen Geschichtswissenschaft im Kreise von SED-Autoren auch auf dem schlüpfrigsten Terrain der eigenen Parteigeschichte zum Sieg, aber sie demaskier-

158 „Noch zu 12 d. ‚Tito'. Diese Angelegenheit muß genau nachgelesen werden, damit hier nicht irgendwelche Unklarheiten entstehen." Ebd., Äußerung Köhler.

159 Ebd., Äußerung Arlt.

160 Ebd., Protokoll der wissenschaftlichen Beratung über die Disposition für das Hochschullehrbuch der Geschichte des deutschen Volkes [1918–1945], 2.12.1954, Äußerung Fritz Knittel.

161 Ebd., Äußerung Hauschke.

162 Ebd. Noch unverblümter in bezug auf die alliierten Nachkriegspläne: „Zu Jalta: Hier ist es fast so dargestellt, wie es der Westen gerne haben möchte." Ebd., Fortsetzung der Diskussion zur Disposition für das Hochschullehrbuch der Geschichte des deutschen Volkes [1918–1945], 4.12.1954. Äußerung Köhler.

ten das erfolgreich von allen widerständigen Tatsachen gesäuberte Geschichtsbild in den Augen selbst vieler Vertreter einer parteilichen sozialistischen Geschichtswissenschaft als ein aus erstarrten Formeln zurechtgezimmertes Dogmengebäude.

Die Bestätigung für diesen Eindruck lieferte einige Monate später der Bericht, mit dem der Chefredakteur der ZfG eine zuvor in der Geschichtszeitschrift angekündigte öffentliche Diskussion über Schreiners Lehrbuch-Disposition vom Juni 1955 würdigte. Bemerkenswert fand Klein an dieser von nicht weniger als 60 Historikern aus den verschiedensten Fachinstituten der DDR besuchten Veranstaltung vor allem, daß sie ebenso wie die bisherige Diskussion von einer auffälligen Abstinenz universitärer Vertreter gekennzeichnet war, und kritisierte, „daß hier eine unangebrachte Scheu bei den Historikern der Universitäten vorliegt, zu den brennenden und aktuell bedeutsamen Fragen der neuesten Geschichte Deutschlands Stellung zu nehmen".[163] Die Schuld für diesen Umstand suchte Klein allerdings weniger bei den Gescholtenen als bei ihren Kollegen von den Partei-Instituten, und er nutzte die sichtbare Kluft zwischen seriöser und nicht-seriöser Historiographie geschickt, um eine scharfe Attacke gegen den „verantwortlichen" Geschichtsdiskurs überhaupt zu reiten: Es handele sich bei der zu schreibenden Darstellung der deutschen Geschichte nicht um ein Lehrbuch der Parteigeschichte, konstatierte Klein und mahnte, daß der „begrüßenswerte Eifer von seiten mancher Propagandisten" nicht zu Abstrichen am wissenschaftlichen Charakter des Werkes führen dürften. Das erfreulichste Ergebnis der Diskussion habe darin bestanden, daß durch sie „allen Teilnehmern die Notwendigkeit einer konkreten Tatsachenforschung sehr nachhaltig vor Augen geführt wurde. Das ist deshalb wichtig und wertvoll, weil [...] die Neigung zu spüren war, über historische Fragen lediglich abstrakt und theoretisch, ohne gründliche Tatsachenkenntnis zu sprechen."[164] Dieser vorgeblich nur gegen ‚einige jüngere Teilnehmer' gerichtete Vorwurf stellte in Wirklichkeit den Versuch dar, das dogmatische Gespenst der historischen Verantwortlichkeit aus dem Feld der neuen Geschichtswissenschaft zu schlagen, ohne deren diskursive Grundlagen anzutasten. Emphatisch würdigte Klein „das wissenschaftlich wie politisch erfreuliche Bemühen, an die Stelle abstrakter und dogmatischer Darlegungen eine konkrete Darstellung des tatsächlichen Verlaufs der Geschichte zu setzen", und betonte doch gleichzeitig, daß die „Absage gegen abstrakte, dogmatische Buchstabengelehrsamkeit" so wenig wie die „Notwendigkeit ernsthafter, gründlicher Tatsachenforschung an den Quellen" eine Rückkehr zu den Maximen der ‚bürgerlichen' Historiographie bedeute.[165] Mit seiner Hoffnung, daß „die Versäumnisse, die bisher auf diesem Gebiet zu verzeichnen waren, in Zu-

[163] Klein, Diskussion der Lehrbuch-Disposition (1918–1945), S. 750.
[164] Ebd., S. 752.
[165] Ebd., S. 753 u. 755.

kunft nachgeholt werden können durch Arbeiten, die in gleicher Weise durch marxistische Prinzipienfestigkeit und Parteilichkeit wie durch sorgfältige und exakte Forschung sich auszeichnen", kehrte Klein zurück zu dem Ideal einer Geschichtswissenschaft, die die harmonische Versöhnung von Parteilichkeit und Objektivität durch Befreiung von alten Fesseln statt in der Einengung durch neue Rücksichten erreichen würde.

Die Gelegenheit, diesen Anspruch an den Lehrbuch-Abschnitt zu Weimar und Faschismus frei von den Fesseln des Verantwortlichkeitsgebots in die historiographische Wirklichkeit umzusetzen, kam im Jahr darauf mit dem plötzlichen ‚Tauwetter' des XX. Parteitags der KPdSU. Schon am 9. März 1956 besprach Schreiner sich mit seinen Mitarbeitern aus der Abteilung 1918 bis 1945 am staatlichen Akademie-Institut über die Konsequenzen, die sich aus der von Ulbricht verkündeten Entmachtung Stalins als ‚Klassiker' und der damit einsetzenden „Fehlerdiskussion" für die eigene Arbeit ergäben.[166] Im Einklang mit der Umorientierungswelle, die schnell die ganze Historikerschaft in der DDR ergriff[167], trug auch Schreiners Institutsabteilung in den folgenden Wochen und Monaten Stück um Stück die über Jahre hinweg zusammengefügten Denkschablonen ab, in denen die wechselvolle Geschichte Deutschlands zwischen dem Kaisersturz von 1918 und der Kapitulation von 1945 bisher betrachtet worden war. Wenn Schreiner sich auch damit verteidigte, daß anfangs „eine gewisse schematische Schulung unvermeidlich war, da auch großer Mangel an propagandistischen Kadern bestand", mußte er gleichzeitig die verheerenden Folgen dieser Fehlentwicklung eingestehen: „Ein Beispiel für die Schädlichkeit des Dogmatismus ist die lange Zeit bei uns vorherrschende Einschätzung der Rolle der Räte als Organe der Konterrevolution, die die Erforschung der Tätigkeit der Räte hemmte."[168] Betraf diese Revision lediglich einen, wenngleich für die Einschätzung der Novemberrevolution entscheidenden Teilaspekt, so zielte ein anderes Resultat, das Schreiner als Delegierter von der 3. Parteikonferenz der SED im März 1956 mitbrachte, auf die Anlage des ganzen Abschnitts: „Man muß bei der Darstellung mehr beachten, daß der Hauptgegner der deutsche Imperialismus ist und nicht die Sozialdemokratie."[169]

[166] Daß man Stalin nicht zu den Klassikern des Marxismus rechnen könne, hatte Ulbricht kurz zuvor im Neuen Deutschland mitgeteilt. Ulbricht, Über den XX. Parteitag der KPdSU.

[167] Zur Breite der dogmenkritischen Absetzbewegung in der ostdeutschen Zunft siehe Kowalczuk, Legitimation eines neuen Staates, S. 288ff., der aus heutiger Archivkenntnis den seinerzeitigen Befund Martin Jäneckes belegt, daß im Laufe des Jahres 1956 nahezu jeder namhafte Historiker deutlich machte, die Geltung der dogmatischen Parteistandpunkte stets nur aus Parteidisziplin akzeptiert zu haben. Jänecke, Der dritte Weg, S. 122ff.

[168] ABBAW, ZIG 452/1, Institut für Geschichte, Abt. 1918–1945, Protokoll der Arbeitsbesprechung am 4.4.1956, Äußerung Schreiner.

[169] Ebd.

Dieser grundsätzliche Kurswechsel brach den Stab über eine Arbeit, die besonders die Geschichte der Weimarer Republik, aber auch den vergeblichen Kampf gegen die NS-Herrschaft als eine nahezu ununterbrochene Kette von Irreleitung und Verrat der Arbeiterbewegung durch den verhängnisvollen Einfluß der Sozialdemokratie und insbesondere ihrer ‚rechten Führer' zu erzählen unternommen hatte. Wohl suchte Schreiner im Einklang mit den Festlegungen der 3. Parteikonferenz das ins Schwimmen geratene „Verhältnis zur Sozialdemokratie" mit dem Hinweis zu befestigen, daß es „aber keine Konzessionen in prinzipiellen Fragen" geben dürfe[170], doch das Revirement im sozialistischen Geschichtsbild war durch solche Appelle nicht mehr zu stoppen. Dramatischer noch war, daß mit den Inhalten auch die Regeln der fachlichen Konsensbildung ins Wanken geraten waren. Wie gründlich die Norm allein der kanonischen Konkordanz erschüttert waren, ergibt sich nicht nur daraus, daß der bis dahin omnipräsente Stalin als fachliche Berufungsinstanz verstoßen wurde; derselbe Schreiner, der Jahre zuvor wegen seiner unerbittlichen Wachsamkeit als Professor in Leipzig unmöglich geworden war[171], schlug nun seiner Arbeitsgruppe selbst vor, zum Problem der Arbeiteraristokratie in der Weimarer Republik die Werke Rosa Luxemburgs zu konsultieren.[172]

Zumindest in der internen Diskussion der Schreinerschen Arbeitsgruppe über die Interpretation zentraler Fragen der Weimarer Republik hatten die eben erst installierten Normen des verantwortlichen Diskurses schon wieder ausgedient, mischten sich deduktive mit induktiven Argumentationsmodi, um ganz im Sinne der von Klein schon vorgezeichneten Linie ein parteikonformes Geschichtsbild zu erarbeiten, das gleichzeitig mit den Tatsachen in Einklang stand. Ein anschauliches Beispiel für diesen Denkstil bietet eine Beratung der Arbeitsgruppe vom Sommer 1956, die dem Verhältnis von Sozialdemokratie und Arbeiteraristokratie gewidmet war. Fragestellung und Kategorienbildung entstammten unverändert dem marxistisch-leninistischen Geschichtsverständnis, und hinter dem historiographischen Problem stand die politische Frage nach der Bündnisfähigkeit von SED und SPD. Bisher war in der Gliederung des Teilabschnitts 1918 bis 1933 der angebliche Verrat der Sozialdemokratie an ihren revolutionären Traditionen unter Berufung auf Lenin maßgeblich mit einer durch unverhältnismäßig hohe Löhne ‚bestochenen' Arbeiteraristokratie erklärt worden, die die SPD zur sozialen Hauptstütze der Bourgeoisie gemacht habe. Indem Schreiner sich jetzt selbst von dieser Auffassung löste, gab er zögernd und halbherzig

170 Ebd.

171 Schreiner hatte die ihm zwei Jahre vorher zugewiesene Position an der Universität Leipzig 1949 wieder im Zuge einer Auseinandersetzung mit seinem Kollegen Fritz Behrens verloren, dem er unter anderem „Wiederbelebungsversuche am politischen Leichnam Bucharins" vorgeworfen hatte. SAPMO-BArch, NY 4198/83, Albert Schreiner an Walter Ulbricht, 20.1.1950.

172 ABBAW, ZIG 452/1, Protokoll der Abteilungsbesprechung vom 18.7.1956.

zugleich diskursive Standards preis, die die Diskussion bislang beherrscht hatten: „Wenn man sich auf ein Leninzitat bezieht, muß man es genau studieren und die historische Bedingtheit sehen. [...] Um die Arbeiteraristokratie zu definieren, kann man nicht nur ein Leninzitat heranziehen, sondern man muß gründlich untersuchen, was Lenin zu dieser Frage in seinen Werken gesagt hat. Sonst führt es zu Dogmatismus."[173] Den freigewordenen Platz in der Validitätsprüfung historischer Aussagen aber nahm bei Schreiner ein keineswegs klarer Kriterienkatalog ein, der in seiner vagen Mischung von empirischer Seriosität, sachlicher Komplexität und politischer Konformität den Schwebezustand veranschaulichte, in den der historische Herrschaftsdiskurs während der Entstalinisierungskrise geraten war: „Die heute diskutierte Frage ist äußerst kompliziert. Um sie richtig zu beantworten, müssen die verschiedenen Perioden genau studiert werden. Es ist nicht haltbar zu sagen, daß die Sozialdemokratie die Partei der Arbeiteraristokratie ist. Man muß die Frage gründlich untersuchen und überlegen, ob man es sich nicht früher oft zu bequem gemacht hat."[174]

Schreiner trog seine Ahnung nicht. Die vielen Arbeitsgruppensitzungen der Abteilung 1918 bis 1945 am Akademie-Institut dokumentieren das völlige Desaster, in das eine auf unklarer Grundlage operierende Geschichtsdiskussion über die erste Hälfte des 20. Jahrhunderts führen mußte, die dem empirischen Beweis mit einem Mal dieselbe Geltungskraft zubilligte wie der deduktiv gewonnenen These und auf die gleichsam naturwüchsige Herausbildung einer Kongruenz von Parteilichkeit und Objektivität hoffte. Plötzlich standen der Ausarbeitung der Disposition zu einem fertigen Text unerwartete Hindernisse im Weg, die in der bisherigen Diskussion gar keine Rolle gespielt hatten – so, wenn etwa eine Bearbeiterin bekanntgeben mußte, daß „es kaum möglich ist, den Beweis zu erbringen, inwieweit deutsche Firmen an der Aggressionspolitik des faschistischen deutschen Staates verdienten".[175] Eine überzeugende Antwort fand Schreiner auf dieses Problem nicht und mußte sich mit dem diffusen Appell an eine Generallinie begnügen, deren Verbindlichkeit bereits erheblich erschüttert war.[176]

In welche Unsicherheit die geplante Neufassung der historischen ‚Meistererzählung' mit der Problematisierung zentraler Kategorien des parteimarxistischen Lehrgebäudes geraten war, geht eindringlich aus der in der Abteilung zur Erörterung gestellten Frage hervor, ob die Spaltung der Arbeiterklasse nach 1914 als historische Gesetzmäßigkeit beurteilt werden müsse. Das Dilemma formulierte Petzold: „Wenn es eine Gesetzmäßigkeit

[173] Ebd.

[174] Ebd.

[175] Ebd., Arbeitsbesprechung am 30.10.1957, Äußerung Einhorn.

[176] „Auch unter günstigeren Bedingungen wäre es kaum möglich, diesen Beweis anzutreten. Man kann sich etwas an Ein- und Ausfuhrziffern halten, um den Umfang des Handels abzuschätzen, aber die allgemeinen Beziehungen lassen sich nachweisen." Ebd., Äußerung Schreiner.

ist, dann ist sie, wie man sich an den entsprechenden Feststellungen Stalins überzeugen kann, nicht zu verändern. Das widerspricht aber den historischen Erfahrungen und der gegenwärtigen Aufgabenstellung. Folglich kann man nicht davon sprechen, daß die Spaltung der Arbeiterklasse eine Gesetzmäßigkeit ist."[177] Noch einen Schritt weiter ging Schreiner selbst: „Wie steht es demgegenüber mit der Frage des imperialistischen Krieges? Sind imperialistische Kriege im Imperialismus nicht eine Gesetzmäßigkeit? Der XX. Parteitag stellt doch aber fest, daß Kriege heutzutage nicht unvermeidlich sind? Wie steht es denn da mit der Gesetzmäßigkeit?"[178] Die Diskutanten mühten sich redlich: Schreiner schlug vor, über die „Länge der Wirksamkeit" von Gesetzmäßigkeiten nachzudenken; für Petzold handelte es sich um „Einschränkung der Gesetzmäßigkeiten, doch keineswegs um grundlegende Wandlungen des Gesetzes"; Habedank wollte beachtet wissen, „daß innerhalb einer gegebenen Gesellschaftsordnung die Wirkungsgrade der Gesetzmäßigkeiten sich ändern"[179], und wieder ein anderer Diskutant schlug pragmatisch vor, den Begriff der historischen Gesetzmäßigkeit selbst zunächst beiseite zu stellen.[180] Mit einem Mal stand auch die schon in der öffentlichen Erörterung der Disposition zutage getretene Frage wieder im Raum, wie eigentlich überhaupt gesetzmäßige von nicht gesetzmäßigen Entwicklungen zu scheiden seien: „Alle gesellschaftlichen Erscheinungen haben Ursachen, doch sind es deswegen noch keine Gesetzmäßigkeiten. Die Spaltung [der Arbeiterklasse] ist meiner Meinung nach keine Gesetzmäßigkeit, sondern hat gesetzmäßige Ursachen. Der Faschismus hat auch gesetzmäßige Ursachen, ist aber selbst keineswegs eine Gesetzmäßigkeit.[181] Kein noch so ausgefeilter Kompromißvorschlag hätte aus dieser Konfusion mehr hinauszuführen vermocht, auch wenn Schreiner mit einer kühnen Volte versuchte, „die historische Wandelbarkeit historischer Gesetzmäßigkeiten" selbst zu einem Gesetz zu erklären.[182] Am Ende der ergebnislos abgebrochenen Diskussion beriefen sich die einen wieder auf Stalin, der „ausdrücklich davon gesprochen (habe), daß Gesetzmäßigkeiten unveränderlich sind, also durch menschliche Einwirkung als objektive Gesetze unwandelbar sind"[183], während die anderen mit Schreiner das Gegenteil für zutreffend hielten und betonten, daß alle Gesetze historisch vergänglich seien: „Aber die Anerkennung der Spaltung der Arbeiterklasse als Gesetzmäßigkeit anerkennen, hieße doch den Sieg des Opportunismus in der Arbeiterbewegung als gesetzmäßig anerkennen."[184]

[177] Ebd., Protokoll der Arbeitsbesprechung vom 9.7.1956.
[178] Ebd.
[179] Ebd.
[180] Ebd., Äußerung Schmidt.
[181] Ebd., Äußerung Koehler.
[182] Ebd.
[183] Ebd., Äußerung Petzold.
[184] Ebd., Äußerungen Einhorn.

Die Grundlagenkrise der Lehrbuch-Arbeit erfaßte nicht nur konkrete Einschätzungen zu einzelnen Phasen und Faktoren des historischen Geschehens, sondern griff auf die Geltungskraft zentraler Elemente der Diskursverfassung selbst über. Für den 20. Juni 1956 setzte Schreiners Arbeitsgruppe eine Zusammenkunft zu der Frage an: „Ist es berechtigt, die Politik der KPD in der Weimarer Republik – z.B. in der Frage der Einheitsfront mit der SPD – an den Erkenntnissen des XX. Parteitages der KPdSU zu messen?“ Damit stand unmittelbar der konstitutive Gegenwartsbezug des sozialistischen Geschichtsbildes auf dem Spiel und letztlich sogar die Einheit von Wissenschaft und Politik selbst. Davon unbeeindruckt, eröffnete ein Mitarbeiter die Diskussion, indem er eine Bewertung zeitgenössischen Handelns vom Gegenwartsstandpunkt glatt zurückwies und damit ein Kernelement des verfemten Historismus einführte.[185] Wohl bemühte Schreiner sich, diesen Einbruch des ‚bürgerlichen‘ Geschichtsdenkens wettzumachen, indem er die unlösbare Abhängigkeit der Geschichte von der Gegenwart ins Feld führte und dabei an den aktellen Hintergrund der augenblicklichen Geschichtsrevision erinnerte.[186] Doch mit dieser Bemerkung brachte Schreiner die parteiliche Geschichtswissenschaft nur von einer Kalamität in die nächste und zog prompt die Frage nach dem historischen Urteil auf sich, das im Licht der heutigen SED-Haltung zur Frage der Einheitsfront über die KPD-Politik der zwanziger Jahre gefällt werden müsse. Habe womöglich die KPD mit ihrer starrsinnigen Ablehnung einer ‚Einheitsfront von oben‘ zwischen KPD und SPD in der Agonie der Weimarer Republik schwere Schuld auf sich geladen? Dies vermutete immerhin der einzige schon promovierte Historiker der Abteilung, Heinz Habedank: „Prof. Schreiners Bemerkung zum Maßstab geschichtlicher Ereignisse habe er so verstanden: für die jeweilige Lage müsse der Stand der neuesten Erkenntnisse angewendet werden. Das würde bedeuten, daß seinerzeit die völlige Einheitsfront mit der SPD möglich gewesen sei. Was in der Geschichte möglich ist, ist auch notwendig.“[187]

Die Vermutung liegt auf der Hand, daß die neue sozialistische Geschichtswissenschaft den Weg von diesen Aporien einer unkontrollierten Diskussion über die empirische Verifizierbarkeit des parteimarxistischen Denkgebäudes zurück zu ihrer früheren Einheitlichkeit nicht aus eigener Kraft hätte finden können, sondern dazu auf eine wie auch immer durchge-

[185] „Es ist nicht richtig, auf Situationen der Vergangenheit Einschätzungen einfach anzuwenden, die erst unter den heutigen gegenwärtigen Verhältnissen zutreffend sind.“ Ebd., Arbeitsbesprechung der Abt. 1918–1945 am 20.6.1956, Äußerung Müller.

[186] „Der Maßstab für die Beurteilung vergangener Ereignisse ist der jeweils erreichte höchste Stand der marxistisch-leninistischen Erkenntnis. Man muß im Auge behalten, daß mit dem XX. Parteitag die Überprüfung der Vergangenheit nicht abgeschlossen, sondern eingeleitet wurde.“ Ebd.

[187] Ebd.

setzte Rückkehr zu den grundlegenden Prinzipien des historischen Herrschaftsdiskurses angewiesen war. Dafür sorgte der Anfang 1957 einsetzende roll back, dem sich am Akademie-Institut für Geschichte Schreiner in seiner Eigenschaft als Leiter der Abteilung 1918 bis 1945 alsbald mit einer Warnung anschloß, wissenschaftliche Arbeiten „nicht mit der Durcharbeitung bürgerlichen Materials zu beginnen. Das führe zu fehlerhaften Auffassungen, die vermieden werden können."[188] Nachdem in den folgenden Wochen die Lage übersichtlicher geworden war, wurde auch Schreiner deutlicher und wertete öffentlich den Fall einer Mitarbeiterin aus, die in der Geschichte eine unkämpferische Wahrheit „an sich" gesucht habe und deswegen die historischen Grundfragen der Weimarer Zeit gar nicht richtig lösen könne: „Die Koll. Merten betrachtete die Einheitsfrontpolitik der KPD zu sehr als Ding an sich und nicht unter dem Gesichtspunkt des Kampfes gegen den imperialistischen Krieg." Damit es fortan besser gemacht werde, erneuerte Schreiner einen in Vergessenheit geratenen Grundsatz der sozialistischen Historiographie: „Sie wählte einen falschen Ausgangpunkt für ihre Arbeit, indem sie von bürgerlichen Darstellungen statt von marxistischen Quellen ausging. Diese Arbeitsweise hat sie jetzt geändert. Für alle Mitarbeiter gilt, daß erst vorhandene marxistische Materialien durchzuarbeiten sind."[189]

Abgrenzung und Parteilichkeit waren die entscheidenden Bedingungen, um die Geltungskraft der Empirie wieder in den Diskursrahmen der neuen Geschichtswissenschaft einzubinden und auf diese Weise den verlorengegangenen historischen Grundkonsens Stück für Stück wiederherzustellen. Schnell wuchsen die Mauern des historischen Diskursgefängnisses wieder auf die alte Höhe, und im Februar 1958 schließlich rehabilitierte das mit dem Lehrbuch-Abschnitt 1918 bis 1945 befaßte Historikerkollektiv auch den zeitweilig außer Kurs gesetzten Gegenwartsbezug des neuen Geschichtsbildes, als Schreiner nach der Rückkehr von einer Besprechung über das Lehrbuch im Staatssekretariat für Hochschulwesen genaue Richtlinien für die Fertigstellung seines Abschnitts absteckte: „Zwei Dinge müssen bei Einschätzungen berücksichtigt werden, a) welchen Standpunkt damals handelnde Personen gegenwärtig einnehmen, b) wie bestehen damalige Parteibeschlüsse im Licht heutiger Erkenntnisse."[190] Unübersehbar war der historische Herrschaftsdiskurs auch in der Lehrbuch-Arbeit wieder zu alter Macht gelangt.

Insgesamt erweist sich die nachhaltige Diskussion über das Bild der deutschen Geschichte in der ersten Hälfte des 20. Jahrhunderts als eine vielschichtige und kontroverse Auseinandersetzung, die die Vermutung durchaus nicht rechtfertigt, daß die beteiligten Historiker als widerspruchs-

[188] Ebd., Protokoll der Arbeitsbesprechung vom 23.1.1957.
[189] Ebd., Protokoll der Arbeitsbesprechung vom 3.4.1957.
[190] Ebd., Protokoll der Arbeitsbesprechung am 17.2.1958.

lose Weisungsempfänger agierten. Kein anderer publizierter Teil des Lehrbuchs war unterschiedlichen legitimiatorischen Bemächtigungskräften in solcher Intensität ausgesetzt wie der Abschnitt 1918 bis 1945, und doch rief gerade er eine vergleichsweise große Zahl von Kritikern auf den Plan, die sich öffentlich exponierten und harte Konflikte über die heikelsten Fragen der eigenen Parteigeschichte nicht scheuten. Ausgewiesene Spezialisten und offiziöse Gralshüter der reinen Lehre mischten sich in die Debatte ein, aber auch Hochschuldirektoren, Geschichtsfunktionäre und Staatssekretäre, und sie ernteten für ihre Bemühungen neben Anerkennung in einem solchen Maße auch Gegenkritik und schroffe Zurückweisung, daß es sich verbietet, die Diskussion um das ‚richtige' Geschichtsbild als bloße Spiegelfechterei zu bewerten. Doch verwies die Vielfalt der Meinungen nicht auf eine Pluralität der Interpretationen; plural war letztlich lediglich das Prüfverfahren, monistisch aber die Prüfgrundlage. Die Diskussion um die Disposition 1918 bis 1945 trug deduktiven und funktionalen Charakter, sie erörterte aus verschiedenen Blickwinkeln die Paßgenauigkeit, mit der sich ein einzelnes Steinchen in das historische Mosaik des sozialistischen Geschichtsbildes fügte. Der Rahmen und das Fundament dieses Mosaiks aber wurden durch eine parteiliche Ordnung des historischen Denkens bestimmt, die darüber entschied, daß auch der heftigste Streit um die richtige Deutung von Weimarer Republik und Nationalsozialismus den Homogenitätsanspruch der DDR-Geschichtswissenschaft nicht verletzte. Nur wo die Bindungskraft dieser Diskursordnung selbst gefährdet wurde wie in der Entstalinisierungskrise zwischen 1956 und 1958, zerfiel der strukturelle Konsens eines parteilichen Geschichtsbildes und hinterließ ein ausweglose Chaos, das unweigerlich das Ende der künstlichen Wirklichkeitsordnung des diktatorischen Sozialismus auch auf historischem Gebiet nach sich gezogen hätte, wenn die Machthaber dem Sturzbach des ideologischen Tauwetters nicht Einhalt geboten und die Maximen der gebundenen Geschichtswissenschaft nicht wieder in ihre angestammten Rechte eingesetzt hätten.

3. Die Auseinandersetzung um die historische Zäsurensetzung

So gravierend die vielen Orientierungskrisen und Richtungsänderungen die vieljährige Kollektivarbeit am Hochschullehrbuch auch beeinflußt und behindert hatten – an ihrem Ende stand eine in sich weitgehend geschlossene und einheitliche Gesamtdarstellung der deutschen Geschichte aus herrschaftskonformer Perspektive. Die Gleichzeitigkeit von Utopieverlust und Stellungsgewinn der parteimarxistischen Historie in der DDR erreichte ihren prägnantesten Ausdruck in der mehrjährigen Periodisierungsdiskussion, mit der das Autorenkollektiv das Gerüst des sozialistischen Geschichtsbildes aufzuschlagen suchte. Die nachhaltigen Bemühungen um ein Periodisierungsschema für die ganze deutsche Geschichte waren unmittelbarer Ausdruck des Zwangs zu Homogenität und innerer Geschlossenheit, der über die Arbeit am Lehrbuch hinaus die neue Geschichtswissenschaft der DDR insgesamt prägte und ihr den Stempel einer historischen Konsenswissenschaft aufprägte. In diesem Sinne stießen sich auch die beteiligten Historiker selbst an der mangelnden Einheitlichkeit der Zäsurensetzung im sozialistischen Geschichtsbild und forderten mit Leo Stern, der sich Anfang 1954 über die noch erheblichen „Differenzen in der Periodisierung" in den einzelnen historischen Einrichtungen der DDR beklagt hatte, prinzipiell den „Einklang [...] zwischen dem Lehrbuch, dem Vorlesungsprogramm und dem Museum [für deutsche Geschichte]" herzustellen.[191]

Die große Bedeutung, die der neue Geschichtsdiskurs der Periodisierungsfrage zumaß, ging allerdings über das konkrete Abstimmungsbedürfnis zwischen einzelnen befaßten Institutionen hinaus und war nicht mit einer pragmatischen Suche nach einem formalen Einteilungsprinzip gleichzusetzen. Im Rahmen des marxistisch-leninistischen Geschichtsdenkens beschloß die historische Epochengliederung eine umfassende Deutung der Geschichte bereits in sich, und sie entsprang letztlich dem Anspruch, auf der Basis des historischen Materialismus die chaotische Vielfalt der geschichtlichen Erscheinungen zu ordnen und hinter ihnen die Gesetzlichkeit ihrer Abfolge als Ausdruck eines ‚objektiven Prozesses' vom Niederen zum Höheren zu erblicken. Nirgendwo sonst konnte der Bemächtigungsanspruch der neuen Geschichtswissenschaft in der DDR sich deutlicher artikulieren als in dieser Frage der Zäsurenbildung, die notwendigerweise weniger von der „Vetokraft der Quellen" eingeengt und um so stärker von den eigenen theoretischen Positionen und Wertbindungen bestimmt war als die konkreten Inhalte des Geschichtsbildes. Schon Anfang der fünfziger Jahre war im Zuge der Gestaltung des Museums für deutsche Geschichte die Erarbeitung von verbindlichen Zäsuren der deutschen Geschichte zum wichtigsten Desiderat erklärt und vorgeschlagen worden, zunächst „Arbeitshypothesen zur Periodisierung" zu entwickeln.[192]

So wurde die historische Zäsurenbildung zum Motor, um den Vormarsch der neuen ‚Meistererzählung' der deutschen Geschichte voranzutreiben, wie sich an der ersten Periodisierungsdebatte der ostdeutschen Zunft ablesen läßt. Sie war dem Mittelalter gewidmet und führte aus der späteren Rückschau von DDR-Historikern zu einer „schöpferische[n] ‚Besichtigung' der Feudalgesellschaft", in deren Verlauf ‚bürgerliche' Gliederungsvorschläge

[191] Zit. n. Haun, Die erste Periodisierungsdiskussion, S. 857.

[192] Heinz, Zur Entwicklung der marxistisch-leninistischen Geschichtswissenschaft, S. 171. Im Dezember desselben Jahres wurde die ungenügende Befassung der ostdeutschen Historikerschaft mit dem Periodisierungsproblem Gegenstand einer Beratung von Universitätshistorikern mit der Abteilung Wissenschaft und Hochschulen im ZK. SAPMO-BArch, DY 30, IV 2/9.04/101, Arbeitsberatung der Abteilung Wissenschaft und Hochschulen des ZK der SED mit Vertretern der Universitäten am 20.12.1952.

gänzlich an den Rand gedrängt wurden.[193] Allerdings schuf diese Gestaltungsfreiheit umgekehrt auch neue Probleme. Zwar argumentierten alle Beiträge zur Feudalismusdebatte von 1953/54 auf parteimarxistischer Grundlage und stimmten in der Überzeugung überein, daß die Geschichte der Gesellschaft „ein objektiver Entwicklungsprozeß"[194] sei, der sich in aufeinanderfolgenden Gesellschaftsformationen vollziehe. Doch so einig alle Partizipanten sich darüber waren, daß „die entscheidenden qualitativen Veränderungen Veränderungen der Produktionsweise" sein müßten, die sich in politischen Revolutionen niederschlügen[195], so weit gingen die vertretenen Positionen in der genauen zeitlichen Datierung dieser radikalen Umbrüche auseinander, die sich bei näherem Hinsehen oft selbst als längerfristiges Geschehen darstellten und implizit die Frage aufwarfen, inwieweit den Übergängen zwischen zwei Epochen oder Gesellschaftsformationen selbst Epochencharakter beizumessen sei.[196]

Das Periodisierungsproblem anzuschneiden, bedeutete für den Geschichtsdiskurs im SED-Staat, eine Pandorabüchse zu öffnen. Es warf die Frage auf, ob grundsätzlich weltgeschichtlichen Zäsuren vor nationalgeschichtlichen Epochengrenzen der Vorrang gebühre, aber es zwang ebenso zur Entscheidung, wie das Verhältnis von sozioökonomischen zu politischen Gesichtspunkten bei der Periodenabgrenzung zu bestimmen sei, und es verlangte eine Antwort auf die in der marxistischen Geschichtsphilosophie schon seit jeher kontrovers diskutierte Frage, welche Konsequenzen aus der relativen Selbständigkeit gesellschaftlicher Teilbereiche wie der Kultur oder der Ideologie erwüchsen. Die ganze Bandbreite möglicher und miteinander konkurrierender Epochenzuschnitte auch auf dem Boden des Marxismus-Leninismus ließ der allgemeine Zustimmung findende und doch nur einen Formelkompromiß bildende Vorschlag Leo Sterns erkennen, daß es in der Periodisierung gelte, „aus der Vielfalt der geschichtlichen Ereignisse jeweils ‚die dominierenden und prävalierenden Periodisierungsmarksteine' auszuwählen".[197] Denn ‚Dominanz' und ‚Prävalenz' waren im Zweifelsfall nicht eben eindeutige Bestimmungskriterien, um konsensfähige Anhaltspunkte zur Festlegung historischer Zäsuren zu gewinnen.

Die Entscheidung, welche historischen Faktoren im konkreten Falle jeweils als dominant oder nachrangig zu betrachten seien, hing damit letztlich fast allein von den geschichtsphilosophischen und methodologischen Auffassungen des Betrachters selbst ab. Nirgendwo kommt dieser aus der Außensicht nachgerade voluntaristische Grundzug der historischen Periodisierungsdebatte deutlicher zum Ausdruck als in der besonders von Alfred

193 Haun, Die erste Periodisierungsdiskussion, S. 867.
194 Ebd., S. 858.
195 Kuczynski, Zur Periodisierung der deutschen Geschichte, S. 133.
196 Siehe hierzu Haun, Die erste Periodisierungsdiskussion, S. 859.
197 Ebd., S. 864.

Meusel vertretenen Forderung, sich in der Zäsurenbildung „nach dem Neuen zu orientieren".[198] Wohl war mit der „Durchsetzung des Prinzips, das ‚Zukunftsträchtige' zu beachten"[199], einer grundlegenden Neuschöpfung der nationalen ‚Meistererzählung' im Sinne des marxistischen Fortschrittsgedankens Bahn gebrochen, doch die radikale Ersetzung eines dem Historismus entlehnten Wertungsmaßstabs durch ein dezidiert teleologisches Kriterium schuf sofort neue Urteilsunsicherheiten, sobald das scheinbar so klare Ordnungsprinzip nur im konkreten Fall mit der Vielschichtigkeit des historischen Geschehens konfrontiert wurde. Denn auch eine ‚am Neuen' orientierte Epochenbildung konnte höchstens für stark zentralisierte Nationen eine brauchbare Orientierung sein; sie lieferte aber keine Entscheidungshilfe, wenn – wie in den einzelnen deutschen Ländern – die wirtschaftliche, soziale und politische Entwicklung überaus uneinheitlich verlief. In der Diskussion um die Periodisierung des Feudalzeitalters blieben daher nahezu sämtliche Abschnittsgrenzen zwischen Vor-, Früh-, Hoch- und Spätfeudalismus strittig[200], auch wenn Kuczynski vehement dafür plädierte, sich in der Periodisierung „an dem allgemein Neuen", nicht aber „an dem lokal Neuen" zu orientieren.[201]

Ungeachtet dieser nur normativ zu entscheidenden Vorannahmen hielten die Teilnehmer an der Diskussion um die Periodisierung der Feudalzeit an der Auffassung fest, daß historische Zäsuren sich aus dem historischen Geschehen selbst ableiten ließen und an ihm überprüfbar seien: „Auch die Perioden und Unterperioden sind objektive Erscheinungen, die von uns erkannt werden müssen, und nicht von den Historikern ‚erstellte Zusammenfassungen'."[202] Damit lieferte die erste Periodisierungsdiskussion in der DDR-Geschichtswissenschaft auch die zur Aufrechterhaltung dieser Fiktion erforderlichen metahistorischen Festlegungen mit, auf die das Autorenkollektiv des Lehrbuchs der deutschen Geschichte in seiner Arbeit an der sozialistischen ‚Meistererzählung' zurückgreifen konnte: „Am Beginn der Periodisierungsdiskussion des Lehrbuchgremiums waren deshalb keine

198 DHM, MdfG, 169, 5. Tagung des Wissenschaftlichen Rates beim Museum für Deutsche Geschichte am 25.10.1953, Äußerung Alfred Meusel.

199 Haun, Die erste Periodisierungsdiskussion, S. 864.

200 So wurde beispielsweise im Verlauf der Diskussion vorgeschlagen, den Beginn des frühfeudalen Zeitalters allgemein im 8. Jahrhundert anzusetzen oder mit der Kaiserkrönung Karls im Jahr 800 oder erst mit dem Gewinn einer gewissen politischen Einheitlichkeit des Ostfränkischen Reiches nach der Thronbesteigung Arnulf von Kärntens 887. Den Übergang zum Hochfeudalismus datierten die einen bereits mit dem Tode Ottos des Großen 962, andere auf das 11. Jahrhundert, auf die Königswahl Lothars von Supplinburg 1125 und auf 1200, während für das Ende der hochfeudalen Periode 1356, aber auch 1400 vorgeschlagen wurde und für das Ende des Feudalzeitalters insgesamt sowohl 1789 wie 1807 und 1811, aber auch eine „sehr elastische Zäsur" von über 150 Jahren. Ebd., S. 859ff.

201 Kuczynski, Zur Periodisierung, S. 142.

202 Ebd., S. 134.

langen theoretischen Erörterungen notwendig, etwa über die Notwendigkeit der Verbindung der Nationalgeschichte mit den welthistorischen Entwicklungstendenzen, über die Dialektik von Basis und Überbau oder über das Prinzip der Periodisierung nach dem Neuen."[203]

Dieses gemeinsame Selbstverständnis leitete das Autorenkollektiv, als es zwischen dem November 1955 und dem Februar 1956 in insgesamt acht Beratungen über die Einteilung der deutschen Geschichte von den Anfängen bis zur Gegenwart nach einheitlichen Kriterien beriet. Zum Verständnis dieser Debatte ist nicht unerheblich, daß sich an ihr keineswegs nur ausgewiesene Fachleute für den jeweiligen Zeitabschnitt beteiligten. Vielmehr hatte sich schon in der voraufgegangenen Debatte um die Periodisierung der Feudalzeit gezeigt, daß die Epochenbildung im neuen Geschichtsbild viel zu wichtig war, um sie allein den Spezialisten zu überlassen, und die Entscheidung etwa über die Angemessenheit von Kategorien wie „Haupt-", „Unter-" und „Vorperiode" im Selbstverständnis der neuen Geschichtswissenschaft weniger aus historischer Detailkenntnis denn aus theoretischer Gesamtsicht zu treffen war. Nur vor diesem Hintergrund ist nachvollziehbar, daß die Periodisierungsdiskussion maßgeblich von einem ersten Gliederungsvorschlag beherrscht wurde, den weniger Fachhistoriker als vielmehr führende SED-Politiker und Parteiideologen vom Institut für Gesellschaftswissenschaften beim ZK der SED bereits im Januar 1953 zusammengestellt hatten. Der Entwurf stützte sich nach eigenen Angaben ausschließlich auf Auslassungen der „Klassiker" Marx, Engels, Lenin und Stalin und auf sowjetische Darstellungen sowie die „Beschlüsse unserer Partei und die Ausführungen führender Genossen zu Fragen der deutschen Geschichte". Doch auch die völlige Lösung vom historischen Tatsachenmaterial zugunsten einer reinen Klassiker-Exegese vermochte dem Periodisierungsentwurf des Partei-Institutes nicht die gewünschte Einheitlichkeit zu verleihen, so daß die Institutsleiterin in ihrem Begleitschreiben entschuldigend insbesondere auf „die äußerste Kompliziertheit" einer Zäsurenbildung für das 20. Jahrhundert verweisen mußte.[204]

Dennoch wurde dieser Entwurf zur allgemein akzeptierten Grundlage der weiteren Diskussion. Er teilte die deutsche Geschichte in acht sogenannte „Hauptperioden" ein, die als „Hauptetappen der sozial-ökonomischen Entwicklung und des Klassenkampfes" definiert wurden und deren erste die Entstehung des Feudalismus und die Herausbildung eines deutschen Feudalstaates bis 919 n. Chr. umfaßte.[205] Ihr schlossen sich eine zweite Hauptperiode des aufsteigenden Feudalismus und des Aufkommens der Städte

203 Helas, Zur Rolle des Autorenkollektivs, S. 100.

204 SAPMO-BArch, NY 4182/1362, Lene Berg an Kurt Hager, 31.1.1953.

205 Ebd., Institut für Gesellschaftswissenschaften beim ZK der SED, Lehrstuhl für deutsche Geschichte, Diskussionsgrundlage für eine Periodisierung der deutschen Geschichte (5. Entwurf), 30.1.1953.

zwischen 919 und 1273 und eine dritte Hauptperiode des beginnenden Verfalls des Feudalismus (1273 bis 1525) an, bevor mit einer vierten Hauptperiode von 1525 bis 1789 der Beginn des bürgerlichen Zeitalters unter dem Titel „Die Zeit der verlangsamten Herausbildung des Manufakturkapitalismus“ angesetzt wurde. Unter der fünften Hauptperiode von 1789 bis 1871 subsumierten die Lehrstuhlleiter des Partei-Instituts die Festigung des Kapitalismus und die Bildung des bürgerlichen Nationalstaates, unter der sechsten dagegen die Herausbildung des deutschen Imperialismus und der Revolutionen in Rußland und Deutschland (1871 bis 1918). In der siebten und vorletzten Hauptperiode wurden Weimarer Republik und nationalsozialistische Herrschaft als „Zeit der Entfaltung der allgemeinen Krise des Kapitalismus“ zusammengefaßt (1918 bis 1945), während der letzte und kürzeste Abschnitt von 1945 bis 1953 in seinem barocken und nicht weniger als 86 Wörter zählenden Titel den propagandistischen Impetus der vorgeschlagenen Zäsurenbildung zur Zeit der deutschen Teilung nachdrücklich unterstrich.[206]

Doch gerade sein unverstellt agitatorischer Charakter ließ den für Gesellschaftswissenschaften vorgelegten Periodisierungsvorschlag schon wenige Monate später überholt erscheinen, als die forcierte Durchherrschungspolitik der SED im Juni 1953 Schiffbruch erlitt und in der Folgezeit durch ein behutsameres Vorgehen auch in den Gesellschaftswissenschaften abgelöst wurde. Das Autorenkollektiv für das Lehrbuch der deutschen Geschichte jedenfalls versuchte vorerst im Schutz des Neuen Kurses einer allgemeinen Debatte um die Zäsuren der deutschen Geschichte tunlichst aus dem Weg zu gehen, obwohl die zeitliche Erstreckung der einzelnen Lehrbuchabschnitte mit der Parteivorlage keineswegs identisch war.[207] Als Alfred Meusel im Januar 1954 der SED-Führung Bericht über den Stand der Lehrbucharbeit erstattete, führte er unter den ungeklärten Fragen lapidar nur die „Periodisierung der Geschichte des deutschen Mittelalters“ an und unterstellte ansonsten unter Außerachtlassung des immerhin von Hager und Matern gebilligten Periodisierungsvorschlags aus dem Institut für Gesell-

[206] Die vorgeschlagene Epochenüberschrift lautete: „Die Zeit der revolutionären Umwälzung, der Errichtung und Festigung der Deutschen Demokratischen Republik – des Grundsteins für ein einheitliches, demokratisches und friedliebendes Deutschland – und des Übergangs zum Aufbau des Sozialismus in Ostdeutschland unter den Bedingungen der Anwesenheit der sowjetischen Befreierarmee und der allseitigen Hilfe der Sowjetunion auf der Grundlage des Potsdamer Abkommens. Die nationale Spaltung und Unterdrückung, das Wiedererstehen des aggressiven deutschen Imperialismus als Hauptverbündeter des amerikanischen Imperialismus in Europa und die Entstehung eines neuen Krisenherdes in Westdeutschland unter den Bedingungen des kolonialen Besatzerregimes der imperialistischen Westmächte.“ Ebd.

[207] Dies zeigte sich insbesondere an dem ersten Lehrbuchabschnitt, der von den Anfängen bis 1400 reichte, während der Vorschlag des SED-Instituts um 1400 gar keine Zäsur annahm, statt dessen aber gleich drei „Hauptperioden“ für die Zeit bis 1525 vorsah.

schaftswissenschaften die unbestrittene Gültigkeit der bei Aufnahme der Lehrbucharbeit gewählten Epochengliederung. Zu diesem Zeitpunkt war seine Auffassung im Verfassergremium des Lehrbuchs allerdings keineswegs mehr konsensfähig. Bereits im März 1953 war in einer Beratung des Autorenkollektivs zum ersten Mal die Frage aufgeworfen worden, ob das Lehrbuch tatsächlich erst mit dem ersten nachchristlichen Jahrhundert einsetzen oder auch die Ur- und Frühgeschichte auf deutschem Boden behandeln solle.[208] Schon vorher, nämlich im Dezember 1952, war im Autorenkollektiv auch die Zäsur zur Markierung des Beginns der feudalen Verfallsepoche in die Diskussion geraten und von Meusel selbst vom Jahr 1400 auf 1500 verlegt worden, und ebenso hatte sich das Autorenkollektiv in der Beratung der Dispositionen zur Zeit zwischen 1789 und 1871 über die Frage, ob der Beginn der bürgerlichen Umwälzung eher 1789 oder aber 1806/07 anzusetzen sei, in zwei Lager gespalten.

Anders als die Fachhistoriker scheute der drängende ZK-Apparat den Umstand nicht, daß eine grundsätzliche Auseinandersetzung über die Periodisierungsfrage nahezu sämtliche Grundfragen einer deutschen Geschichte aus parteimarxistischer Sicht neu aufwerfen würde. In seinem Beschluß zu dem von Meusel vorgelegten Bericht folgte das ZK-Sekretariat denn auch nicht der Ausweichstrategie des Kollektiv-Vorsitzenden, sondern insistierte im Gegenteil, „daß es unbedingt notwendig sei, in kürzester Zeit eine Periodisierungsdiskussion im Autorenkollektiv durchzuführen"[209], die neben ökonomischen Prozessen auch alle weiteren für eine Zäsurensetzung relevanten Kritierien berücksichtigen müsse.[210] Es sollte fast ein volles Jahr vergehen, bis ein entsprechender Entwurf auf dem Tisch lag und das Autorenkollektiv Ende 1955 seine erste Beratung über die „Periodisierung der Geschichte des deutschen Volkes" abhielt. Vermutlich hätte sie angesichts der begründeten Skepsis nahezu aller Lehrbuchautoren gegenüber dem Prokrustesbett einer starren Epochengliederung der deutschen Geschichte niemals stattgefunden, wenn die SED-Führung nicht noch einmal energisch nachgefaßt und die Verschleppung des Periodisierungsproblems in seinem „Geschichtsbeschluß" vom Sommer 1955 ausdrücklich angesprochen hätte.

208 Diese zuerst von Schmiedt in der Beratung vom 3.3.1953 vorgetragene Überlegung, im Lehrbuch auch die vorgermanische Zeit zu berücksichtigen, die in der öffentlichen Diskussion von Sterns Disposition u.a. durch Mottek unterstützt wurde, führte dann zu dem Beschluß, zusätzlich einen Abschnitt „Deutschland in der Epoche der Urgesellschaft" zu bilden. Fischer, Zur Rolle des Autorenkollektivs, S. 28ff.

209 SAPMO-BArch, DY 30, IV 2/9.04/107, Aktennotiz über die Besprechung vom 21.10.54 zu Fragen des Lehrbuchs der Geschichte des deutschen Volkes.

210 Fischer, Zur Rolle des Autorenkollektivs, S. 47. Hinter diesem Druck stand maßgeblich Ulbricht selbst, der sein Mißfallen über das konzeptionelle Vorgehen des Autorenkollektivs mehrfach offen äußerte und noch 1957 ein generelles Verdikt fällte: „Wenn ein Lehrbuch für die Geschichte Deutschlands geschrieben wird, dann muß man eigentlich mit der Periodisierung beginnen." Protokoll. Konferenz der „Einheit", S. 61.

Gleichwohl verlief auch hier die Frontlinie nicht eindeutig zwischen historischer Interpretationsfreiheit und politischer Unterwerfung, denn der Geschichtsbeschluß motivierte die Notwendigkeit einer klaren Epochengliederung mit der disqualifizierenden Feststellung, daß in der Geschichtsschreibung in der DDR oft „die gründliche Untersuchung des Wirkens der objektiven gesellschaftlichen Gesetze [...] durch die einfache Wiederholung von Zitaten der Klassiker des wissenschaftlichen Sozialismus" ersetzt werde. Den Grund des Übels verortete das Politbüro in einem Versagen des Lehrbuch-Kollektivs, das „die Diskussion über eine so grundlegende Frage wie die der Periodisierung der Geschichte des deutschen Volkes unterschätzt" habe, und statuierte nun unnachgiebig: „Die in den Lehrbuchdispositionen festgelegte Periodisierung der deutschen Geschichte muß vom ganzen Kollektiv gründlich beraten werden."[211]

Diesmal blieb es nicht bei der bloßen Ankündigung. Das Autorenkollektiv beugte sich schon vor der endgültigen Beschlußfassung des Politbüros dem politischen Druck und räumte in einer Erklärung seines wissenschaftlichen Sekretärs Schmiedt sein Versäumnis im Juni 1955 öffentlich ein: „Es war ein Fehler, daß bisher noch keine Diskussion zur Periodisierung der Geschichte des deutschen Volkes stattgefunden hat. Das Autorenkollektiv beabsichtigt deshalb, in nächster Zeit diese für die deutsche Geschichtswissenschaft so wichtige Frage zu diskutieren."[212] Auf der Basis eines von Schmiedt erarbeiteten Gliederungsvorschlags und einer überarbeiteten Fassung des 1953 erstellten Periodenschemas aus dem Institut für Gesellschaftswissenschaften debattierte das Autorenkollektiv in insgesamt acht Beratungen zwischen November 1955 und Februar 1956 über die Zäsuren der deutschen Geschichte von der Urgesellschaft bis zur Jetztzeit. Die diskursnormierende Bedeutung dieser Diskussion wurde noch dadurch unterstrichen, daß zu den einzelnen Sitzungen neben den Lehrbuch-Autoren Vertreter aller entsprechender Partei- und Universitätsinstitute eingeladen wurden.[213] Die verschiedenen Beratungen handelten in chronologischer Folge die einzelnen Lehrbuchabschnitte ab und begannen in der Regel mit einem vom jeweiligen Autor vorbereiteten Periodisierungsvorschlag, an den sich dann eine allgemeine Aussprache anschloß. Makulatur blieb allerdings die im Verlauf der Diskussion von Schreiner erhobene Forderung, die Erörterung aller mit der Periodisierung zusammenhängenden Fragen bis zur 3. Parteikonferenz der SED im März 1956 abzuschließen und das Ergebnis der

[211] Die Verbesserung der Forschung und Lehre, S. 342f. u. 355. In dieselbe Kerbe hieb anschließend zur Verstärkung ein Auswertungsartikel aus der Feder der zuständigen ZK-Mitarbeiter für Geschichtswissenschaft in der „Einheit": Diehl/Dlubek, Die Historiker der DDR, S. 889.

[212] SAPMO-BArch, DY 30, IV 2/9.04/108, Roland Franz Schmiedt, Das Lehrbuch der Geschichte des deutschen Volkes (2. Fassung).

[213] Ebd., Roland Franz Schmiedt an Abt. Wissenschaft und Propaganda, 1.2.1956.

Konferenz zur Stellungnahme zu unterbreiten.[214] Wieder erwies sich, daß auch ein gemeinsames parteimarxistisches Wissenschaftsverständnis nicht hinreichte, um konträre Auffassungen zu den Hauptzäsuren der deutschen Geschichte zusammenzuführen, so daß am Ende des Beratungsmarathons die alten Kontroversen praktisch unverändert fortbestanden.

Dabei konnte es freilich nicht bleiben, wenn nicht der Glauben an die Objektivität der Zäsurenbildung Lügen gestraft werden und einem ‚bürgerlichen' Pluralismus Tür und Tor geöffnet werden sollte. Die Debattenteilnehmer überspielten daher ihr sachliches Dilemma mit einem institutionellen Verfahrensvorschlag und installierten einen vierköpfigen Ausschuß, der aus Vertretern des Autorenkollektivs und des Instituts für Gesellschaftswissenschaften sowie der Parteihochschule gebildet wurde. Er erhielt den Auftrag, aus den Diskussionsprotokollen und in Absprache mit den Partizipanten einen konsensfähigen Periodisierungsvorschlag zu erstellen, der anschließend dem Politbüro zugeleitet werden sollte.[215] Tatsächlich erarbeitete dieses Gremium bis zum Sommer 1956 eine entsprechende Vorlage, die Schmiedt umgehend der Abteilung Wissenschaft und Propaganda übermittelte. Bevor sie von dort aus aber den Mitgliedern der Parteiführung weitergereicht werden konnte, beeilte sich der zwischenzeitlich durch eine Erkrankung außer Gefecht gesetzte Vorsitzende des Autorenkollektivs, diesen Kompromißtext sofort wieder in Frage zu stellen und wandte sich in einem Schreiben an das Politbüro, in dem er den bloß vorläufigen und propädeutischen Charakter des immerhin vom wissenschaftlichen Sekretär des Lehrbuch-Projekts verfaßten Vorschlags betonte.[216]

Sein ungewöhnlicher Schritt zeugte von kluger Voraussicht, wie sich bald zeigen sollte, nachdem die Abteilung Wissenschaft und Propaganda den Periodisierungsvorschlag im August der Parteiführung übersandt und vorgeschlagen hatte, ihn nach Überarbeitung durch Meusel in der ZfG oder als separate Broschüre zu veröffentlichen und eine „breite Diskussion des Entwurfes zu organisieren". Deutlich haftete diesem Vorgehen noch die optimistische Hoffnung auf die Einigungskraft der fachlichen Erörterung an, denn die ZK-Abteilung bewertete den vorliegenden Text selbst als „eine erste Zusammenfassung der bisherigen Diskussion", in der „vor allem die Meinungsverschiedenheiten hervorgehoben (sind), die bisher nicht geklärt wurden und weiterer Diskussion bedürfen".[217] Bemerkenswerterweise aber stieß der Periodisierungsentwurf in der Parteiführung auf entschiedene Ablehnung, weil er gleich in mehrfacher Weise auf eine Entwicklungsstufe des sozialistischen Geschichtsbildes zurückfiel, die auf der Ebene der

214 Ebd., Albert Schreiner, Antrag zur Diskussion über die Periodisierung, 13.12.1955.

215 Helas, Zur Rolle des Autorenkollektivs, S. 101.

216 SAPMO-BArch, DY 30, IV 2/9.04/108, Alfred Meusel an das Politbüro der Sozialistischen Einheitspartei Deutschlands, 7.7.1956.

217 Ebd., Abt. Wissenschaft und Propaganda, Rundschreiben, 14.8.1956.

politischen Führung längst für überwunden gehalten worden war. Ulbricht selbst sah den Vorgang für wichtig genug an, um an ihm sein Verständnis der neuen Geschichtswissenschaft und des Königswegs zur sozialistischen ‚Meistererzählung' persönlich zu demonstrieren. Im Oktober 1956 übermittelte er Kurt Hager eine schriftliche Stellungnahme, der die schon bekannte Aufhebung des Gegensatzes zwischen Politiker und Gesellschaftswissenschaftler zugrundelag, ohne daß diese besondere Spielart einer institutionellen Entdifferenzierung[218] mit einer intendierten Preisgabe des fachlichen Leistungsstandards verbunden war. Im Gegenteil: „Das Material über die Periodisierung der Geschichte des deutschen Volkes habe ich teilweise durchgearbeitet. Offenkundig sind einige Abschnitte, besonders jene, die die Periode des Imperialismus behandeln, nicht kollektiv von den Arbeitsgruppen diskutiert worden. Dort sind viele primitive und oberflächliche Formulierungen."[219]

Wenn Ulbricht die Ursache dieses fachlichen Versagens in der mangelnden Kollektivität der Lehrbuch-Arbeit erblickte, verdeutlichte dies, daß er unverändert an der strukturellen Konsensfähigkeit des sozialistischen Geschichtsdiskurses festhielt. Dennoch aber illustriert sein aufschlußreiches Antwortschreiben, daß die naive Anfangseuphorie der staatssozialistischen Geschichtswissenschaft mittlerweile selbst in der Sicht der SED-Führung überholt wirkte und sich mit politischer Hilfestellung in eine „beherrschte Normalwissenschaft" zu transformieren begonnen hatte. Im Fortgang seines autoritativen Schreibens nämlich unterwies Ulbricht namens des Politbüros die SED-Funktionäre aus dem ZK-Apparat in den Verfahrensregeln einer gebundenen Fachdiskussion, die Öffentlichkeit herzustellen vermochte, ohne inhaltliche Geschlossenheit preiszugeben: „Die Abteilung Wissenschaft und Propaganda hätte für die Ausarbeitung dieses Materials eine Arbeitsrichtlinie festlegen müssen, aus der hervorgeht, daß die einzelnen Gruppen kollektiv ihren Abschnitt bearbeiten und dann in der Gesamtkommission zur Diskussion stellen. Der Abschnitt müßte nach der kollektiven Beratung in der Gruppe vom Leiter der Gruppe unterschrieben werden. [...] Außerdem sollte die Abteilung Wissenschaft und Propaganda für jeden Abschnitt einen wissenschaftlich geschulten und erfahrenen Genossen beauftragen, seine Meinung über das betreffende Kapitel niederzuschreiben. Danach sollte die Abteilung Mitte November Stellung nehmen und ihre Vorschläge machen, damit die Redaktion des Materials bis zum 15. Dezember fertiggestellt werden kann. Im Januar sollte man das Material den Mitgliedern des Politbüros zustellen, damit sie die Möglichkeit haben, ihre Meinung zu äußern, und eine unverbindliche Beratung im Politbüro erfolgt.

218 Zum Begriff: Lepsius, Die Institutionenordnung.

219 SAPMO-BARch, NY 4182/1362, Walter Ulbricht an Kurt Hager, Betr. Periodisierung der Geschichte des deutschen Volkes, 18.10.1956.

Dann könnte man das Material über die Periodisierung in der Beilage der ‚Zeitschrift für Geschichtswissenschaft' zur Diskussion veröffentlichen."[220]

Diesem Tempo allerdings vermochten die Historiker bei weitem nicht zu folgen. Meusel brauchte bis zum Februar 1957, um eine ins einzelne gehende Kritik an Schmiedts Periodisierungsentwurf zu verfassen, die einen völligen Verriß bedeutete und der Aufforderung zu einem völligen Neuanfang gleichkam.[221] Nur Tage später nutzte der Geschichtsreferent der ZK-Abteilung Wissenschaft und Propaganda, Rolf Dlubek, den Rückenwind der 30. ZK-Tagung, die das Ende des ‚Tauwetters' auch in der Geschichtswissenschaft zur Folge hatte, um daran zu erinnern, daß die zentrale Rolle der historischen Zäsurenbildung für das sozialistische Geschichtsbild neben einer innerfachlichen auch eine politische Komponente besitze: „Die Diskussion um die Periodisierung soll ja nicht nur eine Einteilung der deutschen Geschichte in Epochen, Perioden und Unterperioden erarbeiten. In der Periodisierung müssen die Grundkonzeption, die Grundzüge des Geschichtsbildes über die Vergangenheit unseres Volkes zum Ausdruck kommen. Darin besteht die entscheidende politisch-ideologische Aufgabe und Bedeutung dieser Diskussion."[222] Noch so beschwörende Appelle allein aber vermochten die fehlende Einmütigkeit unter den Historikern nicht zu überspielen, die zum Mißfallen aller Beteiligter einem Abschluß der Periodisierungsdebatte im Wege stand. In dieser Situation löste sich nun auch die ZK-Bürokratie von dem bislang gegen alle Widerstände verteidigten Diskursideal und wechselte zu einer pragmatischen Haltung über, die den fachlichen Konsensanspruch zugunsten des politischen Wirkungsanspruches zurückstellte. In radikaler Abkehr von der bisherigen Linie stellte Dlubek statt dessen allen ‚Tendenzen zu übertriebener akademischer Vollkommenheit' den vorläufigen Charakter des angestrebten Ergebnisses entgegen und verlangte, die gegensätzlichen Standpunkte in der Periodisierungsfrage lediglich sachlich auszuweisen, nicht aber ad infinitum weiter zu erörtern, damit der vom Autorenkollektiv erarbeitete Periodisierungsvorschlag spätestens zum 1. April 1957 dem Politbüro übergeben werden könne.[223] Sichtbar begann die Praxis der neuen Geschichtswissenschaft der DDR ihre bleibende Gestalt anzunehmen, als nun auch die Parteiführung selbst in das Verfahren eingriff und gemäß der von Ulbricht vorgezeichneten Linie eine Kommission unter Leitung Hermann Materns einrichtete, die auf den raschen „Abschluß der Verständigung im internen

220 Ebd.

221 Ebd., DY 30, IV 2/9.04/108, Alfred Meusel an Abteilung Wissenschaft und Propaganda, 11.2.1957.

222 Ebd., 134, Beratung der Abt. Wissenschaften mit der Fachkommission Geschichte und Gen. Parteisekretären der geschichtswissenschaftlichen Institutionen zum Thema „Das 30. Plenum des ZK und die Aufgaben der Historiker", 20.2.1957, Referat Rolf Dlubek.

223 Ebd.

Kreis weniger Historiker" drängen und eine Aussprache über die Periodisierung im Politbüro vorbereiten sollte.[224]

Doch nicht einmal dieser Kompromiß brachte die leidige Zäsurenproblematik zu einem raschen Abschluß. Weitere Beratungen folgten im März 1957 auf Grundlage eines neuerlichen Periodisierungsvorschlags von Schmiedt, der wiederum keine Einigung erzielte, sondern nur die fortbestehenden terminologischen und sachlichen Differenzen offenbarte. Meusel sah sich zu einem umfangreichen Gutachten veranlaßt, um seine Auffassung zu begründen, daß der Begriff „Epoche" keinesfalls im Sinne Schmiedts zur Kennzeichnung größerer Zeiträume innerhalb einer Gesellschaftsordnung, sondern nur synonym mit „Gesellschaftsformation" gebraucht werden dürfe.[225] Als mit den Argumenten der Wissenschaft nicht entscheidbar und durch keinen Kompromiß überbrückbar erwies sich insbesondere der Gegensatz zwischen national- und weltgeschichtlichen Periodisierungskriterien: Verknüpfte sich mit dem Jahr 1789 ein weltgeschichtlicher Epocheneinschnitt, der daher auch für die deutsche Geschichte galt, oder konnten erst die von der Französischen Revolution bewirkten Veränderungen in den deutschen Ländern ausschlaggebend sein und folglich die Epochenzäsur nur in die Jahre 1803 oder 1806 bzw. 1812/13 rücken? Dieselbe Kontroverse wiederholte sich für das 20. Jahrhundert. Hinter Schmiedts Anregung, sich über „die Stellung der Großen Sozialistischen Oktoberrevolution bei der Periodisierung der Geschichte Deutschlands" zu einigen[226], verbarg sich ein zähes Ringen um die Entscheidung für das Jahr 1917 oder 1918 als entscheidendem Periodeneinschnitt, und es wurde hier noch dadurch kompliziert, daß in ihm zugleich die Frage nach dem Stellenwert der Parteitradition für die historische Periodisierung zur Diskussion stand.

In einem Punkt allerdings gelangte die neuerliche Periodisierungsdiskussion zu einer verbindlichen Festlegung, die im weiteren als nicht mehr anzuzweifelnde Vorgabe diente und besagte, daß „die Entwicklungsetappen der deutschen Arbeiterbewegung und ihrer Vorhut durchgängig als eine Leitlinie der Periodisierung berücksichtigt" werden müßten.[227] Auf dieser Basis wurde endlich im Dezember 1957 ein 120 Seiten starker Gesamtentwurf zur zeitlichen Gliederung der deutschen Geschichte fertiggestellt und nach Abstimmung mit der Abteilung Wissenschaften und der von Matern geleiteten Kommission auch vom Autorenkollektiv „in seinen Grundzügen gebilligt".[228] Die Wortwahl verrät, daß trotz des Drängens des ZK-Apparats

[224] Helas, Zur Rolle des Autorenkollektivs, S. 102.

[225] Vgl. ebd., S. 102f.

[226] Autorenkollektiv für das Lehrbuch der Geschichte Deutschlands, 20.3.1958, zit. n. ABBAW, ZIG 161/6, Horst Helas, Die Periodisierungsdiskussion 1955 bis 1958 im Autorenkollektiv für das Lehrbuch der deutschen Geschichte, S. 10.

[227] Helas, Zur Rolle des Autorenkollektivs, S. 103.

[228] ABBAW, ZIG 161/6, Horst Helas. Die Periodisierungsdiskussion 1955 bis 1958 im Autorenkollektiv für das Lehrbuch der deutschen Geschichte.

und der sie antreibenden Parteiführung die Lehrbuchautoren bis zum Schluß nicht mit einer Stimme sprechen mochten. Zwar erteilten die meisten von ihnen schriftlich ihr Einverständnis, aber mit Albert Schreiner und Ernst Hoffmann äußerten sich ausgerechnet zwei Mitglieder des 1956 gebildeten vierköpfigen Redaktionsausschusses gar nicht, und Jürgen Kuczynski gab gar seine völlige Ablehnung der Vorlage zu Protokoll, die gleichwohl unter dem Datum des 20. März 1958 als „Bericht über den Stand der Diskussionen über die Periodisierung der deutschen Geschichte" fertiggestellt und dem Politbüro zugeleitet wurde.[229]

Auch noch das fertige Produkt verrät, warum seine Erarbeitung Jahre gekostet hatte, ohne zu einem befriedigenden Abschluß zu kommen: Aus dem Blickwinkel einer historischen Wissenschaft unter Konsenszwang bedeutete es ein Memorandum der Ratlosigkeit, und es überantwortete im Ergebnis der sozialistischen Kollektivarbeit dem Parteiapparat eine schier uferlose Liste von Auffassungsunterschieden, die die Unfähigkeit der Autoren dokumentierte, ihre kardinalen Interpretationsdifferenzen mit fachlichen Argumenten und ohne den autoritären Eingriff politischer Führungsinstanzen aufzulösen. Dies mutet um so erstaunlicher an, als der Epochengliederung ein Abschnitt „Vorbemerkungen" vorausgeschickt war, in dem präzise das wissenschaftlich-politische Ordnungsmuster beschrieben wurde, dem die Epochendebatte innerhalb des neuen Geschichtsdiskurses zu folgen hatte. Der Rahmentext wiederholte die „von den Klassikern des Marxismus-Leninismus vorgenommene Einteilung in die bekannten Gesellschaftsformationen (Urgesellschaft, Sklavenhaltergesellschaft, Feudalismus, Kapitalismus und Sozialismus)"[230], fand eine salomonische Formel für die Funktion des ‚Neuen und Zukunftsträchtigen' in der Zäsurenbildung[231] und trug dem Homogenitätsanspruch des neuen Geschichtsbildes durch eine einheitliche Terminologie Rechnung, die für die zeitliche Einteilung lediglich drei Begriffe verwendete – nämlich „Epoche" zur Bezeichnung einer herrschenden Gesellschaftsformation, „Periode" zur Etikettierung eines grundlegenden Entwicklungsabschnittes innerhalb einer Epoche und schließlich „Unterperiode" zur Bestimmung von Zeitabschnitten innerhalb einer Periode: „Um durch die Fülle der Begriffe nicht zu verwirren, wurden in dieser Vorlage

[229] SAPMO-BArch, DY 30, IV/2/9.04/109.

[230] SAPMO-BArch, NY 4182/1362, Autorenkollektiv für das Lehrbuch der Geschichte Deutschlands, Bericht über den Stand der Diskussionen über die Periodisierung der deutschen Geschichte, 20.3.1958 (i.f. Periodisierungsbericht), S. 3f.

[231] „Der vorliegende Periodisierungsentwurf legt entsprechend dem dialektischen Prinzip der Orientierung auf das *Neue* und *Zukunftsträchtige* die Periodisierungseinschnitte *dann*, wenn das Neue aus seinen Keimformen herausgetreten ist und sich durchzusetzen beginnt, gesellschaftlich wirksam wird." Ebd., S. 3 (Hervorhebungen im Original).

solche Begriffe wie ‚Phase', ‚Etappe', ‚Ära' bzw. ‚Hauptperiode', ‚Abschnitt' u.a. nicht verwendet."[232]

Trotz dieser Anstrengungen war der mit dem neuen Geschichtsdenken verbundene Homogenitätsanspruch der disparaten Vielgestaltigkeit des historischen Materials nicht gewachsen, wie der Periodisierungsbericht gleich eingangs zugestehen mußte, und aus diesem Einbruch der historischen Wirklichkeit in die Systematik eines einheitlichen Periodisierungskatalogs resultierte letztlich die endlose Auseinandersetzung über die Vielfalt gleichermaßen plausibler Zäsurensetzungen, die die vermeintliche Objektivität der vorgenommenen Epochengliederung so sichtbar obsolet machte: „In Übereinstimmung mit den Historikern der Sowjetunion und der Volksdemokratien vertreten die Mitglieder des Autorenkollektivs die Auffassung, ‚daß Versuche, die Geschichte nach streng einheitlichen und universell gültigen Marksteinen einteilen zu wollen, zu keinem positiven Resultat führen können'. [...] Der historische Prozeß verläuft vielmehr derart vielgestaltig und kompliziert, daß nur von Fall zu Fall entschieden werden kann, welche historischen Ereignisse bzw. *welche Summe von historischen Fakten* als Erscheinungsformen der objektiv wirkenden historischen Gesetzmäßigkeiten als *Einschnitt* (Zäsur) im geschichtlichen Entwicklungsprozeß zu werten sind."[233]

Wohl ließ sich aus der Not eine Tugend machen und die Aussichtslosigkeit, die deutsche Geschichte nach einem allgemeingültigen Maßstab zu gliedern, als Fortschritt gegenüber „einem vulgären ökonomischen Materialismus" ausgeben[234], doch in der Konsequenz führte eben dieser Umstand in das unvermeidliche Dilemma, daß uneinheitliche Periodisierungskriterien nicht das Gerüst für ein geschlossenes Geschichtsbild abgeben, sondern die Tür zur Formulierung ganz unterschiedlicher ‚Meistererzählungen' öffnen konnten, die wahlweise eine regional-, national- oder universalgeschichtliche, eine verfalls- oder aufstiegsgeschichtliche, eine eher teleologische oder eher ‚historistische' Sichtweise privilegierten. Erkennbar bemühte sich der Periodisierungsbericht, den drohenden Zerfall eines einheitlichen sozialistischen Geschichtsbildes zu verhindern, indem er zunächst die bereits erzielten Gemeinsamkeiten vortrug und anschließend in knapper Form nicht ausgeräumte Meinungsverschiedenheiten anschloß. Doch schon ein kursorischer Überblick über die einzelnen Zeitalter verdeutlicht die tatsächliche Proportionsverteilung: Lediglich in bezug auf die Urgesellschaft und die Zeit nach 1945 konnte der Bericht grundsätzliche Übereinstimmung im Autorenkollektiv vermelden. Zu allen anderen Epochen hingegen bestanden

232 Mit dem Argument, daß sie „nichts über den Hauptinhalt dieser Epochen aussagen", fanden auch die bislang allgemein üblichen Begriffe „Mittelalter" und „Neuzeit" keine Verwendung mehr. Ebd., S. 4.

233 Ebd., S. 3 (Hervorhebungen im Original).

234 Ebd., S. 107.

im Autorenkollektiv auch nach fast fünf Jahren intensiver Diskussion immer noch mehr oder minder tiefe Meinungsgegensätze.

So standen sich hinsichtlich des Feudalzeitalters zwei unterschiedliche Gesamtkonzepte gegenüber, von denen das eine drei und das andere vier Entwicklungsstadien des Feudalismus voneinander abhob. Ihre Differenz ging im Kern auf die Frage zurück, ob die Entwicklung der ‚einfachen Warenproduktion' und das Aufkommen der Geldherrschaft Merkmale des voll entfalteten Feudalismus oder seiner beginnenden Zersetzung seien.[235] Aus dieser Deutungsalternative resultierte eine fast unüberschaubare Vielzahl von Periodisierungsmodellen für das Feudalzeitalter, was auch für die Abgrenzung zwischen den Lehrbuchbeiträgen von Stern und Meusel nicht ohne Folgen blieb: Nachdem das Eckdatum 1400 im Verlauf der Diskussion verworfen worden war, ging Stern davon aus, daß sein Abschnitt um 1450 ende, während Meusel im Einklang mit der Mehrheitsmeinung im Autorenkollektiv den ihm zugewiesenen Anschlußbeitrag 1517 beginnen wollte.[236]

Dieselbe Unsicherheit herrschte in bezug auf die Grenze zwischen Urgesellschaft und Feudalismus, da die Zeit vom Beginn des sechsten Jahrhunderts bis zur Herrschaft Karls des Großen weder der einen noch der anderen Gesellschaftsformation eindeutig zuweisbar schien, das Autorenkollektiv aber die Einführung von Übergangsperioden ablehnte: „Eine Periode von drei Jahrhunderten, die weder der Urgesellschaft noch dem Feudalismus zuzurechnen ist, gibt es nicht", erklärte Stern kategorisch[237] und enthüllte damit den normativen Charakter des im Autorenkollektiv zugrunde gelegten Periodisierungskonzepts, das später auch in der DDR-Historiographie selbst als „schematisch" disqualifiziert wurde und dessen subjektive Willkürlichkeit ungewollt noch in der Rhetorik des Periodisierungsberichts aufscheint: „Gen. Prof. Stern beendet diese Periode, die er zusammen mit der vorhergehenden Periode als Periode der vollen Entfaltung des Feudalismus [...] bezeichnet, bereits mit der 2. Hälfte des 15. Jahrhunderts."[238]

Doch auch über die Epochenscheide zwischen Feudalismus und Kapitalismus konnte im Autorenkollektiv keine Einigung erzielt werden. Während Meusel, Obermann und Schreiner für eine nationalgeschichtliche Sicht plädierten, der zufolge die bürgerliche Ordnung in Deutschland anders als in Frankreich erst 1806/07 mit dem Ende des Heiligen Römischen Reiches deutscher Nation, der Rheinbund-Bildung und der Niederlage Preußens

235 Ebd., S. 19ff.; vgl. Helas, Zur Rolle des Autorenkollektivs, S. 109f.

236 Ebd., S. 97. Der in der Nachfolge Meusels von Max Steinmetz fertiggestellte Lehrbuch-Beitrag setzte schließlich mit dem Jahr 1476 ein.

237 Zitiert nach ebd., S. 113.

238 SAPMO-BArch, NY 4182/1362, Periodisierungsbericht, S. 31. – Zur rückblickenden Bewertung in der DDR-Historiographie vgl. das Urteil von Helas: „Verlauf und Ergebnis der Periodisierungsdiskussion zeigten aber auch, daß in der Anwendung des methodologischen Instrumentariums bestimmte schematische Züge noch nicht voll überwunden waren." Helas, Zur Rolle des Autorenkollektivs, S. 133.

begann, favorisierten Engelberg, Streisand und Schilfert ebenso wie die Sprecher des ZK-Instituts für Gesellschaftswissenschaften eine supranationale Betrachtung, die – auch mit Blick auf das Phänomen eines deutschen Jakobinismus – die Französische Revolution von 1789 zur entscheidenden Zäsur erklärte.

Nicht weniger umstritten war schließlich auch der im marxistischen Weltbild vor allen anderen Epochengrenzen rangierende Einschnitt, der nach der Überzeugung der Lehrbuch-Autoren das Zeitalter des Sozialismus in Deutschland einleitete. Da zur Zeit der Periodisierungsdiskussion der sozialistische Charakter des Umbruchs von 1918/19 noch allgemein anerkannt war, standen hier mit der russischen Oktoberrevolution von 1917 und der deutschen Novemberrevolution von 1918 zwei zäsurenbildende Ereignisse gleichrangig nebeneinander. Während sich der zuständige Bandautor und die Mehrheit im Autorenkollektiv unter Berufung auf „die Wirksamkeit des Gesetzes von der Ungleichmäßigkeit der Entwicklung in den einzelnen Ländern“[239] für den Abschnittsbeginn 1918 aussprachen, wollten die hinzugezogenen Vertreter des Instituts für Gesellschaftswissenschaften die Zäsur mit dem Jahr 1917 gesetzt sehen, da die Oktoberrevolution „unmittelbar eine grundlegende Wendung im inneren (wie auch im äußeren) Kräfteverhältnis der Klassen in Deutschland bewirkte“ und weil generell Revolutionen eine größere historische Bedeutung zukomme als Kriegen.[240]

Über alle diese Hauptzäsuren und eine Fülle weiterer Perioden und Unterperioden vermochten die Lehrbuch-Autoren in der fünf Jahre währenden Debatte um die Epocheneinschnitte der deutschen Geschichte zu einem grundsätzlichen Konsens nicht zu gelangen, weil er im Denkrahmen des parteimarxistischen Geschichtsdiskurses mit den Mitteln der fachlichen Diskussion allein nicht zu erzielen war. Da gleichzeitig aber Homogenität und Geschlossenheit essentielle Erfordernisse der historischen Wirklichkeitsordnung im SED-Staat bleiben mußten, um nicht ihre Künstlichkeit zu offenbaren und ihren Verfall zu riskieren, mußten Streitfragen äußerstenfalls auf politischer Ebene entschieden werden, wie dies in spektakulärer Weise im Sommer 1958 in bezug auf die Novemberrevolution geschah, deren Charakter im Politbüro entschieden und dann per ZK-Beschluß festgestellt wurde.

In dieselbe Richtung wies auch der Periodisierungsbericht des Autorenkollektivs, der im Dezember 1958 gleichfalls dem Politbüro zur Beratung überwiesen worden war. Denn selbst in den Fällen, in denen dieser Bericht die „wissenschaftliche Exaktheit“ der gefundenen Geschichtsgliederung durch das einmütige Votum der beteiligten Historiker zu untermauern vermochte, konnte das Resultat schnell wieder zur Disposition stehen, wie etwa

239 Schreiner, Zu einigen Fragen, S. 375; vgl. SAPMO-BArch, NY 4182/1362, Periodisierungsbericht, S. 87.

240 Zit. nach Helas, Zur Rolle des Autorenkollektivs, S. 119.

die Bildung der „Unterperiode" Novemberrevolution lehrt. Deren Erstreckung hatte der Bericht des Autorenkollektivs auf die Zeit von Oktober 1918 bis Mai 1919 festgelegt: „Am Ende dieser Unterperiode steht die Niederschlagung der Bayrischen Räterepublik (2.5.1919)."[241] Die von Ulbricht durchgesetzte Zurückstufung der Revolution von einer sozialistischen zu einer bürgerlich-demokratischen Umwälzung aber verschob die Gewichtsverteilung, so daß nun der politische Umbruch vom November bis zum Tag der Wahl zur Nationalversammlung am 19. Januar 1919 in den Vordergrund trat. Die blutigen Bürgerkriegs-Auseinandersetzungen des Frühjahrs 1919, die mit den Berliner Märzkämpfen und der Errichtung der Münchner Räterepublik Revolution und Gegenrevolution so sichtbar schieden, paßten hingegen weniger in das Konzept einer „bürgerlich-demokratische[n] Revolution, die in gewissem Umfang mit proletarischen Mitteln und Methoden durchgeführt wurde": Ihre weitere ‚Duldung' in der Unterperiode der Novemberrevolution hätte die zentrale Rolle der „marxistisch-leninistischen Kampfpartei, die imstande ist, die Massen zu führen", in Zweifel ziehen können, da deren Fehlen doch in der parteimarxistischen Literatur als die eigentliche Ursache des Ausgangs der Revolution angesehen wurde.[242]

Konsequenterweise hoben die von einer Kommission des Politbüros ausgearbeiteten und mit der Weihe eines ZK-Beschlusses versehenen „Thesen" zum 40. Jahrestag der Revolution die vom Lehrbuch-Kollektiv gewählte Zäsur stillschweigend auf und ließen die Revolution mit der Schilderung der Ermordung von Luxemburg und Liebknecht zu Ende gehen[243], während die Niederschlagung der Rätebewegung in der parteiamtlichen „Geschichte der deutschen Arbeiterbewegung" einer eigenen Unterperiode der „revolutionären Nachkriegskrise" 1919/20 zugewiesen wurde.[244] Vergeblich versuchten vor allem Albert Schreiner und Rudolf Lindau durch Berufung auf die Wissenschaftlichkeit des Entscheidungsverfahrens gegen diese Umwertung anzugehen: „Einige unserer Historiker behaupten neuerdings, die Novemberrevolution von 1918 sei im Januar 1919 zu Ende gewesen. Diese Behauptung steht im Gegensatz zu der Auffassung, die bei den namhaften marxistischen Historikern aller Länder seit vierzig Jahren bestand und besteht [...]: die Novemberrevolution von 1918 in Deutschland endete am Ausgang des Frühjahrs 1919 oder ‚Mitte 1919'. Es handelt sich mithin bei der fraglichen Behauptung objektiv um eine wissenschaftliche Herausforderung, die jedoch bisher nicht wissenschaftlich begründet wurde, obwohl auch bei uns seit einigen Jahren neue Arbeiten sowjetischer Historiker zur

241 SAPMO-BArch, NY 4182/1362, Periodisierungsbericht, S. 89.

242 Ulbricht, Über den Charakter der Novemberrevolution, S. 729 u. 725.

243 Die Novemberrevolution 1918 in Deutschland. Zur Arbeit der Thesenkommission des Politbüros vgl. auch Laboor, Zum Abbruch der Diskussion über den Charakter der Novemberrevolution.

244 Geschichte der deutschen Arbeiterbewegung, Bd. 3, S. 201ff.

Periodisierung der Novemberrevolution vorliegen, die man nicht einfach ignorieren kann."[245] Doch weder der Appell an die Maximen der wissenschaftlichen Urteilsbildung noch die Autorität der zeitgeschichtlichen Teilhaberschaft, auf die sich manche Diskutanten beriefen, rettete hier die Zäsurenbildung des Autorenkollektivs; erst in den siebziger Jahren, nach der Ablösung Ulbrichts, wurde die revolutionsbeendende Zäsur wieder vom Januar auf den Mai 1919 verschoben.[246]

In eine so weitgehende Richterrolle über die „richtige" Gestaltung der Vergangenheit mochte sich die Parteiführung freilich nicht immer drängen lassen und schon gar nicht in all den Fällen, in denen das Autorenkollektiv selbst keinen Konsens über die zeitlichen Einschnitte gefunden hatte. Doch nicht weniger verbot sich angesichts der gemachten Erfahrungen der im Periodisierungsbericht vorgeschlagene Weg, „die weitere Diskussion über den Rahmen des Autorenkollektivs hinaus auf einen großen Kreis von Historikern und anderen an geschichtlichen Problemen interessierten Menschen auszudehnen sowie dieser Diskussion in der ‚Zeitschrift für Geschichtswissenschaft' entsprechenden Platz einzuräumen".[247] Während das Gremium der Lehrbuch-Autoren damit zumindest rhetorisch an einem von ihm selbst gründlich desavouierten Konsensideal festhielt, wurde die neue Linie von anderen ausgerufen, die sich rascher von dem als utopisch erkannten Glauben an die Verständigungskraft der offenen Diskussion verabschiedet hatten: Schon im Januar 1959 endete die erste Arbeitstagung der Kommission Zeitgeschichte am Akademie-Institut mit dem programmatischen Aufruf ihres Leiters Walter Bartel, Periodisierungsdiskussionen vorerst zugunsten einer intensiveren Forschung zurückzustellen.[248]

So fielen auch im Lehrbuch-Projekt die endgültigen Entscheidungen für und gegen die unterbreiteten Periodisierungsvorschläge im weiteren nicht mehr in der streitbaren Auseinandersetzung zwischen den Abschnittsautoren, sondern vorwiegend in diskreter Anpassung an übergreifende ideologische Wandlungen und politische Akzentverschiebungen. Maßgeblich gilt dies für das allmähliche Zurücktreten der besonders nachdrücklich von Meusel unterstützten nationalgeschichtlichen Sicht hinter die Betonung einer weltgeschichtlichen Perspektive, das dem allmählichen Verblassen des ideologischen Konzepts einer deutschen Wiedervereinigung unter sozialistischem Vorzeichen folgte. Derselbe Trend sorgte für die Durchsetzung der Abschnittszäsur 1789, die schließlich auch für die deutsche Geschichte als Grenze zwischen Feudalzeit und Kapitalismus beibehalten wurde, und er

245 SAPMO-BArch, NY 4182/1362, Rudolf Lindau, Bemerkungen zur Frage des Endes der Novemberrevolution von 1918, 29.8.1960.

246 Vgl. hierzu Helas, Zur Rolle des Autorenkollektivs, S. 121.

247 SAPMO-BArch, NY 4182/1362, Periodisierungsbericht, S. 4f.

248 Prof. Dr. Walter Bartel. Schlußwort, in: Probleme der zeitgeschichtlichen Lehre, Forschung und Publizistik, S. 97; vgl. Helas, Die Periodisierungsdiskussion 1955 bis 1958, S. 38.

wirkte sich nicht weniger aus in bezug auf die Epochenscheide zwischen dem kapitalistischem Zeitalter und der Ära der proletarischen Revolution. Deren Datierung auf das Jahr 1918 kam nicht mehr in Frage, nachdem der Novemberrevolution im Kontext ihres vierzigjährigen Jubiläums der sozialistische Charakter endgültig abgesprochen worden war. In dieselbe Richtung hatte schon einige Monate zuvor im November 1957 ein Moskauer Treffen des sozialistischen Lagers gewiesen, das das Jahr 1917 zum bedeutendsten Einschnitt der ganzen bisherigen Geschichte erklärte und so die Historiker der DDR dazu veranlaßte, „die Konsequenzen aus dieser neuen Sicht für die Historiographie über die deutsche Geschichte zu durchdenken und praktisch umzusetzen", wie die Aufgabe des nationalgeschichtlichen Standpunktes im Binnendiskurs der DDR-Geschichtswissenschaft benannt wurde.[249] Die endgültige Kodifizierung erfolgte allerdings erst nach dem Tode Meusels, und zwar auf Anweisung der Abteilung Wissenschaften. Es tat nichts zur Sache, daß der zuständige Autor Fritz Klein sein fertiges Manuskript des Lehrbuch-Abschnittes 1897/98 bis 1918 bereits über ein Jahr zuvor vorgelegt hatte; er wurde trotz seines Protestes gezwungen, seine Weltkriegs-Darstellung 1917 enden zu lassen, und veröffentlichte die bereits geschriebenen Teile seines Lehrbuch-Manuskripts über die Zeit von November 1917 bis November 1918 später als Separatum unter dem Titel „Deutschland 1918".[250]

Erst auf der befestigten Grundlage eines historischen Herrschaftsdiskurses, der die oktroyierten Leitlinien des neuen Geschichtsbildes in der fachlichen Praxis bereits internalisiert und damit der wissenschaftlichen Infragestellung entzogen hatte, war an eine Fortsetzung der Auseinandersetzung um die Epocheneinteilung der deutschen Geschichte zu denken. Als die Sektion Geschichte der Deutschen Akademie der Wissenschaften im Dezember 1967 eine erste Planung für eine neuerliche Gesamtdarstellung der deutschen Geschichte vorlegte, führte sie als wichtigstes Problem „auf der neuen Stufe unseres gesellschaftlichen Entwicklungsprozesses" auf: „Unerläßlich ist es, daß die 1958 abgebrochene Diskussion über theoretische und praktische Fragen der Periodisierung der deutschen Geschichte auf dem inzwischen erreichten höheren Niveau wieder aufgenommen wird."[251] Daß das Vorgängerprojekt noch vor dem Erscheinen des letzten Lehrbuch-Beitrags als ersetzungsbedürftig eingestuft wurde, lag diesem Planungspapier zufolge an eben der mangelnden Geschlossenheit und Einheitlichkeit, um

[249] Helas, Zur Rolle des Autorenkollektivs, S. 120.

[250] Fritz Klein, Drinnen und draußen, S. 204f. In der Folge wurden auch die entsprechenden Abteilungen des Museums für deutsche Geschichte und des Akademie-Instituts für Geschichte umbenannt und firmierten fortan ebenfalls unter der Einteilung 1917–1945.

[251] SAPMO-BArch, NY 4182/1362, Deutsche Akademie der Wissenschaften zu Berlin – Leitung der Sektion Geschichte, Politisch-wissenschaftliche Zielstellung einer Geschichte des deutschen Volkes, 8.12.1967, S. 19.

die das Autorenkollektiv sich in den fünfziger Jahren so ausdauernd wie vergeblich bemüht hatte.[252] Zehn Jahre später hingegen hatten sich die Voraussetzungen auf der Seite der Geschichtsschreiber wie ihrer Leser wesentlich verändert, wie schon die Charakterisierung der anvisierten Leserschaft verrät: „Das Werk wird einen Leserkreis vorfinden, der zu einem großen Teil seine Bildung und Erziehung im System der polytechnischen Oberschulen [...] und auf Hoch- und Fachschulen der DDR erhalten hat und hohes Fachwissen mit einer wissenschaftlichen Weltanschauung verbindet, zu einem anderen Teil durch die Erkenntnis der Stabilität und Dauerhaftigkeit des Sozialismus veranlaßt wird, sich mit weltanschaulichen und historischen Problemen auseinanderzusetzen."[253]

Aber auch das Autorengremium der überarbeiteten ‚Meistererzählung' wurde nun nicht mehr der Spannung zwischen der beanspruchten Homogenität des neuen Geschichtsbildes und der faktischen Heterogenität seiner Ordnungsprinzipien ausgesetzt; es erhielt statt dessen in der normativen Festschreibung der anzuwendenden Interpretationskriterien den diskursiven Rahmen seiner historiographischen Anstrengungen auch in bezug auf die Zeitenwende am Ende des Ersten Weltkriegs eindeutig vorgezeichnet: „Bei der Ausarbeitung der Geschichte des deutschen Volkes sind eine Reihe methodologischer Grundsätze zu beachten: Die Geschichte des deutschen Volkes ist konsequent in den Rahmen der weltgeschichtlichen Entwicklung zu stellen und stets in Beziehung zu setzen zu den Epochen der Weltgeschichte. [...] Für das Verständnis der weltgeschichtlichen Entwicklungstendenzen in unserer Zeit und damit auch die Perspektive des deutschen Volkes bildet die Große Sozialistische Oktoberrevolution Grundlage und Ausgangspunkt. [...] Die Proportionen der Darstellung gehen von diesen Erfordernissen aus."[254]

Am Ende der langjährigen Entstehungsgeschichte des Lehrbuchs der deutschen Geschichte stand damit eine nüchterne Erkenntnis. Nachdem der Glaube an eine von bürgerlichen Schlacken befreite Naturkraft der neuen Geschichtsbetrachtung sich im Laufe der Arbeit im Autorenkollektiv und der öffentlichen Diskussion ihrer Ergebnisse als bloße Illusion demaskiert hatte, blieb nichts als die Einsicht, daß die angestrebte Homogenität des sozialistischen Geschichtsbildes nur mit Hilfe fester Verfahrensregeln zu gewinnen war. Niemand war dies bewußter als Ulbricht selbst. In seiner Eigenschaft als Vorsitzender des Autorenkollektivs erörterte er 1964 die

[252] „Dieser Darstellung lag weder eine einheitliche und geschlossene Konzeption noch eine bis zu Ende durchdachte wissenschaftliche Periodisierung der deutschen Geschichte zugrunde, was zur Folge hatte, daß die politisch-ideologische Stoßrichtung der Auseinandersetzung mit der imperialistischen Geschichtsschreibung und die theoretische Verallgemeinerung wichtiger Grundprobleme uneinheitlich waren." Ebd., S. 9f.

[253] Ebd., S. 16.

[254] Ebd., S. 12ff.

Leitlinien, nach denen die Geschichte der deutschen Arbeiterbewegung zu schreiben sei, und fand dabei geradezu klassische Worte für den unvermeidlichen Übergang vom utopischen Ideal zur tatsächlichen Wirklichkeit der sozialistischen Geschichtswissenschaft: „Hier in diesem Kollektiv muß alles offen ausgesprochen werden, auch unangenehme Fragen, und dann werden wir entscheiden, was hereingenommen wird und was nicht, in welchem Ausmaß und in welcher Weise. Wir sind hier keine Abteilung des Außenministeriums, wo wir uns diplomatisch über bestimmte Fragen der Weltpolitik unterhalten, sondern es muß exakt beraten werden, und der Autor bekommt dann exakte Hinweise, in welcher Weise der Band fertiggemacht wird."[255] Es lag in dieser Logik, daß das zur Ablösung des Hochschullehrbuchs gedachte Projekt einer Geschichte des deutschen Volkes von vornherein auf eine öffentliche Diskussion verzichtete. Statt dessen verpflichtete es die mit der Erarbeitung einer gemeinsamen Arbeitsgrundlage beauftragten Mitglieder des Autorenkollektivs zu strenger Vertraulichkeit, damit die sorgfältige Abstimmung über eine neuen Version des sozialistischen Geschichtsbildes nicht vorzeitig und unkontrolliert in die Öffentlichkeit dringe. Diese Entscheidung setzte den Schlußpunkt unter eine jahrzehntelange Arbeit an der Vergangenheit, in deren Verlauf der utopische Glaube an die naturhafte Homogenisierungskraft des neuen Denkens sukzessive von eigenen Widersprüchen und entgegenstehenden Erfahrungen eingeholt worden war.

Aus dem Ende der ‚bürgerlichen' Herrschaft über die Vergangenheit hatte sich also keineswegs ein „richtiges", von allen Verfälschungen und Verzerrungen befreites Geschichtsbild ergeben, wie die Initiatoren des Lehrbuchprojekts in naiver Hoffnung einst proklamiert hatten. Unzählige Beratungen und Abstimmungen der beteiligten Historiker hatten nicht vermocht, ein in den Grundlinien widerspruchsfreies Geschichtsbild im Sinne des Marxismus-Leninismus zu entwerfen, und immer wieder hatte es des massiven Eingreifens der politischen Führung und ihrer Administration bedurft, um das vom Steckenbleiben bedrohte Projekt weiterzubringen und ihm die Richtung vorzugeben. Die Lehre lautete, daß das in ‚sozialistischer Gemeinschaftsarbeit' und inhaltlicher Einmütigkeit sich ausdrückende Konsensgebot der sozialistischen Historiographie auf präzise prozedurale Regeln angewiesen war, in denen die wissenschaftliche Diskussion Halt und Rahmen fand, und eben dies verwandelte die Illusion einer gleichsam naturwüchsigen Verständigung über die Vergangenheit auf dem Boden des Marxismus-Leninismus in die Realität eines historischen Herrschaftsdiskurses auf dem Boden einer politisch gesetzten Wirklichkeitsordnung.[256]

255 Zit. n. Kowalczuk, „Wo gehobelt wird, da fallen Späne", S. 318.

256 Folgerichtig sah die DDR-Historiographie selbst die Schwächen des Lehrbuchs in der noch zu geringen Einpassung seiner Autoren in die Geltungsnormen und Verständnismuster der neuen sozialistischen Geschichtsschreibung begründet: „Die

Hinter der die Lehrbuch-Arbeit über Jahre beherrschenden Auseinandersetzung zwischen Meusel und Engelberg verbarg sich mehr als eine bloße Rivalität zweier ehrgeiziger Matadoren der zweiten deutschen Geschichtswissenschaft. Während Meusel noch an einer illusionären Einheit der deutschen Geschichtswissenschaft festhalten wollte, machte Engelberg sich für deren Teilung stark; während Meusel das Gespräch mit den ‚bürgerlichen' Gelehrten suchte, um sie von ihrer wissenschaftlichen Befangenheit zu überzeugen, forcierte Engelberg die schützende Abgrenzung von ihnen. In diesem Sinne verkörperte Meusel das offensive und in gewisser Hinsicht sogar utopische Potential des sozialistischen Geschichtssystems, das seine beflügelnde Kraft zum Bruch mit alten Fachtraditionen aus dem Bewußtsein der fachlichen Überlegenheit schöpfte, und stand Engelberg für eine nüchterne Einsicht in die begrenzte und bedrohte Geltungsmacht der gebundenen Geschichtswissenschaft. Auf ihrem Boden war Engelbergs Position die realistischere und folglich die letztlich erfolgreichere, wie sich auch an der Entstehungsgeschichte des Lehrbuchs offenbart: Am Ende verlegte der von Entmachtung bedrohte Vorsitzende des Autorenkollektivs seinen Kampf um die nationale Einheit der deutschen Geschichtswissenschaft auf das Nebenfeld der Stilkritik, während sein Gegner im Zuge seines Aufstiegs an die Spitze des Akademie-Instituts für Geschichte den Stab über die in Meusel personifizierten Jugendträume des DDR-Sozialismus in der Historie brach: „Wenn wir nicht erkennen, daß es sich bei diesem Streit um einen solchen zwischen einem kämpferischen Marxismus und einem ebenso kämpferischen und bewußten Nicht-Marxismus handelt, sind wir von vornherein verloren, dann brauchen wir die Diskussion gar nicht beginnen. Dann geht alles [...] wie das Hornberger Schießen aus. Dann wuchert alles wie eine ideologische Viruskrankheit weiter; sie wuchert bereits – bis in das Gewi-Institut hinein. Am schlimmsten sind die Versöhnler, die Leute, die weder kalt noch warm sind, die Lauen!"[257]

Engelbergs Verdikt gegen die „Meuseleaner" markiert den Schlußpunkt einer Entwicklung, in der das Hochschullehrbuch wie kein anderes Arbeitsvorhaben auf dem Feld der Historie die Entstehungszeit der neuen sozialistischen Geschichtswissenschaft in der DDR repräsentiert. In mehrfacher Hinsicht bedeutete es einen entscheidenden Schritt zur Ausbildung des historischen Herrschaftsdiskurses, der die Aneignung der Vergangenheit in der DDR bis 1989 bestimmen sollte: Trotz ihrer letztlich weitgehend individualisierten Abfassung bildeten die einzelnen Abschnitte des Lehrbuchs in

Autoren vereinte zwar der gemeinsame Auftrag und das Wissen um seine wissenschaftliche wie politische Bedeutung, doch zu unterschiedlich waren ihre wissenschaftlichen Voraussetzungen und politischen Erfahrungen." Fischer, Zur Rolle des Autorenkollektivs (1982), S. 88.

257 SAPMO-BArch, DY 30, IV 2/9.04/398, Ernst Engelberg an Abt. Wissenschaften, 26.7.1959. Mit der Bezeichnung „Gewi-Institut" ist das Institut für Gesellschaftswissenschaften beim ZK der SED gemeint.

inhaltlicher Hinsicht einen die gesamte deutsche Geschichte umfassenden Corpus verbindlicher Leittexte, die in einem politisch und wissenschaftlich gleichermaßen autorisierten Gremium entstanden und von den Spuren ihres oft kontroversen und konfliktreichen Entstehungsprozesses fast vollständig gereinigt waren. Darüber hinaus bildeten sich in der kontroversen Auseinandersetzung besonders um die historische Zäsurensetzung wesentliche Standards des historischen Denkens und verbindliche Spielregeln zur Gewinnung und Durchsetzung geschichtlicher Einsichten heraus, die jenseits konkreter Inhalte die Ordnung des historischen Diskurses unter den Bedingungen der sozialistischen Diktatur bestimmten.

Vor allem aber spiegelt sich in der langwierigen und verschlungenen Entstehungsgeschichte des Hochschullehrbuchs der fortschreitende Illusionsverlust einer zur Herrschaft gelangten DDR-Geschichtswissenschaft, die ihren Anspruch auf die Versöhnung von Parteilichkeit und Objektivität nicht selbständig einzulösen vermocht hatte. Personifiziert in der Rivalität zwischen Alfred Meusel und Ernst Engelberg, durchzieht die 35 überwiegend in Stenogrammform überlieferten Besprechungen des Autorenkollektivs eine unterschwellige Auseinandersetzung zwischen zwei Wissenschaftsverständnissen, die sich trotz ihrer gemeinsamen Verwurzelung in der marxistisch-leninistischen Weltanschauung grundsätzlich voneinander unterschieden. In ihr verkörperte Meusel die Hoffnung, das alte, ‚bürgerlich' befangene Geschichtsbild durch ein neues, sozialistisch befreites herauszufordern und im Rahmen einer noch als einheitlich gedachten deutschen Geschichtswissenschaft und im täglichen Vergleich der Anschauungen, in der täglichen Konkurrenz um die bessere Erklärung zu überwinden. Sein Antipode Engelberg hingegen betonte den politischen Primat und die grundsätzliche Andersartigkeit einer sozialistischen Historiographie, die die Auseinandersetzung mit der überlebten ‚bürgerlichen' Geschichtsbetrachtung keineswegs auf gleicher Augenhöhe suchen dürfe, sondern im Gegenteil „aus Gründen moralisch-politischer Gerechtigkeit und ideologischer Sauberkeit" gegen die „kleinbürgerlichen Meuseleaner" und ihren „unverschämten bürgerlichen Liberalismus"[258] kämpfen müsse, um nicht ihre Identität und Integralität einzubüßen. In dieser bis 1960 währenden Kontroverse, die in ihrer zuweilen dramatischen Schärfe die Arbeit am Lehrbuch entscheidend prägte, verbirgt sich eine bis in die Wortwahl der einzelnen Gutachten und die wechselseitig versuchte Instrumentalisierung des Parteiapparates hinein zu verfolgende Auseinandersetzung um den Charakter der neuen Geschichtswissenschaft[259], in der

258 Ebd.

259 Folgerichtig suchte Engelberg die Erklärung für „die Frage, *warum* mich Meusel mit solchem Haß und solcher Verbissenheit bis zum heutigen Tag [...] verfolgt hat und verfolgt", in dem Umstand, „daß er seinem moralisch-politischen Habitus nach ein *bürgerlicher* Professor" ist. Ebd., 109, Ernst Engelberg an Abteilung Wissenschaft des Zentralkomitees der SED, 15.11.1958 (Hervorhebungen im Original).

selbst nach der Auffassung der Beteiligten die persönlichen Gegensätze nur Ausdruck eines fachlichen Grundkonflikts waren, wie Engelberg der Abteilung Wissenschaften zu Recht vorhielt: „Es ist doch merkwürdig: Ihr, die Ihr Euch so gerne entsetzt über die persönlichen Händel zwischen den Professoren, Ihr überseht das Wichtigste: die ideologischen Fronten! Wenn Ihr die ideologischen Gegensätze nicht voll erfaßt, könnt Ihr auch die persönlichen Gegensätze nicht richtig ermessen."[260] Der Sieg der realistischeren, auf Abschottung und ideologische Geschlossenheit bedachten Position Engelbergs über das illusionäre Vertrauen Meusels auf die disziplinäre Überlegenheit und Ausstrahlungskraft der parteimarxistischen Historiographie beeinflußte nicht nur den Fortgang der Lehrbuch-Arbeit, sondern markierte auch einen Richtungswechsel der parteilichen Geschichtswissenschaft in der DDR von der Offensive zur Defensive, von der äußeren Expansion zur inneren Konsolidierung und von der erlebten Befreiung aus ‚bürgerlichen' Erkenntnisfesseln hin zur eingestandenen Schutzbedürftigkeit eines politisch gestützten Fachdiskurses.

[260] Ebd.

V. Disziplinäre Ausgrenzung: Die DDR-Geschichtswissenschaft und ihr innerdeutscher Gegner

1. Der Zerfall der historischen Ökumene

Identität beruht entscheidend auf Abgrenzung. Auch die einzelnen Entwicklungsphasen der DDR-Geschichtswissenschaft standen in unmittelbarem Zusammenhang mit ihren zwischen Konfrontation und Verständigung changierenden Beziehungen zur ‚bürgerlichen' Geschichtswissenschaft der westlichen Welt. Besondere Bedeutung kam dabei ihrem Verhältnis zu der Historiographie zu, als deren Gegenentwurf die DDR-Geschichtswissenschaft sich betrachtete und mit der sie doch Sprache, Tradition und Gegenstand in einem so weitgehenden Maße teilte, daß ihre fachliche Eigenständigkeit anders als die der Historiographien anderer Ostblockländer fortwährend bedroht blieb, nämlich zu der der Bundesrepublik. In der erfolgreichen Abgrenzung von der westdeutschen Konkurrenzhistorie lag die eigentliche raison d'être der zweiten deutschen Geschichtswissenschaft in der DDR; an ihr läßt sich die Fortentwicklung einer sozialistisch erneuerten Geschichts*auffassung* zu einer eigenständigen Geschichts*wissenschaft* anschaulich verfolgen.[1]

Als das Akademie-Institut für Geschichte im März 1956 seine Arbeit aufnahm, existierte eine klare Standortbestimmung gegenüber der nichtmarxistischen Historiographie nicht einmal im eigenen Haus, geschweige denn gegenüber dem Ausland. Kontakte zur internationalen Fachgemeinschaft waren noch ganz an die Personen selbst gebunden, die zum neugegründeten Institut hinüberwechselten. Die Spanne reichte von Mitarbeitern, die bislang am Museum für Deutsche Geschichte allein mit der Ausarbeitung einer visualisierten Geschichtspräsentation befaßt gewesen waren und in der Regel kaum auswärtige Verbindungen mitbrachten, zu Fachvertretern wie Leo Stern, der auch als Abteilungsleiter am Akademie-Institut seine vielfältigen Kontakte zu einem bunten Kreis von Kollegen im europäischen Ausland weiter pflegte. So waren die innerdeutschen Bezie-

1 Zu den innerdeutschen Fachbeziehungen aus westlicher Sicht die Arbeiten von Schulze, Die deutsche Geschichtswissenschaft, und Worschech, Der Weg der deutschen Geschichtswissenschaft. Zur Positionsentwicklung der ostdeutschen Historiographie: Kowalczuk, Legitimation eines neuen Staates, S. 193ff.; Sabrow, Ökumene als Bedrohung. Probleme einer vergleichenden Betrachtung erörtern: Hadler/Iggers, Überlegungen zum Vergleich der DDR-Geschichtswissenschaft; Middell, Vom allgemeinhistorischen Journal.

hungen am Institut bis über die Mitte der fünfziger Jahre hinaus von einer seltsamen Unentschiedenheit gekennzeichnet: Auf der einen Seite hatten seine Historiker gemäß dem SED-Geschichtsbeschluß von 1955 die westdeutsche Konkurrenz als gefährlichen Gegner zu betrachten. Auf der anderen Seite stellte das Ost-Berliner Forschungszentrum in diesen ersten Jahren der westlichen Historiographie selbst keine geschlossene Front gegenüber, sondern hatte beispielsweise mit dem Akademiemitglied Fritz Hartung einen dezidiert ‚bürgerlichen' Kollegen in seinen Reihen, der aufgrund seines fachlichen Renommees und seiner Stellung in der historisch-philosophischen Klasse der Akademie eine herausragende Stellung am Institut für Geschichte einnahm, ohne doch seinen West-Berliner Wohnsitz oder sein Engagement in westdeutsch geprägten Organisationen wie dem VHD aufzugeben.

Ein undatierter Entwurf „Über die Kaderentwicklung in der Geschichtswissenschaft, die Aufgaben der Institute und Archive" vom Frühjahr 1954 definierte noch unter dem Eindruck des Juniaufstandes von 1953 das zu gründende Geschichtsinstitut als ‚wissenschaftliches Zentrum und Anziehungspunkt für die patriotischen Historiker *ganz Deutschlands*', das sich um deutsch-deutsche Kooperationen auf folgenden Gebieten zu kümmern habe: „Heranziehung ehrlicher westdeutscher Wissenschaftler an die Arbeit des Instituts für Geschichte an der Deutschen Akademie der Wissenschaften, Teilnahme westdeutscher Historiker an [...] Diskussionen und theoretischen Konferenzen, persönliche Besuche von Historikern unserer Republik in Westdeutschland, verstärkte Einladung westdeutscher Historiker zu Gastvorlesungen in unsere Republik, Einladung westdeutscher Studenten zum Besuch unserer Universitäten."[2]

Hinter dieser auch in den fünfziger Jahren mehrfach modifizierten Strategie stand das Ziel einer nationalen Wiedervereinigung auf sozialistischer Grundlage, dem die SED-Führung durch gesamtdeutsche Offensiven auch im Bereich der Wissenschaften und besonders der hier prädestinierten DAW Vorschub zu leisten hoffte.[3] Im Mai 1955 sprach der Ministerrat der

2 SAPMO-BArch, DY 30, IV 2/9.04/90. Ebenso forderte Meusel in einem Memorandum vom Mai 1954, „in der Akademie ein historisches Institut aufzubauen, das wirklich zu *dem* führenden historischen Forschungsinstitut in der DDR werden und für die friedliche und demokratische Wiedervereinigung Deutschlands Bedeutung erringen kann." Ebd., 380, Alfred Meusel, Geschichtswissenschaft in der Akademie, 16.5.1954 (Hervorhebung im Original).

3 Unter Hinweis auf die gesamtdeutschen Unternehmungen der DAW, auf ihre offiziellen Beziehungen zu den Akademien Göttingen, München und Heidelberg sowie vor allem auf den Umstand, daß 40% ihrer Mitglieder westdeutsch seien, statuierte das Auslandsbüro 1954 knapp: „Die Deutsche Akademie der Wissenschaften zu Berlin war seit Wiederaufnahme ihrer Arbeiten bestrebt, ihren gesamtdeutschen Charakter zu erhalten." Ebd., 393, Büro für gesamtdeutsche und Auslandsbeziehungen, Die Rolle der Deutschen Akademie der Wissenschaften im Kampf um die Einheit Deutschlands, o.D. (Ende 1954). Zur bedingten Rücksichtnahme der SED auf

DDR „Empfehlungen" aus, die auf eine Stärkung der deutsch-deutschen Akademiebeziehungen zielten: „Die Herausgabe gesamtdeutscher wissenschaftlicher Zeitschriften ist weiter zu fördern. Westdeutsche Wissenschaftler sollten stärker als bisher für die Mitarbeit an wissenschaftlichen Werken gewonnen werden, die in der Deutschen Demokratischen Republik erscheinen."[4] In derselben Zeit erhielten – allerdings offenbar ohne Abstimmung mit der SED – westdeutsche Historiker wie Ludwig Dehio und Hermann Heimpel Anfragen, ob sie eine etwaige Wahl in die Deutsche Akademie der Wissenschaften annehmen würden.[5] Zuvor hatte das Präsidium der Akademie bereits beschlossen, sein „Büro für die kulturellen Beziehungen mit dem Auslande" in „Büro für gesamtdeutsche und Auslandsbeziehungen" umzubenennen.[6]

Ein anschauliches Bild davon, wie schwankend im einzelnen und amorph im ganzen sich die deutsch-deutschen Fachbeziehungen in den fünfziger Jahren noch gestalteten, vermittelt ein Vergleich der fünf deutschen Historikertage zwischen 1949 und 1958. Auf dem ersten Nachkriegskongreß der deutschen Historiker in München 1949 stammten von den 231 Teilnehmern lediglich neun aus Ostdeutschland. Sie traten nichts als Gruppe, sondern als Individuen mit unterschiedlichen fachlichen Positionen auf. Keiner unter ihnen repräsentierte eine eigenständige DDR-Geschichtswissenschaft; mit Walter Markov bekannte sich nur ein einziger Vertreter der Ost-Zunft zum Marxismus, und der agierte überdies ohne westliche wie östliche Unterstützung.[7] Das Treffen in München spiegelte so noch nicht die Trennlinie zwischen einer ersten und einer zweiten deutschen Geschichtswissenschaft, sondern den allmählich nachlassenden Widerstand einer in Grundfragen noch einheitlichen Historikerschaft gegen die Auswirkungen der politischen Teilung. Entsprechend bemühte Markov sich in seinen Erwiderungen auf Gerhard Ritters Referat über die „Gegenwartsaufgabe der Historie" selbst deutlich um Konzilianz und argumentierte ungeachtet seiner inhaltlichen Kritik ebenso auf dem Boden eines gemeinsamen Wissenschaftsverständnisses wie seine nicht-marxistischen Kollegen Karl Griewank und Fritz Rörig.[8] Den vorherrschenden Geist der innerdeutschen Beziehungen auf

den gesamtdeutschen Charakter der DAW vgl. Schroeder, Reaktionen ‚bürgerlicher' Wissenschaftler, S. 77ff.

4 SAPMO-BArch, IV 2/9.04/393, Empfehlungen des Ministerrats der DDR zur weiteren Entwicklung und Verbesserung der Arbeit der Deutschen Akademie der Wissenschaften zu Berlin vom 18.5.1955.

5 Beide verneinten übrigens. Schulze, Geschichtswissenschaft nach 1945, S. 188.

6 SAPMO-BArch, IV 2/9.04/393, unter Bezug auf einen Beschluß des Präsidiums der DAW vom 21.12.1954.

7 Zur Reaktion des VHD auf die avisierte Teilnahme des von Gerhard Ritter so apostrophierten ‚roten Terroristen' Markov s. Kowalczuk, Legitimation eines neuen Staates, S. 195.

8 Die Mehrheit der Tagungsgäste allerdings empfand Markovs Plädoyer für einen gleichberechtigten marxistischen Zugang zur Geschichte ebenso wie etwa Fritz Rö-

dem Münchener Historikertag überlieferte Gerhard Ritter in einem späteren Brief an Hermann Heimpel: „Von den Kollegen aus dem Osten sagte mir einer zum Schluß, er habe doch mit Freuden gesehen, daß sie hinter dem eisernen Vorhang in keiner Weise vergessen wären, sondern sich dankbar eng mit uns verbunden fühlen."[9]

In der ostdeutschen Fachöffentlichkeit fand der Münchener Historikertag keine Beachtung[10] und ebensowenig zwei Jahre später der nächste Kongreß des Verbandes in Marburg an der Lahn. Der Aktenlage zufolge hatten weder Partei- noch staatliche Stellen sich mit der Frage einer Teilnahme von DDR-Historikern überhaupt befaßt, so daß in Marburg mit Fritz Hartung und dem Leipziger Leiter des sächsischen Landeshauptarchivs Hellmut Kretzschmar lediglich zwei ostdeutsche Historiker vertreten waren, die als parteiungebundene Nicht-Marxisten zudem auf eigene Entscheidung gekommen waren.[11] Ein ganz anderes Bild bot der Bremer Historikertag 1953. Diesmal waren unter den 700 Teilnehmern des Kongresses immerhin 63 aus der DDR, und sie fanden „als Kollegen und Freunde, Brüder und Schwestern aus der DDR" eine betont freundliche Aufnahme, auch wenn keiner von ihnen als Referent vorgesehen worden war.[12] Der Eindruck, den sie hinterließen, war zwiespältig. Auf der einen Seite führten verschiedene Diskussionsbeiträge von DDR-Kollegen und besonders eine polemische Attacke Alfred Kamnitzers gegen Otto Brunner, die sich „für eine sozialgeschichtliche Betrachtungsweise im Sinn des dialektischen Materialismus" starkmachte[13], zu einer scharfen Polarisierung unter den Teilnehmern und in der publizistischen Öffentlichkeit zur Forderung nach entschiedener Abgrenzung.[14] Auf der anderen Seite hatten auch nicht-marxistische Historiker

rigs Dank an die Großzügigkeit der „ostzonalen Behörden" mehr als pflichtschuldige Rücksichtnahme auf die bestehenden Machtverhältnisse denn als Aufforderung zur Auseinandersetzung mit einem anderen Geschichtsbild. Worschech, Der Weg der deutschen Gechichtswissenschaft, S. 62ff.

9 Gerhard Ritter an Hermann Heimpel, 23.4.1951, zit. n. ebd., S. 62, Anm. 1.

10 Eine Ausnahme bildet der Bericht von Markov, Zur Krise der deutschen Geschichtsschreibung.

11 Didczuneit, Heinrich Sproemberg, S. 63, Anm. 160. Anderen ‚bürgerlichen' Fachkollegen hingegen war die Reiseerlaubnis nach Marburg offenbar verweigert worden, wie Hermann Heimpel in einem Tagungsbericht für die HZ bedauernd feststellte. HZ 173 (1952), S. 215.

12 Worschech, Der Weg der deutschen Gechichtswissenschaft, S. 73 u. 76. Ritter begründete diese Entscheidung einer Aufzeichnung von Klein und Streisand zufolge bei Beginn des Kongresses mit den Erfahrungen von Marburg, wo eingeladene Referenten nicht eingetroffen waren. SAPMO-BArch, DY 30, IV 2/9.04/151, Fritz Klein/Joachim Streisand, Der Bremer Historikertag 1953.

13 Zeitprobleme in historischer Sicht, in: FAZ, 22.9.1953.

14 Nicht nur konservative Zeitungen verbanden die westdeutsche Abgrenzung von ‚bestellten Parteiideologen wie Kamnitzer' mit einer deutlichen Kritik an der taktischen Marschroute des VHD-Vorstandes: „Der Eindruck, daß die Haltung des Historikerverbandes in der Frage der Beteiligung von Sowjetzonen-Vertretern eine

wie Heinrich Sproemberg und Friedrich Schneider die Reiseerlaubnis zum Besuch des Historikertages erhalten, so daß insgesamt der Charakter eines „gesamtdeutschen Gepräches" im Zeichen einer gewissen Lockerung der Regimezügel nach der Niederschlagung des Aufstandes vom 17. Juni gewahrt blieb. Diesen Eindruck verstärkte besonders die lokale Presseberichterstattung, die die „Atmosphäre schöner Freundschaft" betonte[15] und mit Ritter und Meusel die Häupter der west- und der ostdeutschen Disziplin in ungezwungenem Gespräch ablichtete.[16] In eine analoge Richtung wies ein der Tagung gewidmetes Beiheft der GWU, das die von SED-Historikern wie Schilfert, Kamnitzer, Werner und Gentzen vorgebrachten Diskussionsbeiträge als bedenkenswerte Argumente in einem trotz aller Auffassungsunterschiede gemeinsamen historischen Denkhorizont bewertete.[17]

Ein geteiltes Echo fand der Bremer Historikertag auch unter den angereisten DDR-Historikern selbst und bewies damit, daß die Trennlinie in der deutschen Geschichtswissenschaft noch nicht entlang der Demarkationslinie, sondern innerhalb der ostdeutschen Fachzunft selbst verlief. Die zur Berichterstattung an das Staatssekretariat für Hoch- und Fachschulwesen verpflichteten Fachkollegen aus Ostdeutschland, die nicht dem parteimarxistischen Lager angehörten, argumentierten in ihren Darstellungen durchweg im Interesse einer gemeinsamen Zukunft der Disziplin[18] und legten ihren Bewertungen einen Maßstab zugrunde, der keinen Unterschied zwischen marxistischer und nicht-marxistischer Geschichtssicht machte.[19] In den

gewisse politische Naivität verrät, läßt sich nicht unterdrücken." Es geht um ein neues Geschichtsbild. Rückblick auf den Bremer Historikertag, in: Neuer Vorwärts, 9.10.1953.

15 Archivare geben den Auftakt zum Historikertag. Über 60 Gäste aus der Ostzone – Atmosphäre schöner Freundschaft, in: Weserkurier, 15.9.1953.

16 Eine entsprechende Bildunterschrift verstärkte den Eindruck freundschaftlicher Gleichrangigkeit von West und Ost noch: „Bei dem Empfang der Teilnehmer am Historikertag übermittelte der Präsident des Senats Kaisen die Grüße der Hansestadt. Ihm antworteten Prof. Dr. Dr. Gerhard Ritter (Freiburg) als Vorsitzender des Verbandes Deutscher Historiker [...] und Prof. Dr. Alfred Meusel [...], Professor für neuere Geschichte an der Ostberliner Humboldt-Universität, für die Gäste aus Ostdeutschland." „Nur eine Lesart deutscher Geschichte". 22. Versammlung deutscher Historiker im Rathaus eröffnet, in: Weserkurier, 18.9.1953.

17 Die 22. Versammlung deutscher Historiker in Bremen.

18 So unterstrich Karl Griewank in seinem Bericht besonders Gerhard Ritters Forderung, „daß es nur eine Geschichtswissenschaft in Ost und West geben sollte", während Haussherr über den gleichzeitig abgehaltenen Archivtag notierte, daß die behandelten Themen „solche (waren), mit denen die Archivare in den beiden Teilen unseres Vaterlandes in gleicher Weise, wenn auch unter unterschiedlichen Verhältnissen, zu tun haben". SAPMO-BArch, DY 30/IV 2/9.04/151, Karl Griewank, Bericht über den Besuch des Historikertages in Bremen, 3.10.1953, u. Hans Haussherr, Der deutsche Historikertag Bremen 1953.

19 Vgl. das Urteil Griewanks: „Die Vorträge [...] standen durchweg auf einem hohen Niveau, zeigten hohen Ernst, große Sachkenntnis und vielfach verfeinerte Methoden

Berichten der Nicht-Marxisten unter den angereisten DDR-Teilnehmer hatte der Bremer Historikertag eine nützliche Standortbestimmung ermöglicht und gezeigt, welche Anstrengungen die ostdeutsche Geschichtswissenschaft in der Zukunft zu unternehmen hätte, um mit den Leistungen ihrer westdeutschen Kollegen Schritt zu halten.[20] Unwillentlich demonstrierten diese Berichte, die über den Gegensatz zwischen Marxisten und Nicht-Marxisten achtlos hinweggingen, den SED-Wissenschaftspolitikern die fatalen Folgen, die eine im fachwissenschaftlichen Austausch sich selbst überlassene und ihren eigenen Gesetzen folgende Geschichtswissenschaft auf die ideologische Stabilität der staatssozialistischen Herrschaft ausüben würde: Sie bekräftigte einen ‚bürgerlichen' Wertungsmaßstab, der die vermeintliche Überlegenheit des sozialistischen Geschichtsbildes der Lächerlichkeit preisgab und die von westlicher Seite geforderte Ausgrenzung von SED-Historikern wie Alfred Kamnitzer aus dem wissenschaftlichen Diskurs implizit rechtfertigte.[21] Unverstellt zum Ausdruck kam dies besondere in Karl Griewanks Bericht, der seine eigene Note aus dem Umstand gewann, daß sein Autor nur wenige Wochen später aus dem Leben scheiden sollte: „In Diskussionen kamen auch einige Redner aus der DDR zu Wort, die es freilich nicht immer mit den Vortragsrednern an Sachkenntnis und methodischer Sicherheit aufnehmen konnten."[22] In diesen Stellungnahmen war von einer eigenen Identität der DDR-Geschichtswissenschaft keine Rede. Um so stärker aber mußten sie in der Wissenschaftsbürokratie des SED-Staates das Menetekel einer noch kaum etablierten sozialistischen Fachwissenschaft heraufbeschwören, geradewegs wieder durch die „imperialistische" Historiographie des Westens aufgesogen zu werden.[23]

der wissenschaftlichen Erkenntnis." Ebd., Karl Griewank, Bericht über den Besuch des Historikertages in Bremen, 3.10.1953.

20 Griewank war sich in seinem Report an das Staatssekretariat für Hoch- und Fachschulwesen daher sicher, daß „dieses Zusammentreffen der gesamtdeutschen Wissenschaft wie auch der Arbeit der Historiker der DDR eine große Hilfe gewesen sein wird" (ebd.), und er fand Unterstützung in der gleichgerichteten Stellungnahme Hans Haussherrs, der seinen Auswertungsbericht mit dem Bekenntnis schloß, „daß fruchtbare Arbeit nur möglich ist, wenn man in regelmäßigem Kontakt mit den Historikern ganz Deutschlands bleibt". Ebd., Hans Haussherr, Der deutsche Historikertag Bremen 1953.

21 „Es geht um ein neues Geschichtsbild." Rückblick auf den Bremer Historikertag, in: Neuer Vorwärts, 9.10.1953.

22 SAPMO-BArch, DY 30, IV 2/9.04/151, Karl Griewank, Bericht über den Besuch des Historikertages in Bremen, 3.10.1953

23 Als eine Bestätigung dieser Sorge konnten sich die in der Bremer Presse zitierten Äußerungen des Direktors des Staatsarchivs Weimar, Flach, lesen: „Heute [...] seien sie nichts andres als deutsche Kollegen unter deutschen Kollegen. Beruhigend sei für die Gäste aus der Ostzone, festzustellen, daß die Wissenschaftler alle von den gleichen Problemen beschäftigt würden, daß sie die gleiche Einstellung zur Sache hätten und daß sie alle die gleiche Arbeit leisteten." Archivare geben den Auftakt

Eine gänzlich andere Bewertung desselben Historikertags sprach aus den Berichten parteiverbundener SED-Historiker, die der westdeutschen Fachpraxis ein „Wiederaufleben faschistischer Tendenzen auch in der Wissenschaft" ebenso attestierten wie die mangelnde Bereitschaft, sich auf marxistische Fragestellungen überhaupt einzulassen.[24] Zwar bestanden auch in dieser Gruppe erhebliche Differenzen zwischen dem starken Pauschalurteil, mit dem besonders Heinz Kamnitzer die Bedeutung der westdeutschen Historiographie disqualifizierte, und der stärker differenzierenden Haltung, die Walter Markov oder Alfred Meusel einnahmen.[25] Von einem unüberbrückbaren Graben zwischen den „Anhänger[n] der materialistischen Geschichtsauffassung" und den Propagandisten „imperialistische[r] Ideologien" gingen aber auch die als Vertreter der Meuselschen Richtung an der Fortsetzung eines innerdeutschen Dialogs interessierten Joachim Streisand und Fritz Klein aus, die das Geschehen auf dem Bremer Historikertag für die ZfG beobachteten.[26] In diesem Glauben an eine unaufhebbare Differenz der beiden deutschen Geschichtswissenschaften lag aus parteimarxistischer Sicht die entscheidende Voraussetzung für eine fachliche Verständigung, die sich nicht der Gefahr einer möglichen Selbstaufgabe aussetzen wollte. Wenn Klein und Streisand daher in der ZfG „entschieden für die sachliche Auseinandersetzung zwischen Anhängern verschiedener Auffassungen" plädierten, dann trug dieser Appell nur scheinbar noch die Züge einer offenen Diskussion unter Wissenschaftlern: „Selbstverständlich werden dabei in der Sache selbst keinerlei Konzessionen gemacht werden dürfen."[27]

Die beiden ZfG-Redakteure bewegten sich damit in einer schwierigen Doppelrolle, die sie gegenüber dem SED-Apparat noch weit weniger unbefangen argumentieren ließ als ihre ‚bürgerlichen' DDR-Kollegen. Das ihnen abverlangte Kunststück bestand darin, nach innen Prinzipienfestigkeit unter Beweis zu stellen, um nach außen Verständigungsbereitschaft signalisieren zu können, also die Idee einer scientific community mit der ‚bürgerlichen' Geschichtswissenschaft zugleich zu kündigen und zu wahren. Klein und Streisand verfolgten ihr Ziel, auch von einer SED-verbundenen Warte aus das gesamtdeutsche Gespräch nicht aufzugeben, indem sie zunächst in der internen Abstimmung mit dem Parteiapparat die Gleichrangigkeit der ost-westlichen Historikerbeziehungen aufhoben und die prinzipielle Offenheit des fachlichen Austauschs mit ihren nicht-marxistischen Kollegen in ein pädagogisches Vermittlungsverhältnis umkehrten, dessen theoretisches Lern*ergebnis* feststand, so zweifelhaft der praktische Lern*erfolg* auch sein

zum Historikertag. Über 60 Gäste aus der Ostzone – Atmosphäre schöner Freundschaft, in: Weserkurier, 15.9.1953.

24 SAPMO-BArch, DY 30/IV 2/9.04/151, Fritz Klein/Joachim Streisand, Der Bremer Historikertag 1953, o.D.

25 Vgl. die entsprechenden Berichte, in: Ebd., 151.

26 Ebd., Klein/Streisand, Der Bremer Historikertag 1953.

27 Ebd.

mochte: Es gelte, „durch geduldige Kleinarbeit denjenigen Historikern, die sich nicht fest dem Adenauer-Kurs verschrieben haben, klar zu machen [...], wie falsch die Auffassungen sind, denen sie noch anhängen und welche Gefahr die Verbreitung dieser Auffassungen für das deutsche Volk heraufbeschwören."[28]

Dergestalt als nüchterne Sachwalter marxistischer Fachinteressen ausgewiesen zu sein, reichte freilich nicht hin, um die ZK-Abteilung Propaganda davon zu überzeugen, daß eine Fortsetzung des gesamtdeutschen Gesprächs mehr Nutzen als Risiken berge, mußte vor allem die grundsätzliche Überlegenheit der marxistischen über die bürgerliche Historiographie verbürgt sein. So erklärt sich, warum Heinz Kamnitzer seine ausführliche Wiedergabe der Vorträge Ritters, Schieders und Brunners unvermittelt in das Ergebnis zusammenfaßte, „daß unsere Erfolge auf dem Gebiet der Geschichtswissenschaft – soviel sie noch zu wünschen übrig lassen – gegenüber dem Eindruck von dieser Tagung der Historiker in Bremen bedeutsam erscheint. [sic!] Die Hilflosigkeit der bürgerlichen Historiker und die Überlegenheit der marxistischen Historiker ist wohl allen Genossen auf diesem Kongreß klar geworden."[29] Ebenso resümierten Klein und Streisand ihren Kongreßeindruck dahingehend, daß „die Referate und Diskussionsbeiträge der westdeutschen Historiker in Bremen durchweg die für die neueste Zeit charakteristische Ausweglosigkeit und Unsicherheit im Prinzipiellen der bügerlichen Wissenschaft deutlich machen."[30]

Erst unter dieser Voraussetzung konnten die ostdeutschen Tagungsbeobachter aus dem parteimarxistischen Lager gegenüber ihrer zuständigen ZK-Abteilung für die Fortsetzung einer „auf hohem theoretischen Niveau stehende[n] Auseinandersetzung mit der westdeutschen Geschichtswissenschaft" werben, „die, wenn sie auf soliden Fachkenntnissen aufgebaut ist und einen allzu propagandistisch-agitatorischen Ton vermeidet, auf die Dauer ohne Zweifel bei den jüngeren historisch interessierten Menschen in Westdeutschland wirken wird".[31] Von dieser argumentativ sorgsam vorbereiteten Hoffnung ließen sich Klein und Streisand im weiteren leiten, um nun ihrerseits Forderungen an die eigene Seite zu richten, die die Beziehungen zur westdeutschen Fachwelt verbessern helfen sollten. „Gründliche Spezialuntersuchungen müssen in viel größerer Zahl als bisher nach Westdeutschland gelangen", rieten die ZfG-Redakteure, und die Position ‚aufgeschlossener bürgerlicher Gelehrten' in der DDR sollte weiter gestützt werden.[32] Es lag ganz auf der Linie dieser Gratwanderung, daß Klein mit den Geschichtsfunktionären der SED eine Berichterstattung über den Kongreß

28 Ebd.
29 Ebd., [Heinz Kamnitzer], Historikertag 1953 in Bremen.
30 Ebd., Fritz Klein/Joachim Streisand, Der Bremer Historikertag 1953.
31 Ebd.
32 Ebd.

in der ZfG abstimmte, die einerseits dem von den Nicht-Marxisten erzeugten Eindruck wissenschaftlicher Eintracht zwischen Ost und West entgegenwirken und andererseits den Boden einer innerdeutschen Fachverständigung auflockern sollte. Doch schon sein zwiespältiges Gesamturteil, daß erstens „alles getan werden (muß), um das in Bremen begonnene Gespräch zwischen Wissenschaftlern aus Ost und West fortzusetzen", und zweitens „stärker und konsequenter als bisher der Kampf gegen die imperialistische Ideologie in der westdeutschen Geschichtswissenschaft geführt werden" müsse, ließ erkennen, wie irreal die Annahme des verständigungsinteressierten Flügels der SED-Historikerschaft war, daß „eine ausführliche Diskussion insbesondere zwischen marxistischen und bürgerlichen Historikern ohne Zweifel für beide Teile hätte fruchtbar und aufschlußreich werden können".[33] Dennoch war unter den ostdeutschen Tagungsbeobachtern 1953 nur einer, der Reserven gegen die insbesondere von Alfred Meusel und seinem Schüler Fritz Klein propagierte Strategie „einer wissenschaftlichen Arbeit, die der friedlichen Wiedervereinigung Deutschlands dient"[34], erkennen ließ und sich fragte, ob „es unter gegebenen Umständen überhaupt noch zweckmäßig sein kann, daß weitere Historiker der DDR Mitglieder des VHD werden".[35] Deutlicher reagierte die westliche Historiker-Zunft, nachdem die ZfG-Redaktion den Bremer Historikertag in Fortsetzung ihres ‚prinzipienfesten Verständigungskurses' zum Gegenstand mehrheitlich scharfer Abrechnungen mit den Positionen westdeutscher Fachkollegen gemacht und ihre Tagungsberichte zugleich an alle Teilnehmer des Historikertags verschickt hatte. Der VHD-Ausschuß entwarf daraufhin im April 1954 eine später als „Heppenheimer Erklärung" bekanntgewordene Stellungnahme, die die ZfG-Veröffentlichung „als eine politische Diffamierung durch Umdeutung wissenschaftlich erarbeiteter Einsichten" in aller Form zurückwies und es ablehnte, „sich auf eine solche Art von Polemik einzulassen".[36]

Bis zum Bremer Historikertag zeigte sich im Umgang der im Aufbau begriffenen ‚sozialistischen deutschen Geschichtswissenschaft' mit ihrem westdeutschen Gegenüber dieselbe Uneinheitlichkeit und Konzeptionslosigkeit, die auch den Auf- und Ausbau des Akademie-Instituts für Geschichte in den ersten Jahren nach seiner Gründung geprägt hatten. Zwar waren die Historiker der DDR schon 1952 zu „entschlossene[n] Stellungnahmen gegen solche unwissenschaftlichen Auffassungen wie den Objektivismus und den Kosmopolitismus" aufgefordert und auf die Aufgabe verpflichtet worden, „mit ihren Mitteln die Überzeugung vom Sieg des Sozia-

33 Klein, Der 22. Deutsche Historikertag.

34 Ebd., S. 908.

35 SAPMO-BArch, DY 30/IV 2/9.04/151, Gerhard Schilfert, Der 39. deutsche Archivtag und die 22. Versammlung deutscher Historiker in Bremen, 13.10.1953.

36 Zit. n. Worschech, der Weg der deutschen Geschichtswissenschaft, S. 83. Vgl. auch Schulze, Deutsche Geschichtswissenschaft nach 1945, S. 190f., u. Kowalczuk, Legitimation eines neuen Staates, S. 199.

lismus zu prägen".[37] Doch nicht nur die Folgen des Aufstandes von 1953 bremsten vorerst das Tempo der hierin beschlossenen ‚geschichtsideologischen' Umgestaltung. Denn wenn auf dem Felde der Geschichtswissenschaft gleichzeitig der „Kampf um die Wiedervereinigung Deutschlands auf antiimperialistisch-demokratischer Grundlage" – den Meusel zur Schlüsselaufgabe der DDR-Historiographie erklärt hatte[38] – zu führen war, konnte die neue Geschichtswissenschaft sich legitimatorisch vor ihrer eigenen Fachöffentlichkeit nur in dem Maße behaupten, in dem sie ihre wissenschaftliche Überlegenheit glaubwürdig unter Beweis zu stellen in der Lage war. Davon allerdings konnte 1953 ungeachtet der optimistischen Tagungsberichte der ostdeutschen Parteihistoriker keine Rede sein, was zur Folge hatte, daß die Exponenten des „Dialoglagers" Zurückweisung von innen nicht weniger als von außen erfuhren: Stellvertretend für andere wurde Meusel selbst in der Folge zum Angriffsziel der ZK-Abteilung Propaganda, die ihm vorwarf, „die offenen reaktionären und feindlichen Ausführungen von Ritter zu bagatellisieren und zu verwässern".[39]

Dennoch entwickelte sich die Haltung der DDR-Geschichtswissenschaft zu ihrem Pendant in der Bundesrepublik auch in den folgenden Jahren uneinheitlicher, als dies in den auf Abgrenzung gestimmten Folgewirkungen des Bremer Historikertages vorgezeichnet schien. Wie scharf in dieser Frage die entgegengesetzten Positionen auch innerhalb des marxistischen Lagers selbst markiert waren, enthüllt das zähe Ringen um die Endfassung des SED-Geschichtsbeschlusses vom Juli 1955, der die „fortschrittliche deutsche Geschichtswissenschaft" zu einer „scharfe[n] ideologische[n] Waffe" erklärte und sie auf den „Kampf gegen die verderbliche Ideologie der imperialistischen und militaristischen Kräfte in Westdeutschland" verpflichtete.[40] Nicht nur um diese Formulierung war im Vorfeld gestritten worden. Niemand hatte sich entschiedener gegen die tagespolitische Indienstnahme der Historie zur Wehr gesetzt als Meusel[41], der die Formulierung in der Beschlußvorlage vom „völligen Bankrott der reaktionär-imperialistischen Geschichtsschreibung in Westdeutschland" und deren kategorische Verurteilung „ein Instrument der gefährlichsten Feinde der deutschen Nation"[42] aus vorgeblich rein taktischen Gründen kritisierte und damit in Wahrheit eine fundamentale Gegenposition entwickelte: „Wenn diese Seiten in dieser Form veröffentlicht werden, so wird die Tür zu einem Gespräch mit west-

37 Heinz, Die erste zentrale Tagung, S. 392 u. 390.

38 Ebd., S. 392.

39 SAPMO-BArch, DY 30, IV 2/9.04/95, Rolf Dlubek, Wie wird Erziehungsarbeit auf dem Gebiet der Geschichtswissenschaft durchgeführt?, o.D.

40 Zit. n.: Die Verbesserung der Forschung und Lehre, S. 337.

41 „Man sieht in den Historikern immer wieder politische Publizisten [...], man muß immer wieder sagen, daß wir Wissenschaftler zuerst sind." SAPMO-BArch, DY 30 IV 2/9.04/90, Protokoll von der Beratung mit den Historikern, 27.9.1955.

42 Ebd., 4. Entwurf [des Geschichtsbeschlusses], S. 4.

deutschen Historikern, die schon jetzt halb geschlossen ist, vollends zugeschlagen. [...] Diese Art der Argumentation veranlaßt die weniger reaktionären Historiker dazu, sich mit den reaktionärsten zu solidarisieren. Der Professor in Westdeutschland [...] betrachtet sich nicht als einen Mann, der um bestimmter politischer Zwecke und Ziele willen fälscht, verheimlicht und entstellt, sondern als einen Gelehrten, der sich um die wissenschaftliche Erkenntnis der Wahrheit bemüht. Das ist gewiß eine Ideologie im Sinne des falschen Bewußtseins. Aber man kann einen Menschen, der in einer Ideologie befangen ist, nicht dadurch kurieren, daß man ihm eine Reihe von Vorwürfen macht, die ihn gar nicht überzeugen."[43] Im Wortlaut des ZK-Beschlusses setzte sich die Linie der Parteifunktionäre durch, die die Sicherheit der disziplinären Abgrenzung von der ‚Westwissenschaft' höher einstufte als die unsicheren Chancen eines wissenschaftlichen Geländegewinns in der Arena des Gegners und mit der „Zerschlagung der pseudowissenschaftlichen Auffassungen der reaktionären westdeutschen Geschichtsschreibung" ein Ziel formulierte, das jeden Versuch eines Gesprächs über die Schützengräben hinweg von vornherein sinnlos machen mußte.[44] Doch die fachliche Realität der deutsch-deutschen Beziehungen fügte sich dieser martialischen Sprache und ihrer dichotomischen Freund-Feind-Scheidung vorerst keineswegs, wie sich sowohl auf dem Internationalen Historikerkongreß 1955 in Rom wie ein Jahr später auf dem Ulmer Historikertag zeigen sollte.

Die Entscheidung, die DDR-Geschichtswissenschaft in Rom auf internationalem Parkett zu präsentieren, fiel überhaupt erst im Januar 1955, was eine Beteiligung ostdeutscher Historiker mit eigenen Referaten unmöglich machte. Statt dessen suchte das mit der Durchführung beauftragte Staatssekretariat für Hochschulwesen aber das Auftreten der DDR-Zunft durch die Bildung einer förmlichen Delegation zu steuern und erprobte damit zum erstenmal ein Verfahren, das bis zum Ende der DDR Bestand haben sollte. Die Delegation erhielt den Auftrag, „die Lüge von dem Verfall der Geschichtswissenschaft unter der Arbeiter- und Bauernmacht zu zerschlagen"[45] und durch eine straffe Auftrittsregie Präsenz zu demonstrieren: „Diskussionsbeiträge: Meusel, Stern, Schilfert, Obermann, Kuczynski, Schreiner haben feste Aufträge. Andere können auch. Mit allen Mitteln versuchen zu Wort zu kommen. Dabei Literaturbericht geben. Thesen Ritters zerschlagen."[46] Zu diesem Zweck wurde die elfköpfige Reisegruppe unter Leitung

43 Ebd., Alfred Meusel, [Einwände zum Geschichtsbeschluß], 26.4.1955.

44 Die Verbesserung der Forschung und Lehre, S. 366.

45 An welche ‚Lügen' dabei gedacht war, umschrieb die entsprechende Vorlage so: „DDR abhängiger Satellitenstaat, Zersetzung der Geschichtswissenschaft, totalitäres Regime des Zwanges, keine wirkliche Wissenschaft". SAPMO-BArch, DY 30, IV 2/9.04/143, Unsere Aufgaben auf dem X. Internationalen Historikerkongreß in Rom, o.D.

46 Ebd.

von Alfred Meusel so zusammengestellt, daß ihr neben sieben SED-Vertretern mit Walter Markov, Hans Haussherr, Friedrich Schneider und Heinrich Sproemberg auch vier Parteilose angehörten[47] und der internationalen Fachwelt „einerseits die Leistungen der marxistischen Geschichtswissenschaft", „andererseits aber auch die Freiheit für die bürgerlichen Historiker und ihre Leistungen" in der DDR demonstriert werden konnten.[48]

Tatsächlich endete dieses erste internationale Auftreten einer eigenständigen DDR-Geschichtswissenschaft keineswegs mit einem Fehlschlag.[49] Scharfe Konfrontationen zwischen deutschen Historikern aus Ost und West blieben aus, und die Diskussionsbeiträge der angereisten DDR-Vertreter bewegten sich in einem allgemein als sachlich empfundenen Rahmen, wenn auch Gerhard Ritter für die *Historische Zeitschrift* den „Eindruck bloßen Deklamierens an Stelle echten Debattierens" vermerkte.[50] In krassem Widerspruch zu dem gerade zwei Monate alten SED-Geschichtsbeschluß erschien der Kongreßverlauf dem Reisebericht des Delegationssekretärs als „ein schlagender Beweis für die Richtigkeit der Auffassung, daß die beiden Lager sehr wohl im friedlichen Wettstreit nebeneinander existieren können". Der Berichterstatter berief sich auf Meusel, um seinen in Rom gewonnenen Eindruck zu untermauern, daß „Verallgemeinerungen bestimmter ideologischer Standpunkte einzelner bürgerlicher Historiker zu bestimmten Problemen [...] irreal (sind), weil es eben [...] sich klar gezeigt hat, daß die bürgerlichen Historiker des kapitalistischen Auslandes keine einheitliche reaktionäre Masse sind".[51] Wenn der Geschichtsbeschluß vom Juli 1955 einen Sieg der abgrenzungsorientierten Falken darstellte, so bedeutete Rom einen Erfolg der verständigungsbereiten Tauben, für die der Delegationssekretär mit deutlicher Spitze gegen die parteiamtlichen Deklamationen als „wichtige Schlußfolgerung für alle Genossen Historiker der DDR" festhielt: „Nicht allgemeine weltanschauliche Bekenntnisse überzeugen, sondern allein die solide wissenschaftliche Arbeit, die auf einer festen weltanschaulichen Konzeption beruht."[52]

Eine Lehre bedeutete der Historikerkongreß von Rom aber auch in anderer Hinsicht, und die betraf Zusammenhalt und Außenwirkung der ausgewählten Delegation. Vergeblich hatte das Planungspapier des Staatssekretariats für Hochschulwesen ausdrücklich betont: „Keine entscheidenden

47 Ebd., Heinz Königer, Bericht über den X. Internationalen Historikerkongreß in Rom vom 4.–11. September 1955, 23.9.1955.

48 Ebd., Unsere Aufgaben auf dem X. Internationalen Historikerkongreß in Rom, o.D.

49 Hierzu ausführlich Worschech, Der Weg der deutschen Geschichtswissenschaft, S. 121ff.

50 Ritter, Der X. Internationale Historikerkongreß, S. 662.

51 SAPMO-BArch, DY 30, IV 2/9.04/143, Heinz Königer, Bericht über den X. Internationalen Historikerkongreß in Rom vom 4.–11. September 1955, 23.9.1955.

52 Ebd.

Schritte unternehmen ohne Beratung."[53] Nicht nur waren auf Kosten der Akademie der Wissenschaften zwei weitere bürgerliche Historiker aus der DDR – nämlich Hohl und Hartung – mitgefahren, „die es ablehnten, sich an der Delegation zu beteiligen".[54] Auch mußte der Delegationssekretär in seiner Berichterstattung gegenüber der Abteilung Wissenschaften des ZK einräumen, daß von einer Zusammenarbeit der SED-Vertreter mit den Parteilosen und Bürgerlichen „kaum gesprochen werden" konnte: „Schneider und Haussherr mieden uns demonstrativ." Auch waren zwar schon vor der Abreise „einige Genossen mit der Vorbereitung von Diskussionsbeiträgen beauftragt" worden, aber dann doch nur zehn von insgesamt sechzig Wortmeldungen des sozialistischen Lagers von „DDR-Genossen" gekommen. Der Berichterstatter relativierte daher seine „ansehnliche Erfolgsbuchung" selbst mit der besorgten „Frage, ob wir wirklich alles getan haben, um unser Auftreten in Rom noch wirkungsvoller zu gestalten".[55] Für künftige Auftritte von DDR-Historikern auf internationalen Fachforen schlug er vor, im Interesse einer guten „Delegationsarbeit" alle Delegationsmitglieder in einem Hotel zu konzentrieren, dem Verhältnis zu den Parteilosen mehr Aufmerksamkeit zu widmen, „um sie von feindlichen Einflüssen weitestgehend fernzuhalten", und vor allem den Delegationsleiter sorgsamer auszuwählen: „Delegationsleiter muß ein Genosse mit Initiative sein. Der Gen. Meusel besitzt sie nicht. Bei künftigen Delegationen muß man das berücksichtigen."[56] Die beredteste Antwort auf die Frage nach dem tatsächlichen Ergebnis der kollektiven Anstrengungen allerdings lieferte eine SED-Hausmitteilung, in der die Abteilung Außenpolitik des ZK ihre Genossen von der Wissenschaft darauf aufmerksam machte, „daß die einflußreiche bürgerliche, französische Tageszeitung ‚Le Monde' zwei Artikel [...] über den X. Historikerkongreß in Rom veröffentlicht (hat), ohne auch nur mit einem Wort die Delegation aus der DDR zu erwähnen".[57]

So blieb die parteiinterne Auseinandersetzung um Dialog oder Konfrontation mit der westdeutschen Geschichtswissenschaft vorerst offen, bis mit dem Ulmer Historikertag 1956 eine neue Gelegenheit heranrückte, die eigene Stellung zur Ökumene der Historiker zu definieren. Die Federführung lag diesmal bei der Abteilung Wissenschaft und Propaganda des ZK, die in einer Beschlußvorlage an das ZK-Sekretariat eine vierzigköpfige Reisegruppe nominierte, deren Leitung ungeachtet der Kritik an seinen Fähigkeiten abermals Meusel anvertraut wurde. 29 der Vorgeschlagenen gehörten der SED an, und sie wurden – ebenfalls in Reaktion auf die Römischen Erfahrungen – als eigene Parteigruppe unter Leitung von Heinrich Scheel

53 Ebd., Unsere Aufgaben auf dem X. Internationalen Historikerkongreß in Rom, o.D.

54 Ebd., Heinz Königer, Bericht über den X. Internationalen Historikerkongreß in Rom vom 4.–11. September 1955, 23.9.1955.

55 Ebd.

56 Ebd.

57 Ebd., SED-Hausmitteilung, 23.9.1955.

und Joachim Streisand zusammengefaßt. Tatsächlich gelang es der ostdeutschen Historikerdelegation, die wiederum von einer kleineren Zahl individueller Teilnehmer aus der DDR ergänzt wurde[58], so überzeugend das Anliegen einer blockübergreifenden Geschichtsdebatte auf dem Boden einer in Ost und West immer noch von identischen Fachstandards getragenen Geschichtswissenschaft zu vertreten, daß Herbert Grundmann in seinem Tagungsbericht für die HZ ausdrücklich die lebhafte „Resonanz jenseits der Elbe" hervorhob und neben dem auffällig ‚auf den Grundton höflicher Sachlichkeit gestimmten' Auftreten der DDR-Gruppe insgesamt die beachtenswerten Ausführungen einzelner ihrer Redner lobte.[59]

Auf gleicher Wellenlänge lag das Echo, das der Ulmer Historikertag in der DDR-Publizistik auslöste. Allen voran die ZfG vermied eine Wiederholung ihrer folgenreichen Attacken von 1953. Sie würdigte schon in einer ersten Stellungnahme die „liebenswürdige Aufnahme in der Stadt Ulm" nicht weniger honorig als den „großen, brillant formulierten und vorgetragenen Eröffnungsvortrag von Hermann Heimpel", und kündigte an, „die in Ulm begonnene Diskussion zwischen den Historikern aus Ost und West von unserer Seite fortsetzen zu wollen".[60] Das Versprechen wurde eingelöst. Die beiden Folgenummern der ZfG befaßten sich so ausführlich wie sachlich und konstruktiv mit den Hauptvorträgen der einzelnen Sektionen; den einzelnen Kommentaren vorangestellt war eine Einleitung der Redaktion, die der westdeutschen Geschichtswissenschaft bescheinigte, sich selbst bereits weitgehend von rückwärtsgewandten Geschichtsauffassungen gelöst zu haben.[61] Daß damit der nicht viel länger als ein Jahr zurückliegende Geschichtsbeschluß der SED-Führung faktisch zur bloßen Makulatur erklärt worden war, lag auf der Hand; dies auch dem ZK-Apparat vor Augen zu führen, kam dem Delegationsleiter Meusel zu. In einem Schreiben an Ernst Diehl erklärte er den Ulmer Historikerkongreß zum „erste[n] gesamtdeutsche[n] gesellschaftswissenschaftliche[n] Kongreß, auf dem ein wirkliches Ost-West-Gespräch zustande kam und dem infolgedessen eine gewisse Bedeutung für unsere auf Annäherung und Verständigung gerichteten Bemühungen zukommt".[62]

Doch dieses Programm einer produktiven Herausforderung des in der Bundesrepublik noch weitgehend unangefochtenen Historismus durch einen in der DDR dominanten historischen Materialismus auf dem Boden eines gemeinsamen Wissenschaftsverständnisses blieb Utopie. Statt dessen sollten schon zwei Jahre später durch die Gründung der Deutschen Historiker-

[58] Zu ihnen zählte auch diesmal Hartung, der „es abgelehnt (hatte), mich unter Meusels Führung delegieren zu lassen", und lieber auf eigene Kosten reiste. AVHD 8, Fritz Hartung an Hermann Aubin, 5.8.1956.

[59] Grundmann, Der 23. Deutsche Historikertag, S. 44.

[60] 23. Versammlung deutscher Historiker in Ulm, S. 1255.

[61] 23. Versammlung deutscher Historiker in Ulm, S. 124–146, u. S. 325–352.

[62] SAPMO BArch, DY 30, IV 2/9.04/151, Alfred Meusel an Ernst Diehl, 6.12.1956.

Gesellschaft im März 1958 und die spektakuläre Abreise der am Reden gehinderten DDR-Delegation vom Trierer Historikertag im September 1958 die letzten institutionellen Brücken zwischen den beiden deutschen Geschichtswissenschaften abgebrochen werden. Die Gründe für diesen schroffen Umschwung wurzelten zunächst in dem abermaligen politischen Kurswechsel, der nach dem niedergeschlagenen Ungarnaufstand das Ende des kurzen politischen Frühlings in den Ostblock-Staaten herbeiführte. Dahinter aber wirkte kaum weniger gebieterisch der Zwang zur Auflösung eines Dilemmas, in das SED-Geschichtswissenschaft sich mit ihrer blockübergreifenden Verständigungsbereitschaft selbst hineinmanövriert hatte und das sich schon an der DDR-internen Berichterstattung über die Ulmer Tagung ablesen läßt. Denn die „besondere Aufmerksamkeit", die nach Auffassung der ZfG-Redaktion „die Zuhörer aller Sitzungen den zahlreichen Diskussionsbeiträgen der marxistischen Historiker" geschenkt hatten[63], bedeutete ja durchaus nicht nur den auf Außenanerkennung beruhenden Stabilitätsgewinn für das eigene Lager, den die ZK-Abteilung Wissenschaft und Propaganda durch ihre sorgsame Lenkung der DDR-Delegation zu erzielen geglaubt hatte. Zugleich nämlich beinhaltete er eine gesteigerte Herausforderung an die Konkurrenzfähigkeit der marxistischen Historikerschule gegenüber ‚bürgerlichen' Fachrichtungen, die nicht ohne weitreichende Folgen für die Binneneinschätzung der zweiten deutschen Geschichtswissenschaft blieb, wie Meusel unzweideutig klarstellte: „Die gesteigerte Aufnahmebereitschaft für die marxistische Interpretation der Geschichte, die wir in Ulm feststellen konnten, erinnert den marxistischen Historiker an die große Verantwortung, die er bei seiner Arbeit trägt. Es soll hier nicht verhehlt werden, daß nach unserer Meinung neben vorbildlichen Werken der marxistischen Historiographie in der Vergangenheit auch eine große Zahl von Arbeiten entstanden ist, die zwar von Marxisten verfaßt, aber nicht geeignet sind, die Überlegenheit der marxistischen Geschichtswissenschaft überzeugend nachzuweisen. Dazu hat sich die Tendenz der vergangenen Jahre zur dogmatischen Erstarrung des wissenschaftlichen Sozialismus auch auf die marxistische Geschichtswissenschaft zu stark ausgewirkt."[64] Was Meusel nicht erkennen wollte oder konnte: Eine Geschichtswissenschaft, die sich ungeschützt der Kritik durch konkurrierende Deutungskonzepte auszusetzen bereit war, konnte auf Dauer nicht glaubwürdig als brauchbares Instrument der politischen Legitimationsbedürfnisse in der sozialistischen Diktatur taugen; das Konzept einer fruchtbaren Konkurrenz von Marxisten und Nicht-Marxisten in der historischen Wissenschaft mußte in seiner Konsequenz die Herrschaft der SED über die Historie in der DDR bedrohen und die Wiedervereinigung der Wissenschaft hinter dem Rücken der Politik avisieren.

[63] 23. Versammlung deutscher Historiker in Ulm, S. 126.
[64] Ebd.

Diese Konsequenz zu ziehen, blieb dem Kurswechsel der SED zu Ende des Jahres 1956 vorbehalten. Indem die neuerliche Verhärtung der Ulmer Linie ein abruptes Ende setzte, trieb sie zugleich die Ausbildung einer eigenständigen, parteikonformen Geschichtswissenschaft in der DDR voran. Die 30. Plenartagung des ZK vom 30.1.–1.2.1957 wurde zur Bühne, um „die prinzipielle Auseinandersetzung mit den verschiedenen Spielarten des Revisionismus" fortzuführen und von „grundsätzlichem marxistisch-leninistischem Standpunkt [...] die Hintergründe und die konterrevolutionären Ziele der revisionistischen Angriffe gegen die Politik der SED" aufzudekken.[65] Meusel erkannte die sich anbahnende Richtungsänderung rasch und war bemüht, sich ihr in letzter Stunde entgegenzustemmen. Am selben Tag, als das ZK-Plenum zusammentrat, suchte er Hartung zu einer Unterredung auf und beschwor ihn, sich dafür einzusetzen, daß DDR-Historiker „sowohl beim nächsten deutschen Historikertag wie in drei Jahren in Stockholm mit einem repräsentativen Vortrag betraut würden. Nur dann könne er wie bisher die schon wiederholt erwogene Gründung eines eigenen Verbandes der deutschen Historiker der DDR verhindern".[66]

Unter den Bedingungen eines von beiden Seiten geführten Kalten Krieges stießen Meusels Ausgleichsbemühungen freilich auch in westlichen Fachkreisen auf wenig Gegenliebe, zumal man dort die inneren Differenzen im marxistischen Lager kaum überblickte. Schon Hartung, der diesen Vorschlag an Aubin weiterreichte, verband seine vorsichtige Zustimmung in der Sache mit deutlicher Distanzierung von der Person, wenn ihm auch die Zwänge bewußt waren, in denen Meusel sich bewegte.[67] Hinter der freundlichen Gelassenheit, mit der er der seinen Gesprächspartner umtreibenden Sorge einer Verbandsspaltung gegenüberstand[68], schwang offenkundig die Hoffnung mit, auf diese Weise der den VHD-Ausschuß ständig beschäftigenden Sorge enthoben zu sein, daß es zu einem Masseneintritt marxistischer Historiker kommen könne.[69] Vollends entzog Aubins Antwort der

65 Geschichte der SED, S. 361.

66 AVHD 8, Fritz Hartung an Hermann Aubin, 1.2.1957.

67 Ebd. „Meusel bat mich, Sie von diesen Erwägungen in Kenntnis zu setzen. Da er sehr bequem, auf gut deutsch faul ist, was sich auch in seinem Museum zeigt, würde er am liebsten nichts tun. Aber er steht offenbar unter Druck. Ich bitte Sie, sich die Dinge durch den Kopf gehen zu lassen und mit den Kollegen im Westen zu besprechen. Wenn es in der DDR einen marxistischen Historiker gäbe, von dem man einen wissenschaftlichen Vortrag über ein wissenschaftliches Thema erwarten könnte, dann würde ich raten, ihn auf dem nächsten Historikertag sprechen zu lassen und abzuwarten, was die Diskussion ergibt." Ebd.

68 „Der andere Ausweg, daß wir es auf die Bildung eines besonderen Verbandes für die DDR ankommen lassen, scheint mir, soweit es sich bloß um unsere deutschen Historikertage handelt, nicht gefährlich, so unerwünscht es auch ist, die deutsche Spaltung auch hier in Erscheinung treten zu lassen." Ebd.

69 Ebd. Zur Frage der Verbandsspaltung: Worschech, Der Weg der deutschen Geschichtswissenschaft, S. 195.

Initiative Meusels den Boden. Der VHD-Vorsitzende beharrte unnachsichtig auf der Trennung von Politik und Wissenschaft und weigerte sich, Meusels Vorstoß überhaupt als Vermittlungsvorschlag zu deuten.[70] Hartung war nicht willens, sich gegen diese glatte Ablehnung des Verlangens nach einem Redner der SED auf dem nächsten Kongreß durch Aubin – der sich zuvor mit Gerhard Ritter abgestimmt hatte – zur Wehr zu setzen, obwohl ihm durchaus bewußt war, daß Aubin Meusels Anliegen falsch beurteilte. Aber im entscheidenden Punkt waren Hartung und Aubin einer Meinung, denn auch Aubin, der sich zuvor vom CISH den internationalen Alleinvertretungsanspruch des VHD hatte bestätigen lassen, hielt die Gründung eines eigenen DDR-Historikerverbandes gar nicht unbedingt für ein Unglück: „Freilich möchten wir das Bild der deutschen Spaltung nicht zu deutlich malen. Aber es mag Fälle geben, wo sie besser ist als ein faules Nachgeben."[71] Folgerichtig ließ Hartung es bei einer Replik auf Aubins Brief bewenden, die Meusel formal Gerechtigkeit widerfahren ließ, sich aber inhaltlich von der Idee eines einheitlichen deutsch-deutschen Fachverbandes genauso verabschiedet hatte wie Meusels Gegenspieler in der SED.[72]

So zerbrach die institutionelle Verbindung der deutschen Geschichtswissenschaft nicht nur an der politischen Entwicklung in der DDR, sondern auch an der Intransigenz, mit der der VHD sich weigerte, die unterschiedlichen Strömungen in der DDR-Geschichtswissenschaft zur Kenntnis zu nehmen und im Interesse einer Einheit der Fachwissenschaft zu nutzen. Auf der östlichen Seite wurde die letzte Brücke einer gesamtdeutschen Geschichtswissenschaft wenige Wochen nach dem 30. Plenum des ZK auf einer Beratung der Fachkommission Geschichte bei der ZK-Abteilung Wissenschaften zum Abriß freigegeben, auf der unter den 45 Teilnehmern alle „führenden Genossen Historiker" und Parteisekretäre der historischen Institute versammelt waren. In seinem einleitenden Vortrag legte Rolf Dlubek namens der ZK-Abteilung Wissenschaften die neue Linie fest. Sie akzentuierte die unüberbrückbaren Differenzen zwischen der „neue[n], demokratische[n] Geschichtswissenschaft" in der DDR, „die dem sozialistischen Aufbau und der Wiedervereinigung Deutschlands im Kampf gegen den westdeutschen Imperialismus dient", und der großen Mehrheit der westdeutschen Fachkollegen, die „trotz der Unterschiede im einzelnen [...] bewußt oder unbewußt Vertreter der Ideologie der in Westdeutschland herrschenden reaktionären imperialistischen Kräfte sind und der Arbeiter-und-Bauern-Macht in der DDR feindselig gegenüberstehen".[73] Daß damit die

70 AVHD 8, Hermann Aubin an Fritz Hartung, 10.2.1957.

71 Ebd.

72 Ebd., Fritz Hartung an Hermann Aubin, 20.2.1957.

73 SAPMO-BArch, DY 30 IV 2/9.04/134, Beratung der Abt. Wissenschaften mit der Fachkommission Geschichte und Gen. Parteisekretären der geschichtswissenschaftlichen Institutionen zum Thema „Das 30. Plenum des ZK und die Aufgaben der Historiker", 20.2.1957, Referat Rolf Dlubek.

Fürsprecher einer blockübergreifenden Wissenschaftsgemeinschaft hoffnungslos in die Defensive geraten waren, zeigte sich bereits unmittelbar anschließend in der Diskussion des Referats, in der die „unkritische Einstellung und objektivistische Haltung zur westdeutschen Geschichtsliteratur" besonders bei Studenten in der DDR beklagt und warnend „auf eine förmliche Invasion westdeutscher Historiker zu Vorträgen" aufmerksam gemacht wurde.[74] Als besonders schwerwiegenden Einbruch des Gegners in die eigene ideologische Front prangerten Diskutanten in dieser Historikerberatung an, daß ausgerechnet Leo Stern seinem Göttinger Kollegen Percy Ernst Schramm durch eine Einladung die Gelegenheit verschafft habe, gleich vor mehreren hundert Studenten aufzutreten, und die Kritik an dieser Panne mündete in die Forderung, daß in Zukunft „die Parteileitungen die Kontakte nach Westdeutschland streng kontrollieren".[75]

Von der anschließenden Welle ‚antirevisionistischer' Kritik und Selbstkritik, die über die Geschichtswissenschaft wie über das gesamte wissenschaftliche Leben in der DDR hinwegrollte, wurden die letzten Stege fortgespült, die die deutschen Historiker in Ost und West über die ideologischen Gräben hinweg noch miteinander verbunden hatten. Im Umbruch von 1957/58 lag die Konsequenz aus der Erfahrung beschlossen, daß die Hoffnung illusorisch gewesen war, eine nach innen in der Herrschaftsabsicherung wie nach außen in der Systemkonkurrenz gleichermaßen erfolgreiche Geschichtswissenschaft in der DDR etablieren zu können. Den öffentlichen Auftakt dieses Kurswechsels bildete ein Artikel über die „Gegenwartsaufgaben der Geschichtswissenschaft in der Deutschen Demokratischen Republik" im SED-Organ *Einheit*, der sich kritisch unter anderem mit der Berichterstattung der ZfG über den Ulmer Historikertag befaßte. Daß die ostdeutsche Fachzeitschrift den wissenschaftlichen Meinungsaustausch zwischen Marxisten und Nicht-Marxisten als für beide Seiten fruchtbar bewertet hatte, verdammte der mit der Autorität eines Mitglieds im Autorenkollektiv für das Lehrbuch der deutschen Geschichte ausgestattete Verfasser Ernst Hoffmann unter Berufung auf die 30. ZK-Tagung als Abgleiten in die schädliche „Konzeption der ideologischen Koexistenz", die „das marxistische Prinzip vom unversöhnlichen Gegensatz und Kampf zwischen der Ideologie der Arbeiterklasse und der Ideologie der Bourgeoisie" revidiere und sträflicherweise nicht den unaufhebbaren Gegensatz zwischen zwei einander feindlich gegenüberstehenden Historien zum Angelpunkt des eigenen Fachverständnisses mache.[76]

Hoffmanns Artikel markierte den Vormarsch desjenigen Flügels in der DDR-Historiographie, der die Identität der sozialistischen Geschichtswis-

[74] Ebd., Bericht über die Beratung der Genossen Historiker bei der Abteilung Wissenschaften des Zentralkomitees am 20. Februar 1957, 28.2.1957.

[75] Ebd.

[76] Hoffmann, Über Tendenzen, S. 1150f.

senschaft durch eben den disziplinären Grundkonsens gefährdet sah, in dem umgekehrt Meusel die Chance erblickte, die fachliche Überlegenheit des marxistischen Paradigmas zu demonstrieren. Hinter Hoffmann stand die nüchterne Erkenntnis, daß die offene Konkurrenz gegensätzlicher Geschichtsbilder das eigene Lager stärker destabilisieren würde als das des bürgerlichen Gegners; hinter Meusel stand die Hoffnung auf eine westliche Bereitschaft zur sachlichen Auseinandersetzung, die angesichts der raschen Vereisung des internationalen Klimas von Monat zu Monat irrealer wurde. Schon vor dem 30. ZK-Plenum hatte der Vorsitzende des Autorenkollektivs spüren müssen, daß seine Führungsstellung in der marxistischen Historiographie in der DDR zu wanken begonnen und seine Position zur ‚deutschen Frage' in der Geschichtswissenschaft ihr Gewicht verloren hatte. Den Anlaß gab ein Vorstoß von Meusel selbst, der im November 1956 unter Berufung auf die Erfahrungen des Ulmer Kongresses und in Verkennung des sich anbahnenden Klimawechsels beantragte, „daß eine Anzahl von unseren Genossen Historikern in den Deutschen Historikerverband eintritt".[77] Die irritierte ZK-Abteilung Wissenschaft und Propaganda, die ihrerseits offenbar bereits die Möglichkeit zur Gründung eines eigenständigen Historikerverbandes in der DDR zu sondieren begonnen hatte, reagierte dilatorisch und ließ Meusel lediglich über Streisand ausrichten, „daß über den Eintritt von DDR-Historikern in den Historikerverband noch ‚Verhandlungen schwebten'."[78] Mit dieser Abfertigung mochte Meusel sich freilich nicht zufriedengeben, und er reagierte mit einem Schreiben, das so geharnischt wie hilflos war, weil es an ein längst außer Kurs gesetztes Ideal des autonomen Gelehrten anknüpfte und in einer so zentralen Frage wie der institutionellen Abgrenzung von der westdeutschen Historikerzunft die Freiheit der individuellen Entscheidung in Anspruch nahm: „Als ich Student war und natürlich auch später habe ich die Frage, ob ich in eine Gesellschaft eintreten bzw. aus einer solchen austreten wollte, völlig selbständig entschieden. Obwohl ich mir darüber klar bin, daß heute eine ganz andere Situation vorliegt, will es mir schwer einleuchten, daß in meinem sechzigsten Jahr die Entscheidung darüber, ob ich in eine wissenschaftliche Gesellschaft eintreten kann, von Verhandlungen abhängig gemacht wird, die irgendwo schweben, wo, weiß ich nicht, auf die ich aber jedenfalls nicht den geringsten Einfluß besitze."[79]

Mit diesem letzten Satz hatte Meusel in der Tat hellsichtig seine eigene Rolle in einer Entwicklung charakterisiert, die über den Nestor der SED-marxistischen Geschichtsschreibung in der frühen DDR mittlerweile hin-

77 SAPMO-BArch, DY 30/IV 2/9.04/151, Alfred Meusel an Ernst Diehl, 6.12.1956.

78 Ebd. Der Hager 1955 als Abteilungsleiter gefolgte Johannes Hörnig wandte sich mit einer Randglosse auf Meusels Brief an Ernst Diehl: „Ernst, gibt es zu Meusels Frage eine Entscheidung? Ich halte das Vorgehen M[eusels] nicht für möglich." Ebd.

79 Ebd.

weggeschritten war. Der im Ausschuß des VHD insgeheim gefürchtete Kollektivbeitritt von SED-Historikern blieb aus. Als die abermals umgebildete Abteilung Wissenschaften die verschiedenen historischen Forschungseinrichtungen des Landes im Januar 1958 zu einer neuerlichen Beratung zusammenrief, konnte der zuständige Referent Raimund Wagner die im vorangegangenen Jahr gezeichnete Abgrenzungslinie sogar noch kraftvoller ausziehen. Er beschwor den Kampf gegen ‚das schleichende Gift der ideologischen Koexistenz' und hielt den falschen „Hoffnungen, daß wir viele Möglichkeiten hätten, mit westdeutschen Historikern ins Gespräch zu kommen und nützliche Kontakte herzustellen", die wahre „Hauptaufgabe" der sozialistischen Geschichtswissenschaft entgegen, und diese bestand Wagner zufolge darin, „einen unversöhnlichen Kampf gegen die bürgerliche und imperialistische Geschichtsschreibung zu führen". Hier wurde die kompromißlose Abschottung von der Geschichtsschreibung der Bundesrepublik zur Leitkategorie eines Fachverständnisses, das den Brückenschlag des Historikertags von Ulm als gefährliche Schwäche interpretierte und im Verständigungswillen aufgeschlossenerer West-Historiker wie Hermann Heimpel lediglich das „Hervortreten einer raffinierter aufgemachten Richtung" im feindlichen „Interesse der westdeutschen imperialistischen Bourgeoisie" sah.[80] Darüber, daß der künftige Spielraum für fachwissenschaftliche Beziehungen mit dem anderen Deutschland in Zukunft gegen Null tendieren würde, konnte nach dem Tenor dieses offiziösen Referats kein Zweifel mehr sein, das grenzüberschreitende Fachkontakte nur mehr nach ihrem Nutzen für die Stärkung der eigenen Seite zu bewerten gewillt war: „Auch müssen wir lernen, besser zu differenzieren und unsere Verbindungen zu westdeutschen Historikern zu systematisieren, damit wir dort langsam an Boden gewinnen. Wir sollten zielstrebig und beharrlich solche Verbindungen schaffen, auf die wir uns in dieser oder jener Frage im Kampf gegen die imperialistische Geschichtsschreibung stützen können."[81]

Zum institutionellen Ausdruck dieses Marsches in die Teilung wurde die Gründung einer eigenständigen Historiker-Gesellschaft im März 1958. Deren bereits im SED-Geschichtsbeschluß von 1955 geforderte und dann infolge des ‚Tauwetters' stagnierende Vorbereitung hatte nach dem 30. ZK-Plenum Anfang 1957 rasch wieder Fahrt gewonnen. Schon im Februar 1957 formulierte die Abteilung Wissenschaften ein Grundsatzpapier, das von der Existenz zweier Staaten mit entgegengesetzter gesellschaftlicher Struktur in Deutschland ausging und das Ziel der neuen Fachorganisation darin sah, „die Entwicklung der fortschrittlichen Geschichtswissenschaft und ihre Verbreitung im Interesse des sozialistischen Aufbaus in der DDR und der de-

80 Ebd., 135, Referat Raimund Wagner auf der Tagung der Fachkommission bei der Abteilung Wissenschaften, 24.1.1958.

81 Ebd.

mokratischen Wiedervereinigung zu fördern".[82] Wieder entwickelte sich das weitere Prozedere zu einer Auseinandersetzung um Personen und Einflußzonen, in deren Mittelpunkt Meusel und Engelberg standen. Der Februar-Entwurf selbst vermied es, sich eindeutig auf eine der beiden Seiten zu schlagen, und gab nur in der Reihenfolge der für die Führung des neuen Verbandes aufgelisteten Namen neben dem Gegensatz zwischen Parteimarxisten und Nicht-Marxisten auch den Vorrang Meusels zu erkennen: „Der Vorsitzende und seine beiden Stellvertreter sollen aus folgendem Kreis ausgewählt werden: Meusel, Stern, Kuczynski, Engelberg. – Flach, Meißner [recte: Meisner], Winter."[83]

Meusels taktisches Geschick in dieser diffizilen Situation nötigt Respekt ab. Obwohl erklärter Gegner des neuen Verbandes, vermochte er sich für dessen Leitung an erster Stelle nominieren zu lassen und Engelberg als dezidierten Befürworter der Neugründung auf eine nachgeordnete Stelle zu verweisen, während er auf der anderen Seite gleichzeitig über Hartung den VHD-Ausschuß und seinen Vorsitzenden Aubin selbst zu einer konzilianten Haltung gegenüber der DDR-Seite zu bewegen suchte, um eben die institutionelle Spaltung zu verhindern, zu deren Vollzug er vom Parteiapparat vorgeschlagen wurde. Eine weitere Figur im Kampf um den beherrschenden Einfluß auf den kommenden Verband bildete die Person des hauptamtlichen Sekretärs, und auch hier hatte Meusel sich zumindest im Spiel zu halten vermocht; unter den vier Vorgeschlagenen war auch Roland Franz Schmiedt, der bereits als Sekretär des Lehrbuchs der deutschen Geschichte im Sinne Meusels wirkte.[84]

Doch bei dieser Kräfteverteilung sollte es nicht lange bleiben. Vermutlich ZK-Abteilungsleiter Hörnig selbst ergänzte bereits die von seinem Geschichtsreferat aufgestellte Liste der ‚Papabiles' in der Historiker-Gesellschaft um den Namen Albert Schreiners, der Meusel alles andere als gewogen war.[85] Als eigentlicher Hoffnungsträger im Hintergrund aber agierte Ernst Engelberg, der sich im Laufe des Frühjahrs und Sommers 1957 auf verschiedenen Feldern mehr und mehr als überzeugende Alternative gegen

[82] Ebd., 119, Grundsätze für die Bildung einer „Historikergesellschaft der DDR", 5.2.1957.

[83] Ebd. Die hinter dem Gedankenstrich genannten Namen nicht-marxistischer Fachkollegen wiesen keine Machtpositionen aus, sondern waren eine Staffage, die sich aus dem im Planungsentwurf formulierten Anspruch ergab, daß die Schaffung einer „eigene[n] Repräsentation der Historiker der DDR [...] keine Spaltung der deutschen Historiker" bedeute. Darum beabsichtigte der Planungsentwurf auch die Bildung eines „Initiativkomitee[s] [...], zu dem auch parteilose Historiker und Archivare gewonnen werden müssen." Ebd.

[84] Ebd. Favorit der Abteilung Wissenschaften für die Stelle des Sekretärs war zu dieser Zeit allerdings offenbar der noch nicht promovierte Heinz Königer, wie aus einer späteren Aktennotiz der Abteilung Wissenschaften hervorgeht. Ebd., Betr. Gründung der Historiker-Gesellschaft, 23.1.1958.

[85] Ebd.

Meusel und dessen lavierende Taktik profilieren konnte. Im September 1957 unterrichtete die Abteilung Wissenschaften die SED-Organisation der Karl-Marx-Universität Leipzig förmlich von ihrer Absicht, den ursprünglich in Berlin vorgesehenen Sitz der Historiker-Gesellschaft in Leipzig anzusiedeln, und motivierte diese überraschende Präferenz mit den lakonischen Worten: „Auch der Kaderfragen wegen scheint uns dieser Vorschlag günstig."[86] Hinter dieser etwas dunklen Begründung stand offenkundig eine Forderung Engelbergs, der nun von der Abteilung Wissenschaften offiziell für die Funktion des 1. Stellvertreters des Vorsitzenden in der Historiker-Gesellschaft nominiert wurde. Engelberg hatte natürlich kein Interesse daran, einen Meusel verbundenen Mann wie Schmiedt zum Sekretär der Gesellschaft befördert zu sehen, und nutzte die Gelegenheit einer längeren Erkrankung Schmiedts, um statt dessen seinen eigenen Promovenden Rolf Rudolph vorzuschlagen, der seit 1954 als Assistent und Lehrbeauftragter am Institut für Geschichte der Universität Leipzig Engelberg eng verbunden war.[87] Im ZK-Apparat schloß man sich Engelbergs Wunsch an, weil „Gen. Rudolph [...] uns sowohl von der fachlichen als auch von der politischen Seite her die Gewähr (gibt), diese Funktion ihrer Bedeutung entsprechend auszuführen".[88]

Ein Vierteljahr später war Meusels Niederlage vollkommen. Im Januar 1958 steuerte die SED-Führung über ihre zuständige ZK-Abteilung nach abermaligen Verzögerungen endgültig entschlossen auf eine möglichst rasche Gründung einer ostdeutschen Fachgesellschaft zu, und deren Vorsitzender sollte auch nach dem Willen des ZK-Sekretariats nunmehr weder Meusel noch Stern oder Kuczynski, sondern Engelberg heißen.[89] Die Entscheidung für ihn ergab sich keineswegs allein aus dem ungestümen Drängen Engelbergs, sondern lag mindestens ebensosehr in dessen Qualitäten selbst begründet: Niemand konnte so überzeugend die Einheit von politischer Bindung an die SED und fachlicher Seriosität wie er im Umgang mit dem innerdeutschen Gegner repräsentieren. Engelberg verkörperte auch in der Verbandsfrage das in die Zukunft weisende Credo einer eigenständigen sozialistischen Geschichtswissenschaft, so wie Meusel die Tradition einer weltanschaulich zerklüfteten, aber in der fachlichen Substanz noch mehr oder minder einheitlichen Nationalhistoriographie vertreten hatte. Der schließlich am 18. März 1958 ins Leben gerufene Historiker-Verband der DDR arbeitete vom ersten Tag an auf dem Boden dieses Teilungsprogramms, das darauf zielte, die Geschlossenheit der eigenen Geschichtswis-

86 Ebd., Abt. Wissenschaften an Gen. Heinke, Parteiorganisation der SED der Karl-Marx-Universität Leipzig, 14.9.1957.

87 Zur Vita Rudolphs: Heitzer, Rolf Rudolph.

88 SAPMO-BArch, DY 30, IV 2/9.04/119, Abt. Wissenschaften an Gen. Heinke, Parteiorganisation der SED der Karl-Marx-Universität Leipzig, 14.9.1957.

89 Ebd., Abt. Wissenschaften, Vorlage an das Sekretariat des Zentralkomitees der SED, 4.2.1958.

senschaft durch Abgrenzung von der westdeutschen Disziplin zu erhöhen: „Die ‚Deutsche Historiker-Gesellschaft' der Deutschen Demokratischen Republik soll eine klare Abgrenzung gegenüber den herrschenden Kräften im westdeutschen Verband der Historiker ausdrücken. Mit ihrer Gründung sollen sich die Historiker gleichzeitig klar entscheiden in ihrer Stellung gegenüber der westdeutschen Geschichtsschreibung und ihren Vertretern."[90] In der Präambel ihrer Satzung bekannte die Historiker-Gesellschaft sich dementsprechend ausdrücklich zur „sozialistischen Geschichtswissenschaft" und verpflichtete „ihre Mitglieder zur Unterstützung des sozialistischen Aufbaus in der Deutschen Demokratischen Republik ebenso wie zur Mitarbeit an der demokratischen Wiedervereinigung im Sinne der Politik unserer Regierung"[91]; ein im April 1958 gefaßter Beschluß des Präsidiums schließlich untersagte die Doppelmitgliedschaft in den beiden deutschen Historikervereinigungen.[92]

Damit war die völlige institutionelle Spaltung der deutschen Geschichtswissenschaft faktisch bereits vollzogen, auch wenn sie sich endgültig erst auf dem Trierer Historikertag im Herbst 1958 manifestieren sollte. Denn auch im VHD hielt sich, wie nach der zuvor im Ausschuß erfolgten Meinungsbildung nicht anders zu erwarten, das Bedauern über die Konkurrenzgründung in Grenzen oder wurde zumindest von dem Gefühl einer willkommenen Flurbereinigung überlagert. Symptomatisch war die Stimme Hartungs, der fand, daß der neue Verband „insofern ehrlich (ist), als er sich offen zum Marxismus und zum Sozialismus bekennt und damit allen anders denkenden Historikern den Beitritt unmöglich macht. [...] Für unsere deutschen Historikertage sehe ich in der Gründung des ostzonalen Verbandes eine Erleichterung, denn ich nehme an, daß die Ostzonalen in Zukunft wegbleiben werden."[93]

Damit unterschätzte Hartung allerdings das Sendungsbewußtsein der von der DHG repräsentierten Geschichtswissenschaft, die die direkte Konfrontation durchaus nicht scheute, sofern sie nur organisatorisch hinreichend abgesichert war. Die ostdeutschen Vorbereitungen für den Trierer Historikertag liefen bereits kurz nach der Verbandsgründung an und orientierten sich besonders daran, den „Prinzipien der Geschlossenheit der Delegation der Historiker aus der DDR" Rechnung zu tragen und die Front der marxistischen Historiker beim Trierer Treffen so zu staffeln, daß gegnerische Einbrüche weitestgehend vermieden werden könnten.[94] Damit war die Zeit

90 Ebd.

91 Statut der Deutschen Historiker-Gesellschaft, S. 20.

92 SAPMO-BArch, DY 30, IV 2/9.04/119, Gekürztes Protokoll der Präsidiumssitzung, 29.4.1958.

93 AVHD, 8, Fritz Hartung an Hermann Aubin, 24.3.1958.

94 Ebd. SAPMO-BArch, DY 30, IV 2/9.04/151, Aktennotiz, Betr.: Vorbereitung der Diskussionsbeiträge für die Tagung des Deutschen Historiker-Verbandes in Trier vom 25. bis 27.9.1958, 11.6.1958. „Um einen maximalen Erfolg auch bei solchen

abgelaufen, in der ostdeutsche Fachkollegen auch auf eigene Rechnung die Einladung des VHD annehmen konnten und in den vom Staatssekretariat für das Hoch- und Fachschulwesen gebildeten Delegationen Marxisten wie Nicht-Marxisten vertreten waren. Obwohl die Einladung des VHD auch diesmal an das Staatssekretariat erging, übernahm die Abteilung Wissenschaft des ZK der SED diesmal die Federführung bei der Auswahl der zu entsendenden DDR-Historiker, die „eine etwa 20 Mann starke Delegation" bilden sollten. Um dem Anspruch zu genügen, daß die Delegation „gut auf die Teilnahme vorbereitet sein muß"[95], nominierte die Abteilung Wissenschaften – abweichend von den Vorstellungen des Staatssekretariats, das auch einzelne Geschichtslehrer hatte entsenden wollen[96] – ausschließlich in der Forschung und Universitätslehre tätige Historiker. Unter ihnen rangierten nur noch zwei parteilose Fachvertreter, die überdies beide später wieder gestrichen wurden.[97] Die aufgrund einer Erkrankung Meusels allein von Engelberg angeführte Historikerdelegation hatte umfängliche Aufgaben mit auf den Weg bekommen, um der neuen Geschichtswissenschaft in Trier angemessene Geltung zu verschaffen. Es galt durchzusetzen, daß auch Fachvertreter auf dem Kongreß Gehör fänden, die von ihren westdeutschen Kollegen bislang kaum als solche betrachtet worden waren, nämlich „die Genossen der Parteiinstitute und der Parteihochschule"; es galt weiter, die tragende Funktion der Historiker-Gesellschaft zu unterstreichen[98] , und es galt schließlich, das gegnerische Gelände so sorgfältig und detailliert wie möglich zu rekogniszieren, um im Treffen der beiden Wissenschaftsheere den Sieg davonzutragen.[99] Erst an letzter Stelle befaßte die für die Vorbereitung zuständige ZK-Abteilung sich mit dem eigentlichen Zweck des Trierer Historikerkongresses: „Die Zusammensetzung der Delegation muß

Themen zu erreichen, auf die kein Historiker der DDR spezialisiert ist, wird in drei Fällen vorgeschlagen, die Delegation durch Nichthistoriker zu verstärken. Hinter der ersten Linie sollte unmittelbar die zweite Linie stehen, die nach Lage der Dinge in der Lage sein muß, einzugreifen."

95 Ebd., Mitteilung an die Abteilungsleitung, 3.7.1958.

96 Ebd., Aktennotiz, Betr.: Vorbereitung der Diskussionsbeiträge für die Tagung des Deutschen Historiker-Verbandes in Trier vom 25. bis 27.9.1958, 11.6.1958.

97 Es handelte sich um Walter Markov und Eduard Winter. Ebd., Mitteilung an die Abteilungsleitung, 3.7.1958, u. Vorlage an das Sekretariat des Zentralkomitees der SED, o.D.

98 „Der Träger der Delegation sollte die Historiker-Gesellschaft sein. So muß die Delegation dort auftreten." Ebd., Mitteilung an die Abteilungsleitung, 3.7.1958.

99 „Es ist notwendig, einen Überblick über die politischen Strömungen unter den westdeutschen Historikern zu bekommen (z.B. wer mit Strauß und Heuß zusammen publiziert; wer den Aufruf der Wissenschaftler gegen die Atombewaffnung der westdeutschen Armee unterzeichnet hat usw.). Die Delegation muß ein Bild darüber haben, weil es für die Pausengespräche und Aussprachen sehr wichtig ist. Wir müssen unter ihnen differenzieren und es für die politische Argumentation auszunutzen." Ebd.

auch [!] so sein, daß wir in Trier wissenschaftlich etwas aussagen können."[100]

Die in der Forschungsliteratur gut aufgearbeiteten Vorgänge in Trier selbst können hier summarisch behandelt werden.[101] Durch sein ungeschicktes Vorgehen übernahm der VHD die Verantwortung für einen endgültigen Bruch zwischen den beiden deutschen Geschichtswissenschaften, der in der Sache weit mehr den Interessen der SED-Führung entsprach. Nachdem die Kongreßleitung angesichts der sich häufenden und verschärfenden Pressionen gegen Nicht-Marxisten in der DDR drei ostdeutschen Vertretern – nämlich Leo Stern, Max Steinmetz und Ernst Engelberg – als „Gruppe unbedingt unerwünschter kommunistischer Historiker"[102] das Wort verboten hatte, reiste die DDR-Delegation unter Protest wieder ab und machte damit die Spaltung zum öffentlichen Skandal. Den Umstand, daß diesmal die Einschränkung der Redefreiheit von der west- und nicht von der ostdeutschen Seite ausgegangen war, wußte der rasch reagierende wissenschaftspolitische Apparat der DDR-Historiographie für sich zu nutzen, um zu zeigen, daß „der Vorstand des westdeutschen Verbandes seine eigenen demagogischen Erklärungen über die unpolitische Objektivität der bürgerlichen Geschichtswissenschaft deutlich ad absurdum geführt" hat[103], und um öffentlich die Einhaltung wissenschaftlicher Spielregeln einzuklagen, die im intern etablierten Wissenschaftsverständnis längst außer Kraft gesetzt worden waren.[104] Auf einer nach der Rückkehr aus Trier anberaumten Auswertungsbesprechung in der Abteilung Wissenschaften wurde festgelegt, daß in „allen noch bestehenden gesamtdeutschen Verbänden und Gremien [...] die Aufhebung des provokatorischen Beschlusses von Trier gefordert werden

100 Ebd.

101 Zu den Vorgängen vor und in Trier: Worschech, Der Weg der deutschen Geschichtswissenschaft, S. 188ff., Schulze, Deutsche Geschichtswissenschaft, S. 187ff., und Sabrow, Ökumene als Bedrohung, S. 193f.

102 So die Formulierung von Gerhard Ritter, zit. n. Worschech, Der Weg der deutschen Geschichtswissenschaft, S. 201.

103 SAPMO-BArch, DY 30, IV A 2/9.04/151, Resolution der Mitarbeiter des Instituts für Geschichte an der Deutschen Akademie der Wissenschaften, o.D. Ein detaillierter „Maßnahmeplan zur Auswertung der Historikertagung in Trier" in den Akten der Abteilung Wissenschaften unterrichtet über die von der DDR-Seite nach Trier initiierte Medienkampagne und die dort angestellten Überlegungen, „wie auch noch während der nächsten Tage der Kongreß von Trier ausgenutzt werden kann". Ebd.

104 Vgl. beispielsweise eine von Professoren und Studenten der Fachrichtung Geschichte an der Universität Jena unterzeichnete Protestadresse an den VHD: „Die Trierer Vorkommnisse führen nur zu einer weiteren geistigen Isolierung der Westzonen-Historiographie. Wir bedauern dies insofern, als wir uns für eine gesamtdeutsche wissenschaftliche Entwicklung verantwortlich fühlen, die zweifellos nicht durch Historiker bestimmt werden wird, die Andersdenkende verunglimpfen und mundtot machen." Zit. n. Worschech, Der Weg der deutschen Geschichtswissenschaft, S. 229, Anm. 2.

[muß]. Es kommt darauf an, den Gegensatz zwischen den reaktionären Historikern [...] und denjenigen, die zu wissenschaftlichen Gesprächen bereit sind, zu vertiefen."[105] Intern aber nutzte die SED-Wissenschaftsbürokratie den nach außen beklagten Eklat von Trier als willkommenen Hebel, um das eigene Wissenschaftssystem durch forcierte Abgrenzung von der Westkonkurrenz zu stabilisieren und noch bestehende Mitgliedschaften in gesamtdeutschen Fachgremien zur Disposition zu stellen.[106]

Die Trierer Vorgänge machten anschaulich, in welch direktem Verhältnis äußere Abgrenzung und innere Homogenisierung der sozialistischen Geschichtswissenschaft standen. Der durch den endgültigen Bruch ausgelöste Vereinheitlichungsdruck wurde so stark, daß in der Auswertung des Historikertag bereits der Umstand gerügt wurde, daß die DDR-Historiker Schilfert und Müller-Mertens sich privat bei der Trierer Kongreßleitung angemeldet hätten. Auch das Auftreten der Althistorikerin Charlotte Welskopf, die als einziges Mitglied der DDR-Delegation einen wissenschaftlichen Beitrag auf dem Trierer Historikertag gehalten hatte, „war nicht ganz richtig, da niemand hätte zu wiss[enschaftlichen] Fragen sprechen dürfen, bevor zur Provokation Stellung genommen war", wie das Stenogramm der Beratung festhielt.[107] Für die Zukunft aber galt es, aus diesen Pannen zu lernen und die Schlagkraft des eigenen Fachs durch noch konzentriertere Vorbereitung auf weitere Begegnungen mit der westdeutschen Gegenwissenschaft zu erhöhen: „Einzelne Mängel, besonders in der Vorbereitung der Trierer Tagung, geben Anlaß, die Vorbereitung der Internationalen Historikertagung in Stockholm schon jetzt mit allem Nachdruck zu betreiben. Die schon bestehende Kommission muß sofort ihre Tätigkeit aufnehmen und eine Konzeption ausarbeiten."[108]

Im Auftrag der DHG gab Engelberg eine als Dokumentation gekennzeichnete Broschüre mit dem programmatischen Titel „Trier – und wie weiter?"[109] heraus, auf deren zügiges Erscheinen „von entscheidender Stelle größter Wert"[110] gelegt worden war. In der Vorbereitung dieser Kampfschrift erbat der Sekretär der Historiker-Gesellschaft von den historischen Instituten der DDR-Universitäten genaue Angaben über das Auftreten west-

105 SAPMO-BArch, DY 30/IV 2/9.04/151, Aktennotiz, 15.10.1958.

106 Ebd., NY 4182, 1364, Bericht über die Teilnahme einer Delegation der Deutschen Historiker-Gesellschaft der DDR an der 24. Versammlung westdeutscher Historiker in Trier.

107 Ebd., DY 30, IV 2/9.04/151, Auswertung der Trierer Tagung, 10.10.1958. Der fast schüchterne Ton dieser Kritik ist auf die schwer erschütterbare Stellung Charlotte Welskopfs zurückzuführen, die 1964 als erste Frau zum Ordentlichen Mitglied der DAW berufen werden sollte und unter dem Namen Welskopf-Henrich auch als Kinder- und Jugendbuchautorin international bekannt war.

108 Ebd., Aktennotiz, 15.10.1958.

109 Engelberg (Hg.), Trier – und wie weiter?

110 ABBAW, HG 158, Rolf Rudolph an Leo Stern, 19.12.1958.

deutscher Historiker bei ihnen, um es propagandistisch zu verwerten[111], und griff für eine gezielte Zusammenstellung westdeutscher und internationaler Pressestimmen auch gern auf die Hilfe des Kieler Instituts für Weltwirtschaft zurück.[112] Von der 1959 mit einer Auflage von 7000 Stück erschienenen Schrift wurden 3500 Exemplare in die Bundesrepublik versandt[113], die bei westdeutschen Lesern neben entschiedener Ablehnung auch durchaus verständnisvolle Reaktionen hervorriefen.[114] Sie bekräftigte den ostdeutschen Anspruch, der durch den Nationalsozialismus korrumpierten, „reaktionär-bürgerlichen" Historiographie auf antifaschistischer Grundlage eine neue Geschichtswissenschaft und „ein neues Geschichtsbild als Grundlage einer politischen Neugestaltung Deutschlands" entgegenzusetzen, und machte in spiegelbildlicher Umkehrung westdeutscher Vorwürfe die „westdeutsche politische und ideologische Restauration" für den Freitod der ‚bürgerlichen' DDR-Historiker Lintzel, Griewank und Flach verantwortlich.[115]

Zwar beeilte diese offiziöse Stellungnahme der Deutschen Historiker-Gesellschaft sich, der Sorge der DDR-Seite „gegenüber dem weiteren Weg der Geschichtswissenschaft in ganz Deutschland" Ausdruck zu geben und sie erneuerte ihr Kooperationsangebot an alle bundesdeutschen Kollegen, die „auch weiterhin Kontakte und Diskussionen mit marxistischen Historikern als eine wissenschaftliche und nationale Notwendigkeit empfinden".[116] Doch die weitere Entwicklung zeigte, daß in Wirklichkeit die fachliche Grenzziehung ein entscheidendes Konstitutionselement der zweiten deutschen Geschichtswissenschaft bedeutete. Der nach Ulm vorbereitete und in Trier vollzogene Bruch mit der westdeutschen Geschichtswissenschaft

111 So etwa in bezug auf die Universität Jena: „1. Welche westdeutschen Historiker haben die Gastfreundschaft der Universität Jena genossen? 2. Welche Vorträge etc. haben sie gehalten? 3. Wie wurden sie dafür dotiert? 4. Wie äußerten sie sich über die Universität, die DDR usw.?" Ebd., Rolf Rudolph an Max Steinmetz, 15.10.1958.

112 Ebd., Rolf Rudolph an Institut für Weltwirtschaft an der Universität Kiel, Wirtschaftsarchiv, 15.10.1958.

113 SAPMO-BArch, DY 30/IV 2/9.04/119, Für Information des Sektors an das Sekretariat, 2.4.1959.

114 Briefreaktionen westdeutscher Fachkollegen wie Georg v. Rauch und Fritz Fischer in: Ebd., 119 u. 151.

115 Engelberg (Hg.), Trier – und wie weiter?, S. 56ff. Diese Linie hatte Engelberg zuvor bereits in einer internen ZK-Beratung propagiert: „Wir sollten in dieser Frage viel offensiver, als wir das bisher getan haben, argumentieren. Bisher waren wir sozusagen froh, wenn man gesagt hat, die aus dem Leben geschiedenen [drei Fachkollegen] waren wirklich nicht unter dem Druck der SED; nein, wir sollten stattdessen sagen, die waren unter dem Druck der westdeutschen Cliquen." SAPMO-BArch, DY 30, IV 2/1.01/392, Stenographische Niederschrift der Abteilung Wissenschaften beim ZK mit Genossen Historikern im Großen Sitzungssaal des Zentralhauses der Einheit am Mittwoch, dem 17. Dezember 1958.

116 Engelberg (Hg.), Trier – und wie weiter?, Vorbemerkung.

beseitigte das letzte Hindernis, das sich der endgültigen Etablierung einer „parteilichen Geschichtswissenschaft“ mit Alleingeltungsanspruch in der DDR in den Weg gestellt hatte. Die knapp sechzig bislang im VHD verbliebenen DDR-Historiker[117] verließen den Verband fast ausnahmslos noch im selben Jahr. Im gleichen Atemzug verlor die im westlichen Teil Deutschlands betriebene Geschichtsforschung und -lehre mehr und mehr ihre Bedeutung als Adressat und Prüfstein der Überlegenheit der marxistisch-leninistischen Weltanschauung im historischen Denken. Benötigt wurde sie von nun an primär als sinnstiftendes Feindbild mit integrativer Funktion für den DDR-internen Geschichtsdiskurs, um dessen Geltungskraft in der eigenen Historikerschaft zu erhöhen.

2. Zwischen Öffnung und Abgrenzung

Auch nach der endgültigen Teilung blieb die westdeutsche Konkurrenzdisziplin eine stete Bedrohung für die DDR-Geschichtswissenschaft, die im Interesse ihrer Identität als überlegene sozialistische Disziplin ihren gesamtdeutschen und universalen Geltungsanspruch nicht einfach aufgeben, aber eben auch nicht gefahrlos einlösen konnte. Formulierte Kooperationsbereitschaft und faktische Kooperationsverweigerung bestimmten daher gleichermaßen die weitere Linie der DDR-Historiographie gegenüber ihrem innerdeutschen Pendant. Der in den beiden unvereinbaren Forderungen beschlossene Zielkonflikt prägte einerseits den Charakter der DDR-Geschichtswissenschaft als einer „Simulationswissenschaft“ mit schroff getrennter Innenwelt und Außendarstellung; er evozierte aber auch eine permanente Auseinandersetzung innerhalb der ostdeutschen Historikerschaft über den richtigen Umgang mit den verschiedenen Fraktionen des nichtmarxistischen Lagers westlich der Elbe, die den weiteren Gang der deutsch-deutschen Fachbeziehungen in den sechziger Jahren maßgeblich prägen sollte.

Die probateste Lösung lag freilich in der Projektion des eigenen Selbstverständnisses auf die Gegenseite, wie sie 1959 beispielhaft der als Präsident der Historiker-Gesellschaft hier in besonderem Maße zum Sprecher berufene Ernst Engelberg in der ZfG vorführte, um der westdeutschen Zunft den Bruch von Trier vorzuhalten und sich gleichzeitig gegen mögliche wissenschaftliche Kooperationsbemühungen der Gegenseite abzusichern: „Die Provokationen in Trier gegenüber uns marxistischen Historikern hatten auch den Zweck, jede ernste Auseinandersetzung mit dem Marxismus [...] als nicht gesellschaftsfähig zu diffamieren [...]. Für die Nato-Historiker

[117] SAPMO-BArch, DY 30/IV 2/9.04/119, DDR-Mitglieder im westdeutschen Histori-ker-Verband. – Von ihnen gehörten 14 auch der DHG an. Kowalczuk, Legitimation eines neuen Staates, S. 273.

erschienen die Kontakte mit den Marxisten so lange nützlich, als sie noch glaubten, sie könnten uns ideologisch aufweichen."[118] Tatsächlich war es vor allem die DDR-Seite, die im Windschatten der ‚Trierer Provokation' sorgsam darauf achtete, daß die disziplinäre Demarkationslinie nicht wieder verwischt werde. Eben dies drohte, als im Sommer 1959 von westdeutscher Seite an eine Vielzahl ostdeutscher Universitätsinstitute und -archive, aber auch an wissenschaftliche Verlage und an die Akademie der Wissenschaften Einladungen zum 37. deutschen Archivtag ergingen. Anders als die Geschichtswissenschaft war das Archivwesen in der DDR zu dieser Zeit noch keineswegs vollkommen im parteimarxistischen Sinne vereinheitlicht und eine geplante Sektion „Archivwesen" in der Historiker-Gesellschaft „auf Grund bestimmter Hemmnisse" noch nicht gebildet worden, was zur Folge hatte, „daß keine einheitliche Delegation zustande kommt, sondern der 37. deutsche Archivtag in Westdeutschland von verschiedenen Seiten beschickt wird". Der Sekretär der Historiker-Gesellschaft erkannte, welches Ungemach die westdeutsche Einladung angesichts der so ungesicherten eigenen Linie in sich bergen könnte – die Rückkehr zum glücklich überwunden geglaubten status quo ante: „Immerhin ist diese Tatsache für uns insofern nachteilig, als dadurch eine scheinbar ungestörte Zusammenarbeit zwischen Ost und West vorgetäuscht wird, die nur einmal, und zwar durch die ‚bösen Vertreter der Deutschen Demokratischen Republik' in Trier gestört worden ist".[119]

Um den in Trier gesicherten Vorteil nicht wieder zu verspielen, hatte bereits im Dezember 1958 die Abteilung Wissenschaften des ZK zu der bereits mehrfach angesprochenen Schlüsselberatung mit den führenden „Genossen Historikern" der DDR geladen, um bei dieser Gelegenheit auch die künftige Strategie der DDR-Geschichtswissenschaft gegenüber ihrer bundesdeutschen Gegendisziplin festzulegen. Zu diesem Zweck waren als Referenten Leo Stern, Ernst Engelberg und Walter Bartel gewonnen worden, die die ‚historische Aufrüstung' des ‚Gegners' anhand von drei vorgegebenen Fragen zu analysieren und geeignete Gegenmaßnahmen vorzuschlagen hatten.[120] Das Stenogramm dieser Versammlung dokumentiert den

[118] Engelberg, NATO-Politik und westdeutsche Historiographie, S. 479.

[119] ABBAW, HG 158, Rolf Rudolph an das Staatssekretariat für das Hoch- und Fachschulwesen, 6.8.1959.

[120] Die Fragen lauteten: „1. Welche hauptsächlichen historischen Argumente, Geschichtsfälschungen und reaktionäre Theorien dienen der ideologischen Kriegsvorbereitung und Faschisierung in Westdeutschland? 2. Wie wird von den marxistisch-leninistischen Historikern der DDR der Kampf dagegen geführt? 3. Was müssen die Historiker tun, um die ideologisch-politische Offensive der Partei besonders in den kommenden Monaten verstärkt zu unterstützen?", SAPMO-BArch, DY 30 IV 2/1.01/392, Stenographische Niederschrift der Abteilung Wissenschaften beim ZK mit Genossen Historikern im Großen Sitzungssaal des Zentralhauses der Einheit am Mittwoch, dem 17. Dezember 1958.

engen Schulterschluß zwischen Propagandisten, Politikern und Fachhistorikern gegenüber einem gemeinsamen Gegner unter dem Leitstern einer politischen Historiographie bis hin zum Verschwinden jeder erkennbaren Differenz zwischen Geschichtspolitik und -wissenschaft. Auch hier war die Projektion des eigenen Fachverständnisses auf den Gegner die diskursbestimmende Leitkategorie. Unter dem Motto, daß „wir publizieren, schlagen und kämpfen", forderte Stern, gegen die „Schlammflut an militaristischer Literatur" in der ideologischen Auseinandersetzung mindestens bis zur Vorgeschichte des Ersten Weltkrieges zurückzugehen und „die Gesetzmäßigkeiten der Niederlage des deutschen Imperialismus in den beiden Weltkriegen zum Zentralthema unserer wissenschaftlichen Forschung zu erheben"[121]; Engelberg stellte Adenauer und die Bundesregierung als die „heutigen Erben der Bismarckschen antidemokratischen Außenpolitik" dar, und Walter Bartel beschäftigte sich mit der von ihm als „Einbruchstelle" bewerteten Zeitgeschichte ab 1945, in der die westdeutsche Dominanz erst zu brechen sei, wenn die Last der ideologischen Auseinandersetzung nicht mehr allein bei der Parteiführung und wenigen Instituten liege.[122]

Parteichef Ulbricht selbst trug zu der Frage vor, wie die Beziehungen zwischen Geschichtswissenschaft und Politik in der Bundesrepublik geregelt seien, und entwarf dabei das Bild einer straff gesteuerten Legitimationshistoriographie, die nach einem präzisen Zentralplan arbeite und direkt vom Bonner Bundeskanzler selbst angeleitet werde.[123] Diese Projektionsleistung wurde im weiteren Fortgang des Kolloquiums auch von den versammelten Fachhistorikern bestätigt, die in Wortmeldungen und Zwischenrufen weitere Beobachtungen zur politischen Unterdrückung der Wissenschaft in Westdeutschland beitrugen. Doch nicht dies heizte das Klima der Beratung an, sondern das von allen Diskutanten geäußerte Erstaunen darüber, daß diese mit Händen zu greifende Wirklichkeit in der bundesdeutschen und internationalen Öffentlichkeit offenbar gar nicht wahrgenommen werde. Statt dessen habe die raffinierte Propaganda des westdeutschen Gegners es vermocht, die eigene systematische und organisierte Verfälschung der historischen Wahrheit als unpolitisches Objektivitätsstreben zu maskieren und das offene Bekenntnis zum historischen Fortschritt in der ostdeutschen Historikerzunft als unwissenschaftliche Parteilichkeit: „Trotz der immer wieder von ihnen [den westdeutschen Historikern] vorgegebenen Wahrheitsliebe, Objektivitätssuche und ähnlichen Geschichten müssen wir feststellen, daß sie unvergleichlich politischer sind als wir."[124] Daraus resultierte freilich die paradoxe Erkenntnis, daß „in Wirklichkeit" die westdeutsche Historiographie ihren Charakter als historische Funktional-

[121] Ebd.
[122] Ebd.
[123] Ebd.
[124] Ebd., Äußerung Ernst Hoffmann.

wissenschaft weit besser ausgebildet habe als die eigene – die Projektion der eigenen fachlichen Verhältnisse auf den Bonner Gegner kehrte als Bedrohung zurück und zwang dazu, die eigenen Anstrengungen auf dem Gebiet der Geschichte zu verdoppeln: „Wir haben folgenden, eigenartigen Zustand: Die, wie wir auf dem Standpunkt der offenen, klassenmäßigen Parteilichkeit stehen, reagieren weitaus weniger für unsere Partei, für die Partei der objektiven Wahrheit, für die Partei der Arbeiterklasse, als diejenigen, die vorgeben, außerhalb des Parteienkampfes zu stehen oder über ihm zu stehen. [...] Das heißt, wir haben ein Klassenbewußtsein, das weniger entwickelt ist als das politische Klassenbewußtsein der monopolkapitalistischen Geschichtsschreiber drüben."[125]

Ungeachtet der Versicherung, entschlossener noch als bisher auf dem durch Trier vorgezeichneten Weg in der Bildung einer innerdeutschen Fachfront weiterzugehen[126], wurden praktische Beschlüsse zur ‚deutschen Historikerfrage' auf dieser strategischen Beratung noch nicht gefaßt. Man begnügte sich mit dem Appell, „wirklich aus allen Historikern der DDR ein [...] festes Kampfkollektiv zu schmieden"[127], dem die Abgrenzung von der westdeutschen Zunft in Fleisch und Blut übergegangen war: „Es müßte doch eigentlich so sein, scherzhaft gesagt, wenn man einen unserer Genossen Historiker in der Nacht weckt und nach dem Inhalt unserer Argumentation gegen den Imperialismus fragt, er dann aus dem ff und ohne weiteres das hersagen kann."[128]

Entsprechend ratlos werteten die besonders angesprochenen Mitarbeiter des Akademie-Instituts für Geschichte die ZK-Beratung aus. In der Abteilung 1918 bis 1945, für die Günter Paulus an der Konferenz teilgenommen hatte, wurden im Anschluß an seinen Bericht die unterschiedlichsten Vorschläge artikuliert, um die ‚machtvolle Gegenoffensive' gegen die ‚bürgerliche' Geschichtsschreibung möglichst geschickt mit den je eigenen Interessen zu verbinden.[129] Doch schon hier zeigte sich, daß auch der offensivste

125 Ebd.

126 Ebd., Auch hier stützte sich die Argumentation wieder ganz auf die Projektion der eigenen Handlungswelt auf die Gegenseite: „Anläßlich dieser [Trierer] Tagung und der Ereignisse auf dieser Tagung haben eine ganze Reihe Genossen Stellungnahmen geschrieben. Das war zweifellos sehr gut, wir begrüßen das. Ich glaube, daß ein solches Auftreten seitens unserer Historiker zeigt, was für ein Gesicht sie haben und auch auf bestimmte Kräfte im Kreis der westdeutschen Historiker Wirkungen ausübt. Aber ich glaube, daß wir auch in dieser Auseinandersetzung um Trier Versäumnisse haben. Wir sind auch hier nicht weit genug gegangen, nicht gründlich genug vorgegangen. Ich meine besonders die Notwendigkeit, ein solches Ereignis, von dem der Gegner, wenn es ihm geschehen würde, heute noch leben würde, dessen kann man sicher sein, anders zu nutzen." Ebd., Äußerung Kurt Hager.

127 Ebd., Äußerung Ernst Hoffmann.

128 Ebd., Äußerung Kurt Hager.

129 „Koll. Ruge hob in seinem Diskussionsbeitrag hervor, daß es besonders darauf ankäme, den sozialen Inhalt des deutschen Imperialismus zu erforschen. Koll. Pet-

und kompromißloseste Kampf gegen den Gegner gerade die geistige Konterbande in das Land holen konnte, die er aus ihm verbannen wollte, weil Auseinandersetzung eben immer Kenntnisnahme voraussetzte und damit Ansteckung heraufbeschwor, wie der listige Antrag auf Horizonterweiterung erkennen läßt, mit der die Institutsabteilung ihre Auswertung beschloß: „Die Koll. Paulus und Hass stellten die Forderung auf, daß in der Bibliothek des Instituts unbedingt einige der führenden westdeutschen Tageszeitungen und Wochenschriften vorhanden sein müßten. Das würde es den Mitarbeitern ermöglichen, schnell auf bestimmte Artikel zu antworten. Koll. Paulus wird diese Forderungen der Institutsleitung unterbreiten."[130]

Nicht erst die politische Entwicklung der nächsten Jahre machte offenbar, daß die DDR im Zweifelsfall der sicheren Abschottung den Vorzug gab vor dem offensiven Wettstreit mit der nicht-marxistischen Konkurrenz. Bereits auf dem Internationalen Historikerkongreß von Stockholm 1960 setzte die SED-Führung intern ein faktisches Fraternisierungsverbot gegenüber der bundesdeutschen Historikerschaft durch, das sich im Protokoll einer Auswertungsbesprechung in der Abteilung Wissenschaften zu diesem Kongreß so las: „Die Kontakte mit westlichen (nicht westdeutschen) Historikern sind so stark wie möglich zu fördern. [...] Kontakte mit Westdeutschen in bezug auf ihre Aufrechterhaltung gründlich überprüfen."[131] Im Vorfeld des Stockholmer Treffens war es auch zu einem letzten, indirekten Kräftemessen zwischen Meusel und Engelberg gekommen und damit zwischen der von Jahr zu Jahr schwächer gewordenen Hoffnung auf fachliche Verständigung im Interesse der nationalen Einheit und der illusionslosen Bejahung einer klaren Teilung im Interesse der teilstaatlichen Konsolidierung. Im Februar 1960 fühlte Engelbergs Sprachrohr Rolf Rudolph namens der Historiker-Gesellschaft bei dem trotz seines zwischenzeitlichen Ausscheidens aus der Abteilung Wissenschaften weiterhin einflußreichen Ernst Diehl vor, um die Frage einer Teilnahme Meusels am bevorstehenden Kongreß in Stockholm zu klären. Der hatte seine ursprünglich vorgesehene Teilnahme im Rahmen der offiziellen Delegation des Nationalkomitees der Historiker der DDR unter Führung Engelbergs zunächst aus gesundheitlichen Gründen abgesagt, sich aber aufgrund einer gesonderten Einladung des CISH an die Akademie neu besonnen und – bemerkenswerterweise auch auf Zureden Engelbergs – als offizieller Vertreter der Akademie für Stockholm nominieren lassen. In der Tat hätte Meusel sich schwerlich in einer Delega-

zold rief auf, verstärkt durch kleinere Publikationen in den politischen Tageskampf einzugreifen. Als Mitglied der Pressekommission bei der Bezirksleitung sei er besonders daran interessiert, daß die Mitarbeiter ihm Vorschläge für derartige Publikationen mache[n]." ABBAW; ZIG 452/1, Protokoll der Arbeitsbesprechung am 20.12.1958.

130 Ebd.

131 SAPMO-BArch, DY 30, IV 2/9.04/144, Protokoll der Auswertung des XI. Internationalen Historiker-Kongresses in Stockholm, 30.8.1960.

tion ganz am Platze fühlen können, die nach dem Willen des ZK in erster Linie die Aufgabe hatte, „in Diskussionsbeiträgen die prinzipielle Auseinandersetzung mit der imperialistischen Geschichtsschreibung, besonders mit den Apologeten des Imperialismus und Militarismus in Westdeutschland zu führen".[132] Rudolph vermutete daher hinter Meusels Hin und Her eine gezielte „Gegenkonzeption", die im Grunde auf das Spiel der Gegenseite eingehe, „denn nachher sei der Akademie-Vertreter der eigentliche Verhandlungspartner der DDR und das Argument der westdeutschen Scharfmacher komme hervor, ja, wir verhandeln mit den Vertretern der ‚Wissenschaft', nicht aber mit der politisierten Historiker-Gesellschaft oder dem Nationalkomitee." Rudolph empfahl, am besten Engelberg auch mit dem Mandat der Akademie zu betrauen und Meusel an der Teilnahme zu hindern. „Ist das nicht möglich, [...] dann muß man sich klar werden über die Mission des Genossen Prof. Meusel. Er sollte fest in die Delegation einbezogen werden, und seine Kompetenzen müßten genau umrissen werden."[133]

Meusels sich verschlechternder Gesundheitszustand befreite den SED-Apparat vor dem Zwang der Entscheidung; der Vorsitzende des Lehrbuch-Kollektivs mußte von sich aus die Reise nach Stockholm absagen. Sein Tod – nur wenige Tage vor Kongreßbeginn – markierte fast symbolisch das definitive Ende eines nationalstaatlich motivierten Festhaltens an der Einheit der deutschen Geschichtswissenschaft und den vorläufigen Triumph einer wissenschaftspolitischen Richtung, die sich von gesamtdeutschen Illusionen befreit und in der Abgrenzung das Fundament der sozialistischen Fachidentität erkannt hatte. In diesem Geist erfolgten daher auch die Vor- und Nachbereitung der Stockholmer Tagung. Nationalkomitee und Reisedelegation einigten sich darauf, auf einer Parteigruppensitzung unmittelbar vor der gemeinsamen Anreise die „genaue Einteilung der Genossen hinsichtlich der einzelnen Veranstaltungen [...] (Kommissionen und Sektionen)" festzulegen und hielten es für „notwendig, daß vor dem Stockholm-Kongreß noch eine Analyse über die Geschichtswissenschaft in Westdeutschland angefertigt wird".[134]

Unmittelbar nach der Rückkehr erfolgte eine gemeinsame Auswertung durch die Delegierten, die das Geschehen im bellizistischen Vokabular von Kriegsberichterstattern verarbeiteten. Einig war man sich in der Ansicht, daß „die reaktionären Kräfte von der Stärke des marxistischen Vorstoßes überrascht" waren und erst spät begannen, „die Sache von ihrem Klassenstandpunkt aus in die Hand zu bekommen". Dazu hatte auch der Umstand

[132] Ebd., Abt. Wissenschaften, Vorlage an das Sekretariat des Zentralkomitees der SED, Betrifft: Teilnahme am XI. Internationalen Historikerkongreß in Stockholm, 7.12.1959.

[133] Ebd., Rolf Rudolph an Ernst Diehl, 12.2.1960.

[134] Ebd., Nationalkomitee der Historiker der DDR und Delegation zum XI. Internationalen Historiker-Kongreß in Stockholm, Parteigruppensitzung am 2.6.1960, Beschlußprotokoll.

beigetragen, daß die Westdeutschen „keinen einheitlichen und geschlossenen Block“[135] zu bilden vermocht hatten und den „Stoßtrupp“ im „reaktionärsten Flügel der bürgerlichen Historiker“ bildeten.[136] Deswegen rannten sie mit ihrer „Linie [...], die Trierkonzeption im wesentlichen fortzusetzen“, in eine fulminante „Niederlage“, die in der Folge „auch zu Meinungsverschiedenheiten zwischen den anderen imperialistischen Ländern (England, Frankreich) und innerhalb der westdeutschen Delegation selbst“ führte. Um seine Kräfte „nach dieser ersten Niederlage“ neu gruppieren zu können, reagierte der Gegner darauf allerdings mit einer taktischen Korrektur, die ihm neue Kampfkraft verlieh: „Die Westdeutschen haben dann im wesentlichen auf der jetzigen NATO-Linie operiert und waren hierbei bemüht, eine Einheitsfront zu bilden.“ Dank dieses Manövers habe das ‚bürgerliche‘ Lager zu einem Gegenschlag ausholen können: „Ab Montag wurde die Taktik der Umarmung ausgeübt (Umarmen um zu morden).“[137]

Offenbar hatte die westliche Seite mit diesem vermeintlich koordinierten Vorgehen tatsächlich umbruchartige Erfolge erzielt, denn in der Auswertung des Kongresses lieferten die ostdeutschen Frontberichterstatter für einige Sektionen und Veranstaltungen Berichte, aus denen sich der ‚gegnerische Geländegewinn‘ nur allzu deutlich abzeichnete. Besonders das Verhalten der DDR-Archivare gab abermals Anlaß zur Besorgnis: „Es besteht der Eindruck, daß sie es nicht immer fertiggebracht haben, den richtigen Kontakt herzustellen. (Verhältnis zu den westdeutschen Archivaren). Z. B. wurde festgelegt, daß man die Republikflüchtigen Höß, Hausherr [recte: Haussherr] usw. nicht grüßt. Dies ist nicht geschehen.“[138] Mitbedingt auch durch eigene fachliche Unterlegenheit[139] oder zu geringe wissenschaftliche Fronterfahrung[140], seien nicht in allen Sektionen die gestellten Aufträge realisiert worden und hätten die DDR-Vertreter „bei Generalangriffen des Gegners“ oft ein falsches Auftreten gewählt. Als am folgenschwersten aber wurde ein Mißgriff Leo Sterns gewertet, der am letzten Kongreßtag zum Beitrag von Hans Rothfels über „Nationalität und Grenze im späten 19. und frühen 20. Jahrhundert“ sprechen sollte und dazu „von der Leitung der Parteigruppe den Auftrag (hatte), die Europakonzeption *mit allen ihren Konsequenzen* aufzudecken und deutlich den grundsätzlichen Unterschied

[135] Ebd., Protokoll der Auswertung des XI. Internationalen Historikerkongresses in Stockholm, 30.8.1960.

[136] Ebd., IV 2/9.01/4, Abt. Wissenschaften, Information an die Ideologische Kommission, 28.9.1960.

[137] Ebd., IV 2/9.04/144, Protokoll der Auswertung des XI. Internationalen Historikerkongresses in Stockholm, 30.8.1960.

[138] Ebd.

[139] „Unsere Kenntnisse in Rechts- und Verfassungsgeschichte sind beschämend. Hier sind wir nicht in der Lage, mit wissenschaftlichen Fakten und Einzelheiten aufzutreten.“ Ebd.

[140] „Der Technik des Diskutierens eine größere Beachtung schenken.“ Ebd.

zwischen der Geschichtsschreibung in den beiden deutschen Staaten aufzuzeigen".[141] Doch ausgerechnet in dieser entscheidenden Frage, an der sich zeigen mußte, daß die im Westen gehegte Idee einer systemübergreifenden wissenschaftlichen Gemeinschaft nichts als eine ideologische Chimäre war, patzte Stern: „Genosse Stern sprach mehrfach von Gemeinsamkeiten der Historiker der beiden deutschen Staaten [...]. Dabei machte er unzulässige Gesten gegenüber Rothfels, indem er sagte, daß er seine Werke mit großem Interesse gelesen und hierbei manches Nützliche gefunden habe", berichtete die Abteilung Wissenschaften an die Ideologische Kommission.[142] Schon in der ersten Auswertung nach dem Stockholmer Kongreß war Stern, der sich mit Konzentrationsschwäche entschuldigte, vorgehalten worden, daß seine Rede „Elemente der Verkleisterung des Gegensatzes zwischen uns und den Vertretern der reaktionären westdeutschen Geschichtsschreibung (enthielt)"[143] und ganz erheblichen Flurschaden angerichtet habe: „Dieses Auftreten war politisch nicht von Nutzen, es war geeignet, bestimmte Illusionen hervorzurufen"[144], und es habe dem Gegner die unverhoffte Möglichkeit gegeben, mit seiner Umarmungstaktik nachzustoßen: „Dadurch gab Genosse Stern Rothfels die Möglichkeit, in sein Schlußwort demagogisch eine ‚versöhnende' und ‚ausgleichende' Note zu tragen."[145]

Folgerichtig warnte auch die Abteilung Wissenschaften im ZK davor, den errungenen Sieg zu hoch zu veranschlagen und den Gegner im weiteren zu unterschätzen.[146] Um sich für kommende Waffengänge zu rüsten und noch bestehende Schwächen in der eigenen Geschichtswissenschaft auszumerzen, sei etwa der Rechtsgeschichte des Mittelalters mehr Aufmerksamkeit zu schenken, müsse die Mittelaltergeschichte personell verstärkt werden und gelte es, vor allem die „Beherrschung der Geschichtstheorie und die Kenntnis der Geschichtsschreibung" als eine wichtige Aufgabe zu erkennen.[147] Wenn es dann noch gelänge, die Vorbereitung auf den nächsten Internationalen Historikerkongreß 1965 in Wien bereits Anfang 1961 anlaufen zu lassen, werde das eigentliche Ziel der internationalen Fachkontakte

141 Ebd., IV 2/9.01/4, Abt. Wissenschaften, Information an die Ideologische Kommission, 28.9.1960 (Hervorhebung im Original).

142 Ebd.

143 Ebd., IV 2/9.04/144, Protokoll der Auswertung des XI. Internationalen Historikerkongresses in Stockholm, 30.8.1960.

144 Ebd.

145 Ebd., IV 2/9.01/4, Abt. Wissenschaften, Information an die Ideologische Kommission, 28.9.1960. Besonders empörend fand die Abt. Wissenschaften offenbar, daß Rothfels Stern ganz ungescheut in die scientific community einbezog: „Rothfels überreichte sogar Genossen Stern seine Arbeit ‚Marx und Bismarck'. Durch sein Auftreten versuchte Rothfels, am letzten Tag den Charakter der Auseinandersetzungen zu verschleiern". Ebd.

146 Ebd.

147 Ebd., IV 2/9.04/144, Protokoll der Auswertung des XI. Internationalen Historikerkongresses in Stockholm, 30.8.1960.

leicht zu realisieren sein, auf das der Geschichtsreferent der Abteilung Wissenschaften in der Auswertung noch einmal hinwies: „Es soll klar und eindeutig gezeigt werden, daß es bei uns eine grundsätzlich andere Geschichtswissenschaft gibt.“[148]

In Stockholm jedenfalls gelang die beabsichtigte Abgrenzung vollauf. Zum Ausbruch spektakulärer Kontroversen kam es insbesondere nach dem Referat Erich Rothackers über „Die Wirkung der Geschichtsphilosophie auf die neueren Geschichtswissenschaften“, das von Historikern aus der DDR und der Sowjetunion als provokatives Produkt der „NATO-Ideologie“ und ihres „revanchistischen Programms“ attackiert wurde. Diesen vehementen Abgrenzungsanstrengungen kam entgegen, daß auch die bundesdeutsche Seite den Internationalen Historikerkongreß von Stockholm nutzte, um – ein letztes Mal erfolgreich – den gesamtdeutschen Anspruch des VHD gegen die Aufnahmebemühungen des 1959 gegründeten „Nationalkomitees der Historiker der DDR“ durchzusetzen. Daß der Verband gleichzeitig aber auch aufgrund seiner eigenen Aufnahmepolitik gar keine marxistischen Historiker mehr in seinen Reihen hatte, nahm seinem proklamierten Alleinvertretungsanspruch die Glaubwürdigkeit[149] und führte zu internen Differenzen, in denen sich spiegelbildlich ähnliche Gegensätze abbildeten wie vor Trier und nach Stockholm in der DDR-Historikerschaft. So verlangte Grundmann bereits Anfang 1959, dem Stockholmer Kongreß „das häßliche Schauspiel von zwei feindseligen deutschen Verbänden dadurch zu ersparen, daß man sich zu irgend einer Verständigung und Kooperation mit dem anderen herbeiläßt. [...] Mir wäre es lieber gewesen, wir hätten in den vergangenen Jahren nicht die Marxisten faktisch aus unserem Verband ausgeschlossen und nur die Nicht-Marxisten drüben aufgenommen [...]; ich glaube noch immer, wir hätten sie verdauen können und die Gründung eines eigenen DDR-Verbandes zum mindesten erschwert, vielleicht verhütet, wenn wir dann auch nicht so ungestört unter uns geblieben wären. Aber mit dieser Meinung stand ich ziemlich allein.“[150] Grundmann erneuerte seine Bedenken ein Jahr später im Vorfeld der Stockholmer Tagung mit einer verhaltenen Kritik am Lagerdenken auch der nicht-marxistischen Historiker, die wiederum andeutet, wie analog sich die offizielle Haltung der beiden deutschen Geschichtswissenschaften zu ihrem jeweiligen Gegenüber verhärtet hatte: „Ich könnte zum Beispiel auch nicht garantieren, daß ich nicht mit manchen mir bekannten Historikern aus der DDR privatim spreche, wenn ich sie in Stockholm treffe. Sollte das unerwünscht sein, würde ich lieber abreisen. Denn ich bin überzeugt, [...] daß man ‚mit den Kommuni-

148 Ebd.
149 Worschech, Der Weg der deutschen Geschichtswissenschaft, S. 235ff.
150 AVHD, 11, Herbert Grundmann an Hans Rothfels, 16.3.1959.

sten leben muß' [...] und daß es uns nichts hilft, sondern nur schadet, sie als nicht existent zu betrachten."[151]

Zeichnete sich somit in der Frage der „Anmaßung des westdeutschen Verbandes, alle ‚deutschen Historiker' zu vertreten", ein kommender internationaler Durchbruch der DDR-Geschichtswissenschaft schon ab, so geriet zugleich ihre identitätsverbürgende Abgrenzung gegenüber der westdeutschen Gegendisziplin in eine neue Gefahr, die sich gerade aus der behaupteten Überlegenheit der marxistischen Geschichtswissenschaft ergab. Unüberhörbar hatte etwa Hans Mottek nach dem Stockholmer Kongreß gefordert, daß in der DDR besser zwischen den ‚bürgerlichen' Historikern, die für den Kalten Krieg seien, und denen, die für eine Koexistenz eintreten, unterschieden werden müsse.[152] Auch Fritz Klein – im ZK-Sekretariat wegen seines Eintretens für „eine gewisse Koexistenz gegenüber dem Westen" offen angegriffen[153] – blieb seiner Linie treu, in der Abgrenzungsfrage wider den Stachel der Partei zu löcken. Unübersehbar trat er, dem im ZK-Sekretariat als Motto unterstellt worden war, daß man „es mit den Leuten im Westen nicht verderben" dürfe[154], damit immer entschiedener an die mit Meusels Rückzug und Tod verwaiste Stelle eines Anwalts der innerdeutschen Fachbeziehungen und sollte schon bald Engelsbergs Mißtrauen gegenüber den „Meuseleaner" in seinem Institut massiv bestätigen.

Doch nicht dieser insgeheim wohl von der großen Mehrheit der DDR-Historiker geteilten Sicht gehörte die unmittelbare Zukunft, sondern einer noch weiter vertieften Teilung im Gefolge des Mauerbaus. Schon am Tag nach der Abriegelung Ost-Berlins am 13. August 1961 gab die Parteileitung der DAW bekannt: „Reisen nach Westdeutschland und [in das] westl[iche] Ausland werden eingestellt."[155] Getreu der ideologischen Maxime, daß die Schließung der innerdeutschen Grenze in Berlin dem Schutz vor westlichen Aggressionen gelte, traten die Mitarbeiter der Akademie in ihren „Kampf-

[151] Ebd., Herbert Grundmann an Hans Rothfels, 6.7.1960. Pikanterweise zeigte sich ausgerechnet Grundmann einer Aufzeichnung des Jenensers Max Steinmetz zufolge gerade nach dem martialischen Auftreten der DDR-Delegation in Stockholm – und in diametralem Gegensatz zu deren Selbsteinschätzung – von dieser Hoffnung geheilt: „Gen. Steinmetz hatte eine Aussprache mit Grundmann. Dieser hatte folgende Gesichtspunkte geltend gemacht: Das Ausland begriffe nun endlich, weshalb in Trier der Bruch notwendig geworden sei. Durch unser Auftreten in Stockholm hätte man nun volles Verständnis für diesen Bruch. Grundmann zog Parallele zwischen unserer und der faschistischen Zeit (in bezug auf DDR)." SAPMO-BArch, DY 30, IV 2/9.04/144, Protokoll der Auswertung des XI. Internationalen Historikerkongresses in Stockholm, 30.8.1960.

[152] Ebd.

[153] Ebd., J IV 2/3/560, Protokoll Nr. 19/57 der Sitzung des Sekretariats des ZK vom 9.5.1957.

[154] Ebd.

[155] LAB, IV 7/104/007, Protokoll der Leitungssitzung der BPO Akademie-Zentrale am 15.8.1961.

gruppen“ an, um auf die neue Situation zu reagieren. Am Geschichtsinstitut wurden die Historiker einbestellt, um es durch einen Wachschutz gegen angeblich drohende ‚Sabotageakte des Gegners‘ zu schützen. Die Akademieparteileitung forderte täglich einen schriftlichen Bericht über die Lage in den einzelnen Einrichtungen der Akademie an, und im „Wohngebiet soll aufgepaßt werden, daß sich nicht Leute unangemeldet aufhalten, die dort nicht hingehören“.[156] Am 22. August machte das Präsidium des Ministerrates mit einem Beschluß über das Verbot von Gastvorlesungen und Tagungsteilnahmen in Westdeutschland offenbar, daß die Kappung aller noch bestehenden Verbindungen nach Westdeutschland keine vorübergehende Maßnahme sein würde, sondern das deutsch-deutsche Verhältnis grundsätzlich neu definierte.[157]

Daß diese Maßnahme in abgeschwächter Form jedenfalls in „den nächsten Monaten“ auch für Reisen in das sonstige „kapitalistische Ausland“ gelten sollte, ergab sich aus der ausdrücklichen Festlegung durch das Präsidium des Ministerrates, daß die Minister, Staatssekretäre und Leiter zentraler Organe beauftragt wurden, „mit den leitenden Funktionären ihrer nachgeordneten Organe und Institutionen über die Notwendigkeit dieser Maßnahmen Aussprachen zu führen und diese zu erläutern“.[158] Für den Bereich der Akademie teilte der Generalsekretär daraufhin am 14. September 1961 mit, daß auch die schon erteilten Genehmigungen zur Durchführung von Reisen nach Westdeutschland aufgehoben seien, „da gegenwärtig die bei der seinerzeitigen Genehmigung vorhanden gewesenen Voraussetzungen nicht mehr bestehen“.[159] Dieselbe Anweisung, die der nach außen hin immer noch gesamtdeutschen Ausrichtung der Akademie den Boden entzog, stellte eine restriktive Behandlung aller Neuanträge für Reisen in nichtsozialistische Länder in Aussicht und band eine etwaige Gestaltung zudem kategorisch an die unbedingte Regimetreue des um Reiseerlaubnis Nachsuchenden.[160] Daß jedenfalls von Reiseanträgen nach Westdeutschland auch im Bereich der Akademie und ihrer innerdeutschen Beziehungen „bis zum Abschluß eines Friedensvertrages und der Herstellung normaler Beziehungen zwischen den beiden deutschen Staaten grundsätzlich abgesehen werden (muß)“, war nach dem Vorausgegangenen keine Überraschung mehr, wobei der Trost des Generalsekretärs, daß „diese Maßnahmen [...] vorübergehenden Charakter haben“, allein rhetorischen Charakter trug.[161]

156 Ebd.

157 ABBAW, Akademieleitung, 403, Sekretariat des Ministerrates an den Präsidenten der Deutschen Akademie der Wissenschaften, o.D. [September 1961].

158 Ebd.

159 Ebd., Der Generalsekretär der DAW an die Herren Direktoren der Institute und Leiter der Einrichtungen der DAW zu Berlin, 14.9.1961.

160 Ebd.

161 Ebd.

Der Anteil von Westreisen am Gesamt-Reiseaufkommen in der Akademie, der in den Jahren zuvor im Durchschnitt bei ungefähr einem Drittel gelegen hatte[162], fiel infolge der veränderten Genehmigungspraxis drastisch, und der Strom der routinemäßig der Abteilung Wissenschaften zugeleiteten Reiseberichte riß mit dem Juli 1961 ab.[163] Die gelenkte Fachöffentlichkeit der DDR-Historiographie reagierte mit einer innerhalb von fünf Tagen nach dem Mauerbau zusammengestellten Sammlung von Historikerstimmen, die die Absperrmaßnahmen als angemessene Umsetzung der „Lehren der Vergangenheit“[164] und als „eine sehr nützliche Lektion“ für die große Mehrheit der Historiker im Bonner Staat würdigten.[165] Dennoch zerstörte die Abriegelung der Grenze, der die Abschottung der Akademie vor ausländischen Besuchern folgte[166], die innerdeutschen Fachkontakte auch auf dem Gebiet der Geschichtswissenschaft keineswegs gänzlich. Von seiten der Akademie wurde im Juni 1962 Klage darüber geführt, daß „für Auslandsreisen immer noch allgemeine oder spezielle Verhaltungsmaßregeln [sic!] auf dem Gebiet der wissenschaftlichen Diskussion und des Erfahrungsaustauschs völlig fehlen“.[167] Als typisch für das verbreitete Bemühen, die Abgrenzungspolitik zu umgehen, kann hier etwa das Verhalten der Arbeitsgruppe Bibliographie

162 1958 waren 682 Wissenschaftler der DAW auf Dienstreisen im Ausland gewesen, davon 226 im Westen; 1959 betrug das Verhältnis 274 zu 835 und 1960 386 zu 1103. SAPMO-BArch, DY 30, IV A 2/9.04/289, Die Festigung und Erweiterung der internationalen Beziehungen und die Festigung der Beziehungen zu den progressiven Kräften in Westdeutschland, o.D. [1962].

163 Ebd., 393. Die Zahl der Dienstreisen in das sog. nichtsozialistische Ausland im Bereich Hochschulen insgesamt ging von 2800 im Jahr 1960 auf 167 im Jahr 1962 zurück. Im Bereich der DAW lauten die entsprechenden Zahlen 1201 (für 1960) und 42 (für 1962). Ebd., 311, Information für Genossen Hager, Betr.: Material für Aussprache zum Problem: Reisen von Wissenschaftlern aus dem Bereich des Hochschulwesens und der Deutschen Akademie der Wissenschaften in das nichtsozialistische Ausland und nach Westdeutschland, 14.11.1963.

164 Rolf Rudolph, Der 13. August 1961 und der Friedensvertrag, S. 1461. Redaktionsschluß dieses ZfG-Heftes war der 18.8.1961.

165 Berliner Historiker zum Friedensvertrag. Prof. Dr. Erich Paterna, S. 1479. In ähnlicher Weise äußerten sich Ernst Engelberg, Ernst Hoffmann, Walter Nimtz, Karl Obermann, Karl-Heinz Otto, Heinrich Scheel, Gerhard Schilfert und Eduard Winter.

166 Am 6.12.1962 erließ das Präsidium des Ministerrates einen Beschluß über die Genehmigungspflicht von Besuchen und Besichtigungen volkseigener Betriebe und staatlicher Institute durch Nicht-DDR-Bürger, die die Akademie im Februar 1963 mit einer Rundverfügung umsetzte, in der eine dreiwöchige Bearbeitungsfrist für Besuchsanträge ebenso geregelt war wie die Anlage von Besucherbüchern. AB-BAW, Akademieleitung, 403, Genehmigungs- und Meldepflicht von Besuchern und Besichtigungen der Institute und Einrichtungen der Deutschen Akademie der Wissenschaften zu Berlin durch Personen, die nicht Bürger der Deutschen Demokratische Republik sind, o.D.

167 SAPMO-BArch, DY 30, IV 2/9.04/393. Deutsche Akademie der Wissenschaften, Abt. Nutzung und Rechtsschutz an ZK, Abt. Wissenschaft, 15.6.1962, Anlage: Schutz und Anerkennung der wissenschaftlichen Zusammenarbeit.

im Geschichtsinstitut angesehen werden, die in einem gemeinsamen Historikerausschuß mit dem Göttinger Max-Planck-Institut für Geschichte für den deutschen Anteil an der in Paris erscheinenden jährlichen *International Bibliography of Historical Sciences* sorgte. Üblicherweise wurde das im Auftrag des IFG von der Deutschen Bücherei in Leipzig zusammengestellte Manuskript mit jeweils aufgenommenen DDR-Titeln an den Leiter des Göttinger Instituts, Hermann Heimpel, übersandt, der es nach Durchsicht und mit Ergänzungen an den Generalsekretär des CISH in Paris weiterleitete. Obwohl sie sich an der fehlenden Gleichberechtigung stieß, hatte die ostdeutsche Seite das eingespielte Verfahren aus pragmatischen Gründen akzeptiert, um zu verhindern, daß der deutsche Anteil an der Internationalen Bibliographie in Zukunft ausschließlich in Westdeutschland bearbeitet würde.[168] Entsprechend gab Peter Wick namens der Arbeitsgruppe Bibliographie am Akademie-Institut unmittelbar nach dem Mauerbau am 16. August 1961 in einem Schreiben an Heimpel seiner Hoffnung Ausdruck, daß „die jüngsten politischen Ereignisse nicht die Weiterführung unserer gemeinsamen Aufgabe hindern werden".[169] Er hatte sogar eine Sondergenehmigung für eine Reise Heimpels nach Leipzig und Ost-Berlin erwirken können, um in diesem Fall die deutsch-deutsche Zusammenarbeit über die neuerliche Abgrenzung hinwegzuretten. Eine Absage erhielt Wick statt dessen allerdings von Heimpel selbst, der sich aus Solidarität mit den Zunftkollegen gegen eine Sonderbehandlung wehrte und nicht in die DDR kommen wollte, bis „die Reisebedingungen für alle deutschen Gelehrten eines Tages wieder gleichmäßig verteilt und somit einigermaßen gleiche Verkehrschancen für wissenschaftliche Zusammenarbeit auch außerhalb des bibliographischen Bereichs wiederhergestellt sein werden".[170]

Doch konnten solche Ausnahmen nicht darüber hinwegtrügen, daß die Abriegelung der innerdeutschen Grenze einen entscheidenden Schritt bedeutete, um die Konsolidierung einer eigenständigen zweiten Geschichtswissenschaft auf deutschem Boden zu vollenden. Nur kurze Zeit später sicherte die Akademie den erreichten Stand der wissenschaftlichen Abgrenzung mit einer ideologischen Standortbestimmung, die die Spaltung der deutschen Wissenschaft zum „Ergebnis der antinationalen Politik des deutschen Imperialismus und Militarismus" erklärte und gleichzeitig in traditionsstiftendem Sinne in die Vergangenheit verlängerte: „Auch im früheren ungespaltenen kapitalistischen Deutschland hat es keine einheitliche deutsche Wissenschaft gegeben."[171] Um diese Auffassung zu untermauern, griff

168 ABBAW, Akademieleitung, 136, Peter Wick, Vorlage betr. Die Zusammenarbeit zwischen dem Institut für Geschichte der DAW und dem Max-Planck-Institut, Göttingen, o.D.

169 Zit. n. ebd., Hermann Heimpel an Peter Wick, 20.11.1961.

170 Ebd.

171 SAPMO-BArch, DY 30, IV 2/9.04/117, Die nationale Frage und die Einheit der deutschen Wissenschaft, o.D. [1962].

das Papier auf eine Unterscheidung von formaler Wissenschaftsorganisation – die vor 1945 die äußere Einheit der nationalen Wissenschaft verbürgt hätte – und materiellem Wesen der wissenschaftlichen Forschung zurück, in der Teilung der Normalzustand gewesen sei. Dieser Argumentation zufolge wurde auch im Rahmen der Bildung zweier deutscher Staaten nur gespalten, was nie geeint war, und der Mauerbau vom 13. August 1961, so sehr er vielen als eine Vertiefung der Spaltung auch der deutschen Wissenschaft schien, setzte nur einen überholten Glauben an die unpolitische Internationalität des Denkens und an „eine fiktive Einheit der deutschen Wissenschaft" außer Kurs.[172] Aus der Erkenntnis, daß nach der Umbildung der geisteswissenschaftlichen Disziplinen unter parteimarxistischem Vorzeichen der bundesdeutsche Appell an eine vermeintlich fortbestehende Einheit der Wissenschaft in Wirklichkeit auf eine „Einheit *wider* die Wissenschaft der DDR"[173] zielte, schlußfolgerte die Akademie jetzt, daß die unerläßliche Voraussetzung jeder „Zusammenarbeit mit der westdeutschen Wissenschaft [...] die Anerkennung unserer Wissenschaft und ihrer Vertreter als Wissenschaft der DDR und Staatsbürger der DDR" sei.[174] Daraus leitete sich eine Doppelstrategie ab, die in den Folgejahren die schwankende Beziehungspolitik auch zwischen den beiden deutschen Historiographien prägen sollte: einmal nämlich die ‚Freimachung von westlichen Störeinflüssen in der Wissenschaft' und die fortschreitende Sowjetisierung der gesellschaftswissenschaftlichen Disziplinen[175], zum anderen aber die Bereitschaft zur Verständigung mit den „fortschrittlichen Kräfte[n] der westdeutschen Wissenschaftler [...], um sie in die Lage zu versetzen, den imperialistischen und militaristischen Einfluß auf die westdeutsche Wissenschaft zurückzudrängen".[176]

[172] „Wie kann es im gespaltenen Deutschland einen gesamtdeutschen Wissenschaftler geben? [...] Im kapitalistischen Deutschland wäre er nicht mehr zu Hause, im neuen des Sozialismus noch nicht oder nur zum Teil [...]. Ein Wissenschaftler kann auf Dauer nicht zwischen zwei antagonistischen Gesellschaftsordnungen existieren." Ebd.

[173] Ebd. (Hervorhebung im Original.)

[174] Ebd.

[175] „Eine vertrauensvolle Zusammenarbeit mit den sozialistischen Ländern wurde bisher durch die offene Grenze nach Westberlin und damit nach Westdeutschland erschwert. Seit dem 13. August ist dieses Hindernis beseitigt. [...] Da die Sowjetwissenschaft im sozialistischen Lager die führende Stellung einnimmt, ergibt sich für unseren Wissenschaftler die Aufgabe, die Sowjetwissenschaft eingehend zu studieren und zu verfolgen. Wir müssen Wert auf bessere Kenntnisse in der russischen Sprache und auf eine höhere Zahl von Übersetzungen der sowjetischen Fachliteratur legen." Ebd. Zu Begriff und Konzept der „Sowjetisierung" Lemke (Hg.), Sowjetisierung und Eigenständigkeit, S. 11ff.

[176] SAPMO-BArch, DY 30, IV 2/9.04/117, Die nationale Frage und die Einheit der deutschen Wissenschaft, o.D. [1962].

Ganz so glatt, wie in diesem Strategiepapier skizziert, verlief der endgültige Abschied von allen Überbleibseln einer fortbestehenden Einheit der Wissenschaft zwar auch auf dem Gebiet der Historiographie nicht. Immerhin aber hatte die SED schon im Vorfeld der politischen Grenzsperrung auch weitere Anstrengungen zur Sicherung der wissenschaftlichen Grenzen unternommen und das Staatssekretariat für das Hoch- und Fachschulwesen dem von Leo Stern geleiteten Institut für deutsche Geschichte an der Universität Halle-Wittenberg die Leitfunktion für die „Auseinandersetzung mit der imperialistischen Historiographie in Westdeutschland" übertragen.[177] Dementsprechend versandte Stern im Juli 1961 ein Rundschreiben, das die Bildung einer Arbeitsgemeinschaft „Imperialistische Historiographie" aus „Historiker[n], Propagandisten und übrige[n] interessierte[n] Vertreter[n], die in der DDR auf diesem Gebiet tätig sind", ankündigte und um Mitarbeit warb.[178] Eine beigefügte Arbeitsgrundlage orientierte über das Vorhaben der Arbeitsgemeinschaft, die „die nationale Grundkonzeption der Arbeiterklasse" zu ihrer Plattform machte und in kriegerischem Vokabular die „Zerschlagung der imperialistischen und militaristischen Theorien und Geschichtskonzeptionen" durch kritische „Auseinandersetzung mit der reaktionären deutschen Geschichtsschreibung der letzten 100 Jahre als dem ideologischen Arsenal der westdeutschen Historiographie" in Aussicht stellte.[179] Die Konstituierung der bei der Deutschen Historiker-Gesellschaft angesiedelten Arbeitsgemeinschaft erfolgte wie geplant im November 1961 auf einer Arbeitstagung der Sektion Methodologie[180], bei der „die Frage nach dem Vorhandensein einzelner Momente der Wissenschaftlichkeit in der bürgerlichen Geschichtsideologie" im Mittelpunkt stand.[181] Gleichzeitig starteten die SED-Führung und ihr Wissenschaftsapparat im Kontext der politischen Grenzverstärkung zwischen 1960 und 1962 eine Vielzahl von Aktivitäten zur Eindämmung der Gefahren, die aus einer inneren Differenzierung der westdeutschen Positionen erwachsen konnten. Schon im Vorfeld des Stockholmer Kongresses hatte sich in der ZK-Abteilung Wissenschaften unter Leitung von Lothar Berthold eine Arbeitsgruppe „Unbewältigte Vergangenheit" konstituiert, die es sich zur Aufgabe machte, den antifaschistischen Legitimationsmythos der DDR in der historiographischen Auseinandersetzung besser zu nutzen, damit die wachsende Kritik an der Vergangenheitsverdrängung auch in der Bundesrepublik nicht das Bild des

177 Ebd., 121, Leo Stern an das ZK der SED, Abt. Wissenschaften, 20.7.1961.

178 Ebd., u. ABBAW, Akademieleitung, 449. Leo Stern an Joachim Streisand, 20.7.1961.

179 SAPMO BArch, DY 30, IV 2/9.04/121, Leo Stern an das ZK der SED, Abt. Wissenschaften, 20.7.1961, Anlage: Entwurf einer Arbeitsgrundlage für die Arbeitsgemeinschaft „Die imperialistische Historiographie in Westdeutschland" der Deutschen Historiker-Gesellschaft.

180 Schilfert/Schleier, 1. Arbeitstagung der Sektion Methodologie, S. 431.

181 Ebd., S. 426.

westdeutschen Gegners in der DDR-Historiographie zum Verschwimmen bringen könnte.[182] Die Konkretisierung dieses umfassenden Auftrags lieferte Hanna Wolf, die der Arbeitsgruppe auf den Weg gab, „die antisowjetische Tendenz" aller westdeutschen Arbeiten zur Vergangenheitsbewältigung nachzuweisen.[183] Das Vorhaben gedieh bis Ende 1960 zu einer Vorlage an die Ideologische Kommission der SED, die weniger in der verbreiteten Bagatellisierung des NS-Regimes und seiner Untaten eine Gefahr sah als in der sich antinazistisch-demokratisch drapierenden Strömung, die das Schlagwort von der „unbewältigten Vergangenheit" erfunden habe und den bundesdeutschen Herrschaftseliten mit ihrer Forderung nach einer konsequenteren juristischen und politischen Abrechnung mit früheren Nationalsozialisten zusetzten.[184]

Doch in der Schlichtheit ihrer Abgrenzungslogik überzeugte diese Vorlage nicht einmal den inzwischen aus dem Gremium ausgeschiedenen Gründungsleiter der Arbeitsgemeinschaft „Imperialistische Historiographie", der ihr eine fehlende Differenzierung zwischen einzelnen Tendenzen in Westdeutschland zum Thema der „unbewältigten Vergangenheit" vorwarf und insbesondere jeden Hinweis darauf vermißte, „ob es in Westdeutschland unter den Historikern auch Kräfte gibt, die sich mehr oder weniger ernsthaft bemühen, tatsächlich einen Beitrag zur Bewältigung der Vergangenheit zu leisten".[185] Gleichwohl forcierte die von der Ideologischen Kommission beschlossene Vorlage durch ihren Doppelanspruch auf ‚Entlarvung der verlogenen Geschichtskonzeptionen' in der Bundesrepublik und gleichzeitige Propagierung eines ‚nationalen Geschichtsbildes in der DDR' auch die fachliche Vertiefung des Gegensatzes zwischen Ost- und Westwissenschaft. Sie diente damit der schon von Ulbricht im Dezember 1958 nach dem Trierer Historikertag verlangten Entwicklung einer „Gegenkonzeption", die „von den nationalen Aufgaben, von der nationalen Problemstellung" ausgeht, um auf dieser Grundlage „die westdeutschen imperialistischen Geschichtsforscher zu schlagen".[186] Doch so sehr Ulbrichts nationalhistorische Bemächtigungseuphorie sich in immer neuen Formulierungen und Ausarbeitungen der bald in den Rang eines kanonisierten Leitparadigmas er-

[182] „Es ist der untrennbare Zusammenhang zwischen der politischen Entwicklung in Westdeutschland und der Entwicklung des Geschichtsbildes in Westdeutschland nachzuweisen. In der Gegenüberstellung mit unserer Geschichtskonzeption ist der antinationale Charakter des offiziellen Geschichtsbildes in Westdeutschland zu entlarven." SAPMO BArch, DY 30, IV 2/9.01/5, Lothar Berthold, Bemerkungen zur Arbeit der Arbeitsgruppe „Unbewältigte Vergangenheit", 3.1.1961.

[183] Ebd.

[184] Ebd., Abt. Wissenschaften, Vorlage an die Ideologische Kommission, 1.12.1960.

[185] Ebd., Lothar Berthold, Bemerkungen zur Arbeit der Arbeitsgruppe „Unbewältigte Vergangenheit", 3.1.1961.

[186] Ebd., IV 2/1.01/392, Stenographische Niederschrift der Abteilung Wissenschaften beim ZK mit Genossen Historikern im Großen Sitzungssaal des Zentralhauses der Einheit am Mittwoch, dem 17. Dezember 1958, Äußerung Walter Ulbricht.

hobenen ‚nationalen Grundkonzeption' niederschlug und 1962 mit der Verabschiedung eines sogenannten „Nationalen Dokumentes" auf der 11. Tagung des Nationalrates der Nationalen Front am 25. März 1962 ihren Höhepunkt erreichte[187], konnte sie doch den Eindruck einer gewissen Krisenstimmung nicht verdrängen, der auch in der Geschichtswissenschaft schon vor dem Mauerbau eingesetzt hatte und der bis zum VI. Parteitag der SED 1963 und der von ihm ausgehenden Straffung der fachlichen Koordinierung spürbar blieb.[188]

Aus den schrillen Tönen der sich als die einzig legitime historische Wissenschaft auf deutschem Boden präsentierenden Historiographie der DDR sprach dieselbe Verunsicherung über den weiteren Weg wie aus dem dogmatischen, vor primitiven Geschichtsfälschungen nicht zurückschreckenden „Grundriß der Geschichte der deutschen Arbeiterbewegung", der ebenfalls 1962 publiziert[189] und alsbald in rigider Form allen Produzenten und Multiplikatoren historischen Wissens in der DDR als verbindlicher Leittext bekannt gemacht wurde.[190] Dieselbe Unschlüssigkeit, die auch in institutioneller Hinsicht die Übergangsphase zwischen Konstituierung und Konsolidierung der DDR-Geschichtswissenschaft am Ende der fünfziger und zu Beginn der sechziger Jahre ausmachte, zeigte sich in der charakteristischen Gegensätzlichkeit von defensiver Abgrenzung und offensiver Ausstrahlung, von Grenzbefestigung und Siegesgewißheit, deren Austragung die Stellung der DDR-Geschichtswissenschaft gegenüber ihrem westdeutschen Gegenüber in den sechziger Jahren prägen sollte.

Wie dieser Zielkonflikt sich auf die innere Entwicklung des Faches in der DDR auswirkte, zeigte der deutsche Historikertag in Duisburg 1962, zu dem Vertreter der zweiten deutschen Geschichtswissenschaft aus der DDR gar nicht erst eingeladen worden waren. Daß der westdeutsche Verband nach

187 Die geschichtliche Aufgabe der Deutschen Demokratischen Republik. Der Aufruf wurde im Juni 1962 von einem eigens einberufenen „Nationalkongreß" bestätigt und von Ulbricht selbst im Neuen Deutschland mit einer programmatischen Rede vorgestellt. Ulbricht, An alle Bürger. – Die DDR-Geschichtswissenschaft reagierte unmittelbar mit einer hymnischem Erklärung der ZfG-Redaktion (Für den Frieden und die Rettung der deutschen Nation) sowie mit weiteren programmatischen Bekenntnissen, die die neue Linie als endgültige Überwindung der Misere-Theorie und „Antithese zur antinationalen Geschichtskonzeption der in der NATO und der EWG organisierten Monopolbourgeoisie" feierten. Berthold, Zur Geschichte der nationalen Konzeption, S. 1010f., u. Engelberg, Probleme des nationalen Geschichtsbildes, S. 11.

188 Heydemann, Geschichtswissenschaft im geteilten Deutschland, S. 160f.

189 Abgedruckt in: ZfG 10 (1962), S. 1338–1514. Zur Rezeption in der Bundesrepublik Weber, Die neue Geschichtslegende der SED, S. 313ff.

190 SAPMO-BArch, DY 30, IV 2/9.04/112, Maßnahmeplan für die Auswertung und Führung der öffentlichen Diskussion des ‚Grundrisses der Geschichte der deutschen Arbeiterbewegung', o.D., u. Abt. Wissenschaften, Information für das Sekretariat des ZK, 16.11.1962.

dem Trierer Eklat auch seinerseits keine Anstalten zur Wiederaufnahme der unterbrochenen Kontakte traf, erleichterte wohl die ungestörte Entwicklung der historischen Herrschaftswissenschaft im SED-Staat und beeinträchtigte doch gleichzeitig deren Selbstverständnis als gleichberechtigte Fachwissenschaft. Die Lösung dieses Dilemmas versuchte ein Aufruf „An die westdeutschen Historiker" zur Stellungnahme gegen die friedensgefährdende Politik der Regierung Adenauer zu finden, den nach außen hin die DHG verantwortete. Um die argumentative Stoßrichtung des Aufrufs, der die westdeutsche Fachwelt aufforderte, „in einer öffentlichen Manifestation die internationale Entspannung und damit auch das Ende des Kalten Krieges in Deutschland zu fordern"[191], hatte sich zuvor allerdings eine interne Kontroverse entsponnen. Ein erster Entwurf war nicht nur von weiterblickenden DDR-Historikern wie Kuczynski, sondern auch von prononcierten ‚Kaderhistorikern' glatt abgelehnt worden, weil „Stil und Form [...] nicht dem Zweck (entsprechen), der mit diesem Brief erreicht werden soll". Zur Begründung führten die Kritiker an, daß die Westdeutschen nicht geschulmeistert werden dürften, wenn „wir von ihnen eine Stellungnahme wünschen [...]. Es muß ein Ton gefunden werden, der unsere Achtung ihnen gegenüber zum Ausdruck bringt und damit beweist, daß wir mit ihnen diskutieren wollen." [192]

Es kam Ernst Engelberg als Präsidenten der DHG zu, einen vermittelnden Ausweg aus einem Konflikt zu finden, in dem beide Seiten auf dem Boden der parteilichen Geschichtswissenschaft agierten. Entsprechend argumentierte er gegenüber dem Abteilungsleiter Wissenschaften des ZK, Johannes Hörnig, mit dem Bekenntnis, selbst „in einer innerlich zerrissenen Situation" zu sein – wenn er das Dilemma auch in erster Linie in der mit dem Aufruf gegebenen Zumutung für die eigene Zunft zu erblicken behauptete: „Auf der einen Seite sollen wir an alle Historiker in Westdeutschland appellieren und sie zu einer Sinnesänderung aufrufen, auf der anderen Seite können grundsätzliche Meinungsverschiedenheiten beim besten Willen nicht aus dem Weg geschafft werden."[193] Immerhin konnte er melden, daß alle Kritiker dem Konsensgebot der sozialistischen Historiographie am Ende doch genügt und den Entwurf trotz ihrer Bedenken unterzeichnet hätten – mit Ausnahme von Lothar Berthold. „Unverantwortlich", notierte Hörnig empört an den Rand von Engelbergs Meldung und machte damit deutlich, daß der vorgeblich nach Westdeutschland gerichtete Historiker-Aufruf in Wirklichkeit auf die Geschlossenheit der eigenen Zunft abzielte: „Zuerst geht es bei dem Brief [an die westdeutschen Historiker]

191 Ebd. 121, Aufruf der Deutschen Historiker-Gesellschaft an die westdeutschen Historiker, o.D.

192 Ebd., Zusammenfassende Bemerkungen der Professoren Ernst Hoffmann, Albert Schreiner, Jürgen Kuczynski, Eckhard Müller-Mertens und Lothar Berthold zum Aufruf der Historiker-Gesellschaft an die westdeutschen Historiker, 1.6.1962.

193 Ebd., Ernst Engelberg an das ZK der SED, Abt. Wissenschaften, 5.6.1962.

mal um die Verantwortung *unserer* Hist[oriker]. Warum begreift man das nicht?“[194]

Desungeachtet gab die sozialistische Geschichtsdisziplin des SED-Staats ihren eigenen wissenschaftlichen Universalitätsanspruch durchaus nicht auf und pochte noch in der praktischen Abgrenzung auf die Überlegenheit ihres disziplinären Erklärungsansatzes, die ihr à la longue auch in der Bundesrepublik zum Durchbruch verhelfen würde. Im November 1962 veranstaltete die von Stern geleitete Arbeitsgemeinschaft „Imperialistische Historiographie“ ihre erste Tagung unter dem Thema „Beiträge zur Geschichte und Kritik der deutschen imperialistischen Geschichtsschreibung“. Diese denkbar breit formulierte Heerschau erbrachte aus fachinterner Perspektive ein befriedigendes Resultat über den Rüstungsstand im deutsch-deutschen Fachringen: „Es zeigte sich, daß bei uns in der DDR eine ganze Reihe von qualifizierten Kräften vorhanden ist, die in der Lage sind, eine offensive ideologische Auseinandersetzung auf hohem wissenschaftlichem Niveau mit der westdeutschen Historiographie zu führen.“[195] Die Ausstrahlung, die die DDR-Geschichtswissenschaft auf die westliche Historiographie ausübte, war nach dieser Einschätzung schon so maßgeblich, daß die Arbeitsgemeinschaft eine Umbenennung vorschlug und sich in Zukunft „Die Erforschung der Geschichtsschreibung in beiden deutschen Staaten und ihre Grundlagen und Voraussetzungen“ nennen wollte, um die steigende Abhängigkeit der westdeutschen Entwicklung von ihrem ostdeutschen Widerpart herauszustreichen.[196]

Angesichts dieser permanenten Spannung von Abschließung und Öffnung war es nicht verwunderlich, daß die Haltung der DDR-Geschichtswissenschaft auch weiterhin beständigen Schwankungen unterlag. Im Zuge des auf dem VI. Parteitag der SED Anfang 1963 verkündeten ‚Aufbaus des Sozialismus‘ gewann abermals eine Strömung an Kraft, die auch in den deutsch-deutschen Historikerbeziehungen auf eine Neuorientierung drängte

[194] Ebd. (Hervorhebung im Original). Letztlich wurde der Aufruf in der vom SED-Apparat gewünschten Diktion versandt und machte es damit dem Vorsitzenden des VHD leicht, in seiner Eröffnungsrede zu erklären, daß eine offizielle Antwort sich erübrige, da ein Historikertag kein „Forum für politische Proklamationen“ sei. Zit. n. Worschech, Der Weg der deutschen Geschichtswissenschaft, S. 264.

[195] SAPMO-BArch, DY 30, IV 2/9.04/121, Kurze Einschätzung der 1. wissenschaftlichen Konferenz „Auseinandersetzung mit der imperialistischen deutschen Geschichtsschreibung“ am 26./27. November 1962 in Halle, o.D. Eine analoge Bewertung erschien auch in der ZfG: Schleier, 1. wissenschaftliche Arbeitstagung, S 583.

[196] SAPMO-BArch, DY 30, IV 2/9.04/121, Kurze Einschätzung der 1. wissenschaftlichen Konferenz „Auseinandersetzung mit der imperialistischen deutschen Geschichtsschreibung“ am 26./27. November 1962 in Halle, o.D. Tatsächlich wurde die Kommission schließlich in „Arbeitsgemeinschaft Entwicklung der Geschichtsschreibung in beiden deutschen Staaten“ umbenannt. Berndt/Meier, Wissenschaftliche Konferenz der Arbeitsgemeinschaft, S. 1031ff.

– wenngleich anders als 1956 auf der klaren Grundlage zweier selbständiger historischer Fachwissenschaften im geteilten Deutschland. In einer Denkschrift für Kurt Hager stellte die Abteilung Wissenschaften im ZK im November 1963 die Mängel der bestehenden Reiseregelung für Wissenschaftler heraus und bemängelte dabei insbesondere die Verfahrensdauer für Reiseanträge von Wissenschaftlern, um in vollständiger Umkehrung der bisher geltenden Linie nun eine allgemeine Erhöhung des Anteils der Westreisen von Hochschulangehörigen und Akademie-Forschern anzuregen.[197] Ein programmatischer ZfG-Artikel insistierte in derselben Zeit auf dem sich abzeichnenden „Differenzierungsprozeß unter den westdeutschen Historikern" und forderte unter Berufung auf den zuvor abgehaltenen SED-Parteitag, „die Überlegenheit unserer Geschichtswissenschaft über die westdeutsche imperialistische Historiographie eindeutig und allseitig zu beweisen und das internationale Ansehen der Historiker unserer Republik zu erhöhen".[198]

Diese Forderung wie die Kurskorrektur in der Genehmigungspraxis für Westreisen waren gleichermaßen Ausdruck eines gewachsenen Stärkebewußtseins, das die politische Führung und mit ihr auch die DDR-Geschichtswissenschaft erst mit der Schließung der innerdeutschen Grenze zu entwickeln begonnen hatte. Paradoxerweise war es so der Mauerbau selbst, der mit einer gewissen Verzögerung die Initiativen für eine neuerliche Öffnung nach dem Westen wiederbelebte. Ihnen kam zugute, daß sich die politische Führung des ostdeutschen Teilstaates über den künftigen Kurs ihrer Deutschlandpolitik selbst nicht im klaren war und beständig zwischen Selbstisolierung und Streben nach Wiedervereinigung unter sozialistischem Vorzeichen schwankte.[199] Dies führte in der ‚politischen Anleitung' der Natur- und Geisteswissenschaften zu einem zeitweiligen ideologischen Vakuum, auf das insbesondere die Abteilung Wissenschaft immer wieder mahnend hinwies.[200] Für den engeren Bereich der Geschichtswissenschaft

197 SAPMO-BArch, DY 30, IV A 2/9.04/311, Information für Genossen Hager, Betr.: Material für Aussprache zum Problem: Reisen von Wissenschaftlern aus dem Bereich des Hochschulwesens und der Deutschen Akademie der Wissenschaften in das nichtsozialistische Ausland und nach Westdeutschland, 14.11.1963. Für den Bereich des Hochschulwesens reichte dieser Weg über nicht weniger als sechs Stationen von der Beratung innerhalb der Universität über das Staatssekretariat für das Hoch- und Fachschulwesen zum Außen-, Innen- und Finanzministerium und schließlich zum ZK-Sekretariat, das über jeden Reiseantrag einen Beschluß zu fassen hatte.

198 Einhorn/Habedank, Das Programm des Sozialismus, S. 251 u. 260.

199 Lemke, Die Berlinkrise 1958 bis 1962, S. 231.

200 „Es wirkte sich bisher sehr hemmend aus, daß es keine klare Konzeption unserer Haltung gegenüber den ca. 250 westdeutschen sogenannten gesamtdeutschen Gesellschaften gibt und daß keine prinzipielle und konkrete Auseinandersetzung hinsichtlich des Charakters der sogenannten gesamtdeutschen Gesellschaften erfolgte." SAPMO-BArch, DY 30, IV A 2/9.04/311, Information für Genossen Hager, Betr.: Material für Aussprache zum Problem: Reisen von Wissenschaftlern aus dem Be-

allerdings war die Situation wenigstens in bezug auf institutionelle Kontakte sehr viel übersichtlicher, wie eine Sachstandsanalyse der Historiker-Gesellschaft noch im Juli 1964 unterstrich: „Mit Ausnahme des Hansischen Geschichtsvereins [...] gibt es seit dem in Trier provozierten Abbruch der Beziehungen zwischen den Historikern beider deutscher Staaten keine offiziellen Beziehungen wissenschaftlicher Institute oder der Deutschen Historiker-Gesellschaft zu wissenschaftlichen Instituten oder zum westdeutschen Historiker-Verband. Einladungen von unserer Seite an Institute oder Institutionen sind ignoriert worden.“[201] Auf persönlicher Ebene hingegen bestanden zwischen den deutschen Historikern in Ost und West Kontakte fort, „die in ihrer Vielfalt kaum übersehen werden können“, allerdings von westdeutscher Seite vor allem zu Kollegen gepflegt wurden, die wie Walter Markov, Heinrich Sproemberg oder Eduard Winter in der DDR eher als Außenseiter oder ‚bürgerliche‘ Gelehrte angesehen wurden.[202] Die Frage der innerdeutschen Beziehungen blieb daher bis in die erste Hälfte des Jahres 1964 vor allem ein wissenschaftspolitischer Hebel für den internen Gebrauch, der etwa von einzelnen geschichtswissenschaftlichen Einrichtungen für eigene Interessen instrumentalisiert werden konnte.[203]

Signale einer Neuorientierung in den deutsch-deutschen Wissenschaftsbeziehungen gingen kurz darauf allerdings von der SED-Führung selbst aus. Im Januar 1964 registrierte Kurt Hager anläßlich der Gründung der Sektion Geschichte bei der Akademie, „daß sich in steigendem Maße Mitglieder der Gewerkschaft, Sozialdemokraten und andere friedliebende Kräfte für unsere historischen Arbeiten interessieren. Das müssen wir berücksichtigen und unser Wirken offensiv nach Westdeutschland verstärken mit allen Möglichkeiten, die uns zu Gebote stehen.“[204] Damit war der Weg für eine vorsichtige Wiederbelebung der auf Eis gelegten Westkontakte freigegeben, womit die politische Führung auch in der Historikerzunft raschen Widerhall fand. Als die Arbeitsgemeinschaft „Entwicklung der Geschichtsschreibung in beiden deutschen Staaten seit 1945“ im Mai 1964 zu ihrer zweiten wissenschaftlichen Konferenz zusammenkam, entwickelte sich dem Tagungsbericht in der ZfG zufolge eine „interessante und fruchtbare Diskussion [...]

reich des Hochschulwesens und der Deutschen Akademie der Wissenschaften in das nichtsozialistische Ausland und nach Westdeutschland, 14.11.1963.

201 ABBAW, HG 158, Ernst Laboor an Ernst Engelberg, 7.7.1964.

202 Ebd.

203 Mit dem Argument, daß die eigene wissenschaftliche Produktion als „Gegengewicht gegen [die] westdeutsche Geschichtsschreibung“ immer wichtiger sei, versuchte beispielsweise im Herbst 1963 das Geschichtsinstitut der Akademie die Proportionen zu seinen Gunsten zu verschieben, in denen das zur Verfügung stehende Druckbogenkontingent auf die einzelnen Einrichtungen der Akademie aufgeteilt wurde. ABBAW, ZIG 451, Aktennotiz über die Besprechung im Akademie-Verlag am 11.11.1963.

204 SAPMO-BArch, DY 30, IV A 2/9.04/331, Kurt Hager zur Gründung der Sektion Geschichte der DAW, 29.1.1964.

um die Differenzierung innerhalb der westdeutschen Geschichtsschreibung", in der die Diskussionsredner sich dahingehend aussprachen, „ein differenziertes Herangehen könne beitragen, bestimmte bürgerliche Kräfte von der aggressiven Politik der Ultras zu lösen".[205] Hintergrund dieses Gesinnungswandels war nicht allein die gewachsene Stärke einer konsolidierten DDR-Geschichtswissenschaft, sondern in gleichem Maße ein tiefgreifender Wandel in der bundesdeutschen Historiographie, die mit dem Generationsumbruch und dem Auslaufen der „stillen fünfziger Jahre" (Hermann Lübbe) in ihre erste Grundlagenkrise geraten war. Immer vernehmlicher opponierte eine sozialgeschichtlich aufgeschlossene und wissenschaftlich stark von der internationalen, insbesondere der nordamerikanischen Fachentwicklung beeinflußte Nachwuchsgeneration gegen die nach 1945 so dankbar akzeptierte Geltungskraft eines „moralisch gezähmten Historismus" (Ernst Schulin) und rezipierte weit vorbehaltloser als ihre Vätergeneration soziologische Theorieangebote von Max Weber bis Karl Marx. Zum sichtbaren Ausdruck der sich in der westdeutschen Historikerzunft auftuenden Risse wurde die anhaltende Kontroverse um Fritz Fischers 1961 erstmals veröffentlichte und späterhin noch weiter radikalisierte These der deutschen Kriegsschuld am Ersten Weltkrieg. Sie löste unter großer öffentlicher Anteilnahme den ersten deutschen Historikerstreit nach 1945 aus und schuf für die ostdeutsche Seite das ungewohnte Bild eines in eigene Grabenkämpfe verstrickten Gegners, in denen „Reaktionäre" und „Reformer" einander kaum weniger unversöhnlich gegenüberstanden als beide zusammen der marxistisch-leninistischen DDR-Historiographie. Es nimmt nicht wunder, daß diese Entwicklung auch das seit Trier gültige Negativbild einer einheitlichen „bürgerlich-imperialistischen" Historiographie in Westdeutschland in Frage stellte. Ob die Differenzierungstaktik gegenüber der westdeutschen Gegnerwissenschaft allerdings tatsächlich mehr Erfolg versprach als die kompromißlose Abgrenzung, war damit noch keineswegs entschieden; auf der Leipziger Tagung zur westdeutschen Geschichtsschreibung vom Mai 1964 jedenfalls warnten auch die Wortführer einer differenzierenden Bewertung vor falschen Illusionen: „Die Historiker der DDR müssen die neuesten Entwicklungen in der westdeutschen Geschichtsschreibung aufmerksam verfolgen, sich aber vor Vereinfachungen hüten – nicht jeder, der eine von der offiziellen abweichende Meinung geäußert hat, ist damit bereits zum Anhänger der friedlichen Koexistenz geworden."[206]

In den Folgemonaten entspann sich eine Auseinandersetzung zwischen „Tauben" und „Falken" in der ostdeutschen Zunft um die Frage nach dem Nutzen einer Wiederaufnahme des 1958 abgerissenen Gesprächsfadens. Zum Protagonisten einer kontrollierten Öffnung zum Westen wurde am Geschichtsinstitut der Akademie abermals Fritz Klein. Im September 1964

[205] Berndt/Meier, Wissenschaftliche Konferenz der Arbeitsgemeinschaft, S. 1033.
[206] Ebd.

nutzte er seinen Reisebericht über einen in Hamburg gehaltenen Fachvortrag, um im Interesse der eigenen Wissenschaft eine Lanze für einen flexibleren Umgang mit der anderen Seite zu brechen: „Ich stieß bei meinen Gesprächspartnern [...] auf außerordentlich falsche Vorstellungen, in dem Sinne, daß sie dem marxistischen Geschichtsdenken eine schematische und dogmatische Vorstellung von Gesetzmäßigkeit unterstellen. [...] Es ist dringend notwendig, [...] den interessierten Menschen deutlich zu machen, daß der Marxismus-Leninismus etwas vollkommen anderes ist als jene öde Lehre, gemischt aus Fatalismus und Gewaltanbetung, die sie sich darunter vorstellen.[...] Die so notwendige demokratische Umgestaltung Westdeutschlands wird nicht möglich sein, wenn es uns nicht gelingt, auch auf dem Gebiet der Ideologie Klarheit und Wahrheit zu schaffen."[207]

In dieser Öffnung eines geschlossenen Denkhorizontes steckte freilich nicht nur eine Chance, sondern auch eine Gefahr: Wer wie Klein der westlichen Gegenwissenschaft im Vertrauen auf die eigene Überlegenheit den Dialog anbieten wollte, um sie zu erschüttern und den eigenen fachlichen Einfluß zu erhöhen, riskierte im Gegenzug, daß möglicherweise auch das eigene Geschichtsbild in der Konfrontation mit der ‚bürgerlichen' Sichtweise in Frage gestellt und „aufgeweicht" würde. War die sozialistische Geschichtswissenschaft der DDR nach ihrer erfolgreichen Etablierung und begonnenen Konsolidierung gefestigt genug, um eine solche Belastungsprobe wagen zu können? Klein selbst war sich der eigenen Sache offenbar um so sicherer, als er im ‚bürgerlichen' Lager beträchtliche Auffassungsunterschiede ausgemacht und festgestellt haben wollte, daß es „offensichtlich in der jüngeren westdeutschen Historikergeneration nicht wenige gibt, die bei aller politischen Meinungsverschiedenheit [...] doch ein sachliches Interesse an richtiger Information über den Marxismus haben".[208]

Kleins Optimismus traf allerdings nicht nur im SED-Apparat auf Skepsis. Widerstand gegen seinen Vorschlag regte sich auch in der Historikerschaft selbst, und an seiner Spitze stand wie schon 1958 in der Auseinandersetzung von Trier Ernst Engelberg. Der Direktor des Akademie-Instituts für Geschichte nutzte im Spätsommer desselben Jahres 1964 ebenfalls die Gelegenheit eines Berichts – der in diesem Fall einer Konferenz in Wien über „Österreich-Ungarn und die Internationale" galt –, um seine Reserven gegen die aus seiner Sicht naive Dialoghoffnung seines Abteilungsleiters Klein zu begründen. Auch Engelberg war kein grundsätzlicher Gegner fachlicher Kontakte zur anderen Seite, wie er in der gleichen Zeit mit der – allerdings erfolglosen – Einladung an westdeutsche Zeithistoriker zur Teilnahme an zwei Konferenzen seines Hauses zum Ersten und zum Zweiten Weltkrieg im Juli bzw. September des Jahres bewiesen hatte. Aber während

207 SAPMO-BArch, DY 30, IV A2/9.04/334, Fritz Klein, Bericht über Reise nach Hamburg vom 26. bis 29.8.1964, 1.9.1964.

208 Ebd.

Kleins Vorstoß auf die Bedingungen einer erfolgreichen ideologischen Offensive abstellte, argumentierte Engelberg von den Prämissen des fachlichen Selbstschutzes her. Hier aber galt: Je klarer das Bild des wissenschaftlichen und politischen Gegners konturiert war, desto integrierender wirkte es auf den eigenen Diskurs zurück. Je differenzierter sich umgekehrt das Lager der westlichen Gegenwissenschaft zu präsentieren vermochte, desto unschärfer mußten die Ränder der sozialistischen Historiographie werden – und desto schwächer auch ihr Vereinheitlichungsdruck nach innen durch Abgrenzung nach außen. In seinem Reisebericht befaßte Engelberg sich daher ausgiebig mit der „besondere[n] Methode [...], mit der uns bestimmte westdeutsche Kreise, deren Vertreter Hans Mommsen ist, angreifen: Sie tun dies von einer pseudofortschrittlichen Position aus. Nach ihnen sind wir die Konservativen, die Erstarrten, und darüber hinaus Nationalisten, die den Drang nach dem Übernationalen, d.h. der europäischen Integration, nicht erkennen."[209]

Wenn Klein die Chance verteidigte, eine nicht mehr strikt antikommunistische Nachwuchsgruppe in der westdeutschen Historikerzunft zur eigenen Anschauungswelt zu bekehren, erblickte Engelberg eben darin eine verhängnisvolle Sorglosigkeit gegenüber den Machinationen eines ‚bürgerlichen' Gegners, der gerade deshalb so besonders gefährlich war, weil er diese Gegnerschaft angeblich abzubauen bestrebt war. Nichts schreckte ihn dabei mehr als die möglichen Verheerungen, die eine unvorsichtige Kontaktaufnahme mit dem „Aggressor auf Filzlatschen" für die Geschlossenheit des historischen Fachdenkens innerhalb des sozialistischen Lagers nach sich ziehen könnte. Diese fatale Bedrohung hielt der aus Österreich zurückgekehrte Institutsdirektor für so entscheidend, daß er sie in immer neuen Wendungen beschwor, um die zuständige Fachaufsicht in der SED vor der sich anbahnenden Gefahr zu warnen: „Am meisten ärgert es mich, daß sich die Genossen aus den Volksdemokratien ausgerechnet vor diesem Westdeutschen gegenseitig vorwarfen, sie hätten den Einfluß der I. Internationale in ihren jeweiligen Ländern übertrieben. [...] Das ist der Boden, auf dem solche Typen wie Mommsen eindringen können. In diesem Zusammenhang muß ich noch auf folgendes aufmerksam machen: Als ich vor etwa zwei Jahren bei der Beratung der Historiker aus sozialistischen Ländern in Prag war [...], waren wir noch unter uns, und es war noch Eintracht vorhanden. In der Zwischenzeit haben einige Genossen, sicherlich in wohlmeinendem Sinn und bestrebt, ein Sektierertum zu überwinden, erfolgreich darauf gedrungen, daß zu diesen Beratungen auch aufgeschlossene bürgerliche Historiker zugezogen würden. Herauskam, daß ein Hans Mommsen in Budapest bei der Konferenz zugegen sein konnte, die in Prag beschlossen wurde. Ich

209 Ebd., Ernst Engelberg, Bericht über meine Reise nach Wien zu dem internationalen Symposion „Österreich-Ungarn und die Internationale" vom 6.9. bis 13.9.1964, 1.10.1964.

halte diesen Zustand für untragbar. Statt größerer Übereinstimmung ist das Gegenteil herausgekommen."[210]

Diese eindringliche Warnung konnte im Denkhorizont der DDR-Historiographie nicht kurzerhand als das Hirngespinst eines Außenseiters abgetan werden. Der mit der Autorität des DHG-Präsidenten und Leiters der größten Geschichtseinrichtung in der DDR versehene Erfahrungsbericht beschrieb einen westdeutschen Gegner, der über eine scheinbar ganz unverfängliche Diskussion zu Problemen der Arbeiterbewegung im 19. Jahrhundert den internen Wissenschaftsdiskurs der Genossen Historiker im sozialistischen Lager so zu bedrohen vermocht hatte, daß die gemeinsame Frontstellung gegenüber der „imperialistischen" Historiographie der kapitalistischen Länder nahezu zerstört wurde. Die Veränderung der westdeutschen Fachlandschaft führte ihr ostdeutsches Gegenüber damit in einen nachgerade unlösbaren Zwiespalt: Einerseits konnte in den Denkmustern des parteilichen Geschichtsbildes die Linkswendung ‚bürgerlicher' Historiker im Westen als förmliche Einladung zu einer Ausweitung der ideologischen Auseinandersetzung auf das gegnerische Terrain und darüber hinaus auch als Bestätigung für die Magnetkraft der marxistisch-leninistischen Geschichtswissenschaft angesehen werden. Andererseits drohte gerade durch diesen Erfolg die eigene ideologische Front in besonders gefährlicher Weise geschwächt zu werden. Die Gleichzeitigkeit von wissenschaftlicher Ausstrahlungskraft und politischer Gefährdung führte die DDR-Geschichtswissenschaft gegenüber ihrer feindlichen Schwester in der Bundesrepublik 1964/65 in eine Orientierungskrise, und sie wuchs sich zu einem zähen Kräftemessen zwischen Befürwortern und Skeptikern einer innerdeutschen Dialogoffensive aus, die vor allem am Akademie-Institut für Geschichte ausgetragen wurde.

In das Zentrum der Auseinandersetzungen rückte abermals ein Deutscher Historikertag, den der VHD in diesem Fall für den Oktober 1964 in West-Berlin anberaumt hatte. Insgeheim veranlaßte er auch in der DDR Partei und Historiker zu einem organisatorischem Aufwand, der dem des veranstaltenden VHD fast ebenbürtig war und dessen Grundlage eine ausführliche „Analyse der wissenschaftspolitischen Zielsetzung des Programms des westdeutschen Historiker-Kongresses" bildete.[211] Der auf dieser Grundlage vorgeschlagene Maßnahmeplan analysierte das Tun des westdeutschen Gegners wie selbstverständlich mit den Normen der eigenen Wissenschaft und hielt es daher für ausgemacht, daß die Abhaltung einer Konferenz in Berlin eine „noch weitere Steigerung der in Trier begonnenen Provokation" bezweckte und vor allem zur Abwehr der von der SED und ihrer Politik ausgehenden ideologischen Impulse dienen solle: „Offenbar hofft die westdeutsche Leitung auch, von Westberlin aus stärker auf die DDR propagandistisch einwirken zu können. [...] Die Historikertagung ist offenbar zu-

210 Ebd.
211 Ebd., IV A 2/9.04/165, Ernst Engelberg an Johannes Hörnig, 25.6.1964.

gleich als eine Gegendemonstration zu den Feierlichkeiten zum 15. Jahrestag der DDR gedacht."[212] Ebenso spiegelten die Themen des Historikertages in der Sicht der SED-Bürokratie „eine eindeutige politisch-ideologische Stoßrichtung". Zugleich aber schienen sie in vielen Fragen ungewollt die gewachsene Stärke der DDR-Historiographie zu demonstrieren, wie man etwa in bezug auf das ‚Problem der Räte in der Weimarer Republik' zu erkennen glaubte: „Bei diesem Thema wird allerdings auch deutlich, daß sich die bürgerliche westdeutsche Geschichtsschreibung unter dem Einfluß der marxistischen Geschichtswissenschaft der DDR [...] immer stärker mit der Geschichte der Arbeiterbewegung beschäftigen muß."[213]

Im Einklang mit dieser Forderung nach einer kontrollierten Öffnung schlug die Abteilung Wissenschaften daher eine Doppelstrategie vor, die eine entschiedene „Zurückweisung [...] des Versuchs, die provokatorische Linie von Trier fortzusetzen", mit einer „Demonstration der Bereitschaft zur sachlichen Diskussion mit den westdeutschen Historikern" verband. Hinter dieser zweigleisigen Linie stand ein Bild der westdeutschen Historikerschaft, das ganz im Sinne der Verständigungsfraktion um Fritz Klein zwischen „der Leitung des Verbandes und den führenden reaktionären Historikern" einerseits und den übrigen Teilnehmern andererseits unterschied, unter denen das Maßnahmepapier des Parteiapparats beispielsweise Golo Mann, Fritz Fischer und Immanuel Geiss namentlich anführte. Da aus staatspolitischen Gründen die Einberufung des Kongresses nach Berlin im gleichen Sinne wie die Wahl Heinrich Lübkes zum Bundespräsidenten am selben Ort zu werten war, verbot sich gemäß dem ersten Teil des Doppelbeschlusses jedes direkte Eingreifen auf dem Historikertag selbst. Statt dessen sprach die Abteilung Wissenschaften sich dafür aus, eine propagandistische Gegenöffentlichkeit herzustellen und zu „den wichtigsten Themen der Tagung [...] die besten Fachleute unter den Historikern der DDR selbständige marxistische Beiträge erarbeiten" zu lassen, die möglichst noch vor dem Kongreß veröffentlicht und nach Westdeutschland versandt werden sollten. Dabei ließ es die ZK-Behörde freilich nicht bewenden, sondern flankierte die angeregte Abkehr von der bisherigen Zurückhaltung im Umgang mit dem fachlichen Gegner durch ein ganzes Bündel propagandistischer Maßnahmen. Zu ihnen gehörte die Mobilisierung von Presse, Funk und Fernsehen ebenso wie die inhaltliche Orientierung einer geplanten Tagung zum 15. Jahrestag der DDR an den Themen des West-Berliner Historikertreffens und die „Bildung eines leitenden Zentrums" für die „Vorbereitung und Durchführung dieser Maßnahmen".

Besondere Hoffnung setzte die Abteilung Wissenschaften allerdings auf eine Idee, der angesichts der politischen Lage im geteilten Berlin eine ge-

212 Ebd., Vorschläge zur Reaktion auf die 26. Tagung des westdeutschen Historikerverbandes in Westberlin vom 7.–11.10.1964.

213 Ebd.

wisse Kühnheit nicht abzusprechen war: „Die Historiker der DDR könnten westdeutsche Historiker nach der westberliner Tagung einladen, in der Hauptstadt der DDR über Themen Diskussionen zu führen, die auf der westberliner Tagung behandelt wurden.“[214] Eine solche Offerte war sensationell, und sie bedeutete einen wichtigen Etappensieg für die maßgeblich von der Abteilung 1917 bis 1945 unter Fritz Klein und Günter Paulus verfochtene Dialoginitiative.[215] Aber die SED-Behörde sprach sie nicht aus, ohne gleichzeitig an eine sorgsame Absicherung zu denken: Es sei sicherzustellen, daß am Berliner Historikertag „geeignete Beobachter“ teilnehmen, die zuverlässig über die Diskussionsatmosphäre und das Geschehen in den einzelnen Sektionen berichten könnten.

Tatsächlich zeigte sich in diesem Fall die Wissenschaftsbürokratie der SED mutiger als maßgebliche Teile der Historikerzunft selbst, die ihre erfahrungsgesättigten Bedenken nicht den illusionären Selbstüberschätzungen von Funktionären opfern wollten, von denen zu vermuten stand, daß sie zu Opfern ihrer eigenen Erfolgspropaganda geworden waren. Besonders Ernst Engelberg war nicht der Mann, um sich widerspruchslos einer solchen Kursänderung zu beugen. Sein eigener „Maßnahmeplan über unsere Aktionen zum bevorstehenden westdeutschen Historiker-Kongreß in West-Berlin“, den er dem Leiter der Abteilung Wissenschaften bereits im Juni 1964 übermittelt hatte, ging denn auch in eine andere Richtung, und verlangte vor allem, daß das Präsidium der Deutschen Historiker-Gesellschaft mit einem offiziellen Schreiben „an den Vorsitzenden des westdeutschen Historiker-Verbandes“ herantrete: „In diesem Brief sollen Vorschläge für die künftige Gestaltung der Beziehungen zwischen beiden deutschen Organisationen bzw. der Historiker beider deutscher Staaten unterbreitet werden“. Nur für den Fall also, daß der westdeutsche Verbandsvorsitzende Erdmann dem ostdeutschen Verbandsvorsitzenden Engelberg die Anerkennung zu zollen bereit war, die auf der völkerrechtlichen Ebene Bonn Ost-Berlin so beharrlich verweigerte, glaubte Engelberg überhaupt eine „Prüfung der Frage“ verantworten zu können, „ob westdeutsche Historiker, die in Westberlin weilen, zu Veranstaltungen bzw. Besichtigungen in der Hauptstadt der DDR eingeladen werden“.[216]

Für den Moment allerdings stand er mit dieser Maximalforderung im Abseits, während Fritz Klein sich der Rückendeckung der Abteilung Wissenschaften in solchem Maße gewiß war, daß er die von der Abteilung Wis-

214 Ebd.

215 Tatsächlich empfahl die Vorlage der Abteilung Wissenschaften „Fritz Klein und Mitarbeiter“ auch als Verantwortliche einer möglichen Diskussionsrunde, die den deutschen Kriegszielen im Ersten Weltkrieg gewidmet sein sollte. Als zweites Thema schlug dasselbe Papier das „Räteproblem bei der Entstehung der Weimarer Republik“ vor, für das eine unmittelbare Partei-Einrichtung, nämlich das Institut für Marxismus-Leninismus, die Trägerschaft übernehmen sollte.

216 Ebd., 165, Ernst Engelberg an Johannes Hörnig, 25.6.1964.

senschaften geplanten Gegenveranstaltungen zum West-Berliner Kongreß in eine Richtung zu drängen vermochte, die Engelbergs Vorstellungen diametral entgegenlief: „Nach meinem Eindruck von der Gesamtatmosphäre drüben, in der einerseits das Suchen nach Kontakten sehr stark ist und andererseits jeder offizielle Kontakt im Grunde noch einem Tabu unterliegt, würde ich allerdings vorschlagen, daß man im Oktober möglichst viele vernünftige westdeutsche Historiker vor allem auf privater Basis einlädt, zu uns zu kommen. Es ist mir sehr zweifelhaft, ob wir irgendwelchen Erfolg haben werden, wenn wir in den Tagen der Historikerkonferenz offizielle Veranstaltungen hier durchführen und westdeutsche Historiker dazu einladen."[217] Kleins Argumente fielen nicht nur in der Abteilung Wissenschaften auf fruchtbaren Boden. Er fand auch Unterstützung beim Sekretär der Sektion Geschichte der Akademie der Wissenschaften, der ein inoffizielles „Gespräch" mit westdeutschen Historikern anregte, zu dem von DDR-Seite neben Vertretern des Akademie-Instituts auch Universitätshistoriker gebeten werden sollten und zur Absicherung Ernst Diehl, der so mächtige wie vorsichtige Lenker hinter den Kulissen der DDR-Geschichtswissenschaft. Doch auch Engelberg steckte nicht zurück, sondern verlagerte nur seinen Widerstand weg vom deklaratorischen Protest und hin auf die Ebene des dilatorischen Hinhaltens, so daß die Abteilung Wissenschaften sich kurz vor Beginn des Berliner Historikertags beschwerdeführend an die Ideologische Kommission wandte, weil die „geplanten Maßnahmen [...] bisher äußerst schleppend durchgeführt [wurden]. Durch unmittelbares Eingreifen und Kontrolle unsererseits wurde erreicht, daß die wichtigsten Maßnahmen eingeleitet wurden und eine genaue Berichterstattung über den Verlauf des Kongresses erfolgen kann."[218] Tatsächlich dauerte es bis zum 6. September, bis Engelbergs Akademie-Institut imstande war, nach „Absprache mit den Genossen der Direktion" acht handverlesene Historiker zu benennen, die für den „besprochenen Einsatz während des westberliner Historikertages" in Frage kamen und den strengen Kriterien genügten, die die Abteilung Wissenschaften stellte.[219] Die nominierte Gruppe war allerdings keineswegs identisch mit den tatsächlich entsandten Kongreßbeobachtern; diese wurden letztlich offenbar doch einigermaßen chaotisch ausgewählt und auf eine so

217 Ebd., 334, Fritz Klein, Bericht über Reise nach Hamburg vom 26. bis 29.8.1964, 1.9.1964.

218 Ebd., 165, Information an die Ideologische Kommission, Betr.: Vorbereitungen von Maßnahmen im Hinblick auf die 26. Tagung des Westdeutschen Historikerverbandes in Westberlin vom 7.–10.11. [recte: 7.–11.10.] 1964, o.D.

219 „Die Auswahl ist erstens nach dem Gesichtspunkt der politischen Zuverlässigkeit, zweitens unter Berücksichtigung der fachlichen Qualifikation und drittens unter Beachtung des Grundsatzes erfolgt, daß die Anwesenheit dieser Historiker aus den Kreisen des wissenschaftlichen Nachwuchses nicht als eine offizielle Anerkennung des Kongresses gewertet werden kann." Ebd., 334, Kurt Pätzold an ZK der SED, Abt. Wissenschaften, 6.9.1964.

kryptische Weise mit ihrer Aufgabe vertraut gemacht, daß sie nur einigermaßen orientierungslos agieren konnten.[220]

Erst verzögert und dann überstürzt gingen auch die Einladungen zum gesamtdeutschen Historikergespräch am Ost-Berliner Sitz der Akademie heraus, als dessen Veranstalter nunmehr die Arbeitsgruppen Erster und Zweiter Weltkrieg des Akademie-Instituts fungieren sollten. Erst am 12. September, konnte der Abteilung Wissenschaften von seiten des Geschichtsinstituts eine Liste der vorgesehenen Teilnehmer aus Ost und West und die Themenformulierung „Methodologische Probleme der Weltkriegsforschung" übermittelt werden.[221] Mehr als zwei weitere Wochen vergingen, bis die mit der Kontaktherstellung beauftragten Akademie-Historiker Günter Paulus und Fritz Klein endlich die verabredeten Einladungen auf den Weg bringen konnten, die auf die „Gelegenheit zu einer Aussprache über einige Fachprobleme mit westdeutschen Kollegen" am Rande des West-Berliner Historikertags hinwiesen und in verbindlichem Ton bei den Angeschriebenen nachfragten, ob sie bereit wären, am Abend des 9. Oktober „zusammen mit anderen westdeutschen Kollegen an einer solchen Aussprache im Hause der Akademie, Berlin W 8, Otto-Nuschke-Straße 22/23, teilzunehmen".[222] Angesichts der mehr als knappen Frist zwischen Einladung und Termin war freilich schon aus zeitlichen Rücksichten kaum noch darauf zu hoffen, daß die angestrebte Gesprächsrunde überhaupt zustande kommen könnte. Außerdem liefen schroffe Absagen ein wie die von Lothar Buchheim aus München, der „mit schönen Grüßen" mitteilte, daß er erstens „gar nicht zum Historikertag (fahre), zweitens „weder vom Ersten noch vom Zweiten Weltkrieg etwas (verstehe)" und sich drittens „nach gelegentlicher Lektüre Ihrer ‚Zeitschrift für Geschichtswissenschaft' nicht vorstellen [könne], daß es eine fruchtbare Diskussion geben könnte"[223], was das mangelhaft sondierte Gesprächsangebot zu allem anderen auch noch mit dem Makel einer unnötigen Ungeschicklichkeit behaftete.

Die Verantwortung dafür, daß die Vorbereitungen ganz und gar nicht im gedachten Sinne verliefen, lag nach Auffassung der Abteilung Wissenschaften vor allem bei Ernst Engelberg, der den neuen Kurs gemeinsam mit

[220] Petzold, Parteinahme wofür?, S. 199.

[221] Von westdeutscher Seite waren dies: „Fischer, Zechlin, [Hans] Mommsen (Heidelberg), Geiß [recte: Geiss], Rohwer, Jacobson [recte: Jacobsen], Jochmann, Broszat, Hahlweg, Pross, Bracher, Buchheim, Bley (Hist. Seminar der Universität Hamburg), Jantzen [recte: Janßen] (Journalist bei der ‚Zeit'), Eckert, Abendroth, Susanne Miller". Als DDR-Teilnehmer wurden vor allem Mitarbeiter des Akademie-Instituts vorgesehen (nämlich neben der Leitung (Engelberg, Bartel, Scheel) und der Abteilung 1917–1945 (Klein, Paulus, Hass) noch der Zeithistoriker Heitzer. Vom IML wurden dessen Leiter Berthold und Diehl nominiert, und von der Humboldt-Universität Streisand. SAPMO-BArch, DY 30, IV A 2/9.04/334, Kurt Pätzold an Abt. Wissenschaften des ZK der SED, 12.9.1964.

[222] ABBAW, Nk Nr. 21, Fritz Klein an Egmont Zechlin, 29.9.1964.

[223] Privatarchiv Prof. Dr. Paulus, Lothar Buchheim an Günter Paulus, 3.10.1964.

dem ihm unterstellten Sekretär in der Sektion Geschichte, Kurt Pätzold, hintertrieben habe.[224] Endgültig zu verhindern vermochte Engelberg das von ihm abgelehnte Historikertreffen freilich nicht, auch wenn es ungeachtet des zeitlichen Vorlaufs schließlich unter beinahe bizarren Umständen zustande kam. Am Abend des 8. Oktober hatten Klein und Paulus die Zusagen von Martin Broszat und Jürgen Rohwer in den Händen, und am Rande des Historikertages signalisierten auch Hans Adolf Jacobsen und Werner Jochmann den Emissären der DDR ihre Bereitschaft zu einem Treffen am 9. Oktober. Darüber hinaus stellten sie in Aussicht, weitere Kollegen mitzubringen.[225] Gleichzeitig wurden die DDR-Beobachter auf dem Historikertag zu Kurieren gemacht, die während ihrer „Einsätze" weitere Einladungen zu überbringen hatten und neben einer Reihe von Absagen[226] auch einige Erfolge zu verzeichnen hatten, so daß die Ost-Berliner Gastgeber schließlich doch mit einem Dutzend westdeutscher Gäste rechnen konnten.

Als klar wurde, daß die Gegenseite dank der Hartnäckigkeit der einladenden Forschungsgruppen den am Direktor des Akademie-Instituts vorbeigespielten Ball aufgenommen hatte, verfiel die Abteilung Wissenschaften in hektische Betriebsamkeit. Für den Vormittag des Treffens am 9. Oktober wurde eine „gründliche Vorberatung [...] mit den Genossen, die an dieser Diskussion teilnehmen", anberaumt, um möglichen Pannen von vornherein durch verbindliche Instruktionen zu begegnen.[227] Die einlaufenden Berichte der delegierten Beobachter des Historikertages taten das ihre, um die Gesprächsinitiative zu stützen. Stunden vor dem Zusammentreffen mit den westlichen Kollegen wurde die Abteilung Wissenschaft über das zeitgleiche Geschehen im Westteil der Stadt informiert: Fischer habe sich in der seinen Kriegsschuldthesen gewidmeten Nachmittagssektion nicht nur wider alles Erwarten und unter dem Beifall der Publikumsmehrheit argumentativ behaupten können, sondern darüber hinaus auch den Aufsatz des

224 „Ernste Mängel zeigen die Vorbereitungen für die Diskussion, die mit westdeutschen Historikern erfolgen sollte, und die Einflußnahme auf die Konferenzteilnehmer. [...] Bei Genossen Engelberg und besonders bei Genossen Pätzold zeigte sich die Tendenz, überhaupt solch einer Diskussion mit westdeutschen Historikern aus dem Weg zu gehen und lediglich Dr. Fritz Klein die Initiative für Privatgespräche zu überlassen." SAPMO-BArch, DY 30, IV A2/9.04/165, Information an die Ideologische Kommission, o.D.

225 Ebd., Erster Bericht über Westberliner Historikertagung, 7.10.1964.

226 Vgl. die Erinnerung von Joachim Petzold: „Manche der laut Liste anzusprechenden Historiker reagierten aber zurückhaltend oder gar ablehnend auf die Einladung. Einer sagte mir offen, er könne sich das nicht leisten. Kontakte in die DDR würden höheren Orts ungern gesehen und stünden der Karriere im Wege. Schließlich sind nur ganz Mutige am Freitagabend in das Hauptgebäude der Akademie der Wissenschaften in der Jägerstraße gefahren. Es war auch für sie ein unberechenbares Abenteuer." Petzold, Parteinahme wofür?, S. 202.

227 SAPMO-BArch, DY 30, IV A 2/9.04/165, Erster Bericht über Westberliner Historikertagung, 7.10.1964.

DDR-Historikers Willibald Gutsche über den deutschen Einmarsch in Belgien lobend erwähnt.[228] Damit zeigte sich „eindeutig, daß auch die führenden westdeutschen Historiker nicht mehr an der fortschrittlichen Entwicklung in der Welt, in Deutschland, in der DDR, aber auch in der westdeutschen Geschichtsschreibung vorbeigehen können. Sie sind gezwungen, darauf zu reagieren."[229]

So schien trotz der hürdenreichen Vorgeschichte der Boden für die Wiederaufnahme des 1958 abgebrochenen Dialogs der deutschen Historiker in Ost und West wenigstens atmosphärisch gut vorbereitet, als die westdeutschen Teilnehmer des Treffens am frühen Abend des 9. Oktober mit einem Taxi im Westteil der Stadt abgeholt und nach kurzem Halt von der vorher informierten Grenzkontrolle an der Mauer durchgewunken wurden, um dann zum Haus der Akademie der Wissenschaften am früheren Gendarmenmarkt chauffiert zu werden. Die Gruppe entsprach in ihrer heterogenen Zusammensetzung allerdings bei weitem nicht mehr den ursprünglichen Planungen. Ungeachtet ihrer Zusage waren Martin Broszat und Werner Jochmann dem Treffen ferngeblieben, so daß von den ursprünglich vorgesehenen West-Kollegen lediglich vier – Hans-Adolf Jacobsen (Bonn), Hans Mommsen (Heidelberg), Jürgen Rohwer (Stuttgart) und Karl-Heinz Janßen (Hamburg) – tatsächlich gekommen waren, dazu Mommsens Heidelberger Kollege Wolfgang Schieder und – in Vertretung Broszats – Hermann Graml vom Münchner Institut für Zeitgeschichte sowie schließlich zwei getrennt anreisende Doktoranden aus Göttingen bzw. Berlin, die offenbar eher zufällig angesprochen worden waren.[230] Ähnlich wie auf der anderen Seite die Fraktion um Klein und Paulus bewegten auch die westdeutschen Gäste sich auf glattem Parkett und ohne Rückendeckung des VHD-Vorstandes, der zwar wohl informiert, aber nicht offiziell eingeschaltet worden war, um den ohnedies riskanten Dialog nicht noch zusätzlich mit solchen politischen Status-Rücksichten zu beschweren, wie sie Engelberg im Vorfeld einzuklagen versucht hatte.[231]

Ohne daß es die Öffentlichkeit erfuhr, war den verständigungsinteressierten Historikern in der DDR mit der Rückendeckung der SED-Wissenschaftsbürokratie ein geradezu atemraubender Coup gelungen. In einer Zeit, zu der ansonsten mühselige Passierscheinverhandlungen die einzigen notdürftigen Brücken über die abgeriegelten Grenzen der geteilten Stadt schlugen, hatten sie eine renommierte Auswahl der seit Trier in stummer Feindschaft zueinander verharrenden Historiker aus beiden Teilen Deutschlands

228 Ebd., Dritter Bericht über Westberliner Historikertag, 9.10.1964.

229 Ebd., Zusammenfassende Einschätzung des Westberliner Historikerkongresses und Schlußfolgerungen und Maßnahmen für die weitere Arbeit der marxistischen Historiker der DDR, o.D.

230 Ebd., 334, Kurt Pätzold, Bericht über einen Diskussionsabend mit westdeutschen Historikern am 9. Oktober 1964 in der Akademie-Zentrale.

231 Mitteilung Prof. Dr. Wolfgang Schieder an den Vf., 4.1.1995.

an einen Tisch gebracht und einen Abend lang ihre wechselseitigen Ansichten zu brennenden Fragen der deutschen Zeitgeschichte miteinander vergleichen lassen. Von beiden Seiten wurde der Meinungsaustausch anschließend mit Anerkennung gewürdigt. Für die westdeutsche Gruppe sprach Jürgen Rohwer, der in seinem Dankschreiben auf eine Fortsetzung des ermutigenden Austauschs von sachlichen Informationen hoffte, weil immer wieder auf beiden Seiten Fragen auftreten würden, bei denen durch eine Anfrage auf der anderen Seite eine Klärung herbeizuführen sei.[232] Zufrieden zeigte man sich auch in Ost-Berlin. Der Sektionsreferent für Geschichte der Akademie betonte in einem Auswertungsbericht, daß die Westdeutschen durch ihr Kommen dazu beigetragen hätten, „daß erstmalig seit Jahren ein Zusammentreffen stattfand, das der gegenseitigen Information, dem Meinungsstreit über methodologische Probleme und solche Fragen diente, die im Brennpunkt des historisch-politischen Interesses stehen".[233]

Diese Einschätzung war von erheblicher Tragweite. Denn sie bescheinigte, daß eine gefestigte sozialistische Geschichtswissenschaft unbeschadet ihrer grundsätzlich abweichenden fachlichen Verfassung durchaus zu einem nützlichen und gewinnbringenden Dialog mit ihrem ‚bürgerlichen' Antipoden fähig war. Wenn das Votum des Sektionsreferenten zutraf, hatte sie sich als ein legitimer Zweig der internationalen Historiographie zu etablieren begonnen und konnte nun ihrer bisherigen diskursiven Abschließung perspektivisch in demselben Maße entraten, in dem ihre ursprüngliche Künstlichkeit als parteiliche Geschichtswissenschaft in die disziplinäre Alltäglichkeit einer historischen Normalwissenschaft hinübergewachsen war.

Aber verhielt es sich wirklich so? Schaut man genauer auf den tatsächlichen Ablauf des klandestinen Oktobertreffens in der Ost-Berliner Akademiezentrale, ändert sich das Bild ganz erheblich. Schon als die für 20 Uhr anberaumte Zusammenkunft begann, hatten die Befürworter des gesamtdeutschen Gesprächs eine erste Niederlage erlitten: Weder Ernst Diehl noch Lothar Berthold waren gekommen, und was die demonstrative Abwesenheit ausgerechnet der offiziellen Parteiwächter für die Geschichtswissenschaft in dieser delikaten Situation bedeuten konnte, lag auf der Hand. Zumindest trugen die Akademie-Historiker die Last der Verantwortung nun allein, falls die gesamtdeutsche Aussprache zu einem Mißerfolg geraten sollte. Auch der Direktor des gastgebenden Akademie-Instituts für Geschichte machte aus seiner reservierten Haltung keinen Hehl, so daß die weniger Mutigen unter den DDR-Teilnehmern das Treffen schon verloren gaben, bevor es überhaupt erst begonnen hatte.[234] Die Atmosphäre des durch gegenseitige

232 SAPMO-BArch, DY 30, IV A 2/9.04/334, Jürgen Rohwer an Günter Paulus, o.D. [Oktober 1964].

233 Ebd., Kurt Pätzold, Bericht über einen Diskussionsabend mit westdeutschen Historikern am 9. Oktober 1964 in der Akademie-Zentrale, 12.10.1964.

234 Petzold, Parteinahme wofür?, S. 210.

Fremdheit geprägten Gesprächs blieb auch nach dem Eindruck der Gäste überaus steif. In der Sache tauschte man über Stunden die bekannten Positionen aus, bis sich als einziges konkretes Ergebnis der Plan einer von Jacobsen und Paulus zu organisierenden deutsch-deutschen Fachtagung herausschälte. „Da stand", wie sich Wolfgang Schieder erinnerte, „plötzlich Ernst Engelberg auf, der bis dahin nichts gesagt hatte. Ehe wir weitere Gespräche oder gar gemeinsame Tagungen veranstalten könnten, müsse sich erst die Politik der ‚BRD-Regierung' ändern, d.h., die DDR müsse durch die BRD völkerrechtlich anerkannt werden. Das war das Ende. Ich sehe noch die versteinerten Gesichter von Paulus und Fritz Klein vor mir."[235] So reisten die westdeutschen Gäste, die sich entgegen der Vermutung der Gastgeber durchaus nicht vorher auf ein gemeinsames Auftreten verständigt, sondern mit ihrer Gesprächszusage im Grunde nur ihrer individuellen Neugier nachgegeben hatten, einigermaßen ernüchtert und in dem Bewußtsein wieder nach Hause, daß der Weg zu einem fachlichen Austausch über die Systemgrenzen hinweg hürdenreicher sei als angenommen.[236]

Hinter dieser äußeren Einheitsfassade, die die Gastgeber zur Schau trugen, aber verbarg sich eine kritische Pattsituation, von der ihre westdeutschen Gäste nichts ahnten. Das Historikertreffen, dem sie weiter kein besonderes Gewicht beigelegt haben mochten[237], bildete für die ostdeutsche Seite den Schauplatz einer Auseinandersetzung zwischen den zwei Prinzipien des universalen Geltungsanspruchs und der diskursiven Abgeschlossenheit, die beide gleichermaßen konstitutiv für die in der DDR etablierte sozialistische Geschichtswissenschaft waren und sich doch wechselseitig ausschlossen. Es nimmt nicht wunder, daß der vom Referenten der Sektion Geschichte, Kurt Pätzold, verfaßte Institutsbericht über das Berliner Oktobertreffen an die Abteilung Wissenschaften zwischen beiden Richtungen vorsichtige Balance wahrte. Der Berichterstatter gab zu verstehen, daß Kleins naive Hoffnung, auf die „reformistische" Gruppe der westdeutschen Historiker einwirken zu können, auf bloßem Wunschdenken beruhe: Die

235 Mitteilung Prof. Dr. Wolfgang Schieder an den Vf., 4.1.1995.

236 „Wir amüsierten uns, daß die Kollegen in der Akademie glaubten, daß wir eine Historikerdelegation seien." (Mitteilung Prof. Dr. Hans Mommsen an den Vf., 20.12.1994). Schieder erinnerte sich, „daß mich Ernst Engelberg [...] besonders nervös, ja geradezu aggressiv begrüßte. Er sprach mich direkt auf meinen Vater, Theodor Schieder, an, offensichtlich um herauszubekommen, ob er und Werner Conze, bei dem ich damals Assistent war, von meiner Teilnahme an dem Ostberliner Gespräch wüßten. Davon konnte natürlich angesichts meiner improvisiert zustande gekommenen Teilnahme keine Rede sein. Engelberg hat mir das aber offensichtlich nicht geglaubt." Mitteilung Prof. Dr. Wolfgang Schieder an den Vf., 4.1.1995.

237 „Die Gespräche zogen sich über Mitternacht hin, so daß die Grenzposten an der Mauer eigens informiert werden mußten, damit wir gegen 1.00 Uhr nachts noch nach Westberlin zurückfahren durften. Spätestens in diesem Zusammenhang haben wir übrigens gemerkt, daß das Ganze offensichtlich in Ostberlin ein wirkliches Politikum war." Ebd.

Westdeutschen hätten mitgemacht, weil sie „von der Stärke der eigenen Auffassung überzeugt sind und glauben, daß sie nach der Losung Wandel durch Annäherung ideologische Einbrüche in unseren Reihen erzielen können". Immerhin konnte Pätzold aber auch melden, daß die ostdeutsche Seite sich der Herausforderung wissenschaftlich gewachsen gezeigt hatte: „Unsere Genossen wiesen, gestützt auf die Forschungsergebnisse der marxistischen. Geschichtswissenschaft der DDR, darunter v.a. auf die in letzter Zeit erschienenen Arbeiten aus dem Akademie-Institut, nach, daß die Kräfte des Imperialismus und Militarismus die Schuld an der Vorbereitung, dem Ausbruch und den Folgen der Weltkriege tragen. Es wurde deutlich, daß wir uns bei diesem Nachweis heute auf ein ungleich reicheres Material stützen können, als dies vor drei – fünf Jahren der Fall war."[238]

Daß Pätzold hier dem tatsächlichen Verlauf der vierstündigen Diskussion ein wenig nachgeholfen hatte, zeigte sein eigenes Fazit, daß es dringend vonnöten sei, eigene Forschungslücken zu schließen, und sich in der Auseinandersetzung mit westlichen Positionen erhebliche Qualifikationsunterschiede unter den DDR-Historikern bemerkbar gemacht hätten. Als der Sektionsreferent seinen Bericht am 10. Oktober abfaßte, war – vier Tage vor dem Sturz des sowjetischen Parteiführers Nikita Chruschtschow in Moskau – diese vorsichtige Abgrenzung von den Übeln des Stalinismus noch zeitgemäß, um so mehr, als er auch hervorhob, daß die „teilnehmenden marxistischen Historiker [...] nicht einen Augenblick einen Zweifel über die Unumstößlichkeit ihrer wissenschaftlichen und politischen Überzeugungen gelassen" hätten. Unter diesen Umständen sprach sich auch Pätzold vorsichtig abwägend für eine Fortführung des Fachdialogs aus und schlug vor, darauf hinzuarbeiten, daß demnächst „eine Gruppe von Genossen zu einem Gespräch nach Westdeutschland – wiederum in einem beschränkten Fachkreis – eingeladen wird", um kein Ungleichgewicht in den beiderseitigen Beziehungen aufkommen zu lassen.[239]

In dieselbe Richtung zielten die Beobachterberichte vom Deutschen Historikertag in West-Berlin, die unisono den überraschenden „Defensivcharakter der Reaktion"[240] besonders in den beiden beherrschenden Sektionsdiskussionen zur deutschen Kriegsschuld am Ersten Weltkrieg und zur deutschen Novemberrevolution festhielten und unbefangen der eigenen Seite gutschrieben, die öffentlich auf dem Historikertag doch gar nicht präsent gewesen war: „Zahlreiche Fragestellungen bewiesen – eingestanden oder nicht –, daß die marxistische Geschichtswissenschaft bereits einen

238 SAPMO, IV A2/9.04/334, Kurt Pätzold, Bericht über einen Diskussionsabend mit westdeutschen Historikern am 9. Oktober 1964 in der Akademie-Zentrale (Erste Fassung, 10.10.1964).

239 Ebd.

240 ABBAW, SG 14131, Einschätzung des westdeutschen Historikerkongresses vom 7.–10.10.1964 in Westberlin und Schlußfolgerungen für die weitere Arbeit der marxistischen Historiker der DDR, o.D.

unübersehbaren Einfluß ausübt."[241] Die verschiedenen Einschätzungen, die der Abteilung Wissenschaften zugingen oder von ihr selbst erarbeitet wurden, mündeten folgerichtig einhellig in ein klares Votum, die bisherige Linie fortzusetzen und auch weiterhin differenzierend auf die westdeutsche Konkurrenzdisziplin zuzugehen: „Es ist daher zu wünschen, daß die realistischen Kräfte unter den westdeutschen Historikern und Geschichtslehrern ungeachtet des weiterbestehenden Trierer Verdikts den Weg zu einem echten Austausch mit den marxistischen Historikern der DDR finden mögen."[242]

Auch in der Parteiadministration artikulierte sich die Bereitschaft, auf dem eingeschlagenen Weg weiterzugehen. Ein der Sektion Geschichte bei der Akademie als Richtlinie zugestelltes und offenbar in der Abteilung Wissenschaften ausgearbeitetes Strategiepapier machte sich im Anschluß an den Historikertag sogleich daran, den blockübergreifenden Historikerdialog als neuartiges Instrument in der Auseinandersetzung zwischen Ost und West genauer zu modellieren. Es sprach sich für eine Fortsetzung der im Oktober begonnenen Aussprache zwischen Fachvertretern beider deutscher Staaten aus, ohne dabei freilich dem Gedanken Raum zu geben, daß ein solcher ‚echter Austausch' möglicherweise auch wenigstens partiell zu einer Übereinkunft zwischen den beiden gegensätzlichen Geschichtssystemen führen könne. Im Gegenteil: Gerade weil die westdeutsche Seite sich auf ihrer jüngsten Tagung unerwartet polyphon und beweglich gezeigt habe, bedurfte die DDR-Seite einer angepaßten Gegenstrategie, um mit ihnen mitzuhalten: „Die ständige Nahkampfberührung mit westdeutschen Historikern wird es auch ermöglichen, den inneren Zustand und die Entwicklung in der westdeutschen Geschichtsschreibung besser und rascher zu erfassen."[243] Aus dieser Sicht entsprang die Differenz zwischen Klein und Engelberg und das Tauziehen zwischen Abschließung und Öffnung lediglich einem taktischen Kalkül, das an der grundsätzlichen Unvereinbarkeit der beiden deutschen Geschichtswissenschaften nicht das Geringste änderte und nur unterschiedliche Formen der Auseinandersetzung bezeichnete. Die alles entscheidende Frage lautete daher also, ob die innere Geschlossenheit der eigenen Disziplin stark genug war, um auch einem offenen Disput mit der westdeutschen Historiographie standzuhalten, womöglich gar ihre Spaltung zu vertiefen und einzelne Gruppen von ‚fortschrittlicheren' Historikern und Lehrern zu sich hinüberziehen.

Wer die Fortführung der fachlichen Kontakte empfahl, mußte folglich vor allen Dingen die eigene Stärke unterstreichen. Auf dieser Linie argu-

241 Ebd., ZIG 173, Helmut Bock/Gerhart Hass/Adolf Laube/Werner Müller/Joachim Petzold, Westdeutscher Historikertag in Westberlin, o.D.

242 Ebd.

243 Ebd., SG 14131, Einschätzung des westdeutschen Historikerkongresses vom 7.–10.10.1964 in Westberlin und Schlußfolgerungen für die weitere Arbeit der marxistischen Historiker der DDR, o.D.

mentierte Pätzold, der als zentrale Erkenntnis des gesamtdeutschen Oktobertreffens in der Akademie festhielt, daß bei einem tatsächlichen Kräftemessen gerade die westdeutsche Geschichtswissenschaft die Mängel offenbare, die sie polemisch den DDR-Historikern unterstelle: „Der Zustand, daß unsere Genossen oft mit deduktiven Operationen allein Beweisführungen versuchten, ist im Kreise der Teilnehmer unsrerseits an dieser Diskussion überwunden. In mancher Hinsicht waren hier die Rollen vertauscht. Vor allem Mommsen nahm auf unsere konkreten Fragen immer wieder Zuflucht zu theoretischen Hilfskonstruktionen (Industriegesellschaft, soziale Strukturen und anderen nicht oder unscharf definierten Begriffen), die die Schwäche der westlichen methodologischen Position nicht verbergen konnten.“[244]

Einen stärker administrativ abgesicherten Weg schlug das Strategiepapier der Abteilung Wissenschaften vor: „Voraussetzung für erfolgreiche Diskussionen [...] unsererseits: Auswahl eines fachlich und politisch geeigneten und in Diskussionen mit bürgerlichen Historikern erfahrenen Kreises, der gegebenenfalls auch jeder Provokation erfolgreich begegnen kann.“[245] Sofern gleichzeitig dafür gesorgt sei, daß „stets Spezialisten für Historiographie und Methodologie“ teilnähmen, meinten die Autoren des Papiers eine die eigenen Diskursgrenzen überschreitende Erörterung historischer Interpretationen so wenig fürchten zu müssen, daß sie – über die bisherige Linie noch hinausgehend – selbst eine Debatte mit als reaktionär eingestuften Fachkollegen aus dem Westen zur Diskussion stellten.[246] Zum wichtigsten Gradmesser aller deutsch-deutschen Begegnungen avancierte in dieser internen Strategieplanung das Ausmaß der gegnerischen Binnendifferenzen und damit die Frage, welche der beiden deutschen Geschichtswissenschaften wirkungsvoller gegen die andere in Stellung gebracht werden könne. Eine hoffnungsvolle Anwort kam, wie nicht anders zu erwarten, von Fritz Klein, der im November 1964 abermals nach Hamburg reiste, um in der dortigen „Internationalen Buchhandlung“ die im August begonnene öffentliche Diskussion „Gibt es eine Kontinuität imperialistischer Politik in Deutschland?“ fortzusetzen. Klein konnte nicht nur eine überaus starke Publikumsresonanz nach Hause melden, sondern fand auch seine Einschätzung des Oktobertreffens in der Akademie vollauf bestätigt, „daß einerseits

244 SAPMO-BArch, DY 30, IV A2/9.04/334, Kurt Pätzold, Bericht über einen Diskussionsabend mit westdeutschen Historikern am 9. Oktober 1964 in der Akademie-Zentrale (Erste Fassung, 10.10.1964).

245 ABBAW, SG 14131, Einschätzung des westdeutschen Historikerkongresses vom 7.–10.10.1964 in Westberlin und Schlußfolgerungen für die weitere Arbeit der marxistischen Historiker der DDR, o.D.

246 Diesen Vorschlag banden die Autoren allerdings selbst daran, daß entsprechende Veranstaltungen nicht in der Öffentlichkeit und nur in umsichtiger Regie stattfänden: „Wenn die Diskussionen in der DDR und in einem geschlossenen Rahmen stattfinden und der geeignete Teilnehmerkreis unsererseits ausgewählt wird, ist die Zusammensetzung der westdeutschen Historiker nicht so wesentlich.“ Ebd.

diese jüngeren Vertreter der westdeutschen Geschichtswissenschaft in einer ganzen Reihe von Fragen von den Positionen der alten westdeutschen Historiker (Ritter u.a.) abweichen" und eine „gewisse Bereitschaft zu realistischeren Ansichten [...] unverkennbar" war.

Dennoch gestand Klein selbst ein, keinen leichten Stand gehabt zu haben, weil die abstrakte Allgemeinheit des gestellten Themas ihn zu einer ungewollt deutlichen Betonung der grundsätzlichen weltanschaulichen Differenz zwischen beiden Lagern gezwungen habe.[247] Gleichzeitig ließ er keinen Zweifel daran, wie er sich eine zukünftige Erleichterung der Diskussion dachte: nämlich durch größere Bereitschaft, das Trennende zugunsten des Gemeinsamen hintanzustellen, um die an „sich vorhandene[n] Möglichkeiten, die auch in diesem Kreis durchaus gegebene Distanz zur traditionellen imperialistischen Apologetik politisch und wissenschaftlich fruchtbar zu machen".[248] War es diese Botschaft, die in der Abteilung Wissenschaften des ZK die Alarmglocken schrillen ließ? Oder war es Fritz Kleins Drang, in seinem Bericht ausgerechnet auch noch auf die interessierte Anwesenheit von „Professor Timm, der früher bei uns gearbeitet hat", hinzuweisen? Albrecht Timm trug als 1955 aus der DDR geflüchteter Historiker, dessen Buch über die Lage der Geschichtswissenschaft in der Bundesrepublik Furore gemacht hatte, in den Augen der SED das Kainsmal des Verräters, und Kleins Urteil über ihn kam einer Provokation gleich: „Überraschenderweise verhielt sich Prof. Timm, der an der Hamburger Universität regelmäßig Seminare über die Entwicklung der Geschichtswissenschaft in der DDR abhält und dabei, wie man mir sagte, ziemlich gehässig vorgehen soll, äußerst korrekt, ja liebenswürdig. Er bot mir an, zu einem beliebigen Zeitpunkt über ein beliebiges Thema im „Kollegium Politicum" des Historischen Seminars einen Vortrag zu halten".[249]

Mit dieser Erweiterung seiner bisherigen Vorschläge hatte Klein sich weit vorgewagt und in eine direkte Gegenposition zu Engelberg begeben, der nur Wochen zuvor am Beispiel seiner Konferenzerfahrung in Wien die flexiblere Nachwuchsgeneration der bundes-deutschen Historiographie als besonders gefährlich eingestuft hatte. Eine Entscheidung zwischen den beiden konkurrierenden Linien in der „West-Arbeit" konnte nur durch die SED-Führung erfolgen. Doch zumindest auf der Etage der Fachfunktionäre reagierte man vorerst abwartend. In bemerkenswerter Abweichung von der üblichen Praxis blieben sowohl eine parteiinterne wie auch eine fachöffentliche Auswertung des Oktobertreffens unter Anleitung der Abteilung Wissenschaften diesmal aus – sicheres Zeichen für eine tiefgreifende Orientierungskrise, in der jedes Vorpreschen auf mittlerer Ebene Kopf und Kragen

247 SAPMO-BArch, DY 30 IV A2/9.04/334, Fritz Klein, Bericht über meine Reise nach Hamburg am 3.11.1964, 9.11.1964.

248 Ebd.

249 Ebd.

kosten konnte. Das Warten auf ein richtungweisendes Signal von oben wurde in der Historikerschaft als so lastend empfunden, daß am 3. Dezember 1964 der Sektionsreferent Geschichte der Akademie tätig wurde und schriftlich daran erinnerte, „daß die Fragen der weiteren Arbeit nach dem Zusammentreffen während des Westberliner Historiker-Kongresses ungeklärt sind. Die Sache fällt [...] nicht in den Bereich der Sektion, bedarf aber ungeachtet dessen einer baldigen Behandlung."[250]

Das erwartete Zeichen brachte Ende 1964 eine Rede Walter Ulbrichts zum 15. Jahrestag der DDR, in der der Parteichef vor der Umarmungstaktik des westdeutschen Monopolkapitals warnte und allen Verständigungsillusionen mit der Forderung begegnete, daß es ‚in der Arbeit nach Westdeutschland' vor allem darauf ankomme, ‚das Herrschaftssystem des westdeutschen Imperialismus zu entlarven'.[251] Am 8. Januar 1965 gab der Sektor Hoch- und Fachschulpolitik des Staatssekretariats für Hoch- und Fachschulwesen einen „Plan der Westarbeit der Universitäten und Hochschulen" heraus, der in der früheren Weise hinter den taktischen Differenzen eine gemeinsame Absicht der westlichen Seite erkannte: „Die Linie des Gegners ist von der Zielstellung getragen, Unsicherheit und Verwirrung in unsere Universitäten und Hochschulen zu tragen, um die weitere sozialistische Entwicklung unseres Hochschulwesens zu stören und aufzuhalten."[252] Im Rahmen eines solchen Denkens aber bedeutete das im akademischen Sektor auch von einzelnen Reformgruppierungen auf bundesdeutscher Seite mitgetragene Angebot zu deutsch-deutschen Fachgesprächen unabhängig vom subjektiven Wollen seiner Initiatoren weniger eine politische Chance als vielmehr einen vergifteten Köder, um „durch sogenannte ‚menschliche Kontakte' [...] Einfluß vor allem auf unsere Studenten, aber auch auf unsere Wissenschaftler zu bekommen" und ihrem ausgesprochenen Ziel näherzukommen, „eine ‚Liberalisierung' in der DDR zu erreichen."[253] In der manichäischen Logik der Systemkonkurrenz traf dieses Verdikt freilich nicht so sehr die gegnerischen Kräfte im Westen selbst, die die Untergrabung des SED-Staates auf ihre Fahnen geschrieben hatten, als vielmehr in erster Linie die Befürworter des gesamtdeutschen Gesprächs im eigenen Lager, die sich womöglich nichtsahnend zu Werkzeugen einer gegen die eigenen Interessen gerichteten Politik hatten machen lassen.

[250] Ebd., Kurt Pätzold an Wolfgang Heinke, 3.12.1964.

[251] Festrede des Genossen Walter Ulbricht zum 15. Jahrestag der DDR, in: Neues Deutschland, 7.10.1964.

[252] SAPMO-BArch, DY 30, IV A 2/9.04/448, Sektor Hoch- und Fachschulpolitik, Plan der Westarbeit der Universitäten und Hochschulen, 8.1.1965.

[253] Ebd.

3. Die Abschottung

Mit dieser Kurskorrektur war eine richtungweisende Entscheidung gefallen, die auch im Ringen zwischen Dialog und Abschließung in der DDR-Geschichtswissenschaft die Gewichte neu verteilte. Hinfort und bis zum Ende der DDR dominierte in der Parteibürokratie der Grundsatz, daß Chancen und Gefahren eines fachlichen Kräftemessens außerhalb der eigenen Diskursgrenzen nur in außergewöhnlichen Fällen in einem günstigen Verhältnis zueinander standen und grundsätzlich der defensiven Eigensicherung der Vorzug vor der offensiven Gegnerarbeit zu geben war. Weniger leicht war diese Linie in der Historikerschaft der DDR durchzusetzen, wenn auch zumindest im engeren Rahmen des Akademie-Instituts Ernst Engelberg sich im Frühjahr und Sommer 1965 auf mehreren Parteiversammlungen mit seiner ganzen Autorität bemühte, die dialogfreundliche Fraktion im Geschichtsinstitut zurückzudrängen. Im Mittelpunkt seiner Abrechnung mit dem Verständigungskurs stand das klandestine Oktobertreffen am Rande des Historikertags im Jahr zuvor und hier vor allem der Umstand, daß an jenem Abend statt des von ihm erwarteten Fritz Fischer mit Hans Mommsen ausgerechnet der Mann erschienen war, der Engelberg zuvor in Wien so bedrohlich geworden war. Gewiß seien „die Historiker, die mit Jacobsen und Hans Mommsen zu uns herübergekommen sind, als Gegner der Ultras zu kennzeichnen", aber darum dürfe man doch „in keinem Augenblick aus dem Auge verlieren, daß diese Leute, die einen (sagen wir) gemäßigten Kennedy-Kurs verfolgen, nicht nur prinzipielle Gegner des Marxismus und unseres Staates sind, sondern auch Gegner der mehr demokratischen Gruppe um Fritz Fischer."[254] Hiervon ausgehend, zerpflückte Engelberg ohne Mühe die Illusion, „daß die Jacobsen und Hans Mommsen in einer entscheidenden Frage unserer nationalen Grundposition sich uns doch nähern", nur weil „sie sich im Unterschied zu den Ultras für die Erhaltung des Friedens erklärt" hätten. Beide hätten vielmehr „imperialistische Grundpositionen", verteidigten die „Bonner Staatsräson" und leugneten die Kontinuität des deutschen Imperialismus vom Kaiserreich zum Nationalsozialismus; Mommsen sei zudem strikt antisowjetisch eingestellt und vergleiche Hitlers mit Stalins Hegemonialpolitik, ja, leiste „in der ČSSR politisch-ideologische Diversionsarbeit". Engelbergs Fazit war daher eindeutig: „Offensichtlich streiten sich im Lager des Imperialismus zwei entgegengesetzte methodische Prinzipien darüber, welches am besten ideologisch mit dem Marxismus-Leninismus und politisch mit den sozialistischen Staaten fertig wird.[255]

[254] SAPMO BArch, DY 30, IV A 2/9.04/331 Ernst Engelberg, Diskussionsbeitrag in der Mitgliederversammlung der SED-Grundorganisation des Instituts für Geschichte der DAW, 6.3.1965.

[255] Ebd.

Vergebens versuchte Klein als Sprecher der Dialog-Fraktion diese Kampfansage, die geschickt das Prinzip der Differenzierung bekräftigte und doch seine konkrete Anwendbarkeit auf die Gruppe um Mommsen als Illusion hinstellte[256], mit einem eigenen Strategiepapier zu entkräften. Es erklärte seinerseits den „Kampf gegen die imperialistische Geschichtsideologie in allen ihren Spielarten" zur Hauptaufgabe „unseres Einwirkens auf Westdeutschland" und schlug zur Vorbereitung „eine illusionslose Analyse der Lage in der westdeutschen Geschichtswissenschaft" vor.[257] Doch indem Klein selbst nun akzeptierte, „daß wir dort insgesamt eine Geschichtswissenschaft vor uns haben, die objektiv eine ideologische Kraft im Kampf der deutschen Bourgeoisie gegen die DDR darstellt", begab er sich auf ein Feld, auf dem seine innerparteilichen Gegner leichtes Spiel hatten. Sein fortgesetztes Plädoyer für eine „Unterstützung jeder ehrlich antiimperialistischen Richtung oder auch einzelner Stimmen in dieser Richtung in der westdeutschen Geschichtswissenschaft"[258] lud nachgerade dazu ein, als traumtänzerische Verkennung der Rolle des Fachs im Ost-West-Konflikt verurteilt zu werden, solange kein stichhaltiger Beweis in Wort und Tat vorlag, daß die Geltungskraft des sozialistischen Geschichtsbildes auch die westdeutsche Zunft zu erfassen begonnen habe. Wie sehr entsprechende Hoffnungen aber auf Sand gebaut sein mußten, belegt schon das Ost-Berliner Historikertreffen vom Oktober 1964 selbst, das von seinen westdeutschen Gästen ganz anders wahrgenommen worden war, als seine Initiatoren erhofft hatten, wenn man der rückblickenden Erinnerung Hans-Adolf Jacobsens Aussagekraft beimessen kann: „Wir hatten damals zum ersten Mal konkret erlebt, in welch hohem Maße unsere Kollegen – angepaßt an die Weisungen der Partei (SED) – ideologisch argumentieren mußten."[259]

Es war daher kein Zufall, wenn die sich bis zum Ende des Jahres 1965 hinziehende Auseinandersetzung am Akademie-Institut zum Ergebnis führen sollte, daß in der Frage der deutsch-deutschen Fachkontakte die skeptischere Haltung die realistischere war. Treibende Kraft zur Durchsetzung dieser Position blieb Ernst Engelberg, der im März 1965 seine Einschätzung kundtat, daß angesichts der aufgebrochenen und sogar verhärteten Fronten „der Kampf zu Ende geführt werden" müsse, und sich das Recht ausbedang, an allen Diskussionen in jenen Parteigruppen teilzunehmen, „wo die be-

256 „Was das Differenzieren betrifft, so sollten wir jedesmal klar aussprechen, ob wir jene Fälle im Auge haben, die ein Ausbrechen aus dem imperialistischen Lager bedeuten, oder jene, die in den Bereich der Umschichtungs- und der Anpassungsprozesse im Lager selbst des Imperialismus gehören. Ohne Klarstellung dessen, welche Art von Differenzierung wir meinen, erwecken wir leicht Assoziationen, die Illusionen gleichkommen." Ebd.

257 Ebd., Fritz Klein, Thesen zur Frage der Beziehungen der Historiker der DDR zu denen der Bundesrepublik, o.D.

258 Ebd.

259 Mitteilung Prof. Dr. Hans-Adolf Jacobsen an den Vf., 31.12.1994.

wußten Gegner meiner Auffassungen sind".[260] Der Institutsdirektor führte seinen Kampf durchaus nicht ohne Rückendeckung, wie sich bald zeigte. Wenige Wochen später enthüllte eine vertrauliche „Information an den Genossen Hager", daß hinter seinem Gegenstoß die Macht der Abteilung Wissenschaften stand, die bis in die ersten Wochen des Jahres 1965 noch zwischen den gegenläufigen Strategien des Umgangs mit dem innerdeutschen Konkurrenten geschwankt, aber nun zu einer eindeutigen Position gefunden hatte: „Die Genossen Dr. Fritz Klein, Dr. Lemke, Dr. Paulus, Dr. Petzold, Dr. Kurt Pätzold [...] forderten die Erweiterung von ‚Kontakten' auch zu solchen Historikern, die uns ideologisch und politisch als Gegner bekannt sind. Folgende Fragestellung spielte eine große Rolle: 1. Fortsetzung oder Abbruch der Kontakte mit westdeutschen Historikern? 2. Offensive Politik oder Verschanzen in den Schützengräben? 3. Fachgespräche oder politische Gespräche? 4. Soll man diejenigen am meisten bekämpfen, die einem am nächsten stehen? Diese Fragestellung wurde besonders von Gen. Klein, Paulus, Lemke, Petzold, Pätzold und anderen so losgelöst vom klaren, politischen Standpunkt unserer Partei gestellt."[261]

In diesen bohrenden Fragen der eigenen Kollegenschaft zeigte sich das ganze Dilemma, in das die sozialistische Geschichtswissenschaft durch die sichtbare Auflösung ihres Feindbildes einer geschlossen reaktionären Historiographie in Westdeutschland gestürzt worden war. Es galt zu entscheiden zwischen der Gefahr eines bedrohlichen Identitätsverlusts durch ‚opportunistische' Kontaktaufnahme und der Gefahr eines nicht weniger bedrohlichen Legitimationsverlusts durch kategorische Kontaktverweigerung, und es galt rasch zu entscheiden, um die Gefahr, zwischen Skylla und Charybdis zu zerschellen, nicht durch einen fortgesetzten Schlingerkurs noch zu erhöhen. Dieser Lage Rechnung tragend, legte die Abteilung Wissenschaften sich auf ein kompromißloses Durchgreifen fest, um zunächst ein weiteres Ausbreiten der unkontrollierten Liberalisierung einzudämmen, und teilte die Spreu vom Weizen: Eine ‚klare Kämpferposition' hätten am Akademie-Institut Heinz Heitzer und Ernst Engelberg eingenommen; Fritz Klein und Günter Paulus dagegen verträten „eine eindeutig revisionistische Position" und verfügten zudem offenbar über Verbindungen zu „westdeutschen und tschechoslowakischen Historikern, die der Partei zum Teil noch nicht bekannt sind". Dementsprechend lauteten die zu ergreifenden Maßnahmen: Am 14. April würde die Abteilung Wissenschaften zusammen mit Engelberg und dem Parteisekretär der SED-Grundorganisation am Institut die Angriffs-

260 SAPMO-BArch, DY 30, IV A 2/9.04/331, Ernst Engelberg an die Parteileitung der SED-Grundorganisation Institut für Geschichte der DAW, 11.3.1965. Diese Forderung zog er allerdings auf dringendes Anraten seines eigenen Stellvertreters, der Parteileitung und der Abteilung Wissenschaften selbst wieder zurück.

261 Ebd., Information an den Genossen Hager, 10.4.1965.

richtung festlegen, einen Tag später die „offene Auseinandersetzung" in der Parteileitung beginnen.[262]

Zwei Monate später war der Aufmarsch gegen die in die Enge getriebene Dialogfraktion so weit gediehen, daß Engelberg am 15. Juni 1965 vor die Parteiversammlung des Akademie-Instituts treten konnte, um seine ganz auf die Sicherung der SED-Herrschaft in der Wissenschaft abgestellte Argumentation offensiv vorzutragen: Es „drängte sich doch der Gedanke auf, daß die Jacobsen-Mommsen etc. zu den ideologischen Vortrupps zur Aufweichung der sozialistischen Front gleichsam von Budapest über Prag bis nach Berlin gehören [...]. Es besteht der dringende Verdacht, daß sie eine wohlüberlegte Funktion innerhalb der Strategie der herrschenden Klassen Westdeutschlands haben, wo die flexible und harte Taktik gewissermaßen eine Synthese eingegangen sind."[263] Von diesem Versuch, das zeitweilig unscharf gewordene Bild eines einheitlichen Klassengegners wieder zu restaurieren, war es kein weiter Weg zu der Frage nach der Verantwortung für die schwankende und „opportunistische" Linie der DDR-Geschichtswissenschaft gegenüber ihrer westdeutschen Konkurrenz in den zurückliegenden Monaten. Insbesondere Fritz Klein, so mahnte der Institutsdirektor, „vergißt, daß die oberste Sorge der Arbeiterbewegung sein muß, den revolutionären Charakter der Partei der Arbeiterklasse und ihre innere Geschlossenheit zu wahren. Dieser Sorge ist die Sorge um die Verbündeten untergeordnet. [...] Ich möchte Genossen Dr. Klein eindringlich nahelegen, daß er sich die [...] Konsequenz seiner Haltung, die meiner Ansicht nach ihre letzte Wurzel in einem bürgerlichen Individualismus hat, mit allem Ernst bewußt macht."[264]

Nachdem auf diese Weise die strikte fachliche Abgrenzung als Leitlinie der DDR-Geschichtswissenschaft wieder in ihre alten Rechte eingesetzt worden war, ging es auf der von Engelberg vorgezeichneten Linie an die disziplinarischen Aufräumarbeiten. Sie betrafen nicht nur die eigentlichen Protagonisten der Verständigung, sondern auch bloße Vermittler im monatelangen Streit der Strategien. Einer von ihnen war der Engelberg unterstellte Sektionsreferent Geschichte bei der Akademie, Kurt Pätzold, dessen Stellung ohnehin erschüttert war, weil ihm außerdem – wie oben dargestellt – die mangelhafte Arbeit der Sektion zur Last gelegt wurde. In einer von der Abteilung Wissenschaften anberaumten Aussprache wurden ihm schwerwiegende Vorhaltungen über sein „Auftreten in den politisch-ideologischen Auseinandersetzungen der Grundorganisation am Institut für Geschichte der DAW gemacht". Vergebens suchte Pätzold den erhobenen Verdacht zu entkräften, daß sein „politisches Versagen in dieser Parteidiskussion" in

[262] Ebd.

[263] Ebd., Ernst Engelberg, Diskussionsbeitrag in der Mitgliederversammlung der SED-Grundorganisation des Institut für Geschichte, 15.6.1965.

[264] Ebd.

Beziehung zu seiner nachlässigen Arbeit in der Sektion stünde und auf eine von ihm vertretene „wissenschaftspolitische Grundkonzeption" zurückgehen müsse.[265] Er mußte büßen, daß er sich während des Konfliktes nicht Engelbergs Verlangen gebeugt hatte, sich unzweideutig für Freund oder Feind, also entweder gegen ihn oder gegen die Gruppe um Paulus und Klein zu entscheiden.[266] Dennoch fiel er weich. Zwar wurde er gezwungen, seine Tätigkeit als Sektionsreferent aufzugeben und zudem das Akademie-Institut für Geschichte zu verlassen, konnte aber doch immerhin seine Laufbahn als Hochschullehrer an der Humboldt-Universität Berlin fortsetzen. Konsequenzen trafen auch diejenigen Institutsmitarbeiter, die ganz ohne eigenes Zutun zwischen die Fronten geraten waren. Zu ihnen zählte Joachim Petzold, der in seiner Eigenschaft als SED-Parteisekretär Kleins und seiner Kollegen Bemühen, den seinerzeitigen Bruch von Trier wieder einzurenken, mit distanzierter Sympathie begleitet, aber zu mehr Zurückhaltung nach außen geraten hatte. Er verlor seinen Posten als Parteisekretär am Akademie-Institut und wurde zusammen mit Fritz Klein und Heinz Lemke darüber hinaus ganz aus der Parteileitung entfernt, weil er in seiner parteiamtlichen Funktion im Oktober 1964 mit den westdeutschen Historikern ‚Kontakte um der Kontakte willen angestrebt und sich dabei von Illusionen habe leiten lassen'.[267]

Die politische Disziplinierungskampagne stand ganz im Zeichen eines nach Chruschtschows Sturz erwarteten Abbruchs jeder weiteren Entstalinisierung und Liberalisierung und war dennoch mehr als bloß eine willkürliche politische Richtungsänderung. Der ZK-Apparat und mit ihm der Direktor des Akademie-Instituts für Geschichte konnten zu Recht für sich in Anspruch nehmen, realistischer gedacht zu haben als die Anhänger der fachlichen Verständigung mit den Kreisen um Hans Mommsen und selbst Fritz Fischer. Denn die Anfang 1964 auch von der Ideologischen Kommission erhoffte Ausstrahlung der eigenen Leistungskraft auf die bundesdeutsche Historikerschaft war ganz offensichtlich ausgeblieben, die von den Skeptikern befürchtete Irritation in den eigenen Reihen hingegen um so prompter eingetreten. Ein beredtes Zeugnis für das, was die blockübergreifende Begegnung bei den ostdeutschen Teilnehmern wirklich ausgelöst hatte, bilden die heimlichen Reflexionen, mit denen der frisch als Institutsmitarbeiter eingestellte Militärhistoriker Olaf Groehler die Eindrücke zu ordnen suchte, die er als Zuhörer an jenem 9. Oktober 1964 empfangen hatte: Groehler, später stellvertretender Direktor des Akademie-Instituts, hatte nach dem Treffen nur noch Spott für den „belustigenden Unfug" üb-

265 Ebd., Kurt Pätzold, Stellungnahme zur Kritik an meiner Arbeit als Referent der Sektion Geschichte bei der Deutschen Akademie der Wissenschaften, 7.7.1965.

266 Mitteilung Prof. Dr. Kurt Pätzold an den Vf., 15.6.1995.

267 Vgl. zu diesem Vorgang auch die eigene Sicht von Petzold, Parteinahme wofür?, S. 212ff.

rig, die Geschichtswissenschaft des Westens in der üblichen Manier zu disqualifizieren, und fand vielmehr, daß die DDR-Seite zu Recht wegen ihrer Schablonenhaftigkeit und mangelnden Differenzierung gescholten werde. Eine wissenschaftliche Zukunft habe etwa die Faschismusforschung der DDR allein „bei entschiedener Distanzierung von primitiven, vulgärmaterialistischen Auffassungen", und es sei höchste Zeit, „sich mit dem Begriff Totalitarismus näher auseinanderzusetzen". Den Quell des fachlichen Aufruhrs machte Groehler im Stillen selbst namhaft: „Aufgrund einer Diskussion mit westdeutschen Historikern am Abend des 9.10.1964 [...] neige ich zu der Ansicht, daß in unserer Arbeit folgenden Problemen verstärkte Aufmerksamkeit geschenkt werden sollte [...]: Reicht die Definition Dimitroffs, daß der Faschismus die Diktatur der reaktionärsten, aggressivsten usw. Kreise des Monopolkapitals gewesen ist, heute noch aus?"[268]

Auf dem Boden einer historischen Funktionalwissenschaft gaben Groehlers Gedanken der von Engelberg verkörperten Skepsis ungewollt recht: Die Chimäre einer „sozialistischen Geschichtswissenschaft", die Parteilichkeit und Objektivität rückstandslos miteinander verschmolz, konnte nur in der konsequenten Abschirmung vor jeder außengeleiteten Infragestellung Bestand haben. Groehlers häretische Bemerkungen lassen erahnen, welche Kämpfe der DDR-Geschichtswissenschaft bevorgestanden hätten, wenn die harte Reaktion der Akademie-Institutsleitung und der Abteilung Wissenschaften die neuerlich aufkommende Spannung zwischen wissenschaftlicher Objektivität und politischer Parteilichkeit nicht beizeiten erstickt hätte. Wirksame Unterstützung erhielt die von Engelberg durchgesetzte Abgrenzungsstrategie am Ende des Jahres 1965, als das „Kahlschlag-Plenum" des ZK mit der entschlossenen Rückkehr zur orthodoxen Unbeugsamkeit auch die vorerst endgültige Niederlage des Verständigungsflügels in der DDR-Geschichtswissenschaft besiegelte. Anfang 1966 konnte die Parteileitung des Akademie-Instituts beruhigt Bilanz ziehen: „Die Befürchtung als Dogmatiker abgestempelt zu werden, war verbreitet. Diese Tendenz tötete immer mehr die ideologisch-politische Wachsamkeit ab, gegen die Abschwächung des Klassenstandpunktes und der kommunistischen Parteilichkeit prinzipiell vorzugehen. Konkret war ziemlich weit verbreitet eine nicht klassenmäßige Einschätzung von Teilen der westdeutschen Geschichtsschreibung, nämlich der Gruppe um Jacobsen, Mommsen u.a. Die stärksten Vorstöße gingen dabei von den Genossen Klein und Paulus aus." Sie hätten die Parole verbreitet, daß es „‚unter den jüngeren westdeutschen Historikern viele gibt', die die ausgefahrenen Gleise der reaktionären, von politischen Vorurteilen bestimmten bürgerlichen Geschichtsschreibung verlassen wollen und deshalb Kontakte zu DDR-Historikern suchen. Erst in vielen Auseinandersetzungen mußte bewiesen werden, daß es sich hierbei

[268] NL Prof. Dr. Olaf Groehler, Olaf Groehler, Schwerpunkte und Problemstellung unserer Arbeit, 11.10.1964.

um eine bestimmte methodisch-taktische Variante der imperialistischen westdeutschen Geschichtsschreibung handelt."[269]

In diesem Verdammungsurteil über alle gesamtdeutschen Verständigungsillusionen auf dem Gebiet der Geschichte steckte auch eine prononcierte Ehrenrettung für den Institutsdirektor, dessen realistischer Blick für das dem eigenen Lager Zumutbare gerade am Institut gründlich mißverstanden und dessen „politisch klaren Auffassungen [...] nicht selten mit dem Dogmatismus in Verbindung gebracht" worden seien, obwohl gerade er und nicht die „sogenannten Antidogmatiker" das Institut vor der ideologischen Unterspülung bewahrt habe. Entsprechend stimmte die SED-Mitgliederversammlung des Instituts am 24. Februar 1966 einer Entschließung zu, die die Diskursordnung der parteilichen DDR-Geschichtswissenschaft erneut festschrieb: „In unserer Grundorganisation hieß die Frage ebenfalls: marxistisch-leninistische Klassenkampfposition (in den Fragen des ideologischen Kampfes gegen die imperialistischen Historiker Westdeutschlands mit ihren verschiedenen Strömungen) oder Verwischung der Klassengegensätze (insbesondere im Falle der sogenannten flexibleren imperialistischen Historiker)". Die Grundorganisation „bekräftigt den Standpunkt, daß auch in der Geschichtswissenschaft der marxistisch-leninistischen Partei die führende Rolle zukommt, und wendet sich gegen alle Versuche, die Rolle der Partei in der Geschichtswissenschaft und ihre Wissenschaftspolitik überhaupt herabzusetzen."[270]

Mit dieser harten Linie, die als „die wichtigste Voraussetzung für jede Art von Beziehungen zu westdeutschen Historikern ideologische Klarheit und Wachsamkeit hinsichtlich der klassenmäßigen Funktion aller Richtungen der bürgerlichen Geschichtswissenschaft in Westdeutschland" definierte[271], hatten Institutsleitung und SED-Bürokratie in einer zwölfmonatigen Auseinandersetzung die fachliche Existenzkrise abwenden können, die ein zunächst nicht durchschauter Taktikwechsel des wissenschaftlichen Gegners in der Bundesrepublik mit der Lockspeise der vermeintlichen Gespaltenheit in Reaktionäre und Reformer heraufbeschworen hatte. Nicht aber ließ sich mit der bloßen Demaskierung aller Kontaktillusionen die Glaubwürdigkeitslücke füllen, die die Rückkehr der sozialistischen Geschichtswissenschaft in die Defensive mit sich bringen mußte. Wie stand es um die behauptete Überlegenheit des eigenen, fortschrittlichen Geschichtsbildes, wenn diese Überlegenheit steril blieb und sich nur in der Abgrenzung statt in der Auseinandersetzung mit rückschrittlichen Vorstellungen und in der kontrollierten Kooperation mit lernwilligen Westkollegen be-

[269] SAPMO, IV A 2/9.04/332, Bericht der Parteileitung „Das 11. Plenum und die ideologisch-politischen Aufgaben der Grundorganisation", o.D. [1966].

[270] Ebd., Entwurf Entschließung der Mitgliederversammlung vom 24.2.1966.

[271] Ebd., Rechenschaftsbericht der Parteileitung der Grundorganisation Historische Institute an der DAW (Entwurf), [2.5.1965].

haupten konnte? Die Erkenntnis, daß jede offene Auseinandersetzung die Künstlichkeit der eigenen Denkordnung stärker bedrohte als die des Gegners, erforderte zugleich die Entwicklung einer Immunisierungsstrategie, die in der möglichst weitgehenden Ausblendung der konkurrierenden ‚bürgerlichen' Geschichtswissenschaft und in der möglichst weitgehenden Universalisierung des eigenen Denkhorizontes bestand.

Die weitere Suche der DDR-Geschichtswissenschaft nach einer dauerhaften Antwort auf ihre innerdeutsche Herausforderung verfolgte das so definierte Ziel eines Ansteckungsschutzes durch Immunisierung auf doppelte Weise: In äußerer Hinsicht ging sie den Weg von der fachlichen Abgrenzung zur hermetischen Abschottung konsequent weiter, indem sie die Berührungszonen zwischen beiden deutschen Historiographien so weit als möglich zu vermindern suchte, und in innerer Hinsicht minimierte sie die Ansteckungsgefahr, die von der nicht-marxistischen Konkurrenzdisziplin dennoch ausgehen mochte, indem sie ihr stärker noch als zuvor die disziplinäre Andersartigkeit einer pluralen, offenen Wissenschaft zu bestreiten versuchte und sie nach dem Muster der eigenen Denkwelt formte – als spiegelbildliche Entsprechung des eigenen Fachdiskurses. Die Funktionsweise dieser doppelten Ausblendung illustrierte im Januar 1966 der nunmehrige Parteisekretär des Akademie-Instituts: „M. E. sind irgendwelche Hoffnungen auf eine politisch-ideologische Unterstützung unserer Auffassungen durch diese Historikerkreise illusorisch. Wenn solche Historiker Thesen und offensichtliche Verfälschungen reaktionärer Ideologen verurteilen, dann nicht etwa, weil sie unsere Argumente sich zu eigen gemacht hätten, sondern weil sie die Verhältnisse des ideologischen Kampfes des Militarismus, das was möglich ist bzw. was unhaltbar ist, nüchtern erkennen. Für weitere Kontakte könnte möglich sein: 1. Literaturaustausch, 2. Ausnutzen der dortigen Arbeitsmöglichkeiten und Literatur."[272]

Auf dem Boden dieses befestigten Fachverständnisses versuchten die Historiker des Akademie-Instituts unter Engelberg zu erkunden, wie man fachliche Beziehungen zur ‚kapitalistischen Seite' unterhalten konnte, ohne sich in Ansteckungsgefahr zu begeben. Die Frage wurde abermals virulent, nachdem im Sommer 1965 Karl Dietrich Erdmann namens der Direktoren des Historischen Seminars der Universität Kiel bei Ernst Engelberg und dem in die Nachfolge Engelbergs eingetretenen DHG-Präsidenten Gerhard Schilfert vorgefühlt hatte, ob Bereitschaft bestünde, sich an einem zweitägigen Kolloquium in kleinem Kreis über das Verhältnis von Industrie und Nationalsozialismus und die diplomatische Vorgeschichte des Zweiten Weltkrieges zu beteiligen.[273] Engelberg wich einem vorgeschlagenen Sondierungsgespräch am Rande des Wiener Historikerkongresses zwar aus,

[272] Ebd., 334, Helmut Schnitter, Bericht über die Dienstreise nach Stuttgart/München vom 24.11.–4.12.1965, 29.1.1966.

[273] ABBAW, ZIG 480, Karl Dietrich Erdmann an Ernst Engelberg, 14.7.1965.

stimmte dem Vorhaben aber schriftlich nicht nur zu, sondern nahm auch unter ausdrücklicher Berufung auf das Ost-Berliner Historikertreffen im Oktober 1964 für die DDR-Seite das Erstgeburtsrecht an deutsch-deutschen Begegnungen in Anspruch.[274] Nur scheinbar allerdings kehrte das Akademie-Institut damit zur Dialogpolitik der eben erst in die Schranken gewiesenen Gruppe um Lemke, Paulus und Klein zurück. In diesem Fall nämlich überwog in den Augen der Verantwortlichen der politische Statusgewinn, den die von Institution zu Institution erfolgte Einladung bedeutete – um so mehr, als sie gleichzeitig eine versteckte Anerkennung der (Ost-)Deutschen Historiker-Gesellschaft durch Erdmann als Vorsitzenden des VHD implizierte.[275]

Wesentlicher aber war nach den im Jahr zuvor gemachten Erfahrungen die fachliche Immunität, mit der die DDR-Teilnehmer sich der Herausforderung durch das nicht-marxistische Bild von Hitler, Stalin und dem Zweiten Weltkrieg stellen konnten, ohne in Ansteckungsgefahr zu geraten. Sie beruhte entscheidend auf dem Vermögen, sich von der vermeintlichen Andersartigkeit des bundesdeutschen Geschichtssystems nicht beirren zu lassen und in ihr die strukturelle Identität mit dem eigenen zu erkennen. Auf eben diese Übertragung der heimischen Fachwirklichkeit auf die Gegebenheiten der konkurrierenden Geschichtswissenschaft im Westen griffen die beteiligten Akademie-Historiker zurück, als sie bei der Ergründung der „Ursachen und Absichten der Einladung", die die Kreise um Erdmann zu dieser neuerlichen Offerte bewogen hätten, dieselbe lenkende Hand identifizierten, die hinter allen vorgeschoben Differenzen im ‚bürgerlichen' Lager stünde: „Sie versuchen, verschiedene Möglichkeiten anzuwenden. Eine dieser Methoden scheint die zu sein, durch offizielle Einladungen von Institution zu Institution Kontrolle zu bekommen, um auf diese Weise schwache Stellen bei den DDR-Historikern zu finden. Ohne Zweifel ist die Kieler Zusammenkunft mit Billigung und Unterstützung von Bonner Dienststellen durchgeführt worden."[276] Mit dem Wissen, daß bei Erdmann und seinen Leuten „der Versuch einer Einflußnahme in Gestalt einer Aufweichung und Unterwanderung der DDR der Leitgedanke sein dürfte", waren die DDR-

274 Ebd., Ernst Engelberg an Karl Dietrich Erdmann, 3.8.1965.

275 „Das Historische Seminar der Universität Kiel unter der Leitung von Prof. Dr. K. D. Erdmann hatte verschiedene Historiker aus der DDR namentlich eingeladen: Prof. Dr. E. Engelberg als Präsident des Nationalkomitees der Historiker der DDR und als Direktor des Instituts für Geschichte der Deutschen Akademie der Wissenschaften, Prof. Dr. G. Schilfert, Präsident der DHG". Ebd., Bericht über ein Kolloquium zwischen Historikern der DDR und der DBR am 13. und 14.12.1965 in Kiel zur Thematik: „Hitler und die deutsche Industrie" sowie „Die Vorgeschichte des II. Weltkrieges", 20.1.1966.

276 Ebd., Bericht über ein Kolloquium zwischen Historikern der DDR und der DBR am 13. und 14.12.1965 in Kiel zur Thematik: „Hitler und die deutsche Industrie" sowie „Die Vorgeschichte des II. Weltkrieges", 20.1.1966.

Teilnehmer gerüstet, um dem erwarteten Ansturm auf das eigene Geschichtsbild zu trotzen und auch bei den härtesten Stößen nicht die Gewißheit zu verlieren, daß der Gegner trotz seiner pluralen Tarnkappe in der Rüstung einer ebenso politisch gelenkten Wissenschaft kämpfe wie man selbst. Vor allem aber konnte auf der Basis eines Gegnerbildes, das jede Spielart sachlicher Annäherung als gezielte Destabilisierung zu interpretieren erlaubte, die Falle der Verständigung vermieden werden, die Klein und seinen Gesinnungsgenossen im Jahr zuvor zum Verhängnis geworden war: „Dieses Kolloquium sollte Vorstufe sein, um bei uns größere Auditorien zu erhalten, vor denen sie auftreten können, um schwache Stellen bei uns zu finden. Das ist eine Linie in Übereinstimmung mit der Bonner Aufweichungstaktik."[277]

Allerdings sollte sich schon bald zeigen, daß auch eine so abgesicherte Stellung gegenüber dem ideologischen Gegner die zielstrebige Fortführung klar umrissener institutioneller Beziehungen zur anderen Seite nicht garantieren konnte. Zwar verband Engelberg seinen Dank für die aus seiner Sicht erfolgreiche Tagung (an der er selbst krankheitshalber nicht hatte teilnehmen können) mit einer Gegeneinladung für den April 1966.[278] Auch erarbeitete das Akademie-Institut eine ausführliche Konzeption für das schließlich vom April auf den Juli verschobene Treffen, das nach Thema und Behandlung ganz auf die Sichtweise der DDR-Historiographie zugeschnitten war.[279] Doch in diesem Falle nützte nicht einmal, daß bei der Benennung der ostdeutschen Teilnehmer streng darauf geachtet worden war, neben Universitäts- und Akademiehistorikern auch Mitarbeiter der Partei-Institute und der Abteilung Wissenschaften zu berücksichtigen. Die weitere Verschärfung der politischen Lage nach dem zäsurensetzenden 11. ZK-Plenum Ende 1965 und die Absage des geplanten Rederaustauschs zwischen SED und SPD durch die Ost-Berliner Führung im Frühjahr 1966 ließen auch Engelbergs Strategie eines gleichsam gepanzerten Dialogs hinfällig werden. Am 17. Mai 1966 mußte er auf Drängen der Abteilung Wissenschaften eine angeblich an den Januar 1933 erinnernde „antikommunistische Stimmungsmache" in der Bundesrepublik zum Anlaß nehmen, um Erdmann eine vorläufige Absage des geplanten Treffens zu übermitteln.[280] Die harsche

277 BStU, MfS AIM 10772/85, II, Bd. 1, „Mai", Bericht von dem Kolloquium mit westdeutschen Historikern in Kiel am 13./14.12.1965, o.D. Der berichtende IM sprach in diesem Fall nicht nur vom Hörensagen, sondern war in die konzeptionelle und organisatorische Vorbereitung der Kieler Konferenz maßgeblich eingebunden.

278 ABBAW, ZIG 480, Ernst Engelberg an Karl Dietrich Erdmann, 31.1.1966.

279 Als Titel war mit der westdeutschen Seite bereits „Die Vorbereitung des faschistischen Überfalls auf die Sowjetunion" vereinbart worden. Ebd., Konzeption für ein Kolloquium mit westdeutschen Historikern im Juli 1966 in Berlin, o.D.

280 „Wir verfolgen diese Entwicklung mit allergrößter Sorge und fühlen uns angesichts dieser tief beunruhigenden Tendenzen aufgerufen, auf keinen Fall Illusionen Vorschub zu leisten, als könnten Diskussionen im kleinen eine Verständigungspolitik im

Kehrtwende ließ allerdings am IFG neben demonstrativer Zustimmung auch offenes Unverständnis laut werden. Besonders in einer Versammlung der Mitarbeiter der Abteilung 1917 bis 1945 wurde hartnäckig abermals nach den inneren Differenzen in der westdeutschen Historiographie gefragt und darauf gepocht, daß zumindest Teile der bundesdeutschen Geschichtsschreibung Ansatzpunkte einer fruchtbringenden Zusammenarbeit böten und deswegen geklärt werden müsse, „aus welcher Richtung der westdeutschen Historiographie eventuell am ehesten Bundesgenossen zu gewinnen bzw. zu erwarten wären".[281] In der Diskussion setzte sich aber der historische Herrschaftsdiskurs letztlich unangefochten durch: „Es wurde klargestellt, daß unsere erste Aufgabe ist, die imperialistische Geschichtsschreibung zu bekämpfen, nicht, uns nach Bundesgenossen umzusehen." Daraufhin wuchs auch unter den Mitarbeitern der besonders eng im Dialogdenken verwurzelten Abteilung 1917 bis 1945 die Einsicht für Engelbergs kompromißlose Haltung: „Die Mehrheit der Mitarbeiter neigte dazu, das Hauptfeuer auf die Gruppe um Erdmann, Jacobsen u.ä. zu richten, weil sie am gefährlichsten ist."[282]

Der Boden für das Kräftemessen der beiden deutschen Geschichtswissenschaften reduzierte sich angesichts dieser Entwicklung im wesentlichen auf Begegnungen im internationalem Rahmen. Der Internationale Historiker-Kongreß von Wien 1965 bot die nächste große Gelegenheit, um die etablierte Doppelexistenz des Faches auf neutralem Boden zu demonstrieren. Die archivierten Sektionsberichte der 45 Teilnehmer starken DDR-Delegation[283] zeugen von der Konsolidierung einer marxistisch-leninistischen Geschichtswissenschaft, deren unangreifbare Differenz zur westdeutschen Gegenwissenschaft konstitutiver Bestandteil ihrer fachlichen Identität geworden war und die im eigenen Selbstverständnis zur historischen Normalwissenschaft geworden war: „Die Geschichtswissenschaft der DDR errang nicht nur den Durchbruch zur gleichberechtigten Teilnahme an der Arbeit einer solchen Tagung, sondern sie erreichte in Wien zugleich auch die seither bestehende Normalität."[284] Mit vier Referaten, 44 Diskussionsbeiträgen, drei Sitzungsleitungen und einem „Generalrapport" zum Thema „Evolution und Revolution in der Weltgeschichte" (vorgelegt von Ernst Engelberg) hatte die ostdeutsche Zunft, deren Vorbereitungen auf das Welttreffen auf den Anfang des Jahres 1962 zurückgingen, nicht nur in der scientific com-

großen, die wir für das Gebot einer weitsichtigen Deutschlandpolitik halten, ersetzen." SAPMO-BArch, DY 30, IV A 2/9.04/334, Ernst Engelberg an Karl Dietrich Erdmann, 17.5.1966.

281 BStU, MfS AIM 10772/85, II, Bd. 1, GI „Mai", Diskussion über Richtungen in der westdeutschen Geschichtsschreibung in der Abt. 1917–1945 des Inst. f. Geschichte bei der DAW am 27.6.66, 8.7.1966.

282 Ebd.

283 Sie befinden sich in: SAPMO-BArch, DY 30, IV A 2/9.04/162.

284 Haun, Die Geschichtswissenschaft der DDR, S. 23

munity einen sichtbaren Platz zu erobern, sondern sich auch ihrem innerdeutschen Gegner erstmals auf gleicher Augenhöhe zu präsentieren vermocht, ohne ihre unzweideutige Abgrenzung von allen Spielarten der ‚bürgerlichen' Geschichtsschreibung preiszugeben. Stolz und Zufriedenheit über das gelungene Auftreten in Wien beherrschten daher nicht nur die offiziösen Wertungen in der Parteiadministration, sondern wurden auch von Historikern unterhalb der Leitungsebene des Akademie-Instituts allgemein geteilt.[285] Daß der von der DDR-Delegation in Wien hinterlassene Eindruck gleichzeitig in der westdeutschen Zunft die Neuorientierungstendenzen zugunsten eines differenzierteren Umgangs mit der bisher doch weitgehend gemiedenen Ost-Historiographie erheblich verstärkte, wurde intern darüber hinaus als Bestätigung der Anfang 1965 durchgesetzten Abgrenzungslinie gewertet und ließ das Wiener Treffen aus ostdeutscher Sicht zum blockübergreifenden Anerkennungsakt der historischen Zwei-Fachlichkeit in Deutschland werden: „Dieses moderierte Verhalten war ein Anzeichen dafür, daß sich die Geschichtswissenschaft der BRD von nun an daran gewöhnen mußte, auf den Internationalen Historikerkongressen die Präsenz einer sozialistischen deutschen Geschichtswissenschaft hinzunehmen – einer Geschichtswissenschaft, die mit eigenen Forschungsleistungen aufwartet und gleichberechtigt am Leben der internationalen Historiographie teilnimmt."[286]

Auch sonstige Begegnungen mit der westdeutschen Fachzunft fanden im weiteren vor allem auf neutralem Boden statt, so beispielsweise im Rahmen der Tagungen, die die österreichische Arbeitsgemeinschaft zur Geschichte der Arbeiterbewegung in regelmäßigem Rhythmus in Linz veranstaltete. Stets waren diese von sozialistischen und westlichen Ländern gleichermaßen beschickten Treffen von einer sorgfältigen Vorbereitung der DDR-Seite begleitet, die nur intern zu erkennen gab, wie stark sie auf ihr vom eigenen Diskursfeld konsequent verbanntes Gegenüber fixiert blieb. Nachdem 1964 als DDR-Vertreter Ernst Engelberg an dem Treffen teilgenommen hatte, entsandte das Akademie-Institut im Jahr darauf dessen Stellvertreter Horst Bartel, der in seiner anschließenden Berichterstattung unverstellt bemerkte, daß die Tagung selbst, in der es um die Herausgabe von Bibliographien und Quellenpublikationen zur Geschichte der Arbeiterbewegung ging, inhaltlich „uninteressant und unergiebig" gewesen sei.[287] Um so wichtiger aber war ihm das Rencontre mit der westdeutschen Seite, die eine „besonders starke

[285] Vgl. etwa das Zeugnis eines Historiker-IM über das DDR-interne Echo auf den Wiener Historiker-Kongreß: „Zum Gesamteindruck der Tagung berichtete der IM, daß die Delegation der DDR auf dieser Tagung einen großen Erfolg davongetragen hat." BStU, MfS AIM 3237/71, A, Hauptabteilung XVIII/5/3, Treffbericht GI „Werner", 15.9.1965.

[286] Haun, Die Geschichtswissenschaft der DDR, S. 58.

[287] ABBAW, ZIG 489, Horst Bartel an die DAW, Auslandsabteilung, 12.12.1966.

Delegation" entsandt habe.[288] Wieder traf man auf ein Gegenüber, das neben „dem echten Bedürfnis nach stärkerer Information und einem gewissen Maß an Zusammenarbeit [...] bestimmte politische Absichten" verband, die Bartel als das Bestreben namentlich westdeutscher Historiker charakterisierte, „mit ihren Argumenten in die sozialistischen Länder einzudringen".[289]

Diesmal aber war man gewitzter als zwei Jahre zuvor und verhielt sich ebenso abwartend gegenüber allen Angeboten, die Mitarbeit der DDR-Seite zu institutionalisieren, wie verschlossen hinsichtlich aller eigenen Forschungsvorhaben, um der anderen Seite nicht ohne Not Einblick in die eigene Strategie zu geben. Weniger defensiv gaben Bartel und seine Kollegen sich in den zahlreichen persönlichen Gesprächen am Rande des Konferenzgeschehens, auf die sie sich ganz offensichtlich stärker konzentrierten als auf die Tagungsinhalte. Auch hier galt entsprechend der am Akademie-Institut durchgeboxten Linie die Devise, die am nächsten Stehenden am entschlossensten zu bekämpfen. Opfer dieser Haltung wurden beispielsweise der Schweizer Marxist Theo Pinkus, der sich „offenbar stark von Geschäftsinteressen leiten" läßt, und der Sekretär der (West-)Berliner Historischen Kommission Henryk Skrypczak. Er, der sich als „katholischer Marxist" für ein „sozialistisches Gesamtdeutschland" aussprach, erntete für diese vermittelnde Haltung nicht nur keinen Dank, sondern wurde von seinem Ost-Berliner Gesprächspartner als ein Mann hingestellt, der „nicht frei von pathologischen Zügen" sei und „offenbar unter den westdeutschen Historikern nicht allzu ernst genommen" wird. Wieder zeigte sich, daß nichts die SED-Historikerschaft stärker verunsicherte als der Feind in der Maske des Freundes, der die sozialistische Fachdisziplin mit ihren eigenen Waffen und auf ihrem ureigenen Arbeitsfeld zu bedrohen begann. In seinem Fazit hielt Bartel sich an die geltende Sprachregelung und schrieb sie gleichzeitig fort. Alle weiteren Schritte „in bezug auf die internationale Zusammenarbeit und den Verkehr mit westdeutschen Historikern sind genau zu koordinieren" und jegliche Einzelkontakte auszuschließen: „Es darf in gar keiner Weise Spekulationen westdeutscher Historiker Vorschub geleistet werden, marxistische Historiker der DDR gegeneinander ausspielen zu können. Wichtig erscheint uns, die bilateralen Beziehungen besonders mit den sozialistischen Ländern, vor allem mit der Sowjetunion, weiterhin zu verstärken."[290]

Besondere deutsch-deutsche Kontakte aber versuchte die gelenkte DDR-Geschichtswissenschaft nach den Erfahrungen von 1964 soweit wie möglich zu reduzieren. Strategische Auslandskonzeptionen über die ‚internationale Arbeit auf dem Gebiet der Geschichtswissenschaft' in der zweiten

[288] Ebd.

[289] Ebd., [Horst Bartel], Bericht über die internationale wissenschaftliche Tagung zur Geschichte der Arbeiterbewegung in Linz vom 8.–10.9.1966, o.D.

[290] Ebd.

Hälfte der sechziger Jahre klammerten die bundesdeutsche Geschichtswissenschaft als Partner gänzlich aus, um sie als Gegner um so stärker in den Mittelpunkt zu stellen; eine institutsinterne Vereinbarung legte fest, „keine größere Veröffentlichung für den Druck freizugeben, in der sich der Autor nicht mit konzeptionellen Auffassungen der imperialistischen Geschichtsschreibung auseinandersetzt".[291] Am Akademie-Institut gab die Direktion einem IM zufolge im Frühsommer 1966 als grundsätzliche Linie bekannt, „daß von seiten der Historiker der DDR mit den Historikern aus WD keine Verbindung[en] zu unterhalten sind".[292] Freilich wurde diese Abschottung in der Realität durch eine Vielzahl von Ausnahmen durchbrochen, über die die fachinternen Lenkungsinstanzen durch periodische Aufforderungen, alle bestehenden West-Kontakte offenzulegen, die Kontrolle zu wahren versuchten. So sortierte das Geschichtsinstitut der Akademie im November 1966 seine deutsch-deutschen Beziehungen in offizielle Verbindungen auf vertraglicher Basis, Mitgliedschaften in westdeutschen Gesellschaften, ständige persönliche Wissenschaftsbeziehungen „zu führenden Einzelwissenschaftlern in Westdeutschland" und schließlich sporadische Fachkontakte zu bundesdeutschen Kollegen.[293]

Die Aufstellung zeigt aber zugleich, wie dünn die Fäden geworden waren, die die beiden deutschen Geschichtswissenschaften in dieser Zeit noch miteinander verbanden. Rechtlich fixierte Vereinbarungen im engeren Sinne bestanden überhaupt nicht. „Vertragsähnlichen Charakter hat nur eine regelmäßige Zusammenarbeit der Arbeitsgruppe Bibliographie und Dokumentation am Institut für Geschichte mit einer Mitarbeitergruppe des westdeutschen Max-Planck-Instituts für Geschichte in Göttingen." Neben dieser Fortführung einer traditionellen Aufgabe der DAW hatte die größte historische Forschungseinrichtung der DDR auf historischem Gebiet für ihre Mitarbeiter ganze zwei Mitgliedschaften in einer gesamtdeutschen Einrichtung zu melden (nämlich dem Hansischen Geschichtsverein) und nicht mehr als vier institutionalisierte Fachverbindungen zwischen Historikern beider deutscher Staaten.[294] Eine Schwachstelle in dieser Auflistung bildete ledig-

[291] LAB, IV–B–7/221/001, Wahlversammlung der Grundorganisation Historische Institute bei der DAW am 27.3.1968.

[292] Der zitierte IM-Bericht erwähnt allerdings auch die Möglichkeit, daß dieser unpopuläre Beschluß „Diskussionen im Institut" hervorrufen werde. BStU, MfS AIM 3237/71, A, Hauptabteilung XVIII/5/3, Treffbericht GI „Werner", 7.6.1966.

[293] ABBAW, ZIG 182, Institut für Geschichte, Übersicht über bestehende Verbindungen nach Westdeutschland und nach Westberlin, 15.11.1966.

[294] Ebd. Diese vier persönlichen Verbindungen betrafen vorwiegend das Leitungspersonal des Instituts. Im einzelnen wurden genannt Ernst Engelberg (Beziehungen zu Werner Hahlweg in Münster, Wolfgang Abendroth in Marburg und Georg Eckert in Braunschweig), Karl Obermann (Beziehungen zu Eckert in Braunschweig und dem Leiter des Instituts für Zeitungskunde in Dortmund) und Fritz Klein (gemeinschaftlich mit Mitarbeitern seiner Abteilung Beziehungen zu Fritz Fischer und dessen Assistenten in Hamburg). Außerdem wurde noch eine Mitarbeiterin der Abteilung

lich die letzte Gruppe sporadischer Einzelverbindungen: „Einzelne Arbeitskontakte mit westdeutschen bzw. Westberliner Historikern hatten und haben eine ganze Reihe von Mitarbeitern des Instituts für Geschichte. Ihrer Vielzahl und Vielfalt wegen können diese Verbindungen nicht einzeln aufgezählt werden."[295]

Immerhin unternahm die Leitung des Instituts in Verbindung mit anderen Instanzen des Partei- und Staatsapparats erhebliche Anstrengungen, um auch dieses Schattenfeld deutsch-deutscher Beziehungen nach Möglichkeit aufzuhellen. Eine wesentliche Rolle spielte hier die Staatssicherheit, die in Reaktion auf die Auseinandersetzung um die Dialogpolitik erhebliche Anstrengungen unternommen hatte, um gezielt Inoffizielle Mitarbeiter umzuwidmen oder angesichts bevorstehender ‚Feindberührungen' wie auf dem Internationalen Historikerkongreß 1965 neu anzuwerben. Dabei avancierte die Fähigkeit, „die gefährliche Rolle der ‚Kontaktversuche' eines Jacobsen u.a. richtig ein[zuschätzen]", zu einem herausragenden Auswahlkriterium bereits bei der Auswahl neuer IM-Kandidaten für die Arbeit an der ideologischen Front zur Bundesrepublik.[296] Das MfS ließ sich auch im weiteren von seinen fachinternen Zuträgern nicht nur genauestens über deren eigene Westkontakte unterrichten, sondern sorgte ebenso dafür, daß es selbst über die beiläufigste Kontaktanbahnung auf dem laufenden gehalten wurde. Routinemäßig berichteten Historiker-IM darüber, welche DDR-Historiker wann Post aus der Bundesrepublik erhielten; sie führten Aufträge aus wie die „Anfertigung einer Aufstellung von Personen, die Verbindung nach WD unterhalten"[297], und sie erstatteten Meldung, wenn intern Vorbehalte gegen die Abschottungspolitik auftauchten, wie etwa abermals bei Fritz Klein, der im Juli 1966 auf die Absage des Kolloquiums mit der Kieler Kollegengruppe um Erdmann überaus ungehalten reagiert hatte.[298]

Auf derselben Linie lagen die administrativen Bemühungen der DDR-Geschichtswissenschaft, unbedingte Kontrolle über jeden innerdeutschen Fachkontakt zu wahren. Um nicht länger auf die parallelen Erhebungen der Abteilung XVIII/5 des MfS angewiesen zu sein, deren Verbindungsmann sein Wissen in regelmäßigen Konsultationen mit der Direktion des Akademieinstituts offenbar nur sehr gezielt preisgab, verfügte diese im Juli 1967, daß ihr ab sofort Kenntnis über jeden Briefwechsel von Institutsmitarbeitern mit Historikern „in Westdeutschland und kapitalistischen Ländern" zu geben sei.[299] Routinemäßig verlangte sie daneben schriftliche Übersichten

Feudalismus aufgeführt, die innerdeutsche Kontakte im Rahmen eines deutsch-deutschen Verlagsprojekts „Hansische Handelsstraßen im Mittelalter" unterhielt. Ebd.

295 Ebd.

296 BStU, MfS AIM, 10772/85, Hauptabteilung XVIII/5/5, 3, IM „Mai", Institut für Geschichte an der Deutschen Akademie der Wissenschaften zu Berlin, o.D. [1965].

297 Ebd., HA XVIII/5/3, Treffbericht, 12.10.1965.

298 Ebd., Treffbericht GI „Werner", 6.7.1966.

299 ABBAW, ZIG 164, Direktion an alle Abteilungsleiter, 6.7.1967.

über die Auslandsbeziehungen der Mitarbeiter und hier besonders über „Kontakte zu westdeutschen Historikern". Weitere Nachfragen erübrigten sich, wenn die Auskunft wie etwa im Falle der Arbeitsgruppe Angloamerikanische Geschichte lakonisch lautete: „Unsere Arbeitsgruppe unterhält keine Kontakte zu westdeutschen Historikern."[300] Probleme traten hingegen auf, wenn statt einer Fehlanzeige für den meist ein Jahr umfassenden Berichtszeitraum individuelle Kontakte zu melden waren, die sich obendrein womöglich außerhalb der bekannten Hauptkampflinien bewegten. In diesem Fall eröffnete die pflichtgemäße Meldung an die Institutsleitung regelmäßig ein Tauziehen um die Frage, ob die jeweilige Verbindung nützlich genug war, um die Segregationspolitik der DDR-Geschichtswissenschaft zu überwinden. So mußte die Abteilung 1871 bis 1917 des Akademie-Instituts 1967 gleich drei engere Beziehungen zu westdeutschen Gewerkschaftshistorikern melden, die sich auf „1-4 Briefe pro Jahr" und einen unregelmäßigen Literaturaustausch bezogen.[301] Um sich selbst zu rechtfertigen und die Verbindung zu retten, insistierte die Abteilung darauf, daß es sich bei zwei der drei Gesprächspartner um „reformistisch orientierte Gewerkschaftsfunktionäre" handele, zu denen die Kontakte „in Übereinstimmung mit den entsprechenden Organen der IG Metall und der IG Druck und Papier beim FDGB" aufrechterhalten würden. Um gleichwohl aber das Risiko eines völligen Kontaktverbotes für die Zukunft zu vermeiden, bot die Abteilung vorsorglich selbst in bezug auf den dritten westdeutschen Fachkollegen ein Bauernopfer an: „Mit Dr. Beier [...] wurde der briefliche Kontakt in diesem Jahr äußerst gedrosselt, da die Frage offizieller Kontakte zum FDGB steht, die durch private Kontakte nicht ersetzt werden können."[302]

Wie stark die Abschottungsstrategie der DDR-Geschichtswissenschaft in den späten sechziger Jahren aber auch in schon traditionell gewordene Kontakte einzugreifen begann, geht aus den Akten der Arbeitsgruppe Erster Weltkrieg hervor, die im selben Jahr 1967 zu einer plausiblen Begründung ihrer regelmäßigen Arbeitskontakte zur Forschergruppe um Fritz Fischer in Hamburg aufgefordert wurde. Namens der Arbeitsgruppe entwarf Klein eine Argumentation, die von der fortbestehenden Differenz zwischen der Fischer-Schule und der etablierten Historiographie der Bundesrepublik ausging, ohne sich dem Vorwurf der Blauäugigkeit gegenüber einem noch so konzilianten Vertreter der gegnerischen Wissenschaft auszusetzen.[303] Um

300 Ebd., Arbeitsgruppe Anglo-amerikanische Geschichte an die Direktion des Instituts für Geschichte, 8.6.1965.

301 Ebd., Abteilung 1871–1917, Analyse der Auslandsbeziehungen, o.D. [1967].

302 Ebd.

303 „Zugleich ist zu beachten, und wird von uns beachtet, daß auch Fischer ein bürgerlicher Historiker ist, der nicht (vielleicht noch nicht) bereit ist, wissenschaftlich wie politisch, sich auf den Standpunkt einer nichtimperialistischen Alternative zu stellen, der im Grunde diese Alternative als echte Möglichkeit nicht sieht." Ebd., Arbeitsgruppe Erster Weltkrieg, Betr.: Auslandsbeziehungen, 22.7.1967.

sicherzugehen, daß nicht das Todesurteil über dieses zu der Zeit einzige Feld einer dauerhafteren innerdeutschen Kooperation gesprochen werde, versuchte Klein plausibel zu machen, daß jedenfalls in diesem Fall die Wirkungskraft der eigenen Seite höher sei als die Gefahr der „Aufweichung" durch den Gegner: „Das Ziel der Kontakte mit der Fischergruppe besteht deshalb nicht zuletzt darin, sie in dieser Richtung [einer nicht-imperialistischen Alternative] ständig zu kritisieren und vorwärts zu drängen. Einzelne, schwache Anzeichen sprechen dafür, daß die bisherigen Bemühungen der DDR-Historiker in dieser Richtung nicht ganz ergebnislos waren."[304]

Gerade der Umstand, daß mit ähnlichen Begründungen auch andere Abteilungen, Arbeitsgruppen und Einzelforscher einzelne Ausnahmen von der Regel der Kontaktsperre für sich selbst durchzusetzen vermochten, zeigte freilich, daß die fachliche Abschottung eine unvollkommene Strategie blieb, die die Gefahr der ideologischen „Aufweichung" nie gänzlich bannen konnte.[305] Allein die gemeinsame Sprache der Deutschen in Ost und West und natürlich die räumliche Nachbarschaft der gegensätzlichen Gesellschaftssysteme auf deutschem Boden schufen hier nicht zu unterschätzende Probleme, und besonders gefährdet waren Historiker, die sich von Berufs wegen mit westlichen Auffassungen zu beschäftigen hatten, wie ein IM-Bericht von 1966 sorgenvoll hervorhob: „Das ständige Lesen westlicher Literatur, Zeitschriften, Zeitungen, das Anhören westdeutscher Rundfunk- und Fernsehsendungen, birgt bei solchen Mitarbeitern, deren marxistische Weltanschauung nicht genügend gefestigt ist, die Gefahr, zu objektivistischen Einschätzungen zu kommen."[306] Das ideologische Kontaminierungsproblem vor allem der Historiker am Akademie-Institut war nach dieser Auffassung um so größer, als sich gerade „angesichts der isolierten Arbeitsweise" der größtenteils in Heimarbeit geleisteten Geschichtsforschung „das Fehlen des ständigen persönlichen Kontakts der Genossen und eines ständigen Meinungsaustausches negativ bemerkbar" machte und „eine gewisse Anfälligkeit für das Eindringen politischer und wissenschaftlicher Auffassungen der imperialistischen Gegner" nicht auszuschließen war. Trotzdem bestand, wie derselbe Inoffizielle Mitarbeiter mit verhaltenem

304 Ebd.

305 Vgl. hierzu etwa das Urteil eines IM am Akademie-Institut über den Weltkriegsforscher Olaf Groehler: „Gegenüber der westdeutschen Geschichtsschreibung sieht er das Hauptanliegen darin, *die* Richtung zu bekämpfen, die in Westdeutschland vor allem auch durch Presse und Funk, die größte Massenwirksamkeit hat. Dabei unterschätzt er den Kampf gegen die Aufweichungspolitik unter den westdeutschen Historikern." BStU, MfS AIM 10772/85, II, 1, [GI „Mai"], Dr. Olaf Groehler, 19.10.1966; Hervorhebung im Original.

306 Ebd., MfS AIM 10772/85, II, Bd.1, IM „Mai", Zur politisch-ideologischen Situation am Institut f. Geschichte der DAW, 13.9.1966.

Optimismus urteilte, kein akuter Handlungsbedarf, da das Institut eine insgesamt doch bereits gefestigte Forschungsstätte darstelle.[307]

Auf der anderen Seite blieb aber auch der ‚Gegner' in den Augen der offiziellen DDR-Geschichtswissenschaft selbst keineswegs tatenlos, sondern war ganz im Gegenteil unermüdlich bestrebt, deren fachliche Fundamente zu untergraben, und zuweilen ersann er Umwege, auf denen ihm das Fortkommen nicht verlegt werden konnte, wie sich ausgerechnet im Verhältnis der ostdeutschen zur sowjetischen Historiographie zeigte. So versicherte im November 1966 der Bericht über die jährliche Tagung der deutsch-sowjetischen Historikerkommission zwar, daß „in allen Grundfragen zwischen den sowjetischen Historikern und den Historikern der DDR volle Übereinstimmung besteht".[308] Doch bei genauerem Hinsehen zeigten sich vor allem in der Bewertung der westdeutschen Ostforschung auch kleine Divergenzen, weil die sowjetischen Fachkollegen sich deren Konturierung deutlich weniger holzschnittartig wünschten als ihre Ost-Berliner Kollegen. Die DDR-Vertreter glaubten, diese Differenz auf die mangelnde Vertrautheit ihrer Moskauer Kollegen zurückführen und dadurch heilen zu können, „daß von unserer Seite ständig Informationen über unsere Stellung zur westdeutschen Historiographie gegeben werden".[309] In der Konsequenz wurde die thematisch bewußt breit angelegte Folgekonferenz der Historiker-Kommission im Jahr darauf „auf einige Grundfragen der ideologischen Auseinandersetzung mit dem westdeutschen Imperialismus" konzentriert, um auf diese Weise den bedrohten Schulterschluß mit der Geschichtsschreibung in der Sowjetunion wiederherzustellen.[310] Allein, das Gegenteil trat ein. Diesmal war es der bekannte Deutschlandhistoriker und Sekretär der sowjetischen Sektion der deutsch-sowjetischen Historikerkommission, J. S. Drabkin, „der die Meinung vertrat, die Auseinandersetzung würde nicht immer genügend differenziert geführt", und es „genüge nicht, den Zusammenhang zwischen westdeutscher Geschichtsschreibung und imperialistischer Politik hervorzuheben, sondern die Konzeptionen einzelner westdeutscher Historiker und die von ihnen neu verwerteten Quellen müßten sachlicher analysiert werden".[311]

Diese unterschiedlichen Nuancen verblaßten allerdings hinter erheblich substantielleren Gegensätzen im sozialistischen Lager, die dem westdeutschen Widerpart ein mögliches Eindringen noch weit mehr erleichtern mußten. Sie zeigten sich etwa in dem gespannten Verhältnis, das sowohl die

[307] Ebd.

[308] ABBAW, ZIG 162, Bericht über die Tagung der Kommission der Historiker der DDR und der UdSSR und über die Verhandlungen mit sowjetischen Historikern in Moskau, 3.11.1966.

[309] Ebd.

[310] Ebd., [Siegfried] Thomas, Einschätzung der Konferenz anläßlich des 10. Jahrestages der Kommission der Historiker der DDR und der UdSSR, 22.3.1967.

[311] Ebd.

sowjetischen wie die ostdeutschen Fachkollegen gegenüber der polnischen Geschichtsschreibung unterhielten. So konnten die DDR-Vertreter auf einer Tagung der deutsch-polnischen Historikerkommission im Mai 1967 ihre polnischen Kollegen nicht von der Idee abbringen, ein Kolloquium zu den Ursachen des Zweiten Weltkrieges in Warschau vorzubereiten, das ohne Rücksicht auf die Empfindlichkeiten in anderen sozialistischen Ländern auch die Frage des deutsch-sowjetischen Nicht-Angriffsvertrages vom 23. August 1939 thematisieren wollte und zu dem obendrein westdeutsche Spezialisten eingeladen werden sollten. Die DDR unterrichtete ihre sowjetischen Genossen unverzüglich von dem drohenden Ereignis und bekam zu ihrer Genugtuung verbrieft, daß von „sowjetischer Seite [...] auch auf dem Gebiet der Wissenschaft alles unternommen (würde), um die Einheit und Geschlossenheit der sozialistischen Länder zu stärken und nach außen zu dokumentieren".[312] Entsprechende Schritte gegenüber der Polnischen Akademie der Wissenschaften wollten die sowjetischen Akademie-Historiker sich allerdings selbst vorbehalten, um unter allen Umständen zu verhindern, „daß die eingeladenen Vertreter aus den westlichen Ländern Möglichkeiten finden, Differenzen zwischen den Historikern der sozialistischen Länder in wichtigen Fragen festzustellen".[313] Desungeachtet mehrten sich im Vorfeld des Prager Frühlings und der zu Ende gehenden Herrschaft Gomułkas in Polen die besorgniserregenden Anzeichen, daß die nachlassende Einheitlichkeit des sozialistischen Lagers der ‚bürgerlichen' Gegenwissenschaft das Eindringen erleichtere, wie aus Kreisen des Akademie-Instituts für Geschichte auch dem MfS gemeldet wurde: „Zur internationalen Situation teilte der GI mit, daß die bekannten Differenzen zu den Auffassungen der Polen und Tschechen in einigen Fragen der neueren Geschichte (z.B. deutsch-sowj.[etischer] Nichtangriffspakt) immer wieder hervortreten. Unsere Historiker geraten daher auf allen internationalen Konferenzen in eine schwierige Lage, die bei Anwesenheit von Westdeutschen besonders kompliziert wird."[314] Offenbar arbeiteten die befreundeten Wissenschaftler in Polen auf der Basis eines anderen Fachverständnisses, das den Primat der Politik durchaus nicht in gewohnter Selbstverständlichkeit anerkannte, wie ein anderer IM mit Befremden vermerkte: „Obwohl die Linie der Partei und Staatsführung der VR Polen klar ist, scheinen sich die Wissenschaftler nicht daran zu halten."[315]

In den Denkkategorien der parteilichen Geschichtswissenschaft bestätigte sich in solchen Dissonanzen des eigenen Lagers das Bild eines nie erlahmenden westdeutschen Gegners, der nur durch ständige Wachsamkeit

[312] SAPMO-BArch, DY 30, IV A2/9.04/334, Horst Bednareck, Bericht über die Gespräche mit Genossen Prof. Chwostow am 14.7.1967 in Moskau.
[313] Ebd.
[314] BStU, MfS AIM 10772/85, II, Bd. 1, Treffbericht GI „Mai", 25.5.1967.
[315] Ebd., MfS AGMS 5397/85, 1, Treffbericht GMS „Werner", 12.6.1970.

daran gehindert werden könnte, ideologische Einbrüche zu erzielen. Dieses Bild mochte auf den unterschiedlichen Ebenen des historischen Herrschaftsdiskurses unterschiedlich gefärbt sein; in seinem gegenständlichen Profil blieb es einheitlich. Ebenso stereotyp, wie die Direktiven der Staatssicherheit vor dem Drohpotential der Westdeutschen warnten, die jede sich bietende Chance zu Angriffen auf die fachliche Einheit im sozialistischen Lager nützten[316], konnten sie sich im Gegenzug von den Erkenntnissen ihrer geheimen Kundschafter bestätigt fühlen, denenzufolge das „Hauptziel in diesen Kontaktversuchen durch die westdeutschen Historiker" darin zu sehen war, „daß sie die einheitliche Geschichtsschreibung der sozialistischen Länder [...] spalten wollen".[317]

Um so nachdrücklicher beharrten die Leitungsinstanzen der DDR-Geschichtswissenschaft darauf, die avisierte Abschottung so konsequent wie möglich durchzusetzen. Wie alle anderen geschichtswissenschaftlichen Einrichtungen der DDR suchte auch die Direktion des Akademie-Instituts im Einklang mit den Geschichtsfunktionären des ZK die noch existierenden Begegnungsräume der in ihren beiden Teilen verselbständigten deutschen Geschichtswissenschaft so eng wie möglich zu machen.[318] „Verbindungen nach Westdeutschland sind in jedem Falle dazu zu nutzen, den Einfluß der DDR und ihrer Politik zu erhöhen", dekretierte das Referat Internationale Beziehungen des neuen Zentralinstituts für Geschichte 1969 und regte an, auch die wenigen noch bestehenden grenzüberschreitenden Kooperationen auf den Prüfstand zu stellen: „Die Mitarbeit an sogenannten gesamtdeutschen Unternehmen (Historische Bibliographie) ist nochmals zu analysieren

[316] Vgl. etwa die Direktive von Heitzers Führungsoffizier für den bevorstehenden Internationalen Historikerkongreß in Wien: „Gen. Heitzer wurde nochmals darauf hingewiesen, daß er während dieser Tagung [...] auf solche Versuche achten möchte, wo die westdeutsche Seite versucht, die Historiker der DDR von den Historikern der anderen soz. Ländern zu spalten und auf welche Kreise sie sich besonders in den anderen soz. Ländern stützen. Da Gen. Heitzer diese Seite selbst als die gefährlichste einschätzte." Ebd., MfS AIM 3237/71, P, Bd. 1, Hauptabteilung XVIII/5/3, Treffbericht GI „Werner", 14.12.1965.

[316] Ebd.

[317] Ebd., MfS AIM, 10772/85, Hauptabteilung XVIII/5/5, 3, Treffbericht IM „Mai", 3.6.1965.

[318] Diesem Zweck diente etwa eine von der Abteilung Wissenschaften des ZK angefertigte Übersicht über alle „Historiker, die über Westdeutschland arbeiten" vom 21.1.1967, die für die Humboldt-Universität insgesamt zehn, für das Deutsche Institut für Zeitgeschichte neun, für das Akademie-Institut vier und für das Museum für deutsche Geschichte einen Mitarbeiter aufführte. Daneben besaß das Arbeitsgebiet Westdeutschland außerhalb Berlins noch vier Spezialisten an der Universität Leipzig, zwei an der Universität Halle-Wittenberg sowie je einen an der Universität Jena und an der Akademie für Staats- und Rechtswissenschaften Potsdam. SAPMO-BArch, DY 30, IV A 2/9.04/166.

und eine entsprechende Konzeption auszuarbeiten."[319] Diese Konsolidierung durch Abschottung konnte in ihrem Bemühen, die westliche Störwissenschaft aus dem eigenen Fachleben zu eliminieren, auf Festlegungen aufbauen, die überwiegend schon im Laufe der fünfziger Jahre eingeführt worden waren. Der Zugang zu westlicher Fachliteratur blieb restringiert, wenn auch die Forscher des Geschichtsinstituts gegenüber ihren Kollegen an den Universitäten in dieser Hinsicht immer privilegiert blieben. Studien- und Archivreisen in das „nichtsozialistische Wirtschaftsgebiet" aber wurden einem immer noch weiter ausgefeilten Genehmigungsverfahren unterworfen, das neben allgemeinen Festlegungen wie dem Verbot einer Begleitung durch den Ehepartner bei „NSW-Reisen" auch Richtlinien über den Nachweis für die zwingende Erforderlichkeit der geplanten Unternehmung enthielt und den Instanzenweg für die zu erteilende „Reisedirektive" regelte. Reisegenehmigungen sollten einer eng begrenzten Gruppe unbedingt parteiloyaler Historiker vorbehalten bleiben, „die vorbildlich ihre Pflichten als Staatsbürger der DDR erfüllen und geeignet sind, die politischen, wissenschaftlichen und ökonomischen Interessen der DDR im Verkehr mit dem Ausland zu vertreten".[320]

Zu ihrer Auswahl wurde am Ende der sechziger Jahre ein eigenes Rekrutierungsverfahren eingeführt, das möglichst unter Wahrung der jeder Institution „für Auslandsreisen vorgegebenen Kontingente" den Aufbau eines „Reisekaderstammes" regelte.[321] Die nur mit Zustimmung des Ministeriums für Staatssicherheit erfolgende Einstufung als „NSW-Reisekader" blieb bis zum Ende der DDR ein begehrtes Privileg, in dessen Genuß bis in die Mitte der achtziger Jahre im Regelfall nur Historiker kamen, „die leitende Funktionen ausüben und entsprechende ideologisch-politische Voraussetzungen besitzen".[322] Dieser restriktiven Kontrolle aller Außenkontakte in der zweiten deutschen Geschichtswissenschaft blieb der Erfolg nicht versagt: Am

[319] ABBAW, ZIG 164, Bericht über die Arbeit des Referates Internationale Beziehungen, o.D. [Juni 1969].

[320] Ebd., Deutsche Akademie der Wissenschaften, der Generalsekretär, Rundverfügung Nr. 50/67, Planung der Beziehungen zum Ausland [einschließlich Westdeutschland und Westberlin] für das Jahr 1968, 30.6.1967.

[321] Ebd., 003, Forschungsbereich Gesellschaftswissenschaften, Protokoll Nr. 2/70 der Dienstbesprechung am 21.1.1970.

[322] Ebd. Nicht selten wurde das Zugeständnis einer Westreise im Akademie-Institut auch als kalkuliertes Loyalitätspfand eingesetzt: „GI Mai berichtet zu Groehler, daß er beabsichtigt, eine Forschungsarbeit über den Luftkrieg im II. Weltkrieg zu schreiben. Dazu wäre jedoch eine Archivreise nach Westdeutschland nötig. GI Mai glaubt, daß die Direktion des Institutes keine Genehmigung erteilen wird. Groehler würde von der Leitung immer etwas zu negativ eingeschätzt. GI Mai sagt, daß G[roehler] in Westdeutschland ganz sicher als bewußter Bürger der DDR auftreten würde. Mit einem solchen Vertrauensbeweis, wie ihn die Genehmigung einer Archivreise darstellen würde, könnte man Dr. G[roehler] noch fester an unseren Staat binden." BStU, MfS AIM 10772/85, II, 1, [GI „Mai"], 20.10.1966.

Ende der sechziger Jahre schien wenigstens im größten nationalgeschichtlichen Forschungszentrum in der DDR, dem Wissenschaftsbereich Deutsche Geschichte des neugegründeten Zentralinstituts, der angestrebte Abschottungszustand im wesentlichen erreicht. Der Jahresbericht 1969 des Bereichs konnte unter dem Rubrum „Zu wichtigen wissenschaftlichen Arbeitsergebnissen“ melden, daß nunmehr „alle Kollektive an der Arbeit zur geschlossenen Auseinandersetzung mit der westdeutschen Geschichtsschreibung [...] beteiligt (waren). Nach entsprechenden Einschätzungen sind alle gelieferten Arbeiten von hohem politischem, theoretischem und wissenschaftlichem Niveau. Da darüber hinaus auch andere Arbeiten eine aktive, antiimperialistische Stoßrichtung haben, zeigt sich auch hier gegenüber notwendigen Kritiken in den Vorjahren ein eindeutiger Umschwung.“[323]

In derselben Zeit wurden auch die letzten institutionellen Fäden zwischen den beiden deutschen Disziplinen gekappt oder zur Disposition gestellt, die noch von besonderen gesamtdeutschen Traditionen zeugten. Geschichtswissenschaftliche Einrichtungen mußten – wie alle anderen kulturellen Körperschaften der DDR[324] – in der zweiten Hälfte der sechziger Jahre ihre noch bestehenden Westverbindungen melden und in der Regel abbrechen, bis die DDR-Seite sich 1970 auch aus dem Hansischen Geschichtsverein als dem letzten gesamtdeutschen Historiographie-Unternehmen mit Ausnahme der Monumenta Germaniae Historica zurückzog. So sehr dies in der wissenschaftlichen Arbeit auch individuelle Einschränkungen zur Folge hatte, so mußten entsprechende Klagen sich doch einer Maxime unterordnen, die die Parteileitung des Akademie-Instituts 1968 so formulierte: „Wir Historiker stehen im Kampf gegen die ideologische Aggression des westdeutschen Imperialismus mit an vorderster Front.“[325] Fortan lauteten routinemäßige Meldungen über „Beziehungen [...] zu Einrichtungen und Personen in der BRD“ gewöhnlich so: „Das ZI für Geschichte ist an der Benutzung von Archiven und Bibliotheken in der BRD und in Westberlin [...] interessiert. Aus Archivbenutzung und Anforderung von Materialien auf dem Postwege ergeben sich sowohl schriftliche als auch persönliche Kontakte mit den Archiv- bzw. Bibliotheksleitungen und -verwaltungen bzw. einzelnen Angestellten. Eine wissenschaftliche Zusammenarbeit findet jedoch nicht statt.“[326] Den Abschluß dieses Prozesses bildete für den Bereich der Akademie der Wissenschaften eine konzeptionelle Festlegung von 1970, in der es heißt: „Mitgliedschaften in westdeutschen Gesellschaften werden nicht

323 ABBAW, ZIG 008/2, Jahresbericht 1969 des Wissenschaftsbereichs Deutsche Geschichte, 26.12.1969.

324 SAPMO-BArch, DY 30, IV A 2/9.04/326, Staatssekretariat für das Hoch- und Fachschulwesen, Entwurf Richtlinien für die Gestaltung der Beziehungen im Bereich der Wissenschaft und Kultur der DDR und Westdeutschlands, o.D. [1967].

325 LAB, IV–B–7/221/001, Wahlversammlung der Grundorganisation Historische Institute bei der DAW am 27.3.1968.

326 ABBAW, ZIG 174, Meldung vom 7.6.1977, Anl.

eingegangen und Veranstaltungen dieser Gesellschaften werden nicht besucht."[327]

Innerdeutsche Begegnungen außerhalb der von DDR-Seite mit ausgewählten Delegationen beschickten Internationalen Historikerkongresse hatten am Ende des hier untersuchten Zeitraums Seltenheitswert und beschränkten sich beispielsweise in den Planungen des Geschichtsinstituts an der Akademie für 1970 auf insgesamt fünf Archivreisen nach Westdeutschland, die überdies in ihrer Mehrzahl unmittelbar der „Geschichte des deutschen Volkes", also dem zentralen Forschungsprojekt der DDR-Geschichtswissenschaft in den siebziger und achtziger Jahren, dienen sollten.[328] Der deutsch-deutsche Fachaustausch schien damit in der diskursiven Ordnung der zweiten deutschen Geschichtswissenschaft endgültig als eigenständiger Faktor der Arbeit an der deutschen und der allgemeinen Geschichte zu verschwinden; in den Rechenschaftsberichten historischer Forschungseinrichtungen tauchte er statt dessen bis in die Mitte der achtziger Jahre vornehmlich als Prüfung der eigenen Standhaftigkeit gegenüber den Lockrufen eines wissenschaftlichen Versuchers und als Ansporn zu noch besserer Panzerung auf, wie beispielsweise der Jahresbericht des Zentralinstituts für Geschichte für 1978 ausweist: „Gelegentlich gab es von seiten der BRD Versuche, sogenannte ‚innerdeutsche' Kontakte anzuknüpfen, die alle zurückgewiesen wurden."[329]

Doch so sehr die in diesen Worten zum Ausdruck kommende Teilungsidentität den oktroyierten Charakter der DDR-Geschichtswissenschaft bestimmte, so sehr blieb sie in der Praxis des Faches ein uneinholbares Ideal. Wie instabil die Diskursordnung auch einer durch Abschottung konsolidierten Funktionalwissenschaft in der Folgezeit tatsächlich sein sollte, deutete bereits 1967 ein Alarmruf der Akademie der Wissenschaften an, der auf die faktische Unmöglichkeit hinwies, den innerdeutschen Wissenschaftsaustausch administrativ unter völliger Kontrolle zu halten: „Der in der Akademie vorhandene Trend einer ständigen Ausweitung der Beziehungen zu Westdeutschland konnte hinsichtlich der Ausreisetätigkeit zwar gehemmt werden, so daß die Zahl der Westdeutschlandreisenden die des Vorjahres nur im geringen Maße übersteigt."[330] Doch mußte die Akademieleitung auch einräumen, daß dieser relative Erfolg nur durch das Eingreifen

[327] Ebd., 164, Konzeption zur Gestaltung der internationalen Forschungskooperation und sonstigen Beziehungen zum Ausland als Bestandteil der Wissenschaftsorganisation der DAW vom 2. September 1970, S. 21.

[328] Ebd., Plan der Auslandsbeziehungen des Zentralinstituts für Geschichte für das Jahr 1970, o.D.

[329] Ebd., 088, Zentralinstitut für Geschichte, Jahresbericht 1978.

[330] Ebd., AKL 433, Maßnahmen der staatlichen Leitung auf dem Gebiet der Auslandsarbeit in Auswertung der XIV. Tagung des Zentralkomitees der SED (15. Dezember 1966) sowie Stand der Ausarbeitung einer politisch-ideologischen Konzeption der nationalen Arbeit der DAW, 9.2.1967.

übergeordneter staatlicher Stellung und infolge der geltenden Devisenbeschränkungen für die Akademie ermöglicht worden sei. Um so ungehemmter würde der Schutzschild einer restriktiven Kontaktpolitik statt dessen von der Gegenseite unterlaufen: „Die von Westdeutschland betriebene Politik, die DDR mit Besuchern zu überschwemmen, wurde zwar in ihrer Tendenz erkannt und festgestellt, jedoch nicht wirksam bekämpft."[331] Hier deutete sich schon an, daß die Spannung zwischen disziplinärer Isolierung und fachlicher Öffnung trotz aller Anstrengungen letztlich nicht aufhebbar und die künstliche Rahmenordnung einer eigenen sozialistischen Geschichtswissenschaft nicht von unbegrenzter Dauer sein würde. Auch in der perfektesten Abschottung blieb der sozialistische Geschichtsdiskurs auf sein bundesdeutsches Gegenüber in einer Weise fixiert, die jede noch so stolze Erfolgsbilanz über die Lage an der ideologischen Front etwa im Jahresbericht des ZIG durch die geheime Angst trübte, der feindlichen Bedrohung trotz umsichtigster Abwehr auf Dauer nicht standhalten zu können: „Die wissenschaftliche und politische Auseinandersetzung mit der imperialistischen Ideologie war 1978 fester Bestandteil der Leitungs-, Forschungs- und Publikationstätigkeit. [...] Die in den letzten Jahren stärker sichtbare Tendenz innerhalb der imperialistischen Historiographie, theoretisch-methodologische Fragen in den Mittelpunkt ihrer Arbeiten zu stellen und dabei direkt auf entsprechende Forschungen und Publikationen der DDR-Historiographie einzugehen, stellt zukünftig an die der Auseinandersetzung gewidmeten Arbeiten höhere Anforderungen. [...] Dank der Unterstützung des Forschungsbereichs Gesellschaftswissenschaften wurde einer Reihe von Mitarbeitern das Studium in Archiven und Bibliotheken nichtsozialistischer Länder ermöglicht. [...] Viele Arbeiten können dadurch auf soliderer quellenmäßiger Grundlage fertiggestellt werden und tragen zu einer noch fundierteren [!] offensiven Auseinandersetzung mit den Verfälschungen und Entstellungen der bürgerlichen Geschichtsschreibung bei."[332]

[331] Ebd.
[332] Ebd., ZIG 088, Zentralinstitut für Geschichte, Jahresbericht 1978.

VI. Mechanismen des wissenschaftlichen Konfliktaustrags

1. Der Rückfall in den ‚Objektivismus'

Anders als plural verfaßte Disziplinen verfügte die zweite deutsche Geschichtswissenschaft nicht über institutionalisierte Formen des Umgangs mit kontroversen Auffassungen; der Dissens blieb in einer konsensorientierten Historie, die auf dem Ideal der richtigen Erkenntnis fußte, immer eine fremde Größe. Dennoch trug die DDR-Geschichtswissenschaft gerade infolge ihres ständigen Strebens nach Geschlossenheit den Stempel allgegenwärtiger Konflikthaftigkeit. Zwar offenbarten publizierte Texte ihren Lesern nur in seltenen Fällen, in welchem Maße die Entwicklung der Historiographie in der DDR durch Interessengegensätze und Auseinandersetzungen bestimmt wurde. Doch um so ungeschminkter illustriert der Aktenniederschlag über die Umstände ihrer Produktion, wie stark die alltägliche Fachpraxis im Staatssozialismus von „Pannen", „Vorkommnissen" und „Auseinandersetzungen" durchsetzt war, die es im Interesse der fachlichen Homogenität fallweise durch diskursive Ausgrenzung oder explizite Rückkehr zu den Normen der sozialistischen Geschichtswissenschaft zu bereinigen galt. Aus der Konfliktnormalität der alltäglichen Grenzverletzungen ragen die wenigen Fälle fachlicher Devianz heraus, in denen die jeweiligen Opponenten an ihrer Zugehörigkeit zum sozialistischen Geschichtsdiskurs hartnäckig festhielten und dennoch die geforderte Re-Integration durch selbstkritische Anpassung zumindest partiell verweigerten. Vier von ihnen sollen im folgenden näher behandelt werden, weil sie in besonderer Weise Einblick in die unterschiedlichen Mechanismen der Konfliktbewältigung einer auf fachlichen Konsens ausgerichteten DDR-Geschichtswissenschaft während der fünfziger und sechziger Jahren geben.

Die zeitlich erste und zugleich tiefgreifendste dieser Auseinandersetzungen ist mit dem Namen von Jürgen Kuczynski verbunden, und sie fiel in dieselbe Schlußetappe der Etablierung einer eigenständigen sozialistischen Geschichtswissenschaft, in der nach dem XX. Parteitag der KPdSU auch der fachliche Charakter des Akademie-Instituts für Geschichte und die Abgrenzung zur westlichen Konkurrenzhistoriographie in Frage gestellt wurden. Anders als in der Konstituierungsphase der DDR-Geschichtswissenschaft aber ging es in dieser Grundlagenkrise nicht mehr um die grundsätzliche Verdrängung der überlebten ‚bürgerlichen' Historiographie und die Monopolgeltung des kommunistischen Geschichtsverständnisses. Die von Kuczynski und seinen Mitstreitern zwischen Mitte 1956 und Anfang 1957 vor allem in der ZfG aufgeworfenen Probleme des Charakters von

Parteilichkeit und Objektivität in der Geschichtswissenschaft lösten vielmehr einen Richtungsstreit innerhalb des parteimarxistischen Lagers aus, in dem ausnahmslos alle Kontrahenten sich gleichermaßen zur marxistisch-leninistischen Weltanschauung und zur führenden Rolle der SED bekannten. Weder die vermeintlichen ‚Revisionisten' noch ihre ‚antirevisionistischen' Gegner in Parteiapparat und Historikerschaft stellten den politischen Charakter oder das marxistische Grundgerüst der DDR-Geschichtswissenschaft in Frage, und niemandem wurde in der Debatte der Wille abgesprochen, ehrlichen Herzens um den besten Weg zum gemeinsamen Ziel einer dem historischen Fortschritt und der sozialistischen Befreiung dienenden Geschichtswissenschaft zu ringen.

Dennoch aber wurde die Auseinandersetzung mit Kuczynskis Interpretation von Parteilichkeit und Objektivität in der Geschichtswissenschaft zu einem sich über zwei Jahre hinziehenden Stellungskrieg auf verschiedenen Schauplätzen, der in seiner zähen Verbissenheit und hartnäckigen Positionsverteidigung in der DDR-Geschichtswissenschaft einzig dasteht und schließlich trotz der völligen Isolierung Kuczynskis nicht mit dessen Widerruf und Ausschaltung, sondern in eine allgemeine Erschöpfung beider Seiten mündete. Gerade dies macht die antirevisionistische Kampagne von 1957/58 gegen Kuczynski in unserem Zusammenhang besonders aufschlußreich und wirft die Frage auf, wie die beispiellose Heftigkeit einer geschichtstheoretischen Debatte in der DDR zu erklären ist, in der die sozialistische Verfassung der Disziplin gar nicht kontrovers war und einer ‚bürgerlichen' Pluralität oder gar einer Rückkehr zur traditionellen Politikferne des Faches von keiner Seite das Wort geredet wurde. Zu klären ist vor allem der eigenartige Umstand, daß die Auseinandersetzung mit dem Rebellen wider Willen nicht kurzerhand auf politischem Wege und notfalls repressiv unterbunden wurde, sondern nachgerade die Gestalt eines ideologischen Kreuzzuges annahm, der sich vor allem der Bekehrung des Abtrünnigen widmete.[1]

Eine erste Antwort ergibt sich schon aus der inhaltlichen Bedeutung der Auseinandersetzung. In seiner Substanz zielte Kuczynskis Vorstoß im Gefolge der sowjetischen Entstalinisierung auf die Befreiung von der Fessel der bewußten Parteilichkeit, die die historische Wissenschaft in der DDR zu einer grundsätzlich anderen, politisch funktionellen Fachdisziplin machte. Diese Argumentationsrichtung wurde bereits in der ersten öffentlichen Wortmeldung deutlich, mit der Kuczynski im März 1956, unmittelbar nach dem Ende des XX. Parteitag der KPdSU, seine Offensive gegen eine parteipolitische Verengung des Parteilichkeitsbegriffs eröffnete. Der „Lehren und Mahnungen" überschriebene Artikel im *Neuen Deutschland* nutzte die Entthronung Stalins in der Sowjetunion, um „Dogmatismus", „schöpferischer

[1] Eine eingehende Darstellung der einzelnen Etappen der Auseinandersetzung bei Haun, Kommunist und „Revisionist".

Marxismus" und „Mißbrauch der Wissenschaft" als die drei entscheidenden Fragen der künftigen Wissenschaftsentwicklung zu definieren, und zog eine grundsätzliche Trennlinie zwischen „echter Wissenschaft" und Agitation.[2] Die Brisanz dieses Vorstoßes, der die Rahmenordnung des historischen Herrschaftsdiskurses in der DDR zu unterminieren drohte, läßt sich an der Schärfe der Zurückweisung ablesen, die er erfuhr. Albert Schreiner, Kuczynskis Kollege am Geschichtsinstitut der Akademie, antwortete im Juli desselben Jahres 1956 mit einem Artikel, der die „Abwehrhaltung einiger marxistischer Historiker gegen die Forderungen der Partei" zu einem besonderen Hemmschuh in der Entwicklung der neuen, parteilichen Geschichtswissenschaft gerade auf dem entscheidenden Kampfplatz der jüngsten Geschichte erklärte.[3]

Autoritativer noch reagierte Kurt Hager auf Kuczynskis abschätzige Wendung gegen die Zeitgeschichte, ‚deren Darstellung man am besten dem Politbüro selbst überlasse', und verwahrte sich kurz nach Erscheinen von Kuczynskis provozierendem Artikel öffentlich gegen die Auffassung, daß es unzulässig sei, politische Forderungen an die Geschichtswissenschaft zu stellen.[4] Der angegriffene Wirtschaftshistoriker allerdings wich keineswegs zurück, sondern untermauerte seine Auffassungen vielmehr noch im selben Jahr mit einem Aufsatz über Parteilichkeit und Objektivität, der den Parteilichkeitsbegriff seiner politischen Instrumentalisierbarkeit zu entkleiden und gleichsam objektivieren sollte, ohne den Boden des Marxismus-Leninismus zu verlassen. Seine Parteilichkeit als „Parteilichkeit im Sinne von Stellungnahme für das Neue"[5] war nicht an eine soziale Klasse oder gar an eine politische Partei gebunden, sondern wurde im Kontext einer teleologisch gedachten Geschichtsentwicklung vom Niederen zum Höheren zu einem ontologischen Moment der historischen Entwicklung: „Das heißt, die Wirklichkeit selbst ist parteilich! Parteilich für das Neue gegenüber dem Alten, parteilich für das Höhere gegenüber dem Niederen."[6] Ohne die Identität der historischen Funktionalwissenschaft explizit in Frage zu stellen, kam der Versuch, die sozialistische Parteilichkeit mit dieser listigen Interpretation zu einem Bestandteil der objektiven historischen Realität selbst zu erklären, einer gezielten Einebnung des Grabens zwischen „parteilicher" Ostwissenschaft und „objektivistischer" Westwissenschaft gleich, die die historische Wissenschaft aus ihrer Rolle als Magd der Politik befreien würde. Kuczynski war sich dieser Implikation durchaus bewußt. Es ging ihm, wie er selbst schrieb, darum, „unseren Historikern zu zeigen, daß Parteilichkeit von ihnen nicht ‚auf Beschluß der Sozialistischen Einheitspartei Deutsch-

[2] Kuczynski, Lehren und Mahnungen des XX. Parteitages.
[3] Schreiner, Geschichtswissenschaft und Politik.
[4] Protokoll der Verhandlungen der 3. Parteikonferenz, S. 351f.
[5] Kuczynski, Parteilichkeit und Objektivität, S. 876.
[6] Ebd., S. 875.

lands' oder ,im Interesse einer einheitlichen Ideologie der Arbeiterklasse' gefordert wird, sondern daß Parteilichkeit von der Wirklichkeit selbst, von dem materiellen Prozeß der gesellschaftlichen Entwicklung, das heißt im Interesse der Objektivität, der Realität der Wissenschaft verlangt wird."[7]

Die auf Georg Lukács[8] zurückgehende Denkfigur einer objektiven Parteilichkeit war geeignet, der gerade erst separierten DDR-Geschichtswissenschaft wieder ihre Anschlußfähigkeit an die internationale Wissenschaftsgemeinschaft zurückzugeben und sie zugleich mit ihrer eigenen Fachtradition zu versöhnen. Aus dieser Sicht wurde sogar der in der DDR als Reaktionär abgelehnte Begründer des deutschen Historismus, Leopold von Ranke, zu einem anerkannten Vorfahr, der seiner subjektiv ,fortschrittshemmenden Haltung' zum Trotz in der quellenkritischen Methode einen revolutionären Fortschritt erzielt habe, weil seine „neue Technik der Erfassung der Wirklichkeit" die Welt klarer zu erfassen erlaube.[9] Welche Sprengkraft eine solche Verschiebung des diskursiven Fundaments umgekehrt für den Bestand einer eigenständigen sozialistischen Geschichtswissenschaft der DDR in sich barg, illustrierte Kuczynski kurz darauf selbst ganz beiläufig mit einer Rezension. In der Besprechung eines westdeutschen Buches, die Ende 1956 in der ZfG erschien, empfahl der marxistische Vordenker seinen Lesern, sich nicht in eine prinzipielle Auseinandersetzung zu verrennen, sondern „die Waffen politischer Kritik für einen Augenblick ruhen" zu lassen und sich „bewußt dem harmlosen Charme und der mild-weisen Atmosphäre" eines dem sozialistischen Geschichtsbild denkbar fernstehenden Werkes von Paul Kirn über das „Bild des Menschen in der Geschichtsschreibung von Polybios bis Ranke" hinzugeben.[10]

Darüber hinausgehend führten die Überlegungen zum sozialistischen Geschichts*verständnis* ihren Autor zugleich auch zum kritischen Rekurs auf ein Kernelement des sozialistischen Geschichts*bildes*, das mit dem Verhältnis von Volksmassen und politischer Avantgarde in der deutschen Geschichte ein geschichtslegitimatorisches Schlüsselelement der SED-Diktatur betraf. In einem Anfang 1957 in der ZfG publizierten Aufsatz, der den programmatischen Titel „Der Mensch, der Geschichte macht" trug, hielt Kuczynski dem marxistischen Mythos, daß „alle Volksmassen stets und dauernd schöpferisch tätig sind" und „alle Werte und Schätze der materiellen Kultur von den werktätigen Massen geschaffen worden sind"[11], seine eigene Auffassung entgegen, daß weder „W. Siemens noch Tausende andere Schöpfer materieller Werte und Schätze [...] ein Teil der werktätigen

[7] Ebd., S. 888.
[8] Lukács, Kunst und objektive Wahrheit, S. 19.
[9] Kuczynski, Parteilichkeit und Objektivität, S. 887.
[10] Kuczynski, Rezension von Paul Kirn, S. 1267.
[11] Kuczynski, Der Mensch, der Geschichte macht. S. 11 u. 5.

Massen" waren und in nachrevolutionären Zeiten gerade „die Menschen der herrschenden Klasse eine außerordentliche schöpferische Kraft entwickeln", um daraus eine marxistische Ehrenrettung der geschichtsmächtigen Persönlichkeit herzuleiten.[12]

Mit dem historischen Rollenverlust der ‚Volksmassen' stand freilich auch die Funktion der sie führenden Avantgarde zur Disposition, wie Kuczynski im Sommer 1957 mit einem weiteren Beitrag zur Erneuerung der marxistischen Historiographie selbst ausführte. Seine Schrift „Der Ausbruch des ersten Weltkrieges und die deutsche Sozialdemokratie" widmete sich der Frage, warum die politische Linke im Kaiserreich die drohende Kriegsgefahr im Sommer 1914 so dramatisch unterschätzte und „weder Führung noch Massen der Arbeiterklasse auch nur die geringste Ahnung von dem (hatten), was vorging".[13] Nicht die Parteiführung habe die Volksmassen „verraten", wie es in den kanonisierten Werken der kommunistischen Parteigeschichte hieß, sondern ein den sich überstürzenden Ereignissen nach der Ermordung des österreichischen Thronfolgers verwirrt und gelähmt gegenüberstehender SPD-Parteivorstand sei der Psychose der Vaterlandsverteidigung verfallen und den Massen in einen nationalen Taumel gefolgt, der Führung und Gefolgschaft der Arbeiterklasse und sie beide wiederum mit den herrschenden Eliten verschmolzen habe; „begeistert macht man alles mit [...] Junker und Prolet, Großbürger und Kleinbürger: ein Volk, besoffen gemacht, und die Herren des als Schenke aufgemachten Schlachthauses tun fröhlich mit".[14]

Konziser und umfassender zugleich wurde der historische Herrschaftsdiskurs in der DDR zu keiner Zeit in Frage gestellt: Kuczynskis Angriff kam von einem ‚führenden Genossen', statt etwa von außen aus dem ‚bürgerlichen' Lager herangetragen zu werden, und er bewegte sich im Denkhorizont des Historischen Materialismus, was es dem Abweichler erlaubte, den Vorwurf der ideologischen Abweichung mit Klassiker-Zitaten zu kontern und so seine Kritiker eben des Revisionismus zu überführen, den sie ihm entgegenhielten. Inhaltlich schließlich entzog Kuczynski der DDR-Geschichtswissenschaft gleich in doppelter Weise die legitimatorische Funktion, indem er ihre politische Instrumentalität zur außerwissenschaftlichen Parteinahme erklärte und der angemaßten Autorität der kommunistischen Partei als überlegenem Vortrupp einer zum Schöpfer der Geschichte verklärten Arbeiterklasse theoretisch wie empirisch den Boden entzog.

12 Ebd., S. 5ff.

13 Kuczynski, Der Ausbruch des ersten Weltkrieges, S. 19.

14 Ebd., S. 89. Mit dieser Umdeutung war auch die Entheroisierung von Parteiheiligen der Kriegs- und Vorkriegszeit verbunden, deren publizistische Äußerungen vom Sommer 1914 Kuczynski als „albern" (Franz Mehring), „unsinnig" (Julian Marchlewski) oder „schlecht" und „gelangweilt" (Rosa Luxemburg) qualifizierte. Ebd., S. 23, 32 u. 58.

Dieser so unbekümmerte wie unerhörte Vorstoß war geeignet, das Gefüge der parteimarxistischen Geschichtswissenschaft in den Grundfesten zu erschüttern. Im Rückgriff auf den utopischen Überlegenheitsglauben des marxistischen Geschichtsdenkens, wie ihn etwa auch Walter Markov und Alfred Meusel vertraten, brach Kuczynskis Attacke einer von politischer Indienstnahme emanzipierten Geschichtswissenschaft die Bahn, die sich dem offenen Wettberwerb mit der ‚bürgerlichen' Westwissenschaft stellen konnte, gerade weil sie sich als ein auf die eigene Überlegenheit vertrauendes Paradigma unter anderen in der weltweiten Gelehrtenrepublik verstand. Die von Kuczynski ausgelöste Kontroverse war daher für die Identität einer eigenständigen DDR-Geschichtswissenschaft von vitaler Bedeutung, und hieraus vor allem erklärt sich, weshalb die Auseinandersetzung mit dem Opponenten sich über Monate und Jahre, von unteren Parteigremien bis hin zum ZK-Sekretariat hinzog, wie eine Aktennotiz des ZK-Sektors Gesellschaftswissenschaften schon im Frühjahr 1957 offenbarte: „Anscheinend will er irgendeine ‚freie Diskussion', in der der politische Kampf nichts zu suchen hat. [...] In den ideologischen Diskussionen [...] vertrat er offensichtlich den Standpunkt einer offenen, freien Diskussion aller Probleme, wobei er scharf gegen ‚politische Diffamierungen', d.h. gegen die Hinweise auf politische Auswirkungen falscher Auffassungen und deren ideologische Quellen auftrat."[15]

Neben der ideologischen Brisanz allerdings gab es noch einen zweiten Grund, der die ungewöhnliche Dauer und Breite der über Kuczynski hereinbrechenden Kampagne von 1957/58 erklärt. Dieser Grund lag in der Persönlichkeit des ideologischen Störenfrieds, der in unnachahmlicher Weise unbedingte Parteiloyalität mit dem unbeugsamen Willen verband, an seinen Überzeugungen bis zum offenkundigen Nachweis ihrer Fehlerhaftigkeit festzuhalten. Kuczynski vermochte den vereinten Anstrengungen seiner vom ZK-Apparat gegen ihn aufgebotenen Fachkollegen und Parteigenossen mit einer erstaunlichen Hartnäckigkeit zu trotzen, gerade weil er eben kein klassischer Dissident war, sondern sein ideologisches Rebellentum als politische Loyalität lebte. Der 1904 als Sohn des Wirtschaftswissenschaftlers Robert Kuczynski geborene Großbürger und Kommunist war nach 1933 illegal in der Reichsleitung der KPD tätig gewesen, hatte im englischen Exil als Politischer Leiter der Gruppe deutscher Kommunisten in Großbritannien fungiert und später während des Krieges mit Zustimmung der Moskauer KPD-Zentrale als Oberstleutnant in der amerikanischen Armee gedient. 1946 wurde Kuczynski zum Ordinarius für Wirtschaftsgeschichte an der Berliner Universität berufen und baute in der Folgezeit sein umfangreiches wissenschaftliches Œuvre weiter aus, fand daneben aber auch die Zeit, ein

15 SAPMO-BArch, DY 30, J IV 2/2.024/47, Sektor Gesellschaftswissenschaften, Bemerkungen zu Artikeln des Genossen Prof. Kuczynski, die nach dem XX. Parteitag der KPdSU in der „Wirtschaftswissenschaft" erschienen sind, 2.4.1957.

Abgeordnetenmandat in der Volkskammer und andere öffentliche Funktionen wahrzunehmen. Seine zahlreichen Ämter und seine wissenschaftliche Reputation machten ihn zu einem der einflußreichsten Intellektuellen in der DDR und schützten den ‚linientreuen Dissidenten' Kuczynski zunächst gegen die drohende Ausgrenzung als Parteifeind. Seine relative Immunität wurde noch verstärkt durch eine subtile Unangreifbarkeitsstrategie, in der er mit der Autorität seiner politisch-wissenschaftlichen Biographie die intellektuelle Unruhestiftung in der sozialistischen Gesellschaft zur eigentlichen Parteitreue emporhob und damit noch im Vorwurf des Ketzertums die Bestätigung seiner Loyalität erblicken konnte.[16]

Ungeachtet dieser Finten galt es zumindest auf der ZK-Ebene für ausgemacht, daß Kuczynskis geschichtstheoretische Überlegungen, die mit der gleichzeitigen und auf dem Ulmer Historikertag 1956 kulminierenden Wiederannäherung an die westdeutsche Zunft in der DDR-Geschichtswissenschaft parallel gingen, eine unverkennbare Bedrohung für den Bestand der sozialistischen Geschichtswissenschaft darstellten, für die ihr Autor zur Rechenschaft gezogen werden müßte. Den politischen Rückenwind gab auch hier das 30. ZK-Plenum der SED Anfang 1957, das eine „prinzipielle Auseinandersetzung mit den verschiedenen Spielarten des Revisionismus" in der DDR einleitete und von „grundsätzlichem marxistisch-leninistischen Standpunkt aus [...] die Hintergründe und die konterrevolutionären Ziele der revisionistischen Angriffe gegen die Politik der SED auf(deckte)".[17] Angesichts von Kuczynskis elastischer Widerstandsfähigkeit und seiner in die Rüstung des Historischen Materialismus gekleideten Verteidigung wurde die gegen ihn gerichtete Antirevisionismus-Kampagne zu einem Lehrstück des historischen Herrschaftsdiskurses in der DDR, der dem politischen Oktroi die ideologische Rechtfertigung lieferte – und ihm damit aber umgekehrt auch den Handlungsrahmen vorschrieb. Nirgendwo in der gesamten Geschichte der DDR-Geschichtswissenschaft zeigte sich die die Grenzen des Absurden streifende Fesselung der machtpolitischen Erledigung einer intellektuellen Herausforderung an die diskursiven Verfahrensregeln der DDR-Historiographie klarer als im Fall Kuczynski. Denn das Eigenartige, fast Gespenstische an diesem Kampf mit dem Häretiker lag nicht etwa darin, daß sich Partei und Fachzunft erst allmählich zu einer klaren Ablehnung

16 Aufschlußreich hier ein Rencontre mit Hager Anfang 1956 über den Interessengegensatz von Wissenschaftler und Politiker, den Kuczynski mit einem Appell an seine Kollegen schloß: „Laßt euch prügeln von Glubek [recte: Dlubek], Diehl und Hager! Das ist ihre Aufgabe. Aber widersteht ihnen, wenn sie euch mit der wissenschaftlichen Arbeit hetzen!" Ebd., IV 2/9.04/133, Stenographische Niederschrift der Beratung des Genossen Kurt Hager mit Genossen Historikern am 12. Januar 1956 im Haus der Einheit.

17 So die offiziöse Sicht der DDR-Geschichtsschreibung: Geschichte der SED, S. 361.

seiner Auffassungen durchgerungen hätten[18], sondern in der jedes Maß sprengenden Verbissenheit, mit der man versuchte, den Querdenker zur Einsicht zu bewegen. Ganz offenbar stand mehr auf dem Spiel als der fachliche Irrtum eines prominenten Historikers, der auf administrative Weise durch Ausschaltung des Querulanten hätte erledigt werden können. Es ging in diesem Konflikt um nicht weniger als um die Geltungskraft eines Geschichtsdiskurses überhaupt, dessen entscheidendes Bindemittel der Konsens war.[19] Solange Kuczynski nicht selbst den gemeinsamen Boden der sozialistischen Geschichtswissenschaft in der DDR verließ, war seine eigene – und öffentlich bekundete – Einsicht, im Irrtum zu sein, für die innere Geschlossenheit des historischen Herrschaftsdiskurses nicht weniger entscheidend als die bloße Ausschaltung seiner Überzeugungen. Und erst im Eingeständnis der ideologischen Abweichung fand hier wie in anderen Fällen die ‚Diskussion' mit dem Delinquenten aus den eigenen Reihen den erforderlichen Abschluß, der mit der Rückkehr zur wissenschaftlichen Einheitlichkeit den Weg zur politisch-administrativen Bereinigung des Falles freimachte.

Mit seiner beharrlich verfolgten Linie, weder zu revozieren noch aber die fachliche Ordnung der neuen Geschichtswissenschaft aufzukündigen, zwang Kuczynski Partei und Zunft daher in eine Bewegungslosigkeit, aus der es für sie über lange Zeit kein glaubwürdiges Entrinnen gab. Für die Kampagne gegen ihn richtete die ZfG ein eigenes Diskussionsforum ein und mobilisierte fast ein Dutzend Autoren, die über mehrere Hefte hinweg gegen Kuczynskis „prinzipienlosen Eklektizismus" zu Felde zogen – ohne daß freilich dem Angegriffenen auch nur eine einzige Gelegenheit zur Erwiderung gegeben worden wäre. Um so nachdrücklicher konnten die bestellten Kritiker mit ihren unterschiedlichen Argumentationen dazu beitragen, daß die von den ‚Revisionisten' in die Nähe eines ‚bürgerlichen Objektivismus' gerückte Parteilichkeit wieder an die politische Linie der SED zurückgekoppelt wurde und damit ihre Leitrolle bei der Formierung einer funktionalen Geschichtswissenschaft zurückerhielt.[20]

18 Daß Kuczynski sich „unwissenschaftlicher bzw. unwürdiger Methoden" bediene und seine „revisionistische" Grundhaltung lediglich geschickt maskiere, stand aus der Sicht der zuständigen ZK-Abteilung Wissenschaften im gesamten Verlauf der Auseinandersetzungen unzweideutig fest. SAPMO-BArch, NY 4182/1364, Abteilung Wissenschaften, Information an das Sekretariat des Zentralkomitees, 25.9.1957; ebd., DY 30, IV 2/9.04/114, Die Konzeption des Genossen Kuczynski auf dem Gebiete der Geschichtstheorie und in einigen Fragen der Geschichte, 3.2.1960.

19 Bezeichnenderweise trug noch die vom Büro Hager angelegte Akte über den Konflikt den eigentümlichen Titel „*Zusammenarbeit* mit Jürgen Kuczynski". Ebd., J IV 2/2.024/47 (Hervorhebung durch mich; M.S.).

20 Vgl. exemplarisch: Höppner, Zur Kritik der Geschichtsauffassung von Jürgen Kuczynski, S. 562ff. zur ZfG-Kampagne jetzt auch: Haun, Kommunist und „Revisionist", S. 130ff.

Auch die interne Diskussion wurde unmittelbar nach dem 30. ZK-Plenum mit derselben Beratung der Fachkommission Geschichte vom 20. Februar 1957 eröffnet, auf der Rolf Dlubek namens der neugebildeten ZK-Abteilung Wissenschaften die Weichen für eine Disziplinierung der DDR-Historiographie insgesamt stellte. Von der Klage ausgehend, wie „oft zögernd und schleppend die Auseinandersetzung aufgenommen (wird), wodurch die Unklarheiten und Schwankungen monatelang weitergehen", erfolgte die Abgrenzung von Kuczynski hier aber noch ganz tastend und mit einer erkennbaren Scheu, den prominenten Abweichler frontal anzugehen: „So anregend und interessant die Ausführungen des Genossen Kuczynski – wie immer – sind, so wird in ihnen doch nach meiner Meinung der Begriff der Parteilichkeit an einigen Stellen verwässert"[21], hob der erkennbar verunsicherte Geschichtsreferent der ZK-Abteilung Wissenschaften im Februar 1957 hervor. Während andere weit schärfer attackierte Abweichler nach Auffassung der Parteibürokratie wenigstens erste Anzeichen selbstkritischer Einkehr zu erkennen gaben[22], blieb Kuczynski selbst offenkundig unbeeindruckt. Im April desselben Jahres 1957 teilte die Abteilung Wissenschaften mit, daß parallel zu der öffentlichen nunmehr auch die interne Auseinandersetzung aufgenommen und „die Diskussion über die Gesamtheit der Publikation[en] des Gen. Kuczynski in seiner Grundorganisation am Institut für Geschichte in der Deutschen Akademie der Wissenschaften fortgesetzt" werde.[23]

Dort allerdings zeigte man sich unerwartet sperrig. Während die Historiker an den Universitäten einem Lagebericht des SED-Apparates zufolge nur anfangs „noch im Geiste des Versöhnlertums gegenüber den ideologischen und politischen Entartungen" befangen blieben, sich aber bald „im wachsenden Maße gegen ideologisch-politische Schwankungen, gegen Verletzungen der Parteidisziplin und gegen Erscheinungen der ideologischen Koexistenz und des Revisionismus" zu wenden begannen[24], blieben entsprechende Auseinandersetzungen am Akademie-Institut zunächst aus, obwohl immerhin schon erste empörte Stellungnahmen auch von der ‚Basis' eingingen[25], die in Einzelfällen sogar die Gelegenheit zur Begleichung

21 SAPMO-BArch, DY 30, IV 2/9.04/134, Rolf Dlubek, Referat auf der Beratung der Genossen Historiker bei der Abteilung Wissenschaften des Zentralkomitees am 20. Februar 1957.

22 Ebd., Bericht über die Beratung der Genossen Historiker bei der Abteilung Wissenschaften des Zentralkomitees am 20. Februar 1957.

23 Ebd., Abt. Wissenschaften, Mitteilung zum Bericht des Genossen Walter Nimtz an den Gen. Kurt Hager, 17.4.1957.

24 Ebd., Abt. Wissenschaften, Bericht über die Lage in der Geschichtswissenschaft nach dem 30. Plenum des ZK der SED, 5.7.1957.

25 Vgl. etwa eine an die Abteilung Wissenschaften gerichtete Äußerung vom März 1957, die unter Berufung auf Ulbrichts Appell, alle Blumen, nicht aber Unkraut blühen zu lassen, an Kuczynskis Adresse erklärte: „Was in der ‚Zeitschrift für Geschichtswissenschaft' blüht, ist mehr als Unkraut, das sind bald Fliegenpilze. Der

persönlicher Rechnungen zu nutzen suchten.[26] Die Abteilung Wissenschaften warnte davor, sich mit dieser Stille zufriedenzugeben; nach den Maßstäben des Konsensprinzips konnte gerade sie den eigentlichen Gefahrenherd anzeigen: „Dabei ist dort bei weitem nicht alles in Ordnung. Wir haben den Eindruck, daß verschiedene Genossen nach dem 30. Plenum schweigen, obwohl sie andere Auffassungen vertreten. Als ein Vertreter unserer Abteilung in einer Parteiversammlung der Akademie diesen Eindruck mitteilte und betonte, daß ein Genosse dem andern durch offene Kritik nicht wehetun [sic!] will, stieß er auf Ablehnung."[27]

Dennoch kam die Auseinandersetzung mit Kuczynski auch weiterhin nicht voran. Zwar befaßten sich bis zum Sommer 1957 weisungsgemäß gleich zwei Parteiversammlungen mit den theoretischen Auffassungen des Abweichlers, aber sie brachten beide nicht das erwünschte Ergebnis, sondern endeten mit Etappensiegen von Kuczynski, dem es gelang, die ihm abgesprochene Konkordanz mit dem marxistischen Geschichtsdenken glaubhaft zu machen und sich als zu Unrecht Angegriffenen hinzustellen.[28] Im zweiten Anlauf wählte die Leitung der Grundorganisation daher ein anderes Verfahren und konzentrierte sich auf die aus parteimarxistischer Sicht anfechtbarste These Kuczynskis, daß nämlich die ökonomische Tätigkeit der Volksmassen allein keine schöpferische Qualität habe und somit auch nicht „Geschichte mache". Doch abermals gelang es weder, Kuczynski auf dem Wege der fachlichen Diskussion ideologisch zu delegitimieren und aus den eigenen Reihen auszuschließen, noch die Historikerschaft überhaupt auf eine gemeinsame Sicht zu verpflichten: „Die Diskussion in der zweiten Parteiversammlung verlief bis zur Hälfte auf der Ebene einer rein theoretischen Auseinandersetzung über die angeführte Frage. Obwohl [!] die Standpunkte aufeinanderprallten, kam es zu keiner einheitlichen Auffassung."[29] Die Parteileitung am Akademie-Institut stand mit ihrem Mißerfolg keineswegs allein; schon im Mai desselben Jahres hatte selbst eine Inter-

Artikel des Genossen Kuczinsky [sic!] zum 100. Geburtstag von G.W. Plechanow [...] enthält derartig viel[e] unmarxistische Feststellungen, daß es jedem [sic!] Propagandisten nur grausen kann." Ebd., 147, Eva Steinitz/Johanna Stark/Gerhard Wetzel/Edith Hörling an die Abteilung Wissenschaften, 20.3.1957.

26 „In Kuczynskis Betrachtungen wird erstmalig das deutlich, was einem klassenbewußten Arbeiterstudenten in all den vergangenen Jahren entgegentrat, wenn er sich auf dem Gebiet der Geschichtswissenschaft betätigte: Geringschätzung und Verächtlichmachung seiner Leistungen durch diejenigen, die uns eine bessere ‚Schulbildung' entgegenzusetzen haben." Ebd., NY 4182/1364, Fritz Köhler, Niederschrift meiner am 18. März 1957 mündlich dargelegten Gedanken [nebst einigen Ergänzungen] über die augenblickliche Situation innerhalb der Intelligenz, besonders über Erscheinungen des Klassenkampfes auf dem Gebiet der Geschichtswissenschaft.

27 Ebd., DY 30, IV 2/9.04/134, Abt. Wissenschaften, Bericht über die Lage in der Geschichtswissenschaft nach dem 30. Plenum des ZK der SED, 5.7.1957.

28 Ebd.

29 Ebd.

vention der politischen Führung den Konflikt nicht zu lösen vermocht. Auf einer Konferenz der SED-Zeitschrift *Einheit*, die der Auseinandersetzung mit Kuczynskis zuvor veröffentlichtem Artikel über Meinungsstreit und Dogmatismus dienen sollte, hatte Kuczynski den Vorwurf Ulbrichts, die Rolle der Partei zu negieren, mit einer Unmutsgeste quittiert und dadurch den Parteichef zu einem Ausruf bewogen, in dem sich Macht und Ohnmacht des Herrschaftsdiskurses zugleich spiegelten: „Genosse Kuczynski schüttelt mit dem Kopf. Das ist ja gerade sein Unglück, daß er den eigenen Fehler nicht sieht. Deswegen muß man mit ihm diskutieren.“[30]

Zu dieser Zeit war sich die Parteiführung allerdings angesichts der allenthalben grassierenden ‚revisionistischen Schwankungen‘ in der Historikerzunft der DDR offenbar selbst noch unschlüssig, „ob wir jetzt uns besonders mit Kuczinski [sic!] auf dem Gebiet der Geschichte auseinandersetzen sollen, ob man gegen ihn den Hauptstoß führen soll“.[31] Schließlich war es der Kritisierte selbst, der den Konflikt im Sommer 1957 mit dem Erscheinen seines Buches über den Ausbruch des Ersten Weltkriegs abermals zuspitzte und damit aus dem engeren Zirkel des Fakultätenstreits in die breitere Öffentlichkeit überführte.[32] Die Abteilung Wissenschaften reagierte umgehend mit einer internen „Information“, daß dieses Buch von Kuczynski den „Gipfelpunkt seiner revisionistischen Auffassungen“ darstelle, und fand die „Zeit gekommen, wo sich die Partei offiziell mit ihm auseinandersetzen muß“.[33] Am Ergebnis dieser ‚Auseinandersetzung‘ konnte es keinen Zweifel geben, es mußte in der konsensuellen Verurteilung des von Kuczynski lancierten ‚Revisionismus‘ bestehen. Die erdrückenden Indizien, die der ZK-Apparat in seiner Information auflistete, umfaßten das von Kuczynski behauptete ‚Versagen der Volksmassen‘ bei Kriegsbeginn, die faktische Entschuldigung für den ‚Verrat der rechten SPD-Führer‘ und eine unzulässige Vermischung von revolutionärer Parteidisziplin und opportunistischer Führerhörigkeit. Wiewohl sie sich durchaus um eine wissenschaftliche Einkleidung im Sinne der an der Lehrbuch-Diskussion erörterten Plausibilitätskriterien bemühte[34], operierte die Argumentation der ZK-Abteilung

30 Protokoll. Konferenz der „Einheit“, S. 74.

31 SAPMO-BArch, DY 30, J IV 2/3 – 560, Bericht des Genossen Hager über Auswertung des 30. Plenums an den Universitäten und Hochschulen. Stichwortprotokoll aus der Sitzung des Sekretariats am 9. Mai 1957.

32 Zur „Schockwirkung“ des für eine breitere Öffentlichkeit gedachten Buches auf den ZK-Apparat: Haun, Kommunist und „Revisionist“, S. 110.

33 SAPMO BArch, DY 30, IV 2/9.04/147, Abteilung Wissenschaften, Information an das Sekretariat des Zentralkomitees über die Auffassungen des Genossen Jürgen Kuczynski und sein neues Buch „Der Ausbruch des ersten Weltkrieges und die deutsche Sozialdemokratie“, Akademie-Verlag 1957, 25.9.1957.

34 „Gen. Kuczynski wertet nicht die konkreten Einschätzungen W. I. Lenins zu dieser Frage aus, sondern umgeht sie. Um seine These vom Versagen der Volksmassen glaubhaft darzustellen, bedient sich Gen. K[uczynski] unwissenschaftlicher bzw. unwürdiger Methoden.“ Ebd.

derart stark in den Bahnen eines tagespolitischen Parteilichkeitsdenkens[35], daß ihre fachliche Überzeugungskraft nach den bereits gemachten Erfahrungen zusätzlicher Verstärkung benötigte. Dem versuchte die Abteilung zum einen mit dem Nachweis der wissenschaftlichen Unredlichkeit in Kuczynskis Arbeit Rechnung zu tragen[36] und zum anderen mit dem Versuch, den fachlichen Konsens nun stärker mit administrativen Mitteln durchzusetzen: „Unsere Abteilung hat sofort nach Erscheinen dieses Buches Maßnahmen eingeleitet, um zunächst eine gründliche Einschätzung zu erhalten und dann die Auseinandersetzungen zu beginnen. Die benutzten und tendenziös ausgelassenen Quellen und Materialien wurden überprüft. Nunmehr liegt uns eine umfassende Stellungnahme von Genossen des Instituts für Gesellschaftswissenschaften beim ZK unserer Partei vor. Auch die Genossen des Instituts für Marxismus-Leninismus [...] arbeiteten das Buch durch und veranstalteten eine Diskussion im Rahmen der Abteilung darüber. [...] Für die ‚Zeitschrift für Geschichtswissenschaft' schreibt Gen. Schleifstein an einer größeren Stellungnahme. Diese und andere Genossen [...] äußerten ihre Empörung über die revisionistischen Versuche, die Gen. Kuczynski mit seinem Buch anstellt. – Die Vorbereitungen sind insoweit getroffen, daß eine fundierte (!) Auseinandersetzung beginnen kann."[37]

Tatsächlich gelang es auf diese Weise, nun auch die Historiker des Akademie-Instituts gegen Kuczynski zu mobilisieren, für die sich Ernst Engelberg in einem Schreiben an die Abteilung Wissenschaften darüber empörte, daß Kuczynski seinen Umarbeitungsvorschlägen nicht gefolgt sei.[38] Im Januar 1958 holte der Parteiapparat zu einem Doppelschlag aus, der den parteiinternen Widersacher endlich zur Strecke bringen sollte. Den Auftakt machte eine dritte Veranstaltung der SED-Grundorganisation am Akademie-Institut, die sich ganz auf Kuczynskis Arbeit zum Ersten Weltkrieg konzentrierte und an der auch ‚geladene Gäste' anderer Facheinrichtungen teilnahmen.[39] Sie verlief insoweit ganz im Sinne der Parteileitung, als sich unter den vielen Wortmeldungen zum ‚Fall Kuczynski' nicht eine einzige fand, die dem Abweichler den Rücken stärkte. Der aber wußte, ganz auf sich selbst gestellt, abermals das (pseudo-)plurale Verfahren der Fach-

[35] Vgl. als Beispiel: „Ergo: Die Massen waren schuld. – Damit gerät Gen. Kuczynski in eine Linie mit jenen opportunistischen SPD-Führer[n], die sich von ihrer Schuld reinwaschen wollen. Gen. Kuczynski stellt den Verrat der rechten SPD-Führer bei Kriegsausbruch als eine plötzliche Erscheinung hin. [...] Damit verwischt Gen. K. den gesamten *Prozeß* der opportunistischen Versumpfung der rechten SPD-Führer und findet wieder eine Entschuldigung." Ebd. (Hervorhebung im Original).

[36] So etwa in folgendem Urteil: „Bei der Beurteilung der *Linken* wird ihre Rolle verkleinert und durch eine schreiend tendenziöse Auswahl der Materialien ihre revolutionäre Tätigkeit herabgesetzt." Ebd. (Hervorhebung im Original).

[37] Ebd.

[38] Ebd., Ernst Engelberg an Raimund Wagner, 27.10.1957.

[39] Vgl. hierzu aus Sicht des Betroffenen: Kuczynski, Frost nach dem Tauwetter, S. 108.

wissenschaft für sich zu nutzen, um das geforderte konsensuelle Resultat zu unterlaufen, und dehnte das ihm zugestandene Schlußwort zu einem neunzigminütigen Referat aus, das nicht ein Reuebekenntnis beinhaltete, sondern eine selbstbewußte Gegenkritik entsprechend den Gepflogenheiten der wissenschaftlichen Diskussion. Kuczynski „verteidigte [...] seine Konzeption, stellte vieles als Mißverständnis hin und umging die Beantwortung wichtiger Fragen", gab die empörte Abteilung umgehend an Ulbricht und Hager weiter.[40] Solcherart herausgefordert, reagierten die Hüter des historischen Herrschaftsdiskurses mit einer charakteristischen Verdeutlichung der Spielregeln, die den Zusammenhang zwischen der Parteilichkeit des sozialistischen Geschichtsbildes und der Parteilichkeit seiner fachlichen Erörterung klarstellte: „Die Verteidigungsrede in der Parteiversammlung [...] wurde Gen. Kuczynski u.a. durch die versöhnlerische Stellungnahme der Parteileitung der Grundorganisation ermöglicht! [...] Wir sind der Meinung, daß die Parteileitung auch jetzt noch nicht eine parteiliche Einstellung zu diesen Fragen gefunden hat."[41]

Wie man es besser macht, demonstrierte die Abteilung Wissenschaften tags darauf in der zweiten Angriffswelle, die diesmal im Rahmen einer erweiterten Beratung der Fachkommission Geschichte stattfand, um Kuczynski mit der Autorität von knapp vierzig versammelten Institutsdirektoren und Parteisekretären geschichtswissenschaftlicher Einrichtungen aus seiner Igelstellung zu vertreiben. Diesmal gelang das Vorhaben. Die Anwesenden wurden eingestimmt vom zuständigen Geschichtsreferenten der Abteilung Wissenschaften, Raimund Wagner, der Kuczynski taktisch geschickt isolierte und sich in seinem Eingangsreferat befriedigt darüber zeigte, daß der mit Kuczynski vom Revisionismusvorwurf bedrohte Streisand geläutert auf den Boden der gemeinschaftlichen Überzeugung zurückgekehrt sei. Damit höbe er sich leuchtend von dem halsstarrigen Kuczynski ab, der „in allen entscheidenden Fragen die Kritik zurückweist" und auf diese Weise den Machtapparat im SED-Staat zwang, die Funktionsmechanismen des historischen Herrschaftsdiskurses in seltener Klarheit bloßzulegen. Wagner überführte Kuczynski des Irrtums, indem er dessen theoretische Kritik an der marxistischen Parteilichkeit mit der metatheoretischen Berufung auf eben diese Parteilichkeit beantwortete: „Zunächst wird gegen Genossen Kuczynski der berechtigte Vorwurf erhoben, daß er in fortgesetzter Folge mit der marxistisch-leninistischen *Parteilichkeit* in Konflikt kommt und auf die Position des Objektivismus abgleitet. Das ist ein sehr ernster und schwerer Vorwurf, der gegen einen Marxisten-Leninisten erhoben wird. Was seinen Artikel ‚Parteilichkeit und Objektivität in der Ge-

[40] SAPMO BArch, DY 30, J IV 2/2.024/47, Abt. Wissenschaften, Betr.: Informationen über die Tagung der Fachkommission Geschichte bei der Abteilung Wissenschaften des ZK am 24. Januar 1958, 29.1.1958.

[41] Ebd.

schichte und Geschichtsschreibung' betrifft, so wurde die objektivistische Beurteilung der Leistung Leopold von Rankes [...] bereits bewiesen bzw. festgestellt. [...] Schließlich trifft man in dem [...] Buch über den Ausbruch des ersten Weltkrieges auf Schritt und Tritt eine verwaschene und unparteimäßige Behandlung von wichtigen Problemen." Als zentrales Beispiel nannte Wagner Kuczynskis Bemühen, Karl Liebknechts Zustimmung zur Bewilligung der Kriegskredite am 4. August 1914 mit Hinweis auf die Parteidisziplin in der SPD zu rechtfertigen: „Man muß aber Genossen Kuczynski die Frage stellen, seit wann es denn für einen marxistischen Historiker üblich ist, bei der Beurteilung der Parteidisziplin keine *prinzipielle Unterscheidung* zwischen einer revolutionären marxistischen Klassenpartei und einer mit dem Gift des Opportunismus durchsetzten und von verräterischen rechten Führern der Partei zu machen? Durch die Art seines Vorgehens verwischt Genosse Kuczynski die prinzipielle Fragestellung und behandelt die Parteidisziplin von einem klassenindifferenten und objektivistischen Standpunkt."[42]

Damit konnte Kuczynski als wissenschaftlich überführt gelten – durch eine Argumentation, die seine Auffassungen als Verletzung der diskursiven Normen zurückwies, ohne sich mit ihnen inhaltlich weiter auseinanderzusetzen. Übrig blieb die Festigung der eigenen Reihen und insbesondere die Einbindung der Fachhistoriker in einen ideologischen Klärungsprozeß, der bislang durch ein unverkennbares Übergewicht der Parteiadministration geprägt war, was diese selbst als „ungesund und unnormal" qualifizierte und mit der Forderung an die ‚Genossen Professoren' beantwortete, entschiedener in die Diskussion einzugreifen: „Es ist klar, daß die Auseinandersetzung ohne ihr aktives Eingreifen nicht zum Abschluß gebracht werden kann."[43] Zumindest der weitere Verlauf der von Wagners Referat vorgezeichneten Beratung vom 24. Januar zeitigte den gewünschten Erfolg, und die Abteilung Wissenschaften konnte sich anschließend über den Verlauf des Scherbengerichts vollauf befriedigt zeigen: „Wir sind übereinstimmend mit allen Genossen der Meinung, daß die Auseinandersetzungen auf einem sehr hohen parteilichen Niveau geführt wurden. Alle Genossen, die zu Wort kamen [...], wiesen in sehr scharfer Form die Auffassungen des Gen. Prof. Kuczynski als revisionistisch zurück. Einige Genossen, die erklärten, daß wir keine Kompromisse in diesen Fragen dulden werden, brachten die Atmosphäre der Tagung zum Ausdruck".[44]

Desungeachtet verstand die Sammelattacke sich als „helfende Kritik", die den Abtrünnigen keineswegs ausgrenzen, sondern im Gegenteil nach

42 Ebd. IV 2/9.04/135 [Raimund Wagner, Referat auf der Beratung der] Fachkommission, 24.1.1958 (Hervorhebungen im Original).

43 Ebd.

44 Ebd. J IV 2/2.024/47, Abteilung Wissenschaften, Betr.: Information über die Tagung der Fachkommission Geschichte bei der Abteilung Wissenschaften des ZK am 24. Januar 1958, 29.1.1958.

erfolgtem Schuldbekenntnis re-integrieren wolle, solange er jedenfalls die Rahmenordnung des sozialistischen Geschichtsverständnisses nicht verletzte: „Gleichzeitig betonten die Diskussionsredner, die Auseinandersetzungen werden unter Genossen geführt und verfolgen das Ziel, den Genossen Kuczynski in diesen Fragen auf die marxistisch-leninistische Position zurückzuführen."[45] Daß eine solche Versöhnung im Konsens allerdings noch möglich sein konnte, war nach dieser Manifestation der fachlichen Geschlossenheit unter den DDR-Historikern zumindest zweifelhaft. Denn sobald Kuczynskis Versuch, den marxistisch-leninistischen Parteilichkeitsbegriff von seiner bedingungslosen Identifizierung mit dem politischen Willen der SED-Führung zu befreien, als verkappter Objektivismus ‚entlarvt' war, lief dessen Weigerung, ihn fallenzulassen, auf eine faktische Kündigung der sozialistischen Diskursordnung hinaus – und stempelte den widerständigen Wirtschaftshistoriker zum Gegner. Damit aber war die lähmende Fessel abgestreift, die Kuczynskis Strategie der loyalen Dissidenz seinen mächtig-ohnmächtigen Widersachern im SED-Apparat angelegt hatte, und der in die Ecke gedrängte Wirtschaftshistoriker vor die ausweglose Wahl gestellt, entweder abzuschwören oder sich selbst zum Parteifeind zu stempeln, wie die Abteilung Wissenschaften in ihrem Auswertungsbericht hervorhob: „Eine entscheidende Rolle spielte in der Diskussion die Frage der Parteilichkeit. An einer sehr großen Zahl von Beispielen, die nahezu unerschöpflich sind, wurde dem Gen. Kuczynski überzeugend nachgewiesen, daß er von objektivistischen Positionen an die Beurteilung wichtiger Probleme der Geschichte herangeht. Es fehlt ein klarer Klassenstandpunkt. Gen. Kuczynski muß davon ausgehend, seine ganze Konzeption überprüfen, so betonten die Genossen. *Auf eine andere Weise ist eine nützliche Diskussion nicht möglich.*"[46]

Weniger, daß er einer geschlossenen Phalanx von Kollegen gegenüberstand, die fast verzweifelt gegen ihren Kontrahenten anstürmten[47], wohl aber der Umstand, daß seine diskursimmanente Verteidigungsstellung unterminiert war, zwang Kuczynski nun zu einem taktischen Rückzug. Mit entwaffnender Geschmeidigkeit stellte er seinen Standpunkt zur Disposition, ohne ihn endgültig preiszugeben, um im Gegenzug seine Zugehörigkeit zur marxistisch-leninistischen Diskursgemeinschaft zu wahren. Wieder vermochte er die Eigenart einer sozialistischen Konsensdiktatur für sich in Anspruch zu nehmen, die ihre Macht *über* den Geschichtsdiskurs als Macht *im* Geschichtsdiskurs ausübte, und pochte gerade im Interesse einer ehrli-

45 Ebd.

46 Ebd. (Hervorhebungen durch mich; M.S.).

47 „Dies sind bei weitem nicht alle Fragen, die von den Genossen kritisiert und verurteilt wurden. Es gab nicht eine einzige Stimme der Verteidigung oder Rechtfertigung der Konzeption des Gen. Kuczynski. Der ganze kämpferische und parteiliche Geist, der diese Tagung beherrschte, war eine sehr eindeutige Entscheidung gegen die revisionistischen Erscheinungen." Ebd.

chen Überwindung seiner Irrtümer auf Fristgewährung, indem er erklärte, „daß er zwar bisher noch nicht überzeugt worden sei, aber die einheitliche Front der Genossen gegen seine Auffassungen deutlich gesehen habe. Dies gebe ihm sehr zu denken und er wolle sich mit den Kritiken intensiv beschäftigen. Dazu brauche er aber Überlegungen und Zeit.“[48]

Mit dieser Taktik erreichte Kuczynski allerdings zunächst nur, daß die inhaltliche Auseinandersetzung mit ihm überhaupt weitergeführt wurde. Viel Zeit zur Besinnung wurde ihm hingegen nicht eingeräumt, nachdem der Machtkampf an der Parteispitze im Februar 1958 mit der Ausschaltung der angeblichen Revisionisten Fred Oelßner, Ernst Wollweber und Karl Schirdewan entschieden worden war. Auf der III. Hochschulkonferenz der SED vom 28. Februar bis 3. März 1958 rief Kurt Hager dazu auf, den modernen Revisionismus endgültig zu zerschlagen, als deren Protagonisten der Wirtschaftswissenschaftler Fritz Behrens, der Physikochemiker Robert Havemann und eben Jürgen Kuczynski identifiziert wurden.[49] Während Behrens bedingungslos widerrief und Havemann sich ebenso bedingungslos weigerte, seinem Beispiel nachzueifern, nahm Kuczynski eine beide Strategien vereinende Mittelposition ein: Er übte eine Selbstkritik, die sich als Demutsgeste in ihrem überzogenen Pathos selbst desavouierte[50], in ihrem sachlichen Inhalt aber lediglich Nebenfragen der Darstellung betraf wie den „beschämende[n] Fehler“, daß in seinem Weltkriegs-Buch „der heldenhafte Kampf, den die Linke stets geführt hat, nicht so stark, so klar und so deutlich herausgearbeitet wird, daß er wuchtig in den Vordergrund tritt“.[51]

Kein anderer DDR-Historiker hatte es jemals in vergleichbarer Weise unternommen, die Wissenschaftspolitiker der SED mit ihren eigenen Waffen und auf ihrem eigenen Feld herauszufordern, indem er den von ihm ausgelösten Dissens in einen übergeordneten Konsens einbettete, nämlich in die Gemeinsamkeit des beide Seiten verbindenden Kampfes für das sozialistische Projekt mit den Mitteln der Historie. Nicht einmal dadurch, daß sein Weltkriegs-Buch verboten wurde, ließ Kuczynski sich in dieser Haltung beirren. Als der Akademie Verlag ihm im Februar 1958 mitteilte, daß er die Auslieferung des Buches in Reaktion auf die massive Kritik an ihm ‚vorübergehend eingestellt‘ habe, protestierte der unterdrückte Autor nicht etwa, sondern suchte im Gegenteil postwendend den Verlag auf, um sich für seine

48 Ebd.

49 Zum Verlauf der Hochschulkonferenz vgl. Haun, Kommunist und „Revisionist“, S. 119ff.

50 „Unter diesen Umständen muß unsere Partei, wenn es nötig ist, harte und scharfe Kritik an Fehlern insbesondere der Genossen Lehrer an den Universitäten und Hochschulen üben. Denn wie sollen wir sozialistische Universitäten und Hochschulen aufbauen, wenn Genossen Lehrer ernste Fehler machen, ohne dafür zur Rechenschaft gezogen zu werden.“ SAPMO-BArch, DY 30, IV 2/1.01/389, 3. Hochschulkonferenz der SED, 28.2.–2.3.1958, 3. Tag, Redebeitrag Jürgen Kuczynski.

51 Zit. n. Kuczynski, Frost nach dem Tauwetter, S. 105.

Irrtümer zu entschuldigen und zu versichern, daß er selbstverständlich für alle finanziellen Einbußen geradestehe, die aus der erforderlichen Zurückziehung des Werkes entstünden.[52] Nicht weniger hartnäckig als er kämpften aber auch seine der SED angehörenden Fachkollegen, die sich in einer Parteigruppensitzung der Institutsleitung des Akademie-Instituts im April 1958 darauf einigten, die weitere Auseinandersetzung mit Kuczynski in der für ihn zuständigen SED-Grundorganisation zu führen.[53] Die machte auf einer neuerlichen Versammlung zum Fall Kuczynski die Konsensstruktur der sozialistischen Geschichtswissenschaft geltend, indem sie die höhere Vernunft des Kollektivs ins Feld führte: „Es ist ausgeschlossen, sich auf einen Standpunkt zu stellen, der darauf hinausläuft: alle anderen haben in den Grundauffassungen Unrecht, nur ich nicht."[54] Als sich Kuczynski desungeachtet immer noch bei neuerlicher Konzilianz in einzelnen Fragen weigerte, den Vorwurf des Revisionismus insgesamt zu akzeptieren, griff die Parteileitung der SED-Grundorganisation des Akademie-Instituts auf Antrag von Albert Schreiner zu einem noch schärferen Mittel, um den hartnäckigen Widersacher in die Enge zu treiben. Es bestand in der Vorlegung schriftlicher Grundfragen, die Kuczynski zu einem klaren Widerruf oder zu einer ebenso klaren Demaskierung zwingen müßten.[55]

Der zehnseitige Fragenkatalog, der als Produkt dieser Bemühungen entstand, ist ein in mehrerer Hinsicht aufschlußreiches Dokument. Wider Willen bezeugt er zuallererst die intellektuelle Unterlegenheit der Gegner Kuczynskis, die sich der argumentativen Logik des zum Revisionisten Abgestempelten so wenig gewachsen fühlten, daß die Parteileitung der Grundorganisation zur Ausarbeitung der Fragen eine eigene Kommission zu bilden angemessen fand und zeitweilig sogar die Abteilung Wissenschaften

52 SAPMO-BArch, DY 30, IV 2/9.04/147, Akademie-Verlag, Aktennotiz, 4.3.1958.

53 ABBAW, ZIG 665, Protokoll über die Parteigruppensitzung der Institutsleitung vom 10.4.1958.

54 SAPMO-BArch, DY 30, IV 2/9.04/147, Zur Diskussion mit Genossen Kuczynski in der erweiterten Parteileitungssitzung am 14. Mai 1958. Der Versuch, einen individuellen Dissens durch den höheren Konsens des Kollektivs zum Verschwinden zu bringen, beherrschte auch die Argumentation der anderen Diskussionsteilnehmer: „Genossin Giersiepen: [...] Genosse Kuczynski steht außerhalb des Kollektivs. [...] Du behauptest Deinen Standpunkt aus zwei Gründen: 1.) man muß zu seiner Auffassung so lange stehen, wie man noch nicht restlos von der Falschheit dieser Auffassung überzeugt ist. Das läuft darauf hinaus, wenn ich mit einem Beschluß des ZK nicht einverstanden bin, dann bleibe ich auf meiner Meinung bestehen. [...] Genosse Lärmer: Genosse Kuczynski sagt, er hat sich auf Marx, Engels und Lenin gestützt. Wir haben eigentlich auch alle Marx, Engels und Lenin gelesen und glauben, das auch begriffen zu haben. Nur mit dem Genossen Kuczynski kommen wir in Schwierigkeiten. Das kann doch nicht an uns liegen. Entweder liegt das an seiner Darlegung oder an seiner eigenen Unklarheit." Ebd., Erweiterte Parteileitungssitzung der Grundorganisation des Instituts für Geschichte, 14.5.1958.

55 Ebd.

bei der „sehr komplizierten und schwierigen Angelegenheit" zu Hilfe rufen wollte.[56] Nicht weniger als 38 Tage benötigte diese in aller Form bestellte Kommission, bis sie Kuczynski am 21. Juni ihr zehnseitiges Fragepapier mit der Maßgabe vorlegte, binnen zehn Tagen „unter gewissenhafter Verarbeitung der gesamten an ihm in den letzten zwei Jahren geübten Kritik" eine Stellungnahme über die Grundfrage abzugeben, ob „die in Deinen Arbeiten seit dem XX. Parteitag vertretenen Konzeptionen und Deine politische Haltung [...] den Prinzipien des Marxismus-Leninismus und den Erfordernissen und der Linie der Partei entsprechen".[57] Nicht weniger augenfällig ist die aggressive Verbissenheit, mit der die Zunftkollegen auf Kuczynski eindrangen, um endlich eine Auseinandersetzung zum Abschluß zu bringen, in der die Gewichte so ungleich verteilt waren, daß Grundorganisation und ZK-Apparat sich um so mehr zum Gespött zu machen drohten, je länger sich das Verfahren noch hinzog. Nichts war mehr von kollegialer Solidarität zu spüren, wenn die vorgelegten Fragen Kuczynski kurzerhand „schädliche Auffassungen" und „Entgleisungen" unterstellten, „die an die Pogromhetze anklingen, mit der die ungarischen Revisionisten das blutige Werk der Konterrevolution vorbereiteten".[58] In diesen Formulierungen zeigte sich, daß den hartnäckigen Häretiker nur noch ein kleiner Schritt von der repressiven Erledigung seines Falls trennte – und dieser Schritt mußte entweder im Eingeständnis seines Irrtums bestehen oder aber in seiner nach den geltenden Kriterien plausiblen Ausgrenzung aus der sozialistischen Denkgemeinschaft.

Auf eben diese Konsequenz zielte der inquisitorische Fragespiegel, der der Ohnmacht der Macht endlich ein Ende bereiten sollte, indem er das Feld der weiteren Auseinandersetzung so abzustecken versuchte, daß Kuczynski sich nicht länger hinter dem Konsensgebot der sozialistischen Geschichtswissenschaft verstecken könnte. Deshalb konnte es kaum überraschen, daß der dem Frondeur unterbreitete Text in seinem ersten Drittel nicht etwa dessen Stellungnahme einforderte, sondern vielmehr bereits das abschließende Urteil über ihn fällte.[59] Auch im weiteren entpuppte die nur äußerlich

56 Ebd., [Helmut] Kral an Raimund Wagner, o.D.

57 Ebd., Fragen der Parteileitung der Parteiorganisation des Instituts für Geschichte an der Deutschen Akademie der Wissenschaften an den Gen. Prof. Jürgen Kuczynski, o.D.

58 Ebd.

59 „Unter dem ideologischen Druck des Gegners traten in kommunistischen und Arbeiterparteien Unklarheiten, Schwankungen und revisionistische Auffassungen zu Tage. Die umfassendste, weitgehendste und hartnäckigste Äußerung dieser Art in der Geschichtswissenschaft der Deutschen Demokratischen Republik stellt die Serie von Artikeln und anderen Publikationen dar, die Genosse Kuczynski seit dem 20. Parteitag über philosophische, historische und politische Grundfragen veröffentlichte. In diesen Arbeiten sind eine Fülle von Fehlern enthalten, die untereinander in Zusammenhang stehen und sich gegenseitig bedingen. Sie tragen revisionistischen

in sechs rhetorische Fragen mündende Streitschrift sich als bloßer Appell einer argumentativ überforderten Kollegenschaft, endlich das erlösende Wort auszusprechen, das der im Diktat des Konsenses gefangenen Antirevisionismus-Kampagne Hilfe bringen und die Auseinandersetzung mit dem Abtrünnigen zum Wohle beider Seiten aus der Sackgasse befreien könnte: „Genosse Kuczynski bindet die Kräfte der Grundorganisation durch sein hartnäckiges, unbegründetes Festhalten an seinen falschen Auffassungen seit über einem Jahr und lähmt somit ihre Schlagkraft und Aktionsfähigkeit. [...] Diese Haltung des Genossen Kuczynski kann und wird die Grundorganisation im Interesse der Partei und in seinem eigenen Interesse nicht mehr dulden. Angesichts des bevorstehenden V. Parteitags fordert die Grundorganisation den Genossen Kuczynski mit allem Ernst und Nachdruck auf, selbstkritisch seine Haltung und die Wurzeln seiner schweren Fehler einzuschätzen."[60]

Was aber konnte ihrem Aufruf in einer Situation den nötigen Nachdruck verleihen, in der den Verteidigern einer parteimarxistischen Geschichtswissenschaft wissenschaftliche Argumente nicht mehr und politische Repressalien noch nicht zu Gebote standen? Es war dies der Verweis auf das Regelwerk eines Geschichtsdiskurses, dessen Kollektivideal und dessen Konsensgebot keine neutrale Größe waren, sondern im Kontext einer politischen Wissenschaft standen: „Gleichzeitig isoliert er [Kuczynski] sich selbst vom Kollektiv seiner Genossen und verstößt gegen die elementare, im Parteistatut verankerte Pflicht jedes Parteimitgliedes, sich gegenüber der Kritik der Partei aufgeschlossen zu verhalten. Das muß – wie alte und neue Erfahrungen der Arbeiterbewegung lehren – schwerwiegende Folgen haben."[61] Deutlicher konnte die Grundstruktur des historischen Herrschaftsdiskurses in der ostdeutschen Geschichtswissenschaft nicht offenbart werden. An Kuczynskis Hartnäckigkeit rieb sich die Utopie der ‚zwanglosen Konsensualität' einer marxistisch-leninistischen Geschichtswissenschaft ebenso auf wie an der Einigungsunfähigkeit des Lehrbuchkollektivs in der Periodisierungsfrage, und in ihren Trümmern agierte eine orientierungslose SED-Historikerschaft, die noch keine administrativen Prozeduren der Konsensbildung ausgebildet hatte und zur Rettung ihrer bedrohten Diskursordnung auf Kuczynskis Bereitschaft angewiesen war, sich selbst zu opfern.

Doch der, der den Schlüssel zur Rettung der marxistisch-leninistischen Geschichtswissenschaft in ihrer binnenfachlichen Glaubwürdigkeit besaß, tat seinen Genossen diesen Gefallen durchaus nicht. Pünktlich zum 30. Juni 1958 lag Kuczynskis Entgegnung vor, und sie konzentrierte sich unter souveräner Hintanstellung der allgemeinen Ausführungen der Parteileitung vor

Charakter. [...] Ihr gemeinsamer Wesenszug ist das Abweichen vom proletarischen Klassenstandpunkt." Ebd.

60 Ebd.

61 Ebd.

allem auf die sechs inquisitorischen Fragen, die ihm zur Beantwortung aufgegeben waren. In konsequenter Mißachtung ihrer eigentlichen Botschaft deutete Kuczynski die ihm vorgelegten rhetorischen Fragen als das, was sie nach dem Willen ihrer Autoren gerade nicht waren, nämlich als Aufforderung zu einer inhaltlichen Diskussion mit offenem Ergebnis. Dies ermöglichte ihm, der denunziatorischen Frage, wie er seinen „Beitrag zum Kampf gegen opportunistische und revisionistische Auffassungen auf Deinen wissenschaftlichen Arbeitsgebieten seit dem XX. Parteitag" beurteile, mit einem umfassenden Bekenntnis zur gemeinsamen Sache zu begegnen und als Tätigkeitsnachweis nicht weniger als 51 „Veröffentlichungen, einschl. Übersetzungen in chronologischer Reihenfolge" in den Jahren 1956 bis 1958 – getrennt nach Büchern und Artikeln – anzuführen.[62] Auf dieser Grundlage seines demonstrierten Einsatzes für den sozialistischen Kampf mobilisierte Kuczynski seinerseits die geltenden Prinzipien der fachlichen Verständigung und rügte den Versuch der Parteileitung, eine inhaltliche Fortsetzung der Kontroverse zu verhindern, als Schädigung der Parteiinteressen: „Die Parteileitung hat ihre Fragen so gestellt, als ob es in diesem Zusammenhang keine Probleme des Dialektischen und insbesondere des Historischen Materialismus mehr zu klären gelte. Und das gerade in einem Moment, in dem der Genosse Walter Ulbricht eine Reihe von Fragen, die auf das Engste mit den von uns [!] in der Diskussion meiner Arbeiten behandelten zusammenhängen, in seinen Ausführungen zum Charakter der Novemberrevolution in grundlegender Weise behandelt hat, die ein erneutes, viel gründlicheres Durchdenken von allen Historikern erfordert. Die Parteileitung aber ist in ihrem Dokument an den Ausführungen des Genossen Walter Ulbricht, ohne ihnen auch nur ein einziges Wort zu widmen, vorübergegangen."[63]

Auch in seinen öffentlichen Erklärungen wich Kuczynski einem Widerruf beharrlich aus und beharrte zur Irritation seiner Kontrahenten dennoch

62 Ebd., Jürgen Kuczynski an die Genossen der Parteileitung der Parteiorganisation des Instituts für Geschichte an der Deutschen Akademie der Wissenschaften, 30.6.1958. Demselben Ausweis seiner zugleich wissenschaftlichen und politischen Produktivität diente eine Liste von nicht weniger als vierzehn Mitarbeitern und Schülern, die in den letzten beiden Jahren unter seiner Ägide promoviert oder habilitiert hätten.

63 Ebd. Ebenso auch in einer im Neuen Deutschland abgedruckten „Selbstkritik", in der Kuczynski das Festhalten an seinen wissenschaftlichen Auffassungen zur politischen Pflicht erklärte: „Mit aller Härte muß er jedes Ausweichen, jede Feigheit in der Aufdeckung seiner Fehler bekämpfen. Mit der gleichen Härte und Offenheit aber muß er auch im wissenschaftlichen Meinungsstreit, den es natürlich nur über Einzelfragen, niemals aber über Grundfragen des Marxismus-Leninismus oder über Beschlüsse der Partei geben kann, anderen Genossen Wissenschaftlern gegenüber seine Meinung vertreten. Um des lieben Friedens willen, aus Feigheit oder Karrieregründen den Genossen seine wahre Meinung zu verschweigen, ist eine Schädigung der Partei." Zit. n. Kuczynski, Frost nach dem Tauwetter, S. 103f.

darauf, fest auf dem Boden des Marxismus-Leninismus zu stehen.[64] Besonders die Redaktion der ZfG geriet in eine schwierige Lage, als Kuczynski die von ihm verlangte „Stellungnahme" zu der an ihm geübten Kritik in der ZfG wiederum nicht als den Kotau verstehen wollte, als der sie gedacht war: „Im Sommer 1958 forderte die Redaktion der ZfG vom Genossen Kuczynski eine Stellungnahme zu den in der Zeitschrift für Geschichtswissenschaft veröffentlichten Kritiken. In dieser Antwort, die seit Herbst 1958 vorliegt und noch nicht veröffentlicht ist, beharrt K[uczynski] auf seinen Auffassungen und ‚vertieft' sie noch." [65] Die Redaktion beauftragte daraufhin einen einsichtigeren Kollegen, „eine abschließende Stellungnahme zum philosophischen Teil der Arbeit von Kuczynski an[zu]fertigen", ohne freilich dem Dilemma zu entrinnen, daß auch auf diesem Wege die angestrebte Einheitlichkeit der Auffassungen nicht herzustellen war: „Genosse Kuczynski kennt die Antwort und erklärt sich in keiner Weise mit den Darlegungen von Hermann Scheler einverstanden. Das heißt, der alte Gegensatz wird bei Veröffentlichung der beiden Artikel von neuem öffentlich zur Diskussion gestellt."[66] Eben dies aber wollte die Geschichtszeitschrift unbedingt vermeiden und publizierte weder den einen noch den anderen Beitrag, so daß auch die öffentliche Debatte schließlich auslief, ohne die erwünschte Bestätigung der neuen Geschichtswissenschaft durch ihren reuigen Apostata zu bringen.

Innerfachlich war der Widersacher selbst auf dem Boden einer parteilichen Geschichtswissenschaft nicht zu packen. Dies war auch der Parteileitung am Akademie-Institut klar, als sie am 22. Juli 1958 zu einer neuerlichen Mitgliederversammlung in Sachen Kuczynski lud. In der Aussprache wurde zwar so pflichtgemäß wie erhellend die „völlige Unzulänglichkeit" von Kuczynskis Antworten gegeißelt und unter Berufung auf das Kollektivitätsideal der sozialistischen Geschichtswissenschaft „die gesunde und einhellige Empörung der ganzen Grundorganisation" festgestellt, die „nicht gewillt ist, weiterhin in der bisherigen Weise das Verhalten des Genossen Kuczynski zum Parteikollektiv und zum ganzen Kollektiv der marxistischen Historiker der DDR, das seine Auffassungen und seine Haltung geschlossen

64 „Zur Methode K[uczynski]s muß noch gesagt werden, daß die genannten Arbeiten ein eklektisches Neben- und Durcheinander von richtigen marxistischen Thesen und falschen Auffassungen [...] vorstellen. Alles, sowohl das Richtige als auch das vom Marxismus-Leninismus abweichende, ‚belegt' K[uczynski] reichlich mit Zitaten von Marx, Engels und Lenin. Auf diese Weise bleibt, obwohl die Ideen K[uczynski]s sehr weit von den Positionen des Marxismus abrücken, der äußere Anschein der Übereinstimmung mit ihnen gewahrt." SAPMO BArch, DY 30, IV 2/9.04/114, Die Konzeption des Genossen Kuczynski auf dem Gebiete der Geschichtstheorie und in einigen Fragen der Geschichte, 3.2.1960.

65 Ebd.

66 Ebd.

verurteilt, hinzunehmen".[67] Doch auf den folgerichtigen und (bei drei Stimmenthaltungen) einmütig gefaßten Beschluß der Versammlung, ein Parteiverfahren gegen den Abtrünnigen unter Einschaltung der Zentralen Parteikontrollkommission zu eröffnen, kam es im Grunde gar nicht mehr an. Denn: „Unsere Abteilung hatte sich vorher mit der ZPKK über dieses Vorgehen verständigt."[68] So entpuppt die Überantwortung der Angelegenheit an die Disziplinargewalt der SED sich nicht nur als Zeugnis repressiven Machtbewußtseins, sondern mindestens ebensosehr als Ausdruck der Resignation gegenüber einem loyalen Widersacher, der am Ende sogar seine zwischenzeitlichen Zugeständnisse zurückgenommen und „sich wieder auf seine alten starren Ansichten" zurückgezogen hatte, wie die Abteilung Wissenschaft hilflos feststellte.[69] So blieb nichts als die „Notwendigkeit [...], die Diskussionen mit dem Genossen Kuczynski zu einem gewissen Abschluß zu bringen, da die Grundorganisation ihre Kräfte nach den 1½-jährigen Auseinandersetzungen für die neuen vor ihr stehenden Aufgaben braucht."[70] Der Kampf um den verlorenen Sohn, der dennoch sein Vaterhaus nicht verlassen wollte[71], endete in einem Erschöpfungs-Waffenstillstand. Kuczynski erhielt eine angesichts der erhobenen Vorwürfe überaus milde Parteistrafe in Form einer „Verwarnung", behielt aber seine Funktion als Direktor des Instituts für Wirtschaftsgeschichte an der Akademie und verpflichtete sich im Gegenzug, seine Kraft fortan allein der geplanten 40bändigen „Geschichte der Lage der Arbeiter unter dem Kapitalismus" zu widmen und von jeglicher weiterer Publikationstätigkeit Abstand zu nehmen.

Seine Selbstbehauptung verdankte er letztlich der Fähigkeit, sich mit Hilfe einer Grundhaltung des „affirmativen Widerspruchs" noch und gerade in seiner abweichenden Überzeugung zu den Grundnormen eines konsensorientierten Geschichtsdiskurses zu bekennen: „Ich möchte noch auf einen Punkt eingehen, wo ich nicht klar sehe. Ihr sagt, daß ich eine allgemein falsche Linie habe. Wie soll ich mich verteidigen und zu klären versuchen, als daß ich mich bemühe, auf dem Standpunkt des Marxismus-Leninismus zu diskutieren, als daß ich die Beispiele, die ihr vorbringt, zu widerlegen

67 Ebd., 147, Aktennotiz für die Abteilungsleitung, 23.7.1958.

68 Ebd.

69 Ebd., IV2/2.024/47, Kurt Rätz, Aktennotiz über eine Mitteilung von Raimund Wagner, o.D.

70 Ebd., IV 2/9.04/147, Aktennotiz für die Abteilungsleitung, 23.7.1958.

71 Tatsächlich wurde der Gedanke an eine drohende Übersiedlung Kuczynskis in die Bundesrepublik im Verlauf der ganzen Kampagne gegen ihn nur ein einziges Mal aktenkundig, als nämlich die Abteilung Wissenschaften Kenntnis davon erhielt, „daß Genosse Prof. Kuczynski zum Genossen Dr. Wolfgang Jonas gesagt habe, er wolle seine Bibliothek verkaufen". Der Geschichtsreferent der Abteilung orakelte daraufhin dunkel: „Welche Schlußfolgerungen man auch daraus ziehen mag, so geben diese Gedanken doch zu sehr ernsten Befürchtungen Anlaß." Ebd., J IV2/2.024/47, Raimund Wagner, Mitteilung an die Abteilungsleitung, 1.4.1958.

versuche?"[72] Solange er die Normen einer an der Kategorie der ,richtigen Erkenntnis' orientierten parteimarxistischen Wissenschaft nicht angriff, sondern im Gegenteil den ihm gemachten Revisionismusvorwurf mit ausführlichen Stellungnahmen an die Gegenseite zurückgab, fiel seine Unbelehrbarkeit auf die argumentative Unfähigkeit seiner Kritiker zurück, wie diese selbst bekennen mußten: „Die Genossen sind noch jung. Sie können ihre Meinung noch nicht so fundiert darlegen wie Genosse Kuczynski. [...] Unser Ziel ist doch gar nicht, den Genossen Kuczynski zu erschlagen, sondern ihm zu helfen, daß es nur darum geht, ihm zu zeigen, wo er keine richtige [!] Meinung hat."[73]

Noch im inhaltlichen Dissens bekräftigte Kuczynski den strukturellen Konsensanspruch der historischen Wissenschaft in der DDR und konnte dadurch erfolgreich alle Unterwerfungsansprüche des Parteiapparates abwehren. Die nicht von außen, sondern aus ihrem eigenen Inneren kommende Herausforderung betraf das diskursive Grundgerüst der neuen Geschichtswissenschaft als einer historischen Funktionalwissenschaft. Es ging in ihr nicht um eine unter vielen ideologischen Offensiven, sondern um die endgültige Annullierung einer ,liberalistischen' Auffassung der wissenschaftlichen Erkenntnistätigkeit, die ihren eigenen Regeln folgen und politischen Nützlichkeitserwägungen enthoben sein wollte, zugunsten einer festen Verbindung zwischen historischer Objektivität und politischer Parteilichkeit. Die Zäsur, die etwa der Bruch von Trier 1958, der Umbau des Akademie-Instituts für Geschichte 1959/60 und der Ausgang der Auseinandersetzung zwischen Meusel und Engelberg in derselben Zeit institutionell und personell markierten, bedeutete für die diskursive Struktur des Umgangs mit der Vergangenheit in der DDR die ,antirevisionistische' Kampagne von 1957/58: Sie stellte der historischen Funktionalwissenschaft gleichsam die Ratifikationsurkunde aus und schloß ihre endgültige Etablierung ab.

2. Die Kritik am historischen Dogma

Anders als der weit über historische Einzelfragen hinausreichende Revisionismusstreit entsprang der zweite hier zu behandelnde Konflikt einer scheinbar rein fachlichen Kontroverse aus dem Jahre 1965 um die Rolle der KPD in der Agoniephase der Weimarer Republik. Er nahm seinen Ausgang von einem Leserbrief an die Redaktion der „Beiträge zur Geschichte der deutschen Arbeiterbewegung" vom Frühjahr 1965, mit dem der als Mitglied des Autorenkollektivs für das Hochschullehrbuch ausgewiesene Fritz Klein auf einen Beitrag seines als Geschichtsfunktionär mittlerweile noch erheb-

[72] Ebd., IV 2/9.04/147, Erweiterte Parteileitungssitzung der Grundorganisation des Instituts für Geschichte, 14.5.1958.

[73] Ebd., IV 2/9.04/147

lich einflußreicheren Studienkollegen Ernst Diehl über die Politik der KPD gegenüber der drohenden faschistischen Machtergreifung antworten wollte. Mit diesem banal scheinenden Vorhaben aber berührte Klein den Kernbestand des staatssozialistischen Traditionshaushaltes: das Selbstverständnis der KPD bzw. SED als einzig wirklicher Alternative zur Herrschaft des Faschismus. Dieses Dogma hatte Ernst Diehl, nach seinem Ausscheiden aus der ZK-Abteilung Wissenschaften selbst zum ZK-Mitglied avanciert und zwischenzeitlich vom Institut für Gesellschaftswissenschaften an das IML gewechselt, mit einem für die BzG geschriebenen Artikel „Zum Kampf der KPD für die Einheitsfront in den letzten Jahren der Weimarer Republik" befestigt und noch um die Behauptung erweitert, daß die KPD mit ihrem Programm zur nationalen und sozialen Befreiung des deutschen Volkes bereits im August 1930 die „Grundlage für ein besseres Verhältnis zu den Sozialdemokraten und Gewerkschaftern und darüber hinaus für den Zusammenschluß breiter Volksschichten zum antifaschistischen Kampf geschaffen" habe.[74] Im weiteren stellte Diehl die Hinwendung der KPD zur Einheitsfrontpolitik als einen gradlinigen Prozeß politischer Reifung und Höherentwicklung hin, in dem die Niederlage gegen den Nationalsozialismus faktisch gar nicht mehr vorkam, sondern die KPD, „wenn auch nicht ausdrücklich und immer schon mit letzter Konsequenz, dogmatisch-sektiererische Einengungen der Einheitsfrontpolitik (überwand). [...] Sie gewann wichtige neue Erkenntnisse und Erfahrungen, die dann in die 1935 von der Brüsseler Parteikonferenz beschlossene Strategie und Taktik des Kampfes um die antifaschistische Einheits- und Volksfront, um eine demokratische Ordnung eingingen."[75]

Diehls Wortmeldung kam nicht von ungefähr, sondern stand im Kontext derselben abermaligen Verhärtung, wie sie nach 1964 auch auf anderen Feldern zu beobachten war. Im Geschichtsdiskurs des SED-Staates konnte ihr, die mit der Autorität eines führenden Fachfunktionärs ausgestattet war, eine richtungweisende Macht zukommen, die den interpretatorischen Spielraum der Historiker der DDR in bezug auf die eigene Parteigeschichte weiter einzuengen drohte. Um diese Konsequenz zu vermeiden, entwarf Fritz Klein einen Leserbrief an die BzG-Redaktion, der unter dem Titel „Zur Problematik des Kampfes der KPD für die Einheitsfront in den letzten Jahren der Weimarer Republik" die Starre der von Diehl vorgetragenen Position behutsam aufzulockern suchte.[76] Kleins Replik ordnete sich in dieselben Bemühungen um einen elastischeren und weniger doktrinären Umgang mit der Vergangenheit auf dem Boden der sozialistischen Geschichtswissen-

[74] Diehl, Zum Kampf der KPD, S. 10f. Zum folgenden auch Sabrow, Der „ehrliche Meinungsstreit", S. 95ff.; Klein, Drinnen und Draußen, S. 244f.

[75] Ebd.

[76] Privatarchiv Klein, Fritz Klein, Zur Problematik des Kampfes der KPD für die Einheitsfront in den letzten Jahren der Weimarer Republik (Erste Fassung).

schaft ein wie sein Einsatz um eine Wiederaufnahme der innerdeutschen Fachbeziehungen im Jahr zuvor. In der Argumentation konnte er im nun gegebenen Fall allerdings fester auftreten, da das Gewicht der historischen Tatsachen ihn diesmal ebenso stützte, wie im voraufgegangenen Konflikt die geringe Ausstrahlung der DDR-Historiographie in den Westen die Dialog-Skepsis Engelbergs und der ZK-Administration gestärkt hatte.

Um diesen Vorteil zu nutzen, las Klein Diehls Artikel zunächst als rein wissenschaftliches Diskussionsangebot: „Der Artikel von Genossen Ernst Diehl [...] veranlaßt mich zu drei Fragen bzw. Bemerkungen, die vielleicht geeignet sind, eine Diskussion der äußerst wichtigen Probleme anzuregen, die Genosse Diehl verdienstvoller Weise in seinem Artikel behandelt hat.“[77] Auch im weiteren Argumentationsgang seines Leserbriefs achtete Klein sorgfältig darauf, daß seine Einwände als helfende Kritik im Rahmen eines ehrlichen Meinungsstreits erschienen, um auf dem glatten Boden der Parteigeschichte nicht über den Rand des historischen Herrschaftsdiskurses zu rutschen. Erst unter dieser Voraussetzung glaubte Klein überhaupt eine Berufung auf die geschichtlichen Ereignisse selbst wagen und geltend machen zu können, daß Diehls Beitrag in manchem einseitig und unvollständig ausgefallen sei. So habe der Autor in seiner ‚an sich richtigen‘ Darstellung des kommunistischen Reifungsprozesses zwischen 1930 und 1935 die Überwindung fehlerhafter Festlegungen in der KPD-Führung doch zu optimistisch beurteilt, „denn in dieser, wenn auch mit Schwächen behafteten, so doch als gradlinig hingestellten Entwicklung liegt die furchtbare Niederlage des 30. Januar 1933“. Wenn Kleins kritische Bemerkung, daß „bei Genossen Diehl die ‚Machtergreifung‘ der Hitlerfaschisten und ihre katastrophalen Folgen für die deutsche Arbeiterbewegung [...] entschieden zu kurz“ kommen, bei aller Plausibilität immerhin noch Raum für einen denkbaren anderen Standpunkt ließ, so lief sein zweiter Einwand, daß die KPD-Führung im Sommer 1930 keineswegs, wie von Diehl behauptet, die Bekämpfung der Sozialdemokratie als ihren Hauptgegner aufgegeben habe, im Grunde lediglich auf eine Richtigstellung geschichtlicher Tatsachen hinaus, über die sich kaum ernsthaft streiten ließ.

Inhaltlich betrachtet, stellte Kleins Leserbrief ein alltägliches Ereignis dar, nämlich die kritische Stellungnahme eines Historikers gegenüber der zur Diskussion gestellten These eines anderen Historikers. Dennoch entfaltete der kurze Kommentar eine fast kafkaeske Wirkungsgeschichte. Denn er wurde nie abgesandt, geschweige denn in der BzG publiziert, und doch entzündete sich an ihm ein substantieller Konflikt, dessen Bewältigung abermals Einblick in die Struktur des historischen Herrschaftsdiskurses gibt. Klein gab den zitierten Entwurf seines Leserbriefs zunächst befreundeten Kollegen zur Lektüre und verfaßte auf deren Rat hin eine zweite Version, die auf eine Etikettierung des Diehl-Artikels als in Teilen „schönfärberisch“

77 Ebd.

und „halbe Wahrheit“ verzichtete, einzelne Passagen ganz strich und dem Leserbrief insgesamt seine ursprüngliche Schärfe nahm. Den endgültigen Text schickte Klein anschließend mit der Bitte um Weiterleitung an den stellvertretenden Direktor des Akademie-Instituts, Horst Bartel, der selbst dem Redaktionskollegium der BzG angehörte. Bartel, obwohl dem Anliegen Kleins durchaus aufgeschlossen, zeigte sich nach Kenntnisnahme über die dreiste Naivität seines Institutskollegen offenbar so entsetzt, daß er ihn fragte, ob er sich „klar darüber sei, daß das ‚eine Bombe‘ ist, eine Art Gegenkonzeption zu dem Grundriß [der Geschichte der deutschen Arbeiterbewegung]“.[78] Um Schaden vom Institut abzuwenden, griff Bartel zu einer zweigleisigen Strategie. Auf der einen Seite rang er dem Autor die Bereitschaft ab, seine Stellungnahme vorerst nicht abzusenden und Diehls Beitrag intern zu diskutieren; auf der anderen Seite informierte er auf eigene Faust Institutsdirektor Engelberg über den Sachstand und machte ihm Kleins Manuskript zur vertraulichen Einsichtnahme zugänglich. Engelberg wiederum dachte nicht daran, die brisante Angelegenheit intern zu entschärfen, sondern ließ hinter dem Rücken von Klein und Bartel mehrere Abschriften anfertigen, die er unverzüglich dem Chefredakteur der BzG und dem zuständigen Referenten in der ZK-Abteilung Wissenschaften zur weiteren Veranlassung zustellte.[79]

Im Fortgang des durch Engelbergs Eingreifen eskalierten Konflikts spielte charakteristischerweise gar keine Rolle, daß Kleins Überlegungen in der BzG nie als Leserbrief erschienen waren und den engeren Bereich des Akademie-Instituts nur ohne Wissen und Einwilligung des Autors überhaupt verlassen hatten – der Homogenitätsanspruch der DDR-Geschichtswissenschaft duldete keine Unterscheidung zwischen Absicht und Ausführung. Statt dessen fertigte die befaßte ZK-Abteilung umgehend einen Vermerk, der mit der Trennung zwischen öffentlichem und privatem Denken auch die zwischen wissenschaftlicher Erörterung und politischer Handlung aufhob und den ihr zur Kenntnis gebrachten Brief als Ausdruck einer feindlichen Gesinnung wertete. An ihm offenbare sich zudem die wahre Haltung anderer Kollegen am Akademie-Institut: „Während Genosse Prof. Engelberg und Gen. Wagner für offene Auseinandersetzung sind, hat Genosse Dr. Horst Bartel eine bisher schwankende Position eingenommen und den Brief bis heute nicht der Parteileitung oder der Abteilung Wissenschaften zur Kenntnis gegeben.“[80] Ebensowenig befaßte sich die an Hager selbst gerichtete Information des ZK-Apparats mit den sachlichen Argumenten des Kritikers, sondern stützte sich allein die Diskurskategorie des historischen Präsentismus, um in Kleins Brief „eine eindeutig revisionistische Position“

78 Privatarchiv Klein, Fritz Klein, handschriftliche Notiz, ca. 1966.

79 Ebd. und SAPMO-BArch, DY 30, IV A 2/9.04/331, Information an den Genossen Hager, 10.4.1965.

80 Ebd.

auszumachen, „die sich auch [!] auf die vergangene [!] Politik der KPD, besonders in der Weimarer Zeit, bezieht".[81] In dem so definierten Diskursfeld besaß die Welt der geschichtlichen Tatsachen keinen Eigenwert mehr, sondern fügte sich widerstandslos einem nach Freund und Feind geordneten Lagerdenken, das Kleins Leserbrief unter die Angriffe subsumierte, „wie sie von unseren Gegnern zum Grundriß geführt werden. Hier gilt es, sich mit einer Gruppierung auseinanderzusetzen, die eine revisionistische Position gegen die Politik der Partei und unsere Geschichtskonzeption einnehmen."[82]

Die Abteilung Wissenschaft reagierte auf die von ihr erkannte Herausforderung mit einem förmlichen Maßnahmeplan, der dem auf die Probe gestellten Homogenitätsanspruch der DDR-Historiographie neuen Respekt verschaffen sollte. Er sah vor, zunächst in einer Abstimmung mit der staatlichen und der Partei-Leitung des Akademie-Instituts „die klare Angriffsrichtung" festzulegen und alsdann eine „offene Auseinandersetzung" mit Klein einzuleiten, deren inhaltliches Ergebnis schon vorher feststand und die dem Zweck diente, den Abweichler wieder in die Diskursordnung der historischen Funktionalwissenschaft einzugliedern: „Diese Diskussionen müssen dazu beitragen, völlig klare politische Positionen in allen Abteilungen des Instituts zu schaffen und die Grundorganisation auf die Höhe der ideologischen Aufgaben zu bringen."[83] Dennoch waren die vielen sich nun anschließenden und zeitraubenden Diskussions- und Kritikveranstaltungen, in denen sich der als „Meinungsstreit"[84] hingestellte Kampf um den von Klein ausgelösten ‚revisionistischen Angriff' abspielte, nicht als leeres Ritual abzutun. Bloße Unterwerfung reichte im Verständnis der Parteiadministration wie der Fachkollegen nicht, und das Angebot zur erneuten Integration war an die Bedingung einer glaubwürdigen und nachvollziehbaren Rückkehr zu den Maximen des doktrinären Geschichtsdenkens geknüpft. Auch der Delinquent selbst hielt sich an diese Spielregeln und wich erst nach zähen Auseinandersetzungen zurück. Am 22. April 1965 erklärte er in einer Sitzung der SED-Parteileitung des Akademie-Instituts, im Interesse einer nach außen gerichteten Geschlossenheit der marxistischen Historikerschaft auf die Veröffentlichung seines Leserbriefes verzichten zu wollen, aber in der „Sachfrage nicht überzeugt" zu sein[85]; am 2. Juli gestand er vor der Parteigruppe Erster Weltkrieg ein, „daß in seinem Artikel eine Reihe mißverständlicher Formulierungen enthalten seien", obwohl er nach wie vor darauf beharrte, einen legitimen „Beitrag zur kritischeren Auseinanderset-

81 Ebd.

82 Ebd.

83 Ebd.

84 Privatarchiv Petzold, Joachim Petzold, Parteigruppe I. Weltkrieg, Protokoll zur Gruppenversammlung am 2. Juli 1965.

85 SAPMO-BArch, DY 30, IV A 2/9.04/331, Ernst Engelberg, Diskussionsbeitrag in der Mitgliederversammlung der SED-Grundorganisation des Instituts für Geschichte, 15.6.1965.

zung mit einigen wichtigen Fragen der Geschichte" geliefert zu haben[86]; am 20. Juli schließlich zog er „den Brief in aller Form zurück, da die Diskussion mich von seiner Verfehltheit überzeugt hätte".[87]

Daß diese Unterwerfung Kleins nicht als sachliche Einsicht, sondern als rein taktisches Zurückweichen vor dem übermächtigen Druck der Parteiadministration und der Institutsdirektion zu verstehen war, liegt auf der Hand. In welchem Denkhorizont aber agierten seine Institutskollegen in diesen Versammlungen, die anders als vielleicht die Abteilung Wissenschaften doch den Umstand nicht völlig ignorieren konnten, daß Kleins Auffassung in der Sache kaum zu widerlegen war? Tatsächlich bewegten sich die Auseinandersetzungen vordergründig in den üblichen Formen einer wissenschaftlichen Diskussion um strittige Interpretationsprobleme, in denen sich die Kraft der historischen Argumente zu bewähren hatte.[88] Bei näherem Zusehen allerdings zeigt sich, daß etwa in der Parteigruppensitzung vom 2. Juli 1965 allein Horst Bartel eine empirisch gestützte Argumentation zu entwickeln suchte, indem er „an Hand der Dokumente der Partei von 1945 nach[wies], wie die KPD zur Frage der Schuld Stellung nahm".[89] Im übrigen aber bezogen die Diskutanten Deckung in einer funktionalen Diskursordnung und verwarfen – moralisch entrüstet – jeden Gedanken an eine Mitschuld der KPD am Sieg des Faschismus, warnten – politisch bewußt – vor den schädlichen Folgen einer Fehlerdiskussion oder werteten – fachlich erleichtert – als inhaltliche Bestätigung der eigenen Haltung, „daß die Darlegungen Kleins sich heute bereits wesentlich von den Auffassungen unterscheiden, die er noch vor kurzem in der Parteileitung vertrat".[90] Dieses Diskussionsverhalten mußte keineswegs lediglich auf bloßer Unterwerfung unter äußeren Oktroi beruhen. Auch heimliche Mitstreiter von Klein waren der Ansicht, daß angesichts der ohnehin gefährdeten Stellung der Arbeitsgruppen Erster und Zweiter Weltkrieg die Eröffnung einer zusätzlichen Front durch Klein zumindest unbedacht sei, und beteiligten sich an der Auseinandersetzung mit ihm, selbst wenn sie ihm, was den inhaltlichen Kern seiner Überlegungen anging, innerlich recht gaben.[91]

86 Privatarchiv Klein, Fritz Klein, Handschriftliche Notiz, ca. 1966.

87 Ebd.

88 „Eine wesentliche Fragestellung wirft Gen. Klein mit der Frage nach der Schuld an der faschistischen Machtergreifung auf. Er meint, die Kommunisten hätten nach dem Zusammenbruch des Faschismus deshalb so große Resonanz bei vielen Sozialdemokraten gefunden, wie sie sich ehrlich zu den von ihnen gemachten Fehlern (ihrer Schuld?) bekannt hätten." Privatarchiv Petzold, Joachim Petzold, Parteigruppe I. Weltkrieg, Protokoll zur Gruppenversammlung am 2. Juli 1965.

89 Ebd.

90 Ebd.

91 Vgl. die spätere Stellungnahme von Joachim Petzold: „Es war mir natürlich klar, daß Fritz Klein in der Sache recht hatte, aber ich habe – wenn man will: aus opportunistischen Gründen – zu seinen Kritikern gehört. Ich will das keineswegs rechtfer-

Das Muster zur Bewältigung dieses auf den ersten Blick unlösbaren Zwiespalts zwischen Überzeugung und Handeln zeichnete die diskursive Leitkategorie der ‚historischen Verantwortlichkeit' vor, die in anderem Gewand auch in der Diskussion um das Lehrbuch der deutschen Geschichte eine tragende Rolle gespielt hatte. Der Klein-Konflikt entwickelte sich im Akademie-Institut geradezu zum willkommenen Lehrbeispiel, um die Geltungskraft eines ‚verantwortlichen' Herrschaftsdiskurses zu demonstrieren, der mittlerweile in seine Konsolidierungsphase eingetreten war und nunmehr – anders als sieben Jahre zuvor im Falle Jürgen Kuczynskis – nicht nur ‚gegnerischen', sondern auch den auf seinem eigenen Boden erwachsenden Herausforderungen zu begegnen imstande war, ohne an den Rand seiner Geltungsgrenzen zu geraten. Dies in praxi vorzuführen, war eine Aufgabe des Institutsdirektors, der sich Engelberg mit einem schriftlich ausgearbeiteten „Diskussionsbeitrag" in einer SED-Mitgliederversammlung des Akademie-Instituts am 2. Juni 1965 unterzog. Weit davon entfernt, die Geltungsmacht der sozialistischen Geschichtswissenschaft im Stile der achtziger Jahre durch Formelkompromisse oder taktische Absprachen zu retten[92], ging er im Interesse ihrer Glaubwürdigkeit vielmehr in die Offensive und nahm die fachliche Herausforderung an, um seinen politisch bereits zur besseren Einsicht gelangten Kollegen nun auch mit den Mitteln der wissenschaftlichen Auseinandersetzung zum Rückzug zu zwingen. Sein besonderes Interesse galt dem von Klein behaupteten „Zusammenhang zwischen den wirklichen und angeblichen Versäumnissen der KPD vor 1933 und dem Sieg Hitlers", den er inhaltlich mit einer Güterabwägung zwischen der zeitweiligen Niederlage von 1933 einerseits, dem endgültigen Sieg des Leninismus in der revolutionären Arbeiterbewegung andererseits und methodisch mit einer Kritik an Kleins Vorgehen zu entkräften suchte: „Wie das oft in solchen Fehlerdiskussionen über die Einheitsfront geschieht, begeht Gen. Klein den methodischen Fehler, die Einheitsfronttaktik in hohem Maße zu verabsolutieren."[93] Wieder frappiert die Selbstverständlichkeit, mit der sich auch ein als überdurchschnittlicher Historiker ausgewiesener Engelberg im Rahmen eines fachlichen Denkhorizonts bewegte,

tigen, sondern nur meine damaligen Überlegungen festhalten: 1. Mit dem Sturz Chruschtschows war die Lage wieder sehr frostig geworden. Damals dachte ich [,] vorübergehend. Heute weiß ich [,] dauerhaft. [...] 2. Die Parteigruppe Erster Weltkrieg stand damals mit im Schußfeld. [...] Unter diesen Umständen habe ich mich gefragt und das auch gesagt: Mußte der Brief von Fritz Klein sein? Ließ sich nicht das Ergebnis voraussehen? Sollten wir nicht erst einmal unser Weltkriegsprojekt durchbringen?" Mitteilung Prof. Dr. Joachim Petzold an den Vf., 22.6.1994.

92 Ein instruktives Beispiel für eine solche Wahrung der geltenden Linie um den Preis ihrer inneren Glaubwürdigkeit beschreibt für die späten achtziger Jahre eindrucksvoll: Hübner, Ein Labyrinth, in dem es nur falsche Wege gibt.

93 SAPMO-BArch, DY 30, IV A 2/9.04/331, Ernst Engelberg, Diskussionsbeitrag in der Mitgliederversammlung der SED-Grundorganisation des Instituts für Geschichte, 15.6.1965.

in dem es keinen Gegensatz zwischen Vergangenheit und Gegenwart, Wissenschaft und Politik mehr gab[94] und allein der Vorwurf der Nähe zum Klassengegner als seriöses Argument gelten konnte.[95] Engelbergs stärkste Waffe aber war mit der Munition der historischen Verantwortlichkeit bestückt: „Die Fragen, die Genosse Klein zur Debatte stellt, sind nicht [...] neu. Soweit sie einen rationellen Kern besitzen, sind sie auch bei uns in der Deutschen Demokratischen Republik längst beantwortet [...]. Man muß also füglich fragen, was Gen. Dr. Klein mit diesem beständigen Bohren, oder, härter ausgedrückt, Herumreiten auf schon beantworteten Fragen eigentlich will. Sein hartnäckiges Intervenieren in dieser Frage kann doch nur dann einen Sinn haben, wenn er der Meinung ist, daß unsere große und kleine Politik nach wie vor sektiererisch und von einer Generation bestimmt ist, die mitverantwortlich ist für grundlegende Fehler vor 1933."

Diese Äußerung aus dem Mund des zu jener Zeit führenden DDR-Historikers demonstriert die erworbene Geltungsmacht, mit der ein konsolidierter Herrschaftsdiskurs in der DDR der sechziger Jahren die Zeugniskraft widerständiger Sachverhalte und Erkenntnisse im Extremfall auch dort zu neutralisieren vermochte, wo sie empirisch unanfechtbar waren – durch die fachliche „Verantwortlichkeit" der durch ihren Beruf zum achtsamen Umgang auch mit den gefahrvollen Untiefen der Vergangenheit befähigten Historiker. In den Worten Engelbergs: „Wir können von Gen. Dr. Klein erwarten, daß er für diese und ähnliche praktische Erfordernisse, die unsere Parteiführung zu berücksichtigen hat, mehr Verständnis aufbringt."[96]

3. Die Grenzen des Meinungsstreits

Während im Fall Klein vor allem die Vetokraft der Tatsachen im Mittelpunkt standen, ging es im dritten hier vorzustellenden Beispiel devianten Verhaltens um die Grenzen des in der DDR-Geschichtswissenschaft so häufig beschworenen „wissenschaftlichen Meinungsstreits". Der Konflikt nahm seinen Ausgang von einem Referat über „Ursprünge und Entfesselung des zweiten Weltkrieges", das der Faschismusforscher Günter Paulus im

[94] „Es besteht auch eine gewisse Verwandtschaft zu der von Gen. Dr. Paulus aufgeworfenen Frage, ob die Kommunistische Internationale ihre historische Aufgabe erfüllt habe. [...] Wir sehen, daß hier Grundfragen unserer politischen Existenz aufgeworfen werden." Ebd.

[95] „Man fragt sich weiter, ob seine [Kleins] Art, gewisse Fragen der Geschichte der deutschen Arbeiterbewegung vor 1933 zu betrachten, nicht eine frappierende Ähnlichkeit hat mit hinlänglich und jahrelang bekannten Auffassungen, die in Westdeutschland lanciert werden. [...] Indem Gen. Klein die Fragen des revolutionären Charakters der KPD ganz ungenügend im Auge behält [...], kommt er notwendigerweise auf Positionen eines marxistisch verbrämten Liberalismus." Ebd.

[96] Ebd.

„Bulletin des Arbeitskreises ‚Zweiter Weltkrieg'" Anfang 1965 veröffentlicht hatte.[97] Daran war zunächst nichts Ungewöhnliches, denn das als „Internes Arbeitsmaterial" gekennzeichnete Bulletin, das in der Verantwortung der Paulus selbst unterstehenden Arbeitsgruppe „Faschismus und zweiter Weltkrieg" des Akademie-Instituts für Geschichte herausgebracht wurde, diente der fachöffentlichen Selbstverständigung einer mit ihren Mitarbeitern über die ganze DDR verteilten Forschungsgruppe, die an einer auf vier Bände angelegten „Geschichte Deutschlands im zweiten Weltkrieg" arbeitete und aus einem der am Akademie-Institut angebundenen Arbeitskreise hervorgegangen war. Günter Paulus, wissenschaftlich durch seine Promotion und politisch als Mitglied der SED ausgewiesen, hatte bis 1956 beim Museum für Deutsche Geschichte in der von Albert Schreiner geleiteten Abteilung 1918 bis 1945 gearbeitet und war dann an das neugegründete Akademie-Institut für Geschichte gewechselt, um dort die Federführung für das Weltkriegs-Projekt zu übernehmen, das zu den ehrgeizigsten Großvorhaben der DDR-Geschichtswissenschaft gehörte. Nach Schreiners Ausscheiden überdies zum Bandautor des Hochschullehrbuchs berufen, zählte Paulus nach beruflicher Funktion und wissenschaftlicher Leistung zu den tonangebenden Nachwuchsrepräsentanten unter den DDR-Historikern, die sich anschickten, die bisher dominierende Remigrantengeneration in den Ruhestand zu verabschieden. Sein Text ging auf einen Vortrag zurück, den er im Jahr zuvor auf einer wissenschaftlichen Konferenz des Arbeitskreises zum 25. Jahrestag des Kriegsausbruchs von 1939 gehalten hatte und nun auf diese Weise den verstreuten Beziehern des Bulletins zugänglich machte. In einer besonderen „Vorbemerkung" ließ die Leitung des Arbeitskreises die Leser des Bulletins zudem wissen, daß das Referat „lebhafte Zustimmung gefunden, aber auch Widerspruch erregt" habe, so daß es um so mehr verdiene, einem größeren Kreis von Fachleuten unterbreitet zu werden, als „der erwartete öffentliche wissenschaftliche Meinungsstreit über einige in der Tat diskussionswürdige Thesen bisher nicht statt(fand)". Da die „schon vor der Konferenz [...] vereinbarte Veröffentlichung in einer geschichtswissenschaftlichen Zeitschrift der DDR [...] leider nicht zustande (kam)", habe man sich entschlossen, dem Mangel durch Abdruck im Bulletin abzuhelfen: „Regt unser Vorgehen den bisher ausgebliebenen wissenschaftlichen Meinungsstreit an, ist sein Zweck erfüllt."[98] Damit wenigstens diesmal die Auseinandersetzung um seine Thesen nicht im Sande verlaufe, nahm Paulus gleichzeitig eine Korrespondenz mit Vertretern des IML und des Akademie-Instituts für Geschichtswissenschaft auf, in der er ausdrücklich darum bat,

[97] Paulus, Ursprünge und Entfesselung des zweiten Weltkrieges (1965). Die folgende Darstellung nach Sabrow, Der „ehrliche Meinungsstreit", S. 102ff.

[98] Vorbemerkung der Redaktion, in: Paulus, Ursprünge und Entfesselung des zweiten Weltkrieges (1965), S. 1.

etwaige Einwände gegen sein Referat schriftlich zu formulieren und zur Veröffentlichung im Bulletin freizugeben.

Hinter dem scheinbaren Routinevorgang aber steckte eine Revolte, und ihr Urheber schickte sich mit aller Harmlosigkeit an, die eingespielten Kontrollmechanismen über den Geschichtsdiskurs in der DDR in Frage zu stellen. Denn in Wahrheit lag Paulus' Konferenzbeitrag längst publiziert vor und war in Form einer Sondernummer des Bulletins bereits im September 1964 unmittelbar im Anschluß an den mündlichen Vortrag des Verfassers unter anderem an die Teilnehmer der Weltkriegs-Konferenz verteilt worden.[99] Schon während der Konferenz aber hatte der anwesende Vertreter des ZK-Apparates erhebliche Reserven erkennen lassen und verlangt, den Beitrag vor einer Publikation gründlich zu überarbeiten. Dieses Ansinnen erbitterte Paulus um so mehr, als sein Vortragsmanuskript das Ergebnis einer monatelangen Diskussion in seiner Arbeitsgruppe darstellte, in der jede einzelne Formulierung abgewogen worden war, bevor das Referat zur Begutachtung und Freigabe an die Direktion ging. Nachdem auch Engelberg nicht nur sein Einverständnis erklärt, sondern die zugleich theoretische und politische Qualität des Beitrags ausdrücklich anerkannt hatte, sah sein Verfasser keinen Anlaß, mehr als höchstens einige Kommata an seinem Text zu ändern, wie er den Vertreter der Abteilung Wissenschaften kurzerhand beschied.[100]

Diese Kampfansage bildete den Auftakt zu einer Auseinandersetzung, in der die wissenschaftspolitische Autorität des SED-Apparats gegen die fachliche Autorität des als Mitglied des Autorenkollektivs für das Lehrbuch der deutschen Geschichte ausgewiesenen Arbeitsgruppenleiters Paulus stand. Allerdings verlief die Frontlinie zunächst weniger klar, als es Paulus selbst scheinen mochte, denn auch in der Abteilung Wissenschaften des ZK überwog zunächst der positive Eindruck, daß Paulus die von ihr vorgegebene inhaltliche Konzeption durchaus umgesetzt habe und die Konferenz insgesamt wissenschaftlich bemerkenswert ertragreich gewesen sei.[101] Paulus konnte daher annehmen, daß er sich gegen parteibürokratische Widerstände erfolgreich durchgesetzt habe, als eine Kurzfassung seines Konferenzbeitrags im *Neuen Deutschland* erschien, besonders nachdem das SED-Zentralorgan schon Paulus Vortrag als „treffende Darlegung" gewürdigt und sich in seinem positiv urteilenden Konferenzbericht eng an die ihm offenbar vorab übermittelte Einschätzung der Abteilung Wissenschaften gehalten hatte.[102] Der Artikel machte die Leser der Parteizeitung mit der

99 Paulus, Ursprünge und Entfesselung des zweiten Weltkrieges (1964).

100 Mitteilungen Prof. Dr. Günter Paulus an den Vf., 12.12.1994 u. 13.7.1999.

101 SAPMO-BArch, DY 30, IV A 2/9.04/335, Abteilung Wissenschaften, Wissenschaftliche Konferenz anläßlich des 25. Jahrestages der Entfesselung des 2. Weltkrieges – kurze inhaltliche Konzeption, o.D., u. ebd., Zur Auswertung der Konferenz anläßlich des 25. Jahrestages der Entfesselung des zweiten Weltkrieges, o.D.

102 Gabriel/Müller, Ansporn zu neuem Forschen.

von Paulus vertretenen These bekannt, daß der nationalsozialistische Diktator weder als „absolut bindungsfreie Einzelperson" noch aber auch durch „die bei uns gängige Formel von Hitler als bloßem Werkzeug der Monopolisten" zureichend beurteilt werden könne, sondern als Hauptmanager und Geschäftsführer des Monopolkapitals mit relativer Freizügigkeit gesehen werden müsse.[103]

Die Veröffentlichung solcher Sätze wiederum erregten offenbar Unmut in der Parteispitze selbst und bewogen den alarmierten Leiter der ZK-Abteilung Wissenschaften, Hannes Hörnig, von der positiven Einschätzung seiner Mitarbeiter im Sektor Geschichte abzurücken und administrative Konsequenzen einzuleiten.[104] Bereits am 12. Oktober lag ein kritisches Gutachten aus dem Institut für Marxismus-Leninismus vor. Es bemängelte, daß die Dimitroffsche Einschätzung der faschistischen Diktatur nicht Grundlage der Ausführungen sei und bei Paulus eine „Subjektivierung der Geschichte sichtbar" werde, die Rolle und Wesen der NS-Herrschaft verschleiere und gar den Schluß zulasse, „daß sich das Monopolkapital Hitler unterwarf".[105] Daraufhin unterband die ZK-Abteilung die schon zugesagte Veröffentlichung des Paulus-Beitrags in der ZfG, indem sie Chefredakteur Gerhard Becker wissen ließ, „daß es erhebliche Kritik an Teilen des Referats von Paulus gäbe und ein unveränderter Abdruck nicht ratsam erscheint".[106] Weitere Maßnahmen erfolgten zunächst nicht; die gewarnten Faschismusforscher in der DDR bewältigten aber das Problem, indem sie ihm geflissentlich auswichen, so daß den von Paulus zur Diskussion gestellten Thesen das Schicksal einer kalten Entsorgung durch Stillschweigen drohte.

Eben dies wollte Paulus sich nicht gefallen lassen und hielt mit seiner Absicht nicht hinter dem Berg, die fachöffentliche Erörterung seiner Erkenntnisse, falls erforderlich, mit eigenen Mitteln in Gang zu bringen.[107] Diesem Zweck diente der Neuabdruck seines Beitrags in der Folgenummer des Bulletins ebenso wie die redaktionelle Vorbemerkung, die das „Nichtzustandekommen eines zugleich prinzipiell und sachlich geführten offenen Meinungsstreites" in gespielter Naivität darauf zurückführte, „daß der ge-

[103] Paulus, Der Mann der Monopole.

[104] Mitteilung Lothar Heinke an den Vf., 1.3.1995.

[105] SAPMO-BArch, DY 30, IV A2/9.04/335, [Institut für Marxismus-Leninismus], Abteilung Geschichte der deutschen Arbeiterbewegung, Sektor III, Bemerkungen zum Referat des Gen. Dr. Günter Paulus [...], 12.10.1964.

[106] Ebd., 332, Information, 21.2.1966.

[107] „Gewisse Leute haben die Veröffentlichung meines Referats zu unterbinden gewußt; es ist das übliche. Das komische ist nur, dieselben Leute, die lauthals ‚die Entfaltung des wissenschaftlichen Meinungsstreites' fordern, führen ihn gar nicht, sondern wenden administrative Mittel zur Lösung von wissenschaftlichen Streitfragen an. Ich will nun eine Diskussion im Bulletin provozieren". Privatarchiv Paulus, Günter Paulus an Gilbert Badia, 25.3.1965.

naue Text des Referates den meisten an einer Diskussion Interessierten bisher nicht zugänglich war".[108] Seine Berufung auf das gerade in der sozialistischen Geschichtswissenschaft allgemein anerkannte Prinzip des wissenschaftlichen Meinungsstreits beleuchtete schlaglichtartig die für die Geschichtswissenschaft in der sozialistischen Diktatur konstitutive Spannung zwischen Diktat und Konsens, die sich hier in der bewußten Verwischung der Grenzen zwischen ‚liberalem' und gebundenem Fachdiskurs äußerte.

Paulus' Taktik, den historischen Herrschaftsdiskurs durch Berufung auf eine seiner zentralen Normen zu unterlaufen, versetzte zunächst die Redaktion der Zeitschrift für Geschichtswissenschaft in eine schwierige Position und ließ den Vorwurf laut werden, „die ZfG scheue davor zurück, problematische Artikel zu drucken, sie unterdrücke den wissenschaftlichen Meinungsstreit".[109] Vergeblich wehrte sich die Redaktion der Zeitschrift mit der allzu dürftigen Behauptung, Paulus habe sein Referat ja nie offiziell zur Veröffentlichung eingesandt; eine so fadenscheinige Verteidigung brachte nur ihre Kritiker am Akademie-Institut weiter in Harnisch. Vollends, als Chefredakteur Becker wie zum Hohn verlautbarte, er „lege Wert auf die Feststellung, daß es von seiten der Redaktion keinerlei Handlungen gegeben hat, einen wissenschaftlichen Meinungsstreit zu behindern", schien aus dem Fall Paulus ein Fall ZfG geworden zu sein, der einen förmlichen Aufruhr in der Historikerschaft der DDR erzeugte.[110]

Um sich selbst aus der Schußlinie zu nehmen und das Feuer womöglich auf die Angreifer zu lenken, blieb der ZfG-Redaktion nur, in der Angelegenheit eine politische Dimension sichtbar zu machen, die ihrem Handeln die diskursive Legitimität zurückgeben könnte. Den willkommenen Anknüpfungspunkt bot eine herausfordernde Bemerkung ihres Widersachers, die die Differenz zwischen ‚liberaler' und ‚helfender' Kritik schon andeutete: „Wenn Paulus erklärt habe, er habe Veröffentlichung oder Nichtveröffentlichung seines Referats als ‚Testfall' betrachtet, so sei dazu zu sagen, die ZfG sei keine Testzeitschrift und die Nichtveröffentlichung habe sich als richtig erwiesen."[111] Auf diesem Weg ging Becker weiter und versuchte den seiner Zeitschrift gemachten Vorwurf, mit der Unterdrückung des Meinungsstreits die wissenschaftlichen Spielregeln verletzt zu haben, unschädlich zu machen, indem er ihn umdrehte und nun seinerseits Paulus dem Verdacht aussetzte, sich zum Sprachrohr eines unpolitischen Wissenschaftsverständnisses gemacht zu haben: „Im letzten Drittel des Jahres 1964

108 Vorbemerkung der Redaktion, in: Paulus, Ursprünge und Entfesselung des zweiten Weltkrieges (1965), S. 1.

109 SAPMO-BArch, DY 30, IV A2/9.04/332, Gerhard Becker, Information, 21.2.1966.

110 Hierzu detailliert die ausführliche Chronologie der Auseinandersetzung aus der Feder von Becker selbst (ebd.) sowie die von der HA XVIII/5 eingeforderten IM-Berichte aus dieser Zeit: BStU MfS AIM, 10772/85.

111 SAPMO BArch, DY 30, IV A 2/9.04/332, Gerhard Becker, Information, 21.2.1966.

wurden von verschiedenen Seiten, auch von Mitarbeitern des Akademieinstituts, an die Redaktion der ZfG kritische Äußerungen über Profil und Konzeption der Zeitschrift herangetragen: Die ZfG sei zu politisch geworden, es gäbe eine Häufung von politisch-propagandistischen Artikeln und von Artikeln zur Geschichte der neuesten Zeit [...]. Die These von der Geschichte als ‚Magd der Politik' wurde in bezug auf die Zeitschrift in die Debatte geworfen. [...] In diesem Zusammenhang wurde in der Parteigruppe und in der Redaktion der ZfG zum ersten Mal darüber gesprochen, daß es wegen des Nichtabdrucks des Paulus-Referats Stimmen gäbe, die ZfG unterdrücke die freie Diskussion."[112] Auf der so geschaffenen Grundlage konnte Gerhard Becker die Empörung über den angeblichen „Eiertanz" der Redaktion nicht nur erfolgreich zurückweisen, sondern sogar zum Gegenangriff übergehen. Auf einer Parteiversammlung der Grundorganisation des Akademie-Instituts im Mai 1965 erklärte er, „die prinzipiellen Vorwürfe, die es [...] gegen die ZfG gegeben habe, richteten sich gegen die Parteilinie in der Geschichtswissenschaft, sie kämen aus revisionistischen Quellen."[113]

Reserviert verhielten sich auch die von Paulus zur Diskussion aufgeforderten Kollegen der Partei-Institute. Für das IML reagierte Sektorleiter Klaus Mammach erst, als der Fall Paulus bereits zum Gegenstand administrativer Maßnahmen geworden war – was Mammach in seiner Antwort natürlich füglich überging: „Nach wie vor sind wir bereit, über einige Fragen Deines Referats zu diskutieren."[114] Eins sollte der offene Meinungsstreit allerdings jedenfalls nicht werden – ein öffentlicher Meinungsstreit: „Wir halten es jedoch für zweckmäßig, zunächst mündlich die gegenseitigen Standpunkte zu klären, ehe die Diskussion öffentlich, in Eurem Bulletin, geführt wird." Auch vergaß Mammach nicht den beiläufigen Hinweis, daß er anders als Paulus etwaige Diskussionsangebote zuvor mit der Leitung seines Hauses abzustimmen pflege: „Den Inhalt dieses Briefes habe ich unserer Direktion zur Kenntnis gegeben."[115]

Schon lange zuvor war auch die Direktion des Akademie-Instituts von ihrer anfänglichen Unterstützung für Paulus abgerückt und hatte schließlich sogar ein Disziplinarverfahren wegen „halbanarchistischen und schädlichen Vorgehens" gegen den Forschungsgruppenleiter angestrengt, das sich unter Absehung von allen inhaltlichen Fragen auf Paulus' angeblichen Verstoß gegen die Arbeitsordnung des Instituts in zwei Punkten konzentrierte, nämlich zum einen auf den Vorwurf eigenmächtiger Korrespondenz mit Vertretern der Partei-Institute und zum anderen auf seine herausfordernde Vor-

[112] Ebd.
[113] Ebd.
[114] Privatarchiv Paulus, Institut für Marxismus-Leninismus, Dr. Mammach an Genossen Dr. Günter Paulus, 23.4.1965.
[115] Ebd.

bemerkung im Bulletin 1/1965.[116] Paulus akzeptierte seine Entbindung als Leiter der Arbeitsgruppe „Faschismus und zweiter Weltkrieg“, legte aber Einspruch gegen eine zusätzlich über ihn verhängte Disziplinarstrafe ein, der in der Begründung die üblichen Gepflogenheiten der Fachwissenschaft in Anspruch nahm und deren Bindung an das Gebot der historischen Verantwortlichkeit souverän ignorierte.[117] Daß Engelberg die von ihm erwirkte Disziplinarstrafe gegen Paulus schließlich nach mehrmonatigem Hin und Her doch in vollem Umfang durchsetzen konnte, zeigte freilich, wie wenig eine mit einem traditionalen Wissenschaftsverständnis operierende Haltung im Herrschaftsdiskurs der sozialistischen Vergangenheitsverwaltung noch zu bewirken vermochte.

Einen anderen Weg schlug die Parteigruppe 1917 bis 1945 am Akademie-Institut ein. Sie befaßte sich in ihrer Einschätzung der Situation vom 15. Juni 1965 ausschließlich mit dem Anstoß erregenden Vorwort im Weltkriegs-Bulletin und stand damit vor der Schwierigkeit, eine Kritik zurückzuweisen, die gerade die fehlende Kritikfreiheit einklagte. Die Parteigruppe rettete sich aus dem Dilemma, indem sie den von Paulus im Sinne einer fachlichen Autonomie interpretierten Begriff des Meinungsstreits fest in das Gerüst einer gebundenen Fachwissenschaft einfügte: „Das Vorwort [...] gibt ein entstelltes Bild vom Zustand der Geschichtswissenschaft der DDR und ihrer Leitung durch die Partei. Entgegen der Tatsache, daß es seit Jahren auf Grund ihrer richtigen Führungstätigkeit zahlreiche schöpferische Diskussionen neuer wissenschaftlicher Fragen gibt [...], erweckt das Vorwort den Eindruck, als würden wissenschaftliche Diskussionen und der Meinungsstreit unterbunden.“[118] Wenn allerdings schöpferische Diskussionen in der Wissenschaft von der richtigen Führung in der Politik abhingen, war die geltende Grundfigur der parteilichen Objektivität wieder in ihre alten Rechte eingesetzt. Verbunden mit der identitätsstiftenden Abgrenzung vom westlichen ‚Gegner‘, eröffnete sich damit ein Weg, die Forderung nach Freiheit der wissenschaftlichen Kritik nicht nur in ihrer Brisanz zu entschärfen, sondern sie umgekehrt selbst als Verletzung der Fachgrenzen zu brandmarken: „Das Vorwort liefert objektiv reaktionären bürgerlichen Historikern ein Argument für Spekulationen auf einen Spalt zwischen Histori-

116 Ebd., Horst Bartel an Günter Paulus, 27.4.1965; Günter Paulus, Einspruch gegen Disziplinarstrafe, 12.5.1965; Antrag der Parteigruppe 1917–1945 auf Eröffnung eines Parteiverfahrens gegen Gen. Günter Paulus, 3.3.1966.

117 „Es ist allgemein üblich, mit Fachkollegen zu korrespondieren, ohne die Erlaubnis der Direktion einzuholen. [...] Genauso verhält es sich mit der beanstandeten Vorbemerkung. Seit dem ersten Erscheinen des Bulletins hat die Arbeitskreisleitung selbständig über Gestaltung und Inhalt entschieden, und es gab und gibt keine anderslautende Festlegung seitens der Abteilungsleitung oder der Direktion.“ Ebd., Günter Paulus, Einspruch gegen Disziplinarstrafe, 12.5.1965.

118 Ebd., Erklärung der Parteigruppe 1917–1945 des Instituts für Geschichte bei der Akademie der Wissenschaften, 15.6.1965.

kern der DDR. [...] Gen. Paulus berücksichtigte ungenügend den Zusammenhang zwischen Politik und Wissenschaft, als er nicht beachtete, daß die Auseinandersetzungen mit dem Klassenfeind gerade auf dem Gebiet der Geschichtswissenschaft größte Wachsamkeit erfordern. Den Versuchen des Gegners, ideologisch und durch differenzierte persönliche Beziehungen in unsere Reihen einzudringen, muß eine einheitliche Front aller Historiker der DDR entgegentreten. Das Vorgehen des Gen. Paulus wirkte dem jedoch entgegen." Ohne daß eine Diskussion in der Sache überhaupt noch nötig wäre, war daraufhin eine Verurteilung des den Meinungsstreit einklagenden Kollegen möglich, die die Grenzen des historischen Diskurses nicht sprengte, sondern im Gegenteil noch weiter festigte. Auf dieser Grundlage kam die politische Leitung des Akademie-Instituts zum selben Ergebnis wie die staatliche: „Die Parteigruppe steht voll hinter dem Beschluß der Direktion, Gen. Paulus von seiner Funktion zu entbinden, und erkennt diese Maßnahme [...] als notwendig und richtig an."[119]

Nachdem daraufhin auch Paulus selbst vor der Mitgliederversammlung der SED-Grundorganisation die an ihm geübte Kritik anerkannt und in seiner künftigen Arbeit zu beherzigen versprochen hatte, konnte die Angelegenheit unter öffentlicher Zustimmung aller Beteiligter abgeschlossen werden. Im Ergebnis war es gelungen, den von Paulus erweckten „Eindruck, als würden bei uns wissenschaftliche Diskussionen und Meinungsstreit unterbunden", als „ein entstelltes Bild vom Zustand der Geschichtswissenschaft in der DDR und ihrer Leitung durch die Partei"[120] zurückzuweisen – und dies, ohne der von dem renitenten Forschungsgruppenleiter erhobenen Forderung nach einer inhaltlichen Auseinandersetzung mit seinen Thesen zum Charakter der faschistischen Herrschaft in Deutschland nachgegeben zu haben.

4. Der Tabubruch

Um Günter Paulus ging es auch im vierten der hier ausgewählten Konfliktfälle. Dennoch besaß der folgende Vorgang, der sich personell als Fortsetzung eines im Frühjahr 1965 nur mühsam überdeckten Konfliktes darstellt, in der Sache eine eigene Qualität: nämlich als Versuch, die institutionellen Regeln des historischen Herrschaftsdiskurses auszuhebeln, ohne die sozialistische Diskursgemeinschaft selbst in Frage zu stellen. Die Affäre nahm ihren Ausgang von einer feuilletonistisch gehaltenen Schrift über die Zeit des Nationalsozialismus, deren Autor Günter Paulus war und die Ende 1965 im Deutschen Militärverlag mit einer Startauflage von 5000 Stück

[119] Ebd.

[120] Ebd., Antrag der Parteigruppe 1917–1945 auf Eröffnung eines Parteiverfahrens gegen Gen. Günter Paulus, 3.3.1966.

erschien.[121] Das Werk, das ausweislich eines eingedruckten Hinweises auf Vorträge zurückging, die der Verfasser einige Jahre zuvor im Rundfunk gehalten hatte, versprach im Klappentext einen Überblick über die Zeit der faschistischen Diktatur in Deutschland, der flüssige Sprache mit theoretischem Gehalt vereine und der Frage nachgehe, warum Hitler ein ganzes Volk an den Abgrund habe führen können. Tatsächlich fand es nicht nur aufgrund seiner Aufmachung, die mit der Wiedergabe der Porträts von Hitler, Göring und Goebbels auf der Titelseite ein bisheriges Tabu der Geschichtsschreibung in der DDR brach, sofort guten Absatz, sondern war laut Verlagsvertrag auch für „Offiziere, Soldaten, Propagandisten sowie historisch Interessierte“[122] bestimmt und sollte sogar zur Schulung in der NVA eingesetzt werden.

Dem Leserinteresse kam entgegen, daß die Darstellung, wie Paulus in seinem Vorwort schrieb, gar nicht auf die Darlegung neuer Forschungserkenntnisse für den Fachmann setze, sondern vielmehr anstrebe, „die Kunst des Weglassens von allzu Bekanntem zu üben, Bekanntes und weniger Bekanntes theoretisch vertieft in unkonventioneller Weise darzubieten.“[123] In seinen sechzehn Skizzen argumentierte der Autor von den festen Positionen der historischen ‚Meistererzählung‘ in der DDR aus und stützte sich in seiner Definition des NS-Regimes als die „offene Diktatur der reaktionärsten Gruppen des deutschen Finanzkapitals“ ebenso vorbehaltlos auf die gleichlautende Dimitroff-Formel wie in seinem Bild der NSDAP als Gewächs des deutschen Monopolkapitals zur Abwehr der „von einer geeinten Arbeiterklasse geführten Volksbewegung“.[124] Gleichzeitig aber nutzte der Autor den Feature-Charakter seiner „Streiflichter“, um gezielt einzelne Nuancen neu zu setzen und unbefangen bisherige Tabus in der ostdeutschen Geschichtsschreibung zur NS-Zeit zur Sprache zu bringen. Im Einklang mit seinem Weltkriegs-Referat von 1964 stellte der Autor die in der DDR vorherrschende Darstellung Hitlers als eines bloßen Werkzeugs des deutschen Monopolkapitals ohne Handlungsfreiheit in Frage und charakterisierte den obersten Diktator als den „Hauptgeschäftsführer der Monopolisten“, der „innerhalb des von den grundlegenden Interessen der Hauptaktionäre abgesteckten Bereichs“ durchaus „eine gewisse Selbständigkeit“[125] besessen habe. In einem anderen Streiflicht, das sich mit dem totalen Krieg beschäftigte, brachte Paulus den beiläufigen und gleich darauf wieder abgeschwächten Hinweis unter, daß die Lieferungen der Westmächte an die Sowjetunion durchaus „eine gewisse materielle Hilfe seitens der Verbün-

121 Paulus, Die zwölf Jahre des Tausendjährigen Reiches. Eine detaillierte Darstellung des Vorgangs bei: Sabrow, Geschichte als Herrschaftsdiskurs.

122 Privatarchiv Paulus, Deutscher Militärverlag, Verlagsvortrag mit Günter Paulus und Wolfgang Ruge, 30.6.1964.

123 Paulus, Die zwölf Jahre des Tausendjährigen Reiches, S. 6.

124 Ebd., S. 10.

125 Ebd., S. 69.

deten" bedeutet hätten.[126] An die in der DDR mundtot gemachten Erfahrungen vieler seiner Leser schließlich knüpfte Paulus in seinem Schlußkapitel an, das die „Bilanz des zweiten Weltkriegs" zog und die deutsche Kriegsniederlage als Befreiung interpretierte, ohne die mit ihr einhergegangenen Schrecken gänzlich zu unterdrücken: „Die Freiheit kam nicht als freundlich blickende Göttin mit einem Palmenzweig in der Hand. Die Freiheit kam zu uns Deutschen in Gestalt von Millionen fremder Soldaten in schweißdurchtränkten und verschlissenen erdbraunen Uniformen. Die Freiheit rollte in Panzern über unsere Straßen, pochte mit dem Gewehrkolben an die Türen und ließ ihre Stimmen hören als das Peitschen der Schüsse, das Krachen der Bomben und das Donnern der Kanonen."[127]

In essayistischer Sprache hatte das schmale Bändchen über die NS-Zeit die geltenden Deutungslinien der DDR-Geschichtsschreibung zur NS-Zeit in einer ganzen Reihe von neuralgischen Punkten zu verschieben gesucht. Vor allem aber sein Insistieren auf der gewisse[n] Selbständigkeit des nationalsozialistischen Diktators[128] machte die Absicht des Autors offenkundig, seinen im Jahr zuvor administrativ erstickten Diskussionsversuch über die Stellung Hitlers im faschistischen Herrschaftssystems trotz der zwischenzeitlich erlittenen Niederlage wiederzubeleben.[129] Diesmal hatte Paulus sich allerdings erheblich besser abgesichert. „Die zwölf Jahre des Tausendjährigen Reiches" waren nicht etwa aus einer privaten Beschäftigung mit dem Thema hervorgegangen, sondern im Rahmen eines von der ZK-Abteilung Wissenschaften gebilligten Forschungsplanes entstanden. In einer entsprechenden Auflistung der Sektion Geschichte bei der Akademie der Wissenschaften für den Zeitraum 1964 bis 1970 tauchte unter Punkt 16 eine vom Institut für Geschichte zu verantwortende „Geschichte des deutschen Faschismus" auf, die als Taschenbuch mit dem Erscheinungstermin 1966 eingestellt worden war.[130] Auch die einzelnen Fertigungsstufen des Werkes hatten sich im Rahmen des für wissenschaftliche Publikationen in der DDR-Geschichtswissenschaft geltenden Verfahrens bewegt, das die Veröffentlichung zum einen an die auf zwei zustimmende Gutachten gestützte Manuskriptfreigabe im Akademie-Institut band und zum anderen an die Erteilung der förmlichen Druckgenehmigung. Diese war vom zuständigen Verlag

126 Ebd., S. 159.
127 Ebd., S. 185.
128 Ebd., S. 69.
129 Sein Vorhaben stellte in gewisser Hinsicht eine spiegelbildliche Entsprechung der zeitgleich in der Bundesrepublik einsetzenden Debatte um die Rolle Hitlers als ‚starker' oder ‚schwacher' Diktator dar. Im selben Jahr 1966 trat Hans Mommsen zum erstenmal mit der ‚funktionalistischen' These hervor, Hitler sei „in allen Fragen, die einer grundsätzlichen und definitiven Stellungnahme bedurften, ein schwacher Diktator" gewesen. Mommsen, Beamtentum im Dritten Reich, S. 98, Anm. 26.
130 Privatarchiv Paulus, Auszugsweise Abschrift des Forschungsplanes der Sektion Geschichte bei der Deutschen Akademie der Wissenschaften 1964–1970, 5.2.1964.

unter Beifügung aussagefähiger Verlagsgutachten bei der staatlichen Literaturbehörde[131] zu beantragen, das nach eigenem Gutdünken weitere Außengutachten einholen konnte, um seine Entscheidung zu fundieren.[132]

Entsprechend verfuhren Autor und Verlag auch in diesem Fall: Paulus verzichtete zwar darauf, die ihm für die Rundfunkfassung bereits 1962 erteilte Freigabe des Textes durch Institutsdirektor Engelberg für die Buchversion abermals einzuholen, wurde aber bei der Bewältigung des weiteren Instanzenweges selbst initiativ und wandte sich mit der Bitte um Begutachtung seines Manuskriptes an zwei Fachkollegen, deren Namen aufgrund ihrer institutionellen Position Gewicht hatten, nämlich an den Sektorleiter „Arbeiterbewegung 1939 bis 1945" beim IML, Bruno Löwel, und an den stellvertretenden Direktor des Museums für deutsche Geschichte, Ingo Materna. Besonders die Einschaltung des IML war so gewagt wie geschickt, denn das ideologisch besonders gefestigte Partei-Institut übte schon damals faktisch die Leitungs- und Kontrollfunktion für die Historiographie des 19. und 20. Jahrhunderts in der DDR aus, die ihm mit der Akademiereform 1969 auch offiziell übertragen werden sollte. Eine positive Begutachtung durch das IML eröffnete gute Aussichten, daß etwaige Bedenken anderer Stellen über den freien Ton der Features und die Unbefangenheit des Umgangs mit ‚heißen Eisen' der jüngeren deutschen Geschichte zerstreut oder übergangen werden könnten.

Paulus kalkulierte zumindest grundsätzlich nicht falsch: Beide Gutachter befürworteten den Druck des Manuskripts. Allerdings verbanden sie ihre Zustimmung im ganzen mit einer Vielzahl von Änderungswünschen im einzelnen, die den Alltag der fachlichen Diskurskontrolle auf dem Boden einer historischen Funktionalwissenschaft veranschaulichen. Gutachter Löwel, der sich in seinen kritischen Bemerkungen in erster Linie an den Normen der repräsentativen Proportionalität und der didaktischen Rationalität orientierte, verlangte eine „stärkere Hervorhebung der historischen Schuld der Führung der SPD an der Errichtung der faschistischen Diktatur", die „abgewogenere Wertung gewisser sektiererischer Fehler der KPD"[133] und insgesamt eine stärkere Berücksichtigung des Homogenitätsanspruchs der DDR-Historiographie: „Die Kernfrage [...] besteht m.E. darin, daß bei verschiedenen Formulierungen und Wertungen die in der marxistischen Literatur allgemein anerkannte Definition des Faschismus fast gar nicht berücksichtigt wird, was unzulässig ist. Hinzu kommt, daß bestimmte, dem Verfasser eigene Formulierungen oder Satzkonstruktionen Verwirrung

131 Zur Geschichte der unter verschiedenen Bezeichnungen arbeitenden Literaturbehörde in der DDR: Lokatis, Verlagspolitik zwischen Plan und Zensur.

132 Detailliert hierzu: Barck/Langermann/Lokatis, „Jedes Buch ein Abenteuer", S. 19ff., sowie für den engeren Bereich der geschichtswissenschaftlichen Literatur: Lokatis, Geschichtswerkstatt Zensur.

133 SAPMO-BArch, DY 30, IV A 2/9.04/143, Bruno Löwel, Gutachten zum Manuskript von Dr. Günter Paulus, 31.3.1965.

stiften können."[134] Auch Maternas Gutachten stand in Lob und Tadel ganz auf dem Boden eines Fachverständnisses, in dem sich Herrschaftslegitimation und Forschungsstand bruchlos zusammenfügten, um das Manuskript einerseits als einen ‚guten Beitrag zur populärwissenschaftlichen Darstellung der deutschen Geschichte von 1933 bis 1945' zu klassifizieren[135], andererseits die „Erwähnung der rechten Sozialdemokraten" Mierendorff und Haubach als „einseitig positiv" in Frage zu stellen: „Sollten neue Forschungen die bei W. Ulbricht ‚Zur Geschichte der neuesten Zeit', Berlin 1955, getroffenen Bemerkungen überholt haben?"[136]

Freilich kannte auch eine so strukturierte Vergangenheitsverwaltung historische Phänomene, die sich der Harmonisierung von politischem Legitimationsanspruch und wissenschaftlicher Erkenntnis und Politik trotz allen Bemühens entzogen, und DDR-Geschichtswissenschaft reagierte auf solche Herausforderungen gemeinhin mit Tabuisierung: Kein universitäres oder außeruniversitäres Untersuchungsprojekt in der DDR hat sich beispielsweise jemals näher mit den Wechselwählern zwischen der KPD und der NSDAP, mit dem Schicksal deutscher Kommunisten in der Sowjetunion unter Stalin oder mit den Hintergründen des Juni-Aufstandes 1953 befaßt. Wie aber war zu verfahren, wenn ein Autor den Schweigekonsens durchbrach und sich nicht an das Verzeichnis der weißen Flecken auf der historischen Landkarte der sozialistischen Geschichtswissenschaft hielt? In ein solches Dilemma stürzte Paulus seine Gutachter mit dem Kapitel VIII seines Manuskripts, das „Die Münchener Verschwörung und der deutsch-sowjetische Nichtangriffspakt" betitelt war. In ihm sprach Paulus aus, was vor ihm in der DDR öffentlich lange niemand gesagt hatte[137] und nach ihm fast weitere 25 Jahre lang niemand wieder sagen sollte: daß nämlich das deutsch-sowjetische Nichtangriffs-Abkommen vom August 1939 eine geheime Klausel enthalten habe, die die Aufteilung Polens vorsah. Dieses Zusatzprotokoll, dessen Wortlaut nur über eine im Politischen Archiv des Auswärtigen Amtes, Bonn, befindliche Kopie bekannt war und das in seiner Existenz von der Sowjetunion und den mit ihr verbündeten Staaten unbeirrt als gezielte Fälschung zur Diskreditierung Moskaus zurückgewiesen wurde, bildete eines der hartnäckigsten Tabus in der DDR-Geschichtsschreibung. Es sollte bis zum letzten ordentlichen Historiker-Kongreß der DDR im Januar 1989 dauern, bis der Osteuropa-Historiker Günther Rosenfeld die von sowjetischen Historiken längst geschleifte Bastion öffentlich räumte und das fatale Beutebündnis auch in der DDR zur historischen Tatsache

[134] Ebd.
[135] Ebd., Ingo Materna, Gutachten, 26.2.1965.
[136] Ebd.
[137] Eine Ausnahme bildete Ernst Niekischs Schrift „Das Reich der niederen Dämonen" von 1953, die 1957 auch in der DDR herauskam, aber sofort zurückgezogen wurde, als die „Panne" bekannt wurde. Vgl. Lokatis, Geschichtswerkstatt Zensur, S. 218.

erklärte.[138] Auch Günter Paulus hatte, um sich nicht selbst von vornherein aus dem Grundkonsens der politischen DDR-Historiographie zu verbannen, seinen mutigen Vorstoß, die Authentizität des Zusatzprotokolls anzuerkennen, mit einer Argumentation verknüpft, die Stalins Bereitschaft zum Abschluß des Abkommens als staatsmännische Tat im Interesse der Sowjetunion und Polens hinstellte.[139]

Für den Gutachter stellte dieser Tabubruch, der zwischen wissenschaftlicher Redlichkeit und politischer Opportunität die Balance zu halten versuchte, eine schwierige Herausforderung dar, der er weder durch die bloße Leugnung des Sachverhaltes noch durch die stillschweigende Hinnahme seiner Erwähnung begegnen konnte, ohne einmal seine fachliche Reputation zu beschädigen und zum anderen sein historiographisches Wächteramt zu mißachten. Materna sah als Gutachter in dieser Situation keinen anderen Ausweg als den Rückzug auf die Norm der historischen Verantwortlichkeit: „Die in Kapitel VIII [...] gegebene Darstellung der ‚geheimen Zusatzklausel' halte ich für die Veröffentlichung in dieser Arbeit für ungeeignet."[140] Ebenso vermied es auch der zweite IML-Gutachter, Bruno Löwel, die Existenz der von Paulus angeführten Zusatzklausel schlicht zu bestreiten. Löwel hob die Frage auf die Ebene der zwischenstaatlichen Diplomatie und plädierte dafür, im Sinne einer historischen Nichteinmischung in die inneren Angelegenheiten anderer Länder zu verfahren: „Der Absatz über die geheime Zusatzklausel sollte weggelassen werden, da es dazu bis jetzt m.E. keine sowjetische Verlautbarung gibt."[141] Paulus folgte den autoritativen Empfehlungen der beiden Verlagsgutachter, indem er in der Passage über das deutsch-sowjetischen Nichtangriffsabkommen den Begriff „Zusatzprotokoll" strich, seine Kritik an der taktischen Haltung der KPD zwischen

[138] Zur Haltung der sozialistischen Historiographien Ostmitteleuropas gegenüber dem Zusatzabkommen: Groehler, Ein Vertrag zwischen Legende und Wirklichkeit; Pätzold/Rosenfeld (Hg.) Sowjetstern und Hakenkreuz 1938–1941; Bonnwetsch/Junge, Die Vertuschung; Hass, 23. August 1939.

[139] „Über die geheime Zusatzklausel, die bestimmte, daß die deutschen Truppen im Falle eines deutsch-polnischen Krieges die ursprünglich zu Rußland gehörenden westukrainischen und westbjelorussischen Gebiete nicht besetzen dürften, können sich gerade die in- und ausländischen Reaktionäre nicht genug entrüsten, die nicht nur einen, sondern Dutzende von offenen und geheimen Pakten und Absprachen mit der Hitlerregierung getroffen hatten. Der Sekretär der Vereinigten Polnischen Arbeiterpartei Władisłav Gomułka hat zutreffend bemerkt, daß diese Bestimmungen angesichts der von den deutschen Faschisten beabsichtigten und durch nichts mehr zu verhindernden Vernichtung Polens Millionen von Menschen und weite Landstriche dem Zugriff der deutschen Militaristen entzogen und daß sie damit im Interesse sowohl der Sowjetunion als auch des polnischen Volkes gelegen habe." Privatarchiv Paulus, Günter Paulus, Die zwölf Jahre des Tausendjährigen Reiches, Manuskript, Kap. VIII, S. 9.

[140] SAPMO-BArch, DY 30, IV A 2/9.04/143, Ingo Materna, Gutachten, 26.2.1965.

[141] Ebd., Bruno Löwel, Gutachten zum Manuskript von Dr. Günter Paulus, 31.3.1965.

1930 und 1935 abschwächte und eine Vielzahl weiterer Monita in der Überarbeitung seines Manuskripts berücksichtigte.

Doch die Wissenschaftsadministration der SED reagierte auf das Erscheinen der „Streiflichter" anders, als Paulus erwartet haben mochte. Möglicherweise durch einen Mitarbeiter des IML selbst aufmerksam gemacht, löste der Sektor Gesellschaftswissenschaften in der ZK-Abteilung Wissenschaften bereits am 15. Januar 1966 einen Alarmruf über das gerade in den Handel gelangte Buch aus: „In dieser Arbeit werden von Genossen Paulus wichtige historische Ereignisse, wie der 30. Januar 1933, die Rolle der Arbeiterbewegung, die Kriegsursachen, das Münchener Abkommen, der deutsch-sowjetische Nichtangriffspakt und andere, behandelt. Nach erster Durchsicht wird schon deutlich, daß der Autor diese wichtigen historischen Ereignisse von einer gegen die Konzeption der Partei gerichteten Position aus behandelt."[142] Noch am selben Tag informierte Abteilungsleiter Hörnig die ZK-Sekretäre Hager und Honecker von dem Vorgang, um Rückendeckung für das weitere Vorgehen gegen das auf „unmarxistischen und opportunistischen Positionen" des Autors beruhenden Werkes zu haben.[143] Drei Tage später wurde Admiral Waldemar Verner, stellvertretender Verteidigungsminister und für den Militärverlag zuständiger Chef der Politischen Hauptverwaltung der NVA, darüber in Kenntnis gesetzt, daß der zentrale Leipziger Kommissionsgroßhandel die weitere Auslieferung des Paulus-Buches auf Anweisung des ZK gestoppt habe. Die Verfügung kam allerdings zu spät, um die Verbreitung der unbotmäßigen Gedanken noch wirksam einzudämmen; nur kleine Reste der bereits großteils abgegebenen Auflage konnten wieder eingezogen werden.

Die Härte der Reaktion stand in unmittelbarem Zusammenhang mit dem auf der 11. Tagung des Zentralkomitees im Dezember 1965 proklamierten Kampf gegen alle ‚Aufweichungserscheinungen' im Bereich von Kultur und Wissenschaft. Nur 48 Stunden, nachdem Paulus' „Streiflichter" vom Markt genommen worden waren, wurde auch die Abteilung Wissenschaft mit einer Grundsatzrede ihres Leiters Hörnig auf die neue Linie eingeschworen, die sich gegen alle Liberalisierungstendenzen richtete und die Zukunft des sozialistischen Projekts in der noch stärkeren Abgrenzung von der kulturellen Entwicklung des Westens suchte.[144] Doch mit der bloß repressiven Unterdrückung mißliebiger Meinungen war es auch im Bereich der Geschichtswissenschaft nicht getan. Im Fall Paulus verlangte die Kurskorrektur des 11. ZK-Plenums, den begangenen Tabubruch rückgängig und die gegen seinen Urheber zu ergreifenden Maßnahmen plausibel zu machen,

[142] Ebd., Sektor Gesellschaftswissenschaften, Information, 15.1.1966.

[143] Ebd.

[144] SAPMO-Barch, DY 30, IV A, 2/9.04/67, Referat des Leiters der Abteilung Wissenschaften, Hannes Hörnig, auf der 7. Tagung des Zentralvorstandes der Gewerkschaft Wissenschaft am 20.1.1966. Zu den Hintergründen Agde (Hg.), Kahlschlag.

ohne die Glaubwürdigkeit der wissenschaftlichen Arbeit an der Vergangenheit zu gefährden. Das weitere Zusammenspiel von Partei- und Wissenschaftsinstanzen führte lehrbuchartig vor, wie die bedrohte Homogenität des historischen Herrschaftsdiskurses mit Hilfe einer Doppelstrategie von Ausgrenzung und Integration wiederhergestellt werden konnte.

An ihrem Anfang stand eine „Einschätzung", die den Fall unter Bezug auf den voraufgegangenen Konflikt um das Weltkriegsreferat und in nachgerade kriminologischer Präzision als vorsätzliche und fortgesetzte Verschwörung gegen das Konsensgebot der historischen Wissenschaft klassifizierte.[145] Auch im weiteren setzte das daraufhin einzuleitende Verfahren die Regeln des historischen Diskurses nicht einfach zugunsten der rein administrativen Machtausübung außer Kraft, sondern folgte einer genauen Regie, die die repressive Durchleuchtung der Angelegenheit in das Gewand einer fachlichen Kontroverse kleidete. Sie sah erstens eine „wissenschaftliche und politische Einschätzung der Arbeit des Genossen Paulus" vor, die dann zweitens in „eine gründliche Auseinandersetzung über die Konzeption des Genossen Paulus"[146] in der Parteiorganisation des Geschichtsinstituts zu überführen war, deren Ergebnis freilich schon deswegen feststand, weil der bloße Konsensbruch selbst bereits das Delikt darstellte: „Seine Grundposition, die in dieser Arbeit sichtbar wird, steht in prinzipiellen Fragen im Gegensatz zur achtbändigen Geschichte der deutschen Arbeiterbewegung."[147]

Es nimmt vor diesem Hintergrund nicht wunder, daß die mit der „Einschätzung" der Arbeit von Paulus beauftragten Historiker – die sämtlich aus SED-eigenen Einrichtungen rekrutiert wurden – ihrem Auftrag gerecht wurden, die „Streiflichter" des frondierenden Faschismusforschers vernichtend zu beurteilen, ohne die in der DDR-Geschichtswissenschaft geltenden Regeln historischer Beweisführung zu verletzen. Am rigidesten fiel dabei, wie zu erwarten, die Stellungnahme der Parteihochschule „Karl Marx" aus, die wegen ihrer besonderen Parteiergebenheit an unterster Stelle der fachlichen Anerkennung rangierte und gerade darum auf der Ebene des SED-Apparats ein um so höheres Renommee besaß. In seiner Anlage berief das Gutachten sich auf eine Unterscheidung zwischen Wirklichkeit und Wahrheit, die es

[145] „In der vorliegenden Arbeit trägt Genosse Paulus seine Auffassungen – weiter ausgebaut – erneut vor. Aus der im Frühjahr 1965 von der Abteilung Wissenschaften veranlaßten Auseinandersetzung in der Parteiorganisation des Instituts für Geschichte, wo ihm seine gegen die Konzeption der Partei gerichteten ideologischen Auffassungen nachgewiesen wurden und die in der Folge zu seiner Ablösung als Leiter der Arbeitsgruppe ‚Zweiter Weltkrieg' führten, hat er keine ernsthaften Schlußfolgerungen gezogen. [...] Diese Auffassungen stimmen mit seiner Haltung in der Grundorganisation überein, wo er sich als ein ‚Kämpfer' gegen den Dogmatismus der Partei aufspielen wollte." SAPMO BArch, DY 30, IV A 2/9.04/143, Sektor Gesellschaftswissenschaften, Information, 15.1.1966.

[146] Ebd.

[147] Ebd., Sektor Gesellschaftswissenschaften, Abteilungsleiter Hannes Hörnig an Admiral Waldemar Verner, 18.1.1966.

ermöglichte, nach bekanntem Muster den dominanten Stellenwert des historischen Faktums auf dem Wege der Verwandlung der Vergangenheit in Geschichte zu verschieben: „Die überwiegende Mehrzahl der von P.[aulus] dargelegten Fakten sind richtig. Einzelne Abschnitte sind in sprachlich guter Form geschrieben. Aber durch die Auswahl, die Anhäufung und die unkritische Betrachtung von Nebensächlichkeiten wird [...] einige Male das Wesen wichtiger historischer Erscheinungen verzerrt."[148] Auf den vakanten Posten eines unanfechtbaren Urteilsmaßstabs hoben die Gutachter der Parteihochschule statt dessen die in den Leittexten der SED-Geschichtsschreibung kodifizierten Interpretationsmuster der Parteigeschichte und begnügten sich im weiteren damit, die in Paulus' Arbeit nachweisbaren Abweichungen penibel aufzulisten, um daraus ihr ablehnendes Gesamturteil abzuleiten.

Die weniger plump, aber im selben Argumentationshorizont sich bewegenden Gutachten von anderen Facheinrichtungen der SED griffen vor allem auf die Diskursfigur der ‚richtigen Erkenntnis' zurück, um die Mängel der Arbeit von Paulus zu ermitteln. Wenn „es unter anderem heißt, daß die Freiheit zu den Deutschen ‚in Gestalt von Millionen fremder Soldaten in [...] verschlissenen erdbraunen Uniformen' gekommen sei, so scheint uns das weder historisch richtig formuliert noch politisch vertretbar zu sein", befand das Gutachten des Instituts für Gesellschaftswissenschaften.[149] Die im westlich-pluralen Wissenschaftsverständnis konstitutive Funktion unterschiedlicher Sichtweisen hatte sich in diesem Diskurs der Macht zu einem Verdikt verkehrt, das weiterer Begründung nicht mehr bedurfte. Nur in bezug auf den Umgang mit historischen Tabus schied die Denkfigur der ‚richtigen Erkenntnis' freilich aus; um so stärker aber ließ sich in diesem Fall die Geltungskraft der Abgrenzungsidentität entfalten. Mit ihrer Hilfe und dem Verweis auf den Nutzen für den ‚Gegner' neutralisierte das Gutachten den Versuch der „Streiflichter", einen weißen Fleck der ostdeutschen Geschichtsschreibung zu tilgen, ohne sich auf den Inhalt der von Paulus gemachten Ausführungen weiter einzulassen: Es „werden in der Geschichtswissenschaft noch nicht geklärte Fragen (Zusatzabkommen zum deutsch-sowjetischen Nichtangriffspakt) in einer Weise behandelt, die der reaktionären westdeutschen Geschichtswissenschaft nur Wasser auf ihre Mühlen gießen können".[150]

Zu demselben Schluß, daß die „Arbeit von Paulus [...] in ihrer politischen und wissenschaftlichen Aussage falsch und desorientierend" sei und in ihrer Gesamtheit „die Rolle des faschistischen deutschen Imperialismus nicht

148 Ebd., Parteihochschule „Karl Marx" beim ZK der SED, Lehrstuhl Geschichte der dt. Arbeiterbewegung, Stellungnahme zur Arbeit von Günter Paulus: Die zwölf Jahre des tausendjährigen Reiches [...], 25.1.1966.

149 Ebd., Institut für Gesellschaftswissenschaften beim ZK der SED], Lehrstuhl Geschichte der Arbeiterbewegung, Bemerkungen zum Buch von Günter Paulus [...], 24.1.1966.

150 Ebd.

parteilich und wissenschaftlich exakt" behandle, kam schließlich auch das dritte Gutachten, mit dem die Abteilung Wissenschaften das IML beauftragt hatte.[151] Alle eingeholten Stellungnahmen stimmten nicht nur darin überein, daß das Buch faktisch ein Versuch sei, „der imperialistischen Ideologie in der Geschichtswissenschaft der DDR Raum zu geben"[152], sondern mahnten darüber hinaus dringenden Handlungsbedarf an, um weiteren Schaden zu verhüten. Die Abteilung Wissenschaften folgte der damit vorgezeichneten Linie und machte sie zur Grundlage einer Kampagne, die weit über die Person des angegriffenen Autors hinausgriff. Am 26. Januar 1966 übersandte Hörnig die ersten eingetroffenen Gutachten an Kurt Hager zusammen mit der Ankündigung, daß die in Angriff genommene Auseinandersetzung mit Paulus auch das politisch-wissenschaftliche Umfeld des Abweichlers einbeziehen werde, um das Übel bei der Wurzel zu packen.[153]

Daß Paulus diesmal nicht mehr so glimpflich davonkommen würde wie bei dem Konflikt um sein Weltkriegsreferat, war Hörnigs Mitteilung schon durch den kleinen Umstand zu entnehmen, daß Paulus in ihr nicht mehr als „Genosse" bezeichnet wurde. Die in ihr angekündigte Kampagne in der ZfG allerdings beschränkte sich auf eine einzige Rezension, die die konzeptionellen Fehler und unausgewogenen Urteile der Arbeit hervorhob und als Rückfall in überwundene, stellenweise sogar das Prinzip der Parteilichkeit verletzende Auffassungen kennzeichnete, ohne auf die von den Gutachtern am heftigsten kritisierten Fragen wie das Zusatzabkommen zum deutsch-sowjetischen Nichtangriffsvertrag auch nur andeutungsweise einzugehen.[154] Der Grund für dieses, gemessen an der internen Festlegung, überraschend verhaltene Vorgehen lag natürlich in dem vom Rezensenten geflissentlich übergangenen Umstand, daß das kritisch gewürdigte Werk längst aus dem Verkehr gezogen worden war. So kamen die Leser der ZfG und anderer Fachzeitschriften, die ebenfalls Besprechungen des eingestampften Buches brachten, in den Genuß einer fachöffentlichen Meinungsbildung, die sie gleichzeitig zu Adressaten und Ausgeschlossenen machte – paradoxes Cha-

151 Ebd., Institut für Marxismus-Leninismus beim ZK der SED, Abteilung Geschichte der deutschen Arbeiterbewegung, Sektor III, Bemerkungen zum Buch von Günter Paulus [...], 2.2.1966.

152 Ebd.

153 „Die Auseinandersetzung mit den Auffassungen von G. Paulus wird in der nächsten Woche mit einer gemeinsamen Sitzung der Parteileitung und der Direktion des Instituts für Geschichte der DAW begonnen. Neben den vorliegenden Gutachten zur Arbeit von G. Paulus wird in die Auseinandersetzung eine Analyse der Parteileitung zum gegenwärtigen politisch-ideologischen Zustand der Grundorganisation einbezogen, weil von vornherein verhindert werden soll, die Angelegenheit Paulus isoliert von der Gesamtsituation im Institut zu behandeln. [...] Es ist beabsichtigt, in der Zeitschrift für Geschichtswissenschaft eine prinzipielle Auseinandersetzung mit den Grundthesen von G. Paulus zu führen." Ebd., Johannes Hörnig an Kurt Hager, 26.1.1966.

154 Drechsler, Rezension von Günter Paulus, Die zwölf Jahre.

rakteristikum einer gebundenen Historie, die weder autonom noch bloße Kommandowirtschaft war.[155]

Bevor jedoch über das weitere Vorgehen in Sachen Paulus zu entscheiden war, galt es im Einklang mit den Regeln der sozialistischen Konsensdiktatur nach dem Urteil der Wissenschaft noch die Meinungsbildung in der Parteigruppe insbesondere über die Frage abzuwarten, ob gegen das SED-Mitglied Günter Paulus ein Parteiverfahren einzuleiten sei. Der vom Parteiapparat auf diese Weise formal zugestandene Handlungsspielraum bedeutete inhaltlich natürlich nichts anderes als eine politische Kontrolle der Grundorganisation am Akademie-Institut, der Paulus angehörte. In der Parteigruppe 1917 bis1945 fand sich in einer ersten Versammlung am 7. Februar denn auch niemand, der sich dieses Zusammenhangs nicht bewußt war. Nahezu einmütig verurteilten die Anwesenden ihren Genossen Paulus, weil er eine andere Konzeption als die marxistische Geschichtsschreibung besitze, ein gerüttelt Maß an Überheblichkeit zeige und entscheidende Zugeständnisse an die bürgerliche Geschichtswissenschaft gemacht habe.[156]

Am 18. Februar nahm Paulus in einer weiteren Versammlung seiner Parteigruppe zu den Vorwürfen mit einer schriftlich ausgearbeiteten Erklärung Stellung. Sie war durchzogen von dem vergeblichen Bemühen, die Parteidisziplin eines politischen Kämpfers mit der wissenschaftlichen Redlichkeit eines ausgebildeten Historikers in Deckung zu bringen: „Es gibt wohl nichts, was einen Genossen Historiker, der seine Tätigkeit nicht schlechthin als Beruf, sondern als Parteiauftrag begreift, für den Geschichtsschreibung gleichbedeutend ist mit aktiver Mitgestaltung der Politik, schwerer treffen kann als die Feststellung der Partei, er habe ihr mit dieser Schrift eher geschadet als genützt. Hinzu kommt, daß diese Schrift [...] von allen meinen bisher publizierten Arbeiten meiner Vorstellung von der Art und Weise, wie Geschichte geschrieben werden müßte, um politisch in unserem Sinne wirksam zu sein, trotz auch von mir erkannter Mängel am nächsten kam."[157]

Mit der Erklärung, daß er das funktionale Wissenschaftsverständnis der Partei auch weiterhin teile, rettete Paulus zunächst zwar seine Zugehörigkeit zur Diskursgemeinschaft der sozialistischen Geschichtswissenschaft, lähmte dadurch aber auch seine eigenen Verteidigungsmöglichkeiten. Weder die Berufung auf gedankliche Individualität noch auf historische Faktizität konnte gegen den Vorwurf bestehen, daß der Genosse Paulus ein schlechter Wissenschaftler sei, weil er sich von der Partei gelöst habe: „Wenn ich die

155 Weitere Rezensionen der konfiszierten Arbeit erschienen in der Zeitschrift für Militärgeschichte, 5 (1966), S. 614–618 (Gerhard Förster), und in den Beiträgen zur Geschichte der deutschen Arbeiterbewegung 8 (1966), S. 547–551 (Horst Bednarek/ Karl Heinz Biernat).

156 SAPMO-BArch, DY 30, IV A 2/9.04/143, Mitschrift der Parteigruppenversammlung 1917–1945, 7.2.1966.

157 Privatarchiv Paulus, Günter Paulus, Stellungnahme, 18.2.1966.

Diskussion in der öffentlichen Gruppenversammlung am 7.2.1966 richtig verstanden habe [!], geht es nicht allein um einzelne Fehler und Schwächen des Buches [...], sondern um die ganze Art des Herangehens an den historischen Stoff [...]. Indem diese weitgehend als konzeptionell und damit politisch fehlerhaft verworfen wurde, geht es für mich nicht mehr allein um das kritisierte Buch, sondern generell um einige meiner Anschauungen über unsere marxistisch-leninistische Geschichtswissenschaft und Geschichtsschreibung, um Anschauungen, von denen ich bisher trotz aller Friktionen felsenfest überzeugt war, daß es die sind, die mich die Partei gelehrt hat, daß es die der Partei sind. Nun sehe ich zu meinem Erschrecken, daß ich bestimmte Elemente der Politik der Partei falsch interpretiert habe, d.h., daß letzten Endes meine innere Verbindung zur Partei sich so gelockert haben muß, daß ich ihre Politik nur in einzelnen ihrer Seiten, nicht aber in ihrer Komplexität voll begriffen habe."[158]

In diesen Sätzen, die den psychischen Gruppendruck erahnen lassen, den das Ritual von Kritik und Selbstkritik auf den Ausgegrenzten ausgeübt haben mußte, deutete sich schon der Ausweg an, den Paulus in diesem Konflikt zwischen eigener Erkenntnis und Parteitreue, zwischen Selbstbehauptung und Einordnung zu gehen bereit war. Paulus resignierte vor der Macht des Herrschaftsdiskurses mit dem Versprechen, nach Kräften auf die Auslöschung jeder eigenen wissenschaftlichen Identität hinarbeiten zu wollen: „Ich bin nicht in der Lage, fest verwurzelte Anschauungen von einem Tag zum anderen über Bord zu werfen, den inneren Konflikt, in dem ich mich befinde, durch eine rasche und komplette Selbstkritik zu lösen. Das kann, wie ich glaube, nur im Prozeß der weiteren Arbeit geschehen – an dem Platz, an den die Partei mich künftig hinzustellen für richtig befindet."[159]

Doch gerade die Bereitschaft, mit der Paulus die geforderte Einordnung als Unterordnung zu vollziehen bereit war und selbst seine „Isolierung vom Kollektiv" zur Grundlage der von ihm begangenen Irrtümer erklärte, machte seine Genossen mißtrauisch. Die frag- und restlose Geltung des historischen Herrschaftsdiskurses war ein Ideal, das sich in der Realität an der unaufhebbaren Gegenwirkung von individueller Unzulänglichkeit und gegnerischer Verführung abzuarbeiten hatte und gerade aus dem Bewußtsein des permanenten inneren und äußeren Bedrohtseins seine mobilisierende Kraft bezog. So war das, was Paulus in seiner Selbstkritik vorbrachte, zu wenig – weil es zu viel versprach: „Es ist nicht so, daß ich einen einsamen Alleingang versucht hätte [...], aber ich habe mich nicht an das Parteikollektiv gewandt, das im Rahmen unserer gesamten Partei speziell für die Geschichtswissenschaft verantwortlich ist. [...] Statt die engste und vertrauensvollste Zusammenarbeit mit diesen Genossen zu suchen, habe ich [...] zu einigen der führenden Genossen nicht das notwendige Maß an Vertrauen aufgebracht [...].

[158] Ebd.
[159] Ebd.

So besteht die eine Lektion, die ich nun lernen mußte und – wie ich glaube – auch gelernt habe, darin: die führende Rolle der Partei in erster Linie in den Genossen zu respektieren, denen die Parteiführung die unmittelbare Verantwortung für die Durchsetzung der Politik der Partei übertragen hat."[160]

Es ist schwer zu entscheiden, ob Paulus mit dieser Flucht in die ‚Sklavensprache' (Christoph Hein) bedingungslose Anpassung oder versteckten Protest signalisieren wollte. Die Adressaten seiner Unterwerfung jedenfalls erkannten die bittere Doppeldeutigkeit seiner Worte, die das unerreichbare Ideal des Herrschaftsdiskurses unterliefen, indem sie es für verwirklicht erklärten, und weigerten sich, die Selbstkritik des Reuigen zu akzeptieren. Paulus wurde aufgefordert, seine Stellungnahme gründlich zu überarbeiten, um sie auf einer Parteiversammlung der Akademie am 3. März 1966 vorzutragen, in der die Frage anstand, ob gegen ihn ein Parteiverfahren zu eröffnen war. Wollte Paulus seine berufliche und politische Existenz retten, stand er vor der schweren Aufgabe, sowohl sein abtrünniges Denken wie dessen vorschnelle Revozierung kritisch zu reflektieren. Er tat dies, indem er die Hilfe des Kollektivs auf einem steinigen Weg der Umkehr pries, an dessen Ziel die Denkstrukturen des staatssozialistischen Herrschaftsdiskurses zu schmerzhaft errungenen Maximen seiner eigenen Anschauung geworden waren: „Ich habe mich damit verteidigt, daß ich sagte, nicht jede falsche Auffassung sei gleich revisionistisch. Nachdem aber ausnahmslos alle Genossen, die mit mir diskutierten, gegenteiliger Meinung waren und mich dadurch gezwungen haben, die Stichhaltigkeit meiner Argumentation zu überprüfen, bin ich zu folgendem Schluß gelangt: Jede Anschauung in politisch-ideologischen Grundfragen ist nicht einfach falsch oder richtig, sondern kann und muß politisch qualifiziert werden. Da nun aber der Marxismus-Leninismus richtig ist, muß jede Abweichung von ihm letzten Endes politisch als revisionistisch charakterisiert werden, da sie eine Revision des Marxismus-Leninismus darstellt".[161] Noch in der eigenen Regelverletzung bekräftigte der Abweichler so die Geltungskraft der sozialistischen Funktionalwissenschaft und erklärte im Stile eines reuigen Herätikers seinen eigenen Abfall zum warnenden Exempel: „Ich glaube, der entscheidende Fehler, den ich gemacht habe, besteht darin, daß ich nach der Schockwirkung des XX. Parteitages der KPdSU einseitige und damit falsche Schlußfolgerungen gezogen habe. Ich habe mir damals geschworen, nichts mehr ungeprüft und unkritisch hinzunehmen, in der Furcht, es könnte sich später einmal wiederum als für die Sache des Sozialismus mindestens zum Teil als unheilvoll erweisen. Daraus ergab sich – wie ich es jetzt sehe – allmählich unmerklich eine Überbetonung der kritischen Komponente in meinem Denken, was immer in Kritiksucht, Besserwisserei, ja in Skeptizismus umschlagen kann.

160 Ebd.
161 Privatarchiv Paulus, Günter Paulus, Stellungnahme, 3.3.1966.

[...] Inzwischen hat mich das 11. Plenum unmißverständlich darüber belehrt, wo es hinführt, wenn man sich einseitig auf Kritik an scheinbaren oder wirklichen dogmatischen Überresten beschränkt und darüber die immerwährende Gefahr des Abgleitens nach rechts, zum Revisionismus, vergißt und damit die Warnungen der Partei mißachtet. Genau das aber habe ich in bezug auf die Geschichtswissenschaft getan."[162]

Es war dies die vielleicht erstaunlichste Kraft des historischen Herrschaftsdiskurses der DDR, sich so weit gegen seine kritische Unterlaufung zu immunisieren, daß er grundsätzliche und gegen seine Existenz selbst gerichtete Einwände durchaus nicht übergehen mußte, sondern – wie Paulus' Beispiel zeigt – aus ihrer ungescheuten Erwähnung sogar Nutzen ziehen konnte. Offenbar ohne sich über die Absurdität ihres Tuns Rechenschaft zu geben, vermochte Paulus' Parteigruppe ihre Forderung nach Disziplinierung eines kritischen Abweichlers geradewegs mit dessen Irrglauben begründen, daß Kritik in der DDR-Geschichtswissenschaft unterdrückt werde: „Er hat sich vom Westen her suggerieren lassen, daß wir hier in der DDR nicht kritisch genug seien. Das gesunde kritische Denken, das wir in unserer Arbeit brauchen, entartet bei ihm zur Krittelei und zum Skeptizismus, und er betrachtet Genossen, die konsequent an den grundlegenden Erkenntnissen des Marxismus-Leninismus festhalten, als Dogmatiker."[163] Die weitere Bereinigung des Falles vollzog sich ohne Überraschungen und im Sinne der bei Konversionen üblichen Rollenverteilung. Paulus beglaubigte seine Umkehr, indem er öffentlich seine Irrtümer bekannte, deren erster in der falschen Annahme bestanden habe, „daß ich bei Genossen, denen die Partei die unmittelbare Verantwortung für die Entwicklung der Geschichtswissenschaft übertragen hat, dogmatische Tendenzen zu sehen vermeinte, wo sie unter Beachtung der gegebenen Situation im Klassenkampf nichts weiter wollten, als den Marxismus-Leninismus und die Wissenschaftspolitik der Partei vor Entstellungen zu bewahren".[164] Weitere ‚Irrtümer' machte Paulus in seiner flagranten Verletzung der wissenschaftlichen Kollektivitätsnorm[165] und der Unterschätzung des westlichen Gegners namhaft[166], um insgesamt als Lehre aus seinem Fall abzuleiten, daß auch in

[162] Ebd.

[163] Ebd., Antrag der Parteigruppe 1917–1945 auf Eröffnung eines Parteiverfahrens gegen Gen. Günter Paulus, 3.3.1966.

[164] Ebd., Günter Paulus, Stellungnahme, 3.3.1966.

[165] „Hinzu kam, daß ich die Massenwirksamkeit unserer Geschichtsschreibung auf meinem Spezialgebiet als ungenügend empfand und meine, aus mangelndem Vertrauen zu den obengenannten Genossen und in der überheblichen Überzeugung, es besser zu wissen, auf eigene Faust meine Vorstellungen von attraktiver Darstellungsweise zu realisieren suchte – ähnlich wie das einige der auf dem 11. Plenum kritisierten Schriftsteller und Künstler taten." Ebd.

[166] „Darüberhinaus hat mich die Tatsache, daß der Gegner nach dem 13. August 1961 nicht mehr so viele Einwirkungsmöglichkeiten besaß, dazu verführt, die Gefährlichkeit seiner neuen Taktik, insbesondere die der ideologischen Diversion, zu unter-

der sozialistischen Geschichtswissenschaft Macht und Erkenntnis zusammenfielen: „So geschah es, daß ich erstens dabei die Partei- und Staatsdisziplin verletzte, und zweitens mit meinem Vorhaben scheiterte. Dieses Scheitern war also [...] nicht durch zufällige Umstände oder Leichtfertigkeit [...] bedingt. Wenn man richtig denkt und richtig fühlt, schreibt man auch richtig. [...] Es handelt sich also bei meinem falschen Verhalten und meinen fehlerhaften Auffassungen im Kern um eine einseitige und damit falsche politisch-ideologische Einstellung, mit der ich mich, ohne es wahrzunehmen, im Widerspruch zur Wissenschaftspolitik der Partei befand."[167]

Indem er so seine Ausgrenzung aus dem Orientierungsrahmen der sozialistischen Geschichtswissenschaft selbst rechtfertigte, bot Paulus ein glänzendes Beispiel für die neugewonnene Geschlossenheit des Herrschaftsdiskurses und hielt die Tür seiner späteren Re-Integration offen. Vorher aber waren die praktischen Konsequenzen aus dem Einbruch des Revisionismus in die sozialistische Historiographie zu ziehen. Der zuständige Lektor im Militärverlag wurde abgelöst, während die Erstgutachter Löwel und Materna vermutlich nur deshalb mit einer internen Parteikritik davonkamen, weil Löwel als Autor des Bandes V der Geschichte der deutschen Arbeiterbewegung kurz zuvor für den Nationalpreis der DDR vorgeschlagen worden war und das IML sich nun nicht selbst desavouieren wollte. Paulus hingegen mußte aus dem Autorenkollektiv für das Lehrbuch der deutschen Geschichte ausscheiden und verlor auch seine Stellung im Akademie-Institut für Geschichte. Als Lehrer für das marxistisch-leninistische Grundlagenstudium an die Hochschule für Ökonomie in Berlin-Karlshorst verbannt, war seine wissenschaftliche Karriere beendet; eine ihm vier Jahre später angebotene Rückkehr an die Akademie lehnte er selbst ab. In dieselbe Richtung wies auch das auf Antrag der Parteigruppe 1917 bis 1945 gegen Paulus eingeleitete Parteiverfahren, das zunächst die Zentrale Parteikontrollkommission der SED an sich zog. Der Entscheidung der Parteigremien, dem Abtrünnigen eine strenge Rüge mit der Androhung des Ausschlusses aus der SED zu erteilen und ihn mit einem vierjährigen Publikationsverbot zu belegen, stimmten bei der entscheidenden Abstimmung im Mai 1966 alle Mitglieder der SED-Grundorganisation des Instituts für Geschichte zu – unter ihnen auch Paulus selbst.

Der Fall Paulus war in der Geschichte der DDR-Geschichtswissenschaft ein außergewöhnliches Ereignis; außergewöhnlich in der Unbeirrbarkeit, mit der ein SED-verbundener Historiker seine individuelle Überzeugung unbeirrt über die institutionalisierten Normen der Vergangenheitserschließung in der DDR gestellt hatte, und außergewöhnlich in den Anstrengungen, die erforderlich gewesen waren, um die bedrohte Ordnung des Ge-

schätzen. Ich habe mich gleichsam selbst vom Klassenkampf in gefährlichem Maße demobilisiert." Ebd.

167 Ebd.

schichtsdiskurses wieder zu sichern. Dennoch war es keine bloße Phrase, wenn die SED-Parteileitung des Akademie-Instituts sich anschließend in ihrer parteiöffentlichen Stellungnahme versicherte, daß sie gestärkt aus dieser Auseinandersetzung hervorgegangen sei.[168] Das innere Gefüge einer konsensorientierten Funktionalwissenschaft hatte sich nicht nur als stark genug erwiesen, um seine Geltungskraft im Konfliktfall gegen eine auf die Kraft historischer Fakten gestützte individuelle Überzeugung zu behaupten, sondern den Abweichler auch noch zum Kronzeugen der Anklage zu machen vermocht und damit den eigenen Legitimitätsanspruch nachdrücklich befestigt.

[168] SAPMO-BArch, DY 30, IV A 2/9.04/332, Bericht der Parteileitung „Das 11. Plenum und die ideologisch-politischen Aufgaben der Grundorganisation, o.D.

VII. Die Struktur des sozialistischen Geschichtsdiskurses

1. Konturen einer historischen Konsenswissenschaft

Die in dieser Arbeit behandelten Vorgänge charakterisieren die Institutionalisierungsgeschichte vieler nationaler oder staatlicher Historiographien im 19. und 20. Jahrhundert, die regelmäßig etwa in der Errichtung einer zentralen nationalgeschichtlichen Forschungsstätte, in der Gründung eines eigenständigen Fachverbandes und einer repräsentativen Fachzeitschrift oder in den Bemühungen um eine mehr oder minder kodifizierte historische ‚Meistererzählung' ihren Niederschlag findet. Die Entwicklung der Historie in der DDR zu einer eigenständigen Wissenschaft aber vollzog sich darüber hinaus auf der Grundlage eines – selbst in ständiger Umformung begriffenen – Denkgefüges, in dem Vergangenheit – gemessen an der Fachtradition – sich auf eine in vieler Hinsicht neu- und andersartige Weise in Geschichte verwandelte. In diesem „internalisierten Bewandtniszusammenhang" (Martin Heidegger) einer spezifischen Form der historischen Verständigung, die das Frag-lose und das Frag-würdige der Vergangenheit in ganz neuartiger Weise gewichtete, verband sich das kanonisierte Ideologiegebäude des Marxismus-Leninismus mit einer Vielzahl von dahinterstehenden Orientierungsmustern, Wertbindungen und Verständigungsnormen, die sich als regelhaftes Substrat der fachlichen Verständigung in einer Hinsicht von der dogmatischsten historischen Aussage grundsätzlich unterschieden: Sie waren in der Regel weder empirisch zu falsifizieren noch theoretisch zu problematisieren, sondern entzogen sich weitgehend individueller Reflexion oder raubten ihr zumindest die öffentliche Ausdrucksfähigkeit und bildeten so den sowohl politisch konstituierten wie fachlich interiorisierten Horizont der Verständigung über die Vergangenheit in der DDR – ihren historischen Herrschaftsdiskurs.

Das in der Konstituierungs- und Konsolidierungsgeschichte der DDR-Historiographie zutage tretende Regelwerk einer anderen Fachlichkeit unterschied sich nirgendwo radikaler von den tradierten Anspruchsnormen des Faches als in dem politisierten Wissenschaftsverständnis, das die DDR-Historiographie nicht etwa nur in der administrativen Anleitung durch die zuständige ZK-Abteilung kennzeichnete, sondern das schlechthin auf jeder Ebene der fachlichen Verständigung galt. Die Gewißheit, daß Wissenschaft und Politik nicht zu trennen seien, galt den Autoren des Hochschullehrbuchs für deutsche Geschichte ebenso als selbstverständlicher Grundsatz ihrer Arbeit, wie es in unzähligen Fachgutachten den Maßstab für Lob und Tadel abgab; es einte Gegner und Befürworter eines eigenen ostdeutschen Historikerverbandes und verband selbst im Konfliktfall Abweichler wie Fritz Klein und Jürgen Kuczynski mit ihren innerfachlichen Widersachern. Den politischen Auftrag der Historie erkannten im Selbstverständnis der parteiloyalen Historiker auch ihre nicht-marxistischen Kollegen am Akademie-Institut an, und ihn konnte die Institutsleitung ihren westdeutschen Gesprächspartnern innerhalb und außerhalb der Zunft um so ungenierter entgegenhalten, als sie sich völlig sicher war, daß auch die ‚bürgerliche' Geschichtswissenschaft in demselben Boden einer politischen Historiographie gründe – und gründen müsse.

Die Einheit von Politik und Wissenschaft, die die Parteinahme zum unentbehrlichen Konstituens historischer Erkenntnis erklärte und das ‚bürgerliche' Ideal wertfreier Wissenschaft zu einer ideologischen Chimäre, bildete gleichsam das Grundgerüst der sozialistischen Geschichtsverfassung und war für ihre mit dem westlichen Gegenmodell nur bedingt kompatiblen Grundstruktur im Kern verantwortlich.[1] Aus diesem Grund gingen die zahlreichen Versuche westlicher Beobachter ins Leere, die der ostdeutschen Disziplin ihre äußerliche Indienstnahme durch die Legitimationsbedürfnisse der Politik vorzuhalten versuchten oder umgekehrt hoffnungsvolle Anzeichen für eine zumindest sektorale Emanzipierung des Faches von der Politik zu ermitteln glaubten. Nichts belegt diese qualitative Differenz zwischen zwei unterschiedlichen Fachverständnissen besser als die ungescheute Offenheit, mit der der stellvertretende Direktor des Akademie-Instituts, Heinz Heitzer, ein solches Denken im internen Kreis der Institutsmitarbeiter noch in den achtziger Jahren als Beweis für die Borniertheit bürgerlicher Fachauguren anführen konnte, ohne im mindesten zu fürchten, dadurch in seinem eigenen Wissenschaftsdenken bloßgestellt zu werden. „Die Partei erscheint in bürgerlichen Darstellungen als der mehr oder weniger willkürliche Befehlsgeber, die Wissenschaftler erscheinen als die mehr oder weniger unwilligen Ausführenden", suchte der Zeithistoriker Heitzer die gängige westliche Fehlperzeption in Worte zu fassen und hielt ihr den seinen Zuhörern offenbar selbstverständlichen Anspruch einer sozialistischen Fachhistorie entgegen, in der Wissenschaft und Politik zu beiderseitigem Nutzen miteinander verschmolzen seien: Die „Führung der SED [hat] die Entwicklung unserer marxistisch-leninistischen Geschichtswissenschaft gelenkt und

[1] Vgl. beispielsweise die Formulierung dieser alle Leittexte der DDR-Geschichtswissenschaft durchziehende Denkfigur im Handbuch „Kritik der bürgerlichen Geschichtsschreibung": Die „organische Verknüpfung von Geschichte und Politik, in der die Parteilichkeit der marxistisch-leninistischen Geschichtsbetrachtung Ausdruck findet, entspricht zugleich der wissenschaftlichen Objektivität. Objektivität und Parteilichkeit bilden wie in jeder marxistisch-leninistischen Gesellschaftswissenschaft, so auch in der Geschichtswissenschaft, eine untrennbare Einheit." Berthold u.a. (Hg.), Kritik der bürgerlichen Geschichtsschreibung, S. 6f. Zu den theoretischen Problemen dieser Aussage: Rumpler, Parteilichkeit und Objektivität.

geleitet, ihr die richtige Orientierung gegeben"[2], ebenso wie umgekehrt nach einer programmatischen Erklärung von Ernst Engelberg „die Leitung des Arbeiter-und-Bauern-Staates auf der marxistisch-leninistischen Gesellschaftswissenschaft beruht".[3] Gegen eine Kritik, die auf der Freiheit der Forschung und auf der Unabhängigkeit der Urteilsbildung insistierte, war der historische Herrschaftsdiskurs in der DDR immun. Mehr noch, er erlaubte sie als Ausdruck der unüberschreitbaren Erkenntnisschranken einer vormarxistischen Geschichtsideologie zu klassifizieren, die „aufgrund ihrer Klassengrenzen die wechselseitige Bedingtheit von Objektivität und Parteilichkeit in der marxistischen Geschichtsanalyse exakt zu erfassen und zu akzeptieren außerstande ist"[4], während in der Eigenwahrnehmung die politische Nützlichkeit der DDR-Geschichtswissenschaft ihre eigentliche Bestimmung bildete: „Zur Verwirklichung der Politik der SED mit unseren Mitteln beizutragen, war und ist unser oberstes Anliegen."[5]

Als entscheidende Phase in der endgültigen Ausbildung einer zweiten deutschen Geschichtswissenschaft stellt sich die Zeit von 1957/58 dar, in der nicht nur die institutionelle Teilung der Fachdisziplin mit der Bildung eines eigenen Historikerverbandes der DDR und dem Eklat von Trier ihren Abschluß fand, sondern vor allem in der Auseinandersetzung mit den „revisionistischen Schwankungen" in der ostdeutschen Historikerzunft ein funktionaler Parteilichkeitsbegriff festgeschrieben wurde. Mit der Zurückweisung des besonders mit dem Namen von Jürgen Kuczynski verbundenen Versuchs, die politische Parteilichkeit der historischen Wissenschaft gleichsam zu objektivieren und an die historische Realität selbst zurückzubinden, war die entscheidende Brücke abgebrochen, die es zuvor auch SED-loyalen Historikern wie Walter Markov, Karl Obermann und nicht zuletzt Alfred Meusel ermöglicht hatte, sich als fachliche Avantgarde einer blockübergreifenden, gesamtdeutschen Fachwissenschaft zu begreifen. Nicht die von Kuczynski geforderte Objektivierung der Parteilichkeit, sondern die „Verparteilichung" der objektiven Geschichtsrealität setzte fortan und in Fortschreibung einer bereits 1950/51 einsetzenden Entwicklung den diskursiven Rahmen der Vergangenheitsaneignung unter der SED-Herrschaft und brach so einem leninistischen Konzept die Bahn, das historische Wissenschaft und politisches Handeln miteinander zu amalgamieren beanspruchte.

Der immer wieder auszulotenden und weiterzutreibenden Geltungstiefe dieser diskursiven Grundstruktur galt fortan die Aufmerksamkeit der wissenschaftspolitischen und innerfachlichen Lenkungsinstanzen. „Die Trennung von Politik und Wissenschaft, die wir noch bei den Genossen Histori-

[2] ABBAW, ZIG 572, Heinz Heitzer, Rede zum 25jährigen Bestehen des Instituts für Geschichte an der Akademie der Wissenschaften.

[3] Engelberg, Die Aufgaben der Historiker, S. 388.

[4] Schmidt, Die Entwicklung der DDR-Geschichtswissenschaft, S. 588.

[5] ABBAW, ZIG 572, Heitzer, Rede zum 25jährigen Bestehen des Instituts für Geschichte.

kern vorfinden, muß überwunden werden", dekretierte beispielsweise der Abteilungsleiter Wissenschaften des ZK 1963 und gab seinen Mitarbeitern damit ein Programm auf, das nie vollständig abzuarbeiten war.[6] Doch ginge der Glaube fehl, daß ein auf dieser Grundlage operierendes Denken nur das Handeln der Parteibürokratie leitete; es wurzelte gleichermaßen in der festen Überzeugung ungezählter marxistischer Historiker im Osten Deutschlands, die nach der nationalsozialistischen Katastrophe ihre Arbeit in den Dienst einer besseren Sache zu stellen entschlossen waren[7] und sich ganz bewußt von dem überkommenen Ideal einer – eben nur scheinbar – unpolitischen Vergangenheitsbetrachtung verabschiedet hatten, weil eine „Geschichtswissenschaft aber, die vor dem Wesen der wirtschaftlichen Ausbeutung und Unterdrückung die Augen verschließt, [...] nicht [...] neutral und objektiv" ist.[8]

Die von Staats wegen in der DDR errichtete Geschichtswissenschaft wurde daher nicht etwa äußerlich instrumentalisiert, also gegen ihren eigenen Wissenschaftsanspruch in den politischen Dienst genommen; sie war in ihrer verordneten und gewachsenen Struktur selbst eine funktionale Wissenschaft. Erst mit der Einsicht in diesen Grundcharakter der in der DDR betriebenen Vergangenheitsaneignung wird die Tiefenstruktur des sie leitenden Geschichtsdiskurses nachvollziehbar. Nur so wird plausibel, daß im historischen Denkhorizont der sozialistischen Fachentwicklung Parteibeschlüssen wissenschaftliche Geltungskraft zukommen konnte[9], daß die in jahrelanger Diskussion ungeklärten Periodisierungsprobleme der deutschen Geschichte dem Politbüro nicht anders zur Entscheidung überantwortet

6 SAPMO-BArch, DY 30, IV A 2/904/134, Johannes Hörnig über Aufgaben der Geschichtswissenschaft [nach September 1963].

7 Küttler, Zwischen Wissenschaft und Staatsaktion, S. 144; Ruge, Nachdenken über die Geschichtswissenschaft der DDR, S. 584f.; Kossok, Im Gehäuse der selbstverschuldeten Unmündigkeit, S. 25. Vgl. auch Meuschel, Legitimation und Parteiherrschaft, S. 29ff., u. Jessen, Akademische Elite, S. 359f.

8 Streisand, Kategorien und Perspektiven, S. 891.

9 „Eine Grundschwäche in der Arbeit vieler Historiker ist das falsche Verhältnis zu den Parteibeschlüssen. [...] Genosse Walter Ulbricht hat auf dem 16. Plenum darauf hingewiesen, daß ein höheres Niveau in der wissenschaftlichen Arbeit und ihre enge Verbindung mit der Praxis unseres Kampfes erst gesichert wird, wenn nicht nur die Beschlüsse zur Kenntnis genommen werden, die die Historiker direkt ansprechen, sondern wenn *alle* Parteibeschlüsse schöpferisch und mit eigenen Gedanken systematisch durchgearbeitet werden, um aus ihnen Aufgaben für die eigene Arbeit abzuleiten. [...] Es ist auch ein großer Irrtum, zu glauben, daß es nur diejenigen Genossen betrifft, die auf dem Gebiet der neuesten Geschichte arbeiten. – Ein anschauliches Beispiel dafür, daß Historiker die Parteibeschlüsse nicht als wissenschaftliche Dokumente auswerten und auch viel zu wenig neue Fragen aufwerfen, war die Herausarbeitung und Anwendung der nationalen Grundkonzeption." SAPMO-BArch, DY 30, IV A 2/904/134, Johannes Hörnig über Aufgaben der Geschichtswissenschaft [nach September 1963].

wurden als der Charakter der deutschen Novemberrevolution von 1918[10] und daß in einem politischen Kurswechsel der SED begründete Änderungen des Geschichtsbildes als wissenschaftlicher Erkenntniszuwachs erscheinen konnten. Es wäre verfehlt, diese Symbiose als bloße Unterjochung der Gelehrsamkeit unter die Macht der Diktatur zu lesen. In einer genuin politischen Wissenschaft verliefen die Trennlinien zwischen Herrschern und Beherrschten anders, als es sich aus der Perspektive eines traditionellen Fachverständnisses darstellt. Die nur scheinbar paradoxe Vertauschung der Rollen von ‚Oben' und ‚Unten' konnte so weit gehen, daß oberste Leiter im Parteiapparat die ‚Genossen Historiker' der Feigheit ziehen, ‚heiße Eisen' anzufassen, und sie aufforderten, die politische Führung nicht länger als Nothelferin zur Lösung ihre wissenschaftlichen Probleme zu mißbrauchen.[11] Dieser Befund fügt sich zu der signifikanten Schwierigkeit, in der während der fünfziger Jahre partiell deprofessionalisierten Historikerschaft der DDR systematisch zwischen den Berufsgruppen von Politikern, Fachhi-

[10] Vgl. hierzu etwa folgende parteiinterne Bilanz von1962: „Während [...] die revisionistischen Angriffe, die besonders von Genossen Kuczynski ausgingen, schließlich auf breiter Front zurückgeschlagen wurden, war es bei den falschen und schädlichen Diskussionen über den Charakter der Novemberrevolution 1918 nicht der Fall. Erst durch die Arbeiten des Genossen Walter Ulbricht und den Beschluß des 2. Plenums des ZK wurden die falschen Positionen einer größeren Anzahl von Historikern aufgedeckt. Dies offenbarte große Schwächen in der Geschichtswissenschaft bei der Anwendung des historischen Materialismus und besonders der Leninschen Revolutionstheorie auf die Entwicklung in Deutschland. Gleichzeitig bedeutete das eine Mißachtung von Parteibeschlüssen, da die Frage des Charakters der Novemberrevolution bereits im Beschluß der Partei vom Jahr 1948 klargestellt war." Ebd., Erstes Material einer Einschätzung der Entwicklung der Geschichtswissenschaft der DDR seit 1955, o.D.[1962].

[11] „Allen Fragen, die mit der Herausarbeitung der Strategie und Taktik durch die KPD zusammenhängen, sind Historiker, wie Genosse Walter Ulbricht auf dem 16. Plenum im Schlußwort sagte, ‚talentvoll aus dem Wege gegangen'. Das, Genossen, ist eine ernsthafte Kritik der Parteiführung an der Arbeit der Historiker. Es soll nicht negiert werden, daß es sich hierbei um politisch außerordentlich komplizierte Probleme handelt. Die Verantwortung für ihre Ausarbeitung jedoch tragen vor der Partei die Historiker. Diese Fragestellung muß allen Genossen voll bewußt werden. Genosse Walter Ulbricht räumte in seinem Referat und Schlußwort ein, daß es natürlich Fragen geben kann, mit denen die Historiker nicht völlig fertig werden. Dann müssen aber Lösungsvorschläge ausgearbeitet und dem Politbüro vorgelegt werden. Den Weg jedoch, um die komplizierten Fragen einen Bogen zu machen und die Ausarbeitung der Parteiführung zu überlassen, darf es in Zukunft nicht mehr geben. [...] Die Historiker können sich glücklich schätzen, daß das Politbüro der Partei und unser Genosse Walter Ulbricht persönlich der Geschichtswissenschaft eine so große Aufmerksamkeit schenken." Ebd., Johannes Hörnig über Aufgaben der Geschichtswissenschaft [nach September 1963].

storikern und Geschichtsfunktionären zu trennen.[12] Unschwer scheint die Zuordnung bei politischen Führungsfiguren wie Walter Ulbricht, Kurt Hager und Fred Oelßner. Immerhin aber nahm Ulbricht, der sich selbst als ‚Historiker im dritten Beruf' verstand, als Leiter des Autorenkollektivs seine Pflichten zur inhaltlichen Mitarbeit an der Geschichte der deutschen Arbeiterbewegung nicht nur ausweislich seiner handschriftlichen Manuskriptglossen ernster als manche seiner Kollektivkollegen; und seine schriftlichen Auslassungen etwa zur Politik der KPD wurden fachintern ganz selbstverständlich als wissenschaftliche Beiträge gewertet. Kurt Hager wiederum firmierte jahrelang als Mitglied des Autorenkollektivs für das Hochschullehrbuch, und Fred Oelßner, der neben seinen politischen Funktionen auch das Amt eines Vizepräsidenten der DAW bekleidete, wirkte nach seinem politischen Sturz 1958 als Direktor des Instituts für Wirtschaftswissenschaften bei der Akademie der Wissenschaften. Schwieriger noch fällt die Entscheidung bei Zunftgenossen wie Walter Bartel oder Albert Schreiner, die ihre Berufung zum Historiker nicht dank akademischer Qualifikationen, sondern im Parteiauftrag erhielten, um dann in fachinternen Evaluationen nicht anders als nach Zahl und Qualität ihrer Beiträge gemessen zu werden wie ihre Kollegen auch. Nahezu austauschbar konnten schließlich die Karrieren von Geschichtsfunktionären und Fachhistorikern verlaufen. So füllte der oft als Nestor der marxistischen Geschichtswissenschaft in der DDR apostrophierte Meusel unter fast völligem Verzicht auf eine eigene Publikationstätigkeit neben seiner akademischen Lehrtätigkeit faktisch die Rolle eines Vermittlers zwischen Fach und Parteispitze aus, während umgekehrt eine Reihe von Mitarbeitern des aufsichtführenden ZK-Apparats aus der Wissenschaft oder unmittelbar aus der akademischen Ausbildung zum Fachhistoriker kamen – wie Ernst Diehl – oder nach ihrem Ausscheiden aus der Parteiadministration in sie zurückkehrten – wie Rolf Dlubek und Raimund Wagner.

Auf diese Weise erklärt sich, daß auf der Handlungsebene der SED-Wissenschaftsbürokratie die Rollenverteilung zwischen Politik und Wissenschaft geradezu vertauscht schienen und immer wieder die Geschichtsfunktionäre der Partei sich als die eigentlichen Garanten der Wissenschaftlichkeit in der historischen Forschung sahen. 1960 etwa ließ eine „Information an das Politbüro" durchblicken: „Die Konferenz mit dem Thema ‚Der deutsche Imperialismus und der zweite Weltkrieg' wurde seit November 1958 vorbereitet. [...] Insgesamt kann man sagen, daß wir mit der Vorbereitung und Durchführung der Konferenz in Berlin eine neue, höhere

12 Zur Überlagerung des professionellen Referenzsystems durch ein parteiliches Referenzsystem bei der Rekrutierung des Hochschullehrer-Nachwuchses: Jessen, Akademische Elite, bes. S. 399ff.

Stufe der wissenschaftlichen Arbeit der Historiker [...] erreicht haben."[13] Ebenso konnte Ulbrichts persönlicher Referent in Geschichtsfragen, Hans Vieillard, primär den Parteiapparat und nicht die Historiker verantwortlich machen, wenn in der Praxis des Faches ein Fall wissenschaftlichen Versagens aufgedeckt wurde, wie etwa 1955 in bezug auf eine Konferenz zur russischen Revolution von 1905.[14]

Der Glaube an die bruchlose Vereinbarkeit von Wissenschaft und Politik im Ideal einer parteilichen Historie besaß auch auf der Diskursebene der wissenschaftspolitischen Leitungsinstanzen eine emphatische Kraft, die sich nicht im „Durchstellen" hierarchischer Anweisungen erschöpfte (obwohl dies in der Praxis durchaus der Regelfall sein konnte), sondern regelmäßig eine erstaunliche Aufgeschlossenheit gegenüber den Schwächen der eigenen Wissenschaft entfalten und ein erhebliches kritisches Potential gegen das bloße Arrangement mit dem Dogma mobilisieren konnte, wie etwa in einer fachinternen Evaluation von Forschungsleistungen zur Weimarer Republik aus dem Jahr 1962 zum Ausdruck kommt, die sich kritisch vor allem mit den Arbeiten prominenter Autoren wie Jürgen Kuczynski und Leo Stern befaßt: „Ein Überblick über die Thematik der erschienenen Arbeiten ergibt, daß die Tendenz zur Umgehung von besonders komplizierten und diffizilen Fragen (sogenannte ‚heiße Eisen') besteht. [...] Die Neigung, schwierigen Fragen aus dem Wege zu gehen, kommt sowohl bei der Themenwahl zum Ausdruck, wie auch bei der Bearbeitung der gewählten Themen. [...] In engem Zusammenhang mit dem Hang zur Umgehung von ‚heißen Eisen' steht die weit verbreitete Neigung zur Simplifizierung. Besonders häufig wird dieser Neigung bei der Darstellung der Strategie und Taktik der KPD nachgegeben. [...] Des öfteren wird eine Einschätzung der Märzkämpfe 1921 durch ein Lenin-Zitat, des Hamburger Aufstandes 1923 durch ein Thälmann-Zitat, der Gesetzmäßigkeit der Niederlage des deutschen Imperialismus durch ein Ulbricht-Zitat ersetzt u.ä. [...] Insgesamt gesehen, halten sich [...] die Historiker davor zurück, neue Probleme anzupacken, hergebrachte Anschauungen zu überprüfen, neue Verallgemeine-

13 SAPMO-BArch, NY 4182/1365, Abt. Wissenschaften, Information an das Politbüro, 6.1.1960.

14 „Die Hauptschwächen der Konferenz waren [...], daß die Konferenz sehr schlecht und unverantwortlich vorbereitet war. Hierfür trägt die Hauptverantwortung der Sektor Geschichte bei der Abteilung Wissenschaft im ZK. [...] Der Sektor Geschichte hat die einzelnen Referate nicht durchgesprochen, kontrolliert, so daß die einzelnen Referenten unabhängig voneinander zu den Themen Stellung nahmen und nicht wußten, was die anderen Referenten in ihrer Thematik behandeln. Auf Grund dieser unwissenschaftlichen Vorbereitung waren die einzelnen Darstellungen der Referate nicht in allen Fragen wissenschaftlich exakt, ja sie enthielten sogar falsche Darstellungen. Die Grundfragen wurden im Schlußwort geklärt, bzw. in der Diskussion, doch hat dadurch das Niveau der wissenschaftlichen Tagung gelitten." Ebd., 1362, [Hans Vieillard], Bericht über die wissenschaftliche Konferenz des Instituts für deutsche Geschichte in Halle am 9. und 10.12.1955, 12.12.1955.

rungen zu treffen usw. [...] In der Regel warten die Historiker, bis neue Probleme und Thesen von der Parteiführung gelöst bzw. aufgestellt werden und befassen sich dann vorwiegend mit der Untermauerung und Propagierung derselben."[15]

Der in solchen Argumentationen zum Ausdruck kommende Wandel des überkommenen Wissenschaftsverständnisses betraf nicht allein die fachliche Ausrichtung der Historie im SED-Staat nach Arbeitsfeldern und Anwendungsbezug, sondern die Struktur ihrer Erkenntnistätigkeit selbst bis hin zu einem Begriff von Wahrheit und Objektivität, der sich mit dem ihrer ‚bürgerlichen' Konkurrenz nur noch partiell deckte. Weder schloß diese Entthronung der objektiven Wahrheit in der Geschichte an die westliche Diskussion an, die schon lange vor der kulturalistischen Wende der letzten fünfzehn Jahre die Perspektivengebundenheit aller Geschichtserkenntnis hervorgehoben hatte[16], noch läßt sie sich zureichend als bloßes Zurückweichen des Wissens vor der Macht beschreiben. Die entscheidende Differenz des parteilich-funktionalen zum westlich-pluralen Wahrheitsverständnis gründete nicht in einer unterschiedlichen Art historiographischer Tatsachenerschließung und -bewertung, sondern in dem entscheidenden Umstand, daß im Konfliktfall die Vetokraft der Quellen kein hinreichendes Argument der wissenschaftlichen Verständigung bildete. Anders ausgedrückt: Historische Erkenntnisse, die lediglich den tradierten Standards der historischen Quellenkritik genügten, konnten als „objektivistisch" oder „faktologisch" bewertet und ihrer Geltungskraft beraubt werden, solange sie nicht gleichzeitig den Maximen der politischen Parteilichkeit entsprachen, ohne daß damit nach den Verständigungsmustern des sozialistischen Geschichtsdiskurses ein Verstoß gegen die Regeln wissenschaftlicher Erkenntnisbildung verbunden gewesen wäre.

Auch hier erwies sich die Auseinandersetzung mit Kuczynski als Schlüsselereignis bei der Etablierung der neuen Geschichtswissenschaft. Seine Reverenz gegenüber Rankes ‚Revolution der Quellentechnik' wurde mit der kategorischen Festlegung zurückgewiesen, daß „die bürgerliche Beschränkung auf ganz bestimmte Quellen, ihre Einteilungsprinzipien, ihre Bevorzugung besonderer Quellen, der rein formale, klassenmäßig unkritische Apparat der Quellenkritik [...] bürgerlich-parteilich und nicht objektiv [sind]. [...] Quellenfetischismus und individualisierendes, d.h. antigesetzmäßiges und

[15] Ebd., DY 30, IV 2/9.04/399, Institut für Geschichte der Deutschen Akademie der Wissenschaften zu Berlin, Arbeitsgruppe 1917–1933, Zur Einschätzung der geschichtswissenschaftlichen Literatur in der DDR über die Periode von 1917 bis 1933, 20.6.1962.

[16] So etwa im Vorschlag Jürgen Kockas, „zwischen zutreffenderen und weniger zutreffenden, [...] wahreren und weniger wahren Argumentationen zu unterscheiden". Kocka, Angemessenheitskriterien historischer Argumente, S. 469. Einschlägig in diesem Zusammenhang auch Mommsen, Der perspektivische Charakter historischer Aussagen.

antifortschrittliches Prinzip sind daher zwei Seiten reaktionärer bürgerlicher Geschichtskonzeption. [...] Der Versuch, einen weltanschauungslosen ‚Sinn für Realität', gepaart mit ‚fortschrittlicher Technik' an die Stelle der marxistisch-leninistischen Weltanschauung und ihrer klaren Forderung nach proletarischer Parteilichkeit zu setzen, ist nicht ‚im wahrsten Sinne Objektivität', sondern ganz eindeutig bürgerlicher Objektivismus."[17] Diese Bestimmung machte es in den einzelnen behandelten Konfliktfällen angegriffenen Forschern wie Jürgen Kuczynski, Günter Paulus oder Fritz Klein unmöglich, sich mit dem Verweis auf die tatsächliche Eindeutigkeit historischer Sachverhalte zu rechtfertigen und den Quellenbefund für sich sprechen zu lassen. Einer nur empirischen Argumentation fehlte in der etablierten marxistisch-leninistischen Historiographie die hinreichende fachliche Legitimation; ihr war im unmittelbaren Sinne das Wort entzogen. Welche innere Überzeugungskraft der Glaube an die harmonische Verschränkung von historischer Erkenntnis und politischer Nutzung auf der Steuerungsebene der historischen Wissenschaft in der DDR entfalten konnte, illustriert beispielhaft ein ‚Erfahrungsaustausch leitender Genossen der Geschichtswissenschaft' mit Kurt Hager im selben Jahr 1971, das mit dem Führungswechsel von Ulbricht zu Honecker zunächst eine spürbare Befreiung von dogmatischer Engstirnigkeit mit sich gebracht hatte. Nicht allein, daß Hager mit seinen Bemerkungen die Historikerschaft der DDR auf den Schutz der ungeteilten Wahrheit verpflichtete, war das Erstaunliche an dieser Beratung mit der Führungsriege der DDR-Geschichtswissenschaft, sondern daß er sich offenbar ganz unbefangen auf ein Verständnis von historischer Wahrheit stützte, das außerhalb des sozialistischen Geschichtsdiskurses ihr genaues Gegenteil bedeuten würde: „Die Geschichtswissenschaft ist ein aktiver Faktor bei der Durchsetzung der Politik der Partei. Sie hat die Lehren der Geschichte zu erarbeiten und zu vermitteln. Auf keinen Fall geht es um eine pragmatische Versimpelung, sondern um die objektive Wahrheit."[18]

Widersprüche zwischen den Forderungen der Wissenschaft und der Politik besaßen in diesem Denken folglich keinen eigenständigen Raum. Die in der DDR normierten Regeln des Fachdiskurses überwanden den Zwiespalt zwischen parteilicher und empirischer Wahrheit, indem sie ihn kategorial ausschlossen. Konnte die ex ante festgestellte Deckungsgleichheit von Erkenntnis und Interesse am historischen Material nicht bestätigt werden, mußte folglich ein Verstoß gegen die professionellen Regeln historiographischer Arbeit vorliegen, hatten zwangsläufig die Wissenschaftler versagt und nicht die Wissenschaft, auf die sie verpflichtet waren. Damit erweist sich die DDR-Geschichtswissenschaft schon im Selbstverständnis ihres Fachdis-

17 Höppner, Zur Kritik der Geschichtsauffassung von Jürgen Kuczynski, S. 576f.

18 ABBAW, ZIG 614e, Protokollnotiz vom Erfahrungsaustausch leitender Genossen der Geschichtswissenschaft mit Genossen Prof. Kurt Hager am 27.9.1971, 14.10.1971.

kurses als Austragungsort eines permanenten Bemühens um Ausgleich zwischen zwei versöhnungsbedürftigen und doch unvereinbaren Maximen, wie abermals schon Kurt Hager unfreiwillig in seinem erfolglosen Bemühen verriet, sie beide zusammenzudenken: „Nach meiner Auffassung muß zuerst mal festgestellt werden, daß die Geschichte tatsächlich so geschrieben werden muß, wie sie stattgefunden hat. D.h. die Objektivität der historischen Forschung ist eine unerläßliche Voraussetzung. Wir können die Geschichte nicht nachträglich zurecht bügeln [...]. Andererseits gehen wir an die Geschichte selbstverständlich immer vom Standpunkt der Arbeiterklasse, vom Standpunkt des Kampfes um den Sieg des Sozialismus, d.h. streng parteilich heran." [19]

Die nach 1989 entwickelten Skalen zur abgestuften Bewertung von Historikerverhalten[20] vermitteln einen Eindruck der unterschiedlichen Strategien, mit deren Hilfe die Angehörigen der historischen Zunft im SED-Staat sich bemühten, mit einem individuell akzeptierten oder nur diskursiv vorgegebenen, aber jedenfalls letztlich nicht erreichbaren und dennoch zugleich verbindlichen Ideal wissenschaftlicher Erkenntnistätigkeit fertigzuwerden, das kaum einem von ihnen eine von ‚Abweichungen' und ‚Schwankungen' freie berufliche Entwicklung erlaubte: Dem gefürchteten (und oft verachteten) Typus des „Kaderhistorikers"[21], der das tägliche Studium der Parteibeschlüsse für eine Grundbedingung wissenschaftlicher Arbeit hielt, stand als Gegenpol der marginalisierte Nischenwissenschaftler gegenüber, der durch Flucht in parteiferne Zonen der Vergangenheit seinen individuellen – und nicht selten illusionären – Freiraum zu wahren suchte. In der breiten Mitte aber fand sich die Mehrheit der DDR-Historiker, die in der unaufhebbaren Spannung einer ‚sich selbst widersprechenden' Doppelanforderung[22] agieren und die historische Erkenntnis mit den Legitimationsinteressen der Einheitspartei zu vereinbaren suchen mußte, um nicht den Boden des wissenschaftlichen Diskurses zu verlassen. Mißlang dieser Spagat einmal, rettete weder die Berufung auf die Aussage der Quellen noch auf die intersubjektive Glaubwürdigkeit der vertretenen Meinung und meist nicht einmal die eilige Unterwerfung unter den Ratschluß der Partei. Gerade in Kon-

19 Ebd.

20 Vorgeschlagen wurde neben den in der Einleitung dieser Studie erwähnten Klassifizierungen u.a. eine Einteilung in ‚reine Propagandisten der SED-Ideologie', Reformsozialisten, ‚bürgerliche Relikte', ‚Nischenexistenzen' und Ausgeschlossene (Stefan Wolle, in: Eckert/Kowalczuk/Poppe [Hg.], Wer schreibt die DDR-Geschichte?, S. 55f.) oder auch in die sich gegenüberstehenden Lager der doktrinären „Lampes" und der fachorientierten „Hampes" (Petzold, Die Auseinandersetzung zwischen den Lampes und Hampes, S. 101ff.).

21 In Anlehnung an den von Norbert Kapferer geprägten Begriff des „Kaderphilosophen": Kapferer, Das Feindbild der marxistisch-leninistischen Philosophie; Ruben, Von den Chancen, Kaderphilosoph zu werden.

22 Possekel, Der Selbstwiderspruch der DDR-Historiker, S. 131ff.

fliktfällen verlangten, wie der Fall Paulus lehrt, die Regeln des Diskurses den öffentlichen Nachweis, daß die beanspruchte Einheit zwischen Parteilichkeit und Objektivität ‚tatsächlich' erkennbar lückenlos und nicht nur vorgetäuscht sei.

In den Denkgewohnheiten eines Wissenschaftsverständnisses mit transkulturellem, also im Sinne Max Webers „objektivem" Erkenntnisanspruch[23] fällt es schwer, eine solche Unterordnung der eigenen Sicht unter die Maximen der Partei anders denn als bloße Reverenz vor der „fünften Grundrechnungsart" (Christoph Hein) zu begreifen, und sie war in zahllosen Einzelfällen gewiß auch nichts anderes. Und doch stellt sie in der Substanz mehr vor als die billige Bereitschaft, in der Lüge zu leben, sondern bildete die tragende Grundstruktur in einer anderen historischen Sinnwelt, die über die Geschichtswissenschaft hinaus wirkte. Die Inkompatibilität zweier unterschiedlicher Konstruktionsweisen von Vergangenheiten wurden 1996 Gegenstand einer öffentlichen Debatte, nachdem der im Westen beheimatete Literaturkritiker und Journalist Karl Corino dem ostdeutschen Dichter Stephan Hermlin die Fälschung seiner eigenen Biographie vorgeworfen hatte. Tatsächlich konnte Corino nachweisen, daß die Lebensgeschichte des Autors Hermlin in signifikanten Punkten nicht mit der Lebensgeschichte des autobiographischen Ich-Erzählers Hermlin übereinstimmte. Was Corino aber übersah: Die Engführung von Autor und Erzähler, die didaktische Begradigung des eigenen Weges vom Großbürgersohn zum dichtenden Kommunisten besaß im Geschichtsdiskurs der DDR weit über das Feld der Hofhistoriographie hinaus nichts Anstößiges. Sie bildete eine Analogie zu jener breiten Sammlung von kommunistischen Erinnerungsberichten im IML, die schon in ihrer Entstehung die Aufgabe reflektierten, als „Wunschbiographien"[24] das sozialistische Geschichtsbild und die führende Rolle der SED mit den Mitteln der persönlichen Erinnerung zu fördern.[25] Im westlichen Kontext hingegen geriet die Entdeckung der Hermlinschen Wunschbiographie zu einem Skandalon, das umgekehrt mit dem Autor auch den literarischen Wert seines Œuvres diskreditierte. Vor die unmögliche Aufgabe gestellt, zwischen zwei sich ausschließenden Diskurswelten zu vermitteln, fand Hermlin zu der so hilflosen wie erhellenden Antwort: „Es gibt [...] ein ‚wahres Lügen'."[26]

Hinter diesen seltsam klingenden Worten verbirgt sich eine bis zur Verwischung reichende Entmachtung der kategorialen Grenze zwischen Faktizität und Fiktionalität, die auch den Bereich der wissenschaftlichen Ge-

23 Ihn illustriert Webers berühmter Satz, mit den Mitteln der Wissenschaft nach Wahrheit zu suchen, die „auch für den Chinesen die Geltung einer denkenden Ordnung der empirischen Wirklichkeit beansprucht". Weber, Die „Objektivität", S. 156.

24 Der Ausdruck stammt von Peter Weiß. Zum Umgang mit der Erinnerung von Parteiveteranen in der SED-Geschichtsschreibung: Vierneisel, Das Erinnerungsarchiv.

25 Beispiele ebd., S. 129ff.

26 Des Dichters „wahre Lügen", S. 257f.

schichtsschreibung berührte. So machte die historiographische Gutachtenpraxis in der staatlichen Vergangenheitsverwaltung charakteristischerweise keinen grundsätzlichen Unterschied zwischen wissenschaftlichen und populären, zwischen fiktionalen und non-fiktionalen Texten. Für die Fachwissenschaft und für die schöne Literatur fungierte das IML gleichermaßen als Zensurbehörde, und es entschied über die ,Richtigkeit' eines Beitrags in der ZfG ebenso wie über die eines Romans oder eines Gedichtbandes – sofern nur Fragen der Arbeiterbewegung berührt waren. Die alltägliche Vermischung von Faktizität und Fiktionalität beleuchten die vor ihrer endgültigen Abgabe immer wieder umgeschriebenen Reiseberichte von DDR-Historikern, die die DDR-Geschichtswissenschaft bei der Begegnung mit dem „Gegner" stets erfolgreich bestehen ließen[27], und genauso die kritischen Rezensionen im Fall des Weimarforschers Habedank, die die Wissenschaftlichkeit einer von ihm vorgelegten Monographie über den Hamburger Aufstand von 1923 danach bemaßen, ob ihr ,die Beschlüsse der Partei der Arbeiterklasse, die Berichte und Arbeiten ihrer führenden Mitglieder' zugrunde gelegen hätten, „weil diese Materialien zu den in Frage stehenden historischen Ereignissen mit Hilfe der Wissenschaft des Marxismus-Leninismus erarbeitet worden sind und darum bereits das Wesentliche der objektiven Wirklichkeit widerspiegeln."[28] Dieselbe Entdifferenzierung von Faktizität und Fiktionalität wird sichtbar, wenn der Protokollband einer 1957 abgehaltenen Tagung ostdeutscher und sowjetischer Historiker zur Novemberrevolution von 1918/19 die dort vorgetragenen Stellungnahmen *für* den sozialistischen Charakter der Revolution entsprechend der zwischenzeitlichen Entscheidung Ulbrichts zugunsten nachträglich entstandener Beiträge *gegen* ihren sozialistischen Charakter austauschte[29] oder wenn das Autorenkollektiv des Lehrbuchs der deutschen Geschichte am Ende seiner langjährigen Periodisierungsdiskussion die Entscheidung über historische Einschnitte und Etappen dem Politbüro

[27] Sabrow, Zwischen Ökumene und Diaspora, S. 88 u. 93f.

[28] Zit. n. Sabrow, Das Wahrheitsproblem, S. 250. Nicht anders die gutachterliche Äußerung über eine Dissertation, deren Autor sich in anerkennenswerter Weise vorgenommen habe, „die Reden und Schriften der führenden kommunistischen Funktionäre zur Grundlage seiner Forschung und Einschätzung" zu machen, diesen Anspruch in seiner Darstellung aber nur bedingt eingelöst habe: „An verschiedenen [...] Beispielen wurde nachgewiesen, daß es nicht in ausreichendem Maße geschehen ist. Besonders auffällig erscheint dieser Mangel bei der Auswertung der Arbeiten von Walter Ulbricht [...] Es finden sich sogar Stellen, wo der Verfasser es vorzieht, sich auf Stellungnahmen der bürgerlichen Polizeibehörden zu berufen, statt von den Dokumenten der Kommunistischen Partei auszugehen." SAPMO-BArch, NY 4198, 93, 56, Hellmuth Kolbe, Gutachten über die Dissertation: „Der Kampf der deutschen Arbeiterklasse gegen Militarismus und Krieg (1927/1929)" von Ernst Laboor, 20.8.1958.

[29] Zu den Hintergründen: Petzold, Parteinahme wofür?, S. 136ff.; Laboor, Zum Abbruch der Diskussion.

überantwortete und die so gebildeten Zäsuren zugleich zu einem Bestandteil der historischen Realität selbst erklärte. Es ist dieselbe Vereinigung von Faktizität und Fiktionalität in einer höheren Wahrheit, wenn der historische Verlauf der Parteigeschichte unter Walter Ulbricht „exakt beraten" und anschließend den einzelnen Autoren vorgeschrieben wurde oder wenn ein über das Entwurfsstadium nicht hinausgediehener und nie abgesandter Leserbrief Fritz Kleins an die BzG zur öffentlichen Plattform des Revisionismus in der Geschichtswissenschaft avancieren konnte. In der Materialisierung des Irrealen fand die Fiktionalisierung des Realen ihr alter ego, und beide verweisen auf eine dahinterliegende Konstruktion der Vergangenheit, die weder rein empirisch noch allein erfunden war.

Im Laufe der fünfziger Jahre entstand so eine verselbständigte historische Fachdisziplin in der DDR, die hier als zweite deutsche, nämlich sozialistische Geschichtswissenschaft bezeichnet wird und die auf der Grundlage eines politischen Wissenschaftsverständnisses und seines parteilichen Wahrheitsbegriffs eine eigene Diskursordnung mit spezifischer Fachlichkeit ausbildete. Zu erörtern bleibt, auf welche Weise sie ihre Identität und Geschlossenheit über Jahrzehnte hinweg nach innen wie nach außen sichern konnte. Eine offenkundige Hauptrolle spielte hier das eigentümliche Konsensprinzip, das den Charakter der wissenschaftlichen Verständigung über die Vergangenheit so sichtbar beherrschte und ihre Homogenität durchzusetzen half. Die DDR-Geschichtswissenschaft setzte dem – tatsächlichen oder vermeintlichen – Pluralismus der westlichen Historiographie einen radikalen Monismus entgegen, der sich nicht nur auf die Monopolstellung der marxistischen Geschichtstheorie erstreckte, sondern auch auf die Einheitlichkeit des Geschichtsbildes. Auf dem Boden des historischen Herrschaftsdiskurses war kein Platz für die Vorstellung, daß es dauerhaft voneinander abweichende und womöglich sogar gleichberechtigte Sichtweisen auf dieselbe Vergangenheit geben könne. Die Qualitätskriterien der DDR-Geschichtswissenschaft bewerteten historische Untersuchungsergebnisse und Lehrmeinungen nicht primär nach Plausibilität, Funktionalität oder gar Innovativität, sondern zunächst nach „richtig" und „falsch", und definierten die „Gewährleistung des einheitlichen Auftretens in allen Grundfragen des Geschichtsbildes" als höchstes Ziel.[30] Es sei nicht zu dulden, wie kontrovers noch immer in manchen Fragen gedacht werde, klagte 1957 der zuständige Referent der ZK-Abteilung Wissenschaften nach der 30. ZK-Tagung, die den Kampf gegen den ‚Revisionismus' in den Gesellschaftswissenschaften auslöste: „Der gegenwärtige Zustand der Auffassungen über die Triebkräfte

30 ABBAW, ZIG 015, Institut für Marxismus-Leninismus beim Zentralkomitee der SED, Rat für Geschichtswissenschaft, Entwurf der Konzeption für das Referat „Zu den Aufgaben der Geschichtswissenschaft der DDR in Auswertung des XXV. Parteitages der KPdSU und des IX. Parteitages der SED, 27.10.1976. Zum folgenden auch Sabrow, „Beherrschte Normalwissenschaft", S. 422ff.

und den Charakter der Novemberrevolution ist nicht mehr tragbar. Jeder vertritt in dieser wichtigen Frage seine Privatmeinung. Besonders im Hinblick auf den 40. Jahrestag sollte in den kommenden 1 1/2 Jahren diese Frage durch eine umfassende Diskussion zu einem einheitlichen Standpunkt geführt werden."[31] In diesem Diskursfeld trugen Begriffe wie „Diskussion" und „Auseinandersetzung" eine semantisch veränderte Bedeutung; sie dienten weniger der Klärung offener Fragen als der Durchsetzung von Parteibeschlüssen und verbargen hinter der vermeintlichen Offenheit des Diskussionsausgangs nur ein immer schon feststehendes Resultat.[32] Besonders das Instrument der Auseinandersetzung nimmt in der zweiten deutschen Geschichtswissenschaft eine Schlüsselrolle ein; mit seiner Hilfe entfachten Parteiadministration und Leitungskader ihre Kampagnen zur Aufdeckung ‚ideologischer Schwankungen' und zur Disziplinierung von Abweichlern, die immer demselben Strickmuster folgten – in der „Auseinandersetzung" brachte der historische Herrschaftsdiskurs der DDR Diktat und Diskussion zur Deckung.

Allenfalls ihrer äußeren Form nach ähnelten die hieraus erwachsenden diskursiven Praktiken dem Vergleich unterschiedlicher Auffassungen zur Klärung methodischer oder inhaltlicher Probleme, wie wiederum die zweijährige Debatte um Kuczynski eindrücklich vor Augen führte. Seine gegen den Dogmatismus in der Wissenschaft gerichtete These, der Meinungsstreit sei doch „nichts anderes als der Streit um den besten Weg, um den nächsten Schritt zur Erkenntnis der Wahrheit"[33], bot nach dem Ende des ‚Tauwetters' 1957/58 die willkommene Gelegenheit, um diese Grundregel des historischen Herrschaftsdiskurses nachdrücklich in Erinnerung zu rufen: „Welchen Nutzen soll ein Meinungsstreit für die Erkenntnis der objektiven Wahrheit bringen, wenn man bei *allen* Wissenschaftlern und Schriftstellern – also auch bei allen heutigen bürgerlichen Philosophen, Historikern und Politökonomen – unterschiedslos das Streben nach Wahrheit anerkennt? Offensichtlich könnte ein solches Vorgehen der Sache der objektiven Wahrheit und damit auch des wissenschaftlichen Meinungsstreits nur den schwersten Schaden zufügen. In diese Lage hat sich Genosse Kuczynski

31 SAPMO-BArch, DY 30, IV 2/9.04/134, ZK, Abteilung Wissenschaften, Bericht über die Lage in der Geschichtswissenschaft nach dem 30. Plenum des ZK der SED, 5.7.1957.

32 Zur Verwendung des Begriffs „Auseinandersetzung" im Sprachhaushalt der Abteilung Wissenschaften vgl. beispielsweise folgende erhellende „Hausmitteilung an Gen. W. Ulbricht" vom 10.11.1959: „Im Zusammenhang mit den Auseinandersetzungen mit Genossen Prof. Bartel teilen wir folgendes mit: 1. Die Parteileitung des Instituts für Zeitgeschichte beginnt in den nächsten Tagen die Auseinandersetzung mit Gen. Prof. Bartel über seine wissenschaftliche Arbeit und die Leitungstätigkeit am Institut für Zeitgeschichte. Nach Ablauf der Auseinandersetzung schlagen wir vor, daß Gen. Prof. Bartel von der Leitung des Instituts für Zeitgeschichte abgezogen wird." Ebd, NY 4182/1363.

33 Kuczynski, Meinungsstreit, S. 604f.

selbst hineingebracht, indem er die Frage des wissenschaftlichen Meinungsstreits nicht vom Klassenstandpunkt [...] behandelt.“ [34]

Daß der Widerspruch zwischen gewünschter Form und tatsächlicher Substanz der Arbeit an der Vergangenheit in der DDR-Historiographie letztlich unaufhebbar war und das Modell einer gleichsam ‚gebundenen Diskussion‘ bloße Chimäre bleiben mußte, war offenbar auf den Kommandohöhen der DDR-Wissenschaften noch weniger vorstellbar als in den Niederungen ihrer täglichen Arbeit. So erklärt sich, daß ausgerechnet Kurt Hager nicht müde wurde, als mangelnde Streitlust der Historiker zu tadeln, was in Wirklichkeit Produkt ihrer konsensdiktierten Wissenschaftsverfassung war: „Man soll nicht die Diskussionen über die Ursachen des unentwickelten Meinungsstreits fortsetzen, sondern mit wissenschaftlichen Diskussionen beginnen. Der nächste Schritt müßte die Verbesserung des Rezensionsteiles [der ZfG] sein. Wenn der Gegner merkt, daß bei uns gestritten wird, so ist das doch kein Hemmnis. [...] Es ist nicht erforderlich, daß es zu einem Thema nur eine Publikation gibt, die wie eine Bibel behandelt wird.“ [35] Doch wo das Ideal der richtigen Erkenntnis den Fachdiskurs prägte, war die Konkurrenz der Deutungen eine künstliche Größe[36] und blieben die permanenten Appelle der Parteiführung an den „ehrlichen Meinungsstreit“ fruchtlos, die eine lebendige Wissenschaftsentwicklung verlangten, ohne ihr inhaltlichen Raum zu geben.

Nichts veranschaulicht das Grundproblem einer Streitkultur ohne Pluralität besser als die den Geschichtsinstituten der DDR gemachte Auflage, in jedem Jahresbericht über die ‚Entfaltung des wissenschaftlichen Meinungsstreites‘ Auskunft zu geben. Das Dilemma, hier einen Fortschritt benennen zu müssen, den es strukturell im Panzer eines gebundenen Fachdiskurses kaum geben konnte, löste etwa der Jahresbericht des ZIG für 1971 so: „Fast alle Bereiche berichten von beachtlichen Fortschritten auf diesem Gebiet. Auf der Grundlage einer im Vergleich zu früheren Jahren intensiveren Beschäftigung mit theoretischen Grundfragen unserer Wissenschaft [...] und

[34] Hoffmann, Zum Artikel des Genossen Jürgen Kuczynski, S. 614 (Hervorhebung im Original). Ein anderer Debattenbeitrag warf ganz offen die Frage auf, „wer denn nun entscheidet, welcher Meinungsstreit ‚zulässig‘ ist und welcher nicht? Natürlich nicht das individuelle Bewußtsein der einzelnen Genossen Wissenschaftler, sondern das organisierte Bewußtsein der Arbeiterklasse, der *Partei* (von der auch wir Genossen Wissenschaftler selbst ein Teil, aber eben nur ein Teil sind!). Darum gehört es zu den Aufgaben der Partei, den ‚Meinungssstreit‘ zu ‚zügeln‘“. Zweiling, Einige Bemerkungen zur Diskussion, S. 886 (Hervorhebung im Original).

[35] ABBAW, ZIG 614e, Protokollnotiz vom Erfahrungsaustausch leitender Genossen der Geschichtswissenschaft mit Genossen Prof. Kurt Hager am 27.9.1971, 14.10.1971.

[36] Folgerichtig konnte die „Einführung in das Studium der Geschichte“ von Eckermann/Mohr das Kapitel „Grundlagen, Gegenstand und Aufgaben der marxistischen Geschichtswissenschaft“ in insgeamt 23 Abschnitte und Unterabschnitte gliedern, in denen „Kritik“ als Stichwort nicht ein einziges Mal vorkommt.

der Auswertung und schrittweisen Umsetzung der wichtigsten Parteibeschlüsse auf unsere Arbeit hat sich überall in den Abteilungen und Bereichen eine verbesserte Diskussionsatmosphäre entwickelt, die zu echtem und weiterführendem Meinungsstreit vor allem dann führte, wenn originale wissenschaftliche Arbeitsergebnisse vorgelegt wurden. Befriedigen kann dieser Zustand jedoch noch keineswegs".[37]

Im vergeblichen Bemühen, der fachlichen Kontroverse einen legitimen Platz einzuräumen, enthüllt sich der Grundcharakter der regelgeleiteten Vergangenheitsaneignung im SED-Staat als historische Konsenswissenschaft. Das leitende Prinzip der fachlichen Einmütigkeit durchzog die Konstituierung und Konsolidierung einer SED-verbundenen Geschichtsschreibung auf allen hier betrachteten Handlungsebenen. In dem durch zahllose Beratungen und Gutachten anvisierten, wieder in Frage gestellten und schließlich administrativ gestützten Konsens entstand das Institut für Geschichte an der Akademie und ebenso das Hochschullehrbuch der deutschen Geschichte; auf Basis einer mühsam gefundenen und in langwierigen Diskussionen bekräftigten Einheitlichkeit legte die DDR-Geschichtswissenschaft ihr Verhältnis zum westdeutschen Fachpendant fest, und institutionalisierte Regeln der disziplinären Konsensbildung prägten die innerfachliche Verständigung. Nicht immer war der ubiquitäre Konsenszwang der neuen Geschichtswissenschaft in ihren Anfangsjahren allen Beteiligten auf Anhieb verständlich, wie 1956 der Autor einer Monographie über „Die Deutschlandpolitik der UdSSR (1941 bis 1955)" bewies, der zwar einen Teil der von seinem Gutachter geübten Kritik akzeptierte, nicht aber das Verfahren selbst, und sich dagegen verwahrte, nach den Maßstäben Dritter schreiben zu müssen: „Nach dem Studium der Bemerkungen von Kollegen Gossweiler bin ich zu der Auffassung gelangt, daß ich Texte von Dokumenten [...] bei der Bearbeitung herausnehmen werde. Auch schließe ich mich dem Vorschlag an, den Titel zu ändern. Es ist mir jedoch nicht möglich, den an den verschiedensten Stellen im Gutachten wiederkehrenden Vorschlägen nachzukommen, meine Analysen, Thesen, Einschätzungen in dieser oder jener Weise abzuändern, denn es ist doch so, daß ich über den Gegenstand schreibe und nicht der Kollege Gossweiler. Sicher würde der Kollege Gossweiler anders schreiben als ich und ein dritter wieder anders wir beide. Aber es kann doch nicht so sein, daß ich mein Buch nach den Direktiven des Verlages und seiner Gutachter schreibe. Ich habe meine Forschungsergebnisse und meine Ansichten fixiert, und zwar nicht in subjektivistischer Absicht."[38] Anders als dem protestierenden Autor aber war dem zuständigen Lektor des Kongreß-Verlages, bei dem das Werk erschei-

37 ABBAW, ZIG 039, Direktionsbereich I, Jahresbericht 1971. Vgl. auch Diesener, „Scharf gezielt und nicht getroffen".

38 SAPMO-BArch, DY 30, IV 2/9.04/148, Fritz Köhler an den Kongreß-Verlag, Lektor Ziebarth, 28.3.1956.

nen sollte, durchaus geläufig, daß die sozialistische Geschichtswissenschaft nicht wie ihr ‚bürgerliches' Gegenüber im Westen liberal, sondern konsensuell verfaßt war, und er setzte Köhlers Credo in einer handschriftlichen Marginalie das Leitprinzip des historischen Herrschaftsdiskurses in der DDR entgegen: „Nein, Marxisten müssen in den Grundfragen zu einem Ergebnis gelangen, wenn nicht, muß diskutiert werden!"[39]

Dieselbe Homogenisierungskraft entfaltete sich in der tendenziellen Einebnung der Differenz von Vergangenheit und Gegenwart. Der historische Herrschaftsdiskurs gestand der Geschichte keine Eigenexistenz zu, und sein vielleicht eigentümlichstes Charakteristikum war ein historischer Präsentismus, in dem historische Wahrheit und politischer Gegenwartsnutzen sich wechselseitig bedingten. Nur unter Maßgabe einer unmittelbar gegenwartsorientierten Betrachtung konnte etwa ein Begriff wie „aktuelle Vollständigkeit" ernstlich zum Urteilskriterium in Fachgutachten werden.[40] Allein das Strukturmoment des historischen Präsentismus ließ eine Darstellung der Rolle Ernst Thälmanns im Hamburger Aufstand von 1923 handwerklich unsolide erscheinen, weil der Autor sich unkritisch auf Befragungen von Aufstandsteilnehmern gestützt habe, die in den Jahren nach dem Aufstand die Arbeiterklasse verrieten und aus der Partei ausgestoßen wurden"[41]; und lediglich die Auflösung der Grenze zwischen Gegenwart und Vergangenheit vermochte Fritz Kleins Leserbrief zu Ernst Diehls Beitrag über Fragen der Parteigeschichte in einen Angriff ‚auch auf die vergangene Politik' der KPD zu verwandeln. Der präsentistische Anspruch der ostdeutschen Vergangenheitsverwaltung unter der SED-Herrschaft machte vor den Quellen nicht halt, wie sich an der Editionsgeschichte der Werke Rosa Luxemburgs und Karl Liebknechts ebenso zeigt wie an der Herausgabe der Reden Walter Ulbrichts oder Wilhelm Piecks[42], und kein Zeugnis belegt den so umfassenden wie unerfüllbaren Gegenwartsanspruch der Historie in der DDR besser als der Seufzer eines Gutachters, der sich mit den „Erinnerungen und Geschichten von rügischer Schiffahrt" zu befassen hatte und erschöpft notierte: „Historische Untersuchungen sind oft nicht gerade dankbare Gegenstände. Kaum ein Leser ahnt, welche Mühe mit ihnen verbunden ist, und mancher vergißt, wie schwer es ist, zu allgemeingültigen Schlußfolgerungen zu gelangen. [...] Dazu kommt – und das kann man gar nicht oft genug betonen – die Tatsache, daß die Quellen unserer geschichtlichen

39 Ebd., Randglosse Ziebarth.

40 Mit ihm würdigten zwei Mitarbeiter des Geschichtsinstituts der Akademie noch 1981 die wissenschaftlich saubere „Nennung der Namen von Widerstandskämpfern" in der Arbeit eines Kollegen. ABBAW, AV 3082, Dieter Lange/Wolfgang Schumann, Gutachten zum Manuskript von Dr. Klaus Mammach „Geschichte der deutschen antifaschistischen Widerstandsbewegung 1939–1945. Band 1: 1933–1939", 30.12.1981.

41 Zit. n. Sabrow, Das Wahrheitsproblem, S. 249.

42 Ebd., S. 253f.

Forschung nicht von Vertretern des historischen Materialismus geschaffen wurden – man muß also immer wieder in anderem Sinne gefaßte Angaben interpretieren, und das ist sehr schwer."[43]

Ebenso wie die Engführung von Fiktionalität und Faktizität markiert der historische Präsentismus ein wesentliches Element, dem die ostdeutsche Historiographie ihre Eigenart verdankte und das ihre fachlichen Normen von denen der liberal-demokratisch verfaßten Geschichtswissenschaft im Westen grundsätzlich unterschied. Zusammen trugen diese Charakteristika dazu bei, die Grenzen zwischen Fachhistoriographie, Geschichtspolitik und historischem Mythos zu verwischen, wie sie sich seit dem 19. Jahrhundert mit der institutionellen und methodischen Verwissenschaftlichung der Historie herausgebildet hatten[44] – in der internen Verständigung der akademischen Historiographie der DDR besaßen der Leitartikel eines Geschichtsfunktionärs und der geschichtsbezogene Beschluß des Politbüros kein geringeres fachliches Gewicht als ein quellengesättigter Forschungsbeitrag. Ebenso hatte die für die westliche Tradition mit den Arbeiten von Maurice Halbwachs und Pierre Nora thematisierte Scheidung von Gedächtnis und Geschichte im historischen Herrschaftsdiskurs des Sozialismus keinen kategorialen Platz. Dies zeigt sich an der Entdifferenzierung und Homogenisierung des Erinnerns in der KZ- und Widerstandsliteratur der DDR[45] ebenso wie am Charakter kommunistischer Erinnerungszeugnisse, die das IML anfertigen ließ, und die vor ihrer Publizierung „nochmals streng nach ihrer ‚objektiven Wahrheit' und der ‚Unterstützung der aktuellen Politik' sortiert" wurden[46], aber auch in der prinzipiellen Unvereinbarkeit von Oral-history-Projekten mit den DDR-spezifischen Normen der Vergangenheitsverwaltung, wie sie westliche Historiker noch in der zweiten Hälfte der achtziger Jahre in der DDR erlebten.[47]

43 BArch, DR 1, 5065, Friedrich W. Stöcker, Betr. Wolfgang Rudolph „Die Insel der Schiffer. Zeugnisse, Erinnerungen und Geschichten von rügischer Schiffahrt", 7.9.1961.

44 Zur historischen Herausbildung der Differenz zwischen Geschichte und Gedächtnis: Assmann, Im Zwischenraum, S. 24.

45 Barck, Zeugnis ablegen.

46 Vierneisel, Das Erinnerungsarchiv, S. 129. Daß dem „subjektiven Faktor" in dieser historischen Wirklichkeit keine eigenständige Rolle bei der Bildung historischer Erkenntnis zukam, verdeutlicht bereits 1950 die Zentrale Parteikontrollkommission, als sie das Ergebnis ihrer Mitgliederbefragung bei der ersten Parteisäuberung in der SED als brauchbare Grundlage der Parteigeschichte einstufte, aber nicht vergaß, „daß die Auskünfte und Berichterstattungen bei aller Anerkennung des guten Willens zur Objektivität mehr oder weniger subjektiven Charakter trugen, wobei einmal die Rückerinnerung immer ein[en] Faktor der Unzuverlässigkeit bildete, zum anderen persönliche Sympathie- und Antipathiegefühle die wirklichen Sachverhalte beeinflußte[n]". Zit. n. ebd., S. 124.

47 Diese Kluft erhellt etwa ein ostdeutscher Betreuerbericht von 1987 zu einem in der DDR mit ausdrücklicher Genehmigung Honeckers durchgeführten Befragungs-

Ebensowenig bestanden in der ‚verwalteten Vergangenheit' des SED-Staates die Grenzen zwischen Geschichtswissenschaft und populärer Geschichtskultur in der tradierten Form unverändert weiter. Nicht daß sie umstandslos aufgehoben worden wären: Die Leitfunktion der Geschichtswissenschaft bei der Formulierung einer historischen ‚Meistererzählung' war in der DDR weit unbestrittener als etwa in der Bundesrepublik, und der bundesdeutsche „Gebhardt" als Beispiel eines Kompendiums der Nationalgeschichte konnte sich an Breitenwirkung nicht im entferntesten mit dem zwölfbändigen „Hochschullehrbuch" oder der achtbändigen „Geschichte der deutschen Arbeiterbewegung" messen. Doch gerade in dieser geschichtskulturellen Allgegenwart der Geschichtswissenschaft drückte sich eine Entdifferenzierung aus, die den grundsätzlichen Perspektivenunterschied zwischen historischem Dokumentarfilm, literarischer Vergangenheitsbewältigung und Gedenktagsjournalismus dem Grundsatz nach einzuebnen suchte – so wenig dies in der Praxis schon aufgrund gattungsspezifischer Vermittlungsformen und Rezeptionshaltungen auch gelungen sein mochte.[48]

So stark diese Form historischer Wirklichkeitsbestimmung nach innerer Totalität und holistischer Geschlossenheit drängte[49]; zu ihrer vollen Homogenität fand sie erst in der Konstruktion des Fremden, und das wohl prägendste und wirkungsmächtigste Konstituens des historischen Herrschaftsdiskurses war sein leitendes Feindbild – die Gegen- und Konkurrenzhistorie im Westen. Vom Geschichtsbeschluß der SED 1955, der das „Wiedererstehen des deutschen Imperialismus in der Geschichtsschreibung in Westdeutschland"[50] geißelte, über den zwischen Angriff und Abwehr schwankenden Taktikstreit späterer Jahre bis hin zum Versuch der völligen Abschottung blieb die westliche Fachwelt im Selbstverständnis der offiziellen DDR-Geschichtswissenschaft der ‚Gegner' schlechthin, existentielle Herausforderung und fachliche Selbstbestätigung zugleich. Auch für seine

projekt westdeutscher Zeithistoriker. „Gerade Interviews mit Funktionären können den Nachteil haben, daß sie [...] das Verhältnis zwischen Partei und Klasse einseitig reflektieren und der Dialog [...] nicht recht ins Bild kommt." (Betreuerbericht über die 1. Phase von Prof. Niethammers oral history-Forschungen in der DDR, in Niethammer/von Plato/Wierling, S. 613). Ebenso das gleichsam um „Übersetzung" in die heimische Denkwelt bemühte Gesamturteil eines anderen Betreuers: „Dieses Vorgehen der Interviewer zielt darauf, einen unverfälschten Selbstausdruck der Befragten zu erhalten. Nicht Annäherung der Standpunkte/Bestrebungen, sondern Aufdeckung der Unterschiede, der Fremdheiten und Andersartigkeiten ist das oberste Ziel in der vorliegenden Interaktion." (Bericht über die Fortsetzung des oral history-Projektes der BRD-Historiker in Eisenhüttenstadt vom 21.4. bis 3.5.1987, in: ebd., S. 626).

48 Vgl. hierzu die in Sabrow (Hg.), Verwaltete Vergangenheit, und ders. (Hg.), Geschichte als Herrschaftsdiskurs, versammelten Beiträge.

49 Wilhelmy, Der Zerfall der SED-Herrschaft, S. 188ff.

50 Die Verbesserung der Forschung und Lehre, S. 339f.

Ausformung bildet die Antirevisionismuskampagne der Jahre 1957/58 eine entscheidende Zäsur. Fiel es in der davorliegenden Zeit des ‚Neuen Kurses' selbst in einer Historikerberatung bei Kurt Hager noch schwer, ein einheitliches Bild von der Gefährlichkeit ihres wissenschaftlichen Gegners in Westdeutschland zu gewinnen, formte sich in der ideologischen Offensive nach dem ‚Tauwetter' eine manichäische Sicht, die den offenen Wettstreit zwischen einer Leopold von Ranke und Gerhard Ritter verpflichteten Geschichtsschreibung im Westen und einer an Karl Marx und Franz Mehring geschulten im Osten aufhob, indem sie ihr die Grundlage eines gemeinsamen Wissenschaftsverständnisses raubte. Von nun an galt im Gegenteil der Umstand, daß der Aufstieg der „junge[n] Geschichtswissenschaft der Deutschen Demokratischen Republik [...] unter der Bedingung [...] eines Landes bei offener Grenze vor sich geht"[51], als existenzbedrohende Erschwerung, weil er ihre prinzipielle Inkompatibilität „mit der „imperialistischen Historiographie in Westdeutschland"[52] übertünche.

Das so gewobene Grundmuster einer wissenschaftlich exklusiven Verständigung über die Vergangenheit erhielt seine im Laufe der fünfziger Jahre verbindliche Geltungskraft und wahrte sie – nicht als volle Realität, aber als gültige Norm – bis zum Ende der DDR. Über mehr als drei Jahrzehnte war – offen ausgesprochen, unwillig hingenommen oder auch nur auf die offizielle Kommunikation im internen Wissenschafts- und Parteiapparat zurückgedrängt – das Selbstverständnis der staatssozialistischen Historiographie nicht mehr von der Grundannahme zu trennen, daß unabhängig von tatsächlicher Produktivität und Beweislage nur sie allein ein ‚allseitig wissenschaftlich begründetes Geschichtsbild' zu schaffen fähig war. In folgerichtiger Auslegung konnte es in der DDR-Geschichtswissenschaft hinfort keine Wertschätzung ‚bürgerlicher' Leistungen geben, die nicht gleichzeitig eine Herabsetzung der eigenen bedeutete. Auch eine ganz beiläufige Respektbekundung vor ‚der anderen Seite', die dem Außenbeobachter nichtig erscheinen mochte, konnte aus der ostdeutschen Binnenperspektive zu einem bedrohlichen Vorfall werden, der die Regeln des historischen Fachdiskurses verletzte und damit in der Konsequenz den Bestand der sozialistischen Geschichtswissenschaft selbst in Frage stellte. Nur so ist verständlich, daß selbst die beiläufige Achtung, die Jürgen Kuczynski seinem westdeutschen Kollegen Paul Kirn für dessen Buch über das Bild des Menschen in der Geschichtsschreibung als Rezensent erwiesen hatte, die heftigsten Reaktionen in Parteigruppe und SED-Apparat zeitigen konnte: „Aber gerade in einem solchen Fall, wenn die Form bestechend schön und lehrreich ist, muß erst recht eine ideologische Auseinandersetzung mit dem Inhalt des Buches gefordert werden. Unterbleibt sie, so wird die Form zu einem Mittel des Gegners, die Aufmerksam-

51 Hoffmann, Über Tendenzen, S. 1146.
52 Ebd., S. 1148.

keit vom Wesentlichen abzulenken und seine feindliche Ideologie einzuschleusen. [...] Das ist gefährlich und führt zur friedlichen Koexistenz."[53]

Mit dieser Vorstellung von der tatsächlichen Gefährlichkeit auch des scheinbar harmlosesten Werkes eines ‚bürgerlichen' Gelehrten hatte in der ostdeutschen Historiographie ein Feindbild seine Gestalt angenommen, das nach Hannah Arendt für den schrankenlosen Durchdringungsanspruch totaler Herrschaft unentbehrlich ist – das kategoriale Konstrukt des „objektiven Gegners".[54] Mit der Kündigung der friedlichen Koexistenz auf wissenschaftlichem Gebiet wurde der ‚objektive Gegner' zu einem Strukturmoment der in der DDR geltenden Verständigungsregeln über die Vergangenheit, das hinfort einen verläßlichen Orientierungspunkt zur Bewegung im Raum der historischen Fachwissenschaft zu bieten vermochte und das den etwa von Markov, Meusel oder Fritz Klein nie ganz aufgegebenen Glauben an das Fortbestehen einer „Geschichtswissenschaft schlechthin"[55] aus dem sozialistischen Fachdiskurs ausgrenzte. Seine volle Ausprägung erlangte das Feindbildkonstrukt der DDR-Geschichtswissenschaft allerdings erst in der Mitte der sechziger Jahre, als die sichtbar in unterschiedliche Richtungen sich spaltende Fachzunft der Bundesrepublik ihre östlichen Antipoden vor die Frage stellte, ob man ‚diejenigen am meisten bekämpfen solle, die einem am nächsten stehen'. Der Direktor des Akademie-Instituts Engelberg sah hier klarer, was seine Opponenten nicht erkennen wollten, daß nämlich die Gefährlichkeit des westdeutschen Gegners nicht von dessen subjektivem Wollen, ja, nicht einmal von dessen tatsächlicher Nähe zum eigenen Geschichtsverständnis abhinge. In dieser Nutzen-Kosten-Rechnung waren gerade die Liberalen und nicht die Konservativen unter den Westdeutschen der gefährlichere Gegner, denn „sie können einiges tun, um die innere Geschlossenheit der Genossen Historiker innerhalb und außerhalb der DDR und ihre Verbundenheit mit der Gesamtpartei zu lockern".[56] Engelbergs Argumentation setzte sich durch, weil sie nach den Urteilsnormen des geltenden Fachdiskurses in sich stimmiger, ‚realitätsnäher' als die seiner Antipoden war. Von nun an bis zum Ende der DDR orientierten sich die an den

53 SAPMO-BArch, DY 30, IV 2/9.04/397, Heinrich Scheel [Referat vor der Parteiorganisation der DAW, Dezember 1957].

54 Der ‚objektive Gegner' ist nach Arendt „für das Funktionieren totalitärer Regime wichtiger als die ideologisch festgelegte Bestimmung, wer der Gegner jeweils ist." Denn: „Der ‚objektive Gegner' unterscheidet sich von dem ‚Verdächtigen' früherer Geheimpolizeien dadurch, daß er nicht durch irgendeine Aktion oder einen Plan, dessen Urheber er selber ist, sondern nur durch die von ihm unbeeinflußbare Politik des Regimes selbst zum ‚Gegner' wird." Arendt, Elemente und Ursprünge, S. 654f. Zum folgenden auch: Sabrow, Die Geschichtswissenschaft der DDR und ihr „objektiver Gegner", S. 53ff.

55 SAPMO-BARch, DY 30, IV 2/9.04/397, Heinrich Scheel [Referat vor der Parteiorganisation der DAW, Dezember 1957].

56 Ebd., 331, Ernst Engelberg, Diskussionsbeitrag in der Mitgliederversammlung der SED-Grundorganisation des Instituts für Geschichte, 15.6.1965.

historischen Herrschaftsdiskurs gebundenen Wahrnehmungs- und Umgangsformen gegenüber der westdeutschen Historiographie an der Vorstellung eines Gegners, dessen Schädlichkeit nicht von seinem Wollen abhängig war, sondern in seiner bloßen Existenz begründet lag.

Die diskursive Funktion des zentralen Feindbildes der DDR-Geschichtswissenschaft war mehrschichtig. In erster Linie diente die Kategorie des ‚objektiven Gegners' der fachlichen Immunisierung vor einer ‚fremden', weil vormarxistischen Fachdisziplin, deren Arbeit im eigentlichen Sinne nicht als wissenschaftlich gelten konnte, sondern systematisch die geltenden Standards des Faches verletzte. Die Diskursfigur des ‚objektiven Gegners' ermächtigte die sozialistische Gegenwissenschaft, ihre Diskriminierung in der Bundesrepublik mit gleicher Münze zurückzuzahlen. Nicht sie, sondern die westdeutsche Zunft war es ihr zufolge, die systematisch die Tatsachen ‚leugnete' und ‚entstellte', die mit Hilfe von ‚Verfälschungen und Verdrehungen' die marxistisch-leninistische Geschichtswissenschaft zu verleumden trachtete[57] und die allenfalls unter dem Druck der marxistischen Konkurrenz aus den sozialistischen Ländern dazu gezwungen werden konnte, allzu plumpe Verstöße gegen die historische Wahrheit zurückzunehmen und wenigstens den Grunderfordernissen der wissenschaftlichen Arbeit zu genügen: „Selbst die reaktionärste Geschichtsschreibung kommt nicht ohne Tatsachen aus. Die verschärfte Konfrontation des Imperialismus mit dem Sozialismus zwingt die bürgerliche Historiographie zu weitgehenden Zugeständnissen in dieser Hinsicht. [...] Hierin kommt eine wesentliche Seite der historischen Defensivposition bürgerlicher Historiographie zum Ausdruck."[58] Sogar wenn von bürgerlichen Historikern ausnahmsweise „mit Teilwahrheiten und unter Zuhilfenahme marxistischer Begriffe eine Deutung der Entwicklung gegeben (wird), die der Wahrheit mitunter ziemlich nahe kommt", sprach dies nicht für eine denkbare Annäherung ‚bürgerlicher' und sozialistischer Positionen, sondern erschien im gebundenen Geschichtsdiskurs lediglich als Beweis östlicher Stärke und westlicher Tücke zugleich.[59] Der Topos des objektiven Gegners half die DDR-Geschichtswissenschaft vor kritischer Infragestellung zu schützen, indem er westliche Auffassungen als ‚bürgerlich' auszugrenzen und als „Auseinandersetzungsliteratur" zu klassifizieren erlaubte, die zur eigenen Erkenntnisgewinnung nichts beitrug, ohne sie inhaltlich überhaupt rezipieren zu müssen – geschweige denn ihre mögliche Plausibilität zu würdigen.[60]

57 Berthold u.a. (Hg.), Kritik der bürgerlichen Geschichtsschreibung, S. 18ff.

58 Ebd., S. 17.

59 Ebd., S. 475.

60 ABBAW, ZIG 077, Wb Geschichte der DDR, Jahresbericht 1976, o.D. In welche Dilemmata diese Form der Immunisierung gegen den „Gegner" führen konnte, veranschaulicht der Redebeitrag eines Volkskundlers in der Wahlversammlung der SED-Grundorganisation des ZIG vom 5.12.1973: „Auseinandersetzung ist wesentlicher Bestandteil der Arbeit. [...] Auseinandersetzung mit westdeutscher Volkskunde

Neben der Immunisierung vor dem Fremden förderte die Kategorie des ‚objektiven Gegners' die Integration des eigenen Lagers. Jeder ‚gelungene Einbruchsversuch' des konstruierten Gegners spiegelte in diesem Wahrnehmungshorizont den noch nicht vollkommenen Schulterschluß der DDR-Historiographie, und eben das vermeintlich ‚einheitliche Vorgehen' der Gegenseite machte die Notwendigkeit unabweisbar, interne Differenzen ebenfalls so weit als möglich zu verbergen und in der Bekämpfung des Gegners zu eigener Geschlossenheit zu finden. So trug das westliche Feindbild entscheidend zur Integration zentrifugaler Kräfte im eigenen Fachdiskurs bei, und das immer wachgehaltene Bewußtsein, von einem täglich raffinierter zu Werke gehenden Gegner unausgesetzt in der Existenz bedroht zu werden, erzeugte einen Mobilisierungs- und Konformitätsdruck, der jede deutsch-deutsche Konferenzbegegnung, jede angestrebte Auslandspublikation, jede unvoreingenommene Prüfung nicht-marxistischer Geschichtsdarstellung unter Verratsverdacht zu stellen erlaubte: „Daß der Gegner den Kampf mit vielfältigen und differenzierten Methoden führt, hat sich auch auf unserem Gebiet bestätigt. Unter anderem zeigt sich dies in intensiven Bemühungen des Gegners, zwischen Historikern der DDR zu differenzieren und vor allem die Parteiinstitute und Akademieeinrichtungen gegeneinander auszuspielen. Von Einrichtungen der BRD wurden des weiteren verstärkte Versuche unternommen, einzelne Wissenschaftler des ZIG für die Mitarbeit an Projekten zu gewinnen, die dann praktisch ‚gesamtdeutschen Charakter' tragen würden. [...] In den meisten Fällen haben sich unsere Genossen und Kollegen richtig verhalten. [...] Es gab aber nach wie vor einzelne Beispiele mangelnder Wachsamkeit und leichtfertigen Verhaltens." [61]

Gerade die Wirkungskraft dieses Feindbildkonstrukts beschloß aber auch die unvermeidliche Schwäche in sich, daß die bürgerliche Wissenschaft für das Selbstverständnis der DDR-Historiographie so bedrohlich wie zugleich unentbehrlich blieb. Auch nach dem wissenschaftlichen Platzverweis widmeten Jahresberichte und Forschungsbilanzen der einzelnen fachhistorischen Einrichtungen in der DDR den Anschauungen und Entwicklungen der Gegenseite breitesten Raum. Die Historiker des Akademie-Instituts etwa nutzten die Pflicht zur ideologischen Bekämpfung der ‚bürgerlichen' Historiographie, um Klage darüber zu führen, daß ihnen das Studium des Gegners unnötig erschwert werde: „Schwierigkeiten bereitet nach wie vor die Beschaffung bzw. Auswertung der Auseinandersetzungsliteratur. Der dabei benötigte Aufwand ist durch Zersplitterung dieser Be-

und deutscher Geschichte nicht möglich, auch nicht mit bürgerlichen Gesellschaftswissenschaften, Kulturanthropologie etc., da Kenntnisse dazu notwendig sind." LAB, IV C 7/221/001.

[61] Ebd., Rechenschaftsbericht der Grundorganisation der SED des Zentralinstituts für Geschichte der Akademie der Wissenschaften der DDR an die Wahlberichtsversammlung, Dezember 1973.

stände und die Benutzungsbedingungen immer noch unvertretbar hoch."[62] Eine von Akademie-Historikern erstellte Analyse der ZfG deutete unter der Überschrift „Wie schätzen wir die Auseinandersetzung [...] mit bürgerlichen und sozialdemokratischen Auffassungen ein?" allerdings 1974 immerhin schon den Widersinn einer Auseinandersetzung mit Auffassungen an, die dem eigenen Publikum gar nicht bekannt sein konnten, weil sie als ‚bürgerlich' aus dem eigenen Fachdiskurs ausgegrenzt waren: „Die Beiträge, die im weiteren Sinne Probleme der DDR-Geschichte beinhalten, sind im Jahrgang 1974 stark auf konzeptionelle Fragen konzentriert und führen die Auseinandersetzung [...] in immanenter Form. [...] Die immanente Auseinandersetzung kann vom Leser nur als solche erfaßt werden, wenn er die wichtigste bürgerliche und reformistische Literatur zur Geschichte der DDR kennt."[63] Hier zeigte sich ein Dilemma, dem die DDR-Geschichtswissenschaft bis an ihr Ende nicht entrann: daß in der identitätsstiftenden Abgrenzung von ihrem ‚objektiven Gegner' auch immer die identitätsbedrohende Fixierung auf ihn steckte.

Neben allen fachlichen und sinnweltlichen Leitkategorien hielt das ostdeutsche Geschichtssystem darüber hinaus ein Orientierungsmuster bereit, das sich individueller Reflexion weit weniger entzog, ja, die bewußte Entscheidung des einzelnen offen verlangte und gerade darum geeignet war, innere Widersprüche der parteilichen Geschichtswissenschaft auszugleichen und ihre bedrohte Geltungsmacht erforderlichenfalls zu festigen. So wenig wie ihre Kollegen in nicht-sozialistischen Ländern arbeiteten DDR-Historiker frei von wissenschaftsethischen Bindungen, und nicht anders als andere Historiographien kannte auch die der DDR den Appell an das Gewissen ihrer Zunftmitglieder. Die Geltungskraft der ‚historischen Verantwortlichkeit' als oberster ethischer Richtschnur des historischen Herrschaftsdiskurses zeigte sich am unverstelltesten in der Arbeit des Autorenkollektivs für das Lehrbuch der deutschen Geschichte, in der die unüberbrückbare Kluft zwischen Anspruch und Ergebnis der neuen historischen ‚Meistererzählung' fühlbarer wurde als auf anderen Feldern der Vergangenheitsaneignung. Das Gebot der ‚Verantwortlichkeit' galt in der Fachwissenschaft nicht anders als etwa in der historischen Belletristik oder im Medienbereich, es einte im Idealfall Autoren und Leser, und eine Schlüsselrolle spielte es bei der Umwandlung der klassischen, von oben nach unten wirkenden Zensur durch das internalisierte Prinzip der Eigenverantwortlichkeit in der Arbeit der DDR-Zensurbehörden.[64]

62 ABBAW, ZIG 077, Wb. Geschichte der DDR, Jahresbericht 1976, o.D.

63 Ebd., ZIG 068, Peter Hübner, Wie schätzen wir die Auseinandersetzung im Jahrgang 1974 mit bürgerlichen und sozialdemokratischen Auffassungen ein?, o.D.

64 „Das Prinzip der ‚Verantwortlichkeit' des Individuums gegenüber der Parteidisziplin vereinnahmte jeden Genossen, und konstituierte so ein ‚Diskursgefängnis', dessen Spielregeln auch für Hager und Ulbricht galten. Wenn es darum ging, die Linie der Partei und Beschlußlage ‚richtig' zu erläutern, griff das Prinzip der ‚Verantwort-

Auf den ‚verantwortungsvollen' Umgang mit ihren im westlichen Ausland erworbenen Kenntnissen wurden die „Reisekader" der DDR-Historikerschaft in den ihnen mitgegebenen Direktiven eingeschworen, und mit der erhöhten Verpflichtung auf eine ‚volle' oder auch ‚persönliche Verantwortlichkeit' operierten die parteilichen Leitungsorgane, um die Historiker der DDR zur Erfüllung ihrer gesteckten Ziele anzuhalten. Das ethische Gebot der verantwortlichen Diskussion verletzte umgekehrt der Jenenser ZfG-Leser Burchard Brentjes, als er in seiner Kritik an einer Disposition zum Hochschullehrbuch die Maßstäbe der helfenden Kritik ignorierte und auf der fachlichen Freiheit des Urteils beharrte. Die Gebote der historischen Verantwortlichkeit schließlich waren es, die auch in der Debatte um die Westkontakte der DDR-Geschichtswissenschaft in den sechziger Jahren eine zentrale Rolle spielten. Wieder blieb es Ernst Engelberg überlassen, diese Seite des historischen Geschäfts zu verdeutlichen: „Hier stehen wir überhaupt vor einem Problem, das uns immer wieder bewegt. Wissenschaftliche Wahrheiten müssen nämlich in einer solchen Form und in einer solchen Dosis gesagt werden, daß sie von Arbeitern, die in einem uns gegnerischen Sinne erzogen wurden, auch aufgenommen werden können. Sie müssen so dosiert werden, daß sie nicht andere wichtige Momente verdunkeln."[65] Der ‚verantwortliche' Geschichtsdiskurs nahm auch in der sozialistischen Historiographie eine erkennbare Sonderstellung ein: Er verlangte über die Einfügung in die fraglose Selbstverständlichkeit einer gegebenen Sinnordnung hinaus das gewollte Bekenntnis und die bewußte Parteinahme. Es kann nicht verwundern, daß die Zahl der ostdeutschen Fachvertreter groß war, die dieser Entscheidung durch Ausweichen in weniger heikle Epochen und Forschungsfelder zu entkommen suchten und im Zweifelsfall nicht zwischen den Maximen der Wissenschaft und den Maximen volkserzieherischer Verantwortlichkeit zerrieben werden wollten – oder aber nach 1989 im kritischen Rückblick gerade hier ihr eigenes Versagen ansiedelten.[66]

2. Geltungsmacht und Geltungsgrenzen

Nirgendwo bewies sich die diktatorische Macht der historischen Konsenswissenschaft der DDR stärker als in ihrer erstaunlichen Fähigkeit zur Absorbierung von inhaltlichem Widerspruch – sofern dieser nicht die gedankliche Ordnung der vergangenen Wirklichkeit selbst sprengte. Wie etwa die

lichkeit' nicht viel anders als bei der Durchsetzung von Ulbrichts Interpretation der Novemberrevolution und des historischen Herrschaftsdiskurses." Lokatis, Geschichtswerkstatt Zensur, S. 224.

65 SAPMO-BArch, DY 30, IV A 2/9.04/331, Ernst Engelberg, Diskussionsbeitrag in der Mitgliederversammlung der SED-Grundorganisation des Instituts für Geschichte, 15.6.1965.

66 Exemplarisch: Petzold, Parteinahme wofür?, S. 133.

Beispiele des ‚bürgerlichen' Herausgebers der Jahresberichte für deutsche Geschichte, Fritz Hartung, oder des in den Westen gewechselten Hans Haussherr lehren, zögerten in solchen Fällen einer grundsätzlichen Übertretung der Diskursgrenzen weder die SED-verbundene Kollegenschaft noch gar die Parteiaufsicht selbst, den Störenfried mundtot zu machen und gegebenenfalls aus der institutionellen Fachgemeinschaft auszuschließen. Anders verhielt es sich aber, wenn der Dissens von innen, auf dem Boden der geltenden Denkordnung erwuchs. Hier galt das Konsensprinzip bis zur Selbstlähmung der fachlichen Dogmenhüter, wie es in eindrucksvoller Weise Kuczynski in der gegen ihn über Monate und Jahre hinweg geführten Auseinandersetzung vorführte. Am Schluß aber neutralisierten die Anstrengungen einer unter dem Diktat der fachlichen Einheitlichkeit stehenden DDR-Geschichtswissenschaft auch seinen Widerspruch, und noch weit entschiedener behaupteten sie ihre Integrationskraft gegen die vielen weniger erfahrenen und gewichtigen Abweichler, die im Laufe der Zeit mit bedingtem Widerspruch das Gebot der Einmütigkeit herausforderten, ohne die ihm zugrundeliegende Diskursordnung der sozialistischen Geschichtswissenschaft in Frage zu stellen.

Am prägnantesten lehren die mit Günter Paulus und Fritz Klein verbundenen Konfliktfälle zwischen 1964 und 1966, welche Macht die mit der SED-Herrschaft gewachsene Geschichtswissenschaft auch über die Zweifler unter ihren Vertretern auszuüben vermochte. Die maßgeblich von ihnen eingefädelten Kontakte zur westdeutschen Geschichtswissenschaft wurden schließlich mit der ausdrücklichen Zustimmung ihrer Befürworter abgebrochen, die kritische Zuschrift an die BzG blieb bei ihrem Absender, der sie zuletzt in aller Form selbst zurückzog; der ‚Meinungsstreit' um ein Referat zum Ausbruch des Zweiten Weltkriegs wurde mit einem Ergebnis beendet, zu dem Autor und Kritiker sich öffentlich gleichermaßen bekannten. Anders, als vielleicht zu vermuten wäre, läßt sich die jeweilige Konsensfindung in keinem dieser Fälle etwa mit außergewöhnlicher Unterwerfungsbereitschaft oder mangelnder Zivilcourage der Betroffenen erklären. Im Gegenteil war die Standhaftigkeit nicht gering, mit der Fritz Klein sich länger als ein Vierteljahr weigerte, den in immer neuen Versammlungen verurteilten Leserbrief als „falsch" anzuerkennen, und der als Arbeitsgruppenleiter abgesetzte Günter Paulus war mutig genug, selbst noch die von der Direktion des Akademie-Instituts über ihn verhängte Disziplinarstrafe anzufechten, da ihm die angeführten Entscheidungsgründe nicht stichhaltig dünkten.[67] Auf der anderen Seite ist es auch mit dem übermächtigen Druck des Parteiapparats allein nicht befriedigend zu erklären, wenn schließlich Paulus selbst von seinem Appell zum Meinungsstreit mit der Erklärung abrückte, „daß offensichtlich ein ernsthafter politischer Fehler

[67] SAPMO-BArch, DY 30, IV A 2/9.04/332, Günter Paulus Einspruch gegen Disziplinarstrafe, 12.5.1965.

meinerseits vorliegt"[68], und Klein sich öffentlich von der „Verfehltheit" seines Briefes überzeugt gab: Repressalien erlitten die Urheber zunächst in allen drei Konflikten nicht. Sie alle behielten ihren SED-Mitgliedsausweis und Klein zunächst sogar seinen Sitz in der Parteileitung des Akademie-Instituts; selbst Paulus ereilte die Strafversetzung erst nach einer sich über volle zwei Jahre hinziehenden Fehde mit der Geschichtsbürokratie.

Nicht so sehr als äußere Gewalt trat ihnen die ideologische Herrschaft im Alltag der Geschichtswissenschaft gegenüber, sondern vor allem als innere Macht eines unangreifbaren Diskurses. So sehr das Ziel der diese Herrschaft transportierenden „Diskussionen" und „Auseinandersetzungen" für alle Beteiligten stets von vornherein feststand, so wenig stellten sie ein leeres Akklamationsritual dar, dem sich die Beteiligten lediglich als eilig abzuhakende Pflichtübung unterwarfen. Regelmäßig waren sie Austragungsort heftigster Kämpfe um sachliche und persönliche Differenzen. Ihre Legitimation zur Verurteilung von Abweichungen bezogen die Teilnehmer dieser gelenkten Auseinandersetzungen vor allem aus der Gewißheit, nicht als Individuen zu agieren, sondern als ein im Ziel einiges „Kollektiv", dessen Pflicht es sei, Irrenden auf den richtigen Weg zu helfen. In diesem Sinne stand im Fall Paulus die zuständige Parteigruppe des Akademie-Instituts zwar zu der ‚notwendigen und richtigen' Entscheidung der Direktion, Günter Paulus als Leiter der Arbeitsgruppe Zweiter Weltkrieg abzulösen, betonte aber gleichzeitig die eigene Mitverantwortung: „Das fehlerhafte Verhalten des Gen. Paulus wurde durch politisch-ideologische Sorglosigkeit in der Parteigruppe begünstigt. [...] Dieses Verhalten war unparteigemäß und drückt politische Blindheit der Genossen aus."[69] Ihren Kollegen Paulus unter solch entwürdigenden Druck zu setzen, mochte den Mitgliedern der Parteigruppe um so leichter gefallen sein, als das definierte Ziel dieses Verfahrens nicht in der Ausgrenzung aus dem sozialistischen Wissenschaftsbetrieb, sondern im Gegenteil in der fachlichen Reintegration des Angegriffenen bestehen sollte und somit alle Maßregelungen als Hilfestellungen zu verstehen waren: „Nach dem gegenwärtigen Stand der Diskussion [...] ist die Gruppe der Auffassung, daß das Kollektiv ihm helfen kann, seine Mängel und falschen Auffassungen zu überwinden."[70]

Auf diese Weise wurden die Akteure des fachinternen Disziplinierungsprozesses gegen den parteiloyalen Reformflügel in der DDR-Geschichtswissenschaft zu Gefangenen eines Herrschaftsdiskurses, dessen Macht zur Verkehrung der Maßstäbe so weit reichte, daß er die Unterdrückung abweichender Auffassungen als Ausdruck eigentlicher Wissenschaftsfreiheit erscheinen lassen konnte. Wie weit diese Umwertung gehen konnte, überlie-

68 Ebd.

69 Privatarchiv Paulus, Erklärung der Parteigruppe 1917–1945 des Instituts für Geschichte bei der Akademie der Wissenschaften, 15.6.1965.

70 Ebd.

ferte Fritz Klein in einer Protokollnotiz über die Reaktion der für ihn zuständigen Parteigruppe, nachdem er sein inkriminiertes Schreiben an die Redaktion der BzG widerrufen hatte: „Große Befriedigung allerseits", hielt Fritz Klein als Reaktion auf seinen Widerruf in der Parteigruppe fest, „daß wir so schön diskutiert haben und damit gezeigt haben, wie man ‚frei und ehrlich über alles' bei uns diskutieren kann"[71]. Dieselbe Kraft ideologischer Befangenheit, die Klein hier ironisch protokollierte, offenbarte die für Günter Paulus zuständige Parteigruppe, als sie das Opfer ihrer Unterdrückung unbefangen zum Täter erklärte: Paulus' Aufforderung zum Meinungsstreit bietet bürgerlichen Historikern für deren „Verleumdungen von der angeblichen Unfreiheit ‚schöpferischer' Historiker in der DDR Nahrung und begünstigt ihre Anmaßung, im Namen dieser angeblich ‚Unterdrückten' gegen die nationale Konzeption der Geschichtswissenschaft und gegen den Grundriß der Geschichte der deutschen Arbeiterbewegung aufzutreten".[72]

Wie an diesen Beispielen deutlich wird, verband sich mit dem strukturellen Konsenszwang der DDR-Geschichtswissenschaft immer auch zugleich der Zwangskonsens, und beide zusammen machten die Janusköpfigkeit eines historischen Herrschaftsdiskurses aus, in dem Diktat und Diskussion bis zur Ununterscheidbarkeit ineinanderflossen. Immer benötigte seine Wirkungsmacht bei Eliminierung von sachlichem Widerspruch auch der politischen Unterstützung, und zu keiner Zeit verstand sich die symbiotische Beziehung zwischen Vergangenheitserkenntnis und SED-Interessen von selbst, so allgemein sie in der Theorie anerkannt sein mochte. Mit Sorge verfolgte die Abteilung Wissenschaften etwa, daß die erste große Tagung der 1957 begründeten Kommission der Historiker der DDR und der UdSSR nicht nur „ein starker politischer und kämpferischer Zug auszeichnet[e]", sondern es neben „sehr vielen guten, parteilichen und offensiven Beiträgen [...] auch solche (gab), die objektivistische Tendenzen beinhalteten", wobei besonders polnische Kollegen klagten, „daß ihnen die Konferenz *zu politisch* gewesen sei".[73] Um so wichtiger war der wissenschaftspolitischen Lenkungsbehörde, daß die Kongreßteilnehmer selbst in der Lage waren, die bedrohte Diskursordnung wieder zu festigen: „Ein sehr wichtiges ideologisches Problem wurde auf der Konferenz positiv entschieden: das Verhältnis von Geschichtswissenschaft und Politik. Bekanntlich wurde seit Jahren unter den Historikern die Diskussion geführt, daß man die Wissenschaft nicht mit Propaganda verwechseln dürfe. Auf der Konferenz zeigte sich deutlich und wurde auch im Schlußwort des Gen. Jerussalimski klar hervorgehoben, daß die historische Wahrheit eine große propagan-

[71] Privatarchiv Klein, Fritz Klein, handschriftliche Notiz, ca. 1966.

[72] Privatarchiv Paulus, Erklärung der Parteigruppe 1917–1945 des Instituts für Geschichte bei der Akademie der Wissenschaften, 15.6.1965.

[73] SAPMO-BArch, DY 30, IV 2/9.04/45, Abteilung Wissenschaften, Bericht an das Politbüro des ZK der SED, 20.12.1957 (Hervorhebung im Original).

distische Kraft im Dienste des Kampfes der Arbeiterklasse darstellt. Das Beispiel der Konferenz wird uns auf jeden Fall helfen, die Tätigkeit der Historiker besser mit dem Kampf der Partei in Übereinstimmung zu bringen und den bürgerlichen Akademismus zu bekämpfen."[74]

Nach dem erfolgreichen Abschluß der „antirevisionistischen" Kampagne wurden offene Rückfallsymptome eines ‚bürgerlichen Akademismus' in der DDR-Geschichtswissenschaft zu seltenen Erscheinungen, die dann allerdings auch um so unnachsichtiger verfolgt wurden. Sie grassierten 1963/64 beispielsweise im Kontext der Vorlesungen Robert Havemanns an der Berliner Humboldt-Universität und befielen dort ausgerechnet den Sekretär der SED-Parteileitung, Kurt Ottersberg, der in einem Referat vor der Mitgliederversammlung seiner Grundorganisation unterstrich, daß „unsere Geschichtswissenschaft weder Magd der Politik ist, noch kennt sie eine sogenannte Überparteilichkeit".[75] Nachdem festgestellt war, daß alle „Grundsätze der proletarischen Parteilichkeit [...] bei ihm durch allgemeine Schwafelei über das Ziel ‚echter wissenschaftlicher Bestrebungen' ersetzt (werden), leitete die Abteilung Wissenschaften eine „Auseinandersetzung über seine prinzipienlose Haltung und Arbeit" ein, die auf eine vollständige Bereinigung der „ideologische[n] Schwankungen" in der SED-Grundorganisation der Historiker der Humboldt-Universität zielte.[76]

Nicht zuletzt die konsequente Kontrolle der Geschichtswissenschaft durch die parteibürokratische Aufsicht verhinderte, daß die bis zum Ende der fünfziger Jahre sowohl in der Akademie der Wissenschaften wie an den Universitäten noch bestehenden Reservate einer nicht-marxistischen Historiographie überdauerten. Immerhin zeigt sich bei genauerem Hinsehen, daß selbst einzelne Subdisziplinen wie die als reaktionär bekämpfte historische Landeskunde niemals vollständig durch eine marxistische Regionalgeschichte verdrängt werden konnten.[77] Vereinzelt vermochten auch dezidierte Nicht-Marxisten sich bis zum Untergang des SED-Staates am Rande des Berufsfeldes eine Stellung als professionelle Historiker zu wahren.[78] Doch von diesen Sonderfällen abgesehen, gelang es der SED-Wissenschaftspolitik innerhalb von zehn Jahren nach Gründung der DDR, das Deutungsmonopol der parteimarxistischen Sicht auf die Vergangenheit auch außerhalb der Geschichte des 20. Jahrhunderts institutionell zu verankern

74 Ebd.

75 Ebd., A 2/9.04/389, Sektor Gesellschaftswissenschaften, Information an die Abteilungsleitung, 14.4.1964.

76 Ebd.

77 Blaschke, Die „marxistische" Regionalgeschichte.

78 Zu den Mühen und Entbehrungen dieser fachlichen Selbstbehauptung vgl. Blaschke, Geschichtswissenschaft im SED-Staat. Zu nennen wären in diesem Zusammenhang auch der Mediävist Frithjoff Sielaff, der an der Humboldt-Universität lehrte, und der Museologe Helmut Eschwege, der noch unter Meusel vom Museum für deutsche Geschichte vertrieben wurde. Vgl. Eschwege, Fremd unter meinesgleichen.

und widerständige Sichtweisen nahezu vollständig aus dem öffentlichen Leben des Faches zu verdrängen, wie etwa 1971 eine durchaus nicht auf Beschönigung drängende Zustandsbeschreibung für den Bereich der mittelalterlichen Geschichte illustriert: „Im Referat [Kurt Hagers] wurde die Frage nach bürgerlichen Einflüssen in der Geschichtswissenschaft aufgeworfen. Exakt kann diese Fragen auch für den Bereich der Geschichte des Feudalismus nicht beantwortet werden. Vielleicht zeigen sich bürgerliche Einflüsse im Rückstand bei der Bildung einer marxistischen Terminologie für die Erforschung der Geschichte des Feudalismus.“[79]

Dennoch blieb das Modell einer Parteilichkeit mit Objektivität vereinbarenden Geschichtswissenschaft ein disziplinäres Ideal, das mit der fachlichen Realität niemals ganz zur Deckung kam. Auf die spezifische Doppelbödigkeit geschichtlicher Wahrheit in einer unfreien Gesellschaft spielte Stefan Heym in seinem „König David Bericht“ an, in dem der ägyptische Geschichtsschreiber Ethan ben Hoshaja, der den „Einen und Einzigen Wahren und Autoritativen, Historisch Genauen und Amtlich Anerkannten Bericht“ über das Leben König Davids schreiben soll, seinem Auftraggeber Salomo bekennen muß, daß die untersuchten Quellen den verlangten Legenden widersprechen. Die Antwort, die Heym ihm durch den Priester Zadok zuteil werden läßt, gibt in satirischer Überhöhung die Geltungsambitionen der parteilichen Geschichtswissenschaft der Lächerlichkeit preis: „Es gibt, wie es scheint, zwei Arten von Wahrheit: die eine, die unser Freund Ethan zu finden wünscht, und eine andere, welche sich auf das Wort HErrn Jahwehs gründet, wie es von seinen Propheten und seinen Priestern vermittelt wird. [...] Und wo die zwei Arten von Wahrheit nicht übereinstimmen, muß ich verlangen, daß wir der Lehre folgen. Wohin würden wir geraten, wenn jeder alles bezweifelte und sich selbst auf die Suche nach der Wahrheit machte?“[80]

Zwar konnte Heyms satirischer Roman unbehindert in der DDR erscheinen, und den über ihn befindenden Gutachtern lag der Gedanke, daß sie selbst und das von ihnen vertretene Geschichtsdenken gemeint sein könnten, so fern, daß sie den „König-David-Bericht“ arglos als gelungene Entlarvung der Vergangenheitsfälschung in den USA lasen – oder zu lesen vorgaben.[81] Dennoch lassen sich auch in der DDR-Historiographie deutlich

79 ABBAW, ZIG 614 e, Protokollnotiz vom Erfahrungssaustausch leitender Genossen der Geschichtswissenschaft mit Genossen Prof. Kurt Hager am 27.9.1971, Wortbeitrag Günter Vogler, 14.10.1971.

80 Heym, Der König David Bericht, S. 46.

81 Tatsächlich erhielt der zuvor bereits in der Bundesrepublik verlegte Roman seine Druckgenehmigung in der DDR nicht etwa trotz, sondern gerade wegen seiner treffenden Bloßstellung von Verhältnissen, in denen das Sollen über das Sein herrscht: Der Roman erschien – in allerdings kleiner Auflage – mit einem erläuternden Klappentext, der zum Ausdruck brachte, daß der Autor „das genaue Bild einer Despotie in der Frühzeit der Ausbeuterherrschaft (zeichnet). Er legt ihre Praktiken und ideo-

die Ränder des Herrschaftsdiskurses ausmachen. Sie verliefen nicht immer zwingend von herrschaftslegitimatorisch besonders sensiblen zu parteiferneren Gegenstandsbereichen und ebensowenig durchgängig zwischen „führenden Genossen" und nachgeordneten Historikern ohne Parteibuch. Mit Recht ist darauf hingewiesen worden, daß beispielsweise die Erhaltung der stets bedrohten Althistorie in der DDR „teilweise durchaus das Verdienst guter bis sehr guter Genossen gewesen ist"[82], während auf der anderen Seite die Parteileitung der Grundorganisation Historische Institute noch 1968 glaubte rügen zu müssen, „daß noch nicht bei allen Mitgliedern volle Klarheit über die ideologisch-politische Funktion der Geschichtswissenschaft in der Auseinandersetzung zwischen Sozialismus und Imperialismus besteht".[83] In dieser Klage zeigte sich, daß der politische Wissenschaftsbegriff ungeachtet seiner öffentlichen Alleingeltung mit den überwunden geglaubten Diskursnormen der ‚bürgerlichen' Geschichtswissenschaft in dauerhafter Fehde lag: „Die ernsthaften Mängel [...] wurzeln darin, daß die Einheit von Politik und Wissenschaft noch immer nicht in vollem Maße verstanden wird, daß praktisch eine chinesische Mauer aufgerichtet wird zwischen den unmittelbar politischen Aussagen der Geschichtswissenschaft einerseits und

logischen Modelle bloß, dringt ein in ihre grausamen Widersprüche, ihre Menschen- und Geistfeindlichkeit, in den Zwang, die Wahrheit zu beugen, Bewußtsein zu manipulieren". Ebd., Klappentext. Auch das die Druckgenehmigung bedingende Verlagsgutachten zeigte sich fraglos überzeugt, daß Heyms Parodie auf die doppelte Wahrheit nicht etwa die Realität der DDR, sondern ihrer ‚imperialistischen Gegner' wiedergebe, und beeindruckt den heutigen Leser in der rhetorischen Sicherheit, mit der die Existenz ideologischen Oktrois einzig im Westen verortet wurde: „Die Aufgabe, Davids Leben aus der Sicht Salomos und den ideologischen Erfordernissen seiner Despotie zu beschreiben, ermöglicht es dem Autor seine [...] Analyse an einem Punkt anzusetzen, der für die Klärung weltanschaulicher Gesamtprobleme und die Entlarvung antihumaner Herrschaftspraktiken und ideologischer Modelle der parasitär gewordenen Ausbeuterherrschaft überhaupt sehr aufschlußreich ist. [...] Insofern ist er ein beachtlicher aktueller Beitrag zur Beseitigung von Illusionen über das Wesen des Imperialismus und seiner ideologischen Methoden zur Manipulierung des Bewußtseins der Massen. Im König David Bericht soll es erklärtermaßen darum gehen, dem Volk Interesseneinheit mit der Dynastie und ihren Klassenanhängern vorzutäuschen und alles der Dynastie Feindliche in Vergangenheit und Gegenwart zu verketzern. Das ist auch heute eine entscheidende Aufgabe imperialistischer Ideologie. Daß der König David Bericht scheitert (totgeschwiegen werden muß), daß der Widerspruch zwischen Wahrheit und dynastischem Klasseninteresse trotz aller Pressionen nicht zu beheben ist, demonstriert die letztliche Chancenlosigkeit aller Ausbeuterideologie." BArch, DR 1, 2318, Buchverlag Der Morgen an Ministerium für Kultur, HV Verlage und Buchhandel, 27.4.1973, Anl., Verlagsgutachten zu Stefan Heym, „Der König David Bericht".

82 Schuller, Zur Alten Geschichte in der DDR, S. 413.

83 LAB, IV-B-7/221/001, Rechenschaftsbericht der Leitung, 27.3.1968.

den angeblich nur fachbezogenen Aussagen historischer Arbeiten andererseits."[84]

Gerade aus dem Blickwinkel der Staatsmacht blieben die fließenden Geltungsgrenzen des politisch etablierten Herrschaftsdiskurses in der Geschichtswissenschaft immer sichtbar und zogen die unablässige Forderung nach sich, sie möglichst rasch und konsequent zurückzudrängen, wie eine für Ulbricht bestimmte „Einschätzung der Situation bei den Historikern" 1959 zeigt, die deren ‚ideologische Flaute' beklagte und einen kleinbürgerlichen Individualismus ausgerechnet bei deren führenden Repräsentanten diagnostizierte.[85] Nicht in der linearen Umsetzung parteibürokratischer Denkanweisungen enthüllt sich der eigentliche Charakter der über vier Jahrzehnte herrschenden DDR-Geschichtswissenschaft, sondern in der ständigen und alltäglichen Auseinandersetzung um ihre Geltungskraft. Gerade an den Rändern des historischen Herrschaftsdiskurses zeigt sich, daß die ostdeutsche Historiographie in der Zeit der SED-Diktatur durchaus nicht monolithisch verfaßt, sondern in vieler Hinsicht gleichzeitig ein Austragungsort unterschiedlicher Interessen war, die sich hinter vielfältigsten Codierungen und Maskierungen verbergen konnten. Mehr noch in den Umständen ihrer Entstehung als in den veröffentlichten Texten selbst wird offenbar, wie stark das diskursive Feld der DDR-Historiographie immer auch von Ausweich- und Kompromißstrategien beherrscht war. Wer sich in bezug auf die berühmten weißen Flecken ganz auf die Seite der Parteiverlautbarungen schlug und die Parteihochschule „Karl Marx" zum Hort wissenschaftlicher Wahrheiten erklärte, lief auch in der DDR-Zunft Gefahr, sein offenes Parteibekenntnis in der Wissenschaft mit stiller Disqualifizierung zu bezahlen. Sogar im Umgang mit Tabuthemen der Zeitgeschichte existierte neben dem ‚Kaderhistoriker', der seine bessere Einsicht der Parteilinie unterzuordnen als Ausdruck politisch-wissenschaftlicher Reife empfand, immer auch der ‚Kompromißhistoriker', der die Maximen der Politik und der Wissenschaft gleichermaßen zu erfüllen bestrebt war und ihre mangelnde Kongruenz durch die vielen kleinen Manöver des Abwehrens und Andeutens, des Vorwagens und Zurückweichens, des Formulierungsfeilschens und des double speech auszugleichen versuchte, die die tagtägliche Praxis der historischen Lehre und Forschung in der DDR durchzogen.

Ein nie ganz zuzuschüttender Graben schließlich zwischen öffentlicher Haltung und privater Reflexion tritt unmittelbar aus zeitgenössischen Aufzeichnungen ostdeutscher Geschichtsforscher wie denen des Mediävisten Eckhard Müller-Mertens hervor, die den langen Weg von der erzwungenen Unterwerfung unter die Parteinormen nach 1956 bis zur Wiedergewinnung

[84] Ebd.

[85] SAPMO-BArch, NY 4182/1363, Einschätzung der Situation bei den Historikern, 8.10.1959.

eines unabhängigen Urteils beschreiben.[86] Aber auch aus Überzeugung bis 1989 fest zur SED stehende Historiker wie Joachim Petzold oder Wolfgang Ruge nährten in ihrem Inneren intellektuelle Reserven gegen die mit dem Stalinismus einhergegangene Politisierung der Wissenschaft, die sie in Randgebiete wie die Schachgeschichte fliehen und vor der Übernahme repräsentativer fachlicher Funktionen zurückscheuen ließen.[87] So starr das disziplinäre Gefüge der ostdeutschen Historiographie nach außen hin wirkte, so bewegt war es intern als Feld einer unablässigen Auseinandersetzung zwischen der Linie der Partei und den Tücken der Tatsachen, zwischen den Legitimationsansprüchen der Politik und den Interpretationsproblemen der Historiker, zwischen dem Binnendiskurs der eigenen und den Außeneinflüssen der ‚bürgerlichen' Geschichtswissenschaft.

So wenig aber die Diskursherrschaft des historischen Herrschaftsdiskurses jemals gänzlich unbestritten war, so wenig wurde sie nach ihrer erfolgreichen Etablierung durch ihre inneren Widersprüche und äußeren Geltungsgrenzen noch substantiell in Frage gestellt. Durch die politische Macht der Einheitspartei gestützt, wahrte sie ihre öffentliche Definitionsmacht auch dort, wo sie letzte Reserven im privaten Denken nicht überwand, und blieb immer stark genug, um besonders im Konfliktfall opponierende Haltungen in den Argumentationsrahmen ihres Denkhorizontes zu zwingen. Mehr noch: Der Zwang, unablässig an die Aufhebung der Differenz zwischen Forderung und Wirklichkeit arbeiten zu müssen, hier „gegen Erscheinungen eines gewissen ‚Bereichsdenkens'" vorzugehen[88] und dort „noch vorhandene unklare Auffassungen zu überwinden"[89], war dem historischen Herrschaftsdiskurs der DDR gleichsam inhärent und gab dem pausenlosen Mobilisierungsappell an die eigene Erziehung erst seine legitimatorische Grundlage.[90] Es zählte zum Wesen der gebundenen DDR-Historiographie,

[86] Müller-Mertens, Dokumentation zur Kritik am Kurs der SED. Ähnliches gilt für den Berufsweg von Günter Mühlpfordt, der nach seinem SED-Ausschluß als isolierter Privatgelehrter sein Leben fristen mußte. Margarete Wein im Gespräch mit Günter Mühlpfordt, S. 77ff.

[87] Aus der Ex-post-Sicht haben beide diese Distanz zu beschreiben versucht: Ruge, Nachdenken über die Geschichtswissenschaft; Petzold, Parteinahme wofür?

[88] LAB, IV–C–7/221/001, Rechenschaftsbericht der Leitung der Grundorganisation der SED des Zentralinstituts für Geschichte der Akademie der Wissenschaften der DDR an die Wahlberichtsversammlung, Dezember 1973.

[89] Ebd., IV–A–7/221/001, Einschätzung der Parteileitung am Institut für Geschichte über den Stand der politisch-ideologischen Auseinandersetzungen an der Grundorganisation „Institut für Geschichte", 5.7.1965.

[90] Vgl. hierzu eine programmatische Festlegung des Rates für Geschichtswissenschaft aus dem Jahre 1976, die unter dem Rubrum „Neue Anforderungen an die Geschichtswissenschaft" unter anderem auflistete: „Verstärkte Herausarbeitung des weltanschaulichen Aspekts jeder Geschichtsforschung, die Verbesserung unserer Argumentationsfähigkeit" und: „Die festen Fundamente und gesicherten Perspektiven unserer Wissenschaft als ideologische Waffe unserer marxistisch-leninistischen

daß ihre Diskursregeln einen Anspruch darstellten, der bei aller Geltungsmacht in ständigem Widerstreit mit den Störeinflüssen von Tradition, Individualität, Außeneinfluß und Quellenmacht lag – gerade dies machte die sozialistische Geschichtswissenschaft der DDR zu einem spezifischen System mit unverwechselbarer Identität.

Schon hieraus erklärt sich, daß die zweite deutsche Historiographie zu keiner Zeit ihrer vierzigjährigen Existenz eine statische Größe blieb. Im Gegenteil: In ihrer Geltungskraft und Geltungstiefe tagtäglich bedroht und unter permanentem Behauptungszwang stehend, war sie als diskursive Formation einem permanenten Gestaltwandel unterworfen, wobei als beherrschende Zäsur in dem hier behandelten Untersuchungszeitraum die Jahre 1957/58 hervortreten. In ihnen wurde die schon zuvor prekäre, aber noch nicht grundsätzlich in Frage gestellte Kohabitation zwischen Marxisten und Nicht-Marxisten auch am Geschichtsinstitut der Akademie mit der Austreibung der letzten ‚bürgerlichen' Fachleute beerdigt und damit eine Entwicklung abgeschlossen, die sich in der universitären Lehre bereits früher vollzogen hatte. In der gleichen Zeit wurde die Unzulänglichkeit der bisherigen institutionellen Verfassung des Geschichtsinstituts offensichtlich und eine Reform eingeleitet, die mit der Ablösung des Gründungsdirektors und dem Aufbau einer zeitgeschichtlichen Abteilung endete. Zu Beginn des Jahres 1957 setzte zudem die Antirevisionismus-Kampagne ein, die den immer wieder aufflackernden Glauben an die Konkurrenz unterschiedlicher historiographischer Paradigmata auf dem Boden einer gemeinsamen Wissenschaft endgültig zugunsten einer Verselbständigung der parteimarxistischen Geschichts*schreibung* zu einer eigenständigen sozialistischen Geschichts*wissenschaft* aufgab und folgerichtig in die Vollendung der institutionellen Spaltung der deutschen Fachdisziplin im Jahre 1958 mündete. In der gleichen Zeit erhielt mit der Zurückweisung eines objektiven Parteilichkeitsbegriffs Kuczynskischer Prägung die politische Funktionalität der historischen Wissenschaft in der DDR ihre fortan bleibende Prägung, begleitet von der endgültigen Durchsetzung eines parteilichen Wahrheitsbegriffs und der forcierten Etablierung des fachlichen Feindbildes als „objektivem Gegner".

Ausgehend von dieser Zäsur 1957/58, ergibt sich ein Periodisierungsmodell der ostdeutschen Geschichtswissenschaft zwischen 1945 und 1989, das den Entwicklungsprozeß ihrer fachlichen Selbständigkeit als gebundene Geschichtswissenschaft mit einer spezifischen Diskursordnung zum Maßstab nimmt und in die vier zentralen Abschnitte ihrer Konstituierung, ihrer

Partei. Prinzipielle Auseinandersetzung mit antikommunistischen und bürgerlich-nationalistischen Angriffen gegen unsere Wissenschaft". ABBAW, ZIG 015, Institut für Marxismus-Leninismus beim Zentralkomitee der SED, Rat für Geschichtswissenschaft, Entwurf der Konzeption für das Referat „Zu den Aufgaben der Geschichtswissenschaft der DDR in Auswertung des XXV. Parteitages der KPdSU und des IX. Parteitages der SED, 27.10.1976.

Konsolidierung, ihrer Anpassung und ihrer schließlichen Erosion unterteilt. Die Jahre 1945 bis 1957/58 bilden in diesem Schema die ihrerseits verschiedene Phasen umfassende Etablierungszeit der zweiten deutschen Geschichtswissenschaft. Dabei lassen sich die unmittelbaren Nachkriegsjahre als Zeit der Umorientierung zusammenfassen, in der sowjetische Kulturoffiziere und ostdeutsche Verwaltungsstellen die Trümmer des nationalsozialistischen Geschichtsdenkens zu beseitigen und ein demokratisches Geschichtsbewußtsein zu schaffen suchten. Die tragenden Begriffe des Neubeginns hießen „Antifaschismus", „Frieden" und „Humanismus", und sie waren so gehalten, daß ihnen Kommunisten wie Nichtkommunisten zustimmen konnten. Noch waren keine bemerkenswerten Unterschiede zwischen ost- und westdeutschen Universitäten auszumachen, wenn die kommunistische Hochschulpolitik in personeller Hinsicht auch bereits erste Weichen stellte. Den Leitgedanken der in dieser Zeit wirkungsmächtigen „Misere"-Theorie formulierte Alexander Abusch mit seinem vielgelesenen Buch „Irrweg einer Nation", das eine unübersehbare Linie von Luther bis zu Hitler zog und die nationalsozialistische Katastrophe folgerichtig aus dem Fehlverlauf der deutschen Geschichte hervorgehen ließ. Diese Phase der Umorientierung wurde durch den 1948 losbrechenden „Sturm auf die Festung Wissenschaft" abgelöst, der parallel zur Umwandlung der SED in eine „Partei Neuen Typs" die Sowjetisierung auch des geistigen Lebens einleitete. Ebenso ließ die völlige Umgestaltung des Universitätsstudiums und der spürbarer werdende Monopolanspruch des Marxismus-Leninismus im Fach Geschichte den Graben zwischen östlicher und westlicher Entwicklung nun immer tiefer werden. Marxistische Professoren ersetzten zunehmend ‚bürgerliche' Hochschullehrer, die in den Westen gegangen waren; die Reisemöglichkeiten und Fachverbindungen zwischen westlichen und östlicher Zone wurden weiter eingeschränkt.

Zur entscheidenden Binnenzäsur in der Etablierungsphase einer sozialistischen Historiographie aber wurde das Jahr 1952. Jetzt erst trat die neue Geschichtswissenschaft mit einem eigenen Programm an, das einer ihrer führenden Vertreter im selben Jahr mit einem Beitrag zu den „Gegenwartsaufgaben der deutschen Geschichtswissenschaft"[91] formulierte. Ebenfalls 1952 wurde das Museum für deutsche Geschichte gegründet, das das neue Geschichtsbild fortan im Zentrum Berlins ausstellte, und am Ende des Jahres erhielt die marxistisch-leninistische Fachwissenschaft mit der ZfG ihren publizistischen Unterbau. Schon vorher war die mit dem Begriff „Misere-Theorie" belegte Interpretation der deutschen Geschichte aufgegeben worden. Man könne, argumentierten DDR-Historiker jetzt, „aus der Geschichte des eigenen Volkes keine Kraft, keinen Mut und keine Zuversicht schöpfen, wenn man in ihr einzig und allein nur den ‚Irrweg einer Nation' sieht oder ein unzeitgemäßes allgemein fatalistisches Lamento über ‚die deutsche

91 Stern, Gegenwartsaufgaben der deutschen Geschichtswissenschaft.

Misere‘ anstimmt“.[92] Mit dem wachsenden Abstand von der „Stunde Null“ verlangte die Geschichtpolitik der SED nach einem ‚zeitgemäßeren‘ Geschichtsbild, das die DDR in der nationalen Konkurrenz als das bessere Deutschland auszuweisen in der Lage wäre und in den Worten Leo Sterns „die Historiker der Deutschen Demokratischen Republik mit dem sanctus amor patriae, mit der heiligen Liebe zum Vaterland, zu erfüllen“[93] vermöchte. An die Stelle der „Misere-Theorie“ trat eine stark nationalistisch argumentierende Geschichtsbetrachtung, die als „nationale Grundkonzeption“ bis zum Ende der Herrschaft Ulbrichts in Kraft bleiben und die Bürger des Landes zu sozialistischen Patrioten erziehen sollte.

Die Folgen des Juni-Aufstandes von 1953 und vor allem die kurze Tauwetterperiode von 1956 nach dem XX. Parteitag der KPdSU, auf dem Stalin als Klassiker entmachtet wurde, verhinderten allerdings zunächst eine konsequente Umsetzung dieses Programms und bedeuteten einen abermaligen Akzentwechsel in der ostdeutschen Fachgeschichte. In die kurze Tauwetterzeit fiel die Gründung des Akademie-Instituts für Geschichte, an dem zunächst marxistische und nicht-marxistische Arbeitsgruppen und Fachkräfte nebeneinander und teils auch miteinander arbeiteten, und sie beeinflußte das auf den Grundton einer friedlichen Verständigung gestimmte Zusammentreffen der beiden deutschen Historiographien auf dem Ulmer Historikertag im selben Jahr. Die Niederschlagung des Ungarn-Aufstandes im Herbst 1956 löste den politischen roll back in Politik, Kultur und Wissenschaften aus, in dessen Zuge nun die ideologische Koexistenz mit der ‚imperialistischen Geschichtswissenschaft der Bonner Machthaber‘ aufgekündigt und allen Spielarten des ‚Revisionismus‘, des ‚Liberalismus‘ und des ‚Objektivismus‘ den Kampf angesagt wurde. Am Ende des die späten vierziger und die fünfziger Jahre umschließenden Konstituierungs- und Etablierungsabschnitts war der innere und äußere Ausbau des historischen Herrschaftsdiskurses abgeschlossen; seither besaß die gebundene Geschichtswissenschaft in der DDR eine konkurrenzlose Monopolstellung und hatte zugleich ihre disziplinäre Verselbständigung erreicht. Von nun an bis zum Ende der DDR definierten die Kategorien und Normen der sozialistischen Historiographie den alleingültigen Sinnhorizont, in dem sich die Aneignung der Vergangenheit in der sozialistischen Diktatur vollzog.

In dem anschließenden zweiten Entwicklungsabschnitt von 1957/58 bis 1969/70 konsolidierte sich die neue Historiographie, ohne ihren Charakter grundlegend zu ändern. Als wesentlicher Fluchtpunkt aller Veränderungen zeichnet sich in dieser Zeit das Bemühen um einen höheren Homogenisierungsgrad ab. Zunächst vollzog sich die Entwicklung der Disziplin Geschichte in der DDR noch unter der Bedingung einer offenen Grenze zum Westen, so stark auch die Verbindungen zur nicht-sozialistischen Fachwelt

92 Zit. n. Kopp, Die Wendung, S. 27.
93 Stern, Gegenwartsaufgaben der deutschen Geschichtsforschung, S. 6937.

bereits eingeschränkt worden waren. Der Mauerbau von 1961 stellt daher innerhalb dieser Entwicklungsetappe der DDR-Geschichtswissenschaft eine wichtige Binnenzäsur dar, denn er erst vollendete die äußere Abschließung, die die künstliche Denkwelt einer politisch beherrschten Fachdisziplin zu ihrer dauerhaften Existenz benötigte. Es ist daher gar nicht paradox, daß die politische Verhärtung, die die Grenzschließung vom 13. August 1961 anzeigte, sich innerhalb des Faches in gewisser Hinsicht fast gegenteilig auswirkte, nämlich als eine scheinbare Konsolidierung, die nun die kritischere Befassung mit eigenen Tabus und Verkürzungen erlaube, wie etwa am Akademie-Institut Fritz Klein unter Berufung auf Johannes R. Bechers Gedicht „Heimkehr" forderte: „Was ich als gut erkannt – zu schwach begehrt/ zu schlecht bekämpft das, was verdammenswert. In diesen zwei Zeilen steckt, richtig verstanden, ein ganzes Programm für die Forschungsarbeit der marxistischen Historiker, und mir scheint [...] , daß wir solche Forschungen mutiger und selbstkritischer betreiben sollten [...], wobei selbstverständlich keine abstrakte, selbstmörderische Fehlerdiskussion entwickelt werden darf, die nur dem Gegner nutzt."[94]

Die steigende Homogenisierung des Geschichtsdiskurses schlug sich in den sechziger Jahren zunächst in der Fertigstellung von national- und parteigeschichtlichen Leittexten nieder, die in Gestalt des Hochschullehrbuchs der deutschen Geschichte und der „Geschichte der deutschen Arbeiterbewegung" eine sozialistische Version der historischen ‚Meistererzählung' zu schaffen unternahmen. Bemerkenswerterweise gelangte gerade die von Ulbricht selbst geleitete Ausarbeitung einer achtbändigen Parteigeschichte in vielen Fragen zu differenzierten Positionen, wie sie nach dieser Phase und bis in das Jahr 1989 nicht mehr erreicht wurden. Manche dieser zumeist gar nicht bis zur Publikation gediehenen Vorstöße rührten in der ersten Hälfte der sechziger Jahr durchaus an Tabus und weiße Flecken, die erst in der finalen Krise des SED-Herrschaftssystems wieder aufgegriffen wurden. Hierzu zählt neben der Rolle der KPD am Ende der Weimarer Republik die Fragwürdigkeit der sogenannten Dimitroff-Formel über den Faschismus als die offenste Form finanzkapitalistischer Herrschaft oder das in Ostmitteleuropa totgeschwiegene Zusatzabkommen zum deutsch-sowjetischen Nicht-Angriffspakt von 1939, in dem Stalin und Hitler sich über die Aufteilung Polens verständigt hatten. Eine starke Strömung der ostdeutschen Historikerschaft plädierte daneben in derselben Zeit für eine Wiederaufnahme der Beziehungen zur westdeutschen Geschichtswissenschaft, in der sich besonders mit der Kontroverse um die deutsche Schuld am Kriegsausbruch 1914 ein generationeller und paradigmatischer Umbruch abzuzeichnen begann.

Es bedurfte erheblicher Anstrengungen des Parteiapparates, um diese vorsichtigen Liberalisierungsansätze zurückzudrängen und eine alternative

94 Privatarchiv Klein, Fritz Klein, Zur Problematik des Kampfes der KPD für die Einheitsfront in den letzten Jahren der Weimarer Republik (dritte Fassung).

Form der fachlichen Normalisierung und Konsolidierung durchzusetzen. Im Ergebnis der damit verknüpften Auseinandersetzungen schloß die zweite deutsche Geschichtswissenschaft sich abermals weiter ab, wurde gerade die marxistischen Ansätzen aufgeschlossener gegenüberstehende und sozialwissenschaftlich orientierte Geschichtsschreibung in der Bundesrepublik als der eigentlich gefährliche Gegner erkannt, der die eigene Ordnung des Denkens in besonderem Maße zu bedrohen imstande sei. Im Zuge dieser vertieften Abgrenzung, die die letzten innerdeutschen Verbindungen kappte, wurde auch die innere Konsolidierung weiter vorangetrieben. Das Archivwesen erfuhr eine straffe Zentralisierung, und an der Deutschen Akademie der Wissenschaften entstand eine „Sektion Geschichte", die die geschichtswissenschaftliche Forschung straffer organisieren sollte, ihren Aufgaben allerdings nicht gerecht wurde und bald wieder verschwand. Die Proklamierung des „entwickelten gesellschaftlichen Systems des Sozialismus", die die Spätzeit der Herrschaft Ulbrichts kennzeichnete, zog eine abermalige Hochschulreform nach sich, die eine weitere Vereinheitlichung anstrebte und zur Schaffung von Sektionen für Geschichte an allen Universitäten führte. Demselben Zweck der Ressourcenkonzentration und Produktivitätssteigerung diente 1968/69 die Reform der Akademie der Wissenschaften, die das bisherige Institut für Geschichte zu einem Zentralinstitut umwandelte und ihm zahlreiche weitere Arbeitsbereiche bis hin zur sorbischen Volkskunde angliederte. Inhaltlich blieb in dieser Homogenisierungszeit die „nationale Grundkonzeption" bestimmend, die eine Zwei-Linien-Theorie der deutschen Geschichte implizierte. Hiernach unterteilte sich die deutsche Geschichte seit der Frühneuzeit in eine „reaktionäre Linie", die von der Hohenzollernmonarchie und der Bismarckschen Reichseinigung über Krieg und NS-Herrschaft bis hin zu Adenauer und Schumacher reiche, und eine „fortschrittliche Linie", gebildet von der klassenbewußten Arbeiterschaft und ihren Verbündeten, die sich von der Revolution 1848 über die Vorkriegs-Sozialdemokratie hin zur Politik von Spartakusbund, KPD und SED ziehe.[95] Entsprechend habe in der DDR „alles seine Heimstatt (gefunden), was es in der deutschen Geschichte an Gutem, Schönem und Fortschrittlichem gibt", während in der Bundesrepublik „alles konserviert und belebt (wird), was es in der deutschen Geschichte an Rückständigem, Barbarischem und Unmenschlichem, an Dummheit und Boniertheit [...] gibt"[96].

Die sechziger Jahre stellen im Entwicklungsprozeß der zweiten deutschen Geschichtswissenschaft die Zeit einer Normalisierung dar, in der das im Jahrzehnt zuvor implementierte Geschichtssystem einen zügigen institutionellen Ausbau unter weitgehender Schließung epochaler Lücken zumindest in der Nationalgeschichte erlebte und das kategoriale Gefüge des histo-

95 Die geschichtliche Aufgabe der Deutschen Demokratischen Republik, S. 758ff.

96 Ebd., S. 760.

rischen Herrschaftsdiskurses seinen für die davorliegende Etablierungsphase typischen Ausnahmecharakter verlor. Am klarsten zeigt sich dieser Prozeß im allmählichen Rückzug der direkten politischen Steuerung in der Wissenschaft und in den immer neuen Anläufen zur Schaffung fachinterner Regulierungsorgane bis hin zum Rat für Geschichtswissenschaft. Mit der Normalisierung und Konsolidierung ging ein signifikanter Utopieverlust einher. Beispielhaft spiegelt sich der schrumpfende und schließlich aufgegebene Glaube an die gleichsam natürliche Konsensfähigkeit einer von ‚bürgerlichen' Unklarheiten und Verfälschungen gereinigten Geschichtswissenschaft in der Arbeit am Lehrbuch der deutschen Geschichte. Im Ergebnis führte diese kontinuierliche Desillusionierung zur Umwandlung der utopisch-ungeregelten in eine administrativ verbürgte Konsensbildung, die die anfängliche Öffentlichkeit der Diskussion um das künftige Geschichtsbild der sozialistischen Gesellschaft in die Arkanpraxis von Richtungsentscheidungen hinter verschlossenen Türen überführte. Am Ende der Konsolidierungs- und Normalisierungsetappe von 1957/58 bis 1969/70 erhob sich so das abgeschlossene Gebäude einer „beherrschten Normalwissenschaft", in der sich der politische Oktroi in ein disziplinäres Paradigma verwandelt hatte, das ohne die dauerhafte machtpolitische Ausschaltung abweichenden Denkens nicht existenzfähig gewesen wäre, aber doch in den Grenzen seines Diskurses als internalisierter „Bewandtniszusammenhang" (Martin Heidegger) eine eigene Normalität und Alltäglichkeit und damit eine spezifische Binnenlegitimation entwickelt hatte.

Der Sturz Ulbrichts 1971 zog unmittelbare Folgen für das sozialistische Geschichtsbild nach sich und leitete den dritten Entwicklungsabschnitt der DDR-Geschichtswissenschaft ein, der bis in die Mitte der achtziger Jahre reichte und als Zeit der Anpassungsschritte und reaktiven Positionswechsel den Übergang von der Offensive zur Defensive auch in der deutsch-deutschen Fachkonkurrenz markierte. Der VIII. Parteitag der SED nahm die Sonderstellung zurück, die Ulbricht der DDR im revolutionären Weltprozeß zugedacht hatte, und gliederte sie wieder fest in die sozialistische Staatenwelt unter Moskauer Führung ein. Für die Geschichtswissenschaft bedeutete dies die Aufgabe der nationalen Grundkonzeption zugunsten einer internationalistischen Betrachtungsweise, die die dominante Rolle der Sowjetunion wieder stärker in die Vergangenheit verlängerte. Den durch die Aufgabe der nationalgeschichtlichen Perspektive zu befürchtenden Legitimationsverlust gedachte man durch verstärkte Bemühung um das sozialistische Bewußtsein der DDR-Bevölkerung zu kompensieren. Parallel dazu strich die SED-Parteiführung 1974 den Begriff „deutsch" aus der DDR-Verfassung und erklärte die DDR zu einer eigenständigen sozialistischen Nation mit eigenen historischen Wurzeln. Daraus ergab sich ein doppelter Akzentwechsel in der DDR-Historiographie. „Das Geschichtsbild besteht nicht aus einer Summe von abstrakten theoretischen Formeln", postulierte ein nach dem Parteitag in der ZfG veröffentlichter Leitaufsatz. Der neue Kurs verlangte statt dessen

„eine wirkliche Vorstellung vom Gang der Geschichte in ihren wesentlichen Zügen; dazu gehört, daß man die Geschichte selbst mit all ihren Widersprüchen und Konflikten, mit ihrer Dramatik, mit den Kämpfen, Niederlagen und Siegen der fortschrittlichen Klassen sich angeeignet hat".[97] Die Rückkehr zum ‚proletarischen Internationalismus' milderte zweitens vor allem in der Zeitgeschichte nach 1945 in mancher Hinsicht den bisherigen Zwang zur Entstellung der Tatsachen, indem nun beispielsweise die Rolle der Sowjetunion bei der „antifaschistisch-demokratischen Umwälzung" in der SBZ quellengerechter beschrieben werden konnte. Beide Anpassungen an die neuen politischen Vorgaben wirkten sich daher als langfristige Spielraumerweiterung aus, ohne die diskursive Ordnung der sozialistischen Historiographie selbst in Frage zu stellen. Wohl aber in den Augen ihrer Außenbeobachter begann die DDR-Geschichtswissenschaft sich im westlichen Sinne zu „verwissenschaftlichen"[98], als die aus der Ulbricht-Ära gewohnte Unverhülltheit des politischen Zugriffs auf die erwarteten Ergebnisse der wissenschaftlichen Forschung mehr und mehr einer Sprachregelung wich, die politische Vorgabenveränderungen als wissenschaftliche Forschungsfortschritte zu fassen suchte: Neue Untersuchungen betonten „den internationalistischen Charakter des sozialistischen Geschichtsbildes und warfen weiterführende theoretische Fragen auf, so über den einheitlichen revolutionären Prozeß des Übergangs vom Kapitalismus zum Sozialismus auf dem Gebiet der DDR. In diesen Diskussionen wurden bestimmte Einseitigkeiten und schematische Tendenzen der Geschichtsbetrachtung, die unter dem Einfluß der nationalen Grundkonzeption entstanden waren, überwunden und wurde einem Aufschwung des theoretischen Denkens in der Geschichtswissenschaft der Weg bereitet."[99]

Einen wesentlichen Anteil bei dieser Verschleierung politischer Beherrschung hinter wissenschaftlicher Fassade hatte die rasch zunehmende Bürokratisierung der Forschungspraxis. Die Kontrolle der Institutspraxis durch die Hierarchie von Zentralplänen, Fünfjahresplänen, Institutsjahresplänen, Bereichsplänen bis hin zu den individuellen Arbeitsplänen einerseits, die Bindung der Druckfreigabe aller Monographien und Sammelwerke für die weitere Bearbeitung im Verlag an zwei positive Gutachten andererseits, war seit Beginn der sechziger Jahre immer weiter verfeinert worden, so daß die Zensurpraxis strukturelle Qualität angenommen und – anders als in der Belletristik – in einem förmlichen Geflecht von Zuständigkeiten, hemmenden und fördernden Instanzen in der Regel gar nicht mehr prägnant faßbar war.

[97] Bartel/Schmidt, Neue Probleme der Geschichtswissenschaft der DDR, S. 801.
[98] Blänsdorf, Die deutsche Geschichte in der Sicht der DDR, S. 276.
[99] Heitzer, Das Akademie-Institut für Geschichte, S. 903.

Die sogenannte „Rehistorisierung" der DDR-Geschichtswissenschaft[100] führte am Ende der siebziger Jahre zu einem weiteren Anpassungsschritt, der sich am prägnantesten in der sogenannten „Preußenrenaissance" manifestierte. Die sich allmählich abzeichnende ‚ideologische Entladung' der DDR, verbunden mit der pragmatischen Hinwendung zu einer stärker bedürfnisorientierten Sozial- und Wirtschaftspolitik, ließen auch in der Historie Bemühungen in den Vordergrund treten, das starre Korsett des Zwei-Linien-Konzepts durch eine Sicht zu ersetzen, die den gewandelten Legitimationsbedürfnissen der sozialistischen Diktatur besser entgegenkam. Eine durch die Absolutismusforscherin Ingrid Mittenzwei 1978 angestoßene Debatte über „Die zwei Gesichter Preußens" wuchs schnell in einen die offiziöse Geschichtskultur der DDR insgesamt erfassenden Umbruch hinüber; das SED-Regime wurde traditionsbewußt. Parallel zu einer gleichzeitigen Entwicklung im Westen, die in der Berliner Preußen-Ausstellung 1981 kulminierte, entdeckte man auch im Osten die preußische Geschichte neu. Das entscheidende Signal gab Honecker selbst mit der Übernahme des Vorsitzes im staatlichen Komitee zur Vorbereitung des Luther-Gedenkjahres 1983. Derselbe Staat, der in den fünfziger und sechziger Jahren mit dem Abriß des Berliner Schlosses, der Leipziger Universitätskirche und der Potsdamer Garnisonkirche seine Verachtung für die ‚bürgerliche' und ‚feudale' Vergangenheit Deutschlands demonstriert hatte, bemühte sich nun in der Restaurierung von historischen Plätzen und Gebäuden wie in der Ausrichtung von geschichtlichen Gedenkveranstaltungen wie des Berlin-Jubiläums 1987 um eine erheblich verbreiterte geschichtliche Legitimationsgrundlage. Den wissenschaftlichen Rahmen des neuen Paradigmas lieferte die Geschichtstheorie mit dem „Erbe-Traditions-Konzept". Es revidierte die alte Einteilung in einen ‚guten' Entwicklungsstrang von den Bauernkriegen über die Arbeiterbewegung zur DDR und eine ‚schlechte' Geschichtslinie vom reaktionären Absolutismus über den Imperialismus und den Faschismus in die Bundesrepublik und setzte ihr das Konzept einer Nationalgeschichte der DDR entgegen. Weder auf die unmittelbare Genesis und Entwicklung der DDR noch allein auf die Tradition „aller revolutionären, demokratischen, progressiven und humanistischen Erscheinungen, Entwicklungen, Persönlichkeiten und Tatsachen" der deutschen Vergangenheit beschränkt, sollte es nun die ganze deutsche Geschichte seit der Entstehung des deutschen Volkes als ethnische Einheit und „in ihrer ganzen Widersprüchlichkeit" als ein Erbe einschließen, das man nicht ungeschehen machen könne, sondern im kritischen Sinne zu bewältigen habe.[101] Damit war der Historiographie in der DDR der Bewegungsraum für eine allmähliche Annäherung an bisher mehr oder minder ausgesparte Aspekte der deutschen Geschichte eröffnet worden. Unter dem Begriff der „Erbean-

100 Kuhrt/Löwis, Griff nach der deutschen Geschichte, S. 49.
101 Bartel, Erbe und Tradition, S. 389f.; Schmidt, Das Gewesene ist nie erledigt, S. 9.

eignung" erweiterte sich in den achtziger Jahren das Bild der deutschen und der allgemeinen Geschichte, das die Konzentrierung auf die Geschichte unterdrückter Schichten und Klassen schrittweise zurückdrängte, ohne freilich in dieser Phase schon die Geschlossenheit des „sozialistischen Geschichtsbildes" aufzubrechen.

All diese Anpassungsversuche wurden aber von der strukturellen Legitimationskrise überholt, in die die DDR-Geschichtswissenschaft in der zweiten Hälfte der achtziger Jahre geriet, nachdem die wachsende Integration der DDR in die internationale Staatengemeinschaft einerseits, der fortschreitende Zerfall des sozialistischen Lagers andererseits, die manichäische Freund-Feind-Teilung der normierten Sinnwelt auch im Bereich der Historie untergrub. Drei entscheidende Faktoren ließen den Diskurspanzer der sozialistischen Historiographie in den achtziger Jahren immer dünner werden und gaben dem vierten Entwicklungsabschnitt von 1984/85 bis 1989/90 ihren Charakter als Erosionsphase: Der erste ergab sich aus dem utopischen Grundcharakter der proklamierten Versöhnung von Objektivität und Parteilichkeit selbst. Immer wieder scheiterte der wissenschaftliche Meinungsstreit daran, daß auf dem Boden eines homogenisierten Diskurses die Konkurrenz unterschiedlicher Geschichtsbilder keinen legitimen Platz hatte, und beklagten sich die von Hager ins Gebet genommenen Historiker, daß es vielen leider „schwer[falle], zwischen Meinungsverschiedenheiten und Abweichungen vom Marxismus-Leninismus zu unterscheiden".[102] Immer schwerer ließ sich ein immer komplexeres Geschichtsbild politischen Richtungsänderungen anpassen, auch wenn die wesentlichen Entscheidungen in der Regel nach sorgfältiger Abstimmung in dem nicht zuletzt zur Aushandlung fachlicher Konflikte bestimmten Rat für Geschichtswissenschaft getroffen wurden. Selbst die nähere Ausdifferenzierung des Erbe-Traditions-Konzepts stieß in vielen Bereichen immer spürbarer an die Grenzen der politisch gesteuerten Vergangenheitsbetrachtung. Am vielleicht drastischsten zeigte sich dies, als die SED in Vorbereitung ihres für das Jahr 1990 geplanten XII. Parteitags Erfolgsmeldungen über die wissenschaftliche Ausbeute des Erbe-Traditions-Konzeptes anforderte. Ihre Untersuchungsergebnisse kleideten ostdeutsche Zeithistoriker am ZIG, die sich selbst als durchaus loyale Garanten der herrschenden Ordnung betrachteten, daraufhin in die Feststellung, daß „die DDR eine Zwangsgeburt mit beträchtlichen, teils noch heute wirkenden [...] Geburtsschwächen" sei und daß nach den Ergebnissen der Traditionsforschung die deutsch-deutschen

[102] ABBAW, ZIG 614e, Protokollnotiz vom Erfahrungsaustausch leitender Genossen der Geschichtswissenschaft mit Genossen Prof. Kurt Hager am 27.9.1971, 14.10.1971.

Affinitäten im Bereich der kulturellen und parteipolitischen Bindungen ungebrochen fortbestünden.[103]

Der zweite Grund ergab sich aus der Auflösung der sozialistischen Diskursgemeinschaft. Auch früher schon war die DDR die nüchternste Baracke im sozialistischen Lager gewesen und hatten Projekte wie eine geplante Geschichte der Länder der Volksdemokratie wegen unüberbrückbarer Differenzen der einzelnen Nationalperspektiven ergebnislos abgebrochen werden müssen. Aber in den achtziger Jahren zwang nach der Wahl Gorbatschows zum Generalsekretär der KPdSU und dem Siegeszug von Glasnost und Perestroika in der Sowjetunion die dort wie in Polen und anderen Ostblockländern in Bewegung geratende Geschichtslandschaft die Historiker der DDR in eine oft sprachlose Defensive. Zügig räumte auch die sowjetische Geschichtswissenschaft die ideologischen Hürden ihrer bisherigen Geschichtsschreibung beiseite und drängte damit die ostdeutsche Kollegenzunft in die Enge, die sich stets auf die sowjetische Sicht berufen hatte. Zwei Faschismusspezialisten beispielsweise, die mit der Neufassung des Abschnitts 1939 bis 1945 für das Hochschullehrbuch der deutschen Geschichte befaßt waren, resignierten 1988 vor ihrem Auftrag, weil die sowjetische Geschichtsschreibung über das deutsch-sowjetische Nicht-Angriffsabkommen von 1939, die Morde von Katyn und Stalins Kriegsführung nun ganz andere Urteile fälle als in den siebziger Jahren: „Eine solche Entwicklung war bei der Abfassung der Überarbeitungskonzeption [...] im Jahr 1985 nicht voraussehbar.“ Statt dessen übergaben sie dem Direktor des Akademie-Instituts eine schier uferlose Liste von Fakten und Wertungen, in denen die sowjetischen Positionen nun die kanonisierte Darstellung der DDR-Geschichtswissenschaft dementierten, und verlangten deshalb schlicht, den „gegenwärtigen Abschlußtermin für die Überarbeitung [...] zu stornieren“.[104] Sichtbar untergrub diese Entwicklung den Totalitätsanspruch einer auf Lenin zurückgehenden Dichotomie zwischen bürgerlicher und proletarischer Parteilichkeit und machte die Künstlichkeit von Diskursmauern bewußt, die auch im eigenen östlichen Lager mancherorts schon eingerissen worden waren.

Der dritte und entscheidende Erosionsfaktor aber ergab sich aus dem verblassenden Bild des Gegners, dessen Konturenverlust unmittelbar die eigene Identitätsgewißheit zu bedrohen begann. Paradoxerweise war es gerade ihre wachsende Anerkennung und Integration in die internationale Wissenschaft, die die Existenzgrundlage der zweiten deutschen Geschichtswissenschaft sichtbar aushöhlte. Die in den sechziger Jahren durchgesetzte und schon im darauffolgenden Jahrzehnt zunehmend durch-

[103] Rolf Badstübner, Arbeitspapier „Erbe und Tradition in der Geschichte der DDR“, 1989, zit. n. Sabrow, Parteiliches Wissenschaftsideal, S. 219.

[104] ABBAW, ZIG 706/5, W. Bleyer/G. Hass, Internes Arbeitsmaterial, Hochschullehrbuch „Deutschland 1939–1945“, o.D.

brochene Abschottung von der westlichen Geschichtswissenschaft wich in den achtziger Jahren einer steigenden Kooperationsbereitschaft auf beiden Seiten, die auf Forschungsfeldern wie etwa Reformation und Bauernkrieg oder der Revolutions- und Imperialismusgeschichte mehr und mehr zu einem fruchtbaren Austausch gedieh. In Fortsetzung einer ebenfalls schon in den siebziger Jahren eingeleiteten Entwicklung konnten DDR-Historiker nun in wachsendem Maße Einladungen zu Forschungsaufenthalten und Vorträgen in der Bundesrepublik und in den USA annehmen und auch westliche Fachkollegen wieder zahlreicher vor einem akademischen Publikum in der DDR sprechen – ein sichtbarer Indikator für die wachsende Integration der DDR-Geschichtswissenschaft in die internationale Fachgemeinschaft.

Verstärkt durch das wirksame Leitbild des Friedenskampfes, das die ostwestliche Freund-Feind-Scheidung in der höheren Gemeinsamkeit des Interesses am Weltfrieden aufzulösen trachtete, oder die durch alle administrativen Maßnahmen nicht aufhaltbare Steigerung der wissenschaftlichen Ost-West-Beziehungen nach dem Abschluß des Kulturabkommens 1986, mutierte der imperialistische Gegner seit Mitte der achtziger Jahre mehr und mehr zum nicht-marxistischen Partner, der dem Anschein nach die gewachsene Eigenstärke der DDR-Historiographie spiegelte – und in Wahrheit zu ihrem gefährlichen Konkurrenten und geheimen Maßstab zugleich geworden war. Bereits 1981 vermerkte der Jahresbericht des Akademie-Instituts für Geschichte sorgenvoll: „Höhere ideologische Anforderungen ergaben sich insbesondere aus den gezielten Versuchen bürgerlicher Historiker der BRD, ein ‚gesamtdeutsches Geschichtsbewußtsein‘ zu konstruieren und Historiker der DDR gegeneinander auszuspielen. Diesen Versuchen gilt es noch entschiedener entgegenzutreten.“[105] Fünf Jahre später und noch im Vorfeld der sowjetischen Perestroika war die Geschichtswissenschaft der DDR gegenüber einem Gegner sichtbar in die Defensive geraten, mit dem sie gleichzeitig in immer engere Kooperationsbeziehungen eintrat. Immer häufiger monierten DDR-Historiker nun mit Blick auf die deutsch-deutsche Konkurrenz die eigene restriktive Forschungspraxis oder, schlimmer noch, mahnten sie tabubrechende Einschätzungen auch in der Zeitgeschichte an, um nicht vom ‚Gegner‘ überholt zu werden. Schon im Jahre 1985 forderte selbst der überaus vorsichtige Direktor des Akademie-Instituts für Geschichte: „Auf jeden Fall geht es aber nicht mehr so weiter, daß wir weiter differenzieren und breiter werden bei allen anderen Klassen und Schichten, nur bei der Führungskraft der sozialistischen Gesellschaft nicht. Wenn dort nicht nachgezogen wird, müssen wir bremsen, denn das ist dem Gegner schon so auffällig, daß es mich eigentlich wundert, daß er höflich, freund-

[105] Ebd., 682, Zentralinstitut für Geschichte, Jahresbericht 1981, 30.12.1981.

lich und zuvorkommend ist und uns das nicht tagtäglich um die Ohren haut."[106]

Denselben Befund offenbaren auch andere Textsorten derselben Zeit. Reiseberichte der späten achtziger Jahre gaben oft weniger Aufschluß über die erfolgreiche Präsentation des eigenen Geschichtsbildes in der Fremde als über die wachsende Legitimationskrise, in die es durch die Berührung mit der Außenwelt geriet. Der vielleicht wichtigste Indikator dieses Prozesses ist, daß in dieser Zeit der Topos der „Parteilichkeit" fast ganz aus den Berichten verschwand und der ebenso stereotypen Formulierung vom „wissenschaftlichen Ertrag" deutsch-deutscher Begegnungen Platz machte. Das Lob auf den beeindruckenden Forschungsstand und das hohe wissenschaftliche Niveau in der bundesdeutschen Fachdisziplin, mit dem nun der Sinn der unternommenen Reisen zunehmend motiviert wurde, zog wiederum Forderungen an die eigene Seite nach sich. Mehr und mehr argumentierten DDR-Historiker in ihren Reiseberichten gleichsam lobbyistisch, erklärten sie in ihnen die Publikation ihrer Beiträge ‚für dringend erforderlich', plädierten sie ‚mit Nachdruck' für die Fortsetzung deutsch-deutscher Kontakte und stellten sie ihre Gesprächspartner im Westen als ein bedrohtes Häuflein sozialliberaler Wissenschaftler dar, das im Sinne der Entspannung der Unterstützung gegen die konservativen Protagonisten der CDU-Politik bedürfe. Vielfach übernahmen Reiseberichte jetzt die Funktion eines rudimentären innerdeutschen Petitionsausschusses. Sie versuchten beispielsweise von einem westlichen Ansprechpartner erbetene Kontakte mit Christa Wolf zu vermitteln oder die Einfuhr von Computermaterial zu organisieren; sie gaben den Wunsch Freiburgs nach einer Städtepartnerschaft mit einer Stadt in der DDR zustimmend weiter und auch die Hoffnung auf liberalisierten Archivzugang der westdeutschen Kollegen; sie sprachen im Gewand von Äußerungen Dritter neuralgische Fragen wie Mauer und Schießbefehl an und rügten einen Jugendtouristleiter, der sich im Saarland „nicht entblödete, zur Mitnahme bereitliegende Informationsmaterialien über das Saarland einer Kontrolle auf den ideologischen Gehalt hin zu unterziehen, ehe er es zur Weitergabe ‚freigab'".[107]

Was nach außen hin und besonders in der Bundesrepublik als begrüßenswerter Normalisierungsprozeß erschien, zeigte sich intern als flagranter Funktionsverlust einer Legitimationswissenschaft, die sich nun einverstanden erklärte, „Einseitigkeiten auf beiden Seiten abzubauen", deutsch-deutsche Begegnungen plötzlich „von beeindruckender Sachlichkeit und Kollegialität gekennzeichnet" fand und den kollegial-freundschaftlichen Tenor

106 Ebd., 091/6, Diskussionsprotokoll zum Tagesordnungspunkt 1 der Dienstbesprechung vom 15.5.1985.

107 Ebd., A 8692, Gerhard Keiderling/Jörn Schütrumpf, Bericht über die Teilnahme an einem deutsch-italienischen Seminar mit multinationaler Beteiligung in der Europäischen Akademie Otzenhausen/BRD vom 2.5.–7.5.1988, 16.5.1988.

bei Diskussionen hervorhob, in denen es immerhin um Probleme wie „die deutsche Frage“ oder die Grundeinstellungen der DDR-Bevölkerung ging.[108] Geltung und Verfall der Diskursfigur des objektiven Gegners demonstrieren die fundamentale Funktion, die sie bei der Homogenisierung des künstlichen Identitätsrahmens übernommen hatte. Anders aber als in Hannah Arendts Modell einer totalitären Herrschaft, die sich in einer permanenten Radikalisierung bis hin zur Vernichtung erfüllt, tritt diese Dynamik am Beispiel der DDR-Geschichtswissenschaft als eine über Metamorphosen des Gegnerbildes sich vollziehende Aushöhlung des diskursiven Herrschaftsanspruchs in Erscheinung.

Im Zuge dieser Entwicklung begann sich die Ordnung des Geschichtsdiskurses in der DDR in geradezu dramatischer Weise aufzulösen. Schleichend näherte sich die monistische, parteiliche Fachdisziplin dem verfemten Wissenschaftsverständnis des pluralen, objektivistisch befangenen ‚Gegners‘ an, wenn immer häufiger interne Fachgutachten, die Voraussetzung einer Druckfreigabe waren, vorgelegte Arbeiten nach den Kriterien von Komplexität und Ausgewogenheit statt nach denen der ‚kämpferischen Parteilichkeit‘ und der ‚Richtigkeit‘ bewerteten und tadelnd auf „Vereinfachungen“ und „Einseitigkeiten“ hinwiesen. Eine besondere Konjunktur erlebte in diesem Kontext die Forderung nach Differenzierung, die eine Brücke vom heimischen zum internationalen Fachverständnis zu schlagen erlaubte. „Von einem parteilichen Standpunkt aus werden differenzierte Wertungen vorgenommen und unsere bisherigen Erkenntnisse in beachtlichem Maße angereichert“[109], hielt ein Gutachten von 1983 zu einem Werk über ostelbische Landarbeiter fest und dokumentierte so zugleich die Anstrengung, zwei unterschiedlichen Wissenschaftsverständnissen gleichermaßen gerecht zu werden. Im weiteren Verlauf der achtziger Jahre schwand diese Rücksicht dahin und verlangten Gutachter auch von einem Schulgeschichtsbuch, bei aller notwendigen Vereinfachung und Verknappung das Differenzierungsgebot nicht außer acht zu lassen: „Etwas aber kann und soll doch auch hier getan werden, um die bisherigen Einsichten weiter zu differenzieren.“[110]

Zu zerfallen begann mit den übrigen Normen des sozialistischen Geschichtsdiskurses auch der parteiliche Wahrheitsbegriff. Unverbunden konnten sich in der finalen Krise des SED-Regimes plötzlich die Forderungen der Partei und die Forderungen der Wissenschaft gegenüberstehen. Den schleichenden Verfall des parteilichen Geschichtsdiskurses dokumentiert eindrucksvoll ein kleiner Vorgang, in dem die Redaktion eines historischen

[108] Zit. n. Sabrow, Zwischen Ökumene und Diaspora, S. 95.

[109] ABBAW, AV 2892, Hübner, Gutachten zum Manuskript „Lage und Kampf der Landarbeiter im ostelbischen Preußen (1919–1945)“ von Roswitha Berndt.

[110] Fritz Klein, Gutachten zum Geschichtslehrbuch Klasse 8 (Kapitel 4–8), 5.8.1986 (im Besitz des Verfassers).

Jahreskalenders in der DDR plötzlich gegen die jahrelang hingenommenen Eingriffe ihrer Verlagsoberen aufbegehrte: Der Streit zwischen den Redakteuren des „Dietz-Geschichtskalenders" und dem Lektorat des parteieigenen Verlages entzündete sich 1987 an der Praxis des Verlages, als anstößig empfundene Jubiläumsartikel selbstherrlich zu streichen oder gar substantiell umzuformulieren. Nachdem das Redaktionskollegium sich schriftlich gegen „unseres Erachtens unzulässige Eingriffe des Lektoratsleiters Geschichte" im Dietz Verlag zur Wehr gesetzt hatte[111], reagierte der Verlag mit einem Schreiben, das an das „Urteilsvermögen bei der Auswahl bestimmter Themen, der Bewertung historischer Ereignisse sowie ihre Einordnung in gesamtgesellschaftliche Zusammenhänge" appellierte. Auf dieser Grundlage verteidigte dann der Verlag sein Recht, die Kongruenz von Wissenschaft und Politik nötigenfalls selbst herzustellen, und erinnerte die Kalenderredaktion an die bisher geltenden Regeln des sozialistischen Fachdiskurses: „Unser Lektorat erachtet es auch als politisch unzulässig, Personen, die auf Positionen der Reaktion, des kalten Krieges usw. standen, als historische Persönlichkeiten mit der Aufnahme ihrer Lebensdaten in das Kalendarium zu würdigen."[112] Die Kalenderredakteure begegneten dieser Rückkehr zum Ideal einer politischen Geschichtswissenschaft mit einer Argumentation, die die Geltungsmacht der Fakten in ihr altes Recht einsetzte, und verlangten den Abdruck eines inkriminierten Beitrags, weil „der Autor des Artikels [...] den Beweis" geführt habe, „daß die in seinem Beitrag enthaltenen Angaben den Tatsachen entsprachen und die diesbezüglichen Zweifel des Zusatzgutachters [...] der Grundlage entbehrten".[113] Am Ende setzte sich die Redaktion weitgehend durch: In einem Schiedsgespräch sahen sich die Vertreter des Dietz Verlages zu der Erklärung gezwungen, daß die „in der Vergangenheit aufgetretenen unzulässigen Eingriffe [...] in die Arbeit der Redaktion [...] als Fehler anerkannt" würden.[114]

Zu verfallen begann nun auch die hegemoniale Sprachregelung, wenn Kurt Hager selbst im Juni 1989 den Nutzen des zweiten SPD-SED-Historikerforums vom Mai 1989 vor der Ideologischen Kommission des ZK darin sah, „daß wir auf Gebiete gestoßen worden sind, die wir noch nicht bear-

[111] Jugendforscherkollektiv Dietz-Geschichtskalender des IAG und ZIG an den Direktor des Dietz-Verlages, 24.6.1987. (Im Besitz des Verfassers)

[112] Dietz Verlag Berlin an Zentralinstitut für Geschichte der AdW der DDR, Genossen Dr. Bernd Florath, Frank Hadler, Jan Lekschas, Dr. Dietmar Wulff, 14.7.1987. (Im Besitz des Verfassers)

[113] ABBAW, ZIG 706/5, Stellungnahme zur Antwort des Dietz-Verlages [...] auf die Eingabe des Redaktionskollegiums Geschichtskalender an den Direktor des Dietz-Verlages vom 24.6.1987, 30.7.1987.

[114] Institut für Allgemeine Geschichte/Zentralinstitut für Geschichte, Redaktion Geschichtskalender, Aktennotiz, 21.10.1987. (Im Besitz des Verfassers)

beitet haben"[115]. Was das bedeutete, legte die schriftlich vorliegende Tagungsanalyse dar, als sie kommentarlos den Wunsch der westlichen Seite mitteilte, „bei späteren Treffen auf sog. weiße Flecken zu sprechen zu kommen wie die Rehabilitierung von unter Stalin ums Leben gekommenen Kommunisten, Fragen der deutsch-sowjetischen Abkommen vom August/September 1939".[116] Konsterniert stellte in diesem Fall selbst der ZIG-Direktor mit, „daß es seitens der Abt. Wissenschaften/ZK der SED zum Bericht keine direkte Reaktion gegeben habe". Mehr noch: Kurt Hagers Stellungnahme zu derselben Frage offenbarte, daß die östliche Seite nun bis in die oberste Führungsetage des ZK selbst schon die Sprache und das Denken des ‚Gegners' zu übernehmen begonnen hatte: „Zur Frage der künftig zu behandelnden Themen bemerkte er, es sei bisher offensichtlich zu wenig getan worden bekanntzumachen, was wir schon bei uns zur Beseitigung von weißen Flecken getan haben."[117]

In diesen Worte zeigte sich ungewollt, wie eine spezifische Form von Vergangenheitsaneignung fortschreitend unterspült wurde, die ihre innere Stärke und ihre Binnenplausibilität aus Abgrenzung und Geschlossenheit bezogen hatte und mit der Auflösung der bipolaren Welt von ihren eigenen Repräsentanten zunehmend als bloße Täuschung und lästige Denkfessel wahrgenommen wurde, um mit der Wende von 1989/90 nicht als geschichtliches Interpretationsmodell, wohl aber als Diskursordnung so rasch und geräuschlos zu verschwinden, als habe es sie nie gegeben.

115 ABBAW, ZIG 167/4, Protokollnotiz über die Abschlußbesprechung am 19.7.1989 der DDR-Delegation zum Geschichtsforum mit Vertretern der Historischen Kommission der SPD (Mai 1989).

116 Ebd., Bericht über das Diskussionsforum von Historikern der DDR mit Historikern der Historischen Kommission beim Parteivorstand der SPD in Berlin am 30./31. Mai 1989.

117 Ebd., Protokollnotiz über die Abschlußbesprechung am 19.7.1989 [...].

Fazit: Wissenschaft in der Wirklichkeitsdiktatur

In der Beschreibung der inneren Verfassung der DDR-Geschichtswissenschaft sind, wie für den Charakter einer weitgehend ‚verstaatlichten Gesellschaft' typisch, wissenschaftsgeschichtliche und herrschaftsgeschichtliche Aspekte untrennbar miteinander verwoben. Schon von daher stellt sich die Frage, inwieweit sich die Beschreibung der historischen Funktionalwissenschaft in der DDR in ihrer ‚beherrschten Normalität' über den Bereich der Geschichtswissenschaft hinaus nutzen und in Beziehung zum Legitimationscharakter der sozialistischen Diktatur setzen läßt.

Forschungen zur endogenen Bindungskraft, zur „domestic anatomy"[1] kommunistischer Regime der jüngsten Vergangenheit rücken erst zögerlich in den Mittelpunkt des Forschungsinteresses, so sehr sie im Rückblick auf das entschwindende 20. Jahrhundert und im Interesse der Überwindung einer bloßen „Einheit in Schräglage" für Deutschland und Europa gefordert werden mögen.[2] Dennoch herrscht Gewißheit über eine Reihe von Grundfaktoren der politischen Kultur der DDR: Anders als die nationalsozialistische war die realsozialistische Herrschaft primär von außen importiert und nicht von innen gewachsen. Niemals konnte sie sich auf eine klare Majorität in der Bevölkerung stützen, und zu keiner Zeit vermochte sie eine hinreichende kompensatorische Ersatzlegitimität etwa über soziale Aufstiegschancen, wirtschaftliche Prosperität oder nationale Identität zu erzeugen. Ganz im Gegenteil besaß sie anders als die übrigen Staates des sozialistischen Lagers mit der Bundesrepublik auf all diesen Gebieten einen permanenten und immer überlegenen Konkurrenten, der auf demselben nationalen Boden agierte, dieselbe Sprache sprach und sich im politischen, sozialen und kulturellen Leben zu keiner Zeit und an keinem Ort wirklich ausblenden ließ: „Wir stehen hier, und drüben am Brandenburger Tor steht der Feind", erklärte Kurt Hager 1956 nüchtern auf einem Historikertreffen in Berlin, um letzte akademische Widerstände gegen die Umgestaltung der Wissenschaften in der DDR vom Tisch zu wischen.[3] Keine der reinen Typen legitimer Herrschaft im Sinne Max Webers werden dem DDR-System auch nur annähernd gerecht: Traditionalität und bürokratische

[1] Fulbrook, Anatomy of a Dictatorship, S. V.

[2] Vgl. beispielsweise den Appell von Hermann Rudolph, „Aber wie sähe denn eine solche Geschichte aus? Es kann nicht die leicht gewendete offiziöse DDR-Geschichte sein, die die PDS verficht, doch auch nicht ihre Es-war-doch-nicht-alles-schlecht-Lesart. Die Antwort liegt, vermutlich, in einer Geschichte, die auf dem Feld dieser vierzig Jahre erst aufgesucht, ausgegraben und beschrieben werden müßte. [...] Hier müßte auch vorkommen, was der Essayist Friedrich Dieckmann das ‚inwendige Kulturleben' der DDR genannt hat [...]. Kurz: Zu bitten wäre um eine Geschichte der DDR von innen." Rudolph, Ungeschriebene Geschichte.

[3] SAPMO-BArch, DY 30, IV 2/9.04/133, Stenographische Niederschrift der Beratung des Gen. Prof. Kurt Hager mit Genossen Historikern am 12. Januar 1956, S. 98.

Legalität eigneten einer Diktatur mit radikal veränderten Gesellschaftsstrukturen und partiell deprofessionalisierter Verwaltung samt ihren vielen neugewachsenen und informellen Ausgleichsmechanismen so wenig, wie ihre Herrscher charismatische Ausstrahlung besaßen: Die ‚Baumeister des Sozialismus'[4] waren keine ‚Führer'. Dennoch aber stellten die „meisten Ostdeutschen [...] die Legitimität ihres Staates nicht in Frage", wie Jens Reich mit Recht schrieb.[5]

Die vorliegenden diktaturhistorischen Deutungsangebote liefern nur wenige Ansätze zur Entschlüsselung der sozialen Akzeptanz, die der Herrschaft in der sozialistischen Diktatur den Gewaltcharakter der bloßen Despotie nahm und ihre Veralltäglichung sicherte. Insbesondere totalitarismustheoretische Interpretamente, die den Zwangscharakter des Regimes als einer auf politischer Repression und ideologischer Verführung beruhenden Herrschaft unterstreichen und in den ersten Jahren nach dem Ende des SED-Staates nach dem Urteil Eckhard Jesses „nahezu kanonische Geltung" hatten[6], messen diktatorisch verfaßte Regime und Gesellschaften – offen oder uneingestanden – nach dem Bild ihres liberal-demokratischen Gegenentwurfs auf einer Skala des Abnormen; sie beschreiben die SED-Diktatur daher als mehr oder minder transitorischen ‚Einbruch des Widernatürlichen' und drängen die mögliche Normalität einer aus der Binnensicht nicht oder zumindest nicht ausschließlich als Diktatur rezipierten Herrschaft in den Hintergrund. Nicht weniger schwer wiegt, daß alle Versuche, den zeitlichen Wandel und vor allem das Ende des staatssozialistischen Systems mit Hilfe eines totalitarismustheoretischen Ansatzes zu erklären, bislang mehr oder minder unbefriedigend ausgefallen sind. Der in den verschiedenen Spielarten dieses Modells angelegte ‚Blick von oben' auf die – gleichbleibenden – Ansprüche statt auf die – sich wandelnde – Praxis diktatorischer Herrschaft hat daher zwangsläufig sowohl das Verständnis für die Akzeptanz und die Verinnerlichung der Parteidiktatur wie für die fast lautlose Implosion, die das Ende der zweiten deutschen Diktatur so dramatisch vom Ende der ersten deutschen Diktatur unterscheidet, eher behindert als gefördert. In der normativen Gegenperspektive der freiheitlichen Demokratie erscheint der SED-Staat daher als Herrschaft ohne Legitimität, die zusammenbrechen mußte, sobald die Wirkungsmechanismen der politischen Gewalt, der geistigen Indoktrination oder der sozialen und wirtschaftlichen Kompensation nicht mehr griffen.[7] Doch die Sicht, die die SED-Diktatur als perma-

[4] So der Titel eines nie ausgestrahlten Propagandafilms über Walter Ulbricht von 1953.

[5] Reich, Gespenster von morgen.

[6] Jesse, War die DDR totalitär?, S. 12.

[7] Instruktiv ist in diesem Zusammenhang die umfassende, auf ein totalitarismustheoretisches Konzept verpflichtete Studie von Klaus Schroeder über den SED-Staat, besonders in ihrem Urteil über die Ursachen seines Untergangs: „Der Anschein innerer Stabilität verdankte sich nicht zuletzt dem Mechanismus, den Individuen in den Institutionen keinen Spielraum zu geben bzw. sie bei Strafe des sozialen Abstiegs zu

nenten Ausnahmezustand und fortwährenden Anpassungszwang in einer allein von oben nach unten strukturierten Gesellschaft faßt, ist eine normative Außensicht, und sie steht konträr nicht nur zu den vielen biographischen Erfahrungen, die von der alltäglichen Normalität des Lebens unter der SED-Herrschaft zeugen, sondern auch zu den Befunden der Alltags- und Kulturgeschichte der DDR, die die vielfache Umdeutung von Herrschaft als sozialer Praxis diagnostizieren und auf dem „Blick für die vielgestaltigen *Symbiosen* im Verhältnis von Parteidiktatur und sozialen Gruppen bzw. Akteuren“ insistieren.[8]

Die vorstehende Studie versuchte zu zeigen, daß hier ein kulturgeschichtlicher Deutungsansatz mehr Gewinn verspricht, der nach den immateriellen Rahmenbedingungen der ostdeutschen ‚Lebenswelt‘ fragt, in denen die handlungsorientierenden Deutungsmuster menschlicher Lebenspraxis während der vierzigjährigen Geschichte des zweiten deutschen Staates wurzelten. Das Ergebnis dieser, freilich auf das Feld einer Geisteswissenschaft und ihrer Träger beschränkten Analyse spricht für die Annahme, daß auch der zweite deutsche Staat zumindest in einzelnen Feldern sozialen Handelns eine spezifische Form von Legitimitätsglauben zu erzeugen vermochte, der über die mißmutige Loyalität der Unterworfenen und die ideologische Verführung der Parteieliten hinausging. Die künstlich errichtete Diskursordnung einer parteilichen Geschichtsauffassung erwies sich als stark genug, um ihre Stellung in der Historikerschaft der DDR über Jahrzehnte hinweg gegebenenfalls auch gegen die Standards der Fachtradition, gegen die Vetomacht der Quellen und gegen die Einflüsse der internationalen Historiographie des Westens zu wahren. Die Geltungstiefe des historischen Herrschaftsdiskurses war nie total, aber mindestens seit dem Ende der fünfziger Jahre hinreichend, um die Binnenlegitimität der sozialistischen Fachwissenschaft gegen alle Herausforderungen aufrechtzuerhalten, widerständige Auffassungen erfolgreich auszugrenzen und die Monopolstellung des parteilichen Geschichtsdenkens von einem weitgehend politisch erzwungenen Ausnahmezustand in die weitgehend selbstreferentielle Alltagsgeltung einer anderen Normalität zu überführen.

Hierin manifestiert sich für das Gebiet der Herrschaft über die Vergangenheit eine ‚Wirklichkeitsdiktatur‘, deren langjährige Stabilität des manifesten politischen Terrors gar nicht mehr bedurfte, den die auf Hannah Arendt zurückgehende Totalitarismuskonzeption als konstitutives Merkmal totalitärer Regime begreift. Der systemspezifische Typus der sozialistischen Geschichtswissenschaft verband eine im wesentlichen nur mehr latent agie-

konformem Verhalten zu zwingen. [...] Nach außen hin erschien jedoch die Anpassungsbereitschaft nahezu ungebrochen, so daß die SED-Diktatur sich zumindest als eine stabile Mitläufergesellschaft darstellte. Allerdings fiel diese in dem Augenblick, als die Gewaltandrohung entfiel, in geradezu atemberaubender Geschwindigkeit in sich zusammen.“ Schroeder, Der SED-Staat, S. 619f.

8 Lindenberger, Die Diktatur der Grenzen, S. 30.

rende Gewaltandrohung des Regimes mit der integrativen Kraft eines selbst Macht bedeutenden Diskurses, der die Regimeloyalität seiner Teilnehmer schon im Vorfeld der individuellen Überzeugungsbildung sicherte, indem er die inhaltliche Deutungshoheit über die Vergangenheit durch die Steuerung der sprachlichen und argumentativen Prozeduren zu ihrer Rekonstruktion absicherte und gegen die Wirkung von diskursfremden Gegenargumentationen immunisierte.

Läßt sich dieser Befund von der personell begrenzten und politisch systemnahen Sozialgruppe von Historikern, die zumindest in ihrer zweiten und dritten Generation schon bei Beginn ihrer Ausbildung „wußten, worauf sie sich einließen" (Olaf Groehler), auf die Gesamtgesellschaft der DDR übertragen? Zumindest hinsichtlich der finalen Regimekrise lassen sich augenfällige Parallelen ausmachen zwischen der Erosion des Herrschaftsdiskurses in der Historie und dem Ausgreifen der ‚kollektiven Identitätskrise'[9] in der Gesamtgesellschaft. Hier wie dort zeigt sich parallel zur wirtschaftlichen und politischen Krise auch der fortschreitende Zerfall einer eben nicht mehr als ‚verständlich und selbstverständlich hingenommenen' Wirklichkeitsordnung, die in der zweiten Hälfte der achtziger Jahre infolge ihrer erodierenden Geschlossenheit und Abschottung als tagtäglich reproduzierte Fiktionalität immer sichtbarer wurde.[10] Diese Auflösung demonstriert die Welle empörter Briefe, die Kurt Hagers Büro erreichte, nachdem der ZK-Sekretär im April 1987 den Vormarsch von Glasnost und Perestroika in einem Interview zum bloßen Tapetenwechsel zu verkleinern versucht hatte; und sie tritt in der zunehmenden Aufsässigkeit gegen die immer deutlicher als absurd empfundenen Spielregeln des SED-Staates und seiner verordneten Denkwelt zutage oder auch in der Aufspaltung des individuellen Verhaltens in äußere Anpassung und innere Flucht in den Zynismus, von der in der Rückschau so viele Stimmen zeugen.[11] Das Verbot des ‚Sputnik' im November 1988 führte zu empörten Massenprotesten in einem Land, das an die staatliche Regulierung des gedruckten Wortes gewöhnt war wie kaum ein anderes; die Fälschung der kommunalen Wahlergebnisse vom 5. Mai 1989 demaskierte plötzlich ein System, das nie zuvor in den Verdacht geraten war, den in Abstimmungen zum Ausdruck kommenden Wählerwillen ernstlich respektieren zu wollen. Ebenso trafen die mit der revolutionären Wende vom Herbst 1989 auftauchenden Enthüllungen über Amtsmißbrauch und Existenzprivilegien der alten Eliten in der Bevölkerung nicht zuletzt auch deswegen eine westlichen Beobachtern in ihrem Ausmaß oft nur schwer begreifliche Erschütterung, weil sie eine individuell akzeptierbare

9 Scherer, Gab es eine DDR-Identität?, S. 305.

10 Zum Verhältnis von „Fiktionen" und „Realität" in der finalen Krise der DDR: Lüdtke, Die DDR als Geschichte, S. 11f., u. ders., Sprache und Herrschaft in der DDR, bes. S. 21ff.

11 Bialas, Vom unfreien Schweben zum freien Fall, S. 110ff.

Verabschiedung und anschließende Distanzierung von den gewohnten und gelebten Orientierungsrahmen auf dem Wege der Empörung ermöglichten.

Für die Vermutung einer Kongruenz zwischen der diskursiven Bindungskraft des sozialistischen Fachverständnisses und der legitimatorischen Bindungskraft des SED-Regimes spricht weiterhin ein ihnen gemeinsames Grundmuster. In der Untersuchung ihrer inneren Verfassung enthüllte die DDR-Geschichtswissenschaft sich als eine historische Funktionalwissenschaft, in der die emphatische Rolle der geschichtlichen „Wahrheit" als oberster Diskursnorm durch die nicht weniger emphatische Orientierungsfunktion des fachlichen Konsenses ergänzt, in extremis sogar ersetzt worden war. Aus kulturgeschichtlicher Perspektive läßt sich die DDR als eine ‚Konsens-Diktatur' beschreiben, als eine Form von Herrschaft, die die Einigkeit von Herrschenden und Beherrschten immerfort von oben proklamierte und von unten akklamieren ließ, die unaufhörlich die Massen mobilisierte, um sich wiederum aus der behaupteten Verschmelzung von Volk und Führung heraus zu legitimieren.[12] Das schärfste Instrument diktatorischer Herrschaft des 20. Jahrhunderts war auch in der DDR nicht die Repression, sondern das – suggerierte, inszenierte, erzwungene oder freiwillig gegebene – Einverständnis. In anderer Ausprägung als die erste prägte auch die zweite deutsche Diktatur im doppelten Sinne eine Herrschaftsform aus, die politischen, kulturellen und vielfältig auch sozialen Konsens erzwang und gleichzeitig auf ihm ihre Dauerhaftigkeit und ‚Veralltäglichung' gründete. Analytisch gesehen, umfaßte die Praxis der diktatorischen Konsensbildung und -verweigerung drei unterschiedliche, wenngleich ineinander übergehende Dimensionen. Unmittelbar zugänglich ist die Ebene, auf der sich die Stellung der Gesellschaftsmitglieder zur SED-Herrschaft als weltanschauliches Bekenntnis und bewußte kommunistische oder antifaschistische Wertbindung auf der einen Seite, als ‚loyale Widerwilligkeit' im Spannungsfeld von pragmatischer Distanz und Akzeptanz auf der anderen abbildete. Hinter ihr liegt das in seinen Umrissen in der Regel erst aus eigenem Abstand heraus erkennbare Feld der sozialen und generationellen Traditionen, der Lebensstile und Habitus, die den Glauben an die Legitimität des sozialistischen Gesellschaftsprojekts zu wechselnden Zeiten jeweils verstärkten oder auch abschwächten. Beide überwölbt schließlich die Ebene des gesellschaftlichen Wirklichkeitshorizontes, der spezifischen Sinnwelten und Diskursordnungen, in denen sich Herrscher und Beherrschte auch im Staatssozialismus gleichermaßen bewegten.

Während die ideologische Dimension kommunistischer Herrschaft seit je im Zentrum kritischer Aufarbeitung gestanden hat und mit der von Mary Fulbrook so genannten „combination of conformity and grumbling"[13] in der DDR auch die vielfältigen Handlungsmuster der Akteure in einer eben nicht

12 Zum Begriff der Konsens-Diktatur: Sabrow, Der künstliche Konsens.
13 Fulbrook, Anatomy of a Dictatorship, S. 22 u. 139.

„stillgelegten“ Gesellschaft zwischen Ausweichen, Anpassen und Ausnutzen nach 1989 zunehmend in den Blick genommen worden sind[14], ist die Frage nach den konsensstiftenden Denkstrukturen und Wahrnehmungsmustern einer staatssozialistischen Wirklichkeitsdiktatur bisher eher zurückhaltend formuliert worden, obwohl gerade sie einen Schlüssel zum Verständnis bilden könnte, warum „die Parteiherrschaft in der DDR so unvergleichlich lange stabil war“.[15] Andere Konsensbildungsmechanismen konnten sich lebensgeschichtlich und individuell abnützen: die Verführung durch die Macht durch das Unbehagen an der eigenen Ohnmacht; das Bewußtsein, in einem bei allen Mängeln besseren Staat zu leben, durch den täglichen Vergleich mit dem westlichen Nachbarn; die ideologische Überzeugtheit durch den ideologischen Zweifel. Weniger gilt dies aber für den hegemonialen „Denkstil“ (Karl Mannheim) einer sozialen Formation, also für das vielschichtige Geflecht der oktroyierten und angeeigneten Perzeptionshaltungen und Orientierungsmuster, in denen die Gesellschaft im Staatssozialismus sich und ihre Umwelt zu erfassen gelernt hatte.

Die sich aus der Untersuchung der Geschichtswissenschaft im SED-Staat ergebende Folgevermutung lautet, daß ebenso wie die beherrschte Normalität der historischen Konsenswissenschaft auch der künstliche Konsens zwischen ‚Avantgarde und Massen‘ in der DDR nicht zuletzt von der erfolgreichen Schaffung eines gleichsam vorpolitischen Wahrnehmungs- und Wertungsrahmens abhing, in dem die herrschende Ideologie ihre eigentliche Wirkung überhaupt erst entfalten konnte.[16] Dies vorausgesetzt, verdankte die innere Stabilität der SED-Diktatur in der DDR sich neben vielen anderen Faktoren auch der Erzeugung, Erzwingung und Vorspiegelung einer nach innen homogenisierten und nach außen abgeschlossenen Denkwelt, deren Eigenart auf Abgrenzung beruhte. Sie, die nur innerhalb des zeitlichen wie räumlichen Erstreckungsbereichs der diktatorischen Herrschaft zu existieren vermochte[17], dort aber individueller Infragestellung nicht oder nur sehr eingeschränkt zugänglich war, bildete den Rahmen, in dem die Legitimationskultur einer zunächst von außen importierten Diktatur ihre eigentümliche Bindungskraft entwickeln konnte, um sich im Prozeß des Regimezerfalls unverzüglich mit der politischen Herrschaft wieder aufzu-

14 Vgl. beispielsweise Jessen, Die Gesellschaft im Staatssozialismus; Bessel/Jessen (Hg.), Die Grenzen der Diktatur; Lüdtke, Die DDR als Geschichte, S. 3–16.

15 Meuschel, Legitimation und Parteiherrschaft, S. 27.

16 Die Ersetzung politischer Zustimmung durch vorpolitische Akzeptanz erörtert Thaa, Die Wiedergeburt des Politischen, S. 67ff. u. S. 248ff.

17 Schon Peter Christian Ludz hatte darauf hingewiesen, daß aus der DDR geflüchtete Studenten, die Marxismus-Leninismus als Fach belegt hatten, „nach einiger Zeit die wahrgenommene oder erinnerte Realität nicht mehr im Denk- und Sprachsystem des Marxismus-Leninismus erfassen“ konnten. Ludz, Mechanismen der Herrschaftssicherung, S. 159. Zur „Wirkungsmächtigkeit des marxistisch-leninistischen Herrschaftsdiskurses“ auch Kapferer, Von der ‚Macht des Wortes‘, S. 22.

lösen. Über den engeren Bereich der historischen Wissenschaft hinaus kann diese Erkenntnis vielleicht einen Schlüssel zu dem „Paradox von Stabilität und Revolution in der DDR“ (Sigrid Meuschel) liefern, dessen Klärung der zeitgeschichtlichen Forschung nach dem Zusammenbruch der kommunistischen Regime Ostmitteleuropas und dem Ende eines Jahrhunderts der Auseinandersetzung zwischen Demokratie und Diktatur aufgegeben ist.

Abkürzungen

ABBAW	Archiv der Berlin-Brandenburgischen Akademie der Wissenschaften
ABF	Arbeiter-und-Bauern-Fakultät
Abt.	Abteilung
AdW	Akademie der Wissenschaften der DDR
AKL	Akademieleitung
APO	Abteilungs-Parteiorganisation
APZ	Aus Politik und Zeitgeschichte, Beilage zur Wochenzeitung Das Parlament
AVHD	Archiv des Verbandes der Historiker Deutschlands, Göttingen
BArch	Bundesarchiv
Bd.	Band
Bl.	Blatt
BND	Bundesnachrichtendienst
BPO	Betriebsparteiorganisation
BRD	Bundesrepublik Deutschland
BStU	Der Bundesbeauftragte für die Unterlagen der Staatssicherheit der ehemaligen Deutschen Demokratischen Republik
BzG	Beiträge zur Geschichte der Arbeiterbewegung
CISH	Comité International des Sciences Historiques
ČSSR	Tschechoslowakische Sozialistische Republik
DA	Deutschland Archiv
DAW	Deutsche Akademie der Wissenschaften zu Berlin
DBR	Deutsche Bundesrepublik
DHG	Deutsche Historikergesellschaft
DHM	Deutsches Historisches Museum
DDR	Deutsche Demokratische Republik
DIZ	Deutsches Institut für Zeitgeschichte
DUZ	Deutsche Universitäts-Zeitung
Dok.	Dokument
dt.	deutsch
Ebd.	Ebenda
EKKI	Exekutivkomitee der Kommunistischen Internationale
EWG	Europäische Wirtschaftsgemeinschaft
FAZ	Frankfurter Allgemeine Zeitung
FDJ	Freie Deutsche Jugend
FIM	Führungs-IM
FU	Freie Universität
Gen.	Genosse

Genn.	Genossin
Gewi	Gesellschaftswissenschaft
Gewifa	Gesellschaftswissenschaftliche Fakultät
GG	Geschichte und Gesellschaft
GI	Geheimer Informator
GMS	Gesellschaftlicher Mitarbeiter für Sicherheit
GO	Grundorganisation
GWU	Geschichte in Wissenschaft und Unterricht
HA	Hauptabteilung
hg.	herausgegeben
HH.	Herren
HUB	Humboldt-Universität zu Berlin
HZ	Historische Zeitschrift
IAG	Institut für Allgemeine Geschichte
IfG	Institut für Geschichte
IGW	Institut für Gesellschaft und Wissenschaft
IM	Inoffizieller Mitarbeiter
IMB	IM der Abwehr mit Feindverbindung bzw. zur unmittelbaren Bearbeitung im Verdacht der Feindtätigkeit stehender Personen
IME	IM für einen besonderen Einsatz
IMK	IM zur Sicherung der Konspiration und des Verbindungswesens
IML	Institut für Marxismus-Leninismus
IMS	IM zur politisch-operativen Durchdringung und Sicherung des Verantwortungsbereiches
Jb.	Jahrbuch
KAP(D)	Kommunistische Arbeiterpartei (Deutschlands)
KGB	Komitee für Staatssicherheit der UdSSR
KI	Kommunistische Internationale
KJV	Kommunistischer Jugendverband
KMU	Karl-Marx-Universität Leipzig
KP	Kommunistische Partei
KP[D] (O)	Kommunistische Partei [Deutschlands] (Opposition)
KPD	Kommunistische Partei Deutschlands
KPdSU	Kommunistische Partei der Sowjetunion
KPÖ	Kommunistische Partei Österreichs
KZ	Konzentrationslager
LAB	Landesarchiv Berlin
Lt.	Leutnant
MEL-Institut	Marx-Engels-Lenin-Institut
MELS(t)-Institut	Marx-Engels-Lenin-Stalin-Institut
MfdG	Museum für deutsche Geschichte
MfS	Ministerium für Staatssicherheit

Napola	Nationalpolitische Erziehungsanstalt
NATO	North Atlantic Treaty Organization
ND	Neues Deutschland
NL	Nachlaß
NS	Nationalsozialismus
NSDAP	Nationalsozialistische deutsche Arbeiterpartei
NVA	Nationale Volksarmee
OKW	Oberkommando der Wehrmacht
OPK	Operative Personenkontrolle
OV	Operativer Vorgang
ÖZG	Österreichische Zeitschrift für Geschichtswissenschaften
Phil.	Philosophische
Pb	Politbüro
Pg.	Parteigenosse (der NSDAP)
PL	Parteileitung
RIAS	Rundfunk im amerikanischen Sektor
S.	Siehe
SAPMO	Stiftung Archiv der Parteien und Massenorganisationen der DDR im Bundesarchiv
StaBi	Staatsbibliothek Preußischer Kulturbesitz
SBZ	Sowjetische Besatzungszone
SD	Sicherheitsdienst
SED	Sozialistische Einheitspartei Deutschlands
SMAD	Sowjetische Militäradministration in Deutschland
SPD	Sozialdemokratische Partei Deutschlands
sog.	sogenannt
soz.	Sozialistisch
SS	Schutzstaffel
SSR	Sozialistische Sowjetrepublik
SU	Sowjetunion
UdSSR	Union der Sozialistischen Sowjetrepubliken
UHV	Unabhängiger Historikerverband
USA	United States of America
USPD	Unabhängige Sozialdemokratische Partei Deutschland
v.	von
Vgl.	Vergleiche
VHD	Verband der Historiker Deutschlands
Vf.	Verfasser
VfZ	Vierteljahrshefte für Zeitgeschichte
Wb	Wissenschaftsbereich
WD	Westdeutschland
wiss.	wissenschaftlich
ZAIG	Zentrale Auswertungs- und Informationsgruppe

ZfG	Zeitschrift für Geschichtswissenschaft
ZI	Zentralinstitut
ZIG	Zentralinstitut für Geschichte
ZK	Zentralkomitee
ZPKK	Zentrale Parteikontrollkommission
Zs.	Zeitschrift

Quellen und Literatur

1. Ungedruckte Quellen

Archivalische Unterlagen und Nachlässe in privater Hand
Prof. Dr. Olaf Groehler, Berlin
Prof. Dr. Fritz Klein, Berlin
Prof. Dr.Wolfgang Küttler, Berlin
Prof. Dr. Günter Paulus, Berlin
Prof. Dr. Joachim Petzold, Berlin
Prof. Dr. Walter Schmidt, Berlin

Archiv des Verbandes der Historiker Deutschlands, Göttingen
Ordner 1–11

Archiv der Berlin-Brandenburgischen Akademie der Wissenschaften, Berlin
Akl Bestand Akademieleitung
AV Bestand Akademie-Verlag
KL Bestand Klassen
HG Bestand Historiker-Gesellschaft
Nk Bestand Nationalkomitee
Rb Bestand Reiseberichte
SG Sektion Geschichte
VA Bestand Verlagsangelegenheiten
ZIG Zentralinstitut für Geschichte
NL Meusel

Der Bundesbeauftragte für die Unterlagen des Staatssicherheitsdienstes der ehemaligen DDR, Berlin
MfS 1190/85
2187/86
AGMS 5397/85
AGMS 10269/34
AIM 2951/80
AIM 3237/71
AIM 367/61
AIM 10772/85
AP 1989/67 (Halle)

Bundesarchiv Berlin
DR 1 (Ministerium für Kultur)

DR 3 (Ministerium für Hoch- und Fachschulwesen)

Deutsches Historisches Museum – Hausarchiv, Berlin
MfDG Museum für deutsche Geschichte

Humboldt-Universität zu Berlin
Archiv Philosophische Fakultät – nach 1945
UA, Personalakten (nach 1945)

Landesarchiv Berlin
IV–4/12/069
IV 7/104/007
IV–B–7/221/001

Staatsbibliothek Berlin
NL Fritz Hartung

Stiftung Archiv der Parteien und Massenorganisationen der DDR im Bundesarchiv, Berlin
DY 30, IV 2/1.01 (Konferenzen und Tagungen)
DY 30, IV 2/9.01 (Ideologische Kommission des ZK)
DY 30, IV 2/9.04 (Abteilung Wissenschaft 1949–1962 des ZK)
DY 30, IV A 2/9.04 (Abteilung Wissenschaft 1962–1969 des ZK)
DY 30, J IV 2/2 (Politüro)
DY 30, J IV 2/3 (Politbüro)
DY 30, J IV2/2.024 (Büro Hager)
NY 4189 (NL Ulbricht)
NY4182 (NL Schreiner)

Persönliche Auskünfte an den Verfasser
Mündliche Mitteilung Prof. Dr. Olaf Groehler, 16.12.1993
Schriftliche Mitteilung Prof. Dr. Jürgen Kuczynski, 2.5.1994
Schriftliche Mitteilung Prof. Dr. Joachim Petzold, 22.6.1994
Mündliche Mitteilung Prof. Dr. Günter Paulus, 12.12.1994
Schriftliche Mitteilung Prof. Dr. Hans Mommsen, 20.12.1994
Schriftliche Mitteilung Prof. Dr. Hans-Adolf Jacobsen, 31.12.1994
Schriftliche Mitteilung Prof. Dr. Wolfgang Schieder, 4.1.1995
Mündliche Mitteilung Lothar Heinke, 1.3.1995
Mündliche Mitteilung Prof. Ernst Diehl, 13.4.1995
Mündliche Mitteilung Prof. Dr. Kurt Pätzold, 12. u. 15.6.1995
Mündliche Mitteilung Prof. Dr. Rolf Dlubek, 9.6.1998
Mündliche Mitteilung Prof. Dr. Fritz Klein, 15.9.1998
Mündliche Mitteilung Prof. Dr. Joachim Petzold, 17.3.1999
Mündliche Mitteilung Prof. Dr. Rolf Dlubek, 20.4.1999

Mündliche Mitteilung Prof. Dr. Fritz Klein, 20.4.1999
Mündliche Mitteilung Prof. Dr. Günter Paulus, 13.7.1999
Mündliche Mitteilung Prof. Dr. Friedrich Beck, 6.12.1999

2. Gedruckte Quellen und Literatur

23. Versammlung deutscher Historiker in Ulm, in: ZfG 4 (1956), S. 1255.
23. Versammlung deutscher Historiker in Ulm, in: ZfG 5 (1957), S. 124–146, u. S. 325–352.

Abendroth, Frank: Das Ende der marxistisch-leninistischen Geschichtswissenschaft in der DDR, phil. Diss. Berlin 1993.

Abschlußbericht der Enquête-Kommission „Aufarbeitung von Geschichte und Folgen der SED-Diktatur in Deutschland" (Deutscher Bundestag 12/7820), Bonn 1994.

Abusch, Alexander: Der Irrweg einer Nation. Ein Beitrag zum Verständnis deutscher Geschichte, Berlin (O) 1946.

Agde, Günter (Hg.): Kahlschlag. Das 11. Plenum des ZK der SED 1965. Studien und Dokumente, Berlin [2]2000.

Arendt, Hannah: Elemente und Ursprünge totaler Herrschaft, Neuausgabe München [2]1991.

Ash, Mitchell: Geschichtswissenschaft, Geschichtskultur und der ostdeutsche Historikerstreit, in: GG 24 (1998), S. 283–304.

Assmann, Aleida: Im Zwischenraum zwischen Geschichte und Gedächtnis. Bemerkungen zu Pierre Noras „Lieux de mémoire", in: Etienne François (Hg.): Lieux de Mémoire – Erinnerungsorte. D'un modèle français à un projet allemand, Berlin 1996, S. 19–27.

Barck, Simone/Langermann, Martina/Lokatis, Siegfried: „Jedes Buch ein Abenteuer". Zensur-System und literarische Öffentlichkeiten in der DDR bis Ende der sechziger Jahre, Berlin 1997.

Barck, Simone: Zeugnis ablegen. Zum frühen Antifaschismus-Diskurs am Beispiel des VVN-Verlages, in: Sabrow (Hg.): Verwaltete Vergangenheit, S. 259–291.

Bartel, Horst: Erbe und Tradition in Geschichtsbild und Geschichtsforschung in der DDR, in: ZfG 29 (1981), S. 387–394.

Bartel, Horst/Schmidt, Walter: Neue Probleme der Geschichtswissenschaft in der DDR. Zur bisherigen Auswertung des VIII. Parteitages der SED durch die Historiker, in: ZfG 20 (1972), S. 797–817.

Baumgarten, Arthur: Die Begründung der Geschichtswissenschaft, in: Forum 2 (1948) 6, S. 2f.

Beck, Reinhart: Die Geschichte der Weimarer Republik im Spiegel der sowjetzonalen Geschichtsschreibung, Bonn/Berlin 1965.

Beck, Reinhart: Die Geschichtsschreibung der Sowjetzone, Bonn/Berlin (W) 1965.

Becker, Gerhard: Konferenz über 15 Jahre DDR. Die Sektion Geschichte bei der Deutschen Akademie der Wissenschaften zu Berlin tagte aus Anlaß des Gründungstages, in: ZfG 12 (1964), S. 1418–1423.

Becker, Gerhard: Tagung der Sektion Geschichte zu methodologischen Problemen der Geschichtswissenschaft, in: ZfG 13 (1965), S. 496–498.

Benser, Günter: Das Jahr 1945 und das Heute. Brüche – Rückgriffe – Übergänge, in: Eckert/Küttler/Seeber (Hg.), Krise – Umbruch – Neubeginn, S. 63–74.

Berger, Peter L./Luckmann, Thomas: Die gesellschaftliche Konstruktion der Wirklichkeit. Eine Theorie der Wissenssoziologie, Frankfurt a.M. 1980.

Bericht über die 38. Versammlung deutscher Historiker in Bochum, 26. bis 29. September 1990, Stuttgart 1991, S. 38–53.

Berlin, Isaiah: The First and the Last, London 1999.

Berliner Historiker zum Friedensvertrag, in: ZfG 9 (1961), S. 1470–1483.

Berndt, Roswitha/Meier, Helmut: Wissenschaftliche Konferenz der Arbeitsgemeinschaft „Entwicklung der Geschichtsschreibung in beiden deutschen Staaten“, in: ZfG 12 (1964), S. 1031–1033.

Berthold, Lothar: Zur Geschichte der nationalen Konzeption der deutschen Arbeiterklasse, in: ZfG 10 (1962), S. 1005–1016.

Berthold, Werner, u.a. (Hg.): Kritik der bürgerlichen Geschichtsschreibung. Handbuch, Köln [4]1977.

Bessel, Richard/Jessen, Ralph (Hg.): Die Grenzen der Diktatur. Staat und Gesellschaft in der DDR, Göttingen 1996.

Bialas, Wolfgang: Vom unfreien Schweben zum freien Fall. Ostdeutsche Intellektuelle im gesellschaftlichen Umbruch, Frankfurt a.M. 1996.

Blänsdorf, Agnes: Die deutsche Geschichte in der Sicht der DDR. Ein Vergleich mit der Entwicklung in der Bundesrepublik Deutschland und in Österreich seit 1945, in: GWU 39 (1988), S. 263–290.

Blaschke, Karlheinz: Die „marxistische“ Regionalgeschichte. Ideologischer Zwang und Wirklichkeitsferne, in: Iggers u.a. (Hg.), Die DDR-Geschichtswissenschaft als Forschungsproblem, S. 341–368.

Blaschke, Karlheinz: Geschichtswissenschaft im SED-Staat. Erfahrungen eines ‚bürgerlichen‘ Historikers in der DDR, in: APZ B 17–18/1992, S. 14–27.

Bleiber, Helmut: 40 Jahre DDR-Geschichtswissenschaft – Leistungen und Grenzen, in: Österreichische Osthefte 33 (1991), S. 556–568.

Bleyer, Wolfgang/Drechsler, Karl/Förster, Gerhard/Hass, Gerhart: Deutschland von 1939 bis 1945 (Deutschland während des zweiten Weltkrieges), Berlin (O) 1969.

Bonnwetsch, Bernd/Junge, Marc: Die Vertuschung der deutsch-sowjetischen Geheimabkommen von 1939 – eine unendliche Geschichte, in: Osteuropa 43 (1993), S. 132–137.

Bramke, Werner: Widerstand und Dissens. Gedanken über die Vergleichbarkeit von Widersetzlichkeit im Faschismus und im „realen Sozialismus", in: Konrad H. Jarausch/Matthias Middell (Hg.), Nach dem Erdbeben. (Re-)Konstruktion ostdeutscher Geschichte und Geschichtswissenschaft, Leipzig 1994, S. 219–243.

Brink, Nana: Existenzkrise der DDR-Historiker, in: Der Tagesspiegel, 5.5.1990 (wieder abgedruckt in: Eckert/Küttler/Seeber (Hg.), Krise – Umbruch – Neubeginn, S. 193f.).

Brinks, Jan Herman: Die DDR-Geschichtswissenschaft auf dem Weg zur deutschen Einheit. Luther, Friedrich II. und Bismarck als Paradigmen politischen Wandels, Frankfurt a.M./New York 1992.

Brjunin, W. G.: Bemerkungen zur Disposition für das Hochschullehrbuch der Geschichte des deutschen Volkes (1918–1945), in: ZfG 3 (1955), S. 243–248.

Bulletin des Arbeitskreises „Zweiter Weltkrieg", hg. vom Institut für Geschichte bei der Deutschen Akademie der Wissenschaften zu Berlin, Arbeitsgruppe „Faschismus und zweiter Weltkrieg", Berlin (O) 1964ff.

Bülter, Horst/Fuchs, Gerhard: Die 3. Tagung der Forschungsgemeinschaft „Dokumente und Materialien zur Geschichte der deutschen Arbeiterbewegung", in: ZfG 2 (1954), S. 152–157.

Buxhoeveden, Christina von/Lindeman, Mechthild: Das Problem der Periodisierung in der Geschichtswissenschaft der DDR, in: Fischer/Heydemann (Hg.), Geschichtswissenschaft in der DDR, S. 363–95.

Buxhoeveden, Christina von: Geschichtswissenschaft und Politik in der DDR. Das Problem der Periodisierung, Köln 1980.

Calließ, Jörg (Hg.): Historische Orientierung nach der Epochenwende oder: Die Herausforderungen der Geschichtswissenschaft durch die Geschichte, Loccum 1995.

Conrad, Christoph/Kessel, Martina (Hg.): Kultur & Geschichte. Neue Einblicke in eine alte Beziehung, Stuttgart 1998.

Conze, Werner: Die deutsche Geschichtswissenschaft seit 1945. Bedingungen und Ergebnisse, in: HZ 225 (1977), S. 1–28.

Corni, Gustavo/Sabrow, Martin (Hg.): Die Mauern der Geschichte. Historiographie in Europa zwischen Diktatur und Demokratie, Leipzig 1996.

Corni, Gustavo (Hg.): I muri della storia. Storici e storiografia dalle dittature alle democrazie 1945–1990, Triest 1996.

Dehio, Ludwig: Zeitschrift für Geschichtswissenschaft, in: HZ 178 (1954), S. 151f.

Des Dichters „wahre Lügen". Der Schriftsteller Stephan Hermlin über sein wechselvolles Leben im antifaschistischen Widerstand, in: Der Spiegel 1996, Nr. 41, S. 257–261.

Deuerlein, Ernst: Das geschichtliche Deutschlandbild des Marxismus-Leninismus, in: APZ 30/1960, 27.7.1960, S. 485–512.

Deutsche Geschichte in drei Bänden, hg. v. Hans-Joachim Bartmuss, u.a. Bd. 1: Von den Anfängen bis 1789, Berlin (O) 1965; Bd. 2: Von 1789 bis 1917, Berlin (O) 1965; Bd. 3: Von 1917 bis zur Gegenwart, Berlin (O) 1970.

Didczuneit, Veit: Heinrich Sproemberg – ein Außenseiter seines Faches. Unter besonderer Berücksichtigung seiner Tätigkeit als Leipziger Hochschullehrer 1950 bis 1958, in: Didczuneit Veit/Unger, Manfred/Middell, Matthias (Hg.): Geschichtswissenschaft in Leipzig: Heinrich Sproemberg, Leipzig 1994, S. 11–90.

Die Bedeutung des Werkes J.W. Stalins „Ökonomische Probleme des Sozialismus in der UdSSR" für die Geschichtswissenschaft, in: ZfG 1 (1953), S. 12–19.

Die geschichtliche Aufgabe der Deutschen Demokratischen Republik und die Zukunft Deutschlands, in: ZfG 10 (1962), S. 758–786.

Die Mitarbeiter des Instituts für Geschichte der Arbeiterbewegung des Marx-Engels-Lenin-Stalin-Instituts beim ZK der SED, Bemerkungen über die Disposition für das Hochschullehrbuch der Geschichte des deutschen Volkes 1918–1945, in: ZfG 3 (1955), S. 248–256.

Die Novemberrevolution 1918 in Deutschland. Thesen anläßlich des 40. Jahrestags, in: ZfG 6 (1958), S. 1–27.

Die Verbesserung der Forschung und Lehre in der Geschichtswissenschaft der Deutschen Demokratischen Republik, in: Dokumente der SED, Bd. V, Berlin (O) 1956, S. 337–368.

Die weitere Entwicklung der marxistisch-leninistischen Gesellschaftswissenschaften in der DDR (Beschluß des Politbüros des ZK der SED vom 22.10.1968), in: Einheit 23 (1968), S. 1455–1470.

Die wichtigsten ideologischen Aufgaben der Partei. Entschließung des Zentralkomitees vom 20. Oktober 1951 (7. Tagung), in: Dokumente der SED, Bd. III, Berlin (O) 1952, S. 570–588.

Die 22. Versammlung deutscher Historiker in Bremen, Beiheft zur Zeitschrift „Geschichtswissenschaft und Unterricht", Stuttgart 1954.

Diehl, Ernst/Dlubek, Rolf: Die Historiker der DDR vor neuen großen Aufgaben, in: Einheit 10 (1955), S. 882–892.

Diehl, Ernst: Kampf den reaktionären Tendenzen in Fragen der Geschichtsforschung. Kritische Bemerkungen zur Forschungsgemeinschaft „Dokumente und Materialien zur Geschichte der deutschen Arbeiterbewegung", in: Neues Deutschland, 28.2.1954.

Diehl, Ernst: Wie erfüllen unsere Historiker ihre Aufgaben, in: Einheit 8 (1953), S. 813–820.

Diehl, Ernst: Zum Kampf der KPD um die Einheitsfront der Arbeiterklasse. Neue Probleme und Forschungsergebnisse zur Geschichte der deutschen Arbeiterbewegung in der vierten Hauptperiode, in: BzG 7 (1965), H. 1, S. 3–13.

Diesener, Gerald: „Scharf gezielt und nicht getroffen“ – Zur Kritik in der DDR-Geschichtswissenschaft, in: Iggers u.a., (Hg.), Die DDR-Geschichtswissenschaft als Forschungsproblem, S. 295–307.

Diesener, Gerald: Überlegungen zu einer Geschichte der DDR-Geschichtswissenschaft, in: Jarausch/Middell (Hg.), Nach dem Erdbeben, S. 68–87.

Diner, Dan (Hg.): Historiographie im Umbruch (= Tel Aviver Jahrbuch für deutsche Geschichte 1996), Gerlingen 1996.

Dorpalen, Andreas: German History in Marxist Perspective. The East German Approach, Detroit 1985.

Drechsler, Karl: Rezension von „Günter Paulus: Die zwölf Jahre des tausendjährigen Reiches“, in: ZfG 14 (1966), S. 644–647.

Dreyfus, Hubert/Rabinow, Paul: Michel Foucault. Un parcours politique, Paris 1984.

Eckermann, Walther/Mohr, Hubert (Hg.): Einführung in das Studium der Geschichte, Berlin (O) 1966.

Eckermann, Walter: Neue Geschichtswissenschaft. Eine Einführung in ihr Studium, Rudolstadt 1949.

Eckert, Rainer: Die Berliner Humboldt-Universität und das Ministerium für Staatssicherheit, in: DA 26 (1993), S. 770–785.

Eckert, Rainer: Die Geschichtswissenschaft der DDR im Deutschland Archiv, in: DA 28 (1995) 9, S. 948–963.

Eckert, Rainer: Die Westbeziehungen der Historiker im Auge der Staatssicherheit, in: Iggers u.a. (Hg.), Die DDR-Geschichtswissenschaft als Forschungsproblem, S. 93–105.

Eckert, Rainer: Ein gescheiterter Neuanfang?, in: GG 20 (1994), S. 609–615.

Eckert, Rainer: Geheimdienst und Hochschulen in der DDR, in: Jarausch/Middell (Hg.): Nach dem Erdbeben, S. 304–338.

Eckert, Rainer: Geschichte als Instrument: Geschichtsbild und Agitprop in der PDS und ihrem Umfeld, in: Eckert/Faulenbach (Hg.): Halbherziger Revisionismus, S. 153–197.

Eckert, Rainer/Faulenbach Bernd (Hg.): Halbherziger Revisionismus: Zum postkommunistischen Geschichtsbild, München/Landsberg a. L. 1996.

Eckert, Rainer: Handlungsspielraum oder Parteiindoktrination? Langzeitwirkungen der SED-Herrschaft in der Geschichtswissenschaft, in: DA 26 (1993), S. 1409–1412.

Eckert, Rainer: Handlungsspielraum oder Parteiindoktrination?, in: Horch und Guck 10/1993, S. 29f.

Eckert, Rainer/Kowalczuk, Ilko-Sascha/Stark, Isolde (Hg.): Hure oder Muse? Klio in der DDR. Dokumente und Materialien des Unabhängigen Historiker-Verbandes, Berlin 1994.

Eckert, Rainer/Günter, Mechthild/Wolle, Stefan: „Klassengegner gelungen einzudringen ...“. Fallstudie zur Anatomie politischer Verfolgungskampagnen am Beispiel der Sektion Geschichte der Humboldt-Universität zu Berlin in den Jahren 1968 bis 1972, in: Jahrbuch für historische Kommunismusforschung 1993, S. 197–225.

Eckert, Rainer/Küttler, Wolfgang/Seeber, Gustav (Hg.): Krise – Umbruch – Neubeginn. Eine kritische und selbstkritische Dokumentation der DDR-Geschichtswissenschaft 1989/90, Stuttgart 1992.

Eckert, Rainer: Replik. Politisches Engagement und institutionelle Absicherung. Die Geschichtsschreibung über die DDR, in: Initial (1995) 1, S. 99f.

Eckert, Rainer: Vergangenheitsbewältigung oder überwältigt uns die Vergangenheit? Oder: Auf einem Sumpf ist schlecht bauen, in: Eckert/Kowalczuk/Stark (Hg.), Hure oder Muse, S. 201–206.

Eckert, Rainer/Kowalczuk, Ilko-Sascha/Poppe, Ulrike (Hg.): Wer schreibt die DDR-Geschichte? Ein Historikerstreit um Stellen, Strukturen, Finanzen und Deutungskompetenz, Berlin 1995.

Eckert, Rainer: Wissenschaft mit den Augen der Staatssicherheit. Die Hauptabteilung XVIII/5 des Ministeriums für Staatssicherheit in den Jahren vor der Herbstrevolution von 1989, in: Corni/Sabrow (Hg.): Die Mauern der Geschichte, S. 138–15.

Einhorn, Marion/Habedank, Heinz: Das Programm des Sozialismus und die Aufgaben der Historiker der DDR, in: ZfG 11 (1963), S. 237–260.

Engelberg, Ernst: Deutschland von 1849 bis 1871 (Von der Niederlage der bürgerlich-demokratischen Revolution bis zur Reichsgründung), Berlin (O) 1959.

Engelberg, Ernst: Deutschland von 1871 bis 1897 (Deutschland in der Übergangsperiode zum Imperialismus), Berlin (O) 1965.

Engelberg, Ernst: Die Aufgaben der Historiker von 1964 bis 1970, in: ZfG 12 (1964), S. 388–402.

Engelberg, Ernst: Disposition des Hochschullehrbuches der Geschichte des deutschen Volkes (1850–1871), in: ZfG 2 (1954), S. 428–457.

Engelberg, Ernst: 10 Jahre Institut für Geschichte. Rede auf der Festsitzung am 4. April 1966 im Plenarsaal der Deutschen Akademie der Wissenschaften zu Berlin, in: Spektrum 12 (1966), S. 193–201.

Engelberg, Ernst: NATO-Politik und westdeutsche Historiographie über die Probleme des 19. Jahrhunderts, in: ZfG 7 (1959), S. 477–493.

Engelberg, Ernst: Probleme des nationalen Geschichtsbildes der deutschen Arbeiterklasse, in: ZfG 10 (1962), Sonderheft, S. 7–49.

Engelberg, Ernst (Hg.): Trier – und wie weiter? Materialien, Betrachtungen und Schlußfolgerungen über die Ereignisse auf dem Trierer Historikertag am 25.9.1958, Berlin (O) 1959.

Engelmann, Dieter: Vae victis!? Oder: Zur Kritik an der marxistischen Geschichtsschreibung der ehemaligen DDR, in: DA 24 (1991), S. 73f.

Entschließung des ZK der SED am 18.10.1951, in: Dokumente der SED, Bd. III, Berlin (O) 1952, S. 581.

Erdmann, Karl-Dietrich: Die Ökumene der Historiker. Geschichte der internationalen Historikerkongresse und des Comité International des Sciences Historiques, Göttingen 1987.

Erdmann, Karl-Dietrich: Die Ökumene der Historiker. Rede des Präsidenten des Comité International des Sciences Historiques am 10. August 1980 zur Eröffnung des 15. Internationalen Historikerkongresses in Bukarest, in: GWU 31 (1980), S. 657–681.

Eschwege, Helmut: Fremd unter meinesgleichen. Erinnerungen eines Dresdener Juden, Berlin 1991.

Faulenbach, Bernd (Hg.): Geschichtswissenschaft in Deutschland. Traditionelle Positionen und gegenwärtige Aufgaben, München 1974.

Feige, Hans-Uwe: Die Gesellschaftswissenschaftliche Fakultät an der Universität Leipzig (1947–1951), in: DA 26 (1993), S. 572–583.

Feige, Hans-Uwe: Die SED und der „bürgerliche Objektivismus" 1949/50, in: DA 28 (1995), S. 1074–1083.

Fischer, Alexander: Der Weg zur Gleichschaltung der Geschichtswissenschaft in der SBZ 1945–1949, in: Ders./Heydemann (Hg.), Geschichtswissenschaft in der DDR, Bd. 1, S. 45–75.

Fischer, Alexander/Günther Heydemann (Hg.): Geschichtswissenschaft in der DDR, Bd. 1: Historische Entwicklung, Theoriediskussion und Geschichtsdidaktik, Berlin (W) 1988; Bd. 2: Vor- und Frühgeschichte bis Neueste Geschichte, Berlin 1990.

Fischer, Alexander: Neubeginn in der Geschichtswissenschaft. Zum Verhältnis von ‚bürgerlichen' und marxistischen Historikern in der SBZ/-DDR nach 1945, in: GWU 31 (1980), S. 149–58.

Fischer, Alexander: Rezension zu Rainer Eckert/Ilko-Sascha Kowalczuk/Isolde Stark (Hg.), Hure oder Muse? Klio in der DDR. Dokumente und Materialien des Unabhängigen Historiker-Verbandes, Berlin 1994, in: HZ 261 (1995), S. 657f.

Fischer, Alexander/Günther Heydemann: Weg und Wandel der Geschichtswissenschaft und des Geschichtsverständnisses in der SBZ/DDR seit 1945, in: Dies. (Hg.), Geschichtswissenschaft in der DDR, Bd. 1, S. 3–30.

Fischer, Uwe: Zur Rolle des Autorenkollektivs für das Lehrbuch der deutschen Geschichte im Formierungsprozeß der marxistisch-leninistischen Geschichtswissenschaft der DDR (1952–1955), Diss. A, Berlin (O) 1981.

Fischer, Uwe: Zur Rolle des Autorenkollektivs für das Lehrbuch der deutschen Geschichte im Formierungsprozeß der marxistisch-leninistischen Geschichtswissenschaft, in: Hauptetappen und Probleme der Geschichte der Geschichtswissenschaft der DDR. Gesellschaftswissenschaftliche Information der AdW, GW 17, Berlin (O) 1982, S. 75-88.

Fischer, Wolfram/Zschaler, Frank: Wirtschafts- und Sozialgeschichte, in: Kocka/Mayntz (Hg.), Wissenschaft und Wiedervereinigung, S. 361–434.

Florath, Bernd: Mnemosyne war die Pille verschrieben. Oder: Über die Schwierigkeiten der Historiker sich selbst zu begreifen, in: Initial (1991) 2, S. 150–158.

Florath, Bernd: Von der historischen Mission der SED. Wandel der politischen Vorgaben in den sechziger Jahren und die Entpolitisierung der Historiker der DDR, in: Iggers u.a. (Hg.), Die DDR-Geschichtswissenschaft als Forschungsproblem, S. 205–225.

Förster, Peter: Die 25jährigen auf dem langen Weg in das vereinte Deutschland. Ergebnisse einer seit 1987 laufenden Längsschnittstudie bei jungen Ostdeutschen, in: APZ B 43–44 (1999), S. 20–31.

Förtsch, Eckart: Geschichtswissenschaft, in: Lades/Burrichter (Hg.), Produktivkraft Wissenschaft, S. 93–136.

Förtsch, Eckart: Revision des Preußenbildes? Ein neuer wissenschaftlicher Ansatz in der DDR, in: DA 12 (1979), S. 168–173.

Foschepoth, Josef: Reformation und Bauernkrieg im Geschichtsbild der DDR. Zur Methodologie eines gewandelten Selbstverständnisses, Berlin (W) 1976.

Foucault, Michel: Archäologie des Wissens, Frankfurt a.M. 1973.

Foucault, Michel: Die Ordnung der Dinge, Frankfurt a.M. 1974.

Franz, Günther: Besprechung von: Thomas Müntzer und seine Zeit. Alfred Meusel. Mit e. Auswahl von Dokumenten des großen deutschen Bauernkrieges, hg. von Heinz Kamnitzer, Berlin 1952, in: HZ 177 (1954) S. 543–545.

Fricke, Karl Wilhelm: Die rechtsstaatliche Ahndung von Spionage für die DDR, in: DA 28 (1995), S. 881f.

Fricke, Karl Wilhelm: Makurs Wolf vor Gericht, in: DA 27 (1994), S. 6–9.

Fricke, Karl Wilhelm: Wolfs Schuld, in: DA 30 (1997), S. 523–525.

Fugger, Karl: Zur Lehrbuch-Disposition (1918–1945), in: ZfG 3 (1955), S. 271–275.

Fulbrook, Mary: Anatomy of a Dictatorship. Inside the GDR 1949–1989, Oxford/New York 1995.

Für den Frieden und die Rettung der deutschen Nation, in: ZfG 10 (1962), S. 753–757.

Gabriel, Paul/Müller, Werner: Ansporn zu neuem Forschen. Gedanken zur wissenschaftlichen Konferenz über den zweiten Weltkrieg, in: Neues Deutschland, 9.9.1964.

Geschichte der deutschen Arbeiterbewegung, 8 Bde., Berlin (O) 1966.

Geschichte der SED. Abriß, Berlin (O) 1978.

Geschichtswissenschaft im Dissens. Gespräch zwischen Wolfgang Küttler und Ilko-Sascha Kowalczuk über methodische Differenzen bei der Erforschung von DDR und DDR-Historiographie, in: Initial (1994) 4, S. 99–104.

Gieseke, Jens: Das Ministerium für Staatssicherheit 1950–89/90. Ein historischer Abriß, Berlin 1998.

Gill, David/Schröter, Ulrich: Das Ministerium für Staatssicherheit. Anatomie des Mielke-Imperiums, Reinbek 1993.
Glaeßner, Gert-Joachim (Hg.): Die DDR in der Ära Honecker. Politik – Kultur – Gesellschaft, Opladen 1988.
Grau, Conrad: Leo Stern (1901 bis 1982), in: Heitzer/Noack/Schmidt (Hg.), Wegbereiter der DDR-Geschichtswissenschaft, S. 318—340.
Grimm, Thomas (Hg.): Was von den Träumen blieb. Eine Bilanz der sozialistischen Utopie, Berlin 1993.
Groehler, Olaf: Ein Vertrag zwischen Legende und Wirklichkeit. Historische Erblast – der deutsch-sowjetische Nichtangriffspakt von 1939 und seine verhängnisvollen Folgen, in: Neues Deutschland, 18./19.8.1990.
Groehler, Olaf: Zur Geschichte des deutschen Widerstandes. Leistungen und Defizite, in: Eckert/Küttler/Seeber (Hg.), Krise – Umbruch – Neubeginn, S. 408–418.
Grundmann, Herbert: Der 23. Deutsche Historikertag in Ulm, in: HZ 183 (1957), S. 741–744.
Grundriß der Geschichte der deutschen Arbeiterbewegung in: ZfG 10 (1962), S. 1338–1514.
Habedank, Heinz: Zur Geschichte des Hamburger Aufstandes 1923, Berlin (O) 1958.
Habermas, Jürgen: Wahrheitstheorien, in: Helmut Fahrenbach (Hg), Wirklichkeit und Reflexion. Walter Schulz zum 60. Geburtstag, Pfullingen 1973.
Hacker, Jens: Deutsche Irrtümer. Schönfärber und Helfershelfer der SED-Diktatur im Westen, Berlin/Frankfurt a.M. 1992.
Hacker, Jens: SED und nationale Frage, in: Ilse Spittmann (Hg.), Die SED in Geschichte und Gegenwart, Köln 1987, S. 43–64.
Hadler, Frank/Iggers, Georg G.: Überlegungen zum Vergleich der DDR-Geschichtswissenschaft mit den „gespaltenen" Historiographien Ostmitteleuropas nach 1945, in: Iggers u.a. (Hg.), Die DDR-Geschichtswissenschaft als Forschungsproblem, S. 433–444.
Haendcke-Hoppe-Arndt, Maria: Die Hauptabteilung XVIII: Volkswirtschaft (= Siegfried Suckut u.a. [Hg.], Anatomie der Staatssicherheit. Geschichte, Struktur und Methoden [MfS-Handbuch], Teil III/10), Berlin 1995.
Hager, Kurt, Aus der Diskussionsrede, in: Neuer Weg 21 (1951), S. 34.
Hager, Kurt: Unsere Wissenschaft im Dienste des Aufbaus des Sozialismus, in: Neues Deutschland, 10.12.1952.
Hartung, Fritz: Die europäische Bedeutung der Revolution von 1848, in: Forschungen und Fortschritte 24 (1948), S. 25–27.
Hass, Gerhart: 23. August 1939. Der Hitler-Stalin-Pakt. Dokumentation, Berlin 1990.
Haun, Horst: Alfred Meusel (1896 bis 1960), in: Heitzer/Noack/Schmidt (Hg.), Wegbereiter der DDR-Geschichtswissenschaft, S. 159–168.

Haun, Horst: Der Geschichtsbeschluß der SED 1955. Programmdokument für die „volle Durchsetzung des Marxismus-Leninismus" in der DDR-Geschichtswissenschaft, in: Berichte und Studien des Hannah-Arendt-Instituts für Totalitarismusforschung in Dresden, 7/1996, Dresden 1996.

Haun, Horst: Die Entstehung und Gründung der Deutschen Historiker-Gesellschaft. Probleme der Kooperation und Auseinandersetzung mit der bürgerlichen Geschichtswissenschaft in der zweiten Hälfte der fünfziger Jahre, Diss B. Berlin (O) 1984.

Haun, Horst: Die Entwicklung der Forschungsgemeinschaft „Dokumente und Materialien zur Geschichte der deutschen Arbeiterbewegung" von 1950 bis 1953, in: BzG 24 (1982), S. 514–521.

Haun, Horst: Die erste Periodisierungsdiskussion in der Geschichtswissenschaft der DDR. Zur Beratung über die Periodisierung des Feudalismus 1953/54, in: ZfG 27 (1979), S. 856–865.

Haun, Horst: Die Geschichtswissenschaft der DDR auf dem Internationalen Historikerkongreß 1965 in Wien (unveröff. Ms.).

Haun, Horst: Kommunist und „Revisionist". Die SED-Kampagne gegen Jürgen Kuczynski (1956–1959), Dresden 1999.

Haun, Horst: Zur Entwicklung der marxistisch-leninistischen Geschichtswissenschaft der DDR von der 2. Parteikonferenz bis zum IV. Parteitag der SED (Juli 1952 bis März 1954), Berlin (O) 1979.

Haun, Horst/Heinz, Helmut: Zur Gründung der „ZfG". Der erste Jahrgang der Zeitschrift, in: ZfG 29 (1981), S. 226–238.

Hehn, Jürgen von: Die Sowjetisierung des Geschichtsbildes in Mitteldeutschland, in: Europa-Archiv 19 (1954), S. 6929–6938 u. 6973–6977.

Heinz, Helmut: Die erste zentrale Tagung der Historiker der DDR 1952, in: ZfG 26 (1978), S. 387–399.

Heinz, Helmut: Zur Entwicklung der marxistisch-leninistischen Geschichtswissenschaft der DDR vom III. Parteitag bis zur II. Parteikonferenz der SED (Juli 1950–Juli 1952), Diss. A. Berlin (O) 1977.

Heitzer, Heinz: Das Akademie-Institut für Geschichte (1956–1986), in: ZfG 34 (1986), S. 894–909.

Heitzer, Heinz: Die Gründung des Instituts für Geschichte an der Akademie der Wissenschaften, in: Hauptetappen und Probleme der Geschichte der Geschichtswissenschaft der DDR, Gesellschaftswissenschaftliche Information der AdW, GW 17, Berlin (O) 1982, S. 89–103.

Heitzer, Heinz: Für eine radikale Erneuerung der Geschichtsschreibung über die DDR, in: ZfG 38 (1990), S. 498–509.

Heitzer, Heinz: Rolf Rudolph (1930 bis 1963), in: Heitzer/Noack/Schmidt, Wegbereiter der DDR-Geschichtswissenschaft, S. 231–242.

Heitzer, Heinz/Noack, Karl-Heinz/Schmidt, Walter (Hg.): Wegbereiter der DDR-Geschichtswissenschaft. Biographien, Berlin (O) 1989.

Heitzer, Heinz: „Zeitgeschichte" 1945 bis 1958. Ihre Grundlegung als Spezialdisziplin der Geschichtswissenschaft der DDR, in: ZfG 35 (1987), S. 99–115.

Helas, Horst: Zur Rolle des Autorenkollektivs für das Lehrbuch der deutschen Geschichte im Formierungsprozeß der marxistisch-leninistischen Geschichtswissenschaft der DDR (Mitte 1955–Mitte 1958), Diss. A Berlin (O) 1985.

Hellmann, Manfred, „Gesellschaftswissenschaft" in der politischen Realität. Erfahrungen eines ehemaligen Leipziger Assistenten, in: DUZ 4 (1949) 24, S. 11f.

Hertwig, Manfred: Der Umgang des Staates mit oppositionellem und widerständigem Verhalten. Die Opposition von Intellektuellen in der SED/DDR in den fünfziger Jahren (insbesondere 1953, 1956/57), ihre Unterdrückung und Ausschaltung, in: Materialien der Enquête-Kommission „Aufarbeitung von Geschichte und Folgen der SED-Diktatur in Deutschland", Bd. VII/1, Baden-Baden 1995, S. 873–896.

Herzberg, Guntolf: Sollen linientreue Genossen die DDR-Geschichte neu schreiben, in: Eckert/Kowalczuk/Stark (Hg.), Hure oder Muse, S. 107f.

Heydemann, Günther: „Die andere deutsche Klio". Geschichtswissenschaft in der DDR und deutsche Geschichte, in: Landeszentrale für politische Bildung [Düsseldorf] (Hg.), Streitfall Deutsche Geschichte. Geschichts- und Gegenwartsbewußtsein in den 80er Jahren, Essen 1988, S. 209–224.

Heydemann, Günther: Geschichtswissenschaft im geteilten Deutschland. Entwicklung, Organisationsstruktur, Funktionen, Theorie- und Methodenprobleme in der Bundesrepublik Deutschland und der DDR, Frankfurt a.M. 1980.

Heydemann, Günther: Geschichtswissenschaft und Geschichtsverständnis in der DDR seit 1945, in: APZ B 13/1987, S. 15–26.

Heydemann, Günther: Zwischen Diskussion und Konfrontation. Der Neubeginn deutscher Geschichtswissenschaft in der SBZ/DDR, in: Christoph Cobet (Hg.), Einführung in Fragen an die Geschichtswissenschaft in Deutschland nach Hitler 1940–1950, Frankfurt a.M. 1986, S. 30–60.

Heym, Stefan: Der König David Bericht, Berlin (O) 31975.

Hillgruber, Andreas: Deutschland im Zweiten Weltkrieg – zur Forschungssituation in der Bundesrepublik vor der „Herausforderung" durch die DDR-Historie, in: Joachim Hütter/Reinhard Meyers/Dietrich Papenfuss (Hg.), Tradition und Neubeginn. Internationale Forschungen zur deutschen Geschichte im 20. Jahrhundert, Köln u.a. 1965, S. 235–243.

Hofer, Walther: Geschichtsschreibung als Instrument totalitärer Politik, in: Ders. (Hg.), Wissenschaft im totalen Staat, München 1964, S. 198–227.

Hoffmann, Ernst: Über Tendenzen, die den weiteren Fortschritt unserer Geschichtswissenschaft hemmen, in: Einheit 12 (1957), S. 1146–1171.

Hoffmann, Ernst: Zum Artikel des Genossen Jürgen Kuczynski, in: Einheit 12 (1957), S. 612–624.

Höppner, Joachim: Zur Kritik der Geschichtsauffassung von Jürgen Kuczynski in den Fragen des Klassenkampfes und der Parteilichkeit, in: ZfG 6 (1958), S. 562–577.

Hörnig, Hannes: Ein neuer Abschnitt in der Geschichtswissenschaft. Zur Bildung der Sektion Geschichte bei der Deutschen Akademie der Wissenschaften zu Berlin, in: ZfG 12 (1964), S. 381–387.

Hortzschansky, Günter: Zur Geschichte des Hamburger Aufstandes 1923, in: Geschichte in der Schule 11 (1958), S. 572–583.

Hübner, Peter: Ein Labyrinth, in dem es nur falsche Wege gibt, in: Eckert/Kowalczuk/Stark (Hg.), Hure oder Muse, S. 273–76.

Humboldt, Wilhelm von: Über den Nationalcharakter der Sprachen, in: Ders., Werke in 5 Bänden, Bd. 3: Schriften zur Sprachphilosophie, hg. v. Andreas Flitner und Klaus Giel, Stuttgart 1963, S. 64–81.

Humboldt, Wilhelm von: Über die Verschiedenheit des menschlichen Sprachbaues und ihren Einfluß auf die geistige Entwicklung des Menschengeschlechts, in: Ders., Werke in 5 Bänden, Bd. 3, Stuttgart 1963, S. 368–756.

Huschner, Anke: Deutsche Historiker 1946. Aus dem Protokoll der ersten Historiker-Tagung in der deutschen Nachkriegsgeschichte vom 21. bis 23. Mai 1946, in: ZfG 41 (1993), S. 884–918.

Iggers, Georg G.: Deutsche Geschichtswissenschaft, [3]München 1976.

Iggers, Georg G./Jarausch, Konrad H./Middell, Matthias/Sabrow, Martin (Hg.): Die DDR-Geschichtswissenschaft als Forschungsproblem, München 1998 (= Beihefte der Historischen Zeitschrift, N.F., 27).

Iggers, Georg G.: Einige Bemerkungen zu neueren historischen Studien aus der DDR, in: Fischer/Heydemann (Hg.), Geschichtswissenschaft in der DDR, Bd. 1, S. 155–175.

Institut für Geschichte bei der Deutschen Akademie der Wissenschaften, Mitteilung an alle Historiker der DDR, in: ZfG 10 (1962), S. 1683f.

Jahrbuch der Deutschen Akademie der Wissenschaften zu Berlin 1960ff., Berlin (O) 1961ff.

Jänecke, Martin: Der dritte Weg. Die antistalinistische Opposition gegen Ulbricht seit 1953, Köln 1964.

Jarausch, Konrad H.: Die DDR denken. Narrative Strukturen und analytische Strategien, in: Initial (1995) 4/5, S. 9–15.

Jarausch, Konrad H.: „Sich der Katastrophe stellen“: (Post-)Kommunistische Erklärungen für den Zusammenbruch der DDR, in: Rainer Eckert/Bernd Faulenbach (Hg.), Halbherziger Revisionismus, München/Landsberg a. L. 1996, S. 141–150.

Jarausch, Konrad H./Middell, Matthias/Sabrow, Martin: Störfall DDR-Geschichtswissenschaft. Problemfelder einer kritischen Historisierung, in: Iggers u.a. (Hg.), Die DDR-Geschichtswissenschaft als Forschungsproblem, S. 1–50.

Jarausch, Konrad H./Hohls, Rüdiger (Hg.): Versäumte Fragen. Deutsche Historiker im Schatten des Nationalsozialismus, Stuttgart 2000.

Jarausch, Konrad H. (Hg.): Zwischen Parteilichkeit und Professionalität. Bilanz der Geschichtswissenschaft in der DDR, Berlin 1991.

Jesse, Eckhard: War die DDR totalitär?, in: APZ B 40/1994, S. 12–23.

Jessen, Ralph: Akademische Elite und kommunistische Diktatur. Die ostdeutsche Hochschullehrerschaft in der Ulbricht-Ära, Göttingen 1999.

Jessen, Ralph: Die Gesellschaft im Staatssozialismus. Probleme einer Sozialgeschichte der DDR, in: GG 21 (1995), S. 96–110.

John, Jürgen/Küttler, Wolfgang/Schmidt, Walter: Für eine Erneuerung des Geschichtsverständnisses in der DDR, in: Einheit 44 (1989), H. 12, S. 1146–1151, wieder abgedruckt in: Eckert/Küttler/Seeber (Hg.), Krise – Umbruch – Neubeginn, S. 152–159.

Kaelble, Hartmut/Kocka, Jürgen/Zwahr, Hartmut (Hg.): Sozialgeschichte der DDR, Stuttgart 1994.

Kapferer, Norbert: Das Feindbild der marxistisch-leninistischen Philosophie in der DDR 1945–1988, Berlin 1990.

Kapferer, Norbert: Von der ‚Macht des Wortes' zur ‚Sprache der Macht' zur Ohn-Macht der Vernunft. Über die Enteignung der Sprache im real existierenden Sozialismus durch die marxistisch-leninistische Philosophie, in: Burkhardt, Armin/Fritzsche, K. Peter (Hg.), Sprache im Umbruch. Politischer Sprachwandel im Zeichen von „Wende" und „Vereinigung", Berlin/New York 1992, S. 19–40.

Klare, H[ermann]: Grundsätze und Ziele der Akademiereform, in: Spektrum 14 (1968), S. 291–295.

Klein, Fritz: Der 22. Deutsche Historikertag in: ZfG 1 (1953), S. 905–908.

Klein, Fritz: Der Erste Weltkrieg in der Geschichtswissenschaft der DDR, in: ZfG 43 (1995), S. 293–301.

Klein, Fritz: Deutschland von 1897/98 bis 1917 (Deutschland in der Periode des Imperialismus bis zur Großen Sozialistischen Oktoberrevolution), Berlin (O) 1961.

Klein, Fritz: Die diplomatischen Beziehungen Deutschlands zur Sowjetunion 1917–1932, Berlin (O) 1952.

Klein, Fritz: Diskussion der Lehrbuch-Disposition (1918–1945), in: ZfG 3 (1955), S. 750–755.

Klein, Fritz: Dokumente aus den Anfangsjahren der ZfG, in: ZfG 42 (1994), S. 39–55.

Klein, Fritz: Drinnen und draußen. Ein Historiker in der DDR. Erinnerungen, Frankfurt a.M. 2000.

Klein, Fritz: Eine Fehler-Diskussion, in: Die Weltbühne, 23. 1. 1990.

Klein, Fritz: Erinnerungen an die ersten Jahre der Zeitschrift für Geschichtswissenschaft 1953–1957, in: Middell (Hg.), Historische Zeitschriften, S. 331–350.

Klein, Fritz: Zum Erscheinen der „Zeitschrift für Geschichtswissenschaft“ in: Geschichte in der Schule 5 (1952), S. 576–578.

Kocka, Jürgen: Angemessenheitskriterien historischer Argumente, in: Koselleck u.a. (Hg.), Objektivität und Parteilichkeit in der Geschichtswissenschaft, S. 469–475.

Kocka, Jürgen/Sabrow, Martin (Hg.): Die DDR als Geschichte. Fragen – Hypothesen – Perspektiven, Berlin 1994.

Kocka, Jürgen/Mayntz, Renate (Hg.): Disziplinen im Umbruch. Wissenschaften und Wiedervereinigung, Berlin 1998.

Kocka, Jürgen: Eine durchherrschte Gesellschaft, in: Hartmut Kaelble/Jürgen Kocka/Hartmut Zwahr (Hg.), Sozialgeschichte der DDR, Stuttgart 1994, S. 547–553.

Kocka, Jürgen: Parteilichkeit in der DDR-marxistischen Geschichtswissenschaft. Einige Thesen, in: Koselleck u.a. (Hg.), Objektivität und Parteilichkeit, S. 263–269.

Kocka, Jürgen: „Prinzipielle Unterschiede – gemeinsame Probleme“, in: Miller/Ristau (Hg.), Erben deutscher Geschichte, S. 26–38.

Kocka, Jürgen: Sozial- und Wirtschaftsgeschichte, in: Sowjetsystem und demokratische Gesellschaft. Eine vergleichende Enzyklopädie. Bd. VI, Freiburg/Basel/Wien 1972, S. 1–39.

Kocka, Jürgen: Wissenschaft und Politik in der DDR, in: Ders./Renate Mayntz (Hg.), Wissenschaft und Wiedervereinigung, S. 435–459.

Kocka, Jürgen: Zur jüngeren marxistischen Sozialgeschichte. Eine kritische Analyse unter besonderer Berücksichtigung sozialgeschichtlicher Ansätze in der DDR, in: Peter Christian Ludz (Hg.), Soziologie und Sozialgeschichte. Aspekte und Probleme, Opladen 1972, S. 491–514.

Koehler, M.[aid]: Durch sozialistische Gemeinschaftsarbeit zu hoher Effektivität in der Geschichtswissenschaft, in: Spektrum 14 (1968), S. 375–377.

Kögler, Hans Herbert: Michel Foucault, Stuttgart/Weimar 1984.

Köhler, Fritz: Das werktätige Volk, der wahre Schöpfer der Geschichte, in: ZfG 5 (1957), S. 456–469.

Köhler, Fritz: Die erste Arbeitstagung der Kommission für Zeitgeschichte beim Institut für Geschichte der Deutschen Akademie der Wissenschaften zu Berlin am 30. und 31. Januar 1959, in: ZfG 7 (1959), S. 664–669.

Köhler, Fritz: Zur Arbeit von Werner Plesse, Zum antifaschistischen Widerstandskampf in Mitteldeutschland (1939–1945), in: ZfG 3 (1955), S. 275–277.

Kopp, Fritz: Die Wendung zur „nationalen“ Geschichtsbetrachtung in der SBZ, München 1955.

Koselleck, Reinhart/Mommsen, Wolfgang J./Rüsen, Jörn (Hg.): Objektivität und Parteilichkeit in der Geschichtswissenschaft, München 1977.

Kossok, Manfred: Im Gehäuse der selbstverschuldeten Unmündigkeit oder Umgang mit der Geschichte, in: Dietmar Keller/Hans Modrow/Herbert Wolf, Ansichten zur Geschichte der DDR (Bd. 1), Bonn 1993, S. 10–26.

Kowalczuk, Ilko-Sascha: Die Durchsetzung des Marxismus-Leninismus in der Geschichtswissenschaft der DDR (1945–1961), in: Sabrow/Walther (Hg.), Historische Forschung und sozialistische Diktatur, S. 31–58.

Kowalczuk, Ilko-Sascha: Die Historiker der DDR und der 17. Juni 1953, in: GWU 44 (1993), S. 705–720.

Kowalczuk, Ilko-Sascha: Lange Schatten aus der Vergangenheit, in: Eckert/Kowalczuk/Stark (Hg.), Hure oder Muse, S. 109–111.

Kowalczuk, Ilko-Sascha: Legitimation eines neuen Staates. Parteiarbeiter an der historischen Front. Geschichtswissenschaft in der SBZ/DDR 1945 bis 1961, Berlin 1997.

Kowalczuk, Ilko-Sascha: „Wo gehobelt wird, da fallen Späne". Zur Entwicklung der DDR-Geschichtswissenschaft bis in die späten fünfziger Jahre, in: ZfG 42 (1994), S. 302–318.

Kowalczuk, Ilko-Sascha: Zwei neue Bücher zur Geschichtswissenschaft in der DDR, in: Eckert/Kowalczuk/ Stark (Hg.), Hure oder Muse?, S. 224–230.

Krönig, Waldemar/Müller, Klaus-Dieter: Anpassung, Widerstand, Verfolgung. Hochschule und Studenten in der SBZ und DDR. 1945–1961, Köln 1964, S. 44f.

Kuczynski, Jürgen: Basis und Überbau beim Übergang von einer zur anderen Klassengesellschaft, in: ZfG 3 (1955), S. 100–117.

Kuczynski, Jürgen: Der Ausbruch des ersten Weltkrieges und die deutsche Sozialdemokratie. Chronik und Analyse, Berlin (O) 1957.

Kuczynski, Jürgen: Der Mensch, der Geschichte macht. Zum 100. Geburtstag von G. W. Plechanow am 11. Dezember 1956, in: ZfG 5 (1957), S. 1–17.

Kuczynski, Jürgen: Dialog mit meinem Urenkel. Neunzehn Briefe und ein Tagebuch, Berlin und Weimar 1983.

Kuczynski, Jürgen: Die Bedeutung von Stalins Werk „Ökonomische Probleme des Sozialismus in der UdSSR" für die Frage der Periodisierung, insbesondere für die Erkenntnis der Untergliederung der Hauptperioden der deutschen Geschichte, in: ZfG 1 (1953), S. 466–484.

Kuczynski, Jürgen: „Ein linientreuer Dissident". Memoiren 1945–1989, Berlin/Weimar 1992.

Kuczynski, Jürgen: Frost nach dem Tauwetter. Mein Historikerstreit, Berlin 1993.

Kuczynski, Jürgen: Lehren und Mahnungen des XX. Parteitages der KPdSU für die Wissenschaftler, in: Neues Deutschland, 11.3.1956.

Kuczynski, Jürgen: Meinungsstreit, Dogmatismus und „Liberale Kritik", in: Einheit 12 (1957), S. 602–611.

Kuczynski, Jürgen: Parteilichkeit und Objektivität in Geschichte und Geschichtsschreibung, in: ZfG 4 (1956), S. 873–888.

Kuczynski, Jürgen: Rezension von Paul Kirn, Das Bild des Menschen in der Geschichtsschreibung von Polybios bis Ranke, Göttingen 1955, in: ZfG 4 (1956), S. 1267–1271.

Kuczynski, Jürgen: Wo wäre das anders gewesen?, in: Konkret 1992, H. 8, S. 44–46.

Kuczynski, Jürgen: Zur Periodisierung der deutschen Geschichte in der Feudalzeit, in: ZfG 2 (1954), S. 133–151.

Kuhrt, Eberhard/Löwis, Henning von: Griff nach der deutschen Geschichte. Erbeaneignung und Traditionspflege in der DDR, Paderborn u.a. 1988.

Küttler, Wolfgang: Das Historismus-Problem in der Geschichtswissenschaft der DDR, in: Otto Gerhard Oexle/Jörn Rüsen (Hg.), Historismus in den Kulturwissenschaften. Geschichtskonzepte, historische Einschätzungen, Grundlagenprobleme, Köln/Weimar/Wien 1996, S. 239–262.

Küttler, Wolfgang/Rüsen, Jörn/Schulin, Ernst (Hg.): Geschichtsdiskurs, Bd. 5: Globale Konflikte, Erinnerungsarbeit und Neuorientierungen nach 1945, Frankfurt a.M. 1999.

Küttler, Wolfgang: Geschichtstheorie und -methodologie in der DDR, in: ZfG 42 (1994), S. 8–20.

Küttler, Wolfgang: Perspektiven auf die Historiographiegeschichte der DDR. Bemerkungen zur Diskussion, in: Initial (1994) 4, S. 93–98.

Küttler, Wolfgang: Zwischen Wissenschaft und Staatsaktion. Zum Platz der DDR-Historiographie in der „Ökumene der Historiker", in: Initial (1991) 2, S. 142–150.

Laboor, Ernst: Plenartagung der Sektion Geschichte bei der Deutschen Akademie der Wissenschaften zu Berlin, in: ZfG 14 (1966), S. 1157–1160.

Laboor, Ernst: Zum Abbruch der Diskussion über den Charakter der Novemberrevolution im Jahre 1958, in: BzG 37 (1995) 3, S. 69–76.

Landrock, Rudolf: Die Deutsche Akademie der Wissenschaften zu Berlin 1945–1971 – ihre Umwandlung zur sozialistischen Forschungsakademie. Eine Studie zur Wissenschaftspolitik der DDR. 3 Bde., Erlangen 1977.

Lee, You Jae: Volkskunde in der DDR zwischen innovativen Methoden und politischer Einbindung 1963–1973, unv. Magisterarbeit FU Berlin 1998.

Lehrstuhl „Deutsche Geschichte und Geschichte der deutschen Arbeiterbewegung" der Zentralschule der SED „Rosa Luxemburg" Erfurt, [Zur Disposition], in: ZfG 3 (1955), S. 265–271.

Lemke, Michael: Die Berlinkrise 1958 bis 1962. Interessen und Handlungsspielräume der SED im Ost-West-Konflikt, Berlin 1995.

Lemke, Michael (Hg.): Sowjetisierung und Eigenständigkeit in der SBZ/DDR (1945–53), Köln/Weimar/Wien 1999.

Lenin, Wladimir Iljitsch: Was tun?, in: Ders., Werke, Bd. 5, Berlin (O) 1955, S. 333–541.

Lepsius, M. Rainer: Die Institutionenordnung als Rahmenbedingung der Sozialgeschichte der DDR, in: Kaelble/Kocka/Zwahr (Hg.), Sozialgeschichte der DDR, S. 17–30.

Lindenberger, Thomas: Die Diktatur der Grenzen. Zur Einleitung, in: Ders. (Hg.), Herrschaft und Eigen-Sinn in der Diktatur. Studien zur Gesellschaftsgeschichte der DDR, Köln/Weimar/Wien 1999, S. 13–44.

Lokatis, Siegfried: Einwirkungen des Verlagssystems auf die geschichtswissenschaftliche Forschung der DDR, in: Sabrow/Walther (Hg), Historische Forschung und sozialistische Diktatur, S. 180–192.

Lokatis, Siegfried: Geschichtswerkstatt Zensur, in: Sabrow (Hg.), Geschichte als Herrschaftsdiskurs, S. 175–225.

Lokatis, Siegfried: Dietz. Probleme der Ideologiewirtschaft im zentralen Parteiverlag der SED, in: Jansen/Niethammer/Weisbrod (Hg.), Von der Aufgabe der Freiheit. Politische Verantwortung und bürgerliche Gesellschaft im 19. und 20. Jahrhundert. Festschrift für Hans Mommsen, Berlin 1995, S. 533–548.

Lokatis, Siegfried: Verlagspolitik zwischen Plan und Zensur. Das „Amt für Literatur und Verlagswesen“ oder die schwere Geburt des Literaturapparates in der DDR, in: Jürgen Kocka (Hg.), Historische DDR-Forschung, S. 303–325.

Lösche, Inge: Ein Hochschullehrbuch der Geschichte des deutschen Volkes. Gespräch mit Nationalpreisträger Prof. Dr. Alfred Meusel, in: Neues Deutschland, 27.2.1954.

Lüdtke, Alf: Die DDR als Geschichte. Zur Geschichtsschreibung über die DDR, in: APZ B 36/1998, S. 3–16.

Lüdtke, Alf (Hg.): Herrschaft als soziale Praxis. Historische und sozialanthropologische Studien, Göttingen 1991.

Lüdtke, Alf: Sprache und Herrschaft in der DDR. Einleitende Überlegungen, in: Ders./Peter Becker (Hg.), Akten. Eingaben. Schaufenster. Die DDR und ihre Texte. Erkundungen zu Herrschaft und Alltag, Berlin 1997, S. 11–26.

Ludz, Peter Christian: Mechanismen der Herrschaftssicherung. Eine sprachpolitische Analyse gesellschaftlichen Wandels in der DDR, München/Wien 1980.

Ludz, Peter Christian (Hg.): Soziologie und Sozialgeschichte. Aspekte und Probleme, Opladen 1972.

Ludz, Peter Christian (Hg.): Wissenschaft und Gesellschaft in der DDR, München 1971.

Lukács, Georg: Kunst und objektive Wahrheit, in: Ders., Probleme des Realismus, Berlin (O) 1953, S. 5–46.

Luutz, Wolfgang (Hg.): „Das soziale Band ist zerrissen“. Sprachpraktiken sozialer Desintegration, Leipzig 1994.

Margarete Wein im Gespräch mit Günter Mühlpfordt, 1958 – Ein dramatisches Jahr an der Martin-Luther-Universität. Zu Ulbrichts Säuberungsaktion: Der „Fall Mühlpfordt", in: Hallische Beiträge zur Zeitgeschichte, Heft 5, Halle 1998, S. 72–102.
Markov, Walter: Historia docet?, in: Forum 1 (1947), S. 128f.
Markov, Walter, Zur Krise der deutschen Geschichtsschreibung, in: Sinn und Form 2 (1950), H. 2, S. 109-156.
Markov, Walter: Zwiesprache mit dem Jahrhundert, Berlin (O)/Weimar 1989.
Mehls, Hartmut: Die Betriebsgeschichtsforschung in der DDR von ihren Anfängen bis zur Mitte der 60er Jahre, unveröff. Ms. Potsdam 1995.
Mehls, Hartmut: Die Gründungsphase des Instituts für Geschichte an der Deutschen Akademie der Wissenschaften, in: ZfG 41 (1993), S. 798–805.
Mehls, Hartmut: Reformwille und Parteiräson. Zur Frage widerständigen Verhaltens am Akademie-Institut für Geschichte, in: Sabrow/Walther (Hg.), Historische Forschung und sozialistische Diktatur, S. 226–243.
Meier, Christian: Im Zweifel lieber abwickeln, in: Eckert/Küttler/Seeber (Hg.), Krise – Umbruch – Neubeginn, S. 258–261.
Meier, Horst: Haben DDR-Richter das Recht gebeugt?, in: Merkur. Deutsche Zeitschrift für europäisches Denken 51 (1997), S. 656–660.
Mergel, Thomas/Welskopp, Thomas (Hg.): Geschichte zwischen Kultur und Gesellschaft. Beiträge zur Theoriedebatte, München 1997.
Merton, Robert K.: Entwicklung und Wandel von Forschungsinteressen. Aufsätze zur Wissenschaftssoziologie, Frankfurt a.M. 1985.
Merton, Robert K.: Priorities in Scientific Discovery. A Chapter in the Sociology of Science, in: Bertrand Barber/Walter Hirsch (Hg.): The Sociology of Science, New York 1962, S. 447–485.
Meuschel, Sigrid: Legitimation und Parteiherrschaft in der DDR. Zum Paradox von Stabilität und Revolution in der DDR 1945–1989, Frankfurt a.M. 1992.
Meusel, Alfred: Deutsche Begegnung 1954 in Berlin, in: ZfG 2 (1954), S. 929–931.
Meusel, Alfred: Nationale Probleme in der deutschen Revolution von 1848, in: Aufbau 2 (1948), S. 771–777.
Middell, Matthias: Akademische Kommunikation oder gesteuerte Diskurse? Die Zeitschrift für Geschichtswissenschaft (1953–1989), in: Barck/Langermann/Lokatis (Hg.), Zwischen „Einheit" und „Mosaik", S. 446–457.
Middell, Matthias: Autoren und Inhalte: Die Zeitschrift für Geschichtswissenschaft 1953–1989, in: Ders. (Hg.), Historische Zeitschriften, S. 235–295.

Middell, Matthias: Geschichtswissenschaft in der DDR – Strukturgefängnis oder individuelle Handlungsmöglichkeiten im Wandel von 45 Jahren, in: Iggers u.a. (Hg.), Die DDR-Geschichtswissenschaft, S. 159–204.

Middell, Matthias (Hg.): Historische Zeitschriften im internationalen Vergleich, Leipzig 1999.

Middell, Matthias/Diesener, Gerald (Hg.): Historikertage im Vergleich (= Comparativ 6 [1996] 5–6), Leipzig 1996.

Middell, Matthias: Vom allgemeinhistorischen Journal zur spezialisierten Liste im H-Net. Gedanken zur Geschichte der Zeitschriften als Elemente der Institutionalisierung moderner Geschichtswissenschaft, in: Ders. (Hg.) Historische Zeitschriften, S. 7–31.

Middell, Matthias: Wissenschaftliche Schulen in der Historiographie der DDR?, in: Sabrow (Hg.), Verwaltete Vergangenheit, S. 67–117.

Miller, Susanne/Ristau, Malte (Hg.): Erben deutscher Geschichte. DDR-BRD, Protokolle einer historischen Begegnung, Reinbek 1988, S. 26–38.

Mittenzwei, Ingrid: Die zwei Gesichter Preußens. Über die Haltung zu unseren Traditionen am Beispiel der preußischen Geschichte, in: Forum 32 (1978), H. 19, S. 8f.

Mitter, Armin/Wolle, Stefan: Aufruf zur Bildung einer Arbeitsgruppe unabhängiger Historiker in der DDR, in: Eckert/Kowalczuk/Stark (Hg.), Hure oder Muse?, S. 22f.

Mommsen, Hans: Beamtentum im Dritten Reich, Stuttgart 1966.

Mommsen, Wolfgang J.: Der Ort der DDR in der deutschen Geschichte, in: Kocka/Sabrow (Hg.), Die DDR als Geschichte, S. 26–39.

Mommsen, Wolfgang J.: Der perspektivische Charakter historischer Aussagen und das Problem von Parteilichkeit und Objektivität historischer Erkenntnis, in: Koselleck u.a. (Hg.), Objektivität und Parteilichkeit in der Geschichtswissenschaft, S. 441–468.

Mommsen, Wolfgang J.: Die Geschichtswissenschaft in der DDR. Kritische Reflexionen, in: APZ 17–18/1992, S. 35–43.

Müller, Egon Erwin/Müller, Marianne: „... stürmt die Festung Wissenschaft". Die Sowjetisierung der Universitäten in der SBZ seit 1945, Berlin (W) 1953.

Müller, Silvia/Florath, Bernd (Hg.): Die Entlassung. Robert Havemann und die Akademie der Wissenschaften 1965/66, Berlin 1996.

Müller, Werner: Die Grundfragen der Nation und das Lehrbuch der deutschen Geschichte. Zum Erscheinen eines Abschnitts des Lehrbuchs, in: Neues Deutschland, 17.6.1959.

Müller-Mertens, Eckhard: Dokumentation zur Kritik am Kurs der SED von der Stalin-Information 1956 bis zum VI. Parteitag 1963 – Kritik, Opposition, Selbstkritik, Grunddissens (unveröff. Ms.).

Naimark, Norman: The Russians in Germany, Cambridge/M. 1996.

Neubert, Ehrhart: Geschichte der Opposition in der DDR 1949–1989, Bonn 1997.

Neuhäußer-Wespy, Ulrich: Geschichtswissenschaft unter der SED-Diktatur. Die Durchsetzung der Parteilinie in den fünfziger Jahren, in: APZ 39/1996, S. 15–21.

Neuhäußer-Wespy, Ulrich: Die SED und die Historie. Die Etablierung der marxistisch-leninistischen Geschichtswissenschaft der DDR in den fünfziger und sechziger Jahren, Bonn 1996.

Neuhäußer-Wespy, Ulrich: Die „ZfG" 1956/1957. Zur Disziplinierung der Historiker durch die SED in den fünfziger Jahren, in: DA 29 (1996), S. 569–579.

Niethammer, Lutz (Hg.): Der ‚gesäuberte Antifaschismus'. Die SED und die roten Kapos von Buchenwald, Berlin 1994.

Niethammer, Lutz/von Plato, Alexander/Wierling, Dorothee: Die volkseigene Erfahrung. Eine Archäologie des Lebens in der Industrieprovinz der DDR. 30 biographische Eröffnungen, Berlin 1991.

Nikitin, Pjotr. I.: Zwischen Dogma und gesundem Menschenverstand. Wie ich die Universitäten der deutschen Besatzungszone „sowjetisierte". Erinnerungen, Berlin 1997.

Obermann, Karl: Aus der Arbeit des Instituts für Geschichte an der Deutschen Akademie der Wissenschaften, in: ZfG 4 (1956), S. 1044–1049.

Obermann, Karl: Deutschland von 1815 bis 1849 (Von der Gründung des Deutschen Bundes bis zur bürgerlich-demokratischen Revolution), Berlin (O) 1961.

Obermann, Karl: 1848–1948. Einheit heißt die Losung, in: Forum 2 (1948), S. 69–77.

Obermann, Karl: Ein Jahr Institut für Geschichte an der Deutschen Akademie der Wissenschaften, in: ZfG 5 (1957), S. 839–842.

Oexle, Gerhard/Schulze Winfried, unter Mitarbeit von Gerd Helm und Thomas Ott (Hg.): Deutsche Historiker im Nationalsozialismus, Frankfurt a.M. 1999.

Otto, Karl-Heinz: Deutschland in der Epoche der Urgesellschaft (500 000 v.u.Z. bis zum 5./6. Jh. u.Z.), Berlin (O) 1959.

Paterna, Erich/Fischer, Werner/Gossweiler, Kurt/Markus, Gertrud/Pätzold, Kurt: Deutschland von 1933 bis 1939 (Von der Machtübertragung an den Faschismus bis zur Entfesselung des zweiten Weltkrieges), Berlin (O) 1969.

Pätzold, Kurt: Die Geschichtsschreibung in der Deutschen Demokratischen Republik (DDR) in der Retrospektive – ein Diskussionsbeitrag, in: Corni/Sabrow (Hg.) Die Mauern der Geschichte, S. 187–203.

Pätzold, Kurt: Gründungstagung der Sektion Geschichte bei der Deutschen Akademie der Wissenschaften zu Berlin, in: ZfG 12 (1964), S. 475–478.

Pätzold, Kurt: Martin Broszat und die Geschichtswissenschaft in der DDR, in: ZfG 39 (1991), S. 663–676.

Pätzold, Kurt/Rosenfeld, Günter (Hg.): Sowjetstern und Hakenkreuz 1938–1941. Dokumente zu den deutsch-sowjetischen Beziehungen, Berlin 1990.
Paulus, Günter: Der Mann der Monopole, in: Neues Deutschland, 6.9.1964.
Paulus, Günter: Die zwölf Jahre des Tausendjährigen Reiches. Streiflichter auf die Zeit der faschistischen Diktatur über Deutschland, Berlin (O) 1965.
Paulus, Günter: Ursprünge und Entfesselung des zweiten Weltkrieges, in: Bulletin 1965/1 des Arbeitskreises „Zweiter Weltkrieg", Berlin (O) 1965, S. 3–31.
Paulus, Günter: Ursprünge und Entfesselung des zweiten Weltkrieges, in: Bulletin des Arbeitskreises „Zweiter Weltkrieg". Sondernummer anläßlich der Jahrestage der Entfesselung des ersten und zweiten Weltkrieges, Berlin (O) 1964, S. 27–57.
Peters, Jan: Über Historiker-Verhalten, in: Initial (1991) 2, S. 185f.
Petzold, Joachim: Die Auseinandersetzung zwischen den Lampes und Hampes. Zum Konflikt zwischen Parteidoktrinären und Geschichtswissenschaftlern in der NS-Zeit, in der SBZ und in der früheren DDR, in: ZfG 42 (1994), S. 101–117.
Petzold, Joachim: Parteinahme wofür? DDR-Historiker im Spannungsfeld von Politik und Wissenschaft, Potsdam 2000.
Pfundt, Karen: Die Gründung des Museums für Deutsche Geschichte 1952 in der DDR, unveröff. MS, Berlin 1994.
Pfundt, Karen: Die Gründung des Museums für Deutsche Geschichte in der DDR, in: APZ 23/1994, S. 23–30.
Plesse, Werner: Zum antifaschistischen Widerstandskampf in Mitteldeutschland (1939–1945), in: ZfG 2 (1954), S. 814–843.
Pleßner, Helmuth: Die Stufen des Organischen und der Mensch. Einleitung in die philosophische Anthropologie, Berlin [2]1965.
Pohl, Karl Heinrich (Hg.): Historiker in der DDR, Göttingen 1997.
Politik im Krieg 1914–1918. Studien zur Politik der deutschen herrschenden Klassen im ersten Weltkrieg der Arbeitsgruppe „Erster Weltkrieg" unter Leitung von Fritz Klein, Berlin (O) 1964.
Possekel, Ralf: Der Selbstwiderspruch der DDR-Historiker als analytisches Problem. Befunde einer Diskussion, in: Iggers u.a. (Hg.), Die DDR-Geschichtswissenschaft als Forschungsproblem, S. 131–151.
Possekel, Ralf: Kuriositätenkabinett oder Wissenschaftsgeschichte. Zur Historisierung der DDR-Geschichtswissenschaft, in: GG 24 (1998), S. 446–462.
Probleme der zeitgeschichtlichen Lehre, Forschung und Publizistik. Bericht über die erste Arbeitstagung der Kommission Zeitgeschichte am Institut für Geschichte an der Deutschen Akademie der Wissenschaften zu Berlin vom 30. und 31. Januar 1959, Berlin (O) 1959.

Protokoll der Verhandlungen der 3. Parteikonferenz der SED. 24. März bis 30. März 1956 in der Werner-Seelenbinder-Halle zu Berlin, Bd. 1, Berlin (O) 1956.

Protokoll. Konferenz der „Einheit" mit Wissenschaftlern, Partei- und Staatsfunktionären, Autoren und Lesern. Berlin, am 13. Mai 1957, in: Einheit 12 (1957), Sonderheft, S. 1–100.

Radbruch, Gustav: Gesetzliches Unrecht und übergesetzliches Recht, in: Arthur Kaufmann (Hg.), Widerstandsrecht, Darmstadt 1972, S. 349–361.

Rat für Geschichtswissenschaft gebildet, in: ZfG 17 (1969), S. 1249f.

Rauch, Georg v.: Das Geschichtsbild der Sowjetzone, in: Jahrbuch der Ranke-Gesellschaft 1954, S. 101–119.

Recker, Marie-Luise/Eizenhöfer, Doris/Kamp Stefan (Hg.): Intentionen und Wirklichkeiten. 42. Deutscher Historikertag in Frankfurt a.M./München 1999.

Reich, Jens: Gespenster von morgen. Wie können die Gesellschaften im Osten mit ihrer Vergangenheit fertig werden – mit Widerstand, Verrat und Gleichgültigkeit?, in: Die Zeit, 21.2.1997, S. 4.

Riese, Werner: Periodisierung der DDR-Geschichtswissenschaft. Ein wissenschaftshistorischer Versuch, in: Deutsche Studien 13 (1975), S. 146–152.

Riesenberger, Dieter: Geschichte und Geschichtsunterrricht in der DDR, Göttingen 1973.

Riesenberger, Dieter: Zeitgeschichte in der DDR, in: GWU 28 (1977), S. 579–598.

Ritter, Gerhard: Der X. Internationale Historikerkongreß in Rom (4.–11. September 1955), in: HZ 180 (1955), S. 657–663.

Röhr, Werner: Entwicklung oder Abwicklung der Geschichtswissenschaft. Polemische Bemerkungen zu den Voraussetzungen einer Urteilsbildung über Historiker und historische Institutionen der DDR, in: Initial (1991) 4, S. 425–434, u. (1991) 5, S. 542–550.

Rosenberg, Rainer: Zur Geschichte der Literaturwissenschaft in der DDR, in: Jörg Drews/Christian Lehmann (Hg.), Dialog ohne Grenzen. Beiträge zum Bielefelder Kolloquium zur Lage der Linguistik und Literaturwissenschaft in der ehemaligen DDR, Bielefeld 1991, S. 11–35.

Roth, Karl Heinz: Heydrichs Professor. Historiographie des „Volkstums" und der Massenvernichtungen: Der Fall Hans Joachim Beyer, in: Schöttler (Hg.), Geschichte als Legitimationswissenschaft, S. 162–341.

Ruben, Peter: Von den Chancen, Kaderphilosoph zu werden, in: Norbert Kapferer (Hg.), Innenansichten ostdeutscher Philosophen, Darmstadt 1994, S. 7–29.

Rudolph, Hermann: Ungeschriebene Geschichte. Was sind vierzig Jahre DDR wert?, in: Der Tagesspiegel, 14.1.2000.

Rudolph, Rolf: Der 13. August 1961 und der Friedensvertrag. Geschichtliche Erfahrungen und Lehren, in: ZfG 9 (1961), S. 1457–1469.

Ruge, Wolfgang: Deutschland von 1917 bis 1933 (Von der Großen Sozialistischen Oktoberrevolution bis zum Ende der Weimarer Republik), Berlin (O) 1967.

Ruge, Wolfgang: Die Doppeldroge. Zu den Wurzeln des Stalinismus, in: Eckert/Küttler/Seeber (Hg.), Krise – Umbruch – Neubeginn, S. 33–43.

Ruge, Wolfgang: Nachdenken über die Geschichtswissenschaft der DDR, in: ZfG 41 (1993), S. 583–592.

Rumpler, Helmut: Parteilichkeit und Objektivität als Theorie-Problem der DDR-Historie, in: Fischer/Heydemann (Hg.), Geschichtswissenschaft in der DDR, Bd. 1, S. 333–362.

Sabrow, Martin: „Beherrschte Normalwissenschaft". Überlegungen zum Charakter der DDR-Historiographie, in: GG 24 (1998), S. 412–445.

Sabrow, Martin: Das Wahrheitsproblem in der DDR-Geschichtswissenschaft, in: Tel Aviver Jahrbuch für deutsche Geschichte 1996, S. 233–257.

Sabrow, Martin: Der „ehrliche Meinungsstreit" und die Grenzen der Kritik. Mechanismen der Diskurskontrolle in der Geschichtswissenschaft der DDR, in: Corni/Sabrow (Hg.): Die Mauern der Geschichte, S. 79–117.

Sabrow, Martin: Der künstliche Konsens. Überlegungen zum Legitimationscharakter sozialistischer Herrschaftssysteme, in: Jahrbuch für historische Kommunismusforschung 1999, Berlin 1999, S. 191–224.

Sabrow, Martin: Der staatssozialistische Geschichtsdiskurs im Spiegel seiner Gutachtenpraxis, in: Ders. (Hg.), Verwaltete Vergangenheit, S. 35–65.

Sabrow, Martin: Die Geschichtswissenschaft der DDR und ihr „objektiver Gegner", in: Iggers, u.a. (Hg.), Die DDR-Geschichtswissenschaft, S. 53–91.

Sabrow, Martin (Hg.): Geschichte als Herrschaftsdiskurs. Der Umgang mit der Vergangenheit in der DDR, Köln/Weimar/Wien 2000.

Sabrow, Martin: Geschichte als Herrschaftsdiskurs. Der Fall Günter Paulus, in: Initial (1995) 4–5, S. 51–67.

Sabrow, Martin: Klio mit dem Januskopf. Die Zeitschrift für Geschichtswissenschaft, in: Middell (Hg.), Historische Zeitschriften, S. 297–330.

Sabrow, Martin: Ökumene als Bedrohung. Die Haltung der DDR-Historiographie gegenüber den deutschen Historikertagen von 1949 bis 1962, in: Middell/Diesener (Hg.), Historikertage im Vergleich, S. 178–202.

Sabrow, Martin,: Parteiliches Wissenschaftsideal und historische Forschungspraxis. Überlegungen zum Akademie-Institut für Geschichte (1956–1989), in: Ders./Walter, Peter Th. (Hg.), Historische Forschung und sozialistische Diktatur. Beiträge zur Geschichtswissenschaft der DDR, Leipzig 1995, S. 195–225.

Sabrow, Martin: Planprojekt Meistererzählung. Die Entstehungsgeschichte des „Lehrbuchs der deutschen Geschichte", in: Ders. (Hg.), Geschichte als Herrschaftsdiskurs, S. 227–286.

Sabrow, Martin (Hg.): Verwaltete Vergangenheit. Geschichtskultur und Herrschaftslegitimation in der DDR, Leipzig 1997.

Sabrow, Martin: Zwischen Ökumene und Diaspora. Die Westkontakte der DDR-Historiographie im Spiegel ihrer Reiseberichte, in: Initial (1996) 3, S. 86–97.

Schäfer, Karl Heinz: 1813 – Die Freiheitskriege in der Sicht der marxistischen Geschichtsschreibung der DDR, in: GWU 21 (1970), S. 2–21.

Scheel, Heinrich: Vom Leiter der Berliner Schulfarm Scharfenberg zum Historiker des deutschen Jakobinismus (1946–1956). Autobiographische Aufzeichnung (Sitzungsberichte der Leibniz-Sozietät, Bd. 14), Velten 1996.

Scheel, Heinrich: Zum Platz und zu den nächsten Aufgaben der Historiker-Gesellschaft, in: Eckert/Küttler/Seeber (Hg.), Krise – Umbruch – Neubeginn, S. 162–169.

Scherer, Klaus-Jürgen: Gab es eine DDR-Identität?, in: Rolf Reißig/Gert-Joachim Glaeßner (Hg.), Das Ende eines Experiments. Umbruch in der DDR und deutsche Einheit, Berlin 1991, S. 296–316.

Schilfert, Gerhard/Schleier, Hans: 1. Arbeitstagung der Sektion Methodologie der Deutschen Historiker-Gesellschaft, in: ZfG 10 (1962), S. 418–432.

Schilfert, Gerhard: Deutschland von 1648 bis 1789 (Vom Westfälischen Frieden bis zum Ausbruch der Französischen Revolution, Berlin (O) 1959.

Schleier, Hans: 1. wissenschaftliche Arbeitstagung der Arbeitsgemeinschaft „Auseinandersetzung mit der imperialistischen Geschichtsschreibung in Westdeutschland", in: ZfG 11 (1963), S. 580–585.

Schmidt, Walter/Wehling, Wilhelm: Bemerkungen zur Disposition für das Hochschullehrbuch der Geschichte des deutschen Volkes (1918–1945), in: ZfG 3 (1955), S. 256–265.

Schmidt, Walter: Das Gewesene ist nie erledigt. Worauf muß sich eine Nationalgeschichte der DDR stützen?, in: Sonntag 35 (1981), Nr. 27, S. 9.

Schmidt, Walter: Das Zwei-Nationen-Konzept der SED, in: BzG 38 (1996) 4, S. 3–35.

Schmidt, Walter: DDR-Geschichtswissenschaft im Umbruch. Leistungen – Grenzen – Probleme, in: Eckert/Küttler/Seeber (Hg.), Krise – Umbruch – Neubeginn, S. 175–192.

Schmidt, Walter: Die Entwicklung der DDR-Geschichtswissenschaft im Zerrspiegel bürgerlicher Historiographie der BRD, in: ZfG 30 (1982), S. 581–589.

Schmidt, Walter: Die Geschichtswissenschaft der DDR in den fünfziger Jahren. Ihre Konstituierung als sozialistische deutsche Geschichtswissenschaft, in: ZfG 31 (1983), S. 291–312.

Schmidt, Walter: Horst Bartel (1928 bis 1984), in: Heitzer/Noack/Schmidt (Hg.), Wegbereiter der DDR-Geschichtswissenschaft, S. 7–26.

Schmidt, Walter: Die Sektion Geschichte der Deutschen Akademie der Wissenschaften als zentrales Leitungsorgan der DDR-Geschichtswissenschaft (1964–1969), in: Wissenschaftliche Zeitschrift der Karl-Marx-Universität Leipzig, 5/1988, S. 456–465.

Schmidt, Walter: Diskussionsprobleme der Geschichte der DDR-Geschichtswissenschaft. Zu den Kriterien der Konstituierung einer sozialistischen deutschen Geschichtswissenschaft in der DDR, in: Wissenschaftliche Mitteilungen der Historiker-Gesellschaft der DDR 1/1984, S. 90–97.

Schmidt, Walter: Forschungsstand und Forschungsprobleme der Geschichte der DDR-Geschichtswissenschaft, in: BzG 29 (1987), S. 723–734.

Schmidt, Walter: Geschichte zwischen Professionalität und Politik. Zu zentralen Leitungsstrukturen und -mechanismen in der Geschichtswissenschaft der DDR, in: ZfG 40 (1992), S. 1013–1030.

Schmidt, Walter: Zu Leistungen, Grenzen und Defiziten der Erbedebatte der DDR-Historiker, in: Eberhard Fromm/Hans-Jürgen Mende, Vom Beitritt zur Vereinigung. Schwierigkeiten beim Umgang mit deutsch-deutscher Geschichte. Akademische Tage 1993, Berlin 1993, S. 106–116.

Schmidt, Walter: Zur Geschichte der DDR-Geschichtswissenschaft vom Ende des zweiten Weltkrieges bis zur Gegenwart. Voraussetzungen, Leitlinien, Etappen, Schwerpunkte der institutionellen und der Forschungsentwicklung, historiographiegeschichtlicher Forschungsstand, in: BzG 27 (1985), S. 614–633.

Schmiedt, Roland Franz: Das neue Lehrbuch der Geschichte des deutschen Volkes. Der Stand der Arbeiten des Kollektivs, in: Neues Deutschland, 3.6.1955.

Schochow, Werner: Fritz Hartung. Ein Historiker in der Zeit, in: Jahrbuch für mittelostdeutsche Geschichte 32 (1983), S. 218.

Schöttler, Peter (Hg.): Geschichtsschreibung als Legitimationswissenschaft 1918–1945, Frankfurt a.M. 1997.

Schöttler, Peter: Wer hat Angst vor dem „linguistic turn“?, in: Geschichte und Gesellschaft 1997, S. 134–151.

Schreiner, Albert: Disposition für das Hochschullehrbuch der Geschichte des deutschen Volkes (1918–1945), in: ZfG 2 (1954), S. 701–756.

Schreiner, Albert: Eine notwendige Korrektur, in: ZfG 6 (1958), S. 617f.

Schreiner, Albert: Geschichtswissenschaft und Politik. Zeitgeschichte und neueste Geschichte – vordringliche Aufgaben, in: Neues Deutschland, 5.7.1956.

Schreiner, Albert: Zu einigen Fragen der neuesten deutschen Geschichte, in: ZfG 3 (1955), S. 374–430.
Schreiner, Albert: Zur Geschichte der deutschen Außenpolitik 1871–1945, Bd. 1, Berlin (O) 1952.
Schroeder, Klaus (unter Mitarbeit von Steffen Alisch): Der SED-Staat. Geschichte und Strukturen der DDR, München 1998.
Schroeder, Rüdiger: Reaktionen ‚bürgerlicher' Wissenschaftler auf den Führungsanspruch der SED an der Deutschen Akademie der Wissenschaften zu Berlin (W) in den fünfziger Jahren, in: Sabrow/Walther (Hg.), Historische Forschung und sozialistische Diktatur, S. 74–93.
Schroeder, Rüdiger: SED und Akademie der Wissenschaften. Zur Durchsetzung der „führenden Rolle" der Partei in den fünfziger Jahren, in: DA 28 (1995), S. 1264–1278.
Schulin, Ernst (Hg.): Deutsche Geschichtswissenschaft nach dem Zweiten Weltkrieg (1945–1965), München 1989.
Schulin, Ernst: Herrschaft und Geschichtswissenschaft, in: Wolfgang Küttler/Hans Schleier/Ernst Schulin (Hg.), Geschichtsdiskurs 5, S. 378–94.
Schuller, Wolfgang: Zur Alten Geschichte in der DDR, in: Iggers u.a. (Hg.), Die DDR-Geschichtswissenschaft als Forschungsproblem, S. 411–417.
Schultz, Helga: Was bleibt von der Geschichtswissenschaft der DDR?, in ÖZG 2 (1991) S. 22–40.
Schulze, Winfried: Deutsche Geschichtswissenschaft nach 1945, München ^{2}1993.
Schulze, Winfried: Unterschiede und Gemeinsamkeiten zwischen marxistischer und nichtmarxistischer Müntzerforschung, in: Koselleck/Mommsen/Rüsen (Hg.), Objektivität und Parteilichkeit, S. 199–211.
Schütrumpf, Jörn: Steuerung und Kontrolle der Wissenschaft durch die DDR-Führung, in: Materialien der Enquête-Kommission „Aufarbeitung von Geschichte und Folgen der SED-Diktatur in Deutschland" (12. Wahlperiode des Deutschen Bundestages), Bd. III/1, Baden-Baden 1995, S. 359–373.
Schütrumpf, Jörn: Steuerung und Kontrolle der Wissenschaft durch die SED-Führung am Beispiel der Akademie der Wissenschaften der DDR, in: Utopie Kreativ 31–32/1993, S. 141–153.
Stark, Isolde: Die inoffizielle Tätigkeit von Johannes Irmscher für die Staatssicherheit der DDR, in: Hallische Beiträge zur Zeitgeschichte, Heft 5, Halle 1998, S. 46–71.
Stark, Isolde: Zur Situation der Altertumswissenschaften in der DDR, in: Eckert/Küttler/Seeber (Hg.), Krise – Umbruch –Neubeginn, S. 419–434.
Statut der Deutschen Historiker-Gesellschaft, in: Geschichte in der Schule 1958, H. 5, Beilage, S. 20–23.
Steinmetz, Max: Deutschland von 1476 bis 1648 (Von der frühbürgerlichen Revolution bis zum Westfälischen Frieden), Berlin (O) 1965.

Stern, Leo, u.a.: 23. Versammlung deutscher Historiker in Ulm, in: ZfG 5 (1957), S. 124–146 u. 325–352.

Stern, Leo/Bartmuß, Hans-Joachim: Deutschland in der Feudalepoche von der Wende des 5./6. Jh. bis zur Mitte des 11. Jh., Berlin (O) 1963.

Stern, Leo/Gericke, Horst: Deutschland in der Feudalepoche von der Mitte des 11. Jh. bis zur Mitte des 13. Jh., Berlin (O) 1964.

Stern, Leo/Voigt, Eberhard: Deutschland in der Feudalepoche von der Mitte des 13. Jh. bis zum ausgehenden 15. Jh., Berlin (O) 1964.

Stern, Leo: Disposition des Hochschullehrbuches der Geschichte des deutschen Volkes (Band 1), in: ZfG 1 (1953), S. 628–646.

Stern, Leo: Erste Zwischenbilanz einer wissenschaftlichen Kritik, in: ZfG 2 (1954), S. 903–928 u. 3 (1955), S. 53–89 u. S. 212–242.

Stern, Leo: Gegenwartsaufgaben der deutschen Geschichtsforschung. Rede auf einer Tagung der Archivare der SBZ am 28. Mai 1952, in: Neue Welt 7 (1952), S. 1705–1708 (wieder abgedruckt bei Hehn, Die Sowjetisierung des Geschichtsbildes, S. 6936f.).

Stern, Leo: Gegenwartsaufgaben der deutschen Geschichtswissenschaft, in: Wissenschaftliche Zeitschrift der Martin-Luther-Universität Halle-Wittenberg 3/1954, S. 1–16.

Stern, Leo: Zur Bildung der Arbeitsgemeinschaft der gesellschaftswissenschaftlichen Institute und Einrichtungen, in: Jahrbuch der Deutschen Akademie der Wissenschaften zu Berlin, Berlin (O) 1963, S. 142f.

Streisand, Joachim: Deutschland von 1789 bis 1815 (Von der Französischen Revolution bis zu den Befreiungskriegen und dem Wiener Kongreß), Berlin (O) 1959.

Streisand, Joachim: Kategorien und Perspektiven der Geschichte. Anläßlich einiger Neuerscheinungen der Geschichtsphilosophie, in: ZfG 4 (1956), S. 889–898.

Suckut, Siegfried u.a. (Hg.): Anatomie der Staatssicherheit. Geschichte, Struktur und Methoden (MfS-Handbuch), Berlin 1995.

Thaa, Winfried: Die Wiedergeburt des Politischen. Zivilgesellschaft und Realitätskonflikt in den Revolutionen von 1989, Opladen 1996.

Thamer, Hans-Ulrich: Nationalsozialismus und Faschismus in der DDR-Historiographie, in: APZ B 37/1987, S. 27–37.

Timm, Albrecht: Das Fach Geschichte in Forschung und Lehre in der sowjetischen Besatzungszone seit 1945, Bonn ^{4}1965.

Ulbricht, Walter: An alle Bürger der Deutschen Demokratischen Republik! An die ganze deutsche Nation, in: Neues Deutschland, 28.3.1962.

Ulbricht, Walter: Die ideologisch-politisch-organisatorische Arbeit der Partei und die Vorbereitung der II. Parteikonferenz. Rede auf der 8. Tagung des ZK der SED vom 21.– 23. Februar 1952, o.O. o.J.

Ulbricht, Walter: Über den Charakter der Novemberrevolution. Rede in der Kommission zur Vorbereitung der Thesen über die Novemberrevolution, in: ZfG 6 (1958), S. 717–729.

Ulbricht, Walter: Über den XX. Parteitag der KPdSU, in: Neues Deutschland, 4.3.1956.

Ullrich, Rolf Peter: „Nationale Geschichtsschreibung". Zum Erscheinen des ersten Beitrages des Lehrbuches der deutschen Geschichte in der „DDR", in: Ostbrief. Monatsschrift der Ostdeutschen Akademie 13/1955, S. 559–567.

Umstrittene Geschichte. Beiträge zur Vereinigungsdebatte der Historiker (= Berliner Debatte Initial Nr. 2 [1991]).

Unger, Manfred/Wächtler, Eberhard: Sitzung des Arbeitskreises für Geschichte des Bergbaus, in: ZfG 10 (1962), S. 189f.

Verfassung der Deutschen Demokratischen Republik vom 6. April 1968, in: Gesetzblatt der Deutschen Demokratischen Republik, Teil I, Jahrgang 1968, hg. vom Büro des Ministerrates.

Vierneisel, Beatrice: Das Erinnerungsarchiv. Lebenszeugnisse als Quellengruppe im Institut für Marxismus-Leninismus beim ZK der SED, in: Sabrow (Hg.): Verwaltete Vergangenheit, S. 117–144.

Vogtherr, Thomas: „Reformator" oder „frühbürgerlicher Revolutionär"? Martin Luther im Geschichtsbild der DDR, in: GWU 39 (1988), S. 594–613.

Vorbemerkung der Redaktion, in: Bulletin des Arbeitskreises „Zweiter Weltkrieg", hg. vom Institut für Geschichte bei der Deutschen Akademie der Wissenschaften zu Berlin, Arbeitsgruppe „Faschismus und zweiter Weltkrieg", Berlin 1965, S. 1.

Wächtler, Eberhard: Probleme bei der Entwicklung sozialistischer Forschungsgemeinschaften bei der Abteilung Wirtschaftsgeschichte des Instituts für Geschichte der Deutschen Akademie der Wissenschaften zu Berlin, in: ZfG 8 (1960), S. 1644–1651.

Waldrich, Hans-Peter: Der Demokratiebegriff der SED. Ein Vergleich zwischen der älteren deutschen Sozialdemokratie und der SED, Stuttgart 1980.

Walther, Peter Th.: Fritz Hartung und die Umgestaltung der historischen Forschung an der Akademie der Wissenschaften zu Berlin, in: Sabrow/Walther, Historische Forschung, S. 59–73.

Walther, Peter Th.: It Takes Two to Tango. Interessenvertretungen an der Deutschen Akademie der Wissenschaften zu Berlin in den fünfziger Jahren, in: Initial (1995) 4–5, S. 68–78.

Wandel, Paul: Das neue Hochschulstudium, in: Forum 1 (1947) 1, S. 2.

Weber, Hermann: Die Instrumentalisierung des Marxismus-Leninismus, in: Jahrbuch für historische Kommunismusforschung 1993, S. 160–170.

Weber, Hermann: Die neue Geschichtslegende der SED. Zum „Grundriß der Geschichte der deutschen Arbeiterbewegung", in: SBZ-Archiv 13 (1962) 20, S. 313–318.

Weber, Hermann: Ulbricht fälscht Geschichte, Köln 1964.

Weber, Hermann: „Weiße Flecken“ in der DDR-Geschichtsschreibung, in: APZ B 11/1990, S. 3–15.

Weber, Hermann: „Weiße Flecken“ in der Geschichte. Die KPD-Opfer der Stalinschen Säuberungen und ihre Rehabilitierung, Frankfurt a.M. 1990.

Weber, Max: Die drei reinen Typen legitimer Herrschaft, in: Ders., Gesammelte Aufsätze zur Wissenschaftslehre, hg. von Johannes Winckelmann, Tübingen [7]1988, S. 475–488.

Weber, Max: Die „Objektivität“ sozialwissenschaftlicher und sozialpolitischer Erkenntnis, in: Ders., Gesammelte Aufsätze zur Wissenschaftslehre, hg. v. Johannes Winckelmann, Tübingen 1988, S. 146–214.

Wehler, Hans-Ulrich: Michel Foucault. Die „Disziplinargesellschaft“ als Geschöpf der Diskurse, der Machttechniken und der „Bio-Politik“, in: Ders., Die Herausforderung der Kulturgeschichte, München 1998, S. 45–95.

Weisgerber, Leo: Zum Energeia-Begriff in Humboldts Sprachbetrachtung, in: Wirkendes Wort 4 (1954), S. 571–579.

Welskopp-Henrich, Liselotte: Beiträge der sowjetischen Geschichtswissenschaft zur Geschichte der Sklavenhaltergesellschaft, in: ZfG 1 (1953), S. 127–149.

Welskopp, Thomas: Die Sozialgeschichte der Väter. Grenzen und Perspektiven der Historischen Sozialwissenschaft, in: GG 24 (1998), S. 171–198.

Wild, Horst: Besprechung von Heinz Habedank: Zur Geschichte des Hamburger Aufstandes 1923, in: ZfG 8 (1960), S. 212–219.

Wilhelmy, Frank: Der Zerfall der SED-Herrschaft. Zur Erosion des marxistisch-leninistischen Legitimitätsanspruches in der DDR, Münster/Hamburg 1995.

Willing, Matthias: Althistorische Forschung in der DDR. Eine wissenschaftsgeschichtliche Studie zur Entwicklung der Disziplin Alte Geschichte vom Ende des Zweiten Weltkriegs bis zur Gegenwart (1945–1989). (Historische Forschungen; 45), Berlin 1991.

Winckler, Lutz: Die Novemberrevolution in der Geschichtsschreibung der DDR, in: GWU 21 (1970), S. 216–234.

Winters, Jochen: Wie souverän war die DDR, in: DA 29 (1996), S. 170–172.

Wolf, Hanna/Schneider, Wolfgang: Zur Geschichte der Komintern, in: Neues Deutschland, 6./7.5.1989.

Wolf, Hans-Georg: Die Geschichtswissenschaft in der DDR im Rahmen der Gesellschaftswissenschaften. Eine Bestandsaufnahme in Selbstzeugnissen, in: Fischer/Heydemann (Hg.), Geschichtswissenschaft in der DDR, Bd. 1, S. 179–253.

Wolle, Stefan: Das Versagen der Historiker, in: Initial (1991) 2, S. 195–197.

Wolle, Stefan: Die heile Welt der Diktatur. Alltag und Herrschaft in der DDR 1971–1989, Bonn 1998.

Wolle, Stefan: Rezension von Martin Sabrow/Peter Th. Walther (Hg.), Historische Forschung und sozialistische Diktatur, in: HZ 264 (1997), S. 543f.

Worschech, Franz: Der Weg der deutschen Gechichtswissenschaft in die institutionelle Spaltung (1945–1965), phil. Diss. Erlangen o.J.

Zum Andenken an Prof. Dr. Fritz Rörig, in: ZfG 1 (1953), S. 166f.

Zumschlinge, Marianne: Geschichte der Historiographie der DDR. Das Einwirken von Partei und Staat auf die Universitäten 1945–71, Pullach 1994.

Zweiling, Klaus: Einige Bemerkungen zur Diskussion über Meinungsstreit und Dogmatismus, in: Einheit 12 (1957), S. 879–888.

Personenregister

FSC
www.fsc.org
MIX
Papier | Fördert
gute Waldnutzung
FSC® C083411

Kolibri 360 GmbH
Ferdinand-Jühlke-Straße 7
99095 Erfurt, Deutschland
produktsicherheit@kolibri360.de